Geschäftszahlen visualisieren
mit Excel 2010

Geschäftszahlen visualisieren
mit Excel 2010

Management-Charts für Controller,
Projekt- und Personalleiter

IGNATZ SCHELS

Bibliografische Information der Deutschen Nationalbibliothek

Die Deutsche Nationalbibliothek verzeichnet diese Publikation in der Deutschen Nationalbibliografie; detaillierte bibliografische Daten sind im Internet über < http://dnb.d-nb.de > abrufbar.

10 9 8 7 6 5 4 3 2 1

14   13   12

ISBN 978-3-8272-4692-9

© 2012 by Markt + Technik Verlag,
ein Imprint der Pearson Deutschland GmbH,
Martin-Kollar-Straße 10–12, D-81829 München/Germany
Alle Rechte vorbehalten
Covergestaltung: Marco Lindenbeck, webwo GmbH, mlindenbeck@webwo.de
Lektorat: Birgit Ellissen, bellissen@pearson.de
Korrektorat: Marita Böhm
Herstellung: Elisabeth Prümm, epruemm@pearson.de
Satz: Reemers Publishing Services GmbH, Krefeld
Druck und Verarbeitung: Print Consult GmbH, München
Printed in Slovakia

Im Überblick

Inhaltsverzeichnis

Vorwort

Liebe Leserinnen und Leser,

ich freue mich, Ihnen dieses Buch zu meinem kleinen Jubiläum (25 Jahre Buchautor) präsentieren zu dürfen. 1987 erschien im Verlag Markt + Technik mein erstes Werk, *Textverarbeitung mit WordStar 2000*, und bald darauf das erste Buch zu Excel. Ich war Trainer bei Microsoft, hatte Excel Version 1.0 für Macintosh (Sie lesen richtig, Excel wurde für den Apple Macintosh programmiert), und das Kalkulationsprogramm hat mich mein Berufsleben lang begleitet. 25 Jahre und 50 Bücher später, nach unzähligen Seminaren und Projekten, macht es immer noch Spaß, mit Excel zu arbeiten. Wie alle meine Bücher ist auch dieses Buch aus der Praxis für die Praxis geschrieben. Ich möchte Sie teilhaben lassen an meinen Erfahrungen und Ihnen nützliche und wertvolle Arbeitstechniken zeigen, die ich mit Excel entwickelt habe.

Geschäftszahlen zu visualisieren, trockene Datenwüsten in bunte Diagramme zu verwandeln war immer schon eine Domäne von Excel. Das Angebot an Diagrammtypen und -varianten war und ist ausreichend, das Prinzip, Tabellenbereiche in Charts zu verwandeln, ist einfach. Aber – Excel ist kein Reportingwerkzeug. Für die Integrität der Daten, für die Qualität und Aussagekraft der Geschäftsdiagramme müssen Sie selbst sorgen. Die Zeiten der schlichten Diagramme sind vorbei, Management-Reporting heißt das Zauberwort. Geschäftszahlen zu visualisieren heißt nicht, Diagramme noch bunter zu machen, sondern Informationen, Aussagen und Entscheidungshilfen zu vermitteln.

Dieses Buch wird Sie dabei unterstützen. Machen Sie den Schritt vom Excel-Diagramm zum professionellen Geschäftsdiagramm. Lernen Sie Visualisierungstechniken und Gestaltungsregeln für Managementberichte kennen (die SUCCESS-Methode von meinem Freund Prof. Dr. Rolf Hichert ist hier richtungsweisend). Und nutzen Sie die Power von Excel für die Umsetzung. Es wird sich lohnen, Ihre Berichte werden wieder gelesen und Ihre Präsentationen die Zuhörer fesseln, statt sie in den Schlaf zu wiegen.

Die Visualisierung von Geschäftszahlen auf Diagramme zu beschränken ist mir zu einseitig. Natürlich lässt sich eine Charttechnik an einfachen, glatten Zahlenmengen von Januar bis Dezember gut erklären, aber die Praxis sieht anders aus. Ich zeige Ihnen in diesem Buch, wie komplexe Datenmengen so aufbereitet werden, dass sie in Diagramme passen. Techniken wie ODBC, SQL, dynamische Matrixfunktionen, Formularelemente und Kamerafunktion dürfen dabei ebenso wenig fehlen wie die Beherrschung des wichtigsten Analysewerkzeugs von Excel, der PivotTable.

Ihr Lernerfolg: Bild für Bild, Übungsbeispiele, Lösungen und Demos

Die Beispiele in diesem Buch stammen aus der Praxis, und die stellt hohe Anforderungen an den Excel-Experten. Entsprechend komplex sind oft die Schritte, die zu einem Diagramm oder Cockpitchart führen. Ich habe dazu häufig zusätzlich zu den Schritt-für-Schritt-Anleitungen Bild-Text-Folgen eingebaut, die mit diesem Symbol gekennzeichnet sind:

Bild für Bild

Für einen optimalen Lernerfolg empfehle ich Ihnen, diese Bild-für-Bild-Sequenzen nachzuarbeiten.

Für die größeren Praxisbeispiele brauchen Sie Übungsdateien (Arbeitsmappen, Access-Datenbanken). Sie finden diese Dateien auf der Webseite zum Buch:

`www.mut.de/24692`

Wenn für die beschriebene Praxisübung eine Übungsdatei erforderlich ist, weist Sie ein Symbol am Rand darauf hin. Natürlich finden Sie zu jeder Übung auch die Lösung in einer weiteren Datei.

Website

Übungsdatei, Lösung

Nun wünsche ich Ihnen viel Spaß und viel Erfolg mit Ihrem Buch.

Ihr Autor

Ignatz Schels

Besuchen Sie mich auf meinen Webseiten, hier finden Sie eine Übersicht über weitere gute Bücher und Seminare zum Thema Management-Reporting, Excel im Controlling und Excel im Personalwesen:

`www.schels.de`
`www.excellent-controlling.de`

Einleitung

Managementberichte sind die wichtigste Form der Informationsvermittlung zwischen Führungskräften und Mitarbeitern. Die oberste Etage ist darauf angewiesen, dass Zahlen und Fakten richtig, vollständig und zeitnah übermittelt werden, damit sie ihre Entscheidungen treffen kann. Dabei genügt es längst nicht mehr, Listen mit Absatz- und Umsatzzahlen, Personalkapazitäten oder Projektkosten vorzulegen. Der Manager von heute möchte von seinem Controller Kernaussagen geliefert bekommen, möglichst flankiert von Empfehlungen und Maßnahmenkatalogen. Und das Ganze wenn möglich auch noch perfekt aufbereitet, mit Schaubildern und einfach lesbaren Diagrammen, die ein sofortiges Erfassen der Botschaften ermöglichen. Noch besser wäre natürlich ein Management-Cockpit, das die wichtigsten Kennzahlen auf einer Seite präsentiert, mit Knöpfen und Schiebereglern, um Absätze und Preise zu variieren für Was-wäre-wenn-Analysen.

Excel oder BI-Software?

Ist Excel für solche Aufgaben das geeignete Werkzeug? Unter dem Zauberwort Business Intelligence (BI) führt der Softwaremarkt zahlreiche Produkte, die genau das versprechen. Business-Reporting-Systeme und Reportgeneratoren lesen OLAP-Cubes, SAP-Berichte und Data Warehouses aus, berechnen Kennzahlen und präsentieren die Ergebnisse stets aktuell und grafisch ansprechend. Aber – diese Systeme sind für größere Unternehmen konzipiert, und die beklagen nicht selten die mangelnde Flexibilität bei der Umsetzung der Zahlen in Informationen. Die Auswahl der mit Reportingsystemen verdichteten und visualisierten Informationen ist meist auf die wichtigsten Unternehmenskennzahlen oder KPIs (*key performance indices)* beschränkt. Änderungen in der Informationsstruktur erfordern hohen Aufwand, und häufig sind die vielen IT-Systeme im Unternehmen nicht optimal aufeinander abgestimmt.

Excel ist das richtige Werkzeug für die Visualisierung komplexer Geschäftsdaten, vorausgesetzt, das Werkzeug wird richtig genutzt. Die Kunst, Excel für sich arbeiten zu lassen, besteht in der Herstellung von Berichts- und Diagrammvorlagen, die sich automatisch an die veränderten Daten anpassen. Mit Formularelementen lassen sich Inhalte, Berichtsgrößen und Berichtszeiträume variieren, Was-wäre-wenn-Aussagen vorbereiten und Best-Case-/Worst-Case-Szenarien vorbereiten.

Das Argument, Excel könnte keine großen Datenmengen verarbeiten, zählt nicht mehr. Mit der neuen Office-Version bewältigt Excel auch größere Datenmengen. Excel-Tabellenblätter bieten ab der Version 2007 mit 1.048.576 Zeilen und 16.384 Spalten genug Platz für größere Extrakte aus Vorsystemen. Und für die richtig großen Datenmengen bietet sich das Add-In PowerPivot an (siehe Kapitel 7.5).

Gute Kenntnisse vorausgesetzt

Was müssen Sie können? Sie können Tabellen anlegen, mit Funktionen kalkulieren und Verknüpfungen erstellen. Diagramme produzieren Sie mit direkten Bezügen zu Tabellenbereichen, Diagrammtypen und Diagrammelemente können Sie bearbeiten und formatieren. Mit diesem Buch werden Sie die entscheidenden Techniken erlernen, um Ihre Berichte und Diagramme zu perfektionieren:

- Sie lernen die Konzepte für professionelle Managementberichte kennen und setzen diese konsequent in Ihren Visualisierungen ein.
- Sie arbeiten mit dynamischen Bereichsnamen, um Daten effizienter und schneller verwalten zu können, und rechnen in Tabellen mit strukturierten Verweisen.
- Sie verdichten komplexe Geschäftszahlen über PivotTables und PivotCharts mit berechneten Feldern und berechneten Elementen. Komplexe Daten holen Sie mit ODBC-Verknüpfungen oder über SQL-Abfragen in Ihre Berichte.
- Ihre Berichte enthalten gezielte Visualisierungen mit kombinierten Diagrammtypen. Sie können Bereiche dynamisch gestalten, sodass sich die Diagramme automatisch den neuen oder veränderten Datenmengen anpassen. Sie arbeiten mit Formularelementen, um Visualisierungen steuern zu können.

Die Kunst der Visualisierung

Mit der Umwandlung der Daten in Säulen, Balken, Linien und Torten ist es nicht getan. Lernen Sie die Philosophie von Gestaltungsgurus wie Barbara Minto, Gene Zelazny und Edward Tufte kennen und machen Sie sich mit den genialen Regeln des Management Information Design vertraut, die Prof. Dr. Hichert mit seinem SUCCESS-Konzept realisiert. Die SUCCESS-Notation zieht sich wie ein roter Faden durch die vielen Beispiele, die Sie in diesem Buch finden werden.

Und die Makroprogrammierung?

Wer mit VBA (Visual Basic for Applications) Makros programmieren kann, ist in der Lage, wiederkehrende Abläufe zu automatisieren. Das können zum Beispiel sein:

- Prozesse für den Datenimport: Daten aus gespeicherten Dateien oder von SharePoint-Servern holen, Dateien verschieben, kopieren und umbenennen
- Prozesse zur Datenaufbereitung: Daten aus mehreren Dateien kombinieren, Daten filtern und sortieren, PivotTables und PivotCharts erstellen
- Prozesse für die Visualisierung: Daten markieren, Diagramme erstellen, Diagramme formatieren
- Prozesse für das Reporting: Diagramme und Tabellen nach PowerPoint exportieren, Berichte drucken oder in PDF-Daten umwandeln, Berichtsdaten per Mail versenden

VBA-Makros zu schreiben ist ein Handwerk, gute Makros zu schreiben ist eine Kunst. Wenn Sie sich entscheiden, Prozesse mit Makros zu automatisieren, sollten Sie die komplexe Sprache VBA gründlich beherrschen und viel Erfahrung sammeln. Mit der Aufzeichnung von Makrosequenzen über den Recorder ist es nicht getan, der Recorder zeichnet statische Codes und Adressen auf, er dient dem Programmierer nur als Werkzeug für die Herstellung seiner Algorithmen.

Makros müssen ausführlich getestet und ständig gepflegt werden. Als Makroprogrammierer wechseln Sie vom Softwareanwender zum Softwareentwickler, und dieser Schritt will überlegt sein. Viele Unternehmen verbieten die individuelle Makroprogrammierung aus gutem Grund. Selbst einfache Makros sind von Anwendern, die diese nicht geschrieben haben, schwer nachvollziehbar und gefährlich, wenn sie nicht sauber programmiert und ausführlich getestet wurden. Prüfen Sie, ob Sie nicht lieber mit den »Bordmitteln« von Excel zum Ziel kommen, und verwenden Sie Makros nur, wenn professionelle Entwickler dahinterstehen und für die Sicherheit bürgen.

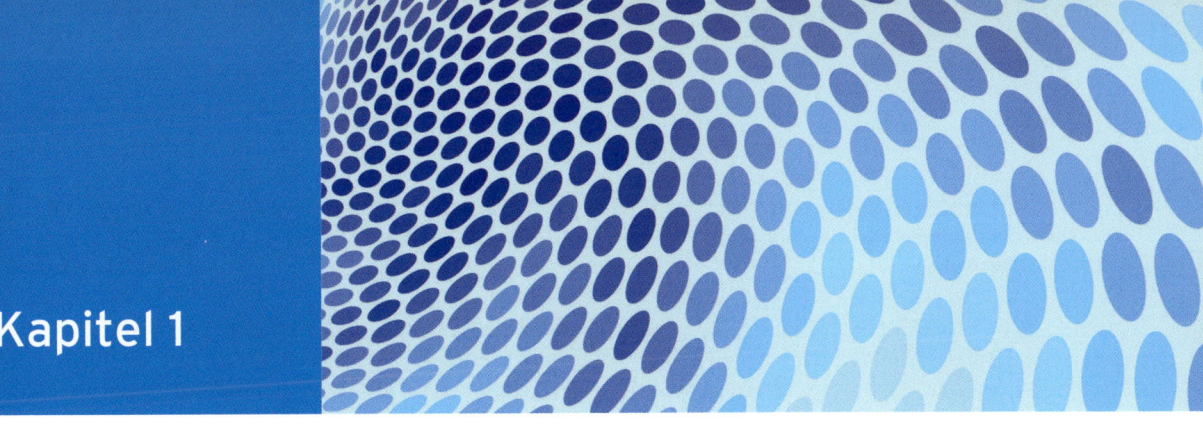

Kapitel 1

Zahlen visualisieren – die Grundlagen

Das moderne Leben ist geprägt von Visualisierungen. Bewegte und unbewegte Bilder beherrschen unser Leben. Unser Gehirn verarbeitet Bildinformationen wesentlich schneller als Text oder Zahlen, weil die Visualisierung einen zusätzlichen Wahrnehmungskanal anspricht, der stärker ausgeprägt ist als der rationale Teil, der für Lesen und Rechnen zuständig ist. Bilder vermitteln mehr Informationen und werden schneller aufgenommen als Text. In der Präsentation werden die Informationskanäle Wort und Bild kombiniert, und das ist nach wissenschaftlichen Erkenntnissen die optimale Form der Visualisierung.

Visualisieren bedeutet laut *Duden*, etwas optisch so zu betonen und herauszustellen, dass es Aufmerksamkeit erregt. Die Ziele der Visualisierung sind:

- komplexe Inhalte verständlich zu machen
- Informationen leichter und schneller erfassbar zu machen
- die wichtigsten Aussagen hervorzuheben
- den Erklärungsaufwand zu verkürzen
- Zusammenhänge zu verdeutlichen

1.1   Der wissenschaftliche Ansatz

Quelle: Visualisierung: Grundlagen und allgemeine Methoden, Heidrun Schumann, Wolfgang Müller, Springer Verlag

Die Visualisierung hat die Aufgabe, eine Datenmenge so zu präsentieren, dass eine Auswertung dieser Datenmenge möglich ist. Der Betrachter soll in die Lage versetzt werden, Informationen nicht nur zu sehen, sondern auch zu verstehen und zu bewerten. Die Visualisierung wird auf drei Stufen gesetzt:

Die explorative Analyse	Auf dieser Stufe gibt es nur Daten, die noch nicht interpretiert oder analysiert sind. Der Visualisierende arbeitet die Informationen und Strukturen dieser Daten heraus. Das Ergebnis ist eine Hypothese über die Daten und ihren Hintergrund.
Die konfirmative Analyse	Daten und Hypothese bilden die Grundlagen für diese Stufe, in der eine geeignete Visualisierungsform gesucht wird.
Die Präsentation	Auf dieser Stufe werden die erzielten Ergebnisse präsentiert und kommuniziert.

Daten visualisieren heißt, Bilder zu erzeugen, in denen die Eigenschaften der Daten deutlich werden. Dazu werden diese Eigenschaften auf visuelle Attribute abgebildet. Das Ziel ist, die in den Daten verborgenen Zusammenhänge darzustellen, und dazu kann die Information in drei Stufen untergliedert werden:

- Elementare Stufe: Die Information wird in direkter Form abgebildet, zu jeder Information existiert im Bild eine Repräsentation.
- Mittlere Stufe: Auf dieser Stufe werden die Informationen abstrahiert, das Wesentliche an der Information und die Ergebnisse der Untersuchung werden verdeutlicht.
- Obere Stufe: Das ist das eigentliche Ziel der Visualisierung. Die Gesamtheit aller in den Daten verborgenen Informationen wird dargestellt und dient somit als Grundlage für Entscheidungen.

Die Qualität der Visualisierung definiert sich durch den Grad, in dem die bildliche Darstellung das kommunikative Ziel der Präsentation erreicht. Eine ungeeignete oder falsche Visualisierung führt zu falschen Schlüssen und im Endeffekt zu fehlerhaften Entscheidungen.

1.1.1 Expressivität

Grundvoraussetzung jeder Visualisierung ist, dass die Datenmenge unverfälscht wiedergegeben wird. Nur die in den Daten enthaltene Information darf visualisiert sein. Im Geschäftsdiagramm kann diese Regel schon durch einen unkorrekt formulierten Titel oder durch Verwendung des falschen Diagrammtyps verletzt werden, wie folgendes Beispiel zeigt:

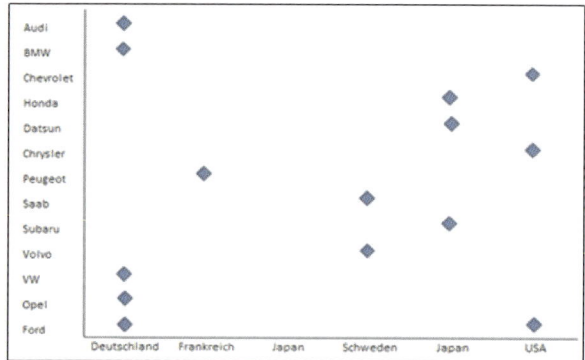

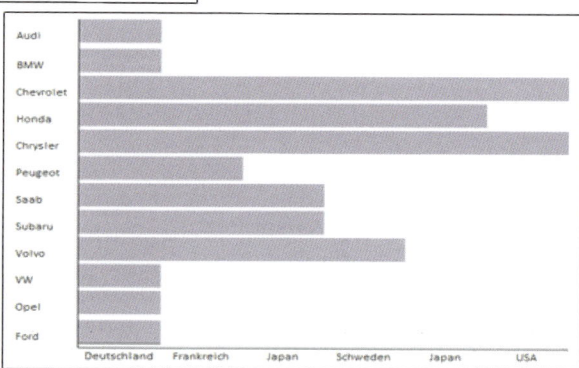

Abbildung 1.1: Produktion von Automarken – XY-Diagramm und Balkendiagramm

Das erste Diagramm zeigt über einen XY-Plot (Scatter-Diagramm), in welchem Land welche Automarken produziert werden. Im zweiten Diagramm wird die Expressivität verletzt, da durch die Darstellungsform Balkendiagramm ein qualitativer Vergleich entsteht, der suggeriert, dass einige Länder bessere oder höhere Zahlen haben als andere.

1.1.2 Das Geschäftsdiagramm

Mit der Datenverarbeitung hat sich neben der reinen Bildinformation ein weiterer Informationstyp etabliert: das Schaubild oder Diagramm, das – in der Regel komplexe – Zahlenmengen komprimiert und für den Betrachter interpretiert. Medien aller Art, ob Tages- oder Fachzeitung, Magazin oder Infobroschüre nutzen Säulen-, Balken-, Kreis- und Liniendiagramme, um Kernaussagen ihrer Artikel zu visualisieren.

Wahre Meister ihres Fachs sind die Macher der Infografiken in den Magazinen *Focus*, *Der Spiegel*, *Stern* u. a. Sie beherrschen die Kunst, eine Information lebendig und anschaulich zu präsentieren und die Botschaft trotzdem auf den Punkt zu bringen.

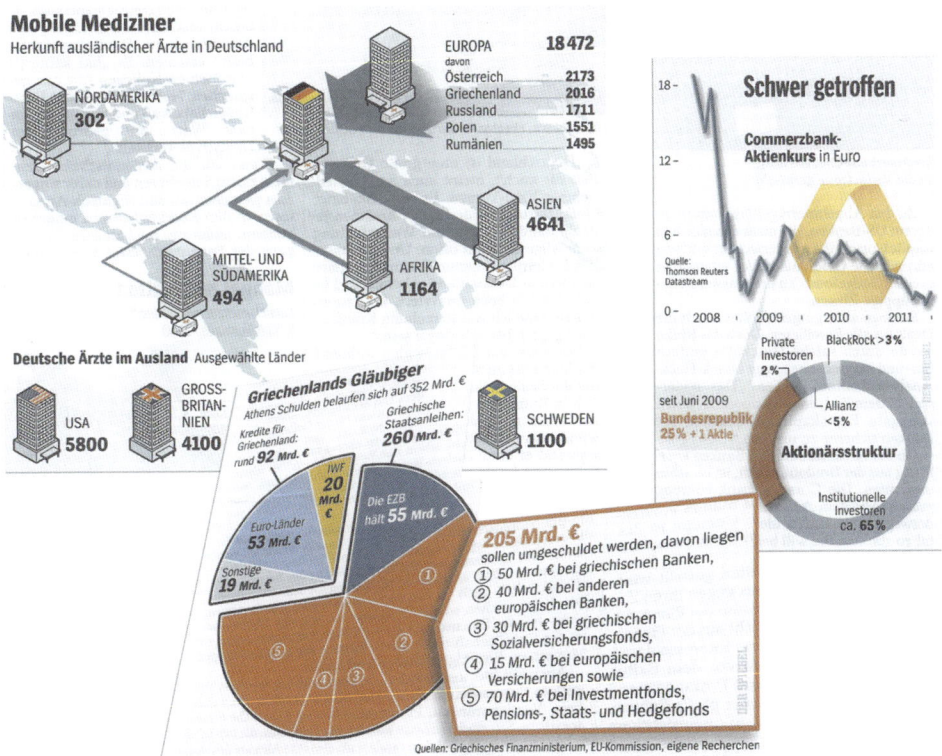

Abbildung 1.2: Infografiken aus »Focus« und dem »Spiegel«

Geschichte der Geschäftsdiagramme

Die ersten Graphen tauchten bereits im 10. Jahrhundert auf, zur selben Zeit, als Guido von Arezzo die zweidimensionale Notenliniennotation entwickelte. Nicolas von Cusa entwickelte im 15. Jahrhundert Diagramme zum Vergleich von Distanz und Geschwindigkeit, und die im Jahre 1644 von Michael Florent van Langren gezeichnete Schätzung der Distanz zwischen Rom und Toledo gilt als die erste statistische Grafik.

Im 17. Jahrhundert zeichnete René Descartes mathematische Funktionen auf Graphen und führte die analytische Geometrie ein.

William Playfair (1759–1823) gilt als der eigentliche Erfinder der Geschäftsgrafiken, er entwickelte die Linien-, Balken- und Tortendiagramme, wie sie heute noch in Gebrauch sind. 1786 veröffentlichte er in London seinen *Commercial and Political Atlas* mit 43 Zeitreihenanalysen und einem Balkendiagramm, das als erstes seiner Art gilt.

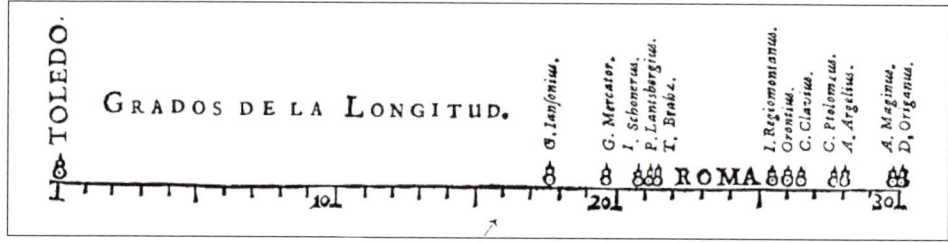

Abbildung 1.3: Das erste Business-Chart der Welt von Michael van Langren im Jahre 1644

Der englische Arzt John Snow (1813–1858) erstellte eine Karte mit den Anhäufungen der Todesfälle bei der Choleraepidemie in London und wies damit nach, dass sich die Todesfälle im Bereich einer Wasserpumpe konzentrierten. Nachdem die Pumpe außer Betrieb genommen wurde, kam es zum Stillstand der Epidemie. Snows Karte gilt als erste visualisierte räumliche Analyse von Daten.

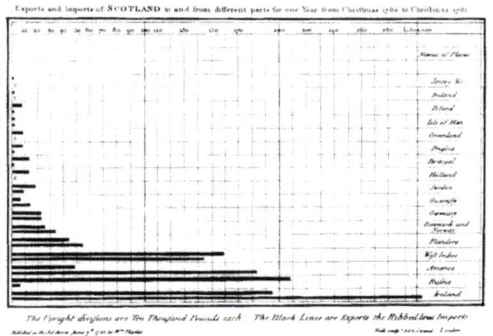

Das erste Balkendiagramm
(William Playfair, Statistical Breviary)

Kreisdiagramm
(William Playfair, Statistical Breviary)

Die Cholera-Karte von John Snow

Abbildung 1.4: Die ersten Geschäftsdiagramme (Quelle: Wikipedia)

1.2   Visualisierung – Thesen, Methoden, Werkzeuge

Zum Thema Visualisierung sind zwar Tausende von Büchern und Fachartikel veröffentlicht worden, aber auf der Suche nach den Kernaussagen stößt man immer wieder auf einige wenige Spezialisten, die diese geprägt haben. Die wichtigsten Thesen sind zu Zeiten entstanden, als Computer noch nicht in der Lage waren, Bildinformationen anzuzeigen:

- das Pyramidenprinzip von Barbara Minto
- die Grundlagen der Informationsvisualisierung von Edward Tufte
- die Grundlagen der Diagrammgestaltung von Gene Zelazny

1.2.1   Das Pyramidenprinzip von Barbara Minto

Die Grundlage für eine erfolgreiche Präsentation ist die hierarchische Anordnung von Gedanken, Thesen und Argumenten. Barbara Minto hat während ihrer Zeit bei McKinsey das Pyramidenprinzip entwickelt, eine hierarchisch strukturierte Denk- und Kommunikationsmethode für die Entwicklung von Berichten und Präsentationen. Nach diesem Prinzip beginnt die Kommunikation immer mit einer Kernaussage, die anschließend mit Details untermauert wird. Im Unterschied zum klassischen Trichtermodell, das die Details eines Prozesses auflistet und daraus die Aussage ableitet, stellt die Minto-Pyramide das Ergebnis in den Vordergrund, was bei Managementberichten und Präsentationen häufiger der Fall ist.

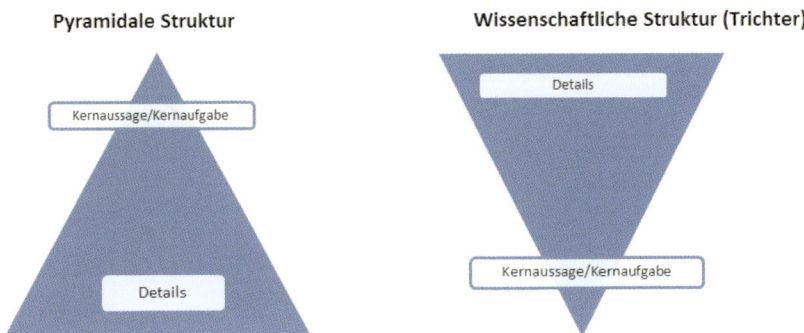

Abbildung 1.5: Pyramidenstruktur vs. Wissenschaftliche Struktur

Nach Barbara Minto ordnet unser Verstand automatisch die aufgenommenen Informationen und versucht, die sequentiell aufgenommenen Informationen in Beziehung zueinander zu setzen sowie Oberbegriffe und Gruppen zu bilden. Eine Art Gedächtnisfilter sortiert die Informationen und filtert Unwichtiges aus. Das Pyramidenprinzip strukturiert die Informationen und erleichtert dem Betrachter so die Aufnahme der präsentierten Inhalte. Es schlägt vor, mit der Botschaft zu beginnen und – da das Kurzzeitgedächtnis eine beschränkte Kapazität hat – maximal sieben Gedanken hierarchisch gegliedert von oben nach unten zu präsentieren. Dabei sollten bewusst Gedanken verwendet werden, keine Themen:

Thema	Besser: Gedanke
Planung	Gründe für eine Neuplanung der Organisation
Kundenperspektive	Wie wir durch neue Marketingstrategien mehr Kunden zufriedenstellen
Optimierung der IT-Struktur	Ist die Ausstattung mit Computern und Servern für die anstehenden Aufgaben ausreichend?

Die Ideen in jeder Gruppe sollten gleichartig in der Art sein, z. B. nach Zeitperioden (Phase 1, Phase 2 …), strukturiert (Region Ost, West, Süd, Nord) oder vergleichend (sehr wichtig, wichtig, unwichtig). Jedes Argument einer Pyramidenebene sollte eine Zusammenfassung der nächsttieferen Ebene bilden. Ist die Kernaussage eine Empfehlung, sollte ab der zweiten Ebene das *Warum* und *Wie* erklärt und eine Ebene tiefer begründet werden.

Link: www.barbaraminto.com

Buchtipp: Barbara Minto: Das Prinzip der Pyramide, Pearson Studium, München u. a., 2005, ISBN 3-8273-7189-9

1.2.2 Das Prinzip der Geschäftsgrafik von Edward R. Tufte

Mit dem Buch *The Visual Display of Quantitative Information* hat der Yale-Professor Edward R. Tufte einen Standard für die Visualisierung von Informationen mit Grafiken gesetzt. Die meisten Thesen, die heute zum Thema Management-Reporting verbreitet werden, beinhalten im Kern die Aussagen von Tufte, nicht zu Unrecht wird er auch der »Vater der Geschäftsgrafik« genannt. Von ihm stammt der Ausdruck »chartjunk« (Diagrammschmutz), der nutzlose Diagramme und Grafiken mit geringen oder informationsverfälschenden Inhalten anprangert.

Nach Edward Tufte soll eine Grafik, die Daten zeigt, den Betrachter dazu anregen, über die Substanz der Informationen nachzudenken und nicht über die Art der Präsentation. Hier einige Zitate:

Nehmen Sie an, dass das Publikum intelligent ist (Zitat von E. B. White).

Muten Sie dem Betrachter keine verdummenden Daten zu, erlauben Sie ihm, seine Fähigkeiten einzusetzen, um das Maximum an Informationsgehalt aus Ihren Präsentationen zu ziehen.

Grafiken sind sichtbar gemachte Intelligenz.

Verwenden Sie Bilder nicht, um Zahlen zu dekorieren.

Eine Grafik, die große Datenmengen zusammenfasst, kann dies aus verschiedenen Perspektiven tun: Ursache und Wirkung, Beziehungen, Parallelen, Vergleiche.

Integrität der grafischen Information herstellen

Die Grafik muss die Wahrheit über die Daten sagen. Das alte Vorurteil von der lügenden Statistik beruht natürlich auf solchen Schaubildern, und Grafiken sind besonders anfällig für gewollte oder ungewollte Täuschungen. Unter Beachtung einiger Grundregeln werden Grafiken »lügenfrei«.

- Beschriftungen müssen klar und eindeutig sein.
- Große Zeitabschnitte dürfen in einem Diagramm nicht mit kleinen Perioden verglichen werden, Zahlen, die miteinander nichts zu tun haben, sollten auch nicht vermischt werden (Beispiel: Bevölkerungswachstum und Inflation). Ein häufiger Fehler ist auch, die Unterschiede oder Ähnlichkeiten durch die Größe oder Aufmachung der Grafik aufzubauschen.
- Ein Diagramm sollte nicht Teile eines Datenbestandes zeigen und damit verhindern, dass Daten aus anderen Teilen zum Vergleich benutzt werden können. Es sollte vertikale Skalierungen nicht übertreiben oder untertreiben, der Ersteller sollte gleiche Maximal- und Minimalwerte für alle Skalen verwenden.
- Daten müssen präzise sein: Eine Beurteilung, ob ein Produkt besser oder schlechter ist, macht nur Sinn, wenn alle relevanten Faktoren berücksichtigt sind und den Unterschieden entsprechende Größenmaße angewendet werden.
- Zahlen sollten direkt proportional zu deren Darstellungsgrößen sein. Tufte berechnet einen Lügenfaktor aus der Größe des Eindrucks der Grafik geteilt durch die Größe des Eindrucks in den Daten. Eine Grafik, wie in dieser Abbildung gezeigt, dürfte einen sehr hohen Lügenfaktor haben, da die Zunahme der Werte nur grafisch, aber nicht nach ihrer Wertigkeit stark erhöht ist.

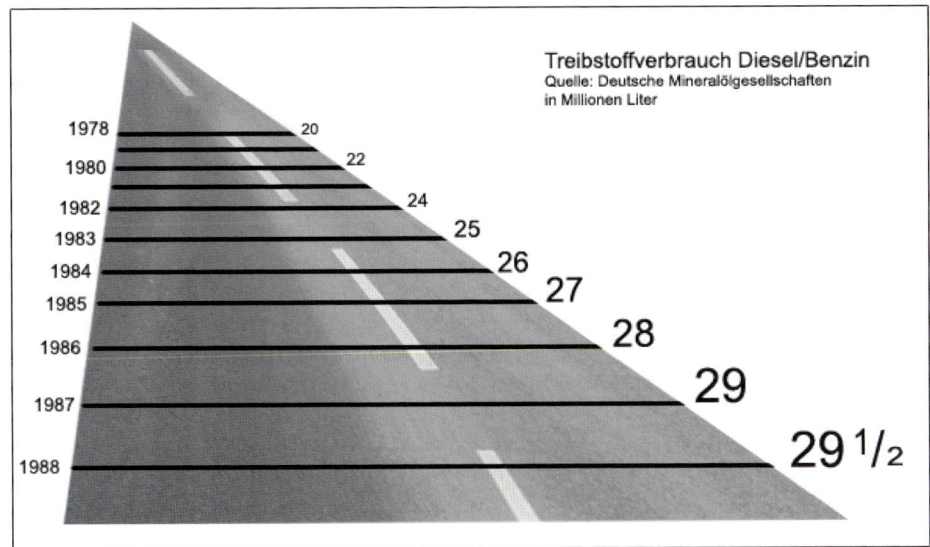

Abbildung 1.6: Mit Grafiken lügen: grafischer Eindruck im Widerspruch zu den Zahlen

Daten verdichten, Datenverständnis herbeiführen

Eine Grafik sollte niemals banale Informationen enthalten. Ein Kreisdiagramm, das zwei Prozentwerte in je einem Segment darstellt, ist überflüssig, da die Information bereits durch das Verhältnis der beiden Zahlen gegeben ist. Diagramme sollten immer hohe Datendichte und ergiebiges Zahlenmaterial visualisieren. Eine hohe Datendichte ist für den Betrachter gut, er sollte die Möglichkeit bekommen, die Daten zu interpretieren.

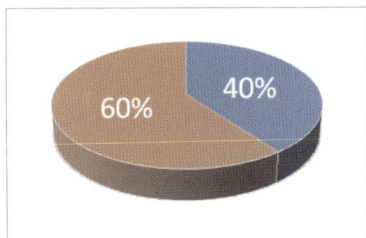 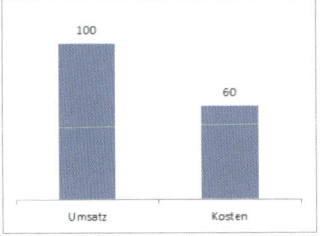

Abbildung 1.7: Überflüssig und zu wenig Datendichte

Komprimierung der Daten sollte gebraucht werden, um Daten zu enthüllen, und nicht, um sie zu verstecken. Diagramme sollten so viele Informationen wie möglich enthalten.

Grafikmüll vermeiden, Regeln für gutes Design

Wenn ein Diagramm Unverständnis oder Konfusion auslöst, ist das Design schuld, nicht die Komplexität der Daten. Informationen, die keinen Bezug zur Botschaft des Diagramms haben, können ausgeblendet oder versteckt werden. Werden Parallelen aufgezeigt, sollten nur die relevanten Unterschiede zu sehen sein.

Visuelle Effekte dürfen nur eingesetzt werden, um Informationen zu vermitteln. Der Diagrammgestalter sollte alles Überflüssige weglassen und keine Effekte oder dekorative Elemente benutzen, die das Lesen oder die Aufnahme der Information erschweren. Dazu gehören:

- dick umrandete Kästen
- unterstrichene Texte
- Gitternetzlinien
- 3D-Darstellungen
- Schatten

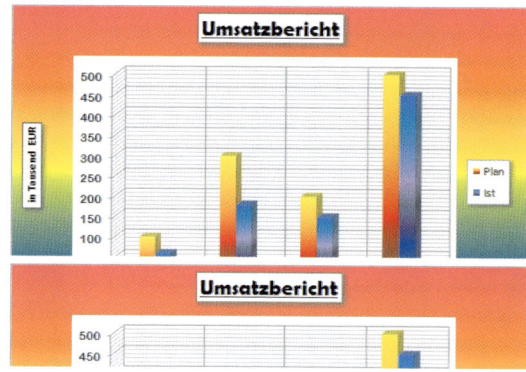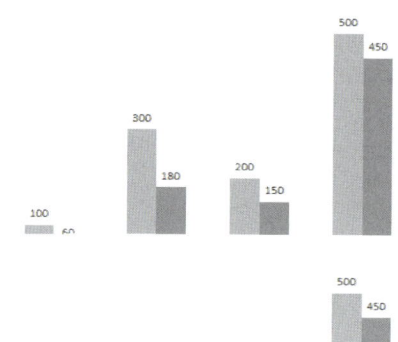

Abbildung 1.8: Kein Grafikmüll in Diagrammen

- Schraffierungen sind besser zu unterscheiden als solide Farbtöne. Farben sollten als Hauptidentifikatoren für Datenreihen verwendet werden, Hintergrundfarben sind zu vermeiden. Leerraum kann gezielt zur Hervorhebung von Informationen eingesetzt werden.
- Beschriftungen und Markierungen sind so klein wie möglich, aber immer lesbar zu halten. Serifenschriften sind besser lesbar als serifenlose Schriftarten. Um Teile einer Grafik zu beschriften, sollten die Texte oder Botschaften möglichst nah an den Daten stehen. Anstelle von Legenden sollten die Daten direkt auf den Datenreihen (Balken, Säulen, Linienpunkten) kommentiert sein.
- Tortendiagramme sind zu vermeiden, da sie keine Komplexität ausdrücken (außer in Mehrfachdiagrammen).
- Punktewolken sind besser als Flächen (Choroplethen).
- Farben im Diagramm sind Identifikatoren. Unterschiedliche Objekte mit der gleichen Farbe werden vom Betrachter als gleichbedeutend angenommen. Helle Farben sollten kleine Flächen hervorheben, niemals als Hintergrundfarbe verwendet werden. Edward Tufte empfiehlt Muster anstelle von Farben einzusetzen.

Einen eindrucksvollen Beweis, welche Folgen falsche Geschäftsgrafiken haben, liefert Prof. Edward Tufte mit dem Artikel über die Challenger-Katastrophe 1986, die zu vermeiden gewesen wäre, wenn die NASA nicht das vorliegende (falsche) Datendiagramm, sondern die exakten und einfachen Grafiken gesehen hätte, die die Effekte von niedriger Temperatur und Schäden an den Feststofftriebwerken zeigten.

Link: www.edwardtufte.com

Buchtipp: Edward Tufte: The Visual Display of Quantitative Information, Graphics Press, Cheshire, CT, Erstauflage 1983

1.2.3 Wie aus Zahlen Bilder werden – Gene Zelazny

Mit seinem ersten Buch *Say it with charts* hat Gene Zelazny, Direktor für visuelle Kommunikation bei McKinsey & Company, Maßstäbe für die Gestaltung von Geschäftsgrafiken gesetzt. Das Buch gibt es seit 1986 in deutscher Auflage.

Anhand einer fiktiven Präsentation zeigt Zelazny, welche Kardinalfehler in Präsentationen und im Einzelnen in den verwendeten Diagrammen gemacht werden:

- unlesbare Inhalte, unverständliche Beschriftungen
- zu viele Informationen, zu wenig Sachbezug
- geringe Informationen aufwendig gestaltet

Danach folgt die Erklärung, wie Diagramme passend zur Aussage (Botschaft) erstellt werden, und eine klare Strukturierung der Diagrammtypen, die alle einen Vergleich als Basis haben. Im zweiten Teil erhält der Leser die Anleitungen, wie die Diagrammtypen in der Praxis angewandt werden.

Fünf Diagrammformen und Vergleiche

Gene Zelazny leitet alle Diagrammtypen von den fünf Grundtypen für die Darstellung quantitativer Zusammenhänge ab.

Abbildung 1.9: Fünf Grundtypen von Diagrammen

Jede Aussage, die Sie vermitteln, enthält einen Vergleich, und für jeden dieser Vergleiche gibt es einen prädestinierten Diagrammtyp:

- der Strukturvergleich
- der Rangfolgevergleich
- der Zeitreihenvergleich
- der Häufigkeitsvergleich
- der Korrelationsvergleich

Diagrammgestalter halten sich nicht immer an die Regeln, und besonders häufig wird die falsche Diagrammart für die Visualisierung von Zahlen verwendet. Die meisten Zusammenhänge lassen sich mit einem der fünf Hauptdiagrammtypen darstellen. Sie gehen kein großes Risiko ein, wenn Sie eines dieser Diagramme verwenden. Hier eine Übersicht über die richtige Zuweisung der Diagrammart:

Strukturvergleiche mit Tortendiagrammen und Portfolios

Der Strukturvergleich liefert die Anteile an einer Gesamteinheit, wie z. B. die Umsätze pro Region oder die Marktanteile eines Unternehmens in einer Branche. Das Tortendiagramm verdeutlicht die Aussage am besten. Portfoliodiagramme erweitern die Aussage um eine zusätzliche Dimension.

Das Tortendiagramm sollte nicht mehr als sechs Segmente enthalten. Lassen Sie den wichtigsten Sektor an der 12-Uhr-Linie beginnen, die übrigen Sektoren werden im Uhrzeigersinn angeordnet. Der wichtigste Sektor erhält die stärkste Farbe oder die dunkelste Schraffur. Enthält das Tortendiagramm zu viele kleine Segmente, fassen Sie diese in einer Gruppe zusammen und erstellen ein Kreis-im-Kreis-Diagramm oder ein Balken-im-Kreis-Diagramm.

Abbildung 1.10: Strukturvergleiche

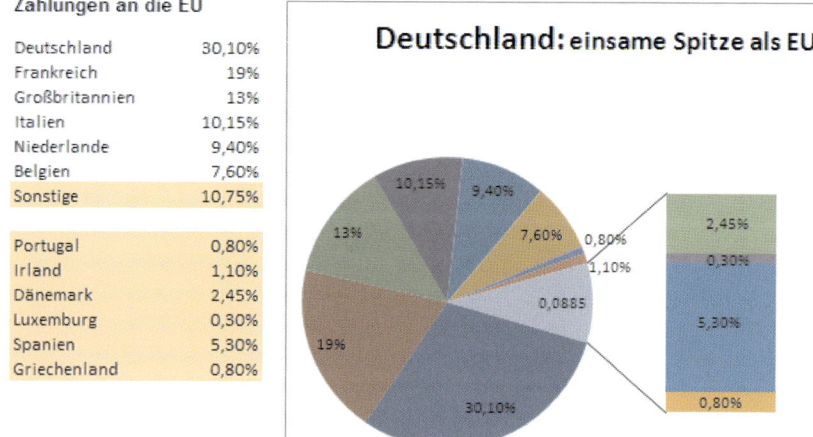

Abbildung 1.11: Kreis im Kreis: sinnvoll bei vielen Kleinwerten

Rangfolgevergleiche im Balkendiagramm

Die Aufreihung von Objekten visualisiert das Balkendiagramm am besten. Beispiel: Im März lag der Umsatz eines Artikels über dem der anderen. In der Vertikalen sind die Objekte angeordnet, die Horizontalachse enthält die Unterteilung (z. B. Prozente).

Säulen oder Linien für Zeitreihenvergleiche

Veränderungen über einen bestimmten Zeitraum hinweg verdeutlichen Sie mit dem Säulen- oder Liniendiagrammtyp. Säulen sollten nur bei wenigen Punkten zum Einsatz kommen, Linien verwenden Sie bei zahlreichen Punkten. Passen Sie die Abstände zwischen den Säulen so an, dass diese optisch gut erfassbar sind. Soll das Säulendiagramm mehr als eine Reihe darstellen, verwenden Sie am besten Überlappungen. Gestapelte Säulen geben zusätzlich die Anteile der einzelnen Werte an der Gesamtheit wieder.

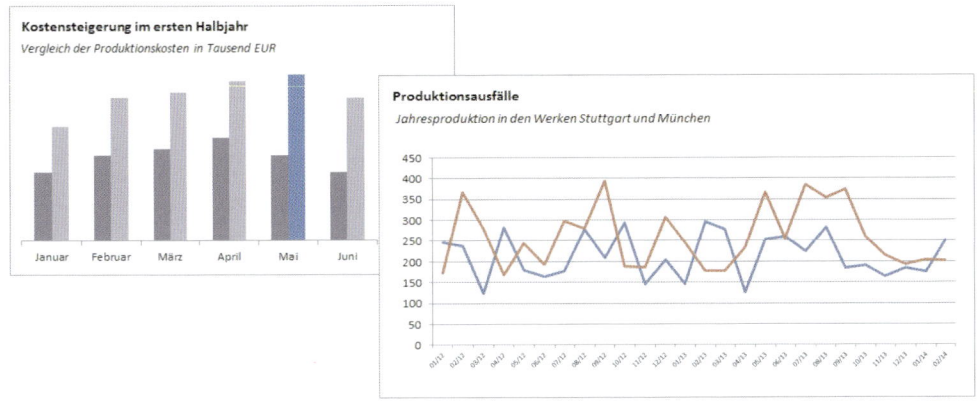

Abbildung 1.12: Säulen im Zeitreihenvergleich

Im Kurvendiagramm bringen Sie mehr Punkte unter als im Säulendiagramm. Excel bietet auch die Möglichkeit, Linien zu glätten, was besonders für Funktionskurven nützlich ist.

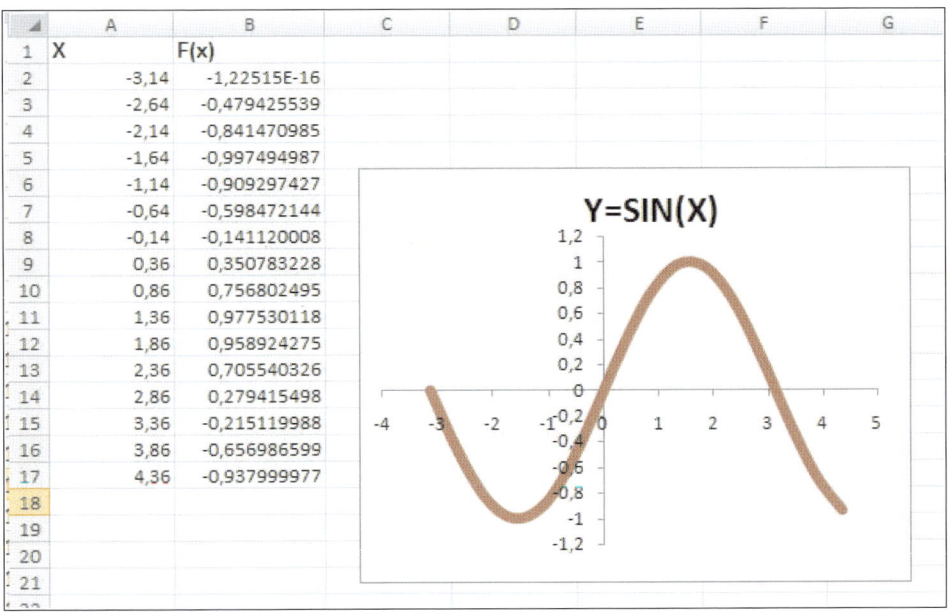

Abbildung 1.13: Linie geglättet

Der Häufigkeitsvergleich

Die Besetzung der Größenklassen bringt dieser Vergleich zum Ausdruck, der in der Praxis ebenfalls über das Säulen- oder Liniendiagramm visualisiert wird. Die Hauptachse enthält dabei die Objektbezeichnungen.

Der Korrelationsvergleich

Diese Vergleichsart zeigt auf, ob eine Beziehung zwischen zwei Variablen besteht (Beispiel: Steigt der Absatz, wenn die Preise niedrig sind?). Sie wird mit zwei Balkendiagrammen mit gemeinsamer Achse oder über das Punktdiagramm dargestellt.

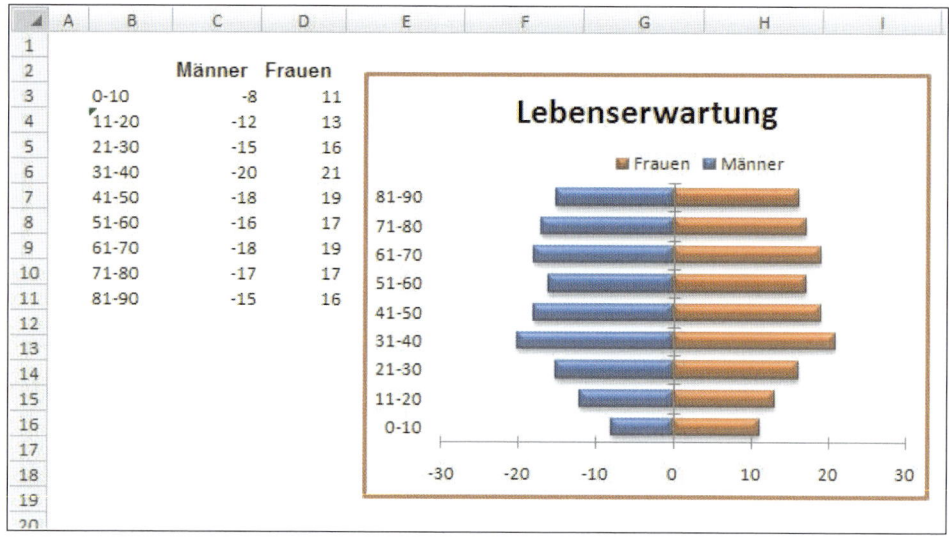

Abbildung 1.14: Korrelation mit zwei Balken auf einer Achse

Link: www.zelazny.com

Buchtipps:

Gene Zelazny und Christel Delker: Wie aus Zahlen Bilder werden, Gabler Verlag Wiesbaden, Erste Auflage 1986.

Gene Zelazny: Das Präsentationsbuch, übersetzt von Patricia Künzel, campus Verlag Frankfurt, 2009

1.2.4   Die SUCCESS-Methode von Prof. Dr. Rolf Hichert

Prof. Dr. Rolf Hichert war u. a. Berater bei McKinsey, Gründer der MIK GmbH und Geschäftsführer der MIS Schweiz AG. Mit der 2004 gegründeten Firma HICHERT + PARTNER schuf er einen Standard für Management-Reporting. Unter dem Stichwort *Management Information Design* liefert Hichert die Grundlagen für eine erfolgreiche Geschäftskommunikation. Das SUCCESS-Konzept besteht aus sieben Regeln für die schriftliche und mündliche Kommunikation, der Begriff HI-NOTATION® steht für die Gesamtheit der Gestaltungsempfehlungen im Management-Reporting.

Für die Visualisierung von Geschäftszahlen setzt Hichert ausschließlich auf Excel-Diagramme und verzichtet dabei fast vollständig auf Unterstützung durch die VBA-Makroprogrammierung. Damit haben Anwender seiner Methode die Möglichkeit, aussagekräftige Diagramme mit den »Bordmitteln« von Excel zu erstellen.

Auf der Webseite *www.hichert.com* bietet Prof. Hichert einen detaillierten Einblick in das SUC-CESS-Konzept mit ausführlicher Erklärung der sieben Regeln, Vorher-nachher-Beispielen und einem Schreckenskeller mit besonders misslungenen Schaubildern. Zahlreiche Beispiele, größtenteils per Download zur Verfügung gestellt, demonstrieren die praktische Umsetzung der SUCCESS-Regeln nach HI-NOTATION®.

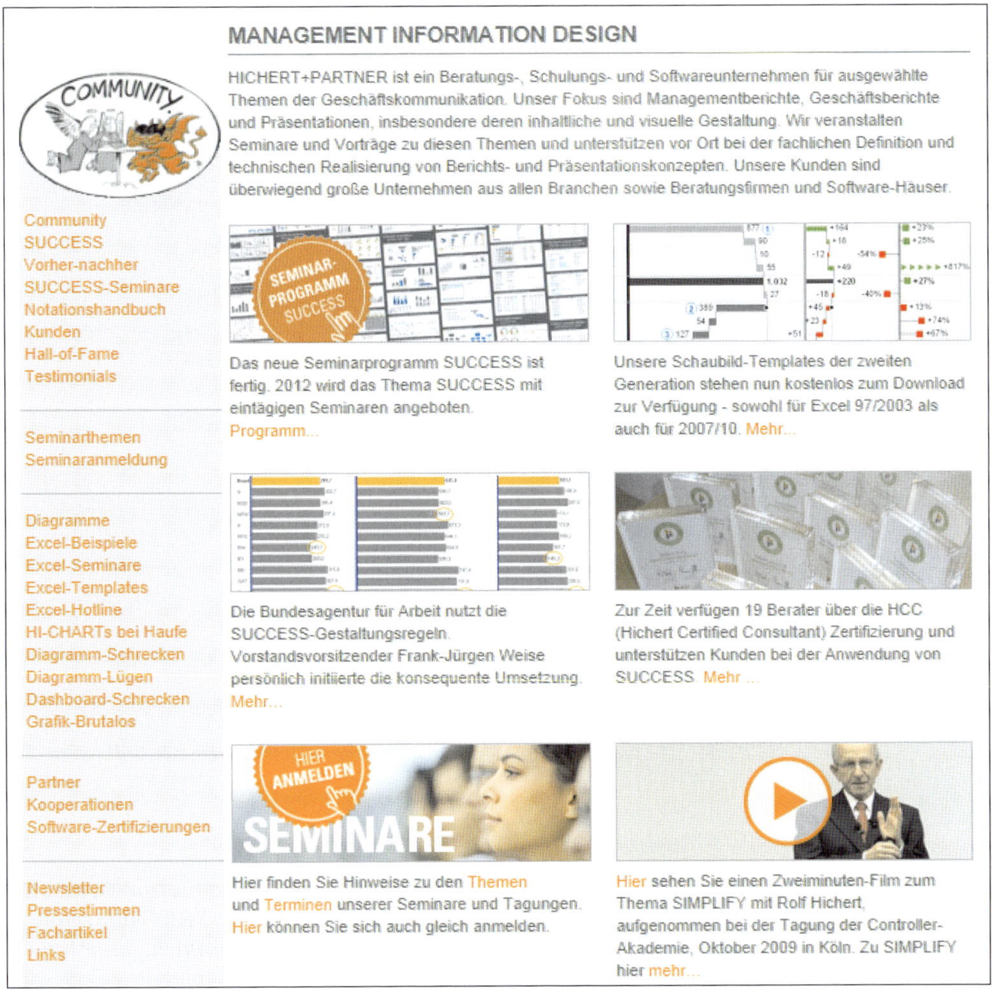

Abbildung 1.15: Management Information Design und SUCCESS unter www.hichert.com

SUCCESS

Kreativität und Beliebigkeit haben im Managementbericht nichts verloren. Klare Botschaften, Standards und Reduzierung auf das Wesentliche kennzeichnen die Berichte nach SUCCESS. Die SUCCESS-Regeln gelten sowohl für schriftliche (z. B. Berichte, Statistiken) als auch mündliche Formen (z. B. Präsentationen) der Geschäftskommunikation. Die Wirksamkeit von Präsentationen kann durch den fachgerechten Einsatz von Schaubildern deutlich gesteigert werden. Hingegen führt die unsachgemäße Verwendung von Visualisierungen leider sehr häufig zu Widerständen und Missverständnissen in der Kommunikation.

SAY: Botschaften vermitteln (*Deliver messages*)
Haben Sie etwas zu berichten? Oft sind Berichte nur Sammlungen von Daten ohne erkennbare Botschaft an die Empfänger. Das gilt auch für die meisten Präsentationen.

UNIFY: Bedeutung vereinheitlichen (*Standardize content*)
Gleiches wird gleich dargestellt, und Verschiedenartiges darf nicht gleich dargestellt werden. Eindeutige Gestaltungsregeln erleichtern die Erstellung und das Verständnis.

CHECK: Qualität sicherstellen (*Ensure quality*)
Berichtsempfänger erwarten inhaltlich richtige Daten. Aber sind die richtigen Daten auch richtig dargestellt? Manipulierte Diagramme sind in der Geschäftskommunikation an der Tagesordnung.

CONDENSE: Information verdichten (*Concentrate information*)
Hohe Informationsdichte ermöglicht die Darstellung komplexer Sachverhalte. Erst der Überblick über das Gesamte lässt eine korrekte Bewertung von Detailinformationen zu.

ENABLE: Konzept verwirklichen (*Implement concept*)
SUCCESS ist mehr als eine Verschönerung von Diagrammen. SUCCESS greift in die Kultur der Geschäftskommunikation ein, eine praktische Umsetzung muss sorgfältig geplant werden.

SIMPLIFY: Kompliziertheit vermeiden (*Avoid complication*)
Die Lesbarkeit von Diagrammen und Tabellen wird durch SIMPLIFY erleichtert. Das Entfernen von »Rauschen« und »Redundanz« befreit die Berichtsobjekte von vermeidbaren Nebengeräuschen.

STRUCTURE: Inhalt gliedern (*Group content*)
Berichte und Präsentationen haben in vielen Fällen keine in sich logische Struktur. Überschneidungen und Unvollständigkeit erschweren das Verständnis von Geschäftskommunikation.

Tabelle 1.1: Überblick über die sieben SUCCESS-Regeln von Prof. Dr. Hichert ©

Das Management Information Design und die SUCCESS-Methode als revolutionär und bahnbrechend für das Management-Reporting zu bezeichnen ist sicher nicht übertrieben. Das Konzept wird den Wildwuchs an Visualisierungen im Berichtswesen eindämmen, die Philosophie hinter den sieben SUCCESS-Regeln wird zum Standard für die professionelle Geschäftskommunikation. Für die Umsetzung sind neben der Beherrschung der Notation natürlich sehr gute Excel-Kenntnisse nötig, wie die Beispiele zeigen, die auf der Webseite www.hichert.com zum Download bereitstehen. Unterstützung in Form von Seminaren, Lernvideos und PDF-Broschüren ist aber reichlich im Angebot.

1.2.5   Managementberichte

Geschäftszahlen sind in der Regel komplexe Zahlen (komplex im Sinne von groß, nicht der mathematische Begriff). Um über Umsätze, Absätze, Produktionsstückzahlen oder Personalstände im Unternehmen zu berichten, kommen in der Praxis zwei Methoden zum Einsatz. Für beide Berichtsformen gelten eigene Gesetze:

- die mündliche Kommunikation (Präsentation, Vortrag)
- die schriftliche Kommunikation (Geschäftsberichte, Managementberichte)

Warum sind Präsentationen langwierig und langweilig? Und warum werden zeitaufwendig gestaltete Berichte nicht gelesen? Das Dilemma der Informationsvermittlung liegt hauptsächlich in der Gestaltung der Inhalte. Wer seine Zuhörer im Vortrag nicht nur mit Fakten bombardiert, sondern Ursachen und Auswirkungen aufdeckt und Empfehlungen ausspricht, wird Gehör finden. Und wer seine Berichte mit klaren Botschaften versieht und die Diagramme übersichtlich gestaltet und auf unnötige Elemente verzichtet, kann sicher sein, dass diese auch gelesen werden.

Präsentationen

Wer Zahlen präsentiert, ob im internen Kreis für Führungskräfte, Entscheider, Teammitarbeiter oder extern für Kunden und Messebesucher, verwendet ein Präsentationswerkzeug (PowerPoint) und geeignete Geräte (Beamer, Flipchart). Der Präsentierende muss seine Präsentation vorbereiten, dazu erstellt er eine Agenda mit der Gliederung seines Vortrags, Folien, begleitende Dokumentation und Handouts für die Zuhörer. Für die Gestaltung des Vortrags setzt er Visualisierungstechniken für Geschäftszahlen ein und erstellt Infografiken.

Mindestens genauso wichtig wie die professionelle Visualisierung der Zahlen ist die Fähigkeit des Redners, seine Präsentation kurzweilig, spannend und interessant zu gestalten. Rhetorische Sicherheit, überzeugendes, sicheres Auftreten gehören ebenso zur Präsentation wie ein gut vorbereiteter und visualisierter Inhalt.

Edward Tufte gilt übrigens als erklärter Gegner von PowerPoint. Auch der Schweizer Rhetoriktrainer Matthias Pöhm spricht sich entschieden gegen das Präsentationswerkzeug aus und plädiert für eine freie Rede ohne Folien und Schaubilder. Für die Präsentation von Geschäftszahlen werden Sie auf PowerPoint nicht verzichten können oder wollen, aber ein guter Redner wird das Werkzeug sparsam einsetzen und mehr auf die Kraft des gesprochenen Wortes setzen.

Buchtipp: Matthias Pöhm: Präsentieren Sie noch oder faszinieren Sie schon? Der Irrtum PowerPoint, mvg Verlag München, 2006

Der Geschäftsbericht

Der Begriff *Geschäftsbericht* ist reserviert. Ein Geschäftsbericht ist die Veröffentlichung der Geschäftszahlen eines Unternehmens für die Anteilseigner und die Öffentlichkeit, in der das Unternehmen Rechenschaft über das abgelaufene Geschäftsjahr ablegt. Er enthält abhängig von der Unternehmensgröße:

- die Bilanz
- einen vollständigen Jahresabschluss mit Gewinn- und Verlustrechnung
- einen Lagebericht und einen Bericht des Aufsichtsrats
- Vorschläge und Beschlüsse zur Gewinnverwendung
- Bestätigungsvermerk des Abschlussprüfers

Im Unterschied zu diesem Bericht, dessen Inhalt im deutschen Handelsgesetzbuch vorgeschrieben ist, kann der Managementbericht alles enthalten, was im Unternehmen aus Zahlen interpretierbar ist. Berichte sind aber in der Regel immer Vorlagen zur Entscheidungsfindung und unterscheiden sich damit inhaltlich von anderen Dokumentationen wie z. B. Produkthandbüchern, Arbeitsanleitungen oder Sicherheitsbestimmungen.

Visualisierungen von Geschäftszahlen im Geschäftsbericht sind eine besondere Herausforderung. Die Einhaltung der CI-Gestaltungsrichtlinien ist von größter Bedeutung, und für Diagramme, Tabellen und Schaubilder sollte eine klare, einheitliche Notation bestehen. Immer mehr größere Unternehmen nutzen deshalb die HI-NOTATION®-Regeln und das SUCCESS-Konzept von Prof. Dr. Rolf Hichert, z. B. die Bundesagentur für Arbeit, REWE oder die Schweizerische Post.

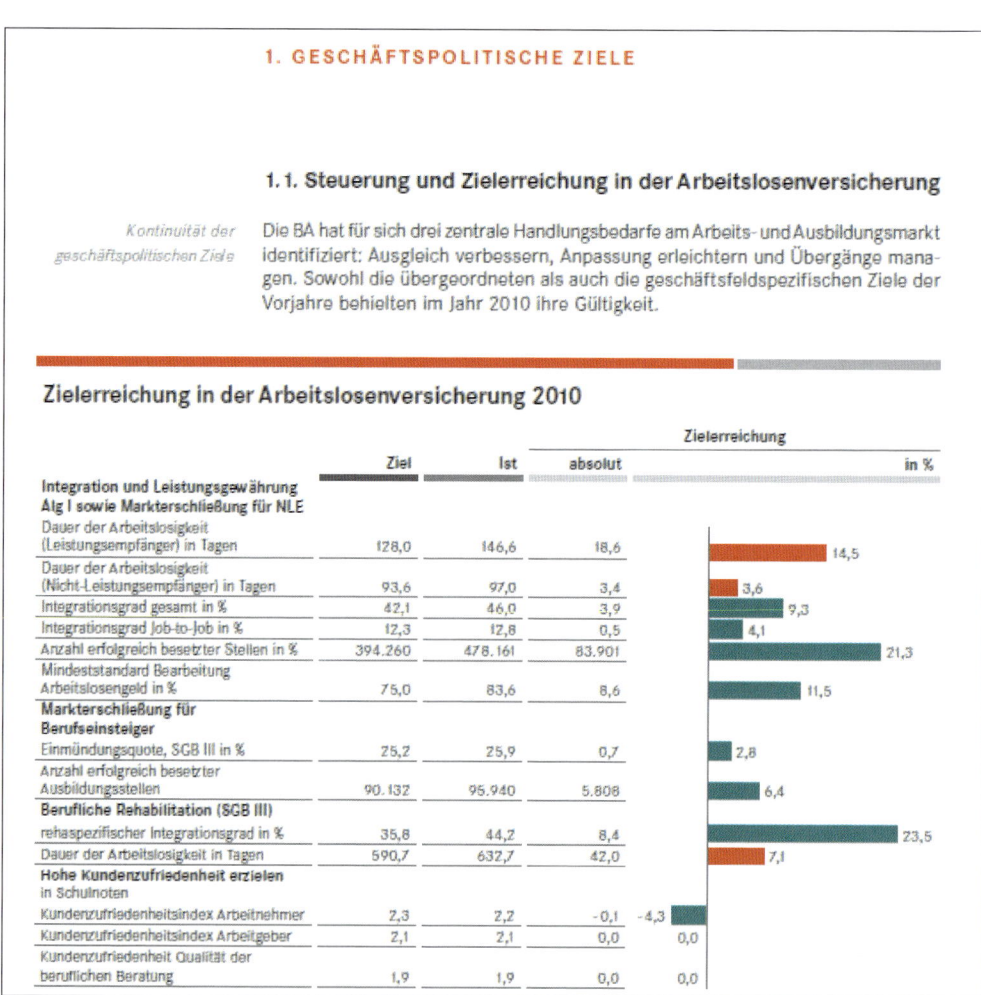

Abbildung 1.16: Geschäftsbericht der Bundesagentur für Arbeit (Auszug)

Links:

http://www.hichert.com/de/company/kunden/42

www.arbeitsagentur.de

Prof. Dr. Rolf Hichert definiert in seinem HI-NOTATION®-Konzept und mit den sieben SUCCESS-Regeln die Voraussetzungen für einen erfolgreichen Managementbericht. Hier eine Kurzfassung (Quelle: www.hichert.com).

Botschaft im Mittelpunkt

Viele Berichte enthalten keine Botschaften, sondern Halbsätze wie *Steigende Kosten, Sinkende Umsätze*. Fehlt die Botschaft in einem Managementbericht, wird nicht berichtet. Die Botschaft sollte nicht nur Feststellungen, sondern auch Erklärungen und Empfehlungen enthalten.

Statt:

Unser Export beträgt 35 %

Besser so:

Unser Export lag 2011 5 % unter dem Ziel von 40 %, weil …

Oder als Empfehlung:

Damit wir 2011 das Exportziel von 40 % erreichen, sollten wir …

Auch in der Visualisierung darf die Botschaft nicht fehlen. Erst die Kombination aus Titel (Dimension), Botschaft (Aussage) und Hervorhebung (Pfeil, Kreis, Unterstreichung) macht aus einem Diagramm ein verständliches Schaubild.

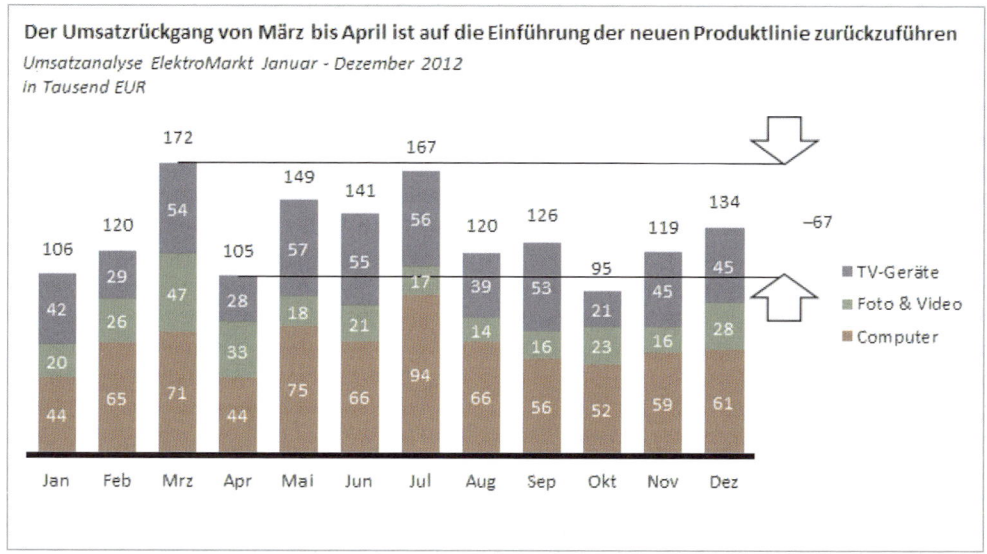

Abbildung 1.17: Kein Diagramm ohne Botschaft

Notation und Gestaltung

Gestaltungsregeln aus dem Corporate Design sollten nur dann zur Anwendung kommen, wenn sie dem Verständnis dienen. Alle dekorativen und inhaltslosen Elemente müssen entfernt werden:

- 3D-Diagrammtypen
- Rahmen und Schatten
- Farben und Hintergründe, die nicht der Unterscheidung von Werten dienen

Diagrammtypen müssen ihrem Bestimmungsgrad entsprechend zum Einsatz kommen. Jedes Diagramm liefert einen Vergleich von Zahlen (vergl. Kapitel 1.2.3). Kreis- und Tortendiagramme sind möglichst zu vermeiden.

Gleiche Inhalte müssen gleich dargestellt werden. Skalen für vergleichende Sachverhalte dürfen nicht unterschiedlich bemessen sein, Achsen nicht abgeschnitten werden. Achsenbeschriftungen sollten wenn möglich durch direkte Beschriftung der Datenreihen ersetzt werden.

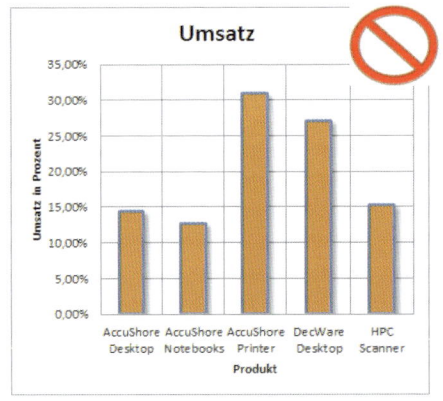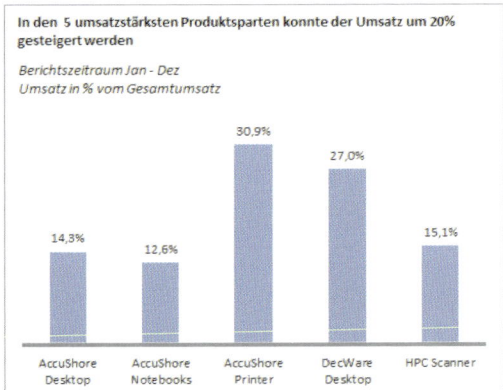

Abbildung 1.18: Rauschen vermeiden, Reihen beschriften statt Achsen

Hohe Informationsdichte

Diagramme müssen eine hohe Informationsdichte aufweisen. Ist die Dichte gering, sollten mehrere Diagramme nebeneinander platziert werden. Diagramme sollten Ursache und Zusammenhänge zeigen, nicht banale Tatsachen.

Redundanz sollte vermieden werden. Wenn in der Überschrift bereits *Nettoumsatz in Mio. EUR* steht, muss diese Messgröße im Diagramm nicht noch einmal vorkommen.

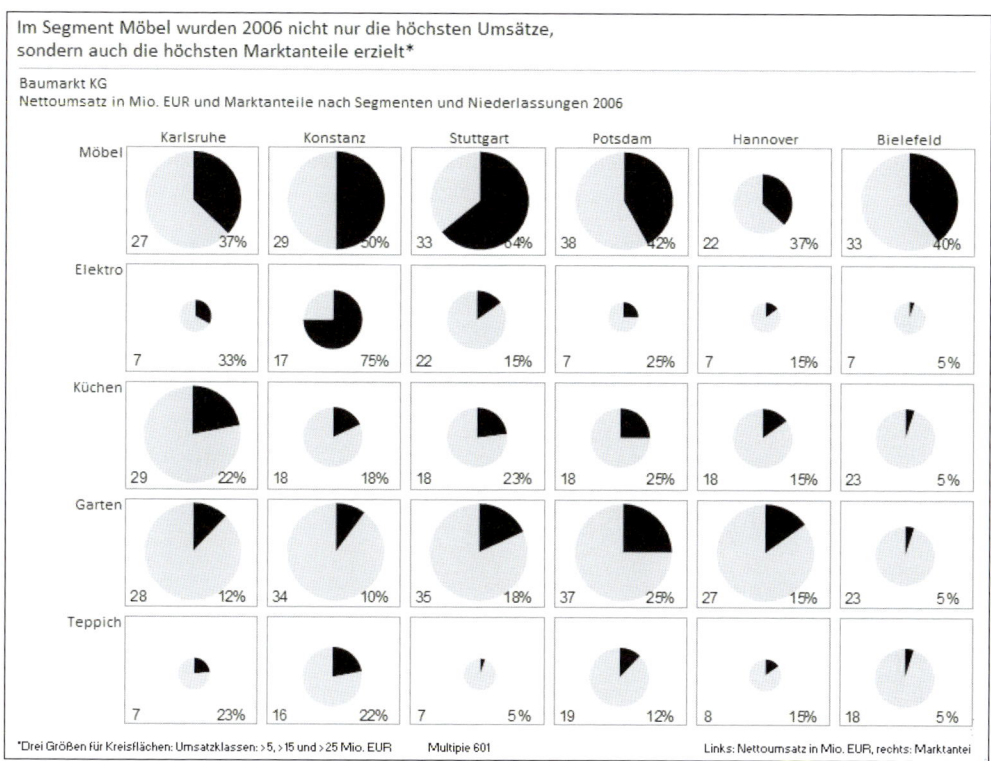

Abbildung 1.19: Hohe Informationsdichte durch mehrere Diagramme (Quelle: www.hichert.com)

1.2.6 SparkShapes

SparkShapes ist eines der ersten Produkte, das im SUCCESS-Umfeld entstanden ist. Zielsetzung dieses Excel-Add-Ins ist die einfache Erstellung von Diagrammen über SparkShapes, eine Mischung aus Diagrammobjekten und Sparklines. Das Add-In für Excel wird auf der Webseite *www.sparkshapes.de* angeboten, eine voll funktionsfähige 30-Tages-Testversion steht zur Verfügung (siehe Kapitel 9 »Nützliche Werkzeuge«).

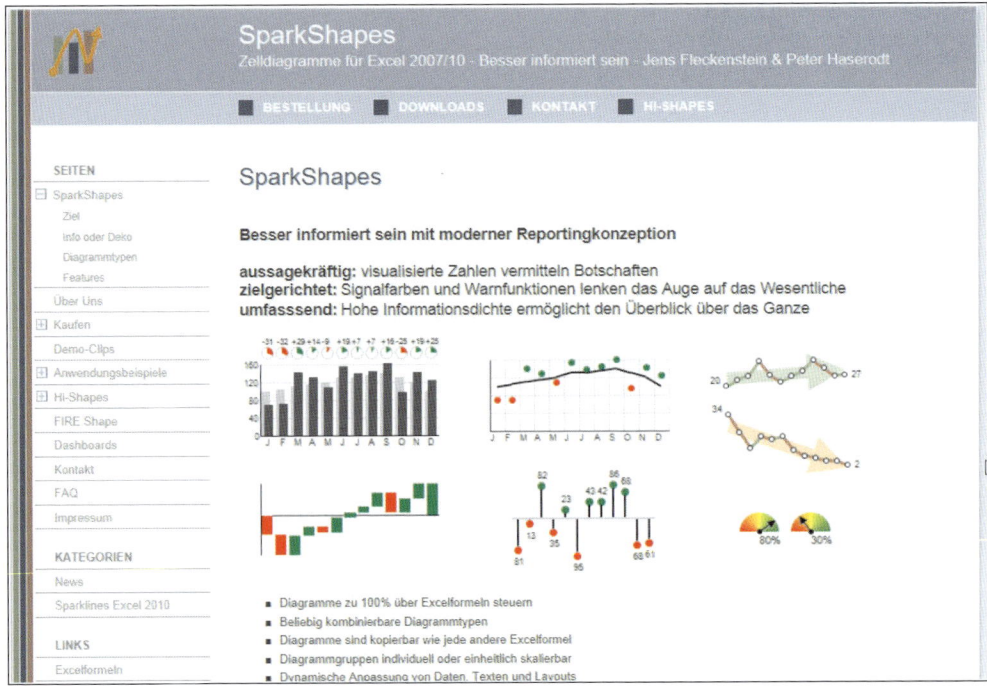

Abbildung 1.20: Professionelles Management–Reporting nach SUCCESS mit SparkShapes

Kapitel 2

Corporate Identity realisieren

Wir kennen Sie alle, die kunstvoll gestalteten Excel-Tabellen mit farbigen Hintergrundmustern, verziert mit Linien in allen Strichstärken unter Ausnutzung aller abenteuerlichen Schriftarten und Schriftgrößen. Und die Präsentationen, in denen versucht wird, uns mit den individuellen Gestaltungsvorlieben des Erstellers zu beeindrucken. Gibt es im Unternehmen CI-Vorschriften für einheitliche Gestaltung, gelten diese meist für Verkaufsbroschüren und Visitenkarten. Wer Zahlen mit Excel visualisiert, unterwirft sich in der Praxis selten irgendwelchen Regeln, was der Lesbarkeit und dem Verständnis der präsentierten Information meist nicht gerade zugutekommt. Einheitlich gestaltete Berichte sind auch mit Excel machbar. Voraussetzung ist, dass die Regeln zuvor aufgestellt und für alle verbindlich gemacht werden.

2.1   Ein Notationshandbuch für Geschäftsberichte

Wer die SUCCESS-Regeln von Prof. Dr. Rolf Hichert umsetzen will, sollte als Erstes ein Notationshandbuch für Geschäftsberichte erstellen. In diesem Handbuch sind alle Darstellungsregeln für Geschäftsberichte enthalten. Ein Gliederungsbeispiel finden Sie unter diesem Link:

`http://www.hichert.com/de/success/unify/289`

2.2   Corporate Identity

CI (Corporate Identity) ist für jedes Unternehmen ein wichtiges Merkmal für die Präsentation nach außen. Ein einheitliches und professionelles Auftreten gegenüber Kunden und Geschäftspartner ist Pflicht, auch für interne Geschäftsprozesse sind Regeln und Vorschriften für Präsentation und Kommunikation unabdingbar.

Ein wichtiger Teil des Konzepts ist das Corporate Design, hierunter fällt neben dem Firmenlogo und der Briefbogen auch die Gestaltung von Präsentationen und Berichten. Was früher nur für PowerPoint galt, wird zunehmend auch für Excel zur Vorschrift: Schriftart und Schriftgrößen in Tabellen müssen den CI-Richtlinien entsprechen, das Layout von Tabellenblättern sollte intern genormt sein, und Größe und Inhalt von Kopf- und Fußzeilen dürfen nicht individuell von jedem Anwender frei definierbar sein. Diese Richtlinien werden im CI-Handbuch festgeschrieben.

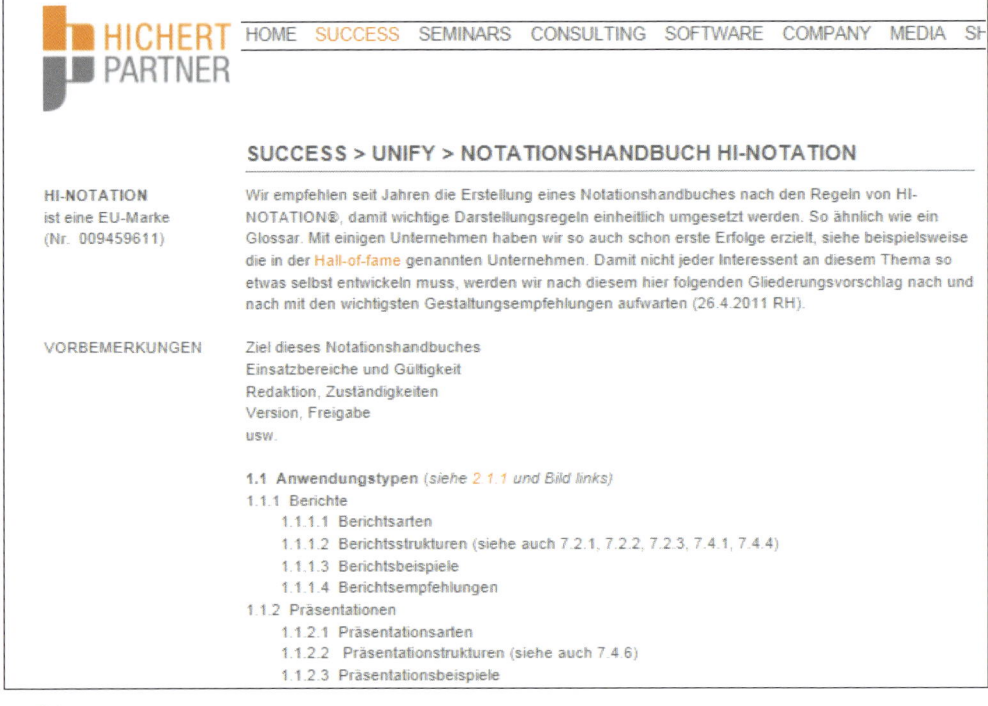

Abbildung 2.1: Notationshandbuch nach den SUCCESS-Regeln

Das Textverarbeitungsprogramm Word bietet für solche Zwecke Dokumentvorlagen (Templates) an, NORMAL.DOTX ist die Standardvorlage, und für ein einheitliches Design von Dokumenten genügt es, diese (oder andere spezifische wie Faxvorlagen etc.) für jeden Anwender schon bei der Installation zur Verfügung zu stellen. Auch PowerPoint kann Standardvorgaben für Präsentationen aus einer globalen Vorlage beziehen. Excel-Anwender haben keine Möglichkeit, auf Vorlagen zurückzugreifen, da Excel keine Standardvorlage anbietet, aber auch das lässt sich mit einem Trick realisieren.

2.3   CI-Design in Excel

Der erste Schritt zu einheitlichen Berichten und Präsentationen ist die Umsetzung der CI-Vorschriften für Excel-Anwender. Die Anweisung beschreibt:

- wie Daten gespeichert werden (Dateitypen, Ordnerstruktur im Netz, Dateiinformationen)
- welche Sicherheitsrichtlinien zu beachten sind
- wie Tabellen auf dem Bildschirm und gedruckt aussehen sollten (Verwendung von Farben, Mustern, Linien, Kopf- und Fußzeilen, Hochformat/Querformat etc.)
- welche Diagrammtypen erlaubt und vorgeschrieben sind
- wie Diagramme in Berichten zu gestalten sind (Farben, Hintergrund, Gestaltungselemente)

Ein CI-Konzept für Excel-Anwender enthält dann z. B. folgende Vorgaben (auszugsweise):

Tabellenlayout	Standardformat: Hochformat A4
	Seitenrand: links und rechts 2 cm, oben und unten 2 cm
	Keine Hintergrundfarben oder –bilder
	Kopfzeile links: Dateiname und Speicherpfad
	Fußzeile links: Name und Abteilung des Erstellers
	Fußzeile rechts: Seitenzahl und Anzahl Seiten
	Keine Gitternetze im Ausdruck
Diagramme	RGB-Farben (Rot/Gelb/Grün) für Diagramme:
	1. Reihe: 0/135/116
	2. Reihe: 0/77/146
	3. Reihe: 155/187/89

Um für alle Mitarbeiter ein einheitliches Design von Excel-Tabellen und Diagrammen nach den Gestaltungsrichtlinien der Firma zu erstellen, brauchen Sie zunächst ein eigenes Design. Dieses kann über die Werkzeuge im Seitenlayout zusammengestellt und abgespeichert werden. Anschließend gestalten Sie eine Arbeitsmappe und ein Tabellenblatt nach den internen Richtlinien und speichern diese zusammen mit dem Design als Standardvorlage für neue Arbeitsmappen und Tabellenblätter.

Abbildung 2.2: CI-Design in Excel – der Weg

2.4   Ein benutzerdefiniertes CI-Design

Mit Office 2010 hat Microsoft einen wichtigen Schritt in Richtung CI getan: Die Einführung von Designs für alle Office-Produkte bietet die Möglichkeit, CI-Richtlinien für Word-Dokumente, Excel-Tabellen und Diagramme und PowerPoint-Präsentationen einheitlich umzusetzen. Ein Design besteht aus je einem Satz Designfarben und Designschriftarten sowie vordefinierten Effekten wie Linien und Fülleffekten. In Excel finden Sie eine Auswahl vordefinierter Designs unter SEITENLAYOUT/DESIGNS. Das Standarddesign heißt *Larissa*, damit arbeiten alle Excel-Anwender, für die kein firmenspezifisches Design installiert wurde.

2.4.1   Designfarben definieren

Für ein benutzerdefiniertes Design stellen Sie im ersten Schritt die Farben für Texte und Diagrammelemente ein. Die Akzentfarben 1 bis 6 sind für die Formatierung der Datenreihen in Diagrammen zuständig, sie werden auch auf SmartArt-Grafiken und WordArt-Schrifteffekte angewandt. Über die Formenbibliothek gezeichnete Grafikobjekte erhalten automatisch die Farbe der ersten Akzentfarbe.

In mehrreihigen Diagrammtypen (Säulen, Balken, Linien, Flächen) erhalten die Datenreihen die Akzentfarben nach der Anordnung der Reihen (1. Reihe Akzentfarbe 1, 2. Reihe Akzentfarbe 2 usw.). Das Kreisdiagramm verwendet die Akzentfarben für die Segmente, die Zuweisung erfolgt im Uhrzeigersinn ausgehend vom Winkel 0°.

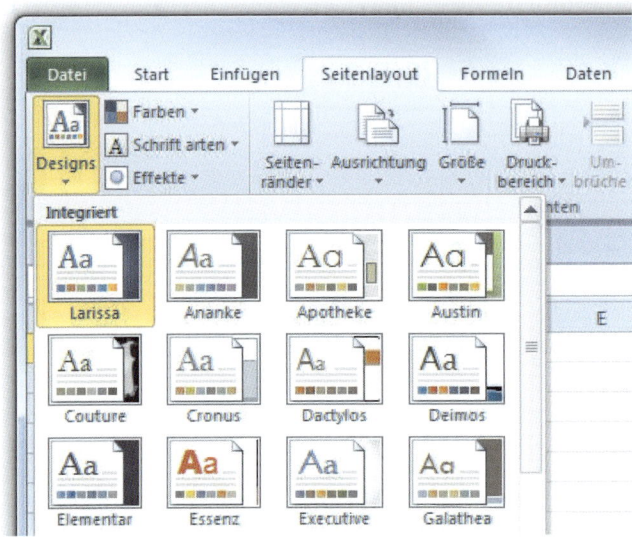

Abbildung 2.3: Integrierte Designs im Seitenlayout

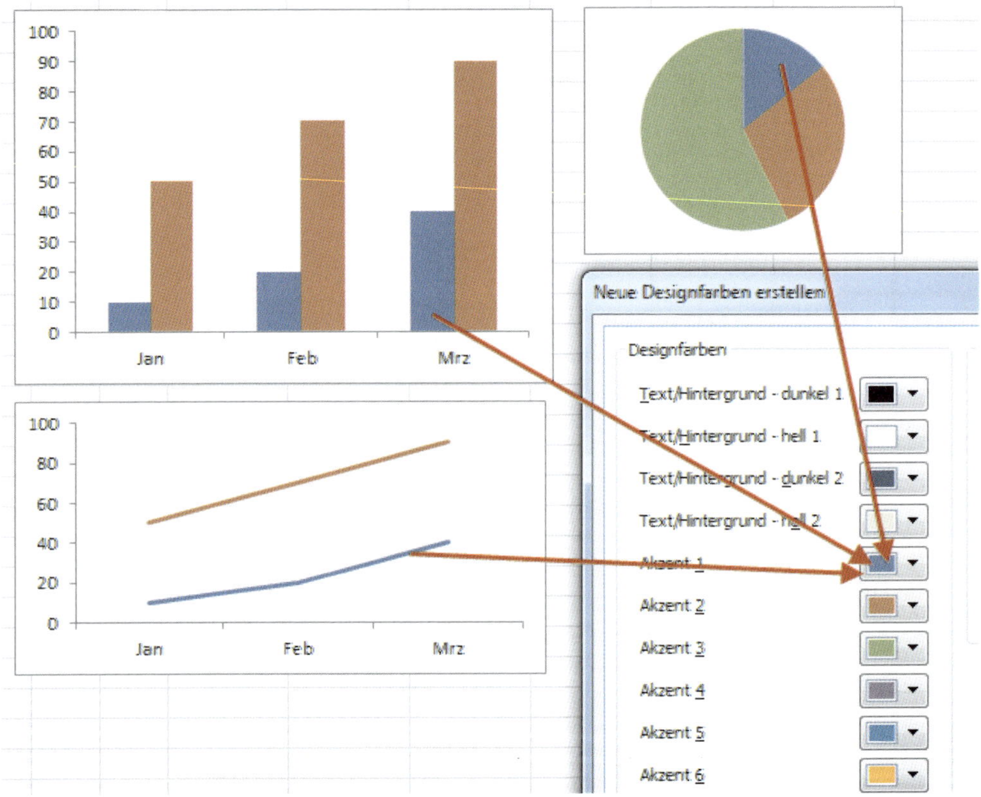

Abbildung 2.4: Die Akzentfarben bestimmen die Farbgebung in Diagrammen

Designfarben definieren

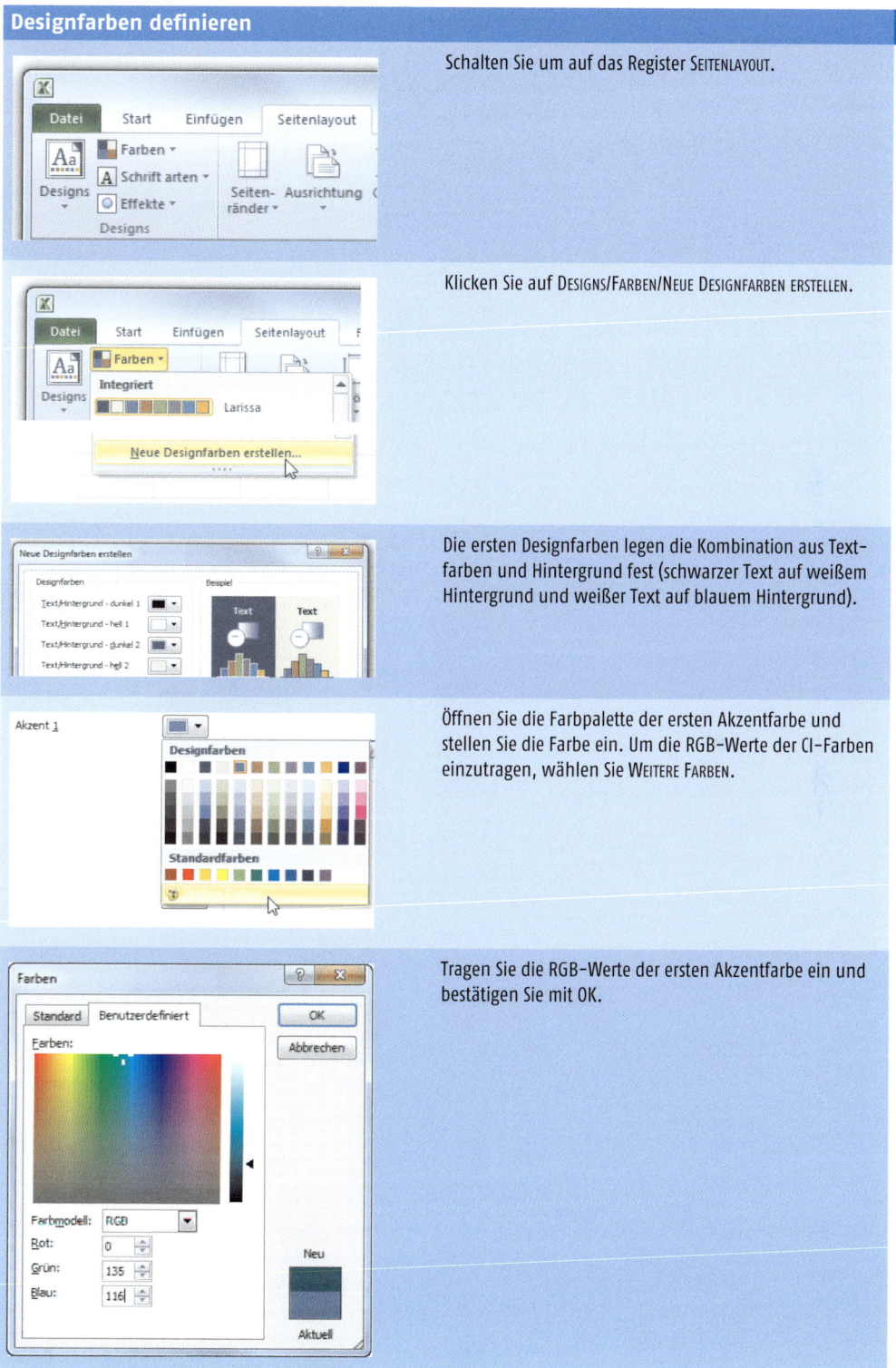

Schalten Sie um auf das Register SEITENLAYOUT.

Klicken Sie auf DESIGNS/FARBEN/NEUE DESIGNFARBEN ERSTELLEN.

Die ersten Designfarben legen die Kombination aus Textfarben und Hintergrund fest (schwarzer Text auf weißem Hintergrund und weißer Text auf blauem Hintergrund).

Öffnen Sie die Farbpalette der ersten Akzentfarbe und stellen Sie die Farbe ein. Um die RGB-Werte der CI-Farben einzutragen, wählen Sie WEITERE FARBEN.

Tragen Sie die RGB-Werte der ersten Akzentfarbe ein und bestätigen Sie mit OK.

Bild für Bild	Designfarben definieren (Forts.)

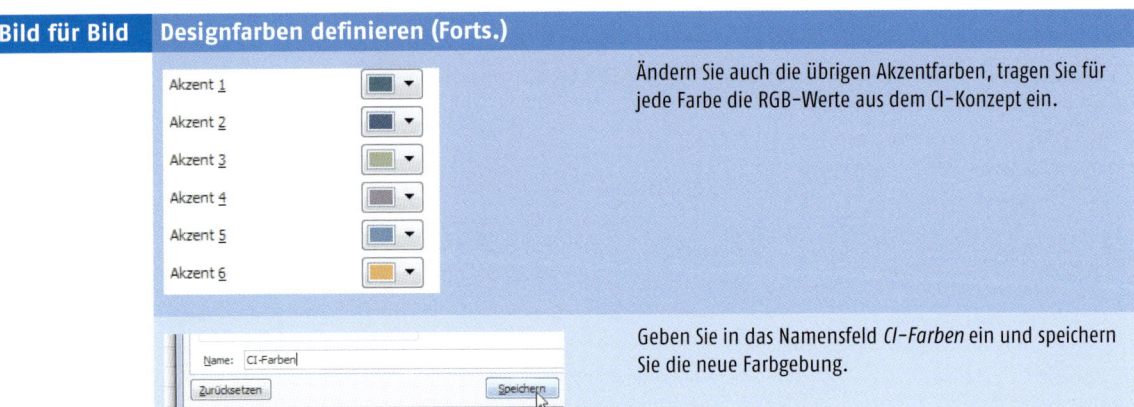

Ändern Sie auch die übrigen Akzentfarben, tragen Sie für jede Farbe die RGB-Werte aus dem CI-Konzept ein.

Geben Sie in das Namensfeld *CI-Farben* ein und speichern Sie die neue Farbgebung.

2.4.2 Designschriftarten definieren

Ein Design enthält je eine Schriftartendefinition für Überschriften und für Text. Überschriften spielen in Excel keine Rolle, die Schriftart für Text wird automatisch für alle Zellen im Tabellenblatt verwendet. Schreibt das CI-Konzept eine firmeneigene Schrift vor, muss diese unter Windows installiert sein, damit sie in Excel verwendet werden kann. In der Systemsteuerung finden Sie alle Schriftarten, geben Sie in das Suchfeld im Startmenü einfach *Schriftarten* ein, und die Liste aller installierten Schriftarten wird angezeigt.

Bild für Bild	Designschriftarten definieren

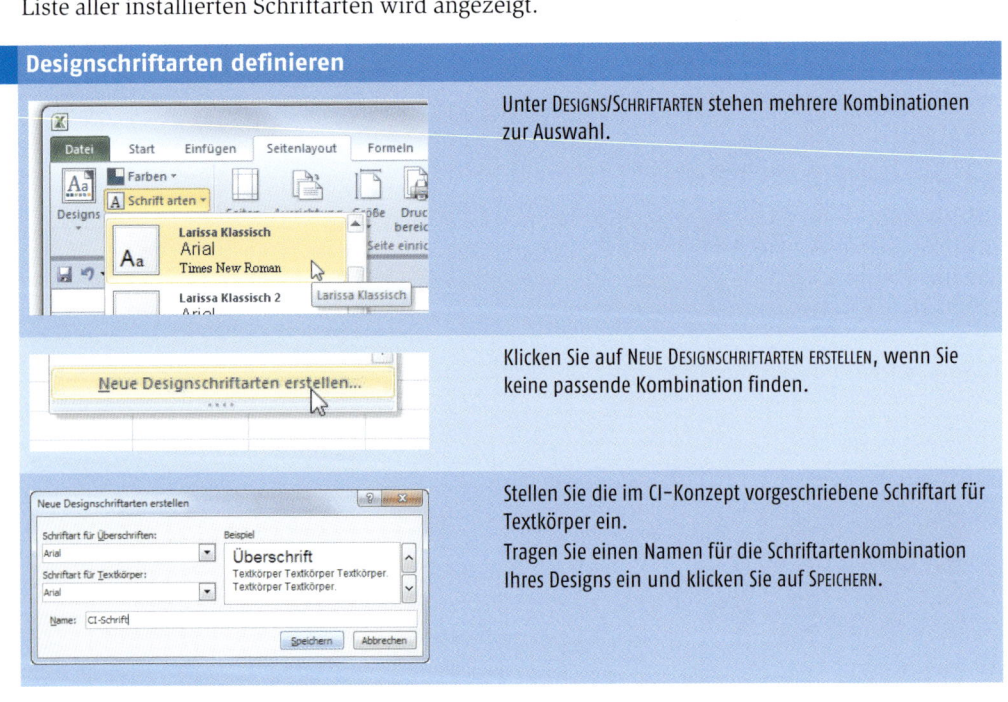

Unter DESIGNS/SCHRIFTARTEN stehen mehrere Kombinationen zur Auswahl.

Klicken Sie auf NEUE DESIGNSCHRIFTARTEN ERSTELLEN, wenn Sie keine passende Kombination finden.

Stellen Sie die im CI-Konzept vorgeschriebene Schriftart für Textkörper ein.
Tragen Sie einen Namen für die Schriftartenkombination Ihres Designs ein und klicken Sie auf SPEICHERN.

Excel bietet in den Optionen noch eine weitere Möglichkeit, die Standardschriftart einzustellen, diese Einstellung hat Vorrang vor der Schriftdefinition im Design:

Wählen Sie DATEI/OPTIONEN.

Auf der Registerkarte *Allgemein* finden Sie die Schriftart für neue Arbeitsmappen. Ist hier die Schriftart für Textkörper eingestellt, verwendet Excel die im Design definierte Schriftart. Wenn eine Schriftart für Arbeitsmappen eingetragen ist, wird diese unabhängig von den Einstellungen im Design verwendet.

Stellen Sie hier den Schriftgrad der Standardschrift ein (Standard: 11 Punkt). Benutzerdefinierte Designs bieten keine Möglichkeit, den Schriftgrad vorzudefinieren.

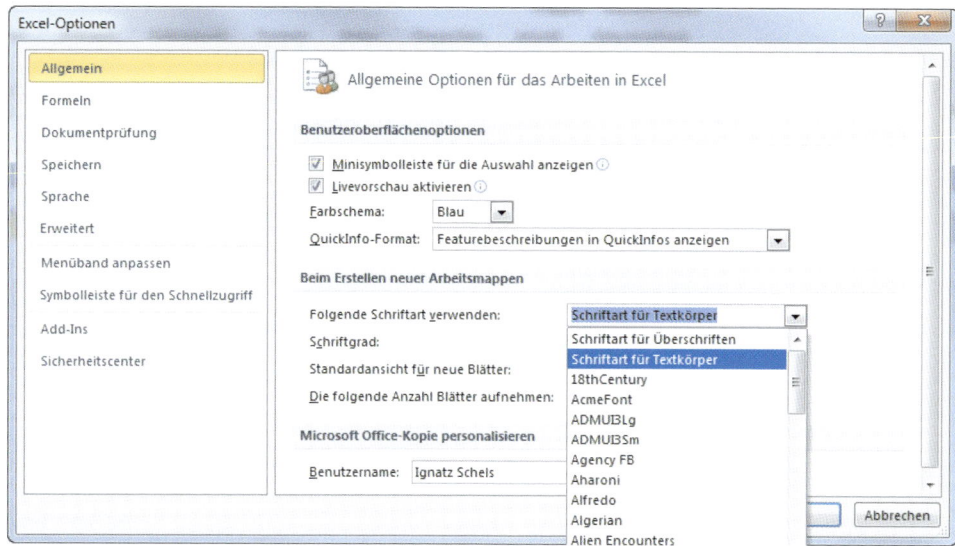

Abbildung 2.5: Einstellung für Standardschriftart und Schriftgrad in den Excel-Optionen

2.4.3 Effekte definieren

Effekte sind vordefinierte Einstelllungen für grafische Objekte, die über die Formenbibliothek gezeichnet werden. Sie definieren die Stärke der Linien, die 3D-Schattierung und die Hintergründe. Für neue Objekte wird automatisch die erste Akzentfarbe verwendet. Für ein benutzerdefiniertes Design können nur die angebotenen Effekte verwendet werden.

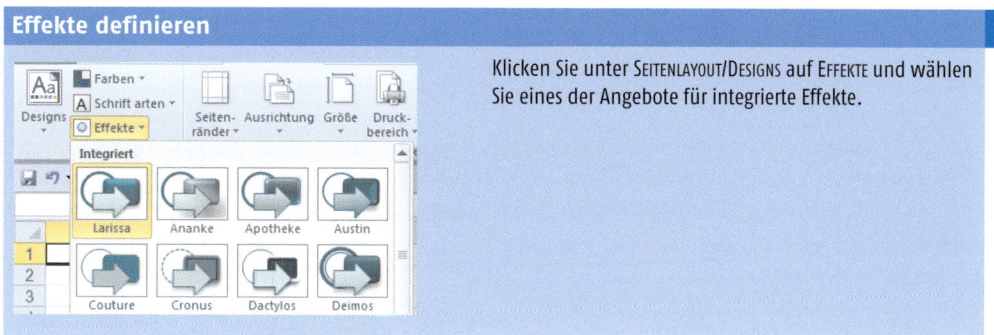

Klicken Sie unter SEITENLAYOUT/DESIGNS auf EFFEKTE und wählen Sie eines der Angebote für integrierte Effekte.

2.4.4 Benutzerdefiniertes Design speichern

Nachdem die Farben, Schriftarten und Effekte definiert sind, speichern Sie das neue Design ab. Es wird anschließend in der Designauswahl in einer neuen Gruppe zur Auswahl stehen.

Bild für Bild | **Benutzerdefiniertes Design speichern**

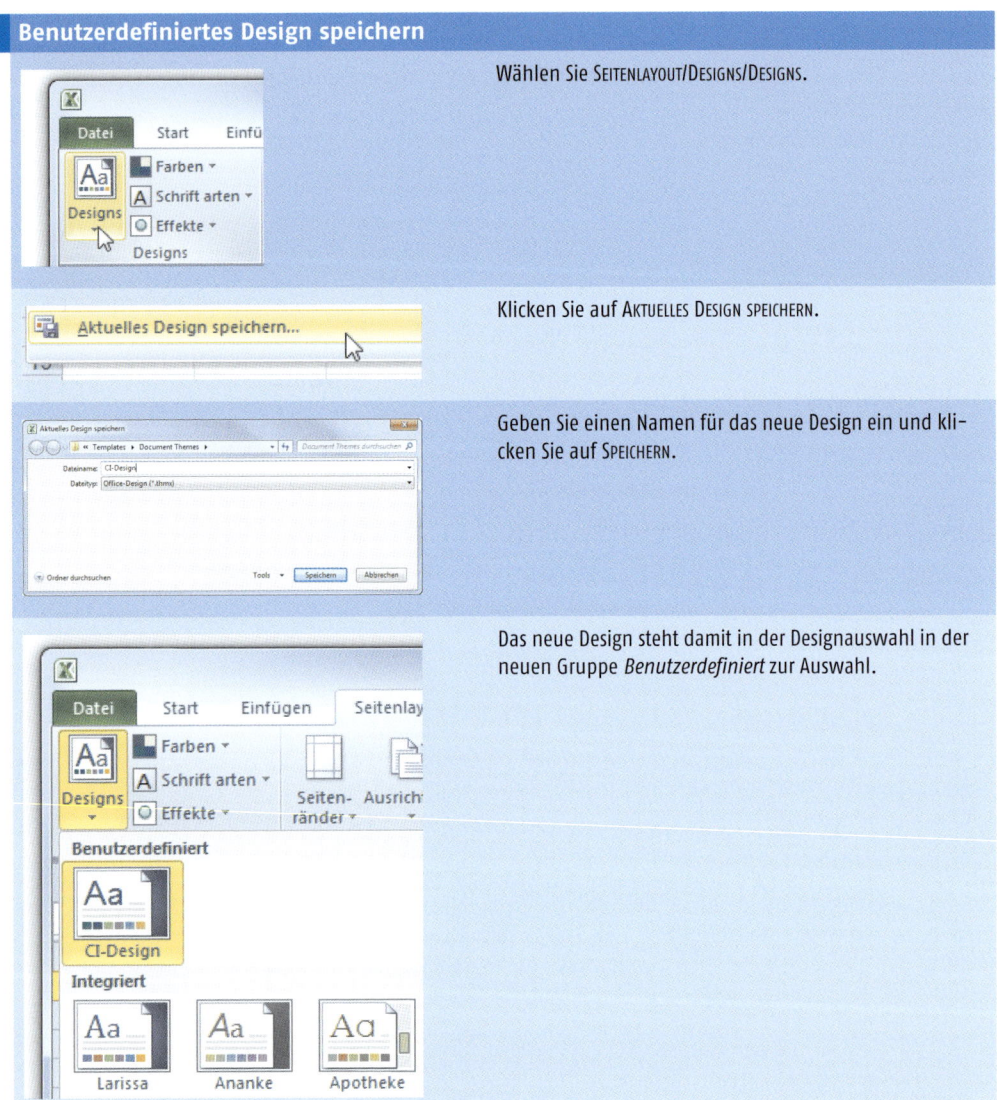

Wählen Sie SEITENLAYOUT/DESIGNS/DESIGNS.

Klicken Sie auf AKTUELLES DESIGN SPEICHERN.

Geben Sie einen Namen für das neue Design ein und klicken Sie auf SPEICHERN.

Das neue Design steht damit in der Designauswahl in der neuen Gruppe *Benutzerdefiniert* zur Auswahl.

Das neue Design wird im Benutzerordner gespeichert, der Unterordner heißt *Document Themes* (Designs heißen in der US-Version Themes). Hier der Pfad unter Windows 7:

C:\Users\ < benutzername > \AppData\Roaming\Microsoft\Templates\Document Themes

So finden Sie diesen Ordner im Windows-Explorer:

1. Aktivieren Sie das Explorer-Fenster mit ⊞ + e .
2. Tragen Sie in die Adresszeile ein:

   `%appdata%`

3. Schalten Sie weiter zu den Unterordnern *Templates* und *Document Themes*. Das Design steht als Datei mit der Endung *.thmx* im Ordner. Im Unterordner *Theme Colors* werden die benutzerdefinierten Farben abgelegt, im Ordner *Theme Fonts* finden Sie die Datei, unter der Sie die Schriftarten gespeichert haben.

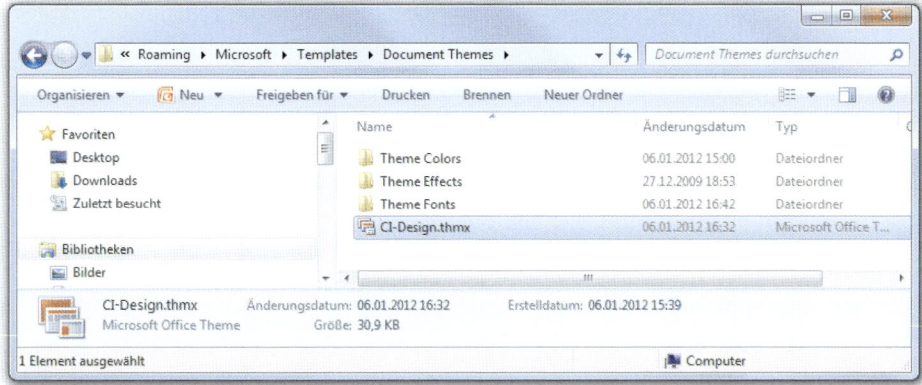

Abbildung 2.6: Hier werden die Designs unter Windows gespeichert

2.5 Arbeitsmappenvorlage erstellen und speichern

Nachdem das Design nach den CI-Richtlinien erstellt wurde, bereiten Sie eine leere Arbeitsmappe nach den Richtlinien auf, die im Konzept für Excel-Anwender definiert sind. Starten Sie Excel neu und bearbeiten Sie die leere Arbeitsmappe *Mappe1*.

2.5.1 Seitenlayout

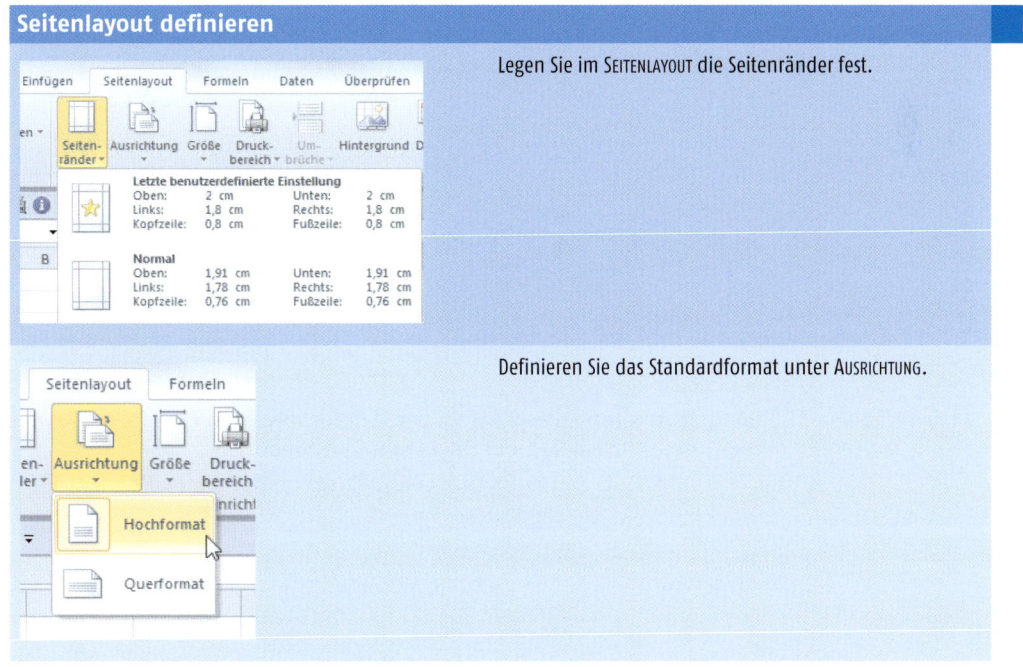

Seitenlayout definieren	Bild für Bild

Legen Sie im Seitenlayout die Seitenränder fest.

Definieren Sie das Standardformat unter Ausrichtung.

Bild für Bild **Seitenlayout definieren (Forts.)**

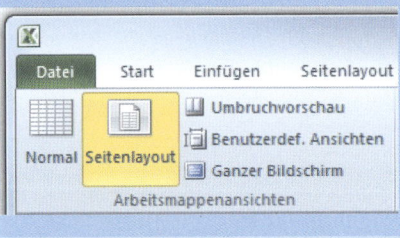

Schalten Sie im Register Ansicht auf die Ansicht Seitenlayout um.

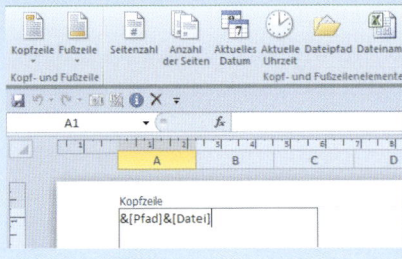

Klicken Sie in den linken Teil der Kopfzeile und tragen Sie über die Kopf- und Fusszeilentools die Codes für Pfad und Dateiname ein.

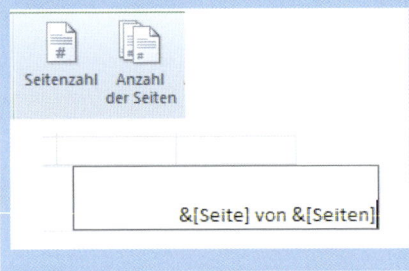

Tragen Sie im rechten Teil der Fußzeile die Codes für die Seitenzahl und die Anzahl der Seiten ein.

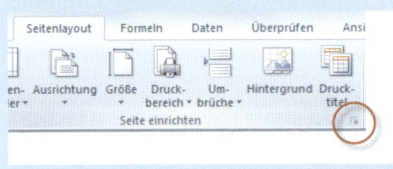

Klicken Sie auf das Dialogfeld rechts unten in der Gruppe Seitenlayout/Seite einrichten.

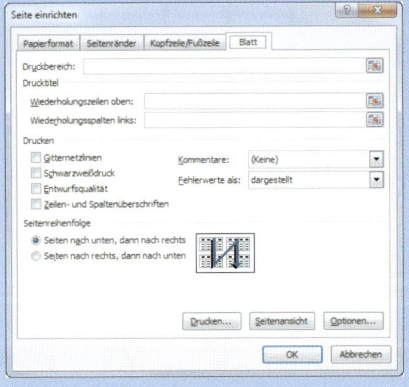

Definieren Sie hier alle weiteren Einstellungen für das Seitenlayout und den Druck der Tabellenblätter.

2.5.2 Der Startordner

Der Startordner ist ein Ordner mit der Bezeichnung XLSTART, er wird mit der Installation von Excel lokal bzw. im Heimatordner des Benutzers angelegt und ist zunächst leer. Alle Dateien, die in diesem Ordner gespeichert werden, holt Excel automatisch mit dem Start in den Arbeitsbereich. Sie können diesen Ordner nutzen, um Arbeitsmappen abzulegen, die Sie automatisch nach dem Start von Excel aktiviert haben wollen.

Betriebssystem	Ordnerpfad
Windows XP	C:\Documents and Settings\Benutzername\Application Data\Microsoft\Excel\XLSTART
Windows Vista	C:\Benutzer\Benutzername\AppData\Local\Microsoft\Excel\XLSTART
Windows 7	C:\Benutzer\Benutzername\AppData\Roaming\Microsoft\Excel\XLSTART

Wenn Sie einen anderen Ordner als Startordner nutzen wollen, legen Sie diesen in den Excel-Optionen an:

`Datei/Optionen/Erweitert/Allgemein/Beim Start alle Dateien öffnen in …`

2.5.3 Vorlage für neue Arbeitsmappen speichern

Vorlage für neue Arbeitsmappen speichern	Bild für Bild

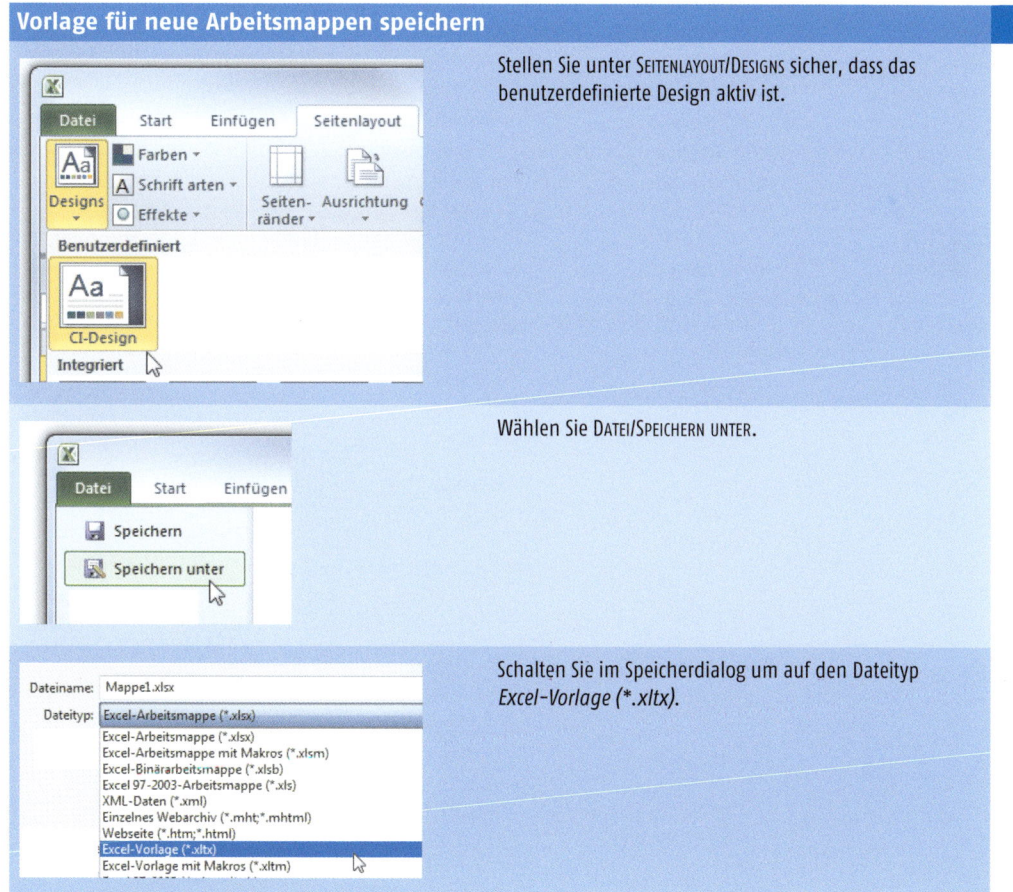

Stellen Sie unter SEITENLAYOUT/DESIGNS sicher, dass das benutzerdefinierte Design aktiv ist.

Wählen Sie DATEI/SPEICHERN UNTER.

Schalten Sie im Speicherdialog um auf den Dateityp *Excel-Vorlage (*.xltx)*.

Bild für Bild **Vorlage für neue Arbeitsmappen speichern (Forts.)**

Schalten Sie eine Ordnerebene zurück und aktivieren Sie den Ordner *Microsoft/Excel/XLSTART*.

Ändern Sie den Dateinamen der Vorlage auf *Mappe* und speichern Sie die Datei mit einem Klick auf SPEICHERN.

Damit bildet Ihre Arbeitsmappe die Vorlage für alle neuen Mappen, auch für die leere Mappe, die nach dem Start des Programms aktiv wird. Natürlich können Sie in dieser Mappe auch Formeln und Zellinhalte vordefinieren, Zellen formatieren und die Anzahl der Tabellenblätter ändern. Auch die benutzerdefinierten Zahlenformate, die in dieser Arbeitsmappe definiert sind, werden automatisch für alle neuen Mappen und Tabellenblätter bereitstehen.

Wenn Sie eine Vorlage für neue Tabellenblätter anlegen wollen, löschen Sie alle Tabellenblätter bis auf das erste aus der Mappe, gestalten das Tabellenblatt nach Ihren Wünschen und speichern die Arbeitsmappe als Mustervorlage im XLSTART-Ordner. Geben Sie der Datei den Namen *Tabelle.xltx*, wird sie automatisch als Vorlage für neue Tabellenblätter verwendet.

Hinweis Die automatische Startvorlage wird auch aktiv, wenn Sie mit der Tastenkombination ⌈Strg⌉+⌈n⌉ eine neue Mappe anlegen. Sie wird nicht aktiv, wenn Sie DATEI/NEU aufrufen und die Standardvorlage für leere Arbeitsmappen nutzen. Für diesen Fall sollten Sie die Startmappe als normale Mustervorlage speichern.

Kapitel 3

Grundlagen der Diagrammgestaltung

Das Prinzip, aus Daten Diagramme zu erstellen, ist einfach, solange die Daten in kompakter Listenform bereitstehen. In der Praxis werden Sie aber umfangreiche Änderungen an Daten und Datenreihen durchführen, häufig werden Zwischenberechnungen erforderlich, die als zusätzliche Datenreihen in das Diagramm kopiert werden.

Sehen Sie sich die Grundlagen der Diagrammerstellung an und lernen Sie Tipps und Tricks für die Gestaltung und Bearbeitung der Diagramme kennen.

3.1 Diagramm erstellen

Um ein Diagramm zu erstellen, markieren Sie die Daten und wählen EINFÜGEN/DIAGRAMM. Suchen Sie einen passenden Diagrammtyp und klicken Sie auf das Symbol für den Untertyp des Diagramms. Das Diagramm wird als Objekt auf das Tabellenblatt platziert. Zeigen Sie in die Mitte oder auf einen Rand des Objekts, halten Sie die Maustaste gedrückt und ziehen Sie es an eine neue Position. Zur Positionierung vor oder hinter anderen Objekten wählen Sie IN DEN VORDERGRUND bzw. IN DEN HINTERGRUND unter DIAGRAMMTOOLS/FORMAT/ANORDNEN.

In der Praxis werden Sie nicht immer mit den vorliegenden Daten arbeiten, sondern berechnete Hilfsreihen verwenden. In diesem Fall muss das Diagramm anders erstellt werden:

1. Setzen Sie den Zellzeiger in eine leere Zelle und wählen Sie EINFÜGEN/DIAGRAMME.
2. Suchen Sie den passenden Diagrammtyp und klicken Sie auf das Symbol für den Untertyp.
3. Das leere Diagrammobjekt wird eingefügt, wählen Sie DIAGRAMMTOOLS/ENTWURF/DATEN AUSWÄHLEN.
4. Klicken Sie unter LEGENDENEINTRÄGE auf *Hinzufügen* und geben Sie den Reihennamen sowie den Reihenbereich an. Wenn Sie anstelle eines Bereichs einen Bereichsnamen verwenden, stellen Sie den Namen der Arbeitsmappe oder des aktiven Tabellenblatts als Verknüpfung voran:

   ```
   =Tabellenname!Bereich
   ```

5. Klicken Sie unter HORIZONTALE ACHSENBESCHRIFTUNG auf *Bearbeiten* und tragen Sie den Bereich für die Rubrikenachse ein.
6. Fügen Sie weitere Legendeneinträge (Reihen) hinzu. Die der ersten Datenreihe zugewiesene Rubrikenachse gilt für alle anderen Reihen, eine weitere Zuweisung hat keine Auswirkung.

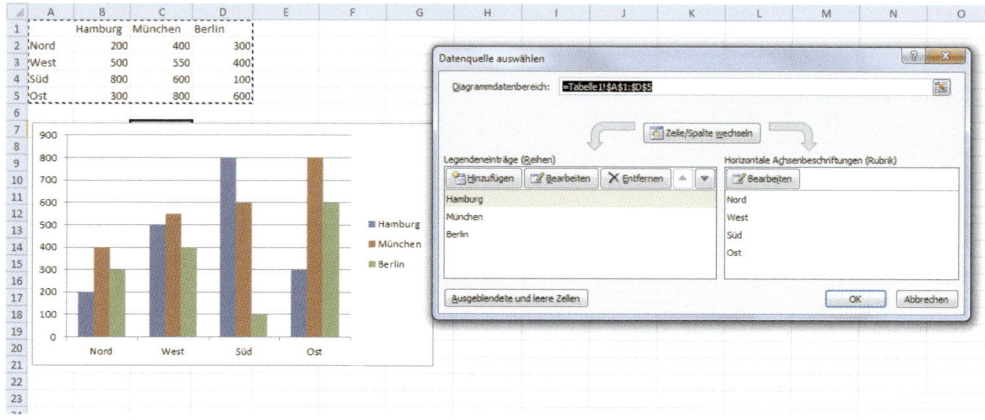

Abbildung 3.1: Daten für das Diagramm gezielt auswählen

3.1.1   Diagrammelemente

Die Diagrammelemente haben eindeutige Bezeichnungen und sind Gruppen untergeordnet.

Gruppe	Elemente
Datenreihe	Die Sammlung der einzelnen Datenpunkte einer Reihe, z. B. die Säulen einer einzelnen Farbe in einem Säulendiagramm, die Ringe in einem Ringdiagramm oder die Segmente eines Tortendiagramms.
Datenpunkt	Ein einzelner Balken, eine Säule, ein Linienpunkt oder ein Segment im Kreisdiagramm. Klicken Sie ein zweites Mal auf die markierte Datenreihe, wird der Datenpunkt markiert. Mit den Cursortasten können Sie die Markierung zum nächsten bzw. vorherigen Punkt steuern.
Datenbeschriftungen	Die mit einer Datenreihe verknüpften Beschriftungen, Werte der Datenpunkte etc. Reihenbeschriftungen fügen Sie über das Kontextmenü hinzu (rechte Maustaste auf die Reihe, Datenbeschriftung hinzufügen). Klicken Sie die Beschriftungen doppelt an und ändern Sie Zuordnung und Ausrichtung.
Legende	Die Legende selbst in einem Rahmen sowie die einzelnen Legendentexte und die Legendensymbole. Klicken Sie die Legende doppelt an, um sie zu formatieren, oder löschen Sie sie mit der Entf-Taste.
Beschriftungen	Der Diagrammtitel am oberen Rand und die Achsenbeschriftungen (Diagrammtools/Layout/Beschriftungen).
Zeichnungsfläche	Der Hintergrund, auf dem die Datenreihen untergebracht sind. Um ihn zu markieren, klicken Sie zwischen die Säulen, Balken etc. Bei Kreisdiagrammen klicken Sie in die Ecke des (unsichtbaren) Rechtecks, das den Kreis umspannt.
Diagramm	Die gesamte Diagrammfläche, auf der Zeichnungsbereich, Legende und Beschriftungen untergebracht sind.
Achsen	Die Größenachse (Achse 1) und die Rubrikenachse (Achse 2) sowie die dritte Achse in 3D-Diagrammen. Zum Ändern der Skalierung oder Formatierung einfach doppelt anklicken.
Ecken	Alle Ecken eines 3D-Diagramms.
Wände	Die Wände eines 3D-Diagramms, nicht die Gitternetzlinien.
Bodenfläche	Die Bodenfläche eines 3D-Diagramms.
Pfeile	Alle eingefügten Pfeile (Pfeil 1, Pfeil 2 ... Pfeil n).
Gitternetzlinien	Alle Gitternetzlinien. Können unter Diagrammtools/Layout/Achsen angepasst werden.

Tabelle 3.1: Diagrammelemente

3.2 Diagrammobjekte und Diagrammblätter

Excel unterscheidet zwischen zwei Diagrammarten:

- Diagrammblätter werden in der Registerleiste unten neben den Tabellenblättern geführt. Das Diagramm wird auf die volle Fläche des Blatts projiziert, in der Regel ist das ein A4-Blatt im Querformat.
- Diagrammobjekte werden auf dem Tabellenblatt gezeichnet, auf dem sich der Anwender bei der Erstellung des Diagramms befindet.

Standardanzeigeform für Diagramme ist das Diagrammobjekt. Es wird im Tabellenblatt angelegt, in der Regel zusammen mit den verbundenen Daten. Das ist nicht immer die beste Form für ein Diagramm, besonders wenn der Datenbereich sehr viele Datenreihen und Datenpunkte enthält. So erstellen Sie ein Diagrammblatt:

1. Markieren Sie den Datenbereich für das Diagramm.
2. Drücken Sie die Funktionstaste F11 .

Diagrammobjekt in ein Blatt verschieben

Verschieben Sie ein Diagrammobjekt in ein Diagrammblatt, wenn Sie mehr Platz brauchen oder wenn das Diagramm seitenfüllend gedruckt werden soll.

1. Markieren Sie das Diagrammobjekt auf dem Tabellenblatt und wählen Sie DIAGRAMM-TOOLS/ENTWURF/ORT/DIAGRAMM VERSCHIEBEN.
2. Klicken Sie auf die Option NEUES BLATT und geben Sie einen Namen für das neue Diagrammblatt ein.
3. Bestätigen Sie mit OK, und das Diagramm wird im DIN-A4-Querformat auf einem Blatt angezeigt.

3.3 Der richtige Diagrammtyp

Diagrammtyp	Beschreibung	Verwendungszweck
Balken- und Säulendiagramm	Jede Statistik, die Zahlen vergleicht, gegenüberstellt oder in Relation bringt, Größenordnungen, Kapazitäten	Umsatzentwicklung, Produktion, Fehlerquote, Verkäufe pro Quartal oder Filiale, Material- und Personalplanung

Die Balken zeigen individuelle Größen zu einem bestimmten Zeitpunkt an und verdeutlichen die Differenzen zwischen Werten mehrerer Reihen. Die vertikale Anordnung bietet bei der Darstellung längerer Zeiträume oder Messreihen größere Vorteile gegenüber dem Säulendiagramm.

Säulen zeigen Veränderungen über einen bestimmten Zeitraum an oder vergleichen Wertereihen miteinander. Die horizontale Anordnung verstärkt die Wahrnehmung der fortschreitenden Zeit. Die erste Reihe bietet die sieben Grundtypen an, in der zweiten Reihe stehen diese in Zylinderform, und die dritte Reihe bietet die ersten fünf Typen als Kegel an.

Diagrammtyp	Beschreibung	Verwendungszweck
Bereichsdiagramm (Flächendiagramm)	Entspricht dem Balken- oder Säulendiagramm; die Werte werden nur optisch nicht getrennt	Wie oben

Flächen zeigen die relativen Größenänderungen von Werten über einen Zeitraum hinweg. Die Aussage entspricht in etwa der des Liniendiagramms, hebt aber mehr das Volumen der Veränderung hervor als den Zeitverlauf.

Diagrammtyp	Beschreibung	Verwendungszweck
Liniendiagramme	Entwicklungen, Veränderungen über einen bestimmten Zeitraum, Trends	Zinsentwicklung, Aktienkurs, Temperaturwerte, Marktforschung, Werbung

Die Linien zeigen Trends und Entwicklungen über einen bestimmten Zeitraum an. Der Eindruck ist ähnlich wie beim Flächendiagramm, die Linie stellt aber die Abweichungen mehr in den Vordergrund als die Größe der Veränderung.

Diagrammtyp	Beschreibung	Verwendungszweck
Punkt (XY)-Diagramme	Paarweise Vergleiche, Auswertung statistischer Mengen	Population, Korrelation, Häufung von Schäden oder Reklamationen, Streuungsdiagramme, Häufigkeitsanalysen, Portfolio

Punkt- oder XY-Diagramme zeigen die Beziehung oder den Grad der Beziehung zwischen numerischen Werten in verschiedenen Reihen an. Diese Art wird häufig für Raster und Trends eingesetzt und um zu überprüfen, ob Werte voneinander abhängig sind.

Diagrammtyp	Beschreibung	Verwendungszweck
Tortendiagramm (Kreis), Ringdiagramm	Anteile an einer Gesamtgröße	Stimmenanteil einer Partei, Marktanteil des Unternehmens oder Produkts, Umsatzaufteilung einzelner Filialen

Kreisdiagramme zeigen die Beziehung einzelner Werte zu einer Gesamteinheit an. Im Tortendiagramm wird immer nur eine Datenreihe, und zwar die erste aus der Markierung, dargestellt. Aussagen zu einem bestimmten Wert können durch Hervorziehen des Segments verdeutlicht werden.

Ringe stellen die Größe einzelner Werte in Bezug auf ihre Gesamtheit dar (ähnlich dem Tortendiagramm). Für jede abzubildende Datenreihe wird ein Ring erstellt. Aussagen zu einem bestimmten Wert können durch Hervorziehen des Ringsegments verdeutlicht werden.

Gegenüber dem Kreis- oder Tortendiagramm hat das Ringdiagramm den Vorteil, mehrere Datenreihen abbilden zu können. Im Management-Reporting ist der Diagrammtyp aber nicht sehr verbreitet.

Diagrammtyp	Beschreibung	Verwendungszweck
Blasendiagramme	Vergleich von Werten mit einem dritten Wert für die Größe der Blasen	Marktanteile, Produktbewertung, Portfolios

Das Blasen- oder Portfoliodiagramm wird im Reporting eingesetzt, um den Status und die Entwicklung eines Prozesses oder einer Information darzustellen. Die Möglichkeit, die Größe der Blasen ebenfalls über Daten zu steuern, gibt diesem Diagrammtyp eine dritte Dimension.

Diagrammtyp	Beschreibung	Verwendungszweck
Netzdiagramm, Oberflächendiagramm	Relative Vergleiche zwischen Elementen	Vergleich Verkehrsaufkommen in zwei Städten, Nährwerte verschiedener Produkte

Das Netzdiagramm stellt die Änderungen oder Häufigkeiten von Daten in Beziehung zu einem Mittelpunkt und zueinander dar. Die Werteachse jeder Datenreihe geht vom Mittelpunkt aus, und die Datenpunkte einer Datenreihe sind mit Linien verbunden.

Oberflächendiagramme zeigen miteinander in Beziehung stehende Daten an, die in verschiedenen Einheiten gemessen werden, oder verdeutlichen unterschiedliche Aussagen in einem Diagramm (z. B. Entwicklung und Prognose). In diesem Diagramm können bis zu vier unterschiedliche Achsen verwendet werden.

Diese Diagrammform bietet als einzige die Möglichkeit, in einem zweidimensionalen Raum drei unterschiedliche Zahleninformationen darzustellen.

Diagrammtyp	Beschreibung	Verwendungszweck
Kurs- und Spannweitendiagramme	Vergleich Höchst- und Tiefstwerte von Aktienkursen	Börsendiagramme, Aktienkursvergleiche, Aktienkursentwicklung

Im Kurs- oder Spannweitendiagramm wird die Entwicklung eines Börsenkurses mit Anfangswert, Höchst- und Tiefstwert dargestellt. Diese drei Informationen braucht das Diagramm auch, um eine Reihe zu bilden.

3.4   Tipps und Tricks für Diagrammgestalter

Website   Diagrammtipps.xlsx

3.4.1   Reihenanordnung ändern

Die Anordnung der Reihen lässt sich unter DIAGRAMMTOOLS/ENTWURF/DATEN AUSWÄHLEN ändern, hier finden Sie Pfeilsymbole neben der Schaltfläche *Hinzufügen* für Legendeneinträge. Es gibt aber eine schnellere Methode, die Reihenfolge der Reihen zu ändern:

1. Klicken Sie auf die Datenreihe (Balken, Säulen …) im Diagramm. In der Bearbeitungsleiste wird die Funktion DATENREIHE() mit allen Argumenten angezeigt. Hier z. B. für die erste Datenreihe des im Bild gezeigten Säulendiagramms:

    `=DATENREIHE(Tabelle1!$B$1;Tabelle1!$A$2:$A$5;Tabelle1!$B$2:$B$5;1)`

     = DATENREIHE(Titel oder Legende;Rubrikenachse;Wertebereich;Position)

2. Ändern Sie die Position im letzten Argument, tragen Sie einfach eine andere Nummer ein. Die Nummern der übrigen Datenreihen passen sich automatisch an.

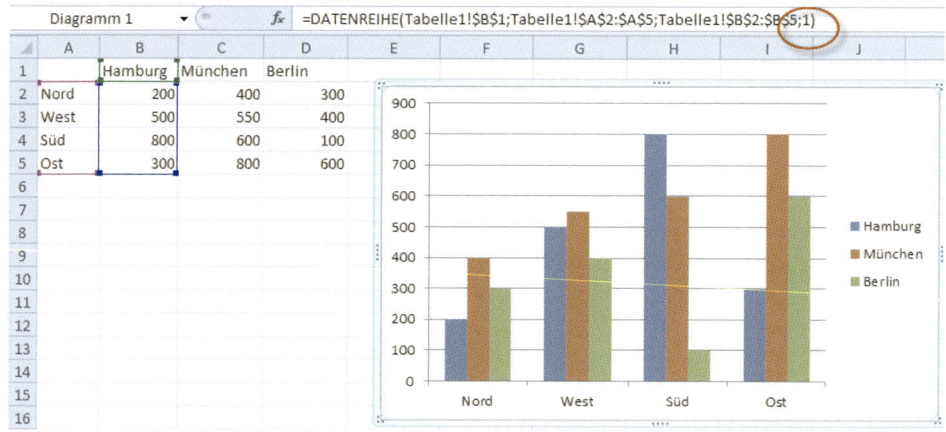

Abbildung 3.2: Position der Datenreihe ändern

3.4.2   Farbmarkierungen nutzen

Mit der Markierung einer Datenreihe kennzeichnet Excel die Daten im Tabellenblatt über eine Farbmarkierung. Diese lässt sich für schnelle Anpassung nutzen, ziehen Sie die Linien einfach mit gedrückter Maustaste an eine neue Position oder ändern Sie die Größe durch Ziehen des Füllkästchens am rechten unteren Rand.

Hier ein Beispiel, wie Sie über die Farbmarkierungen schnell zu einer Reihe von Diagrammen für die einzelnen Regionen kommen:

Diagrammtipp: Farbmarkierung nutzen

Markieren Sie die Daten für die erste Datenreihe inklusive der Beschriftungen.

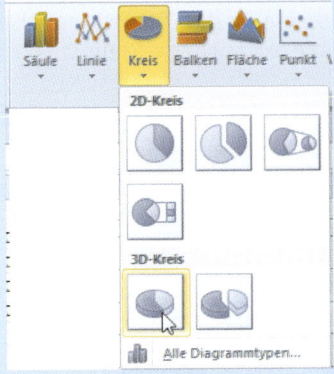

Wählen Sie EINFÜGEN/DIAGRAMME/KREIS, klicken Sie auf den Untertyp *3D-Kreis*.

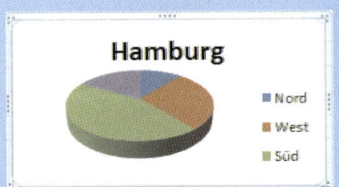

Das Diagrammobjekt wird in die Tabelle gezeichnet. Kopieren Sie das Objekt mit ⌨Strg⌨+⌨c⌨.

Markieren Sie eine leere Zelle und drücken Sie ⌨Strg⌨+⌨v⌨, um eine Kopie des Kreisdiagramms einzufügen.

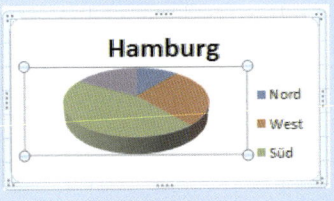

Klicken Sie auf die angezeigte Datenreihe im zweiten Diagrammobjekt.

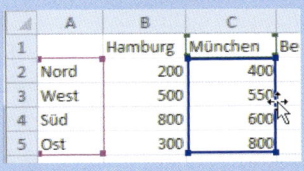

Ziehen Sie die blaue Farbmarkierung mit gedrückter Maustaste am Rand nach rechts, um die zweite Region zu markieren. Die Beschriftung (grüner Rahmen) wird automatisch mit verschoben.

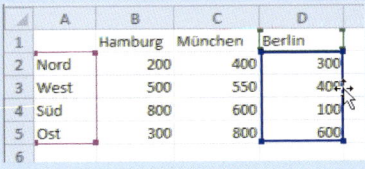

Erstellen Sie eine weitere Kopie des Diagrammobjekts und verschieben Sie für diese die Datenreihe auf die dritte Region.

So erstellen Sie schnell und unkompliziert mehrere Diagrammobjekte. Das hat einen besonderen Vorteil, wenn Sie umfangreiche Formatierungen vornehmen müssen. Formatieren Sie das erste Objekt nach Ihren Vorstellungen und kopieren Sie es für weitere Objekte. Damit sorgen Sie dafür, dass alle Diagrammobjekte einheitlich formatiert sind.

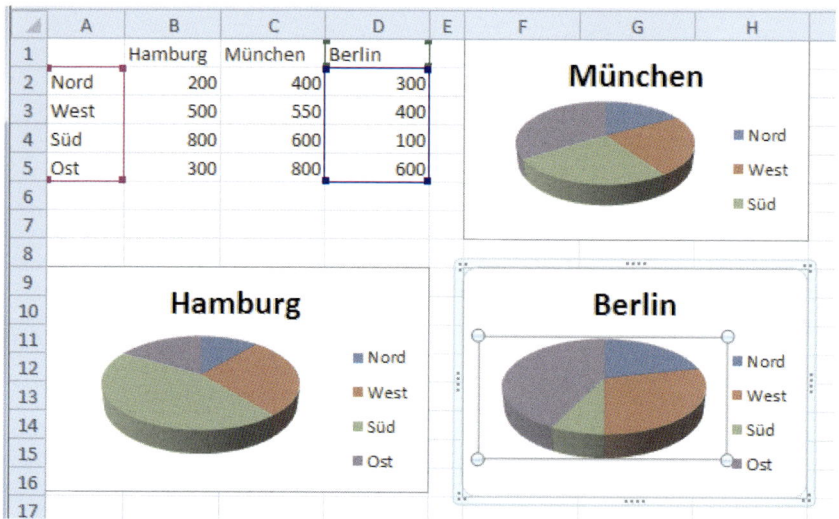

Abbildung 3.3: Farbmarkierung nutzen, einheitliche Formatierung sichern

3.4.3 Funktion Datenreihe nutzen

Nutzen Sie die Funktion, aus der eine Datenreihe gebildet wird, um das Diagramm umzuformatieren. Sie können beispielsweise die Überschrift ändern, indem Sie den Bezug im ersten Argument auf eine andere Zelle verknüpfen oder einen Text Ihrer Wahl (in Anführungszeichen) eingeben.

f_x =DATENREIHE(Tabelle1!$C$1;Tabelle1!$A$2:$A$5;Tabelle1!$C$2:$C$5;1)

f_x =DATENREIHE("Umsatz Region München";Tabelle1!$A$2:$A$5;Tabelle1!$C$2:$C$5;1)

Abbildung 3.4: Datenreihe oder Beschriftungen über Funktion ändern

Ein Problemfall aus der Praxis lässt sich so einfach lösen: Monats- oder Jahresauswertungen enthalten in der Rubrik häufig die ausgeschriebenen Monatsnamen, und die stellt das Diagramm im 45°-Grad-Winkel unter die Rubrikenachse. Verschieben Sie einfach den Bereich der Rubrikenachse auf eine Hilfsreihe, in der die Monatsnamen abgekürzt (Jan – Dez) stehen. Sie können die Matrix sogar direkt in die Formel schreiben, erstellen Sie eine Matrixklammer ({}) und tragen Sie die Rubrikenwerte in Anführungszeichen und mit Punkt als Trennzeichen ein:

```
=DATENREIHE(Tabelle2!$B$1;{"Jan"."Feb"."Mar"."Apr"."Mai"."Jun"."Jul"."Aug"."Sep"."Okt"."Nov"
."Dez"};Tabelle2!$B$2:$B$13;1)
```

3.4.4 Nullpunktabfall in Liniendiagrammen verhindern

Enthält der Datenbereich für eine Linie keinen Wert, fällt diese auf die Null in der Achsenskala herunter. Das können Sie verhindern, indem Sie unter DIAGRAMMTOOLS/DATEN/DATEN AUSWÄHLEN die Option *Ausgeblendete und leere Zellen* ankreuzen.

Das funktioniert aber nicht, wenn der Datenbereich über Formeln berechnet wird. Schreiben Sie eine WENN-Funktion, die den Fehlerwert #NV anstelle einer 0 einträgt, damit wird die Linie wieder durchgezogen.

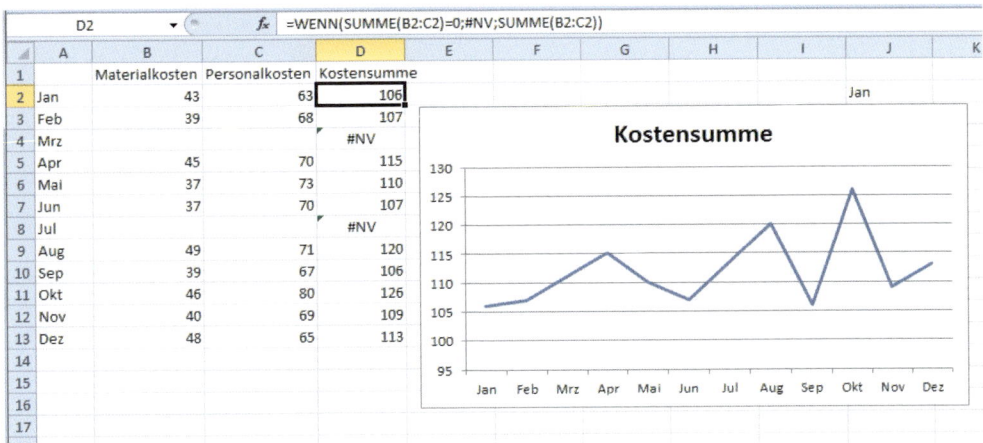

Abbildung 3.5: Fehlerwert #NV verhindert Nullabfall der Linie

3.4.5 Verknüpfte Titelobjekte und mehrzeilige Titel

Um das Diagramm mit Botschaft, Titel und Angabe der Messgrößen bzw. Betrachtungszeiträume auszustatten, brauchen Sie ein mehrzeiliges Titelelement oder mehrere Titelelemente. Das Titelelement ist grundsätzlich gar nicht empfehlenswert, da es seine Breite aus der Textgröße berechnet. Erstellen Sie alternativ dazu ein Textfeld und beschriften Sie dieses mehrzeilig oder zeichnen Sie mehrere Textfelder ein.

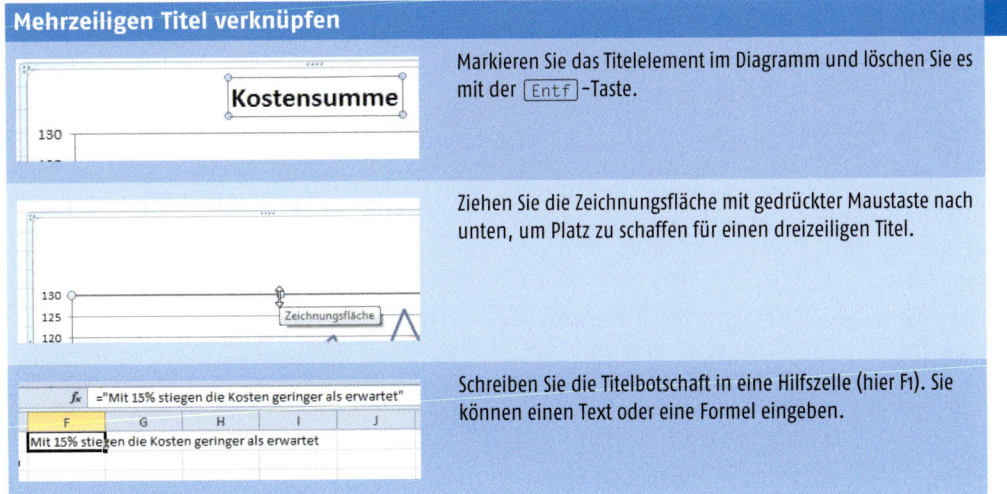

Mehrzeiligen Titel verknüpfen	Bild für Bild
	Markieren Sie das Titelelement im Diagramm und löschen Sie es mit der ⌈Entf⌋-Taste.
	Ziehen Sie die Zeichnungsfläche mit gedrückter Maustaste nach unten, um Platz zu schaffen für einen dreizeiligen Titel.
	Schreiben Sie die Titelbotschaft in eine Hilfszelle (hier F1). Sie können einen Text oder eine Formel eingeben.

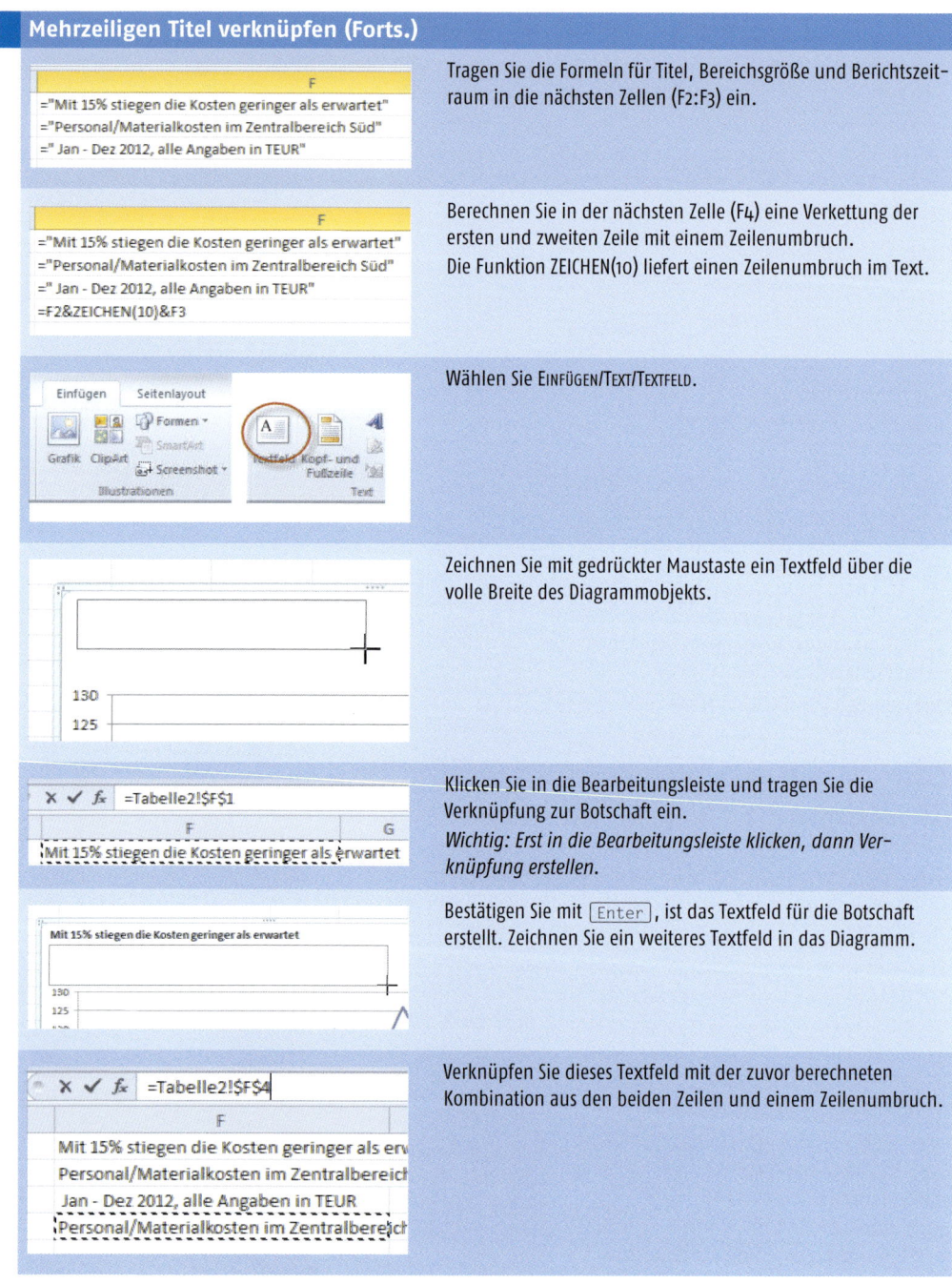

F
="Mit 15% stiegen die Kosten geringer als erwartet"
="Personal/Materialkosten im Zentralbereich Süd"
=" Jan - Dez 2012, alle Angaben in TEUR"

Tragen Sie die Formeln für Titel, Bereichsgröße und Berichtszeitraum in die nächsten Zellen (F2:F3) ein.

F
="Mit 15% stiegen die Kosten geringer als erwartet"
="Personal/Materialkosten im Zentralbereich Süd"
=" Jan - Dez 2012, alle Angaben in TEUR"
=F2&ZEICHEN(10)&F3

Berechnen Sie in der nächsten Zelle (F4) eine Verkettung der ersten und zweiten Zeile mit einem Zeilenumbruch.
Die Funktion ZEICHEN(10) liefert einen Zeilenumbruch im Text.

Wählen Sie EINFÜGEN/TEXT/TEXTFELD.

Zeichnen Sie mit gedrückter Maustaste ein Textfeld über die volle Breite des Diagrammobjekts.

Klicken Sie in die Bearbeitungsleiste und tragen Sie die Verknüpfung zur Botschaft ein.
Wichtig: Erst in die Bearbeitungsleiste klicken, dann Verknüpfung erstellen.

Bestätigen Sie mit Enter, ist das Textfeld für die Botschaft erstellt. Zeichnen Sie ein weiteres Textfeld in das Diagramm.

Verknüpfen Sie dieses Textfeld mit der zuvor berechneten Kombination aus den beiden Zeilen und einem Zeilenumbruch.

Das Ergebnis überzeugt: Die beiden Textfelder geben die Informationen aus den berechneten Tabellenbereichen wieder, der Zeilenumbruch macht das zweite Textfeld zweizeilig.

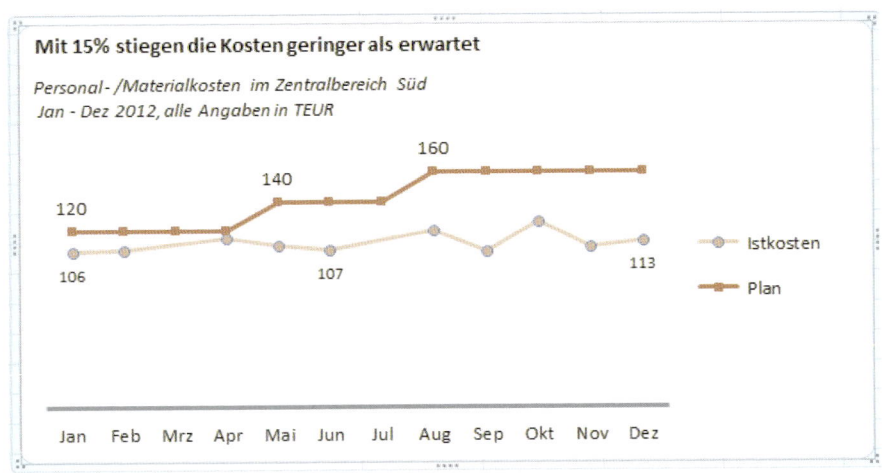

Abbildung 3.6: Mehrzeilige Textfelder als Titelelemente im Diagramm

3.4.6 Diagrammobjekte in Gitternetz platzieren

Um ein Diagrammobjekt exakt auf die Gitternetzlinien des Tabellenblatts zu setzen, halten Sie die [Alt]-Taste gedrückt, während Sie das Objekt verschieben oder durch Ziehen der Eckpunkte vergrößern oder verkleinern. Solange die [Alt]-Taste gedrückt ist, rastet das Objekt immer an der nächsten Gitternetzlinie ein.

Bereiten Sie Ihr Tabellenblatt vor, ziehen Sie Spalten und Zeilen auf die gewünschten Breiten und legen Sie ein Raster fest, in dem das Diagrammobjekt gezeichnet wird. Damit haben Sie immer die richtige Diagrammgröße, z. B. für den Export nach PowerPoint oder Word.

Grafische Objekte auf Datenreihen setzen

Datenreihen in Säulen-, Balken- und Liniendiagrammen können neben den Standardmustern, -farben und -Punktmarkierungen auch grafische Objekte enthalten.

1. Zeichnen Sie über EINFÜGEN/ILLUSTRATIONEN/FORMEN ein grafisches Objekt oder holen Sie eine beliebige Grafik in das Tabellenblatt.
2. Markieren Sie die Grafik und kopieren Sie sie mit [Strg] + [c] in die Zwischenablage.
3. Markieren Sie die Datenreihe und fügen Sie die Grafik mit [Strg] + [v] auf die Reihe ein.
4. In den Formatierungsoptionen für Säulen und Balken können Sie die Grafik strecken oder stapeln.
5. Um die Grafik wieder zu entfernen, weisen Sie der Reihe eine »normale« Füllung oder Punktmarkierung zu.

Natürlich hat das grafische Objekt in dieser Form nichts im seriösen Managementbericht zu suchen, aber die Technik lässt sich gut nutzen, um Punktmarkierungen hervorzuheben oder Hinweispfeile auf Datenpunkten zu positionieren. Hier ein Beispiel, in dem der jeweils größte und kleinste Wert in einem Liniendiagramm mit einem Pfeil gekennzeichnet wird. Die Objekte werden auf zusätzliche Datenreihen platziert:

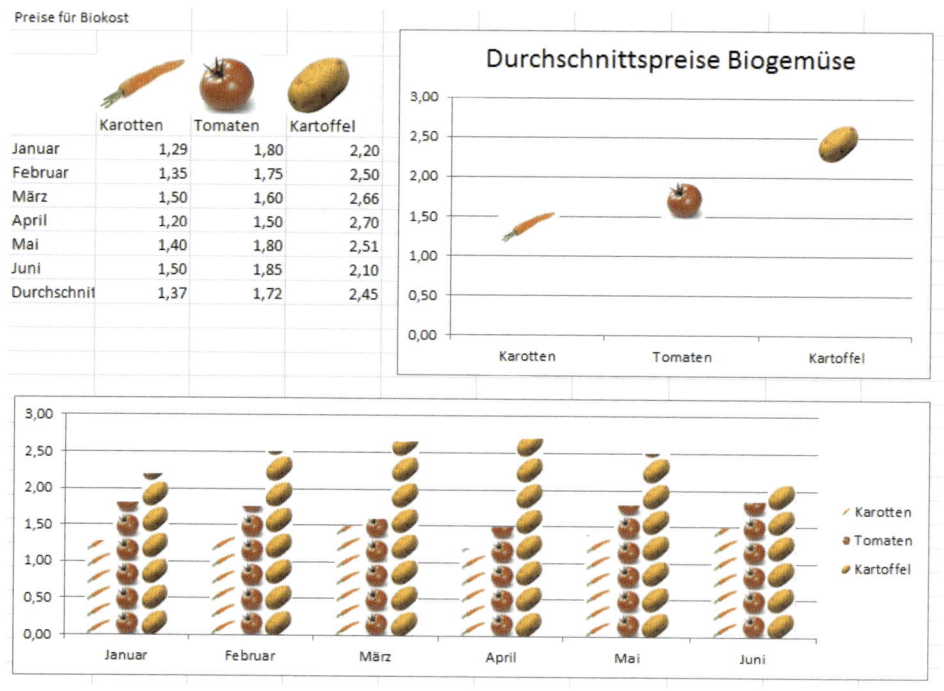

Preise für Biokost

	Karotten	Tomaten	Kartoffel
Januar	1,29	1,80	2,20
Februar	1,35	1,75	2,50
März	1,50	1,60	2,66
April	1,20	1,50	2,70
Mai	1,40	1,80	2,51
Juni	1,50	1,85	2,10
Durchschnit	1,37	1,72	2,45

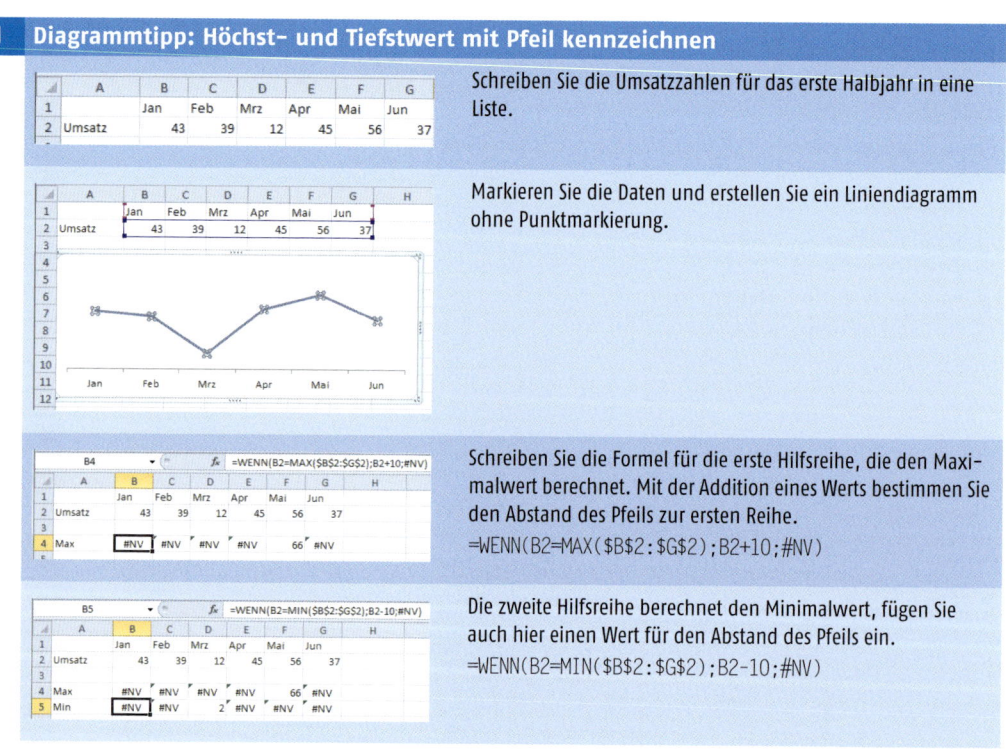

Abbildung 3.7: Grafische Objekte

Bild für Bild   Diagrammtipp: Höchst– und Tiefstwert mit Pfeil kennzeichnen

Schreiben Sie die Umsatzzahlen für das erste Halbjahr in eine Liste.

	A	B	C	D	E	F	G
1		Jan	Feb	Mrz	Apr	Mai	Jun
2	Umsatz	43	39	12	45	56	37

Markieren Sie die Daten und erstellen Sie ein Liniendiagramm ohne Punktmarkierung.

Schreiben Sie die Formel für die erste Hilfsreihe, die den Maximalwert berechnet. Mit der Addition eines Werts bestimmen Sie den Abstand des Pfeils zur ersten Reihe.
=WENN(B2=MAX($B$2:$G$2);B2+10;#NV)

Die zweite Hilfsreihe berechnet den Minimalwert, fügen Sie auch hier einen Wert für den Abstand des Pfeils ein.
=WENN(B2=MIN($B$2:$G$2);B2-10;#NV)

Diagrammtipp: Höchst- und Tiefstwert mit Pfeil kennzeichnen (Forts.)

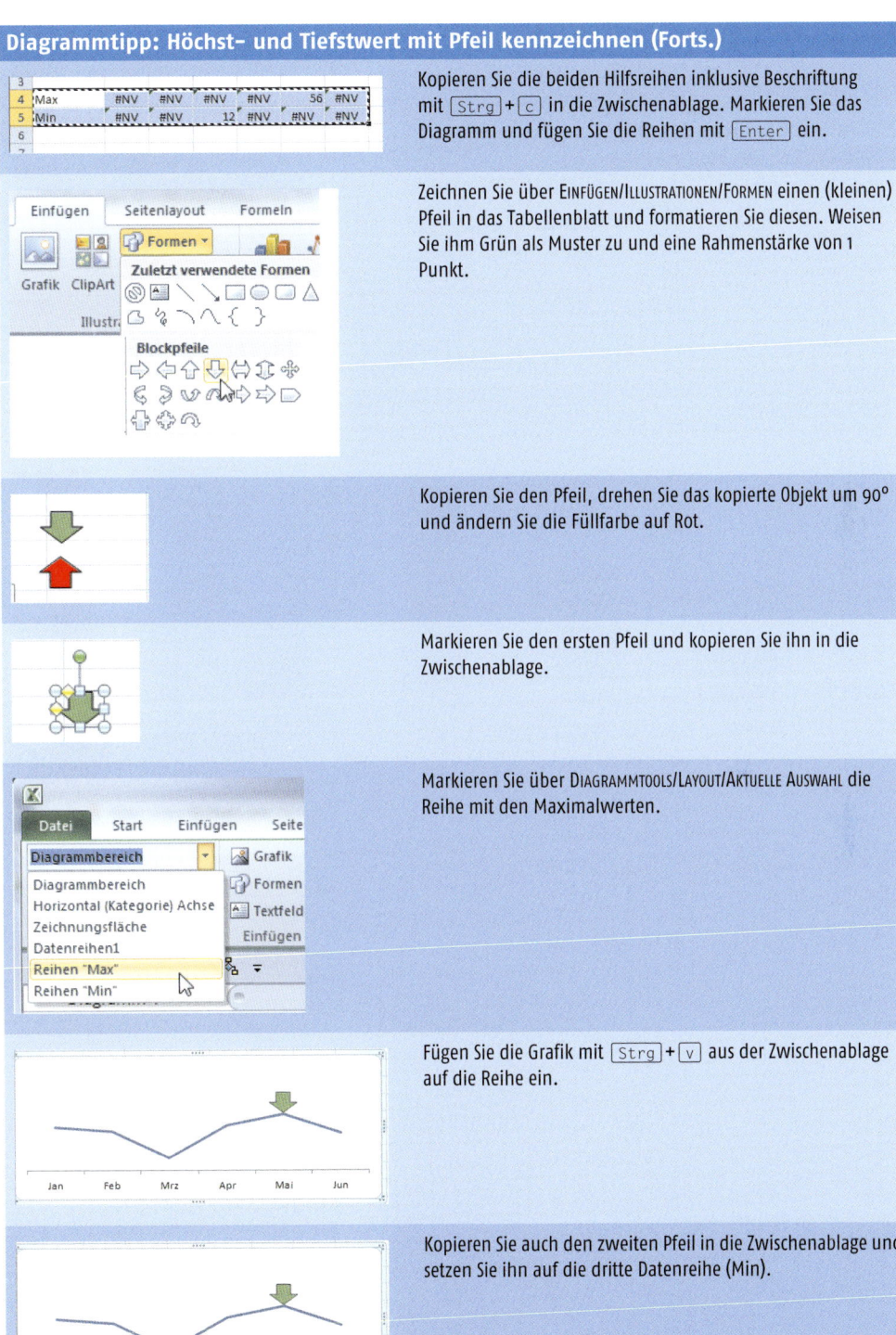

Kopieren Sie die beiden Hilfsreihen inklusive Beschriftung mit ⌈Strg⌋+⌈c⌋ in die Zwischenablage. Markieren Sie das Diagramm und fügen Sie die Reihen mit ⌈Enter⌋ ein.

Zeichnen Sie über EINFÜGEN/ILLUSTRATIONEN/FORMEN einen (kleinen) Pfeil in das Tabellenblatt und formatieren Sie diesen. Weisen Sie ihm Grün als Muster zu und eine Rahmenstärke von 1 Punkt.

Kopieren Sie den Pfeil, drehen Sie das kopierte Objekt um 90° und ändern Sie die Füllfarbe auf Rot.

Markieren Sie den ersten Pfeil und kopieren Sie ihn in die Zwischenablage.

Markieren Sie über DIAGRAMMTOOLS/LAYOUT/AKTUELLE AUSWAHL die Reihe mit den Maximalwerten.

Fügen Sie die Grafik mit ⌈Strg⌋+⌈v⌋ aus der Zwischenablage auf die Reihe ein.

Kopieren Sie auch den zweiten Pfeil in die Zwischenablage und setzen Sie ihn auf die dritte Datenreihe (Min).

3.4.7 Diagramme von Daten unabhängig machen

Wenn Sie das Diagramm oder einzelne Reihen des Diagramms von den Daten aus der Datenbasis lösen wollen, rechnen Sie einfach die Reihe in ihre Werte um:

1. Markieren Sie die Datenreihe in einem Diagramm, die Sie umwandeln wollen.
2. Markieren Sie die Formel mit der Funktion DATENREIHE() in der Bearbeitungsleiste.
3. Drücken Sie die Taste F9 und bestätigen Sie mit Enter.
4. Die Datenreihenformel wird durch ihre Werte ersetzt und ist damit unabhängig von den Daten.

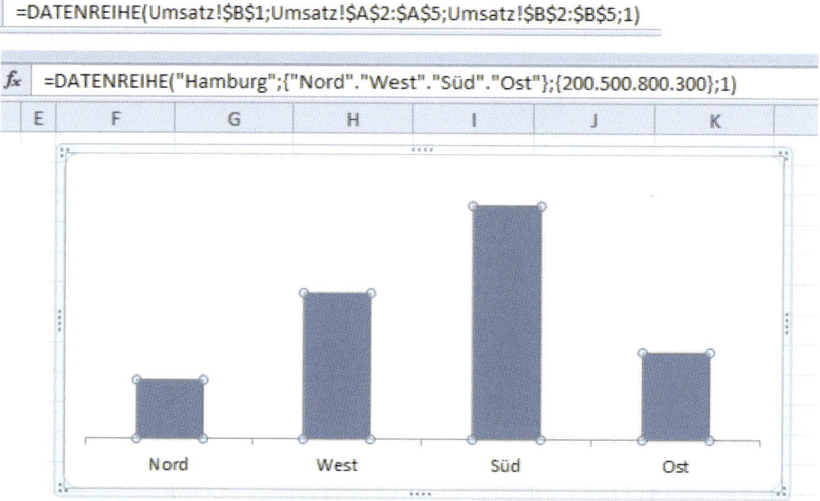

Abbildung 3.8: Datenreihen in Werte umwandeln

Kapitel 4

Komplexe Geschäftsdaten visualisieren

Das Prinzip, mit Excel ein Diagramm zu erstellen, ist wie im Kapitel zuvor gezeigt einfach und erfordert nur wenige Handgriffe:

- Daten markieren
- im Menüband auf das Register *Diagramme* umschalten
- Diagrammtyp auswählen und Untertyp bestimmen

Ein Klick, und das Diagramm wird als Diagrammobjekt in das Tabellenblatt gezeichnet. So einfach das Prinzip ist, so komplex sind die Möglichkeiten, etwas falsch zu machen. Es beginnt bei den Daten: Sind diese nicht richtig aufbereitet, bleiben Teile unberücksichtigt. Sind die Daten zu komplex, zeigt das Diagramm nur Ausschnitte an. Und wenn sich die Datenmenge ändert, beginnt die zeitraubende Überprüfung: Enthält das Diagramm weiterhin alle Daten oder vergisst es einfach, die unten angefügten neuen Datensätze wiederzugeben?

Nehmen Sie sich die Zeit und lernen Sie die Umsetzung der Daten in ein Diagramm von Grund auf. Drei Arten von Datenmengen gilt es zu berücksichtigen:

- Listen und Datenbanken
- Tabellen
- PivotTables

4.1 Listen oder Datenbanken

In früheren Versionen war die Liste die vorherrschende, wichtigste Datenquelle für Diagramme. Bis zur Office-Version 4.0 gab es noch das Datenbankprinzip, auch heute taucht noch ab und zu in Dialogen die Frage auf, ob Excel eine Liste oder eine Datenbank berücksichtigen soll. Was ist der Unterschied zwischen einer Liste und einer Datenbank? Eines gleich vorweg: Excel hat keine Datenbanken und ist keine Datenbank. Eine Datenbank ist im Wortsinn eine Datenmenge, die sich aus mehreren, miteinander über Schlüssel verknüpften Tabellen zusammensetzt. Die relationalen Beziehungen zwischen den Tabellen ermöglichen die Auswertung der Daten. Moderne Datenbanken sind multidimensional, ihre Beziehungen werden über Dimensionen geregelt (z. B. OLAP-Cubes).

Excel verwaltet nur Listen. Früher musste eine Liste mit dem Bereichsnamen *Datenbank* verse-
hen werden, damit sie gefiltert oder sortiert werden konnte, und da Excel bis Version 4.0 pro
Datei auch nur ein Tabellenblatt speichern konnte, wurde die in diesem Blatt gepflegte Liste
Datenbank genannt.

Mit der Version 5.0 hat Excel diese Einschränkung aufgehoben und das Listenprinzip einge-
führt. Jede zusammenhängende Datenmenge ist für Excel eine Liste. Der Anwender kann natürlich weiterhin den Bereichsnamen Datenbank für seine (Haupt-)Liste verwenden, was ihm
große Vorteile bringt:

- Der Bereich lässt sich über das Namensfeld oder den Namens-Manager schnell auffinden
  und ansteuern.
- Diagramme, die aus dem benannten Bereich erstellt werden, passen sich automatisch an,
  wenn der Bereichsname neu zugewiesen wird.
- Der Bereichsname Datenbank kann mithilfe von Matrixfunktionen berechnet werden,
  sodass er sich automatisch an die veränderte Datenmenge einer Liste anpasst.

4.1.1   Diagramme aus Listen erstellen

Eine Liste beginnt mit einer Kopfzeile, in der die Felder der Liste beschriftet sind. Jede Spalte
enthält die der Kopfzeilenbeschriftung entsprechenden Daten, also Texte, Zahlen oder Datums-
werte. Der Datentyp sollte pro Spalte identisch sein, Zahlenkolonnen, die mit Zwischenüber-
schriften oder Zwischensummen versehen sind, eignen sich nicht für die Diagrammerstellung.
Enthält die Liste in der ersten Spalte ebenfalls Texte, werden diese im Diagramm für die
Beschriftung verwendet. Hier einige Beispiele, wie aus Listen Diagramme erstellt werden:

Bild für Bild   **Diagramme aus Listen erstellen**

Eine Liste mit Kopfzeile und zwei Zahlenkolonnen. Der Bereich
wird zusammen mit der Beschriftung markiert (A1:B4).

Mit EINFÜGEN/DIAGRAMME/SÄULE/2D-SÄULE wird das Diagramm
produziert.

Das Diagrammobjekt wird auf das Tabellenblatt gezeichnet.
Die Texte in der Spaltenbeschriftung sind in der Legende ausgewiesen.

Diagramme aus Listen erstellen (Forts.)

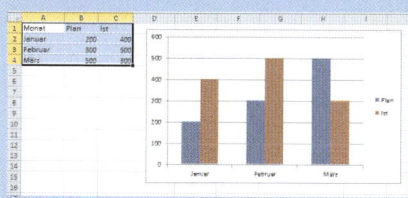

Eine zweite Liste mit Text (Monatsnamen) in der ersten Spalte. Wird der markierte Bereich A1:D4 in ein Diagramm umgesetzt, verwendet dieses die Monatsnamen als Beschriftung der Rubrikenachse.

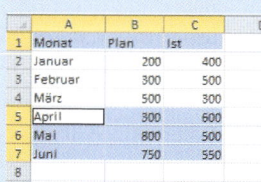

Steht die Beschriftung nicht unmittelbar bei den Daten, markieren Sie diese zuerst. Halten Sie die Strg-Taste gedrückt und markieren Sie die Daten für das Diagramm. Die Anzahl der Spalten muss in beiden Markierungen identisch sein.

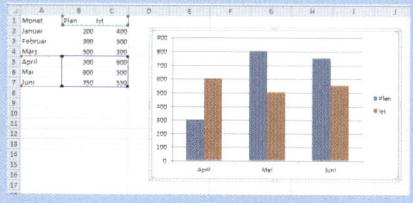

Wählen Sie EINFÜGEN/DIAGRAMME/SÄULE/2D-SÄULE. Das Diagramm wird aus den markierten Daten erstellt.

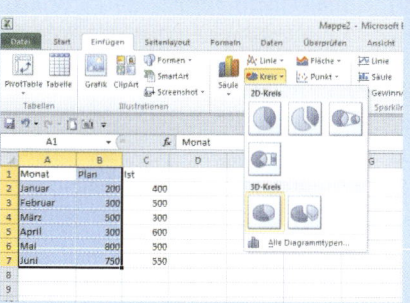

Das Prinzip gilt auch für horizontale Beschriftungen: Markieren Sie den zusammenhängenden Bereich A1:B7 und erstellen Sie mit EINFÜGEN/DIAGRAMME/KREIS ein dreidimensionales Kreisdiagramm.

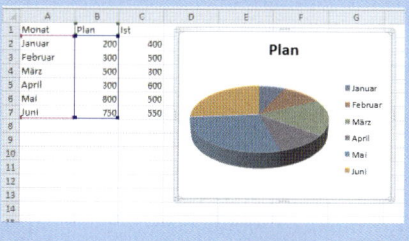

Das Diagramm wird aus den markieren Daten erstellt.

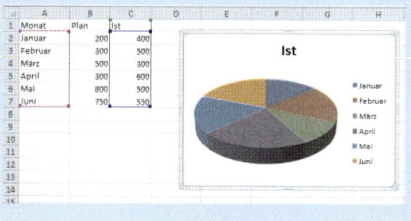

Markieren Sie den Bereich A1:A7, halten Sie die Strg-Taste gedrückt und markieren Sie den Bereich C1:C7. Erstellen Sie mit EINFÜGEN/DIAGRAMME/KREIS ein dreidimensionales Kreisdiagramm aus den Zahlen in der zweiten Spalte.

4.2   Tabellen

Die Tabelle ist eine Sonderform der Liste. Sie bietet die Möglichkeit, mit strukturierten Verweisen und einer Ergebniszeile zu arbeiten. Tabellen bieten für die Visualisierung viele Vorteile gegenüber Listen. Diagramme, die Tabellen als Datenbasis verwenden, passen sich automatisch der veränderten Tabellengröße an.

Die Tabelle gab es schon in früheren Excel-Versionen, sie hieß zunächst aber Liste. In Excel 97 konnte beispielsweise ein Datenbereich zur Liste erklärt und mit einer Ergebniszeile versehen werden. Neu aufgenommene Datensätze wurden automatisch integriert, und Formeln in der Ergebniszeile berechneten u. a. Summen oder Mittelwerte der einzelnen Spalten. Mit Excel 2007 bekam diese Listensonderform die Bezeichnung *Tabelle*, was natürlich in unserem Sprachraum zu Verwirrung führte, da wir unter Tabellen allgemein Tabellenblätter verstehen (in der US-Version heißen Tabellenblätter *sheets* und Tabellen *tables*).

Wird eine Liste zur Tabelle erklärt, erhalten die Spaltenköpfe automatisch Filterpfeile, und der Zellbereich der Tabelle wird über eine Tabellenformatvorlage formatiert.

In den TABELLENTOOLS finden Sie die Einstellungen und die Formate für die Tabelle. Das Zusatzregister wird angezeigt, sobald der Zellzeiger in der Tabelle steht. Klicken Sie auf eine Tabellenformatvorlage, um die Formatierung zu ändern oder – mit der ersten Vorlage – alle Muster und Rahmen zu entfernen.

Die Gruppe EIGENSCHAFTEN zeigt den Namen der Tabelle an, dieser wird mit Aufbau der Verbindung automatisch aus dem Namen der ODBC-Verbindung oder der ODC- bzw. DSN-Datei erzeugt. Sie können diesen Namen ändern, er darf keine Leerzeichen und nicht alle Sonderzeichen enthalten.

Weisen Sie der Tabelle eine ERGEBNISZEILE zu (Optionen), können Sie in dieser für jede Spalte eine Rechenfunktion einstellen. Zur Auswahl stehen neben *Mittelwert*, *Anzahl* und *Summe* alle Excel-Funktionen aus der Funktionsbibliothek. Excel verwendet die Funktion TEILERGEBNIS() mit einem entsprechenden Parameter (z. B. 109 für SUMME()).

Kalkuliert wird in der Tabelle mit strukturierten Verweisen. Das sind Formeln, die nicht mit Zellbezügen, sondern mit Tabellenelementen wie *Kopfzeile*, *Zeile* und *Spalte* arbeiten. Konstruieren Sie eine Formel mit den Elementen der Tabelle, werden diese anstelle der Zelladressen eingefügt. Strukturierte Verweise kopieren sich automatisch auf die gesamte Tabellenspalte.

4.2.1   Diagramme aus Tabellen erstellen

Wandeln Sie Ihre Listen in Tabellen um. Hier ein Beispiel, eine Umsatzliste über den Berichtszeitraum 1. Halbjahr:

Bild für Bild	Diagramme aus Tabellen erstellen

Setzen Sie den Zellzeiger in die Liste. Falls diese Leerzeilen enthält, markieren Sie die gesamte Liste.
Wählen Sie EINFÜGEN/TABELLEN/TABELLE.

Diagramme aus Tabellen erstellen (Forts.)

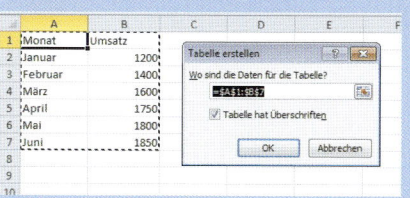

Der Bereich rund um den Zellzeiger bzw. der markierte Bereich wird als Datenbereich für die Tabelle vorgeschlagen. Korrigieren Sie ihn durch Markierung des Bereichs oder bestätigen Sie den Vorschlag mit einem Klick auf OK.

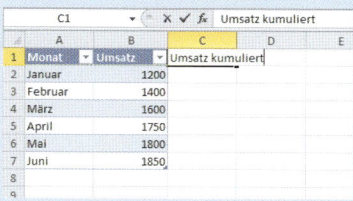

Tragen Sie in die nächste freie Spalte die Spaltenbeschriftung *Umsatz kumuliert* ein.

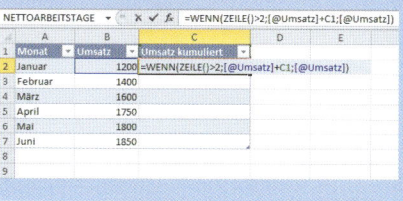

Die Tabelle wird um die neue Spalte erweitert. Schreiben Sie diese Formel, um den kumulierten Umsatz zu berechnen:

`=WENN(ZEILE()>2;[@Umsatz]+C1;[@Umsatz])`

Bestätigen Sie die Formel mit den strukturierten Verweisen mit der ↵-Taste. Sie wird automatisch über alle Zeilen der Tabelle kopiert.

Schalten Sie unter TABELLENTOOLS/ENTWURF die Ergebniszeile ein.

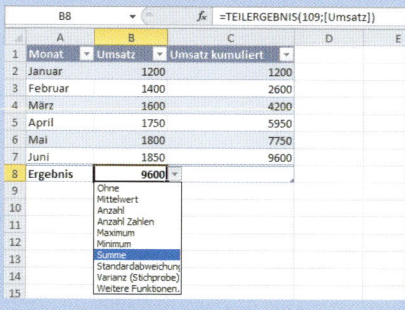

Die Funktion SUMME ist für die Umsatzspalte der Tabelle aktiviert. Die Summe wird mit der Funktion TEILERGEBNIS() und dem Funktionsparameter 109 berechnet. Diese Funktion stellt sicher, dass die Ergebniszeile die Summen richtig ausweist, wenn die Tabelle gefiltert wird.

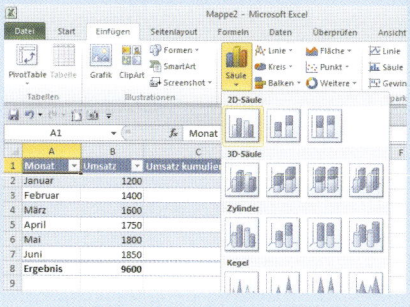

Setzen Sie den Zellzeiger in die Tabelle und wählen Sie EINFÜGEN/DIAGRAMME/SÄULE/2D-SÄULE.

Bild für Bild Diagramme aus Tabellen erstellen (Forts.)

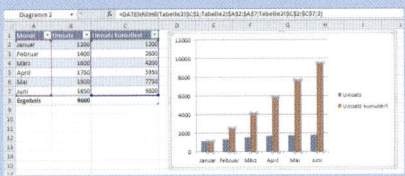

Das Diagramm wird produziert, es enthält alle Spalten der Tabelle, aber nicht die Ergebniszeile. Markieren Sie mit einem Klick auf einen der Balken die zweite Datenreihe.

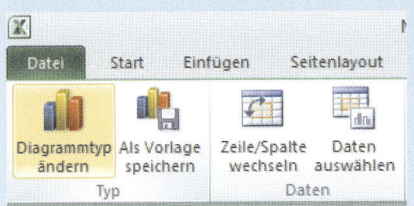

Wählen Sie DIAGRAMMTOOLS/ENTWURF/TYP/DIAGRAMMTYP ÄNDERN.

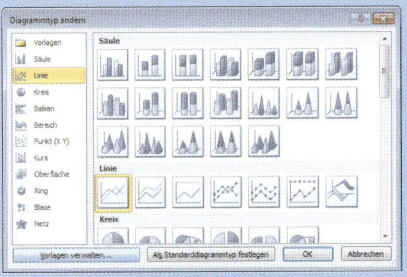

Weisen Sie der Datenreihe den Diagrammtyp LINIE, *Untertyp 1* zu.

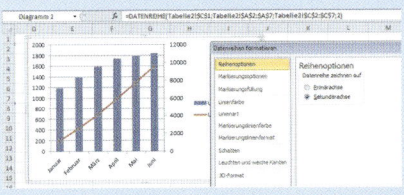

Mit einem Doppelklick auf die neue Linie öffnen Sie den Dialog DATENREIHE FORMATIEREN. Schalten Sie unter REIHENOPTIONEN um auf SEKUNDÄRACHSE.

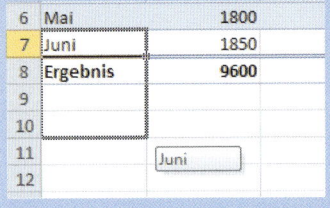

Markieren Sie die Zelle A7 mit dem letzten Monat und ziehen Sie mit gedrückter Maustaste das Füllkästchen rechts unten am Zellzeiger nach unten bis Zelle A10.

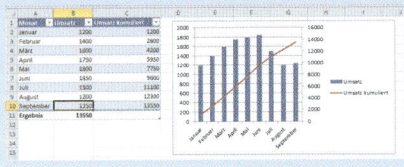

Die Tabelle wird automatisch erweitert, die Formel mit den strukturierten Verweisen ebenfalls. Auch das Diagramm passt sich selbstständig der neuen Tabellengröße an.

4.3 PivotTables und PivotCharts

Die dritte Möglichkeit, Daten für die Visualisierung bereitzustellen, ist die PivotTable. Eine PivotTable ist selbst kein Datenbestand, sondern die Auswertung einer Liste oder Tabelle. Diagramme, die sich auf den Zellbereich einer PivotTable beziehen, werden automatisch als PivotCharts produziert, und diese Diagrammform unterscheidet sich anderen Diagrammen gegenüber in einigen wesentlichen Punkten. Erstellen Sie ein PivotChart aus einer Liste oder Tabelle, wird automatisch zusätzlich eine PivotTable produziert. Um ein PivotChart aus einer bereits angelegten PivotTable zu erzeugen, legen Sie einfach ein Diagramm mit den PivotTable-Daten an, das Ergebnis wird ein PivotChart sein.

Die Datenbasis für eine PivotTable und ein PivotChart kann eine Liste oder eine Tabelle sein, die bessere Wahl ist natürlich die Tabelle, die sich automatisch anpasst, wenn Daten hinzugefügt oder gelöscht werden.

4.3.1 PivotCharts erstellen

Pivotcharts Vorlage.xlsx

Die Liste im Tabellenblatt *Umsatz* enthält eine Aufstellung der Umsätze für einzelne Produktkategorien im Berichtszeitraum 1. Quartal. Erstellen Sie einen Bericht über die Umsätze der einzelnen Kategorien nach Monaten.

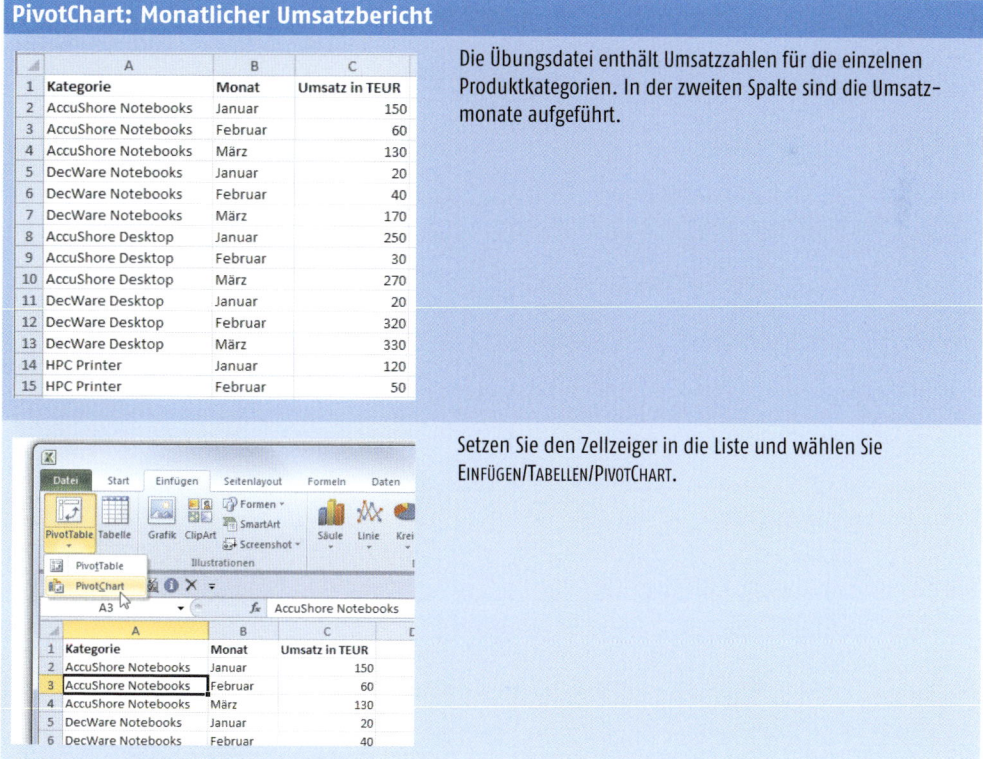

PivotChart: Monatlicher Umsatzbericht   **Bild für Bild**

	A	B	C
1	Kategorie	Monat	Umsatz in TEUR
2	AccuShore Notebooks	Januar	150
3	AccuShore Notebooks	Februar	60
4	AccuShore Notebooks	März	130
5	DecWare Notebooks	Januar	20
6	DecWare Notebooks	Februar	40
7	DecWare Notebooks	März	170
8	AccuShore Desktop	Januar	250
9	AccuShore Desktop	Februar	30
10	AccuShore Desktop	März	270
11	DecWare Desktop	Januar	20
12	DecWare Desktop	Februar	320
13	DecWare Desktop	März	330
14	HPC Printer	Januar	120
15	HPC Printer	Februar	50

Die Übungsdatei enthält Umsatzzahlen für die einzelnen Produktkategorien. In der zweiten Spalte sind die Umsatzmonate aufgeführt.

Setzen Sie den Zellzeiger in die Liste und wählen Sie EINFÜGEN/TABELLEN/PIVOTCHART.

Bild für Bild **PivotChart: Monatlicher Umsatzbericht (Forts.)**

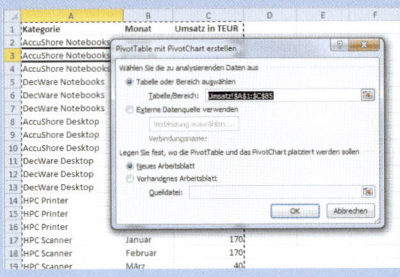

Der Bereich der Liste wird automatisch vorgeschlagen, Sie können ihn im Hintergrund markieren, falls der Vorschlag nicht stimmt (z. B. wenn die Liste Leerzeilen enthält).

Mit der Option *Neues Arbeitsblatt* wird ein neues Tabellenblatt erstellt. Wählen Sie die zweite Option, müssen Sie den Zellbereich bestimmen, in dem die PivotTable und das PivotChart produziert werden.

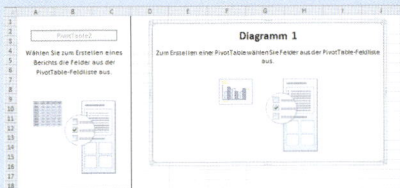

PivotTable und PivotChart werden sichtbar, beide sind noch datenfrei. Verwenden Sie die Feldliste, um das Layout der PivotTable und gleichzeitig die Gestaltung des Diagramms zu bestimmen.

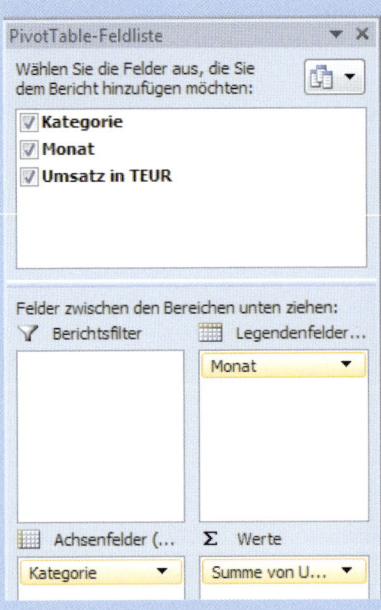

Ziehen Sie das Feld *Kategorie* in den Bereich *Achsenfelder*, das Feld *Monat* in den Bereich *Legendenfelder* und das Feld *Umsatz in TEUR* in den *Werte*-Bereich. In diesem wird automatisch die Funktion SUMME() für die Konsolidierung der Daten herangezogen, vorausgesetzt, die Spalte enthält ausschließlich numerische Daten. Ist das nicht der Fall, hat die Spalte z. B. leere Einträge oder enthält sie Text, sehen Sie hier die Funktion *Anzahl* für die Auswertung im *Werte*-Bereich.

PivotChart: Monatlicher Umsatzbericht (Forts.)

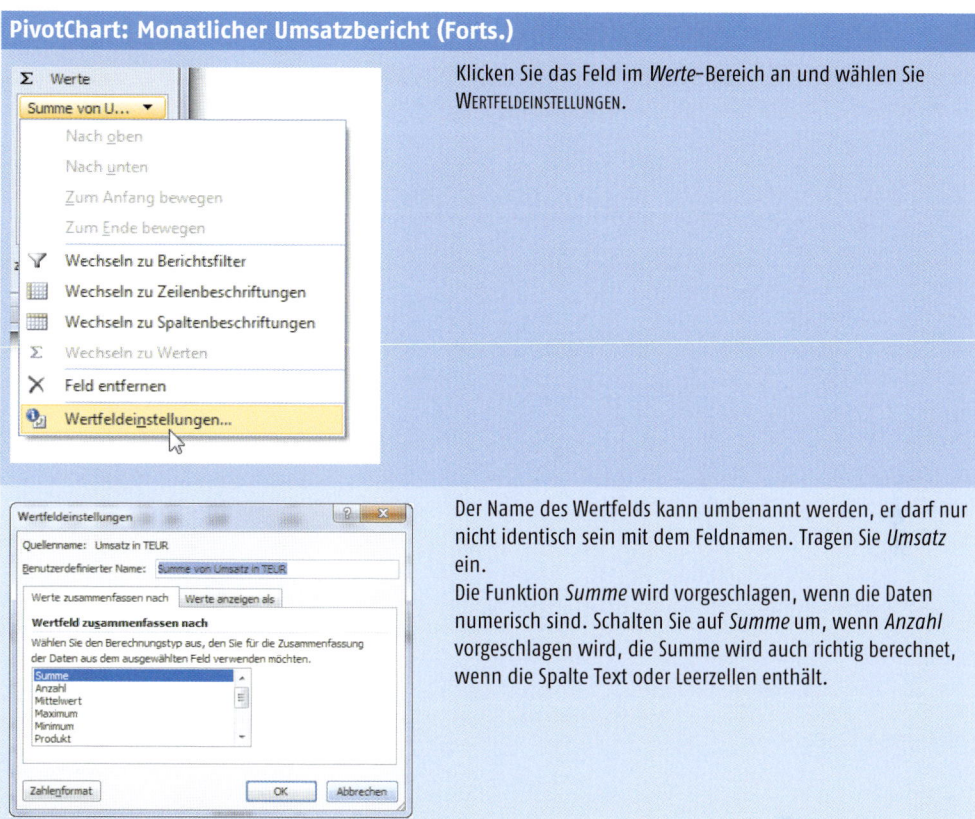

Klicken Sie das Feld im *Werte*-Bereich an und wählen Sie Wertfeldeinstellungen.

Der Name des Wertfelds kann umbenannt werden, er darf nur nicht identisch sein mit dem Feldnamen. Tragen Sie *Umsatz* ein.
Die Funktion *Summe* wird vorgeschlagen, wenn die Daten numerisch sind. Schalten Sie auf *Summe* um, wenn *Anzahl* vorgeschlagen wird, die Summe wird auch richtig berechnet, wenn die Spalte Text oder Leerzellen enthält.

Das Ergebnis sind eine PivotTable und ein PivotChart mit den konsolidierten Umsatzwerten aus den Basisdaten. Ändern sich die Daten in der Umsatzliste, muss die PivotTable aktualisiert oder ggf. angepasst werden:

1. Wählen Sie PIVOTTABLE-TOOLS/OPTIONEN/DATEN/AKTUALISIEREN, um die PivotTable und das PivotChart zu aktualisieren.
2. Unter PIVOTTABLE-TOOLS/OPTIONEN/DATEN/DATENQUELLE ÄNDERN können Sie die Datenquelle überprüfen und bei Bedarf anpassen.

Die Felder der Feldliste wechseln automatisch die Beschriftung, je nachdem, ob die PivotTable oder das PivotChart markiert ist:

```
Achsenfelder - Zeilenbeschriftung
Legendenfelder - Spaltenbeschriftung
```

Über die Schaltflächen im PivotChart oder mit den Feldschaltflächen haben Sie die Möglichkeit, die Liste zu filtern und beispielsweise nur einzelne Kategorien oder Berichtsmonate einzustellen.

PivotCharts formatieren und Datenschnitte verwenden

Ändern Sie das Layout der PivotTable und damit das Aussehen des PivotCharts, setzen Sie die Kategorie in den Legendenbereich und die Monate in die horizontale Achse. Oder lassen Sie Kategorie und Monat auf der horizontalen Achse anzeigen, das PivotChart gruppiert automatisch das untergeordnete Element.

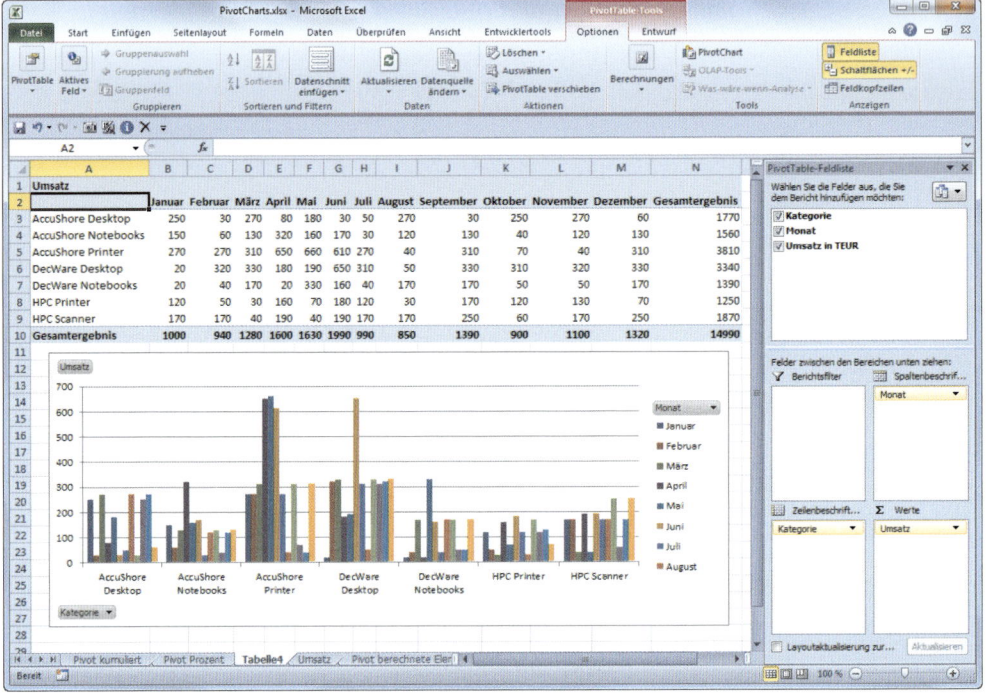

Abbildung 4.1: PivotTable und PivotChart mit Monatsumsätzen nach Kategorie

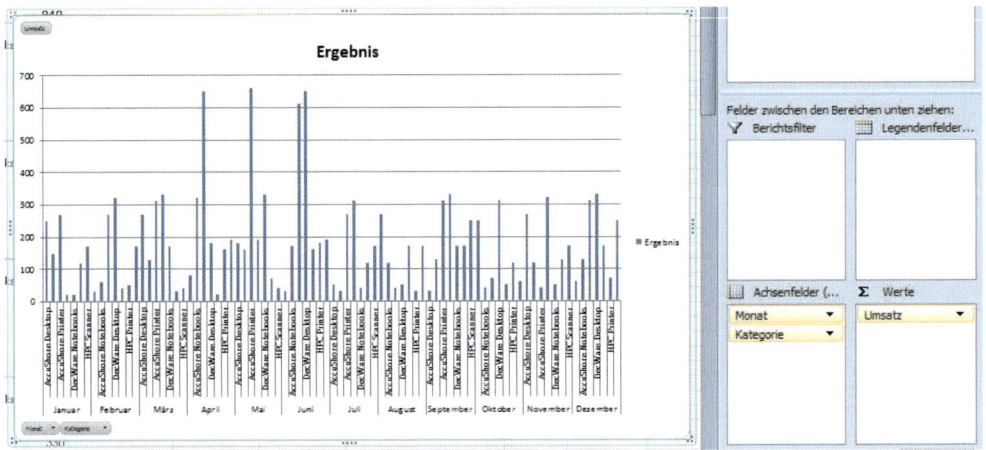

Abbildung 4.2: Gruppierte Elemente im Bereich Achsenfelder

Ziehen Sie ein Feld in den Berichtsfilter, können Sie die PivotTable und das PivotChart nach den Elementen dieses Felds filtern. Dieser Filter hat aber Nachteile: Wenn Sie mehrere Elemente filtern, sehen Sie in der PivotTable nicht, welche Elemente ausgewählt wurden. Verwenden Sie anstelle des Berichtsfilters besser Datenschnitte:

Datenschnitt für PivotTable erstellen

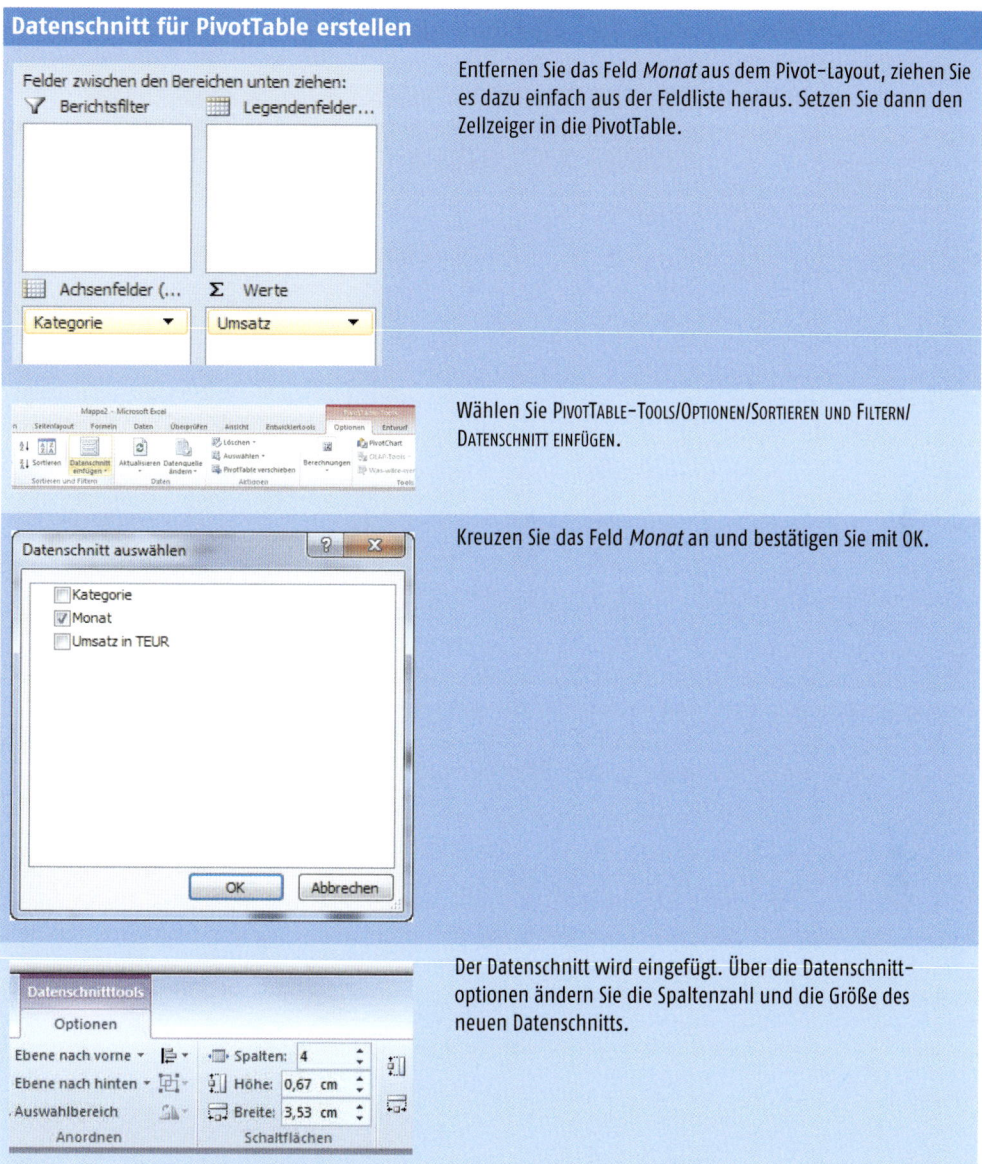

Entfernen Sie das Feld *Monat* aus dem Pivot-Layout, ziehen Sie es dazu einfach aus der Feldliste heraus. Setzen Sie dann den Zellzeiger in die PivotTable.

Wählen Sie PIVOTTABLE-TOOLS/OPTIONEN/SORTIEREN UND FILTERN/DATENSCHNITT EINFÜGEN.

Kreuzen Sie das Feld *Monat* an und bestätigen Sie mit OK.

Der Datenschnitt wird eingefügt. Über die Datenschnitt-optionen ändern Sie die Spaltenzahl und die Größe des neuen Datenschnitts.

Weisen Sie dem Datenschnitt eine Formatvorlage zu und positionieren Sie ihn auf dem Tabellenblatt. Zum Ändern der Größe und Position ziehen Sie einfach die Ränder des Datenschnittfensters mit gedrückter Maustaste.

Klicken Sie auf ein Element im Datenschnitt, um PivotTable und PivotChart nach diesem zu filtern. Mit gedrückter ⇧- oder Strg-Taste können Sie mehrere Elemente markieren, und ein Klick auf das Filtersymbol rechts oben im Datenschnittfenster entfernt alle Filter wieder.

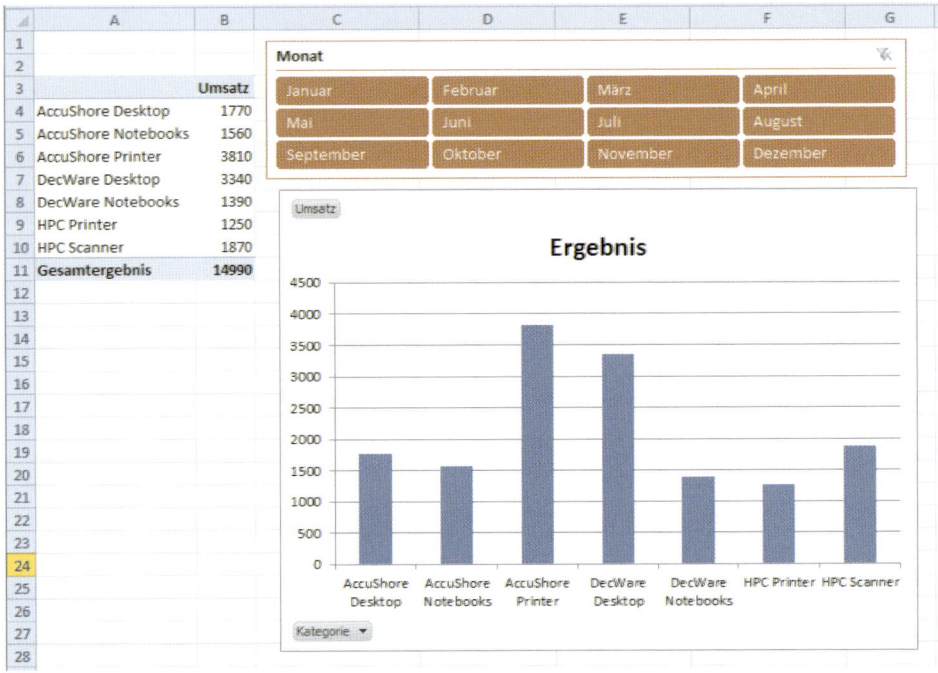

Abbildung 4.3: Datenschnitte sind optimal zum Filtern von PivotTables und PivotCharts

4.3.2 Rechenfunktionen in der PivotTable

Für die Berechnung der Wertefelder einer PivotTable stehen mehrere Funktionen zur Auswahl. Standardmäßig wird die Funktion SUMME verwendet, aber nur, wenn die Spalte ausschließlich numerische Werte enthält. Findet die PivotTable Leerzeilen oder Text unter der Feldbezeichnung, schaltet das Wertefeld automatisch auf ANZAHL um und zählt damit die Werte. In der Regel kann aber die Summefunktion auch für alphanumerische Felder verwendet werden. Diese Funktionen stehen für die Zusammenfassung von Werten im Wertefeld zur Auswahl:

Funktion	Erklärung
Summe	Die Summe der Werte (Standardfunktion für numerische Felder)
Anzahl	Die Anzahl der Datenwerte (Standardfunktion für alphanumerische Felder). Anzahl entspricht der Tabellenfunktion ANZAHL2()
Mittelwert	Der Mittelwert der Werte
Maximum	Der höchste Wert
Minimum	Der niedrigste Wert
Produkt	Das Produkt der Werte
Anzahl Zahlen	Die Anzahl numerischer Datenwerte. Entspricht der Tabellenfunktion ANZAHL()
StAbw	Schätzung der Standardabweichung einer Population, wobei die Stichprobe eine Untermenge der gesamten Population darstellt
STABWN	Standardabweichung einer Population, wobei alle zusammenzufassenden Daten (Grundgesamtheit) die Population darstellen

Funktion	Erklärung
Varianz	Schätzung der Varianz einer Population, wobei die Stichprobe eine Untermenge der gesamten Population darstellt
Varianz (Grundgesamtheit)	Varianz einer Population, wobei alle zusammenzufassenden Daten (Grundgesamtheit) die Population darstellen

4.3.3 PivotCharts mit Prozentwerten und kumulierten Werten

PivotTables und PivotCharts konsolidieren die Daten der Felder im Wertebereich unter Verwendung von Funktionen wie SUMME, ANZAHL oder MITTELWERT. Die Wertfeldeinstellungen bieten darüber hinaus noch benutzerdefinierte Berechnungen, z. B. die prozentualen Anteile eines Ergebnisses an einer Gesamtheit oder die Kumulation der Werte. Die Optionen finden Sie in den Wertfeldeinstellungen auf der zweiten Registerkarte *Werte anzeigen als*.

Funktion	Erklärung
% des Ergebnisses (Gesamtergebnis, Spalten, Zeilen, Vorgänger)	Zeigt die Werte als Prozentwert des Ergebnisses an
% von	Zeigt die Werte als Prozentsatz des Werts vom Basiselement im Basisfeld an
Differenz von	Zeigt die Werte als Differenz des Werts vom Basiselement im Basisfeld an
% Differenz von	Zeigt Werte als prozentuale Differenz des Werts vom Basiselement im Basisfeld an
Ergebnis in	Kumuliert die Werte aufsteigend
% Ergebnis in	Zeigt den kumulierten Wert in % an
% der Zeile	Zeigt den Wert in jeder Zeile oder Kategorie als Prozentwert des Gesamtergebnisses für die Zeile oder Kategorie an
% der Spalte	Zeigt alle Werte in jeder Spalte oder Reihe als Prozentwert des Gesamtergebnisses für die Spalte oder Reihe an
Rangfolge	Berechnet die Rangfolge der Werte auf- oder absteigend
Index	Berechnet Werte nach dieser Formel: ((Wert_in_Zelle) x (Gesamtergebnis)) / ((Zeilengesamtergebnis) x (Spaltengesamtergebnis))

Praxisbeispiel: Umsätze prozentual mit TopTen-Filter

Pivotcharts Vorlage.xlsx
PivotCharts.xlsx

PivotTable Umsatzbericht: Prozentuale Anteile berechnen	Bild für Bild

Setzen Sie den Zellzeiger in die Liste im Tabellenblatt *Umsatz* und wählen Sie EINFÜGEN/PIVOTTABLE/PIVOTCHART.

Bild für Bild **PivotTable Umsatzbericht: Prozentuale Anteile berechnen (Forts.)**

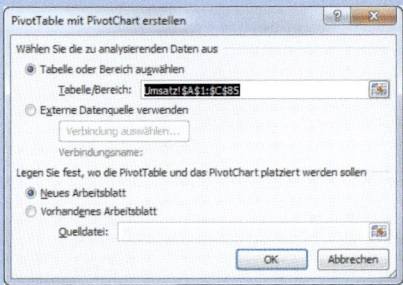

Bestätigen Sie den vorgeschlagenen Bereich für eine neue PivotTable in einem neuen Arbeitsblatt.

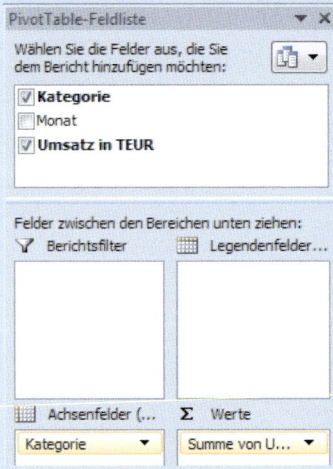

Ziehen Sie das Feld *Kategorie* in den Bereich *Achsenfelder* und das Feld *Umsatz in TEUR* in den *Werte*-Bereich.

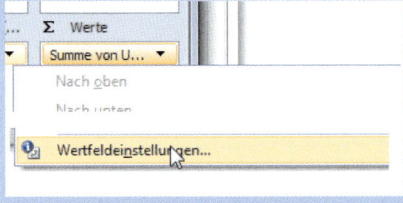

Klicken Sie das Feld im *Werte*-Bereich an und wählen Sie WERTFELDEINSTELLUNGEN.

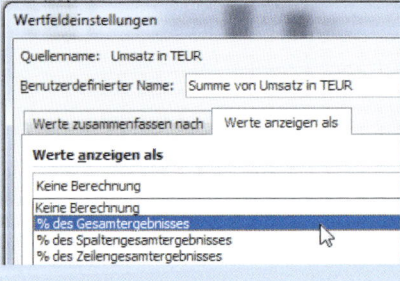

Schalten Sie um auf die zweite Registerkarte *Werte anzeigen als* und markieren Sie die Anzeigeoption *% des Gesamtergebnisses*.

PivotTable Umsatzbericht: Prozentuale Anteile berechnen (Forts.)

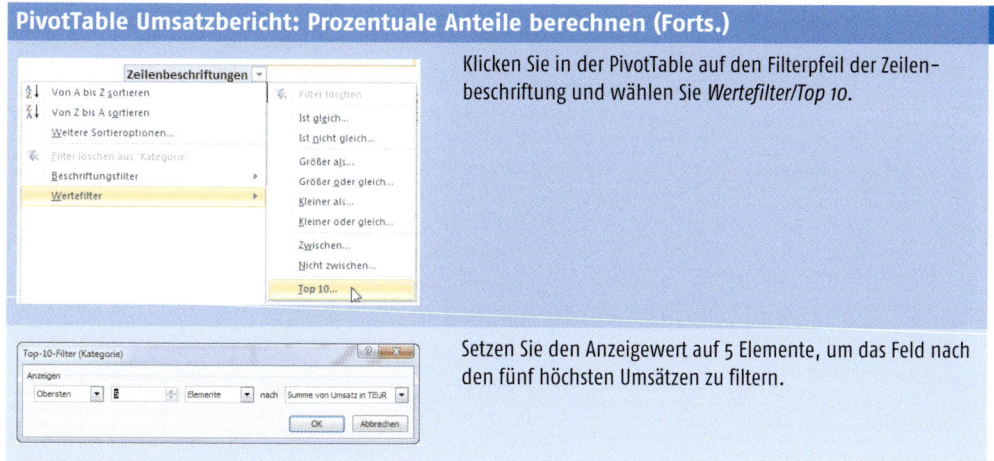

Klicken Sie in der PivotTable auf den Filterpfeil der Zeilen-beschriftung und wählen Sie *Wertefilter/Top 10*.

Setzen Sie den Anzeigewert auf 5 Elemente, um das Feld nach den fünf höchsten Umsätzen zu filtern.

Das PivotChart zeigt die Umsatzwerte jetzt in Prozent an. Mit dem Top Ten-Filter haben Sie die Möglichkeit, Werte aus den Diagrammen zu filtern, die für die Botschaft nicht relevant sind, hier z. B. die kleineren Prozentwerte.

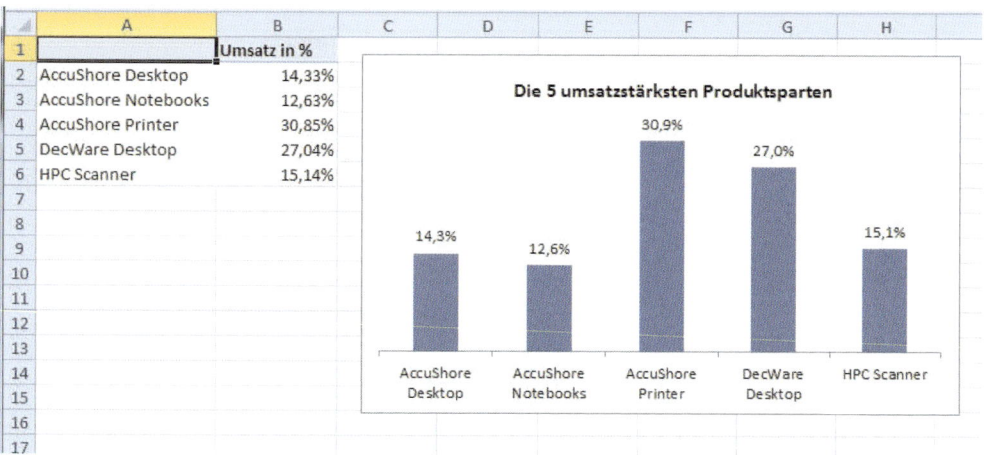

Abbildung 4.4: PivotChart mit %-Umsätzen und Top Ten-Filter

Praxisbeispiel: Kumulierte Warenumsätze

Pivotcharts Vorlage.xlsx

PivotCharts.xlsx

| Bild für Bild | PivotTable Umsatzbericht: Kumulierte Umsätze berechnen |

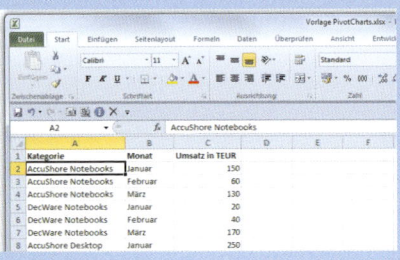

Öffnen Sie die Arbeitsmappe *PivotCharts Vorlage.xlsx* und aktivieren Sie das Tabellenblatt *Umsatz*.

Setzen Sie den Zellzeiger in die Liste. Sie enthält die Produktumsätze der einzelnen Kategorien mit Angabe des Umsatzmonats und des Umsatzwerts in TEUR.

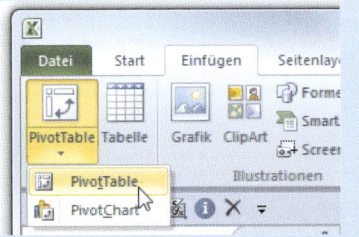

Wählen Sie EINFÜGEN/TABELLEN/PIVOTTABLE.

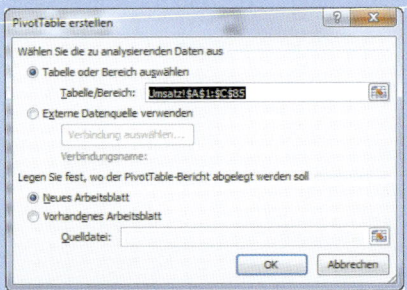

Bestätigen Sie den Bereich, der für die zu analysierenden Daten vorgeschlagen wird. Die Option *Neues Arbeitsblatt* ist bereits aktiv, bestätigen Sie mit OK, und die PivotTable wird in einem neuen Blatt erzeugt.

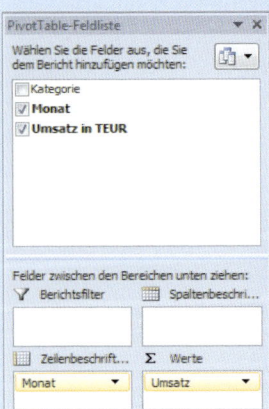

Ziehen Sie das Feld *Monat* in der Feldliste nach unten in den Bereich *Zeilenbeschriftung*.

Ziehen Sie das Feld *Umsatz in TEUR* in der Feldliste nach unten in den Bereich *Werte*.

PivotTable Umsatzbericht: Kumulierte Umsätze berechnen (Forts.)

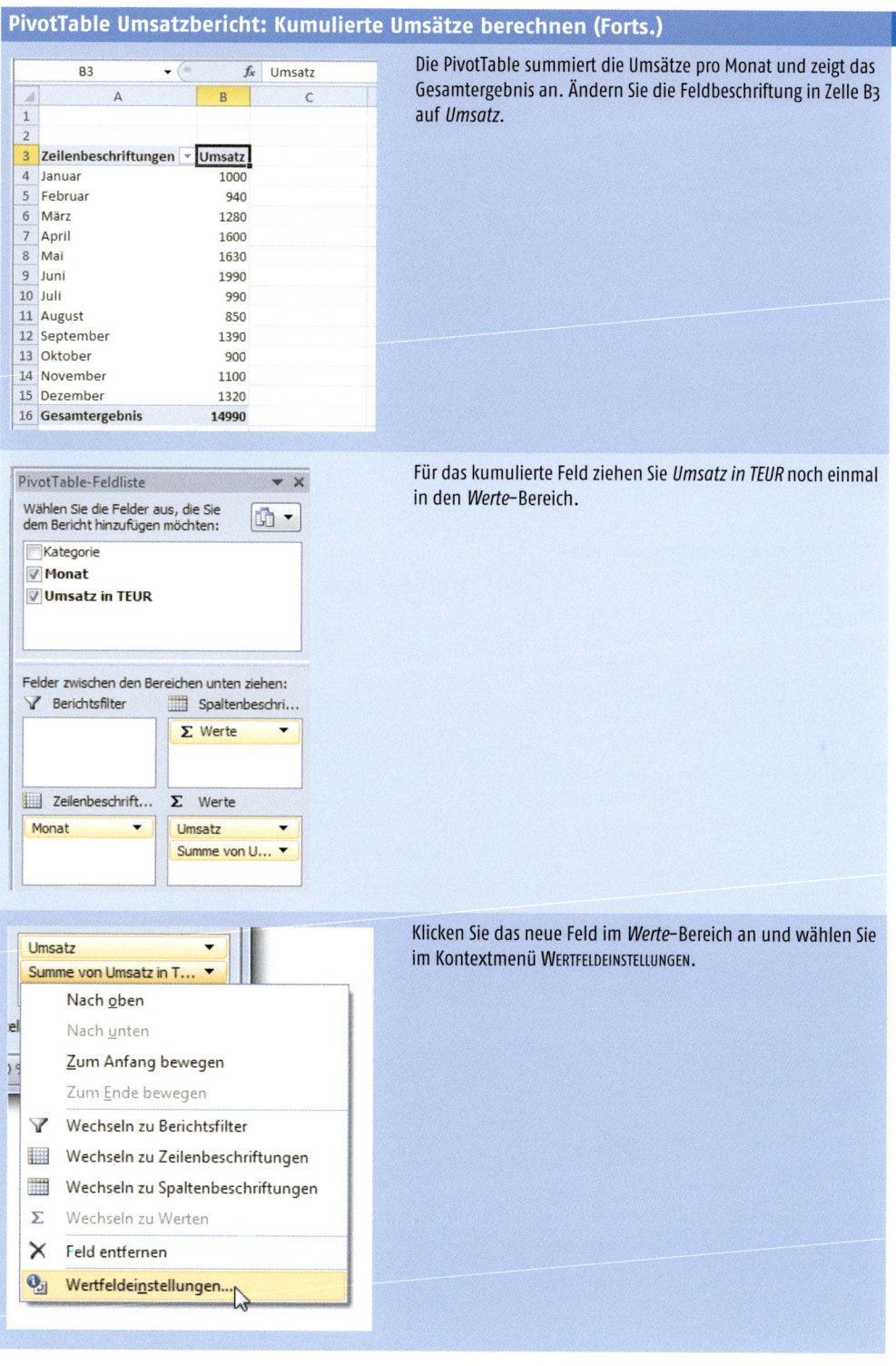

Die PivotTable summiert die Umsätze pro Monat und zeigt das Gesamtergebnis an. Ändern Sie die Feldbeschriftung in Zelle B3 auf *Umsatz*.

Für das kumulierte Feld ziehen Sie *Umsatz in TEUR* noch einmal in den *Werte*-Bereich.

Klicken Sie das neue Feld im *Werte*-Bereich an und wählen Sie im Kontextmenü WERTFELDEINSTELLUNGEN.

Bild für Bild | **PivotTable Umsatzbericht: Kumulierte Umsätze berechnen (Forts.)**

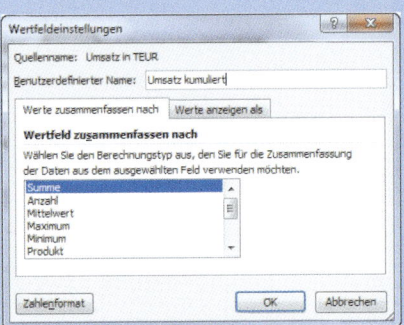

Tragen Sie den benutzerdefinierten Namen *Umsatz kumuliert* ein.

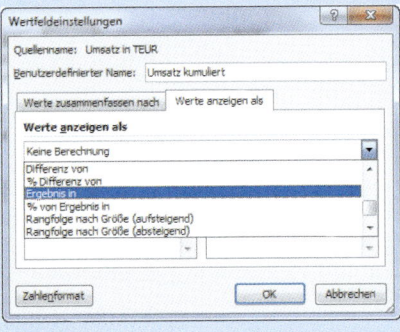

Schalten Sie um auf das Register WERTE ANZEIGEN ALS.

In der Liste unter WERTE ANZEIGEN ALS finden Sie verschiedene Anzeigearten. Wählen Sie *Ergebnis in*. Das Basisfeld *Monat* ist bereits richtig markiert.

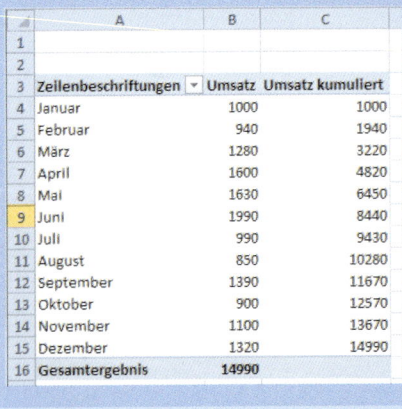

Jetzt zeigt die PivotTable in der dritten Spalte die kumulierten Umsätze für die einzelnen Monate an. Das Gesamtergebnis ist identisch mit dem kumulierten Wert des letzten Monats.

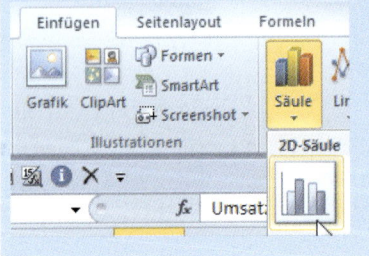

Setzen Sie den Zellzeiger in die PivotTable und wählen Sie EINFÜGEN/DIAGRAMME/SÄULE/2D-SÄULE.

PivotTable Umsatzbericht: Kumulierte Umsätze berechnen (Forts.)   Bild für Bild

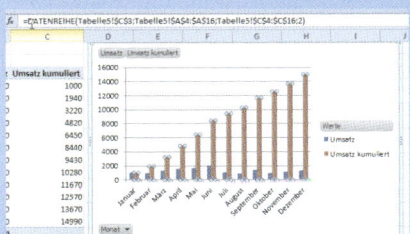

Markieren Sie die zweite Datenreihe mit den kumulierten Umsätzen.

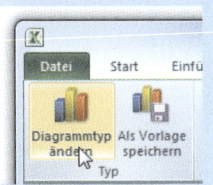

Klicken Sie in den Diagrammtools unter Entwurf/Typ auf Diagrammtyp ändern.

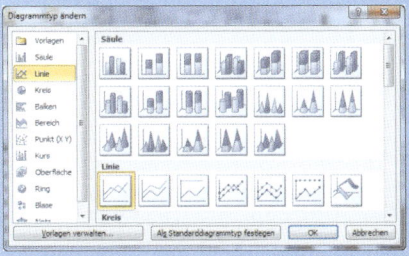

Wählen Sie für diese Datenreihe den Diagrammtyp Linie, *Untertyp 1*.

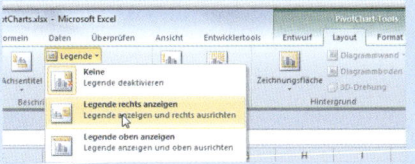

Unter PivotChart-Tools/Layout können Sie die Legende einschalten, falls diese nicht bereits angeboten wird.

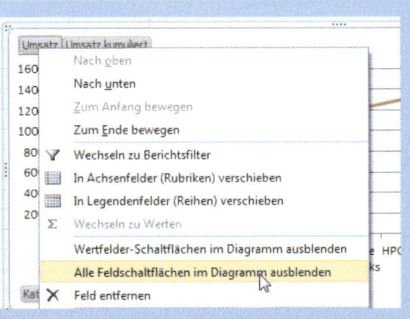

Klicken Sie mit der rechten Maustaste auf eine der Schaltflächen, die im PivotChart angezeigt werden, und wählen Sie Alle Feldschaltflächen im Diagramm ausblenden.

Um die Feldschaltflächen wieder zu aktivieren, schalten Sie um auf PivotChart-Tools/Analyse. Hier finden Sie die Gruppe Einblenden/Ausblenden mit den Feldschaltflächen.

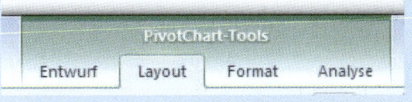

Die Werkzeuge zur Formatierung des Charts finden Sie unter PivotChart-Tools/Layout. Schalten Sie den Diagrammtitel und die Achsenbeschriftungen ein.

Alle nicht benötigten Elemente klicken Sie einfach im Diagramm an und entfernen sie mit der ⌜Entf⌟-Taste.

Das PivotChart ist generiert, es zeigt in einem Verbunddiagramm die Monatsumsätze in Säulen-form und die kumulierten Umsätze als Linie. Fügen Sie noch einen Datenschnitt für die Katego-rien hinzu, um diese filtern zu können.

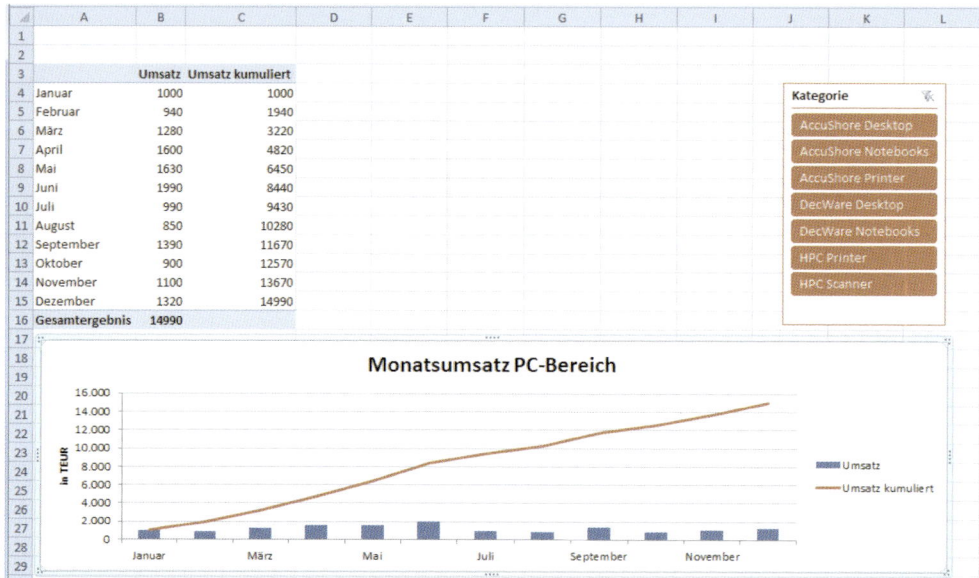

Abbildung 4.5: PivotChart mit kumulierten Monatsumsätzen

PivotTables und PivotCharts unabhängig machen

PivotTables haben eine Eigenschaft, die in der Praxis unkomfortabel ist: Alle Einstellungen in einer PivotTable, z. B. das Filtern oder Sortieren von Zeilen- und Spaltenwerten, wirken sich automatisch auf alle anderen PivotTables und PivotCharts mit der gleichen Datenbasis aus. Ändern oder löschen Sie ein Feld in einem PivotChart, wird dieses automatisch aus allen ande-ren PivotCharts auch gelöscht, wenn diese auf die gleiche PivotTable zugreifen.

Abhilfe schaffen Sie, indem Sie neue PivotTables für die gleiche Datenquelle erstellen, damit haben Sie zumindest die Möglichkeit, die PivotCharts unabhängig voneinander zu formatieren und zu gestalten.

Für die Erstellung berechneter Elemente genügt das leider nicht, Excel meldet einen Fehler, wenn Sie versuchen, in einer PivotTable berechnete Elemente anzulegen, die sich die Daten-basis mit einer anderen PivotTable teilen.

Abbildung 4.6: Keine berechneten Elemente, wenn die Daten bereits in einer anderen PivotTable verwendet werden

Aber auch dafür gibt es eine Lösung: Weisen Sie dem Datenbereich einfach einen Bereichs-namen zu und verwenden Sie diesen als Datenbasis für die PivotTable und das PivotChart. Sie können mehrere Bereichsnamen für die gleichen Bezüge verwenden und damit alle Visualisierungen über PivotCharts voneinander unabhängig machen.

1. Markieren Sie den Datenbereich. Schreiben Sie den Bereichsnamen in das Namensfeld links oben und bestätigen Sie mit der ⏎-Taste.
2. Im Namens-Manager finden Sie unter FORMELN/DEFINIERTE NAMEN alle definierten Bereichsnamen mit ihren Bezügen, hier können Sie diese auch bearbeiten und wieder löschen. Um einen Bereichsnamen aus einem bereits definierten und zugewiesenen Bereichsnamen zu erzeugen, erstellen Sie einfach eine Verknüpfung auf diesen:

```
Bereichsname: Umsatz
Bezieht sich auf: =Umsatztabelle!$A$1:$C$200
Bereichsname: Umsatz2
Bezieht sich auf: =Umsatz
```

Sollte sich der Datenbereich auf eine dynamische Liste beziehen, verwenden Sie eine Matrixformel, die den Bereichsnamen automatisch an die Anzahl Zeilen und Spalten des Bereichs anpasst (siehe Kapitel 4).

```
Bereichsname: Umsatz3
Bezieht sich auf:
=BEREICH.VERSCHIEBEN($A$1;0;0;ANZAHL2($A:$A);ANZAHL2($1:$1))
```

Wenn der Datenbereich für die PivotTable aus einer Tabelle rekrutiert wird, verwenden Sie den Tabellennamen. Auch diesen können Sie einfach mit einem weiteren Bereichsnamen verknüpfen. Die Abbildung zeigt eine Tabelle mit dem Tabellennamen *Tabelle1*. Über den Namens-Manager wurde ein Bereichsname *Umsatzliste* generiert, der sich auf diese Tabelle bezieht.

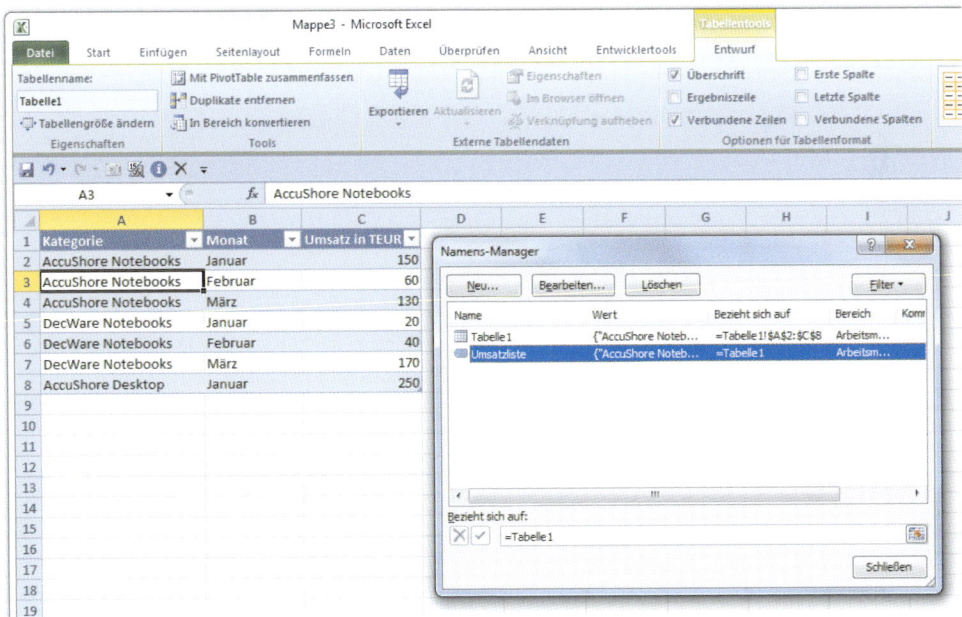

Abbildung 4.7: Bereichsnamen mit Tabellennamen verknüpfen

4.3.4 PivotCharts mit berechneten Feldern und Elementen

Nicht immer bietet das vorliegende Datenmaterial alle Voraussetzungen für eine gute Visualisierung, häufig fehlen wichtige Berechnungen oder Verknüpfungen zu anderen Datenquellen. Der erfahrene Excel-Anwender setzt hier Formeln und Funktionen ein, um zu kalkulieren, was die Daten nicht hergeben.

Die PivotTable bietet für solche Zwecke die Technik der berechneten Felder und berechnete Elemente, und diese Werkzeuge sind besonders nützlich, da sie keinen Eingriff in die Quelldaten und keine zusätzlichen Formeln benötigen. So können externe Daten problemlos neu importiert werden, die Kalkulation findet in der PivotTable statt.

Hinweis

In PivotTables, die auf OLAP-Daten basieren, können keine Formeln für berechnete Felder oder Elemente verwendet werden.

Praxisbeispiel: Umsatzsteigerung berechnen mit berechnetem Feld

Website

Pivotcharts Vorlage.xlsx

PivotCharts.xlsx

1. Setzen Sie den Zellzeiger in die Liste im Tabellenblatt *Umsatz* und wählen Sie EINFÜGEN/TABELLEN/PIVOTCHART.
2. Ziehen Sie das Feld *Monat* in den Bereich *Achsenfelder (Zeilenbeschriftung)* und das Feld *Umsatz in TEUR* in den *Werte*-Bereich.
3. Setzen Sie den Zellzeiger in die PivotTable und wählen Sie PIVOTTABLE-TOOLS/OPTIONEN/TOOLS/BERECHNUNGEN.
4. Wählen Sie unter FELDER, ELEMENTE UND GRUPPEN BERECHNETES FELD.
5. Geben Sie den Feldnamen *Umsatz + 15%* ein.
6. Holen Sie das Feld *Umsatz in TEUR* mit einem Klick auf FELD EINFÜGEN in das Formelfeld und berechnen Sie 15% Aufschlag:

   ```
   ='Umsatz in TEUR'*1,15
   ```

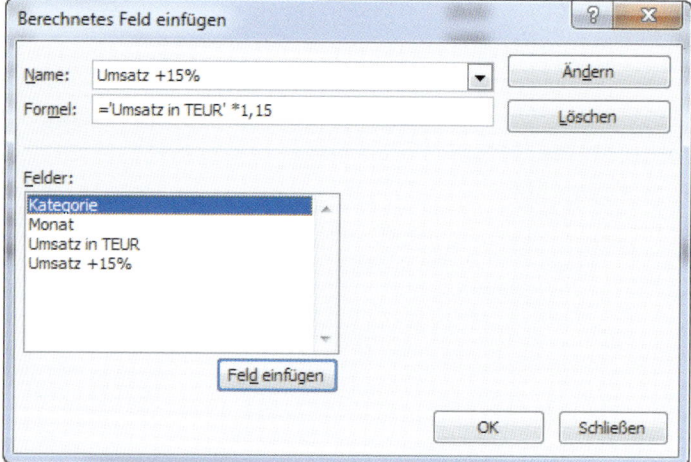

Abbildung 4.8: Ein berechnetes Feld für 15% Umsatzsteigerung

PivotTable und PivotChart zeigen anschließend die beiden Umsatzsummen an. Berechnete Felder operieren immer mit den Gesamtsummen. In unserem Beispiel multipliziert das berechnete Feld nicht zuerst die Einzelumsätze und berechnet dann die Gesamtsumme, sondern berechnet 15 % von der Monatssumme.

Praxisbeispiel: Warenumsätze nach Quartalen und Halbjahren auswerten

In diesem Beispiel lernen Sie das berechnete Element kennen. Berechnen Sie für das Feld *Monat* die Umsätze der einzelnen Quartale und Halbjahre.

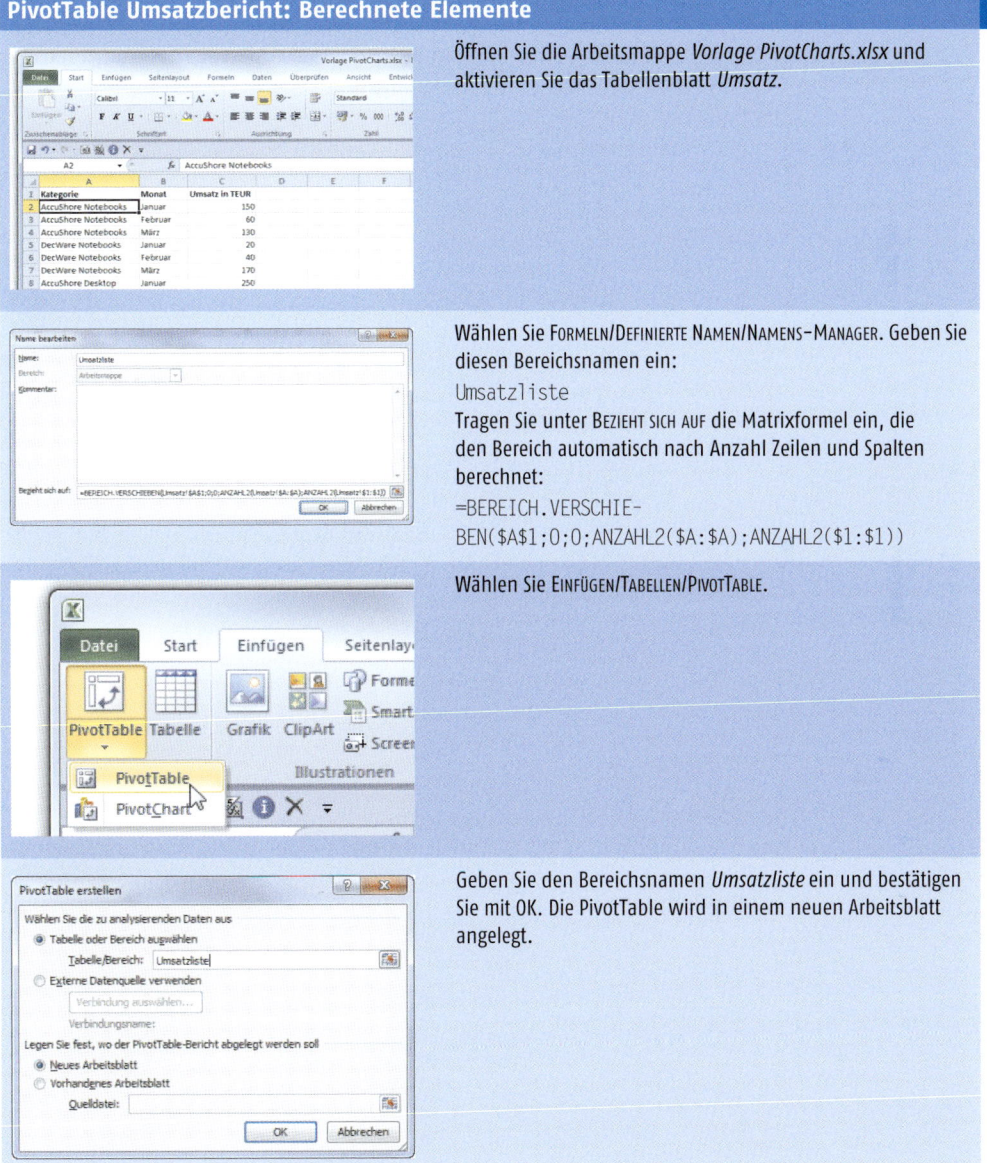

PivotTable Umsatzbericht: Berechnete Elemente	Bild für Bild

Öffnen Sie die Arbeitsmappe *Vorlage PivotCharts.xlsx* und aktivieren Sie das Tabellenblatt *Umsatz*.

Wählen Sie FORMELN/DEFINIERTE NAMEN/NAMENS-MANAGER. Geben Sie diesen Bereichsnamen ein:

Umsatzliste

Tragen Sie unter BEZIEHT SICH AUF die Matrixformel ein, die den Bereich automatisch nach Anzahl Zeilen und Spalten berechnet:

=BEREICH.VERSCHIE-
BEN($A$1;0;0;ANZAHL2($A:$A);ANZAHL2($1:$1))

Wählen Sie EINFÜGEN/TABELLEN/PIVOTTABLE.

Geben Sie den Bereichsnamen *Umsatzliste* ein und bestätigen Sie mit OK. Die PivotTable wird in einem neuen Arbeitsblatt angelegt.

Bild für Bild | **PivotTable Umsatzbericht: Berechnete Elemente (Forts.)**

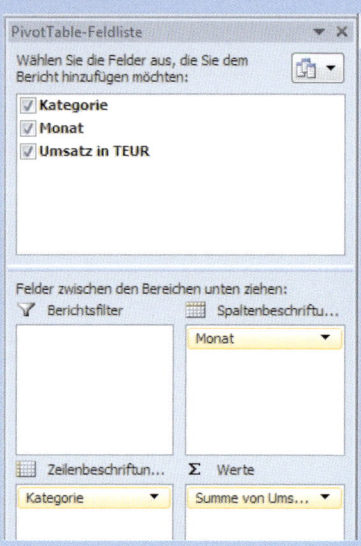

Ziehen Sie in der Feldliste das Feld *Monat* in den Bereich *Spaltenbeschriftung*, das Feld *Kategorie* in die *Zeilenbeschriftung* und *Umsatz in TEUR* in den *Werte*-Bereich.

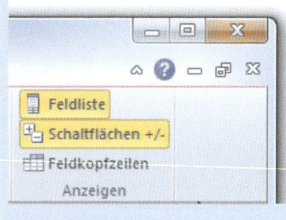

Schalten Sie in den PivotTable-Tools unter Anzeigen die Feldkopfzeilen aus.

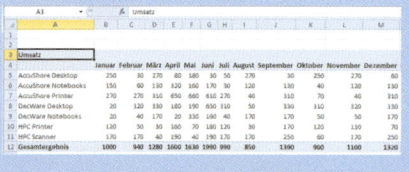

Die PivotTable zeigt die Monatsumsätze in Spalten und fasst die Kategorien im Zeilenbereich zusammen. Ändern Sie die Beschriftung in Zelle A3 auf *Umsatz.*

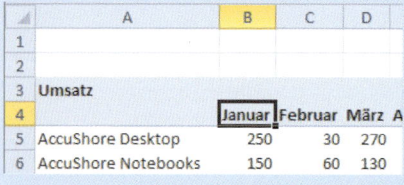

Markieren Sie einen beliebigen Monat im Spaltenbereich, hier Monat *Januar.*

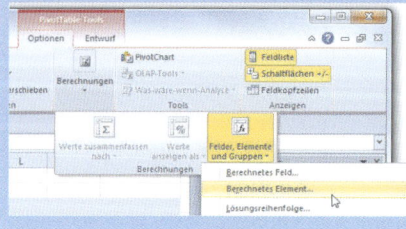

Wählen Sie PivotTable-Tools/Optionen/Berechnungen. Unter Felder, Elemente und Gruppen finden Sie den Eintrag *Berechnetes Element.*

PivotTable Umsatzbericht: Berechnete Elemente (Forts.)

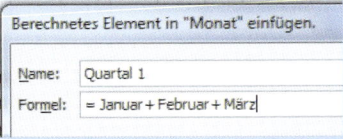

Geben Sie den Namen des ersten Elements ein, das Sie berechnen wollen. Schreiben Sie ein =-Zeichen in das Formelfeld und holen Sie das Element *Januar* mit einem Klick auf ELEMENT EINFÜGEN aus der Liste der Monate.

Achten Sie darauf, Elemente immer auf diese Art in die Formel zu holen, da diese mit Apostroph versehen werden, wenn die Elementnamen Leerzeichen enthalten.

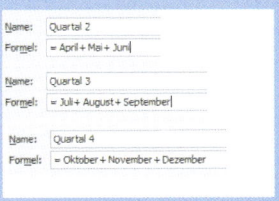

Schreiben Sie die Formel zur Berechnung des ersten Quartals und klicken Sie auf HINZUFÜGEN.

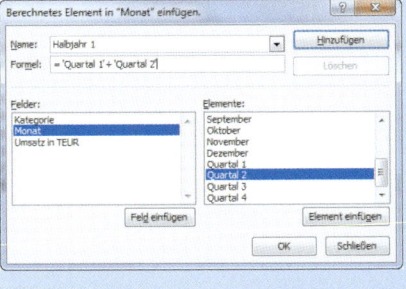

Schreiben Sie auch die drei übrigen Formeln zur Berechnung der Quartale 2, 3 und 4.

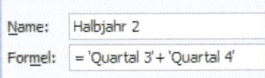

Für die Halbjahre können Sie die bereits berechneten Elemente im Feld *Monate* verwenden, holen Sie diese mit ELEMENT EINFÜGEN in das Formelfeld.

Berechnen Sie so auch das zweite Halbjahr.

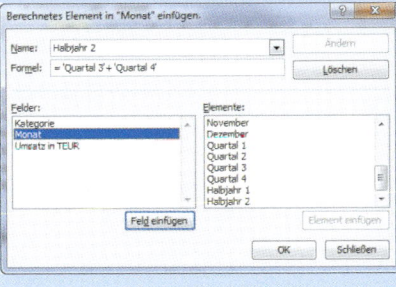

Damit sind alle Elemente berechnet, klicken Sie auf OK, um die Aktion abzuschließen.

Bild für Bild | **PivotTable Umsatzbericht: Berechnete Elemente (Forts.)**

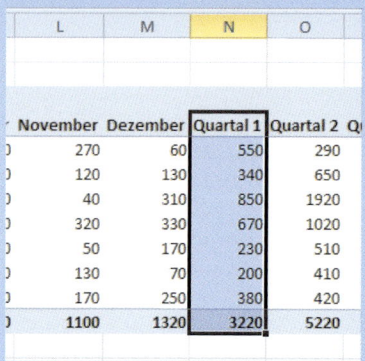

Markieren Sie die Spalte mit dem ersten berechneten Element und ziehen Sie die markierten Daten mit gedrückter Maustaste (Zellzeiger am Rand) nach links, um sie zu verschieben.

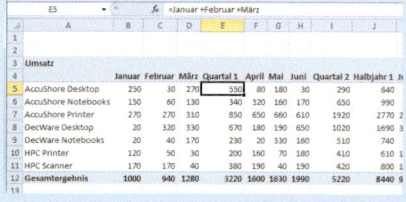

Ordnen Sie die Quartale und Halbjahre passend in die PivotTable ein.

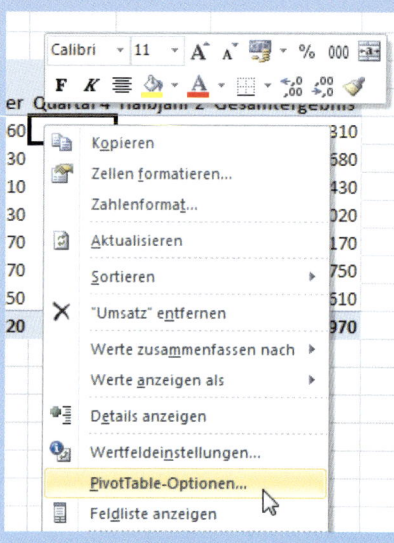

Das Gesamtergebnis für die Kategorien (Zeilen) müssen Sie jetzt natürlich ausblenden, es würde die Quartale und Halbjahre zu den Monatsumsätzen addieren. Klicken Sie mit der rechten Maustaste in die PivotTable und wählen Sie PIVOTTABLE-OPTIONEN.

PivotTable Umsatzbericht: Berechnete Elemente (Forts.)

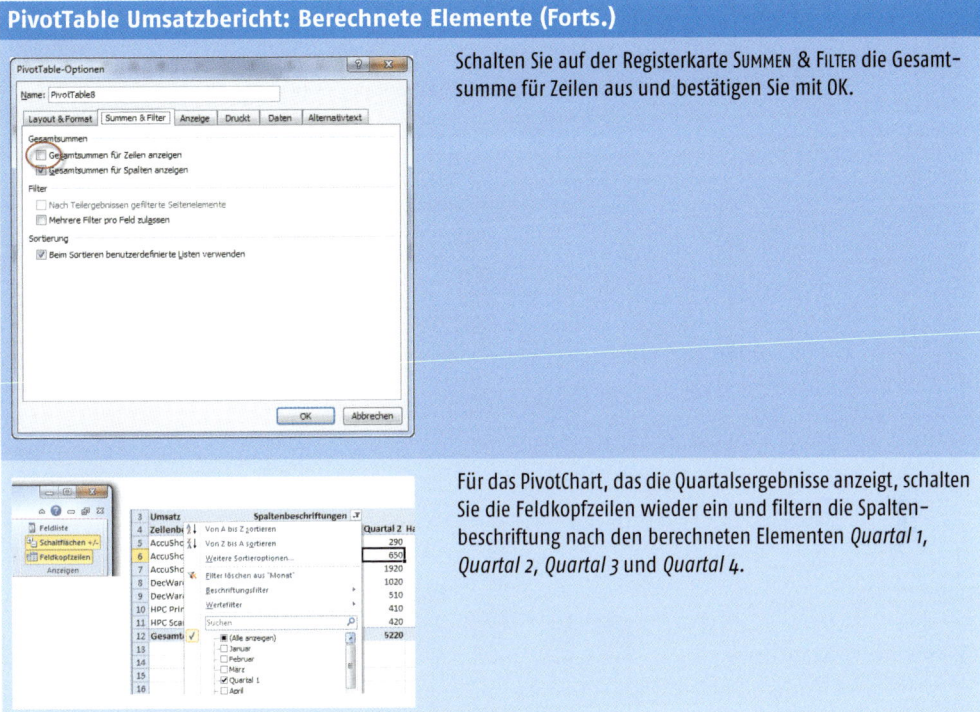

Schalten Sie auf der Registerkarte SUMMEN & FILTER die Gesamtsumme für Zeilen aus und bestätigen Sie mit OK.

Für das PivotChart, das die Quartalsergebnisse anzeigt, schalten Sie die Feldkopfzeilen wieder ein und filtern die Spaltenbeschriftung nach den berechneten Elementen *Quartal 1*, *Quartal 2*, *Quartal 3* und *Quartal 4*.

Das PivotChart erstellen Sie als Balkendiagramm. Dieser Typ bietet sich bei großen Rubrikenbeschriftungen an, die Rubrik wird dabei vertikal am linken Rand geführt. Setzen Sie den Zellzeiger in die PivotTable und wählen Sie EINFÜGEN/DIAGRAMME/BALKEN/2D-BALKEN. Formatieren Sie das PivotChart, weisen Sie ihm einen Diagrammtitel zu und schalten Sie die Feldschaltflächen aus.

Für ein zweites Diagramm, das die Halbjahresergebnisse wiedergibt, kopieren Sie einfach die erste PivotTable (Bereich A3:E12) mit ⌈Strg⌉ + ⌈c⌉. Fügen Sie die Kopie ab Zelle 21 mit ⌈Strg⌉ + ⌈v⌉ wieder ein und zeichnen Sie ein Säulendiagramm für diese PivotTable.

Datenschnitt synchronisieren

1. Zeichnen Sie über PIVOTTABLE-TOOLS/OPTIONEN/SORTIEREN UND FILTERN/DATENSCHNITT EINFÜGEN einen Datenschnitt auf das Feld *Kategorie* für die erste PivotTable.
2. Klicken Sie mit der rechten Maustaste in den Datenschnitt und wählen Sie PIVOTTABLE-VERBINDUNGEN.
3. Kreuzen Sie beide PivotTables an und bestätigen Sie mit OK.

Wenn Sie jetzt im Datenschnitt eine Kategorie auswählen oder mit gedrückter ⌈Strg⌉-Taste mehrere Kategorien filtern, werden beide PivotTables und damit auch die PivotCharts gefiltert.

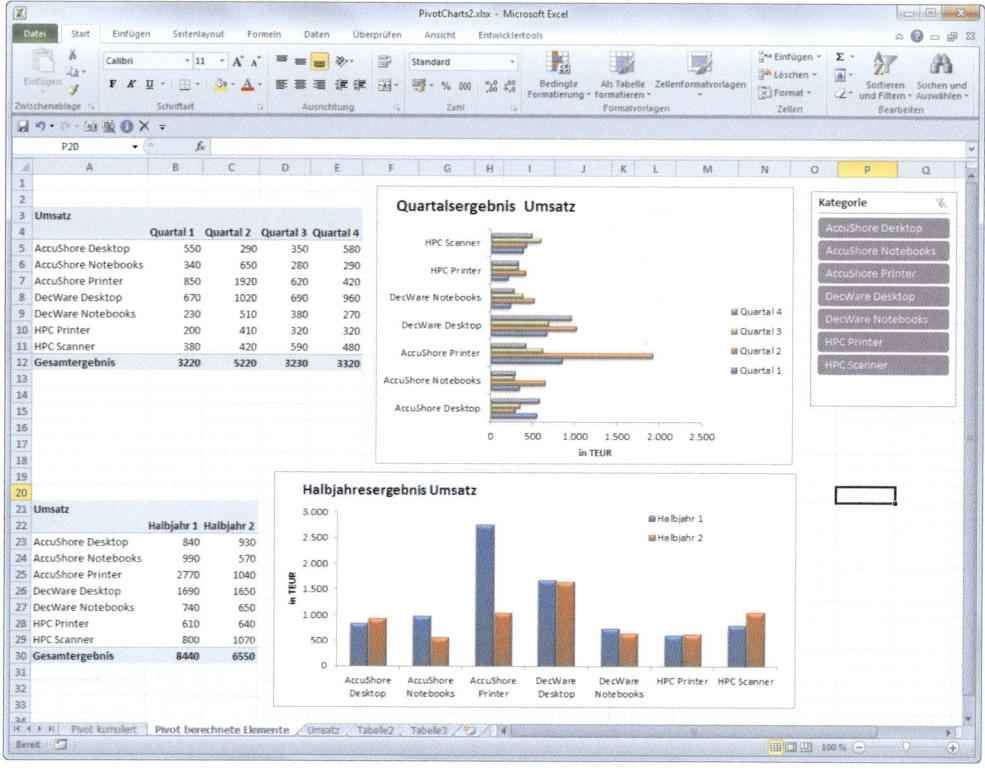

Abbildung 4.9: PivotTables mit berechneten Elementen, PivotCharts und ein Datenschnitt

4.4   Dynamische Bereiche

Wenn die im Diagramm visualisierte Datenmenge überschaubar ist, besteht keine Notwendigkeit, die Daten zu dynamisieren. Mit komplexen Datenmengen wird es aber zunehmend schwieriger, importierte Daten zu kontrollieren. Jede Änderung im Datenbestand erfordert eine Überprüfung und Anpassung der Datenreihen. Die Technik der dynamischen Bereiche befreit Sie von dieser Aufgabe, die Diagramme passen sich automatisch an, wenn sich der Datenbereich ändert, neue Daten hinzukommen oder Daten gelöscht werden.

4.4.1   Arbeiten mit Bereichsnamen

Voraussetzung für die Aufbereitung dynamischer Datenbereiche ist die Verwendung von Bereichsnamen. Ein Bereichsname lässt sich schnell über das Namensfeld erstellen, im Namens-Manager verwalten Sie die globalen und lokalen Bereichsnamen. Beachten Sie folgende Regeln für Bereichsnamen:

■ Das erste Zeichen muss ein Buchstabe, ein Unterstrich oder ein \ (Backslash) sein. Anschließend können Sie bis maximal 255 Zeichen verwenden. Groß- und Kleinschreibung wird nicht unterschieden.

■ Nicht erlaubt sind Leerzeichen und Namen, die mit einem Zellbezug verwechselt werden könnten (z. B. A1, Z1S1, Z$20). Wird ein Bereichsname mit Leerzeichen aus einer Zelle übernommen, wandelt Excel alle Leerzeichen in Unterstriche um.

Excel unterscheidet zwischen globalen und lokalen Bereichsnamen. Globale Bereichsnamen sind die Standardform. Sie gelten für die gesamte Arbeitsmappe und stellen sicher, dass ein Diagramm auch Daten visualisieren kann, die sich in einem anderen Tabellenblatt befinden als das Diagrammobjekt.

Lokale Bereichsnamen gelten nur für das Tabellenblatt, in dem sie produziert sind. Sie können in anderen Tabellenblättern nur verwendet werden, wenn der Name des Tabellenblatts vorangestellt wird. Kopieren Sie beispielsweise ein Tabellenblatt, in dem sich globale Bereichsnamen befinden, legt Excel diese automatisch in der Kopie zusätzlich als lokale Bereichsnamen an.

Für die Zuweisung von Bereichsnamen gibt es mehrere Varianten, Sie sollten sie alle kennen. Hier ein Beispiel, eine Kostenaufstellung für mehrere Regionen:

Abbildung 4.10: Kostenaufstellung

Schnelle Namenszuweisung über das Namensfeld

1. Markieren Sie den Bereich A1:C6.
2. Schreiben Sie den Bereichsnamen *Kosten* in das Namensfeld links oben, in dem sich Spaltenbuchstaben und Zeilennummern treffen.
3. Drücken Sie die ⏎-Taste, um die Zuweisung abzuschließen.

Namen zuweisen und kontrollieren über den Namens-Manager

1. Wählen Sie FORMELN/DEFINIERTE NAMEN/NAMENS-MANAGER.
2. Klicken Sie auf NEU. Geben Sie den Bereichsnamen an und entscheiden Sie unter BEREICH, ob Sie diesen global (Arbeitsmappe) oder lokal (Tabelle) anlegen wollen.
3. Schreiben Sie einen Kommentar zu diesem Namen, falls gewünscht.
4. Bestätigen Sie den unter BEZIEHT SICH AUF angezeigten Bezug oder markieren Sie einen neuen Bezug.
5. Bestätigen Sie mit OK, um den Namen anzulegen.

Im Namens-Manager finden Sie eine Liste aller lokalen und globalen Bereichsnamen, hier können Sie Namen bearbeiten, Bezüge umdefinieren und Namen löschen.

Namen aus Beschriftungen übernehmen

Eine schnelle Variante der Namenszuweisung bietet der Befehl AUS AUSWAHL ERSTELLEN. Er weist dem Zellbereich die Namen aus den (zuvor markierten) Zeilen- und Spaltenbeschriftungen zu:

1. Markieren Sie den gesamten Listenbereich.
2. Wählen Sie FORMELN/DEFINIERTE NAMEN/AUS AUSWAHL ERSTELLEN.

Bestätigen Sie den Vorschlag mit OK oder setzen Sie die Optionen entsprechend, um die Namen aus der obersten/untersten Zeile und der linken/rechten Spalte zu übernehmen.

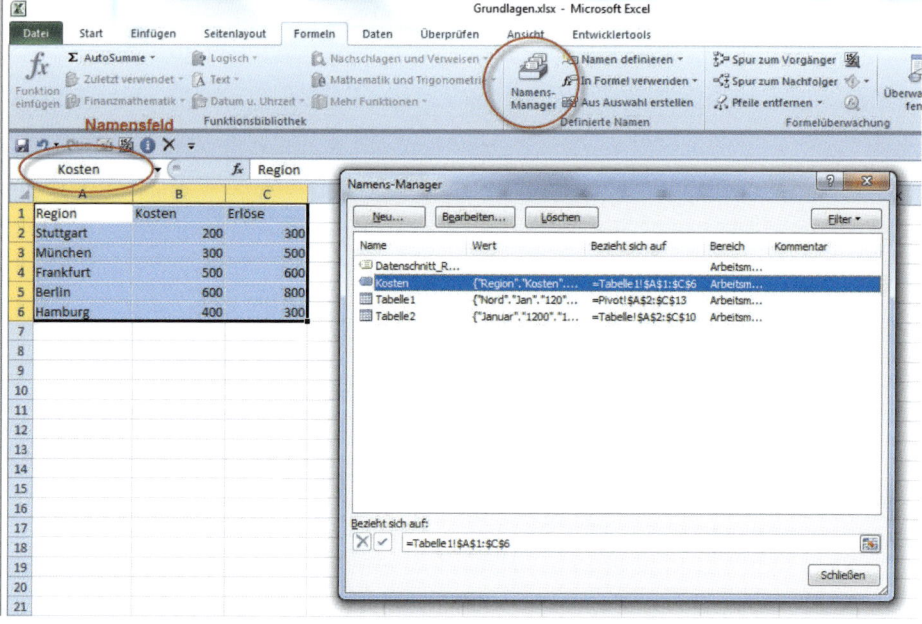

Abbildung 4.11: Namens-Manager und Namensliste

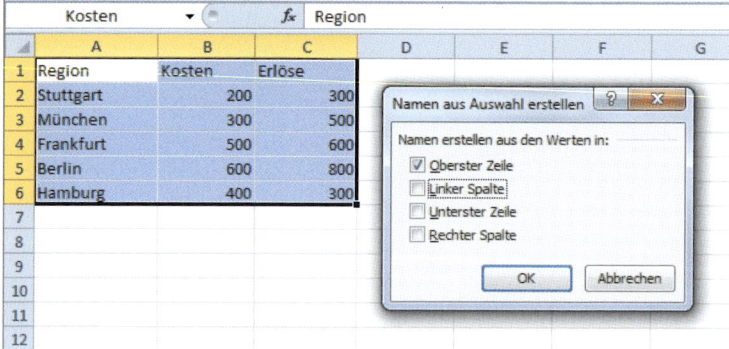

Abbildung 4.12: Namen übernehmen, hier aus der Kopfzeile der Liste

4.4.2 Bereichsnamen im Diagramm verwenden

Der Vorteil liegt auf der Hand: Verwenden Sie für die einzelnen Datenreihen des Diagramms Bereichsnamen anstelle von Bezügen, passen sich die Diagramme automatisch an, wenn die Bereichsnamen bei Änderung des Datenbestands neu zugewiesen werden. In unserem Beispiel wurden mit der Übernahme der Bereichsnamen aus der Kopfzeile diese Bereichsnamen erzeugt:

Bereichsname	Bezieht sich auf
Region	A:$A$6
Kosten	$B$2:$B$6
Erlöse	$C$2:$C$5

Erstellen Sie ein Säulendiagramm, das die Kosten und Erlöse der einzelnen Regionen gegenübergestellt. Dazu werden Sie zunächst ein leeres Diagrammobjekt produzieren und dieses dann mit den beiden Datenreihen aus den Bereichsnamen bestücken.

Dynamisches Diagramm erstellen	**Bild für Bild**

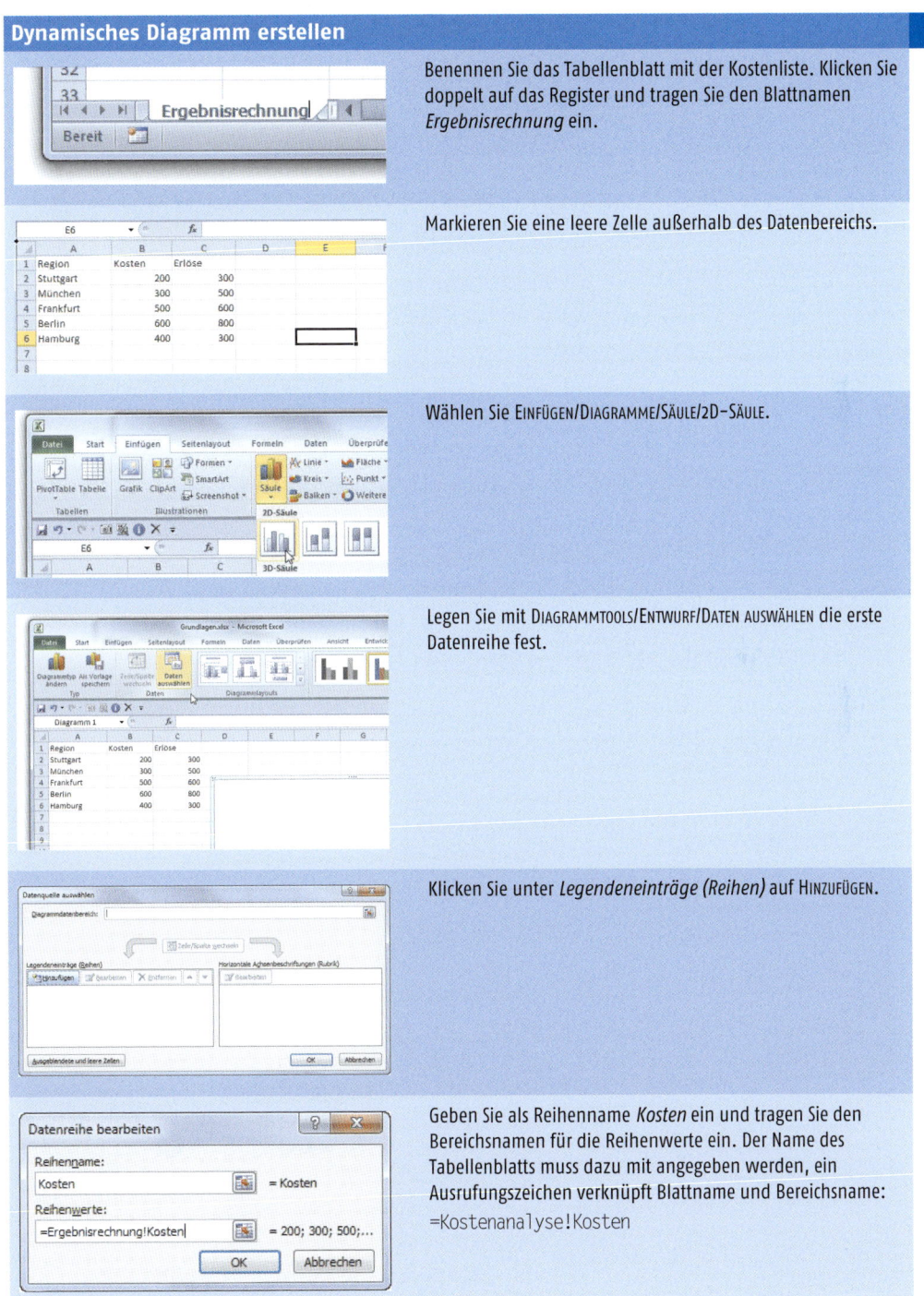

Benennen Sie das Tabellenblatt mit der Kostenliste. Klicken Sie doppelt auf das Register und tragen Sie den Blattnamen *Ergebnisrechnung* ein.

Markieren Sie eine leere Zelle außerhalb des Datenbereichs.

Wählen Sie EINFÜGEN/DIAGRAMME/SÄULE/2D-SÄULE.

Legen Sie mit DIAGRAMMTOOLS/ENTWURF/DATEN AUSWÄHLEN die erste Datenreihe fest.

Klicken Sie unter *Legendeneinträge (Reihen)* auf HINZUFÜGEN.

Geben Sie als Reihenname *Kosten* ein und tragen Sie den Bereichsnamen für die Reihenwerte ein. Der Name des Tabellenblatts muss dazu mit angegeben werden, ein Ausrufungszeichen verknüpft Blattname und Bereichsname:

=Kostenanalyse!Kosten

93

Dynamisches Diagramm erstellen (Forts.)

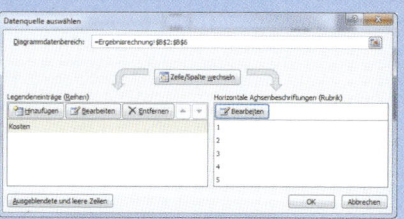

Die erste Datenreihe ist hinzugefügt, klicken Sie unter HORIZON-TALE ACHSENBESCHRIFTUNG (RUBRIK) auf BEARBEITEN.

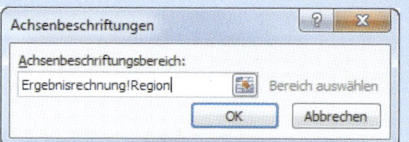

Tragen Sie den Bereichsnamen *Region* (mit Verknüpfung auf das Tabellenblatt) als Rubrikenbereich ein.

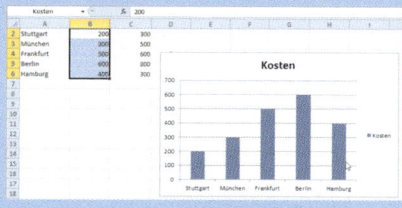

Im Hintergrund wird die neue Datenreihe mit Rubriken-beschriftung schon sichtbar, der Bereich *Kosten* ist markiert.

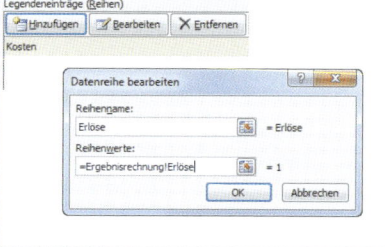

Klicken Sie wieder auf HINZUFÜGEN, um die zweite Reihe einzufü-gen. Tragen Sie den Reihennamen *Erlöse* ein und verknüpfen Sie diesen mit dem zweiten Bereichsnamen:

=Ergebnisrechnung!Erlöse

Der Bereich für die Rubriken muss für die zweite Reihe nicht zugewiesen werden, da in Säulendiagrammen automatisch die Rubriken der ersten Reihe für alle weiteren Reihen gelten.

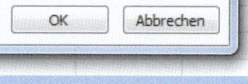

Bestätigen Sie mit OK, um die Diagrammerstellung abzu-schließen.

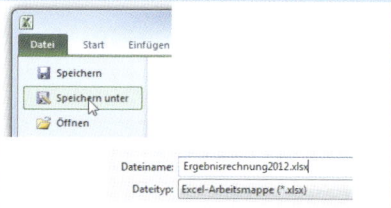

Speichern Sie Ihre Arbeitsmappe unter der Bezeichnung *Ergebnisrechnung2012* ab.

Dynamisches Diagramm erstellen (Forts.)

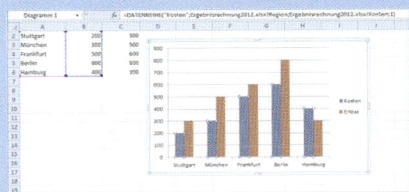

Klicken Sie im Diagramm auf die erste Datenreihe. In der Bearbeitungsleiste sehen Sie die Funktion DATENREIHE() mit ihren Bezügen zu den Bereichsnamen. Da diese Bereichsnamen global sind, hat Excel den Tabellenblattnamen jeweils gegen den Namen der Arbeitsmappe ausgetauscht.

Mit dieser Technik haben Sie jetzt die Möglichkeit, die Bereiche beliebig zu erweitern. Schreiben Sie zusätzliche Regionen in die Spalte A und ergänzen Sie die Zahlenwerte in den Spalten B und C. Markieren Sie dann wieder den gesamten Bereich und wählen Sie FORMELN/DEFINIERTE NAMEN/AUS AUSWAHL ERSTELLEN/OBERSTE ZEILE. Bestätigen Sie jeweils die Abfrage, ob Sie die Namen neu definieren wollen, mit einem Klick auf OK.

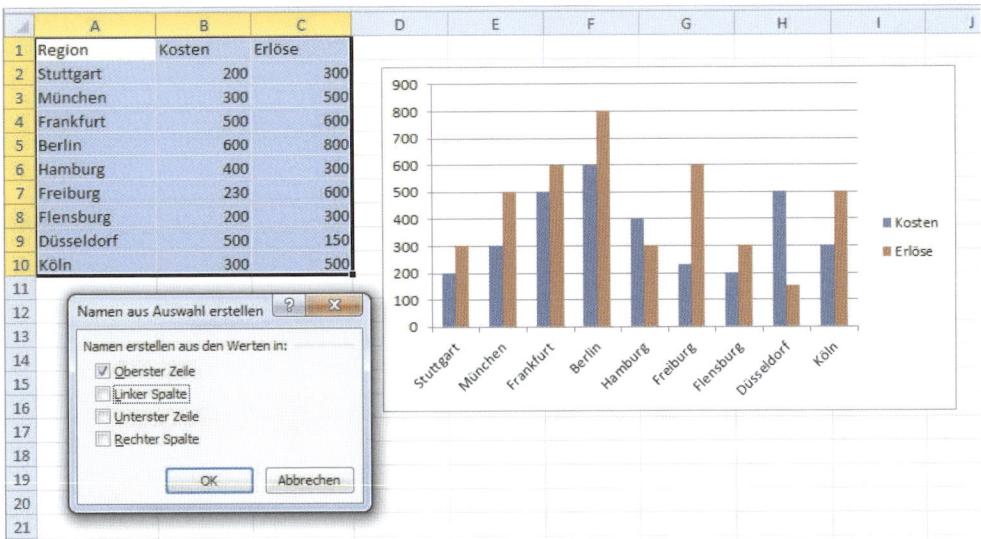

Abbildung 4.13: Schnell angepasst auf neue Daten: ein Diagramm auf Basis von Bereichsnamen

4.4.3 Bereiche dynamisch berechnen

Noch besser, noch dynamischer werden Ihre Diagramme, wenn Sie die Bereichsnamen, aus denen die Datenreihen gebildet werden, dynamisch berechnen lassen. Der Namens-Manager unterstützt diese Technik, Sie können für jeden Bereichsnamen anstelle eines Bezugs auch eine Formel eintragen. Voraussetzung ist, dass diese Formel als Ergebnis eine Matrix liefert, und um eine Matrix zu erzeugen, brauchen Sie eine Matrixfunktion.

Die Funktion BEREICH.VERSCHIEBEN() bietet alles, was Sie zur Berechnung dynamischer Matrizen brauchen. Sie finden sie unter FORMELN/FUNKTIONSBIBLIOTHEK/NACHSCHLAGEN UND VERWEISEN oder unter FUNKTIONSBIBLIOTHEK/FUNKTION EINFÜGEN, Kategorie MATRIX.

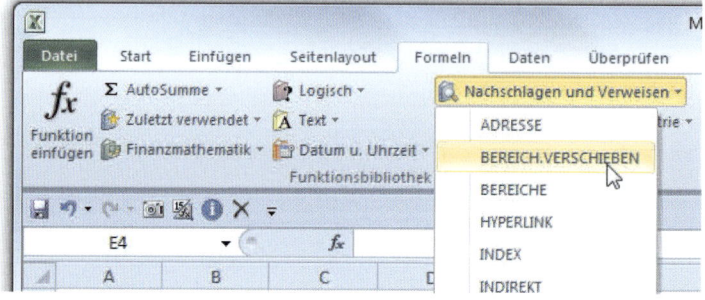

Abbildung 4.14: Die Matrixfunktion BEREICH.VERSCHIEBEN()

Testen Sie die Funktion mithilfe einer einfachen Liste mit Monatsnamen in der ersten Spalte und Beträgen in der zweiten Spalte:

Monat	Betrag
Januar	200
Februar	500
März	800

Bild für Bild	Dynamische Bereiche mit BEREICH.VERSCHIEBEN()

Tragen Sie in Zelle E1 die Anzahl der Monate ein, die sich in Spalte A bereits befinden.

Markieren Sie die Zelle E2 und starten Sie den Funktions-Assistenten mit einem Klick auf das Symbol links an der Bearbeitungsleiste.

Wählen Sie die Kategorie *Matrix* und markieren Sie in der Funktionsliste die Funktion BEREICH.VERSCHIEBEN.

Unterhalb der Liste wird die Syntax zur Funktion und ein kleiner Hilfetext angezeigt.

Klicken Sie auf OK, um die Argumenteliste einzublenden.

Dynamische Bereiche mit BEREICH.VERSCHIEBEN() (Forts.)

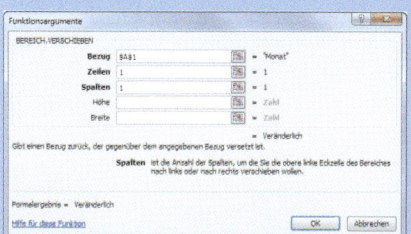

Geben Sie als erstes Argument den Ausgangsbezug ein, hier die Zelle A1. Setzen Sie den Bezug mit der Funktionstaste F4 absolut. Geben Sie einen Zeilen- und Spaltenverschub von jeweils 1 ein. Damit beginnt die Funktion, in Zelle B2 zu rechnen.

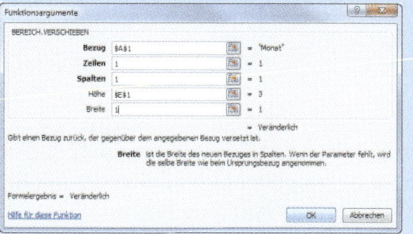

Tragen Sie die Höhe und die Breite des Bereichs ein. Als Höhe verwenden Sie den Wert in Zelle E1, in der Sie die Anzahl der Monate bestimmt hatten. Die Breite des Bereichs beträgt 1. Bestätigen Sie mit einem Klick auf OK, und die Funktion wird erstellt.

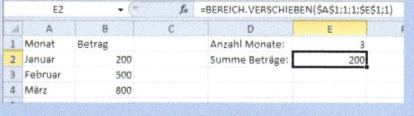

Die Funktion rechnet scheinbar falsch, sie gibt nur den ersten Wert der Matrix aus. Setzen Sie den Cursor in die Bearbeitungsleiste ...

... und ziehen Sie eine Markierung über die Funktion. Drücken Sie die Funktionstaste F9, um die Funktion zu berechnen. Das Ergebnis zeigt, dass die Matrix aus drei Zeilen und einer Spalte korrekt berechnet wird. Die Matrix ist an den geschweiften Klammern erkennbar.

Drücken Sie Esc, um den Vorgang abzubrechen.

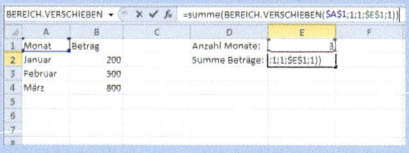

Schachteln Sie die Funktion in eine weitere Funktion SUMME(). Schreiben Sie diese in die Bearbeitungsleiste, schließen Sie am Funktionsende mit zwei Klammern ab.

Jetzt wird das Ergebnis richtig berechnet.

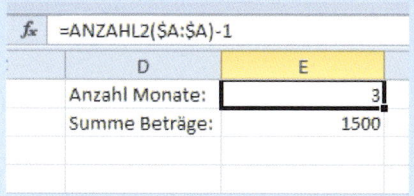

Ändern Sie den statischen Wert in Zelle E1, berechnen Sie die Anzahl der Monate in Spalte A. Die Funktion ANZAHL2() liefert dieses Ergebnis, verwenden Sie aber –1, da sonst die Kopfzeile der Liste mitgezählt würde.

Bild für Bild **Dynamische Bereiche mit BEREICH.VERSCHIEBEN() (Forts.)**

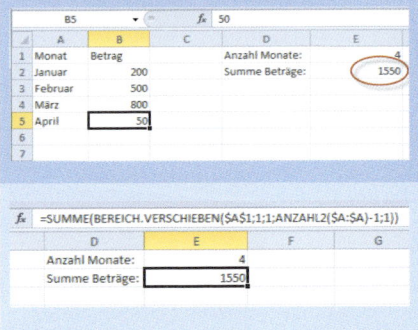

Damit wird die Summe der Beträge abhängig von der Anzahl der Monate berechnet. Tragen Sie weitere Monate und Beträge ein und testen Sie das Ergebnis.

Um die Funktion von der Zwischenberechnung in Zelle E1 unabhängig zu machen, ersetzen Sie den Bezug in der Formel durch die Funktion in dieser Zelle:

```
=SUMME(BEREICH.VERSCHIE-
BEN($A$1;1;1;ANZAHL2($A:$A)-1;1))
```

Die Kombination der Matrixfunktion BEREICH.VERSCHIEBEN() mit weiteren Funktionen, wie in diesem Beispiel ANZAHL2(), ermöglicht die Herstellung dynamischer Bereiche und Berechnungen. Wie genial diese Funktion in der Praxis ist und welches Potenzial sie für Ihre zukünftige Kalkulation enthält, sehen Sie, wenn Sie weitere Berechnungen durchführen, z. B. die Summen der Quartale und Halbjahre oder die Betragssumme einzelner Monate, deren Monatszahl Sie vorgeben (oder mithilfe von Formularelementen definieren lassen, siehe Kapitel 4):

	C	D	E
4		Summe 1. Quartal:	=SUMME(BEREICH.VERSCHIEBEN($A$1;1;1;3;1))
5		Summe 2. Quartal:	=SUMME(BEREICH.VERSCHIEBEN($A$1;4;1;3;1))
6		Summe 3. Quartal:	=SUMME(BEREICH.VERSCHIEBEN($A$1;7;1;3;1))
7		Summe 4. Quartal:	=SUMME(BEREICH.VERSCHIEBEN($A$1;10;1;3;1))
8		Summe 1. Halbjahr:	=SUMME(BEREICH.VERSCHIEBEN($A$1;1;1;6;1))
9		Summe 2. Halbjahr:	=SUMME(BEREICH.VERSCHIEBEN($A$1;7;1;6;1))
10			
11		von Monat:	3
12		bis Monat:	5
13		Summe:	=SUMME(BEREICH.VERSCHIEBEN($A$1;$E$11;1;$E$12-$E$11+1;1))
14			

Abbildung 4.15: Berechnungen mit BEREICH.VERSCHIEBEN()

4.4.4 Vom dynamischen Bereich zum dynamischen Diagramm

Von der dynamischen Matrixfunktion bis zum dynamischen Diagramm ist es nur ein kleiner Schritt. Da sich die einzelnen Datenreihen eines Diagramms wie bereits gezeigt aus Bereichsnamen generieren lassen, müssen Sie die Berechnungen der Matrizen einfach dem Namens-Manager übertragen. Das Diagramm bekommt im zweiten Schritt die berechneten Namen zugewiesen und wird damit automatisch angepasst, wenn neue Daten hinzukommen.

Erster Bereichsname: »Rubrik«

Bereichsname »Rubrik« anlegen	Bild für Bild

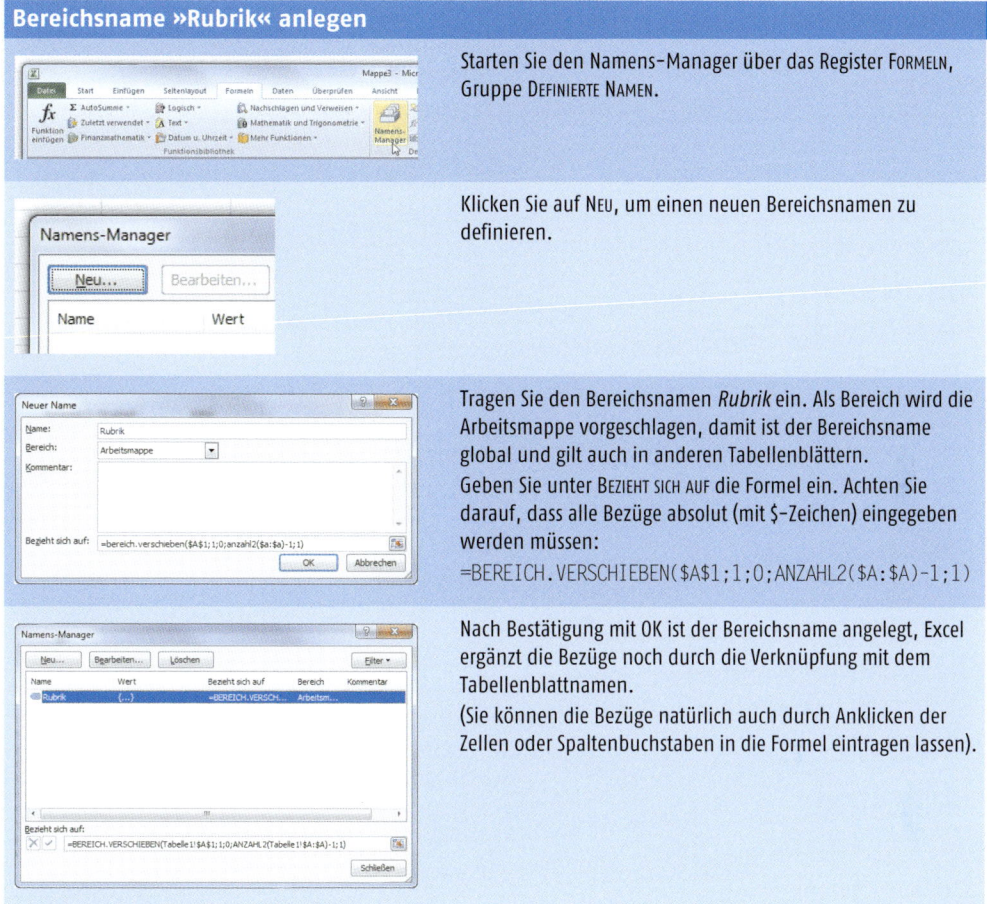

Starten Sie den Namens-Manager über das Register FORMELN, Gruppe DEFINIERTE NAMEN.

Klicken Sie auf NEU, um einen neuen Bereichsnamen zu definieren.

Tragen Sie den Bereichsnamen *Rubrik* ein. Als Bereich wird die Arbeitsmappe vorgeschlagen, damit ist der Bereichsname global und gilt auch in anderen Tabellenblättern.
Geben Sie unter BEZIEHT SICH AUF die Formel ein. Achten Sie darauf, dass alle Bezüge absolut (mit $-Zeichen) eingegeben werden müssen:
`=BEREICH.VERSCHIEBEN($A$1;1;0;ANZAHL2($A:$A)-1;1)`

Nach Bestätigung mit OK ist der Bereichsname angelegt, Excel ergänzt die Bezüge noch durch die Verknüpfung mit dem Tabellenblattnamen.
(Sie können die Bezüge natürlich auch durch Anklicken der Zellen oder Spaltenbuchstaben in die Formel eintragen lassen).

Zweiter Bereichsname »Beträge«

Der Bereichsname *Rubrik* berechnet durch die Kombination von BEREICH.VERSCHIEBEN() und ANZAHL2() die Matrix mit allen Monatsnamen in Spalte A. Erstellen Sie gleich den zweiten Bereichsnamen für die Beträge im Namens-Manager. Die Formel verschiebt dazu einfach den Bereich *Rubrik* um eine Spalte, die Angabe der optionalen Parameter Höhe und Breite ist hier nicht mehr erforderlich:

```
Name: Beträge
Bereich: Arbeitsmappe
Bezieht sich auf: =BEREICH.VERSCHIEBEN(Rubrik;0;1)
```

Berechnete Bereichsnamen abrufen

Berechnete Bereichsnamen werden leider nicht im Namensfeld links oben angeboten. Klicken Sie auf das Pfeilsymbol dieses Felds, erhalten Sie nur die Bereichsnamen mit direkten Bezügen. Sie können aber die Funktionstaste [F5] drücken, den Bereichsnamen eingeben und mit OK bestätigen. Damit wird auch ein berechneter Bereich markiert.

Für eine Liste mit allen Bereichsnamen suchen Sie eine freie Zelle, wählen FORMELN/DEFINIERTE NAMEN/IN FORMELN VERWENDEN/NAMEN EINFÜGEN und klicken auf LISTE EINFÜGEN. Die Liste enthält alle Bereichsnamen und die Formeln dazu.

Ein dynamisches Diagramm

Schließen Sie den Namens-Manager und erstellen Sie ein leeres Diagramm. Weisen Sie diesem über die Diagrammtools die beiden Bereichsnamen zu, achten Sie darauf, dass die Bereichsnamen immer mit der Verknüpfung zum Tabellenblatt angegeben werden müssen:

Bild für Bild	Dynamisches Diagramm für die Monatsreihe erstellen

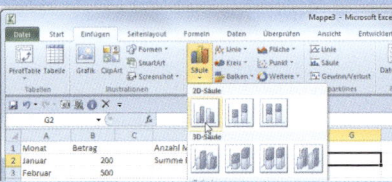

Markieren Sie eine leere Zelle im Tabellenblatt, z. B. G2. Wählen Sie EINFÜGEN/DIAGRAMME/SÄULE/2D-SÄULE.

Klicken Sie in den DIAGRAMMTOOLS auf DATEN/DATEN AUSWÄHLEN.

Fügen Sie zuerst die Datenreihe hinzu, klicken Sie dazu unter LEGENDENEINTRÄGE (BETRÄGE) auf HINZUFÜGEN.
Tragen Sie den Reihennamen *Beträge* ein.
Tragen Sie als Reihenwerte den Bereichsnamen *Beträge* mit Verknüpfung zu Ihrem Tabellenblatt ein (hier Tabelle1):
=Tabelle1!Beträge

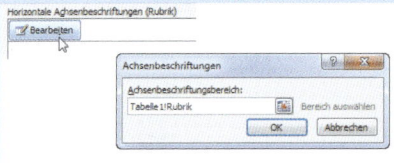

Klicken Sie unter HORIZONTALE ACHSENBESCHRIFTUNGEN (RUBRIK) auf BEARBEITEN.
Tragen Sie den Bezug zum Bereichsnamen *Rubrik* ein, wieder mit Verknüpfung zum Tabellenblattnamen:
=Tabelle1!Rubrik

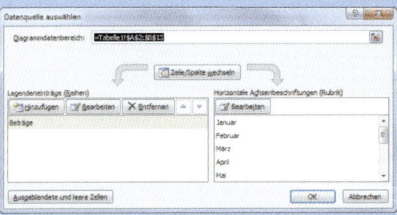

Bestätigen Sie die Datenzuweisung mit einem Klick auf OK. Das Diagrammobjekt sollte im Hintergrund bereits die Datenreihe mit der Rubrikenbeschriftung anzeigen.

Dynamisches Diagramm für die Monatsreihe erstellen (Forts.)

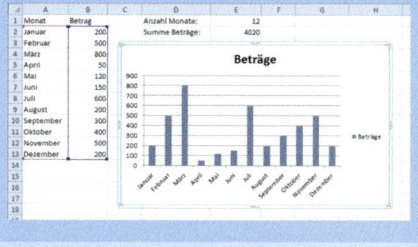

Damit ist das dynamische Diagramm erstellt, es wird automatisch angepasst, wenn sich die Anzahl der Monatsnamen in Spalte A ändert. Löschen Sie beispielsweise das zweite Halbjahr, ...

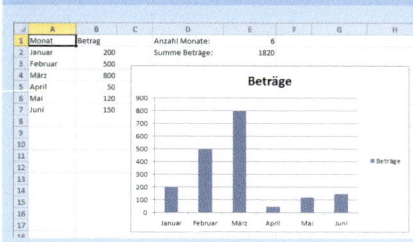

... werden nur die Beträge bis Juni angezeigt.

Das dynamische Diagramm zeigt in dieser Form die Monatsnamen an, auch wenn noch keine Beträge für diese erfasst sind. Wollen Sie nur Monate in der Rubrikenachse sehen, für die Beträge erfasst sind, schreiben Sie einfach die Formeln für die Bereichsnamen um. Der Bereich *Beträge2* wird dynamisch an die Einträge in Spalte B angepasst, die *Rubrik2* entsteht aus der Verschiebung des Bereichs um eine Spalte nach links.

```
Bereichsname: Beträge2
Bezieht sich auf:
=BEREICH.VERSCHIEBEN(Tabelle1!$B$1;1;0;ANZAHL2(Tabelle1!$B:$B)-1;1)
Bereichsname: Rubrik2
Bezieht sich auf:
=BEREICH.VERSCHIEBEN(Beträge2;0;-1)
```

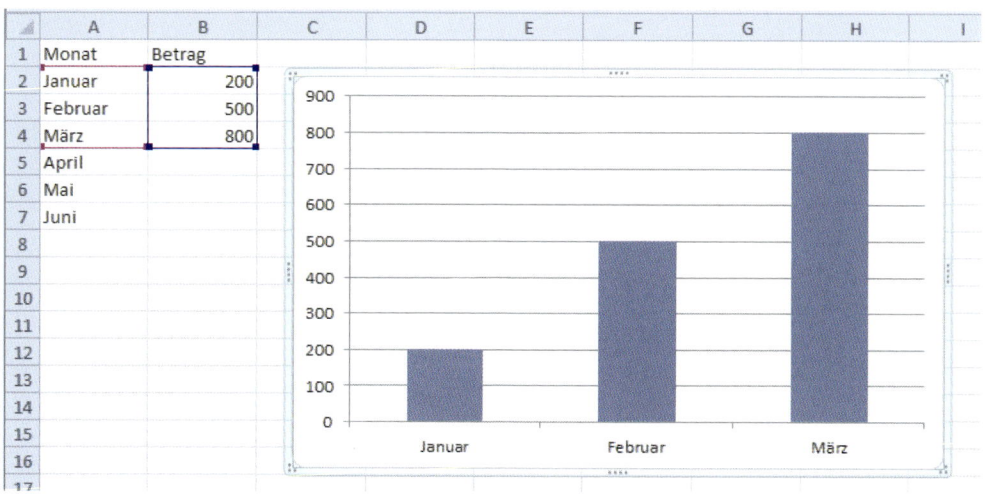

Abbildung 4.16: Die Alternative: Die Anzahl der Daten in Spalte B bestimmt die Rubriken

4.4.5 Dynamische Diagramme, unterstützt durch Formularelemente

Die optimale Kombination von Excel-internen Werkzeugen für die Visualisierung von Zahlen ist das dynamische Diagramm, unterstützt durch Formularwerkzeuge. Plan/Ist-Vergleiche, Was-wäre-wenn-Analysen oder Cockpitcharts werden erst richtig komfortabel, wenn der Anwender die Möglichkeit bekommt, die Parameter für die Berichtsgrößen und Berichtszeiträume frei zu definieren.

Excel bietet für solche Aufgaben eine Auswahl von Formularwerkzeugen. Sie können zwischen zwei Gruppen wählen:

Formularsteuerelemente: Werkzeuge wie Auswahllisten, Ankreuzkästchen, Optionsfelder, die einfach in das Tabellenblatt gezeichnet und mit Zellbereichen verknüpft werden. Die Auswertung erfolgt über die Zellverknüpfung des Elements.

ActiveX-Steuerelemente: Formularelemente, die im Entwurfsmodus gezeichnet und mit Zellverknüpfungen oder Makros versehen werden. Die Auswahl an Elementen ist größer, ActiveX wird aber meist in Verbindung mit VBA-Makroprogrammierung genutzt.

Eine Übersicht über alle Formularelemente und ActiveX–Steuerelemente finden Sie in Kapitel 9 »Nützliche Werkzeuge«.

Entwicklertools bereitstellen

Schalten Sie die Entwicklertools ein, damit Sie in den Genuss der Formularelemente oder ActiveX-Steuerelemente kommen:

1. Wählen Sie DATEI/OPTIONEN.
2. Klicken Sie auf MENÜBAND ANPASSEN.
3. Kreuzen Sie die Hauptregisterkarte *Entwicklertools* an.

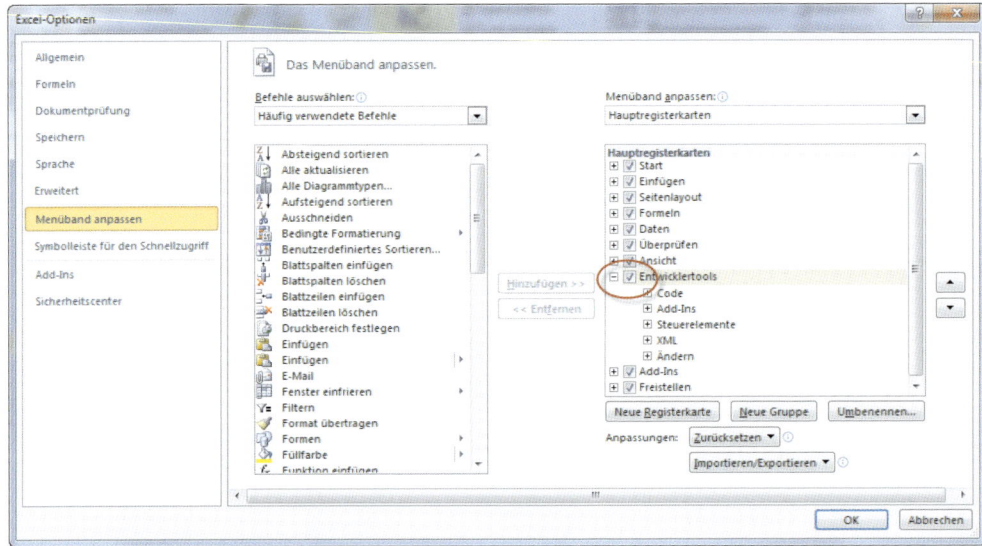

Abbildung 4.17: Die Entwicklertools müssen in den Optionen aktiviert werden

4. Jetzt sehen Sie im Menüband ein weiteres Register ENTWICKLERTOOLS. Klicken Sie in der Gruppe STEUERELEMENTE auf *Einfügen*, sehen Sie die Auswahl der Steuerelemente.

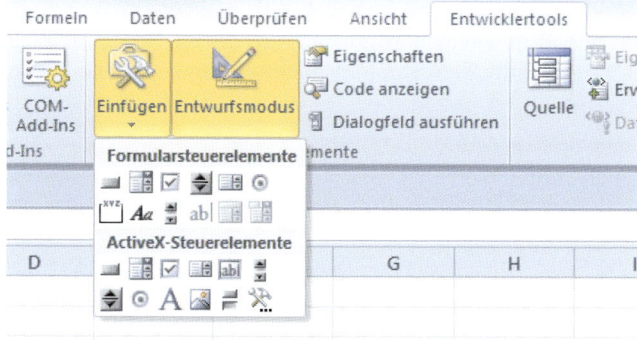

Abbildung 4.18: Die Auswahl der Formularelemente in den Entwicklertools

Beispiel Umsatzanalyse

Testen Sie Ihre Formularelemente an einer Umsatzliste über den Zeitraum Januar bis Dezember für mehrere Berichtseinheiten.

Umsatzbericht Vorlage.xlsx

Umsatzbericht.xlsx

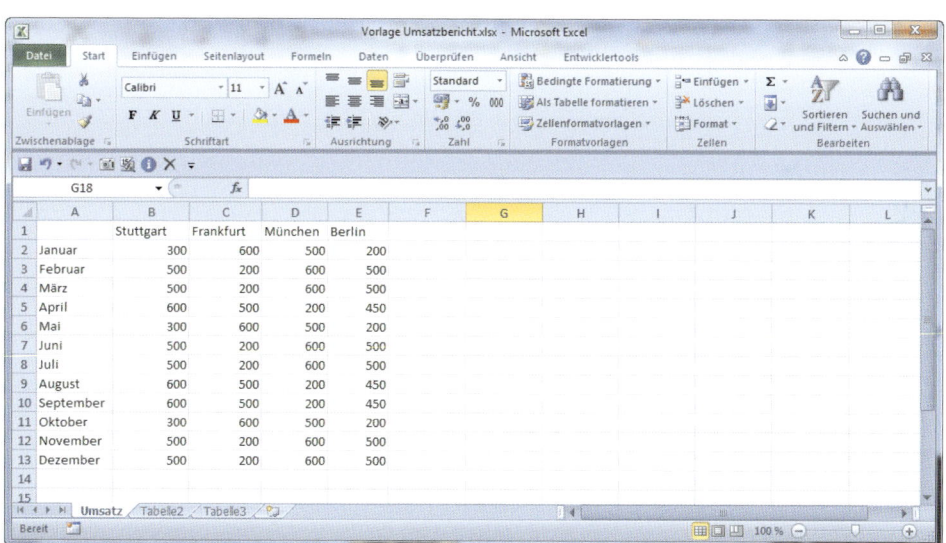

Abbildung 4.19: Testliste mit jährlichen Umsätzen mehrerer Berichtseinheiten

Dynamische Bereichsnamen

Für die Visualisierung mit Diagrammen brauchen Sie einen dynamischen Bereichsnamen. Aktivieren Sie über FORMELN/DEFINIERTE NAMEN den Namens-Manager und erstellen Sie diesen globalen Bereichsnamen:

```
Bereichsname: rng_Monate
Bezieht sich auf:
=BEREICH.VERSCHIEBEN(Umsatz!$A$2;;;ANZAHL2(Umsatz!$A:$A);1)
Kommentar: Alle Monate aus Spalte A, beginnend ab Zelle A2.
```

Variabler Berichtszeitraum über Kombinationsfeld

Ein Kombinationsfeld soll dem Anwender Ihres Berichts die Monate aus der Spalte A zur Verfügung stellen und nach Auswahl eines Monats die Umsatzzahlen aller Bereiche in diesem Monat in einem Kreisdiagramm anzeigen:

Bild für Bild	Kombinationsfeld mit Monatsauswahl erstellen

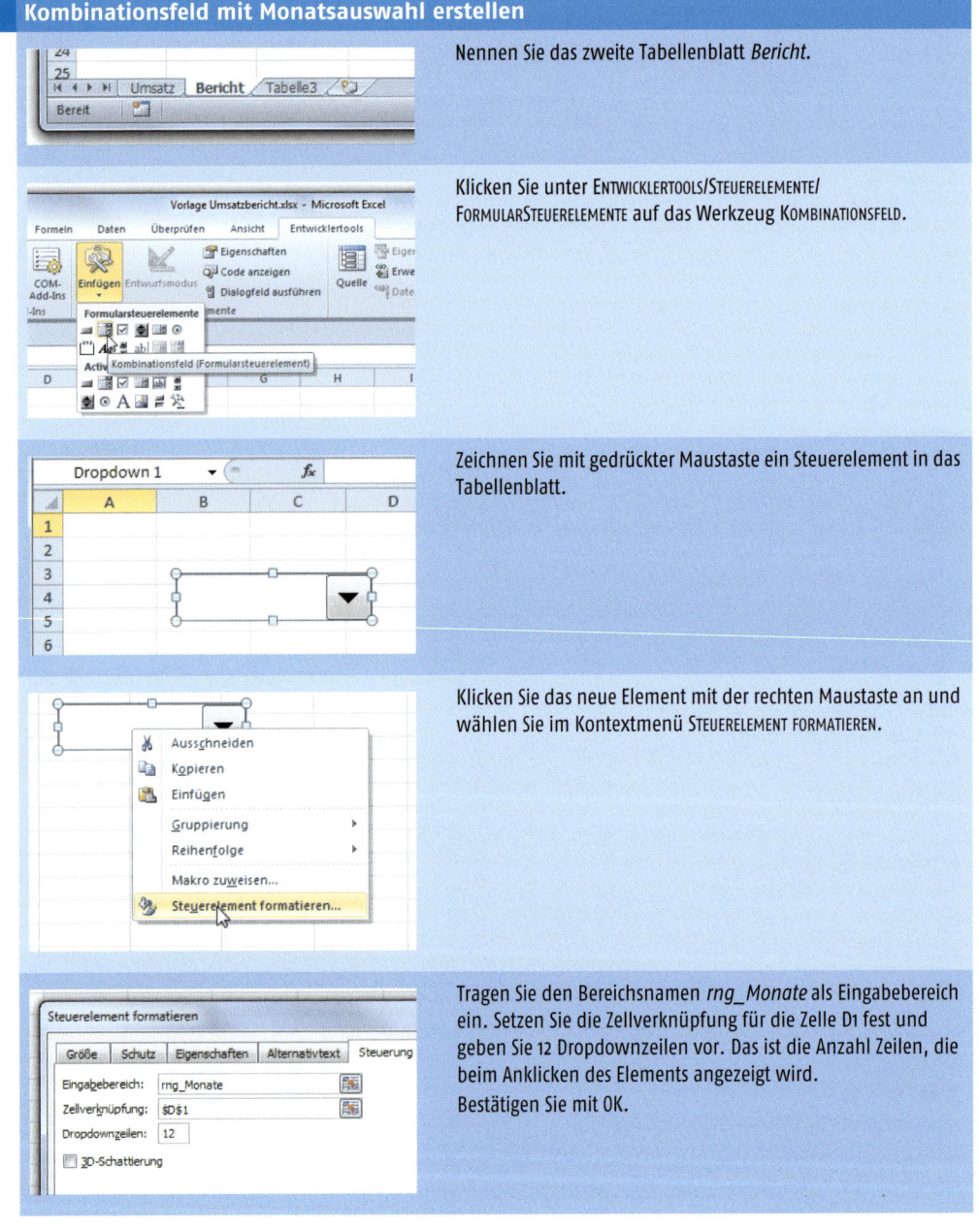

Nennen Sie das zweite Tabellenblatt *Bericht*.

Klicken Sie unter ENTWICKLERTOOLS/STEUERELEMENTE/FORMULARSTEUERELEMENTE auf das Werkzeug KOMBINATIONSFELD.

Zeichnen Sie mit gedrückter Maustaste ein Steuerelement in das Tabellenblatt.

Klicken Sie das neue Element mit der rechten Maustaste an und wählen Sie im Kontextmenü STEUERELEMENT FORMATIEREN.

Tragen Sie den Bereichsnamen *rng_Monate* als Eingabebereich ein. Setzen Sie die Zellverknüpfung für die Zelle D1 fest und geben Sie 12 Dropdownzeilen vor. Das ist die Anzahl Zeilen, die beim Anklicken des Elements angezeigt wird.
Bestätigen Sie mit OK.

Kombinationsfeld mit Monatsauswahl erstellen (Forts.)

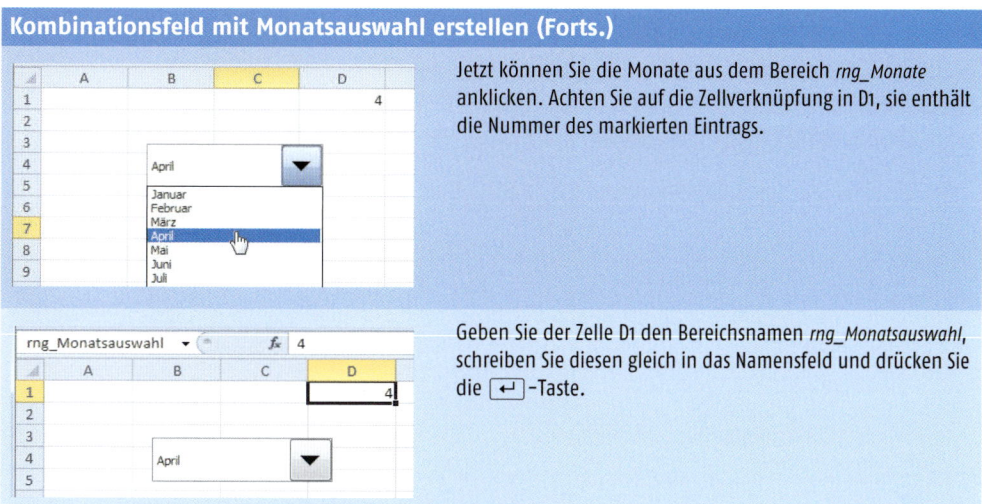

Jetzt können Sie die Monate aus dem Bereich *rng_Monate* anklicken. Achten Sie auf die Zellverknüpfung in D1, sie enthält die Nummer des markierten Eintrags.

Geben Sie der Zelle D1 den Bereichsnamen *rng_Monatsauswahl*, schreiben Sie diesen gleich in das Namensfeld und drücken Sie die ⏎-Taste.

Ein Kreisdiagramm für den gewählten Monat

1. Schalten Sie um auf das Tabellenblatt *Umsatz* und legen Sie zwei neue Bereichsnamen an:

```
Bereichsname: rng_MonatAktuell
Bezieht sich auf: =BEREICH.VERSCHIEBEN(rng_Monate;rng_Monatsauswahl;1;1;4)
Kommentar: Die Umsatzzahlen des gewählten Monats über alle Regionen
Bereichsname: txt_MonatAktuell
Bezieht sich auf: =INDEX(rng_Monate;rng_Monatsauswahl;1)
Kommentar: Der Monatsname des im Kombinationsfeld gewählten Monats
```

2. Wechseln Sie zurück zum Bericht und erstellen Sie ein Kreisdiagramm, das die Zahlen des gewählten Monats anzeigt:

Kreisdiagramm für Monatsauswahl erstellen

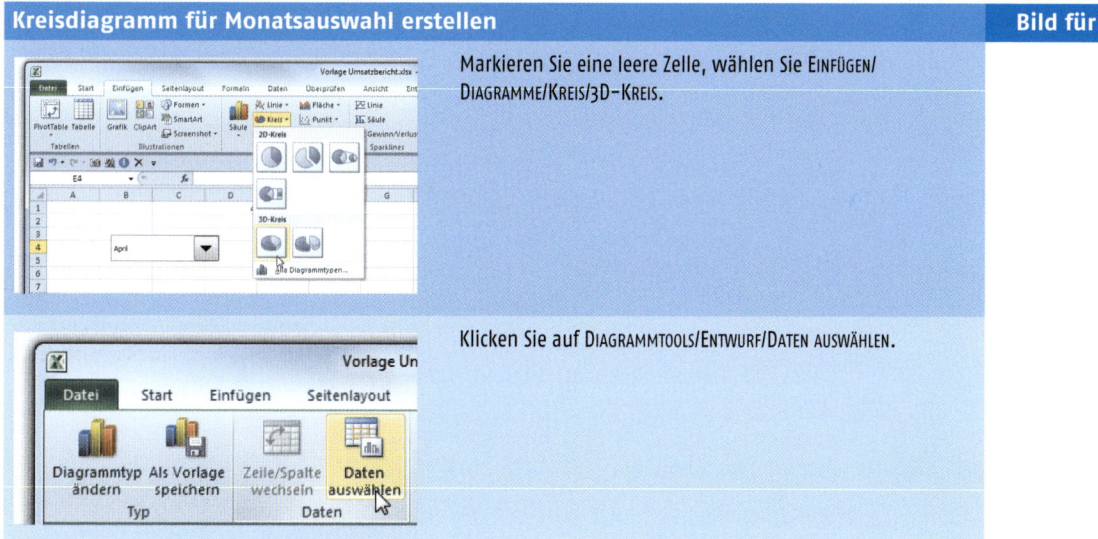

Markieren Sie eine leere Zelle, wählen Sie EINFÜGEN/DIAGRAMME/KREIS/3D-KREIS.

Klicken Sie auf DIAGRAMMTOOLS/ENTWURF/DATEN AUSWÄHLEN.

Bild für Bild | **Kreisdiagramm für Monatsauswahl erstellen (Forts.)**

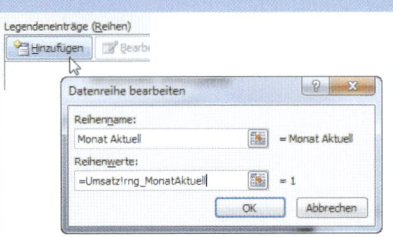

Fügen Sie die Datenreihe hinzu, tragen Sie den Reihennamen *Monat Aktuell* ein und geben Sie als Reihenwerte den Bereichsnamen *rng_MonatAktuell* an, verknüpft mit dem Umsatztabellenblatt.

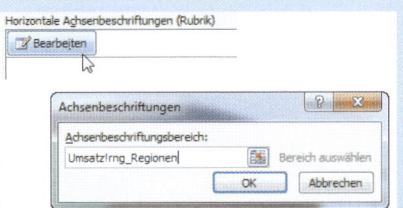

Für die Achsenbeschriftung tragen Sie den Bereichsnamen *rng_Regionen* ein, ebenfalls verknüpft mit dem Blattnamen.

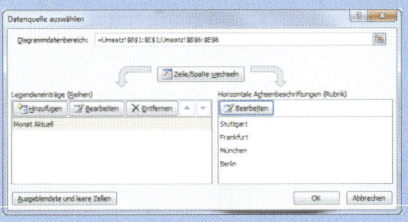

Klicken Sie auf OK, um die Datenzuweisung abzuschließen.

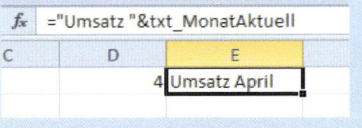

Den Titel berechnen Sie in einer freien Zelle, hier z. B. E1. Schreiben Sie die Formel, die den Text »Umsatz« mit dem berechneten Monatsnamen verbindet:

`="Umsatz "&txt_MonatAktuell`

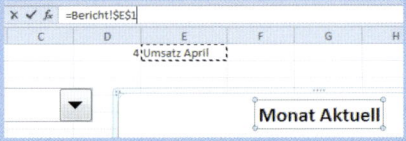

Markieren Sie das Titelelement im Kreisdiagramm.
Schreiben Sie die Verknüpfung zur Zelle E1 in die Bearbeitungsleiste und bestätigen Sie mit ↵.

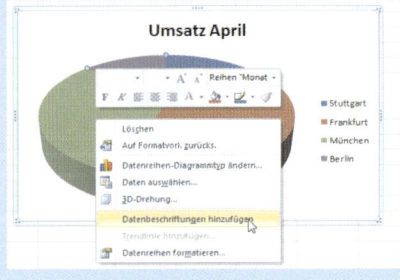

Ein Klick mit der rechten Maustaste auf das Kreiselement aktiviert das Kontextmenü, wählen Sie DATENBESCHRIFTUNGEN HINZUFÜGEN.

Kreisdiagramm für Monatsauswahl erstellen (Forts.)

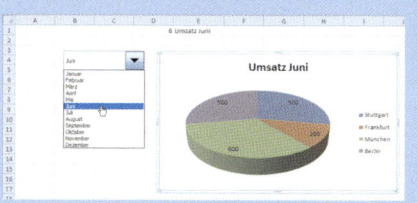

Damit ist das dynamische Diagramm fertig, die Daten werden durch Auswahl des Monatsnamens über das Kombinationsfeld bestimmt.

Ein Säulendiagramm mit Regionsauswahl

Das zweite Diagramm in unserem Bericht soll die Umsatzzahlen einer bestimmten Region bis zum gewählten Monat wiedergeben. Dazu zeichnen Sie Optionsfelder für die Regionsauswahl in das Tabellenblatt. Die Datenreihe des Diagramms wird wieder dynamisch konstruiert, sodass diese die gewählte Option (Region) anzeigt.

Säulendiagramm mit Regionsauswahl erstellen

Klicken Sie unter ENTWICKLERTOOLS/STEUERELEMENTE auf das Werkzeug OPTIONSFELDGRUPPE. Eine Gruppe fasst mehrere Optionen zusammen.

Zeichnen Sie die Optionsfeldgruppe mit gedrückter Maustaste in das Tabellenblatt.

Zeichnen Sie das erste Optionsfeld mit dem gleichnamigen Werkzeug aus den Formularsteuerelementen in die Optionsfeldgruppe.

Bild für Bild | **Säulendiagramm mit Regionsauswahl erstellen (Forts.)**

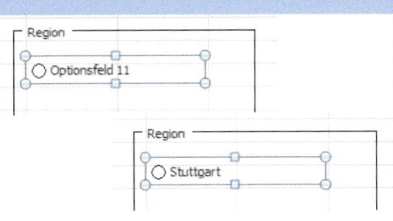

Den Text der Option schreiben Sie gleich um, geben Sie die erste Region ein. Mit der rechten Maustaste lässt sich das Element jeweils zur Bearbeitung aktivieren.

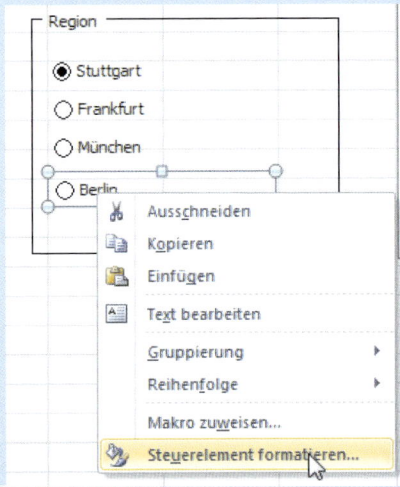

Die restlichen Optionen erstellen Sie, indem Sie das erste Optionsfeld kopieren (rechte Maustaste, KOPIEREN) und mit Strg+v wieder einfügen. Benennen Sie die Optionen und formatieren Sie eines der Optionsfelder.

Alle Optionsfelder einer Gruppe erhalten automatisch die gleiche Ausgabeverknüpfung.

Tragen Sie auf der Registerkarte *Steuerung* die Zellverknüpfung auf die Zelle D2 ein.

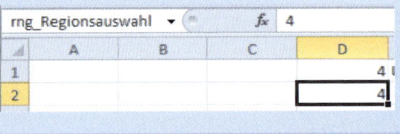

Die Zelle D2 bekommt den Bereichsnamen *rng_Regionen* zugewiesen, schreiben Sie diesen gleich in das Namensfeld.

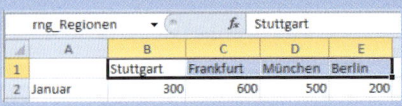

Schalten Sie um auf das Tabellenblatt *Umsatz* und weisen Sie den Regionen im Bereich B1:E1 den Bereichsnamen *rng_Regionen* zu.

Säulendiagramm mit Regionsauswahl erstellen (Forts.)

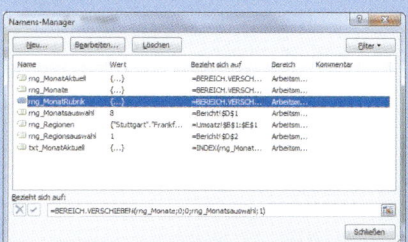

Aktivieren Sie den Namens-Manager und erstellen Sie einen Bereichsnamen für die Rubrikenachse des Diagramms.

Bereichsname: rng_MonatRubrik

Bezieht sich auf:

=BEREICH.VERSCHIE-
BEN(rng_Monate;0;0;rng_Monatsauswahl;1)

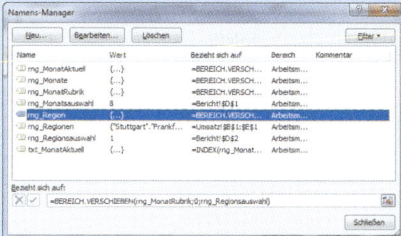

Die Daten für das Diagramm berechnen Sie über den Bereichs-namen *rng_Region*, der einfach mit BEREICH.VERSCHIEBEN() die Rubrik um die Anzahl Spalten verschiebt, die von der Options-feldauswahl vorgegeben ist:

Bereichsname: rng_Region

Bezieht sich auf:

=BEREICH.VERSCHIE-
BEN(rng_MonatRubrik;0;rng_Regionsauswahl)

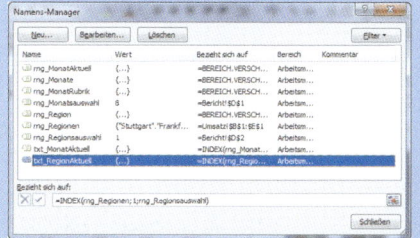

Für den Diagrammtitel erstellen Sie einen weiteren Bereichs-namen, er berechnet die Bezeichnung der gewählten Region:

Bereichsname: txt_RegionAktuell

Bezieht sich auf:

=INDEX(rng_Regionen;1;rng_Regionsauswahl)

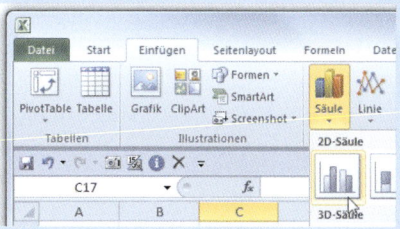

Im Berichtsblatt markieren Sie eine leere Zelle und erstellen über EINFÜGEN/DIAGRAMME/SÄULE ein leeres 2D-Säulendiagramm.

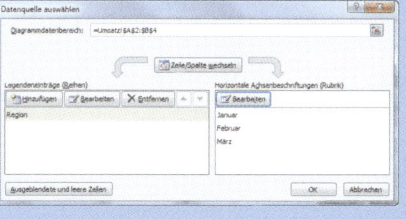

Wählen Sie DIAGRAMMTOOLS/ENTWURF/DATEN/DATEN AUSWÄHLEN und tragen Sie die Diagrammdaten ein:

Legendeneintrag: Region

Reihenwerte: Umsatz!rng_Region

Achsenbeschriftung: Umsatz!rng_MonatRubrik

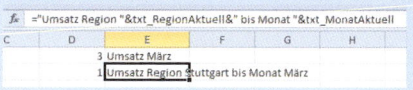

Die Formel für das Titelelement schreiben Sie in die Zelle E2:

="Umsatz Region "&txt_RegionAktuell&" bis Monat "&txt_MonatAktuell

Damit ist das dynamische Diagramm erstellt, es wird die Umsätze der über die Optionsfeld-gruppe gewählte Region visualisieren und dabei die Werte bis zum ausgewählten Monat anzeigen. Löschen Sie alle überflüssigen Elemente aus dem Diagramm und setzen Sie die Datenbeschriftung auf die Balken. Das Titelelement verknüpfen Sie mit der Zelle E2.

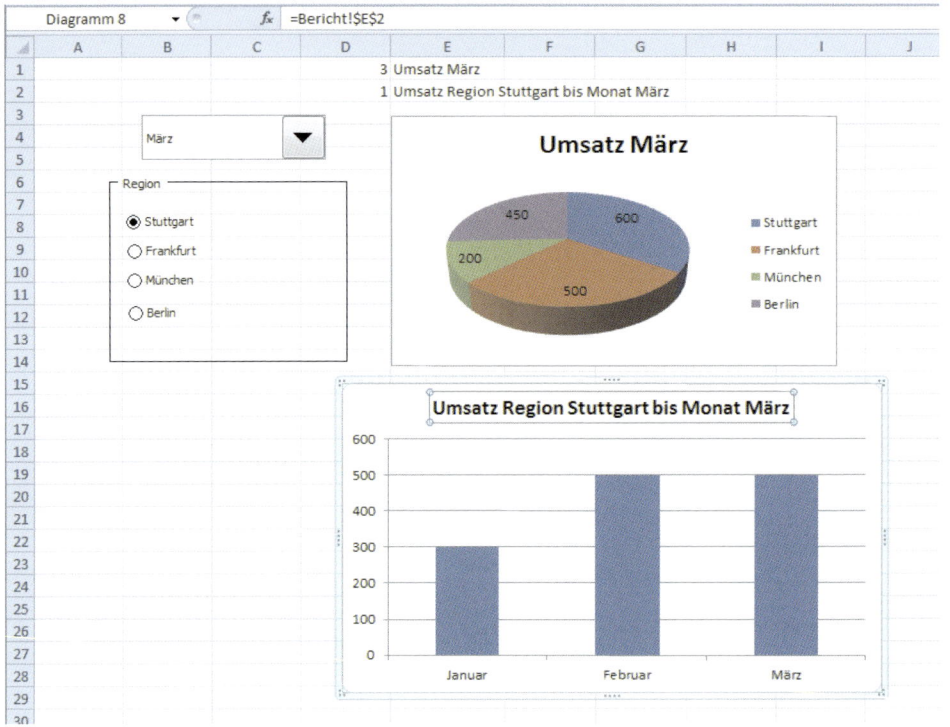

Abbildung 4.20: Ein Säulendiagramm mit Regionsauswahl über Optionsfelder

4.5 Spezialdiagramme

Diagramme, für die Excel keinen Diagrammtyp im Angebot hat, erfordern meist mehr oder weniger aufwendige Zwischenberechnungen. Für ein Wasserfalldiagramm wird z. B. eine Stützreihe berechnet und je eine Reihe für fallende und steigende Werte. Spezialdiagramme sind aber auch Sparklines, und Funktionsdiagramme sind gar keine Diagramme, kommen aber im Managementbericht häufig zum Einsatz.

4.5.1 Wasserfalldiagramme

Das Wasserfalldiagramm visualisiert die Entwicklung eines Anfangswerts bis zu einem End-wert mit einer Reihe von Zwischenwerten. Diese Zwischenwerte erhöhen oder verringern den Anfangswert, was das Wasserfalldiagramm mit aufsteigenden bzw. abfallenden Säulen signali-siert. Im Unterschied zum normalen Säulen- oder Balkendiagramm beginnen die Säulen der Zwischenwerte immer am Endpunkt der vorherigen Säule. Ein einfaches Beispiel:

Ihr Kontostand weist im Januar 100 Euro aus. Der Anfangsbestand wird farbig hervorgehoben.

Im Februar werden 40 Euro abgebucht. Das Wasserfalldiagramm
zeigt diese Reduktion mit einem roten Balken auf dem Achsen-
abschnitt 100 bis 60. Dieser beginnt am Endstand des Vormonats
und »wächst« nach unten.

Im März kommen 20 Euro hinzu, was im Wasserfalldiagramm mit
einem grünen Balken signalisiert wird. Er beginnt am Endstand
des Vormonats und wächst wieder nach oben.

Und so geht es weiter bis zum Endstand im Dezember, der im
Wasserfalldiagramm mit einer weiteren Farbe, abweichend vom
Anfangsbestand und den steigenden bzw. fallenden Beständen,
hervorgehoben wird.

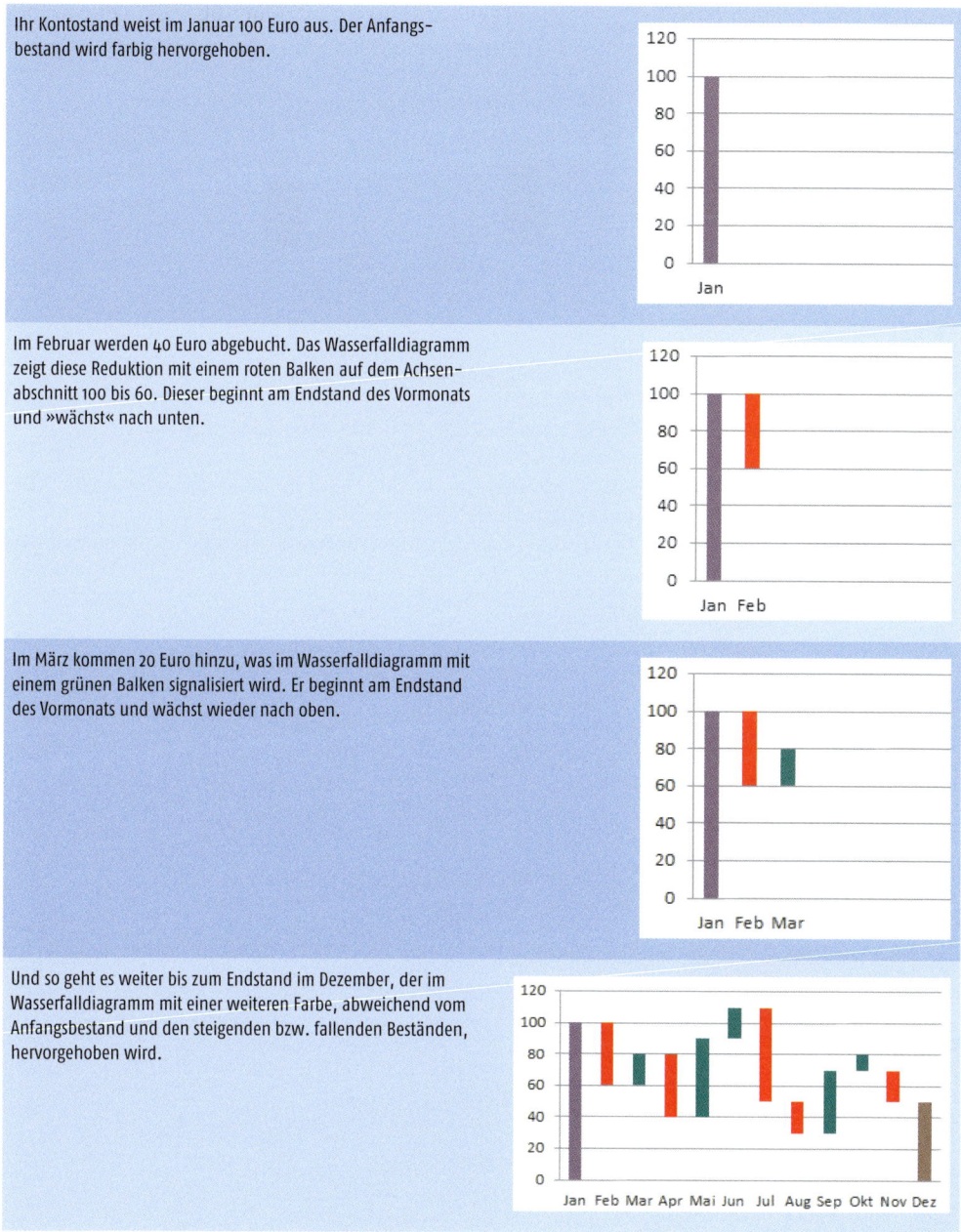

Praxisbeispiel: Monatliche Absätze

Übungsbeispiel: Wasserfalldiagramm Absatz.xlsx

Website

Das Praxisbeispiel zeigt, wie monatliche Absätze in einem Wasserfalldiagramm visualisiert
werden. Durch die Darstellung der positiven und negativen Volumina lassen sich die Schwan-
kungen einfach ablesen.

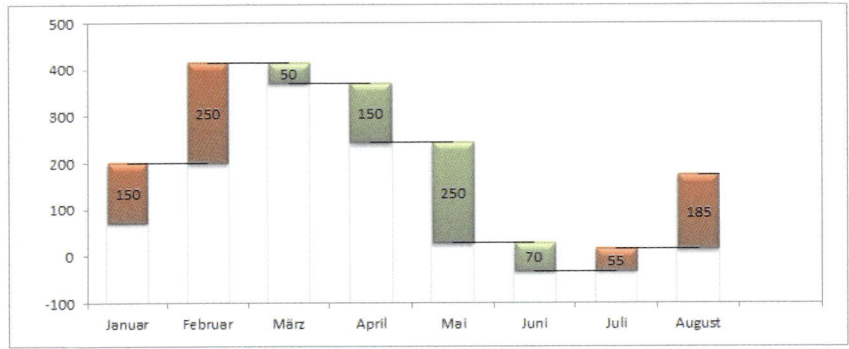

Abbildung 4.21: Ein Wasserfalldiagramm für Absatzschwankungen

1. Schreiben Sie die Werteliste in ein Tabellenblatt. In der ersten Spalte sind die Monate gelistet.
2. Tragen Sie in der zweiten Spalte die Werte ein, die das Diagramm darstellen soll. Hier können sich positive und negative Zahlen abwechseln.
3. Berechnen Sie in der dritten Spalte die Veränderungen, kopieren Sie die Formel nach unten bis zum letzten Monat:

   `C4: =B4-B3`

Gestapelte Säulendiagramme können keine negativen Werte anzeigen. Erstellen Sie deshalb eine »Treppe«, die das ganze Diagramm anhebt, damit auch negative Werte erlaubt sind.

1. Schreiben Sie den Hebewert in eine leere Zelle:

   `K1: 200`

2. Erstellen Sie eine xy-Wertereihe:

   `I3:I11: 1`
   `J3:J11: B3+$K$1, B4+$K$1 ...`

3. Die nächste Datenreihe wird jetzt auf dieser Hilfsreihe konstruiert:

   `D4: J3-F4`

4. Kopieren Sie die Formel nach unten und berechnen Sie in den nächsten Spalten jeweils die steigenden und die fallenden Werte:

   `E3: =WENN(C3>=0;C3;0)`
   `F3: =WENN(C3<0;-C3;0)`

	F3		f_x	=WENN(C3<0;-C3;0)						
	A	B	C	D	E	F	G	H	I	J	K
1 Monat		Absatz	Veränderung	unten	steigend	fallend			Treppe		200
2									x	y	
3		0	0		0	0			1	200	
4	Januar	150	150	200	150	0			1	350	
5	Februar	400	250	350	250	0			1	600	
6	März	350	-50	550	0	50			1	550	
7	April	200	-150	400	0	150			1	400	
8	Mai	-50	-250	150	0	250			1	150	
9	Juni	-120	-70	80	0	70			1	80	
10	Juli	-65	55	80	55	0			1	135	
11	August	120	185	135	185	0			1	320	
12											

Abbildung 4.22: Tabelle mit Zusatzberechnungen

Für das Diagramm markieren Sie den Bereich A4:A11 und mit gedrückter [Strg]-Taste zusätzlich den Bereich E4:F11. Zeichnen Sie ein gestapeltes Säulendiagramm in die Tabelle und formatieren Sie es entsprechend.

4.5.2 Tachometer-Diagramme

Tachometer.xlsx

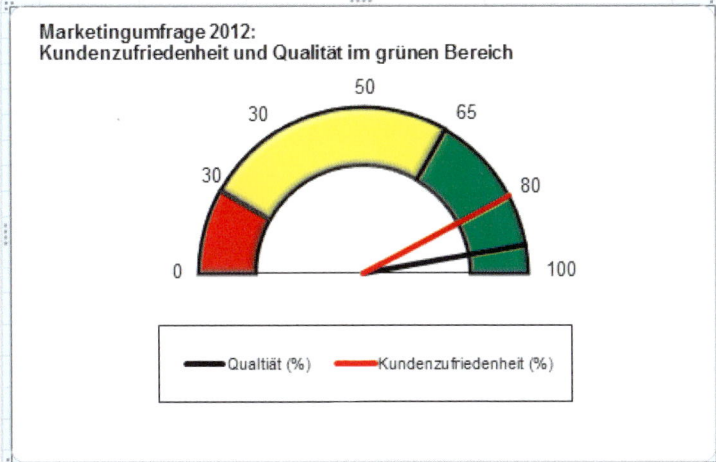

Sie sind nicht gerne gesehen im Managementbericht, im *Management Information Design* von Prof. Dr. Rolf Hichert (siehe Kapitel 1) tauchen sie allenfalls als abschreckende Beispiele im »Schreckenskeller« auf. In moderater Form können sie aber durchaus eine Bereicherung für Berichte sein.

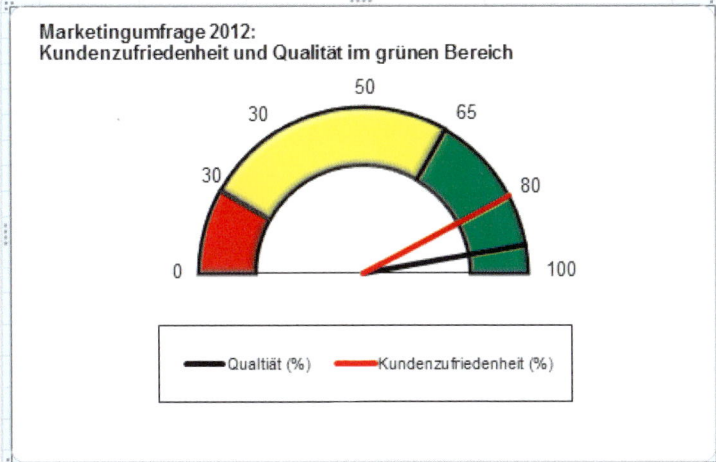

Abbildung 4.23: Tachometerdiagramm–Beispiel

In der nachstehenden Beschreibung erfahren Sie, wie ein solches Chart aufgebaut wird. Wer sich mit den Feinheiten der Diagrammgestaltung noch nicht so intensiv beschäftigt hat, wird hier eine gute Gelegenheit finden, sich ausführlich mit Reihenzuordnungen, Achsenskalierungen, Diagrammflächen und Legenden zu beschäftigen.

Die Scheibe

Die Grundform ist ein Ringdiagramm, im englischsprachigen Raum aufgrund seiner unverwechselbaren Form auch »Donut« genannt.

1. Erstellen Sie zuerst die Scheibe, schreiben Sie diese Grunddaten in eine neue Tabelle:

   5
   15
   10
   30

2. Markieren Sie die Daten und wählen Sie *Einfügen/Diagramme*.
3. Suchen Sie unter *Andere Diagramme* das Ringdiagramm und wählen Sie den ersten angebotenen Untertyp.

4. Löschen Sie die Legende und klicken Sie mit der rechten Maustaste auf den Ring. Wählen Sie *Datenreihen formatieren* und stellen Sie ein:

```
Reihenoptionen:
Winkel des ersten Kreissegments: 270
Innenringgröße: 10%
Füllung:
Segmentfarbunterscheidung: Ein
```

5. Markieren Sie das erste Segment und wählen Sie *Füllung/Einfarbige Füllung*. Weisen Sie dem Segment das Füllmuster *Rot* zu.

6. Formatieren Sie das zweite Segment mit dem Füllmuster *Gelb* und das dritte mit *Grün*.

7. Für das vierte Segment stellen Sie den Rahmen und das Füllmuster auf *Ohne*.

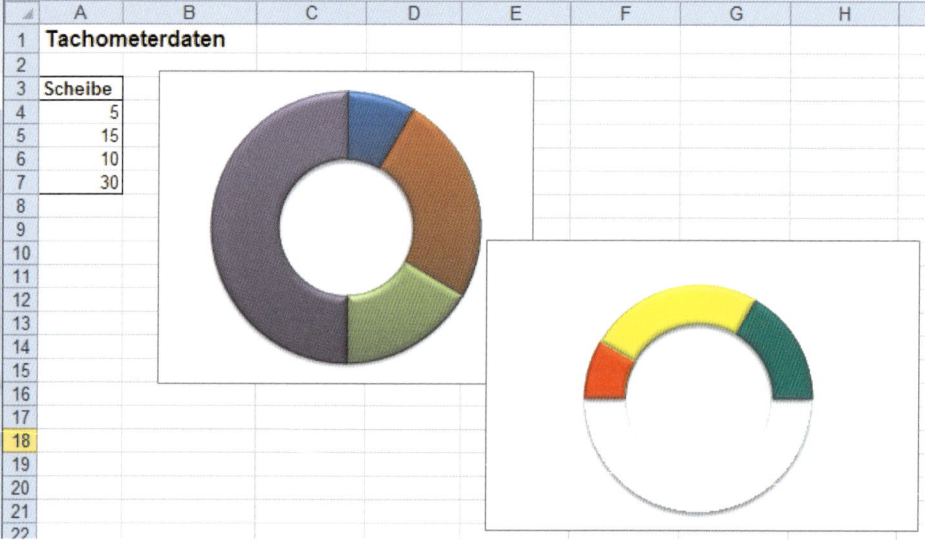

Abbildung 4.24: Die Scheibe wird aus einem Ringdiagramm (hier im Hintergrund das Basisdiagramm) konstruiert

Der Zeiger

Für den Zeiger (oder mehrere Zeiger) wird ein zweites Diagramm benötigt, und zwar ein Linien- oder Punktediagramm. Excel zeichnet diese Diagrammformen in einem kartesischen Koordinatensystem. Mit etwas Trigonometrie und den passenden Funktionen aus dieser Kategorie bauen Sie ein passendes Datengerüst auf:

1. Schreiben Sie den gewünschten Zeigerwinkel als Gradzahl in eine Zelle:

```
B4: Winkel
C4: 12
```

2. Berechnen Sie das Bogenmaß des Winkels über die gleichnamige Funktion. Der Sinus, der den x-Wert stellt, muss den Winkel in dieser Form erhalten (Alternative: Winkel mit *PI()/180* multiplizieren).

```
B5: Bogenmaß
C5: =BOGENMASS(C4)
```

3. Berechnen Sie die Koordinatenpaare für den x- und y-Punkt des Zeigers. In beiden Fällen ist der erste Wert der Nullpunkt, für den x-Wert verwenden Sie den negativen Cosinus des ins Bogenmaß umgerechneten Winkels, für den y-Wert den Sinus dieses Werts.

```
C6: X
D6: Y
C7: =-COS(C5)
D7: =SIN(C5)
```

Zeichnen Sie den Zeiger zuerst in einem eigenen Diagrammobjekt, damit Sie nicht versehentlich die Scheibe zerstören. Im zweiten Schritt wird er dann direkt in das erste Objekt gezeichnet.

1. Markieren Sie den Bereich mit den x- und y-Daten (C7:D8) und erstellen Sie ein Punktediagramm mit dem Untertyp 3 (Linien, keine Punktmarkierungen).
2. Wählen Sie *Diagrammtools/Daten/Daten auswählen* und entfernen Sie die zweite Datenreihe.
3. Ändern Sie die Skalierung der Rubrikenachse (horizontale x-Achse) und tragen Sie auf der Registerkarte *Achsenoptionen* ein:

```
Minimum: -1
Maximum: 1
Hauptintervall: 1
Hilfsintervall: 1
Horizontale Achse schneidet: 0
Achsenbeschriftung: Keine
```

4. Schalten Sie auf die Formatierung der Größenachse (y) um und formatieren Sie diese mit den gleichen Einstellungen.

Das Punktediagramm sollte jetzt den Zeiger bzw. die Linie von x nach y aus dem Schnittpunkt der Achsen (Nullpunkt) exakt im angegebenen Winkel zeichnen.

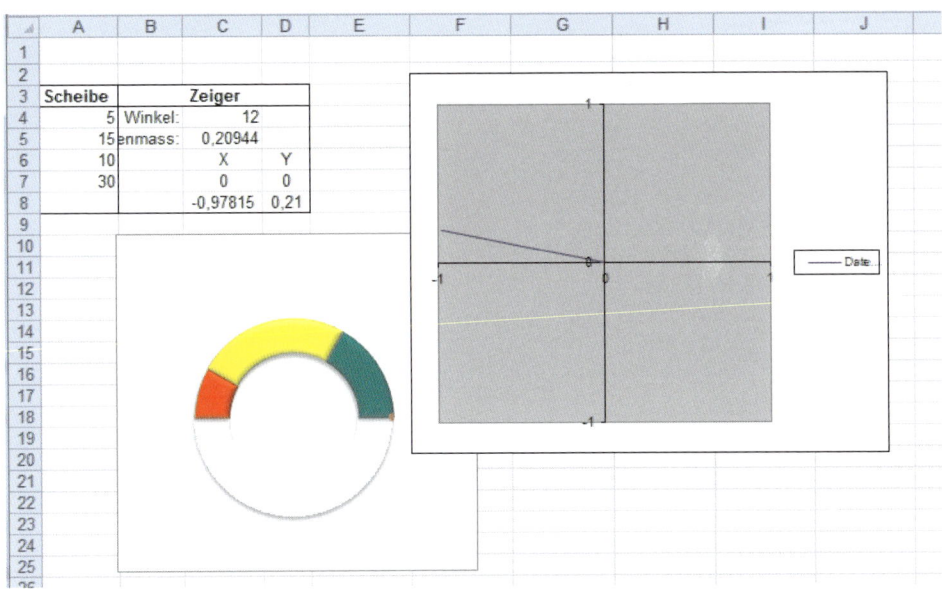

Abbildung 4.25: Der Zeiger für das Tachometerdiagramm, erstellt über ein Punktediagramm

Diese Prozedur wiederholen Sie jetzt in dem Diagrammobjekt, in dem bereits die Scheibe aus einem Ringdiagramm erstellt wurde. Löschen Sie das Punktediagramm-Objekt und produzieren Sie eine weitere Datenreihe im ersten Objekt:

1. Markieren Sie den Datenbereich für den Zeiger (C7:D8).
2. Kopieren Sie die Daten mit *Bearbeiten/Kopieren* oder $\boxed{\text{Strg}}$ + $\boxed{\text{c}}$ in die Zwischenablage.

3. Markieren Sie das Diagrammobjekt und holen Sie die Reihe mit *Start/Einfügen/Inhalte einfügen* in das Diagramm. Geben Sie an:

```
Zellen einfügen als: Neue Datenreihe
Werte (y) aus Spalten
Rubriken (x-Achsenbeschriftung) aus erster Spalte (angekreuzt)
```

4. Bestätigen Sie mit einem Klick auf *OK*, und die neue Reihe wird als weiterer Ring in das Objekt eingefügt.

5. Klicken Sie auf den neuen Ring oder markieren Sie ihn unter *Diagrammtools/Layout*. Ändern Sie den Diagrammtyp, schalten Sie um auf das *Punktediagramm, Untertyp 3* mit Linien ohne Punktmarkierung.

6. Weisen Sie der Datenreihe die oben gezeigten Einstellungen zu:

```
Skalierung der Rubrikenachse und Größenachse: Maximum 1, Minimum -1, Größenachse
schneidet bei 0
Rubrikenachse Muster: Teilstrichbeschriftungen Keine
Größenachse: Muster: Linie Keine, Teilstrichbeschriftungen Keine
```

7. Klicken Sie doppelt auf den Zeiger und weisen Sie ihm auf der Musterkarte eine passende Farbe und Strichstärke zu.

Damit sollte der Zeiger im richtigen Winkel auf der Scheibe aufliegen. Ändern Sie den Winkel in Zelle C4, um die korrekte Stellung zu testen.

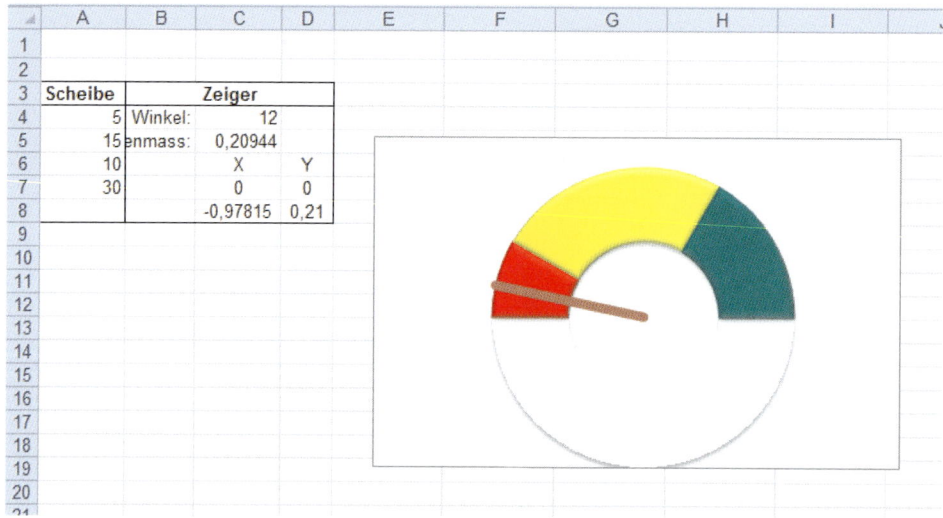

Abbildung 4.26: Der Zeiger im Tachometer ist erstellt und zeigt den Winkel korrekt an

Die Beschriftung

Scheibe und Zeiger sind erstellt, im nächsten Schritt bekommt das Tachometer eine Beschriftung. Keine der beiden Datenreihen, weder das Punktediagramm noch das Ringdiagramm, bieten passende Texte an, die sich rund um die Tachometerscheibe platzieren ließen. Erstellen Sie sich deshalb zunächst eine Beschriftungstabelle.

Die erste Spalte erhält die Zahlen, die auf der Scheibe zu sehen sein sollen. Das Intervall kann frei gewählt werden, es hat keinen Bezug zu den Datenreihen im Diagramm. Geben Sie z. B. die Winkelmaße in 30-Grad-Schritten ein.

Die x-Werte bewegen sich im Bereich –1 bis + 1, die y-Werte zwischen 0 und 1. Sie können später manuell angepasst werden.

	A	B	C	D	E	F	G
1							
2							
3	Scheibe		Zeiger			Beschriftung	
4	5	Winkel:	12		Wert	X	Y
5	15	Bogenmaß:	0,20943951		0	-0,935	0
6	10		X	Y	30	-0,823	0,471
7	30		0	0	30	-0,463	0,84
8			-0,9781476	0,2079117	50	0	0,936
9					65	0,457	0,804
10					80	0,827	0,43
11					100	0,935	0,007

Abbildung 4.27: Die Tabelle für die Beschriftung mit Werten für x und y

1. Markieren Sie den Bereich mit den x- und y-Werten (F5:G11) und kopieren Sie ihn in die Zwischenablage.
2. Markieren Sie das Diagrammobjekt und wählen Sie *Start/Einfügen/Inhalte einfügen*. Geben Sie an:

```
Zellen einfügen als: Neue Datenreihe
Werte (y) aus Spalten
Rubriken (x-Achsenbeschriftung) aus erster Spalte (angekreuzt)
```

3. Bestätigen Sie mit *OK*, und die neue Datenreihe wird als weiteres Punktediagramm eingefügt. Klicken Sie die Reihe an und geben Sie der Linie eine dunklere Farbe ohne Markierung. Mit der Option *Glätten* wird sie so rund wie die Scheibe.
4. Markieren Sie die Linie und weisen Sie ihr die y-Werte als Beschriftung zu.

Für die Datenreihenbeschriftung der Beschriftungsreihe verwenden Sie das Makro *ChartLabel* (siehe Kapitel 9 »Nützliche Werkzeuge«). Excel bietet keine Möglichkeit, die Beschriftung aus anderen Zellbereichen zu holen.

1. Schreiben Sie die Abschnittswerte in die nächste freie Spalte.
2. Starten Sie das Makro *ChartLabel*. Markieren Sie die dritte Datenreihe im zweiten Diagramm und weisen Sie ihr den Zellbereich (H5:H11) als Beschriftung zu.
3. Formatieren Sie die Datenbeschriftung, setzen Sie die Ausrichtung Über ein.
4. Entfernen Sie in der Hilfslinie der Beschriftung die Linienfarbe.

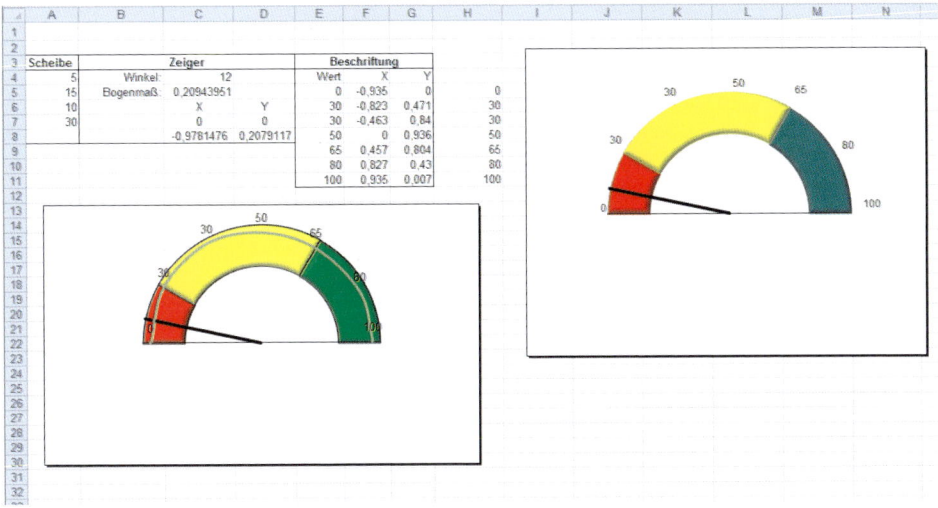

Abbildung 4.28: Das Tachometerdiagramm, mit ChartLabel beschriftet

Tachometerbeispiel: Marketingumfrage

Ein Tachometer mit zwei Zeigern aus je einem x/y-Wertepaar. Der Wert für den Winkel kann beispielsweise aus einem Punktesystem mit 180 Punkten als Maximalwert übernommen werden.

Die Legendentexte werden einfach in die DATENREIHE()-Funktion eingetragen. Markieren Sie dazu den Zeiger und schreiben Sie den gewünschten Text in Anführungszeichen vor das erste Semikolon in der Funktionsklammer:

```
=DATENREIHE("Kundenzufriedenheit (%)";'Beispiel Marketingumfrage'!$I$3:$I$4;'Beispiel
Marketingumfrage'!$J$3:$J$4;3)
```

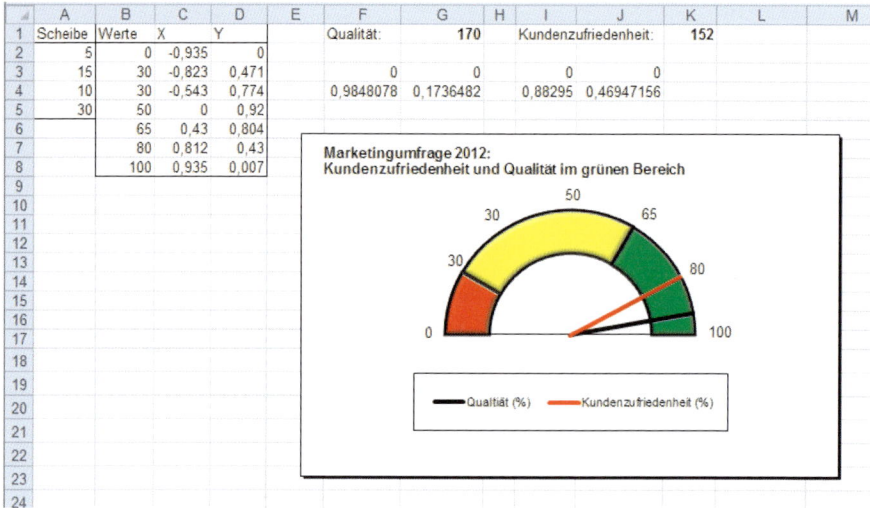

Abbildung 4.29: Beispiel Marketingumfrage mit individuellem Legendentext für jeden Zeiger

4.5.3 Funktionsdiagramme

Eine interessante und nützliche Alternative zu Diagrammobjekten und Sparklines bietet das Funktionsdiagramm mit der Funktion WIEDERHOLEN(). Diese Funktion wiederholt das im ersten Argument angegebene Zeichen mit dem Faktor im zweiten Argument:

```
=WIEDERHOLEN(Zeichen;Faktor)
```

Ein einfaches Beispiel: Das Tabellenblatt enthält eine Monatsreihe und Beträge (Umsätze, Absätze, Zahlungen etc.) dazu. In Spalte C zeichnet die Funktion mit dem Zeichen »X« ein Balkendiagramm. Der Betrag liefert die Länge der Balken, der Faktor wird dazu einheitlich für alle Beträge durch 100 dividiert.

	C2	▼	*fx*	=WIEDERHOLEN("X";B2/100)	
	A	B	C	D	E
1	Monat	Betrag			
2	Januar	200	XX		
3	Februar	500	XXXXX		
4	März	600	XXXXXX		
5	April	400	XXXX		
6	Mai	800	XXXXXXXX		
7	Juni	1200	XXXXXXXXXXXX		
8					

Abbildung 4.30: Zellendiagramm mit der Funktion WIEDERHOLEN()

Praxisbeispiel: Soll-Ist-Abweichung

Zahlenwerte direkt als Wiederholungsfaktor anzugeben empfiehlt sich in den wenigsten Fällen. Etwas mehr Komfort bietet die Funktion in Kombination mit weiteren Funktionen und der Anwendung von Bedingungen. Berechnen Sie beispielsweise über die Funktion WENN(), ob die Abweichung positiv oder negativ ist, und erstellen Sie ein Funktionsdiagramm, das die Werte in Form eines Balkendiagramms auf einer vertikalen Achse aufträgt.

D2		f_x	=B2-C2	
	A	B	C	D
1		SOLL	IST	Abweichung
2	Personalkosten	350	420	-70
3	Materialkosten	480	450	30
4	Fertigungskosten	290	220	70
5	Sonstige Kosten	150	200	-50

Abbildung 4.31: Kostenaufstellung mit SOLL und IST

Als Wiederholungszeichen können Sie jeden Buchstaben aus dem Alphabet oder Sonderzeichen aller Art verwenden. In den grafischen Zeichensätzen finden Sie einige Zeichen, die besser geeignet sind. Sehen Sie sich das Angebot an:

1. Setzen Sie den Zellzeiger in eine freie Zelle und wählen Sie EINFÜGEN/SYMBOL/SYMBOLE.
2. Schalten Sie um auf einen grafischen Zeichensatz wie *WebDings*, *WingDings* oder *WingDings2*.
3. Markieren Sie das Zeichen und holen Sie es mit EINFÜGEN in die Zelle. Verwenden Sie den Buchstaben, der in der Bearbeitungsleiste zu sehen ist, und formatieren Sie die Funktionsgrafiken mit dem Zeichensatz.

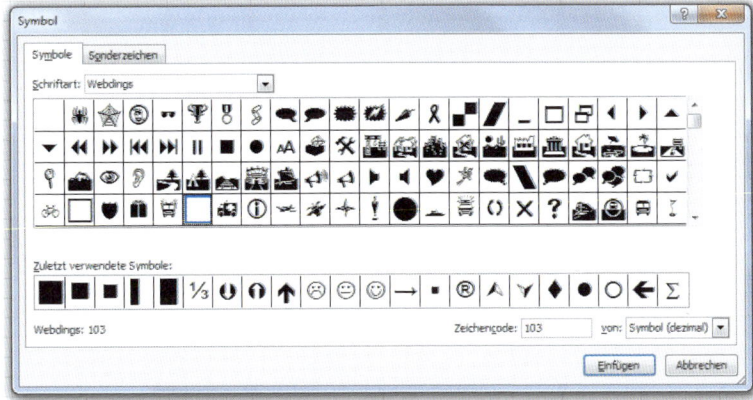

Abbildung 4.32: Blockzeichen im Zeichensatz WebDings, hier der Buchstabe »g«

Berechnen Sie in der nächsten Spalte die Funktionsreihe für die negativen Werte, im Beispiel die Kosten, für die der Istwert höher liegt als der Sollwert. Die Funktion WENN() prüft, ob die Differenz kleiner 0 ist, das Funktionsdiagramm verwendet den absoluten Wert der Abweichung als Wiederholungsfaktor. Als Balkenzeichen verwenden Sie den Buchstaben »g«.

```
E2: =WENN(D2<0;WIEDERHOLEN("g";ABS(D2)/10);"")
```

In der nächsten Spalte berechnet die Formel die Balken für die positiven Abweichungen, im Beispiel die Kostenarten, die im IST die Sollwerte nicht überschreiten.

```
F2: =WENN(D2>0;WIEDERHOLEN("g";ABS(D2)/10);"")
```

Formatieren Sie die beiden Spalten so, dass die Werte wechselseitig auf einer Achse aufgetragen werden.

Aktion	Beschreibung
Negative Balken formatieren	Listenbereich in Spalte E markieren, START/AUSRICHTUNG *rechtsbündig* Schriftfarbe *Rot*, Schrift *WebDings*
Positive Balken formatieren	Listenbereich in Spalte F markieren, START/AUSRICHTUNG *linksbündig* Schriftfarbe *Grün*, Schrift *WingDings*
Achse zuweisen	Listenbereich in Spalte F markieren, START/SCHRIFTART, *Rahmenlinien/Weitere Rahmenlinien* Dicke Rahmenlinie links setzen, Farbe *Dunkelgrau*

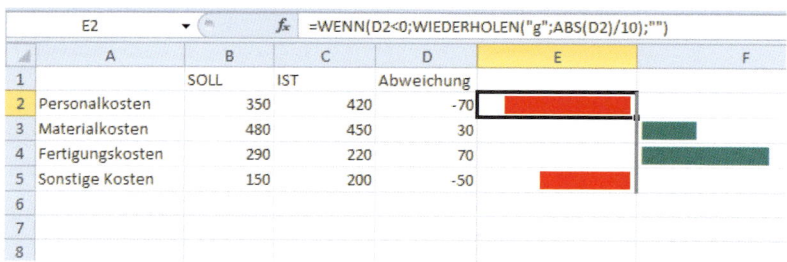

Abbildung 4.33: Soll/Ist-Diagramm mit WebDings-Zeichen

4.5.4 Sparklines

Diesen Begriff erfand Edward Tufte, Professor an der Universität von Yale. Er bezeichnet sie als kompakte, einfache Grafiken in Wortform (*intense, simple, word-sized graphics*). Sparklines werden auch als Wortgrafiken bezeichnet, weil sie aufgrund ihrer kompakten Größe direkt im Text verwendet werden können.

`www.edwardtufte.com/sparklines`

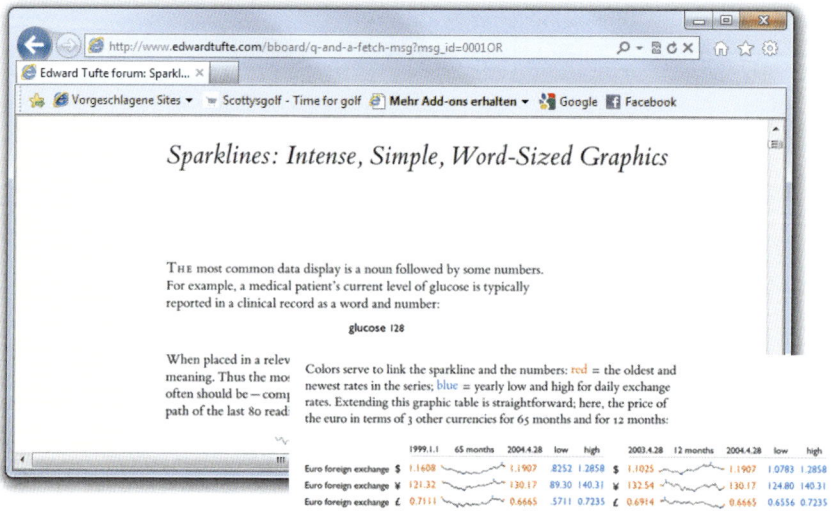

Abbildung 4.34: Die Webseite von Edward Tufte, Erfinder der Sparklines

Nicolas Bissantz hat das Konzept von Edward Tufte aufgegriffen und den *SparkMaker* entwickelt, ein Add-In, das zahlreiche Sparkline-Typen als benutzerdefinierte Excel-Funktionen zur Verfügung stellt. SparkMaker kann auch in Word und PowerPoint verwendet werden. Das Zusatztool *SparkTicker* zeigt Daten aus Excel als Ticker auf dem Desktop oder auf Webseiten an.

www.bissantz.de/sparkmaker

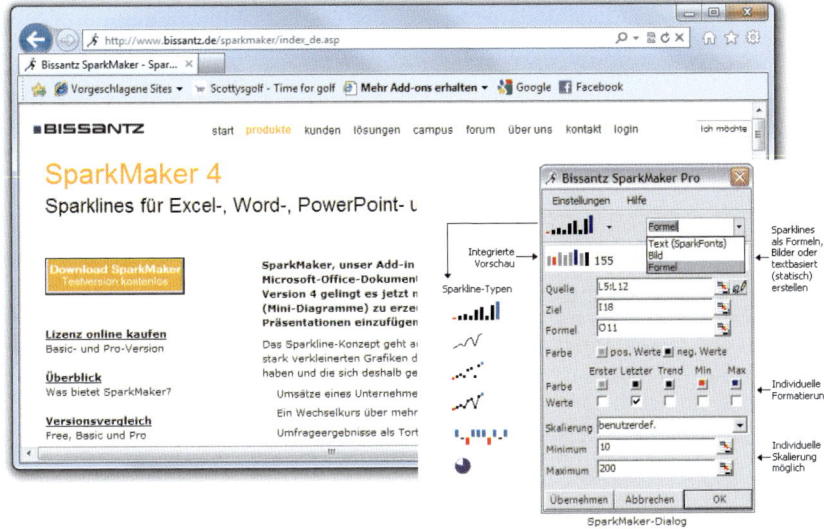

Abbildung 4.35: SparkMaker und SparkTicker bei Nicolas Bissantz

Sparklines for Excel ist ein Add-In, das unter der GNU Public License kostenlos zur Verfügung steht. Das Programm ist nur in Englisch erhältlich, ein deutsches Handbuch gibt es bei Alois Eckl (www.excel-inside.de).

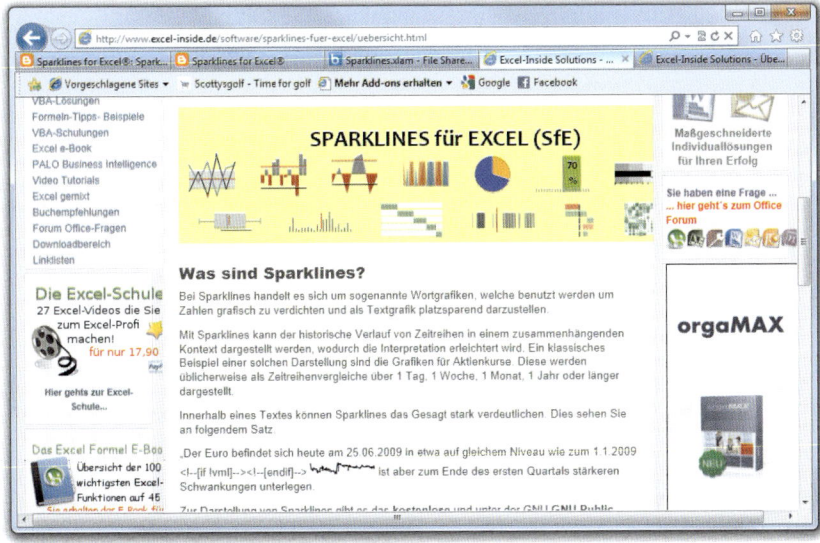

Abbildung 4.36: Add-In Sparklines for Excel

Das Prinzip

Alle Daten, die wir erfassen, verwalten oder aus Datenquellen beziehen, haben zunächst einen Bezug zu ihrem Ordnungsbegriff. Umsätze werden den Monatsnamen, den Filialen oder Verkaufsgebieten zugeordnet, Kosten stehen neben ihrem Verursacher, dem Produkt, der Kostenstelle oder dem Projekt. Die Information über die monatliche Durchschnittstemperatur in einzelnen Regionen ist nur relevant, wenn die Region mit angegeben ist.

Enthält der Datenbestand aber neben der eindimensionalen Information auch die Daten, die zur Entstehung der Zahlen beigetragen haben, bekommt die Datenmenge eine oder mehrere neue Aussagen:

- Wie hat sich der Monatsumsatz entwickelt, welche Filialen haben die größten/kleinsten Anteile daran?
- Welche Faktoren verursachen die Kostensteigerungen/Kostensenkungen?
- Sinkt die Durchschnittstemperatur im Jahresvergleich oder im Vergleich der letzten 20 Jahre oder steigt sie?

Antworten auf diese Fragen können die Zahlen nicht bieten, weil sie in ihrer Komplexität nicht erfassbar sind. Sparklines bieten die Möglichkeit, die Visualisierung direkt an die Zahlen anzuhängen, der Betrachter kann sich sofort ein Bild über die Entstehung der Information machen. Im Unterschied zu Diagrammen werten Sparklines die Daten zeilenweise aus. Formatierungen erhöhen den Informationswert noch, negative Werte werden unterschiedlich eingefärbt, Höchst- und Tiefstpunkte markiert, wichtige Einzelpunkte hervorgehoben.

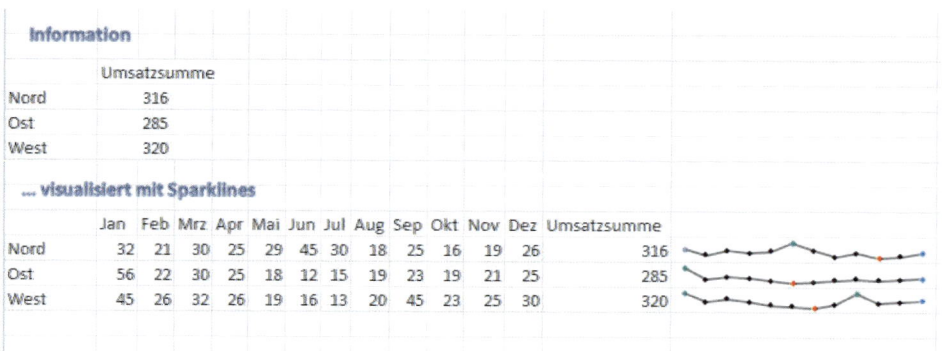

Abbildung 4.37: Sparklines visualisieren zeilenweise

Sparklines in Excel 2010

Excel bietet mit der Version 2010 erstmals eine Gruppe von Werkzeugen für die Herstellung von Sparklines an. In der Gruppe SPARKLINES des Registers EINFÜGEN stehen drei Typen zur Auswahl. Mit der Markierung einer Sparklinegrafik bietet das Menüband eine neue Registergruppe SPARKLINETOOLS mit Formatierungssymbolen an.

Abbildung 4.38: Gruppe Sparklines im Menüband von Excel 2010

1. Um Sparklines in einzelnen Zeilen zu erstellen, setzen Sie den Zellzeiger in die Zielzelle und wählen unter EINFÜGEN/SPARKLINES den passenden Grafiktyp.
2. Markieren Sie den Datenbereich mit den Daten und bestätigen Sie mit OK.

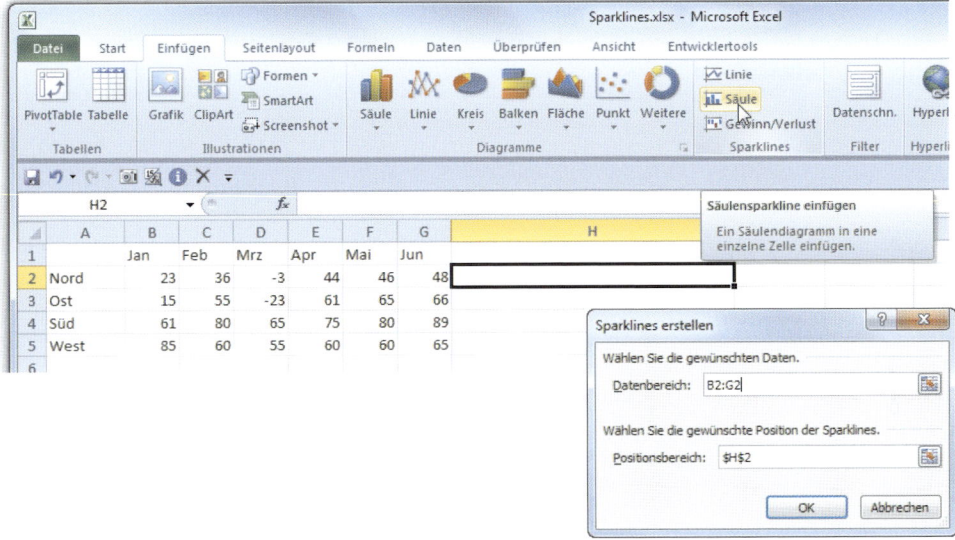

Abbildung 4.39: Sparklines für einzelne Zeilen erstellen

Um die Sparklines für eine Gruppe von Daten zu erstellen, markieren Sie alle Zielzellen und wählen EINFÜGEN/SPARKLINES. Die Gruppe wird als Positionsbereich vorgeschlagen, geben Sie alle Daten als Datenbereich an.

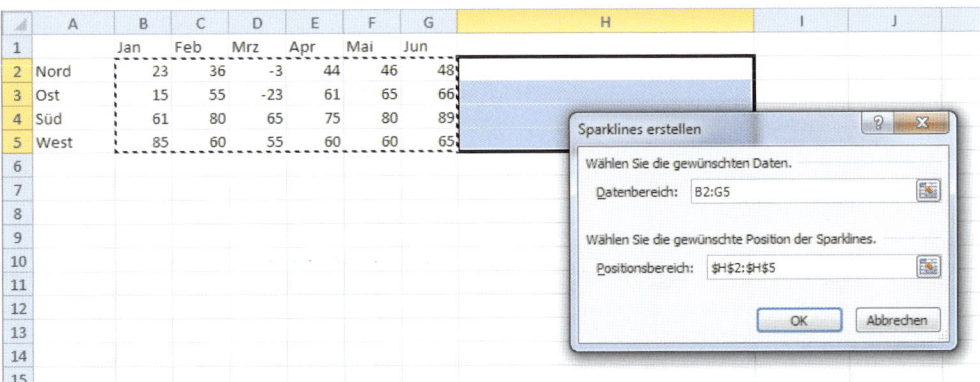

Abbildung 4.40: Sparklines für Gruppen erstellen

Alternativ zur Erstellung einer Sparkline-Gruppe können Sie auch die erste Zelle markieren, eine Sparkline erstellen und diese mit dem Füllkästchen nach unten bis zum Ende der Liste kopieren. Excel erstellt auch damit eine Sparkline-Gruppe, erkennbar an dem blauen Rahmen, der alle Zeilen umfasst, wenn eine davon (oder die Gruppe selbst) markiert ist.

Neues Register Sparklinetools

Steht der Zellzeiger auf einer Sparkline oder in einer Sparkline-Gruppe, bietet das Menüband eine neue Registergruppe SPARKLINETOOLS an. Nutzen Sie die Werkzeuge in den vier Gruppen des Registers *Entwurf,* um die Sparklines zu verwalten und zu formatieren.

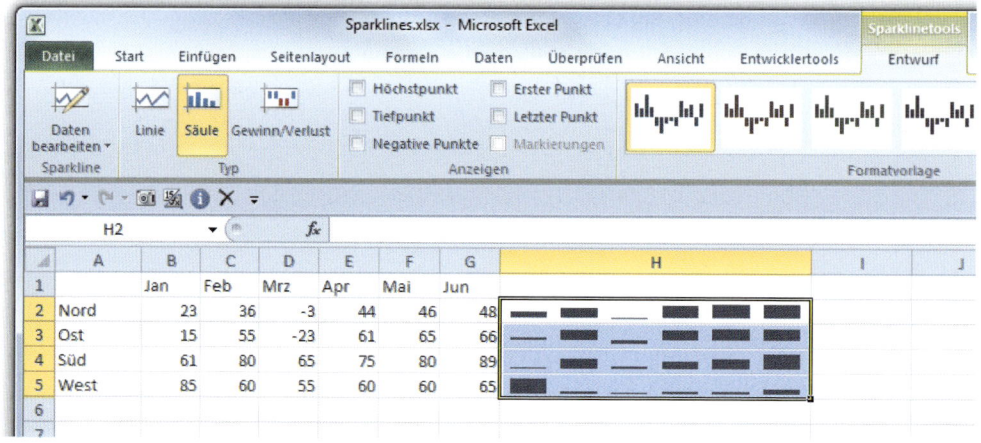

Abbildung 4.41: Sparklinetools

Daten bearbeiten

Die erste Gruppe *Sparkline* bietet die Möglichkeit, die Daten einzelner Sparklines oder der gesamten Gruppe nachzubearbeiten.

GRUPPENSPEICHERORT UND DATEN BEARBEITEN: Bestimmen Sie den Datenbereich und den Positionsbereich neu in der Dialogbox.

DATEN EINER EINZELNEN SPARKLINE BEARBEITEN: Markieren Sie eine Zeile innerhalb der Gruppe und ändern Sie für diese den Datenbereich. Die Zeile bleibt weiterhin in der Gruppe.

AUSGEBLENDETE UND LEERE ZELLEN: Bestimmen Sie, wie Sparklines mit leeren Zellen und Zellen mit Nullen umgehen. Sie können diese als Lücken oder auf der Nulllinie anzeigen lassen oder die benachbarten Datenpunkte mit einer Linie verbinden. Mit der Option *Daten in ausgeblendeten Zeilen anzeigen* bleiben die Sparklines auch sichtbar, wenn Sie die Daten gruppieren und ausblenden oder die Spaltenbreiten der Datenspalten auf 0 setzen.

Sparklines-Datentypen

Für Sparklines stehen drei Datentypen zur Auswahl. Setzen Sie den Zellzeiger in die Gruppe und klicken Sie auf das Symbol, um den Datentyp zu bestimmen.

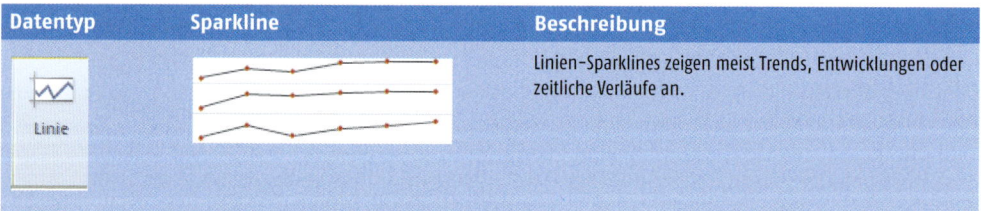

Datentyp	Sparkline	Beschreibung
Linie		Linien-Sparklines zeigen meist Trends, Entwicklungen oder zeitliche Verläufe an.

Tabelle 4.1: Datentypen für Sparklines

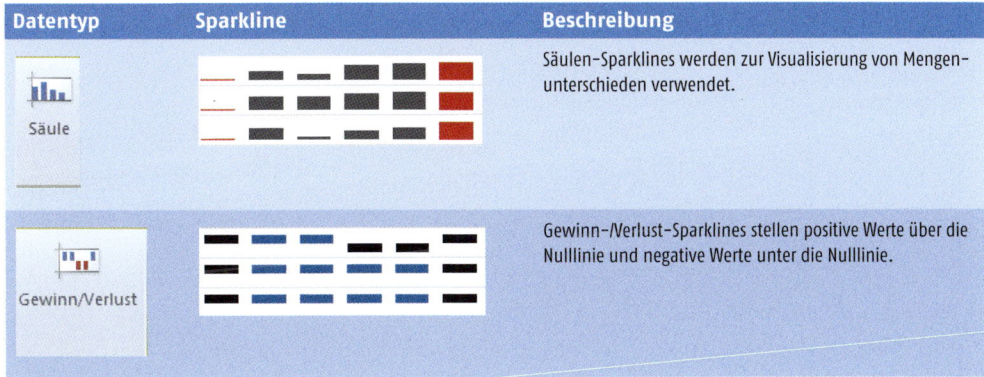

Datentyp	Sparkline	Beschreibung
Säule		Säulen-Sparklines werden zur Visualisierung von Mengen-unterschieden verwendet.
Gewinn/Verlust		Gewinn-/Verlust-Sparklines stellen positive Werte über die Nulllinie und negative Werte unter die Nulllinie.

Tabelle 4.1: Datentypen für Sparklines (Forts.)

Ändern Sie den Datentyp einer Gruppe, werden alle Sparklines der Gruppe diesen Typ anneh-men. Heben Sie mit SPARKLINETOOLS/ENTWURF/GRUPPIEREN/GRUPPIERUNG AUFHEBEN die Gruppe auf, können Sie einzelne Zeilen mit unterschiedlichen Datentypen formatieren.

Anzeigen von Linienpunkten oder farbigen Säulen

Die Gruppe ANZEIGEN bietet sechs Ankreuzoptionen für die Unterscheidung der einzelnen Datenpunkte in den Sparklines an. Die Option MARKIERUNG ist nur bei Linien-Sparklines akti-vierbar. Für die Formatierung der einzelnen Punkte ist die Formatvorlage bzw. die individuelle Formatierung unter SPARKLINETOOLS/FORMATVORLAGE/DATENPUNKTFARBE zuständig.

HÖCHSTPUNKT: Der höchste Punkt der Linie wird mit einem andersfarbigen Punkt gekennzeich-net. In Säulen- und Gewinn-/Verlust-Sparklines wird die Säule für den höchsten Wert anders-farbig gekennzeichnet.

TIEFPUNKT: Der tiefste Punkt der Linie wird mit einem andersfarbigen Punkt gekennzeichnet. In Säulen- und Gewinn-/Verlust-Sparklines wird die Säule für den kleinsten Wert andersfarbig gekennzeichnet.

NEGATIVE PUNKTE: Minuswerte werden andersfarbig gekennzeichnet.

ERSTER PUNKT: Der erste Punkt bzw. die erste Säule wird andersfarbig gekennzeichnet.

LETZTER PUNKT: Der letzte Punkt bzw. die letzte Säule wird andersfarbig gekennzeichnet.

MARKIERUNGEN: Mit dieser Option werden alle Punkte einer Linie mit farbigen Punkten mar-kiert. Die Formatvorlagen passen sich automatisch dieser Option an.

Sparklines formatieren

Für die Formatierung der Sparklines steht eine Liste mit Formatvorlagen zur Auswahl. Klicken Sie eine Formatvorlage an, um diese der gesamten Gruppe oder einer einzelnen Sparkline zuzu-weisen.

SPARKLINEFARBE: Wählen Sie hier eine von der Formatvorlage abweichende Farbe für die Linie oder die Säulen. Unter STÄRKE finden Sie verschiedene Linienstärken.

DATENPUNKTFARBE: Hier können Sie die einzelnen Datenpunkte abweichend von der Formatvor-lage mit individuellen Farben gestalten. Die Farbe für MARKIERUNG gilt für alle Datenpunkte, die in keine Kategorie fallen.

Die Formatierungen heben sich in der Reihenfolge auf, in der sie unter ANZEIGEN angeboten werden. Ist der erste Punkt beispielsweise der Höchstwert, gilt dessen Farbe anstelle der Farbe für den ersten Punkt.

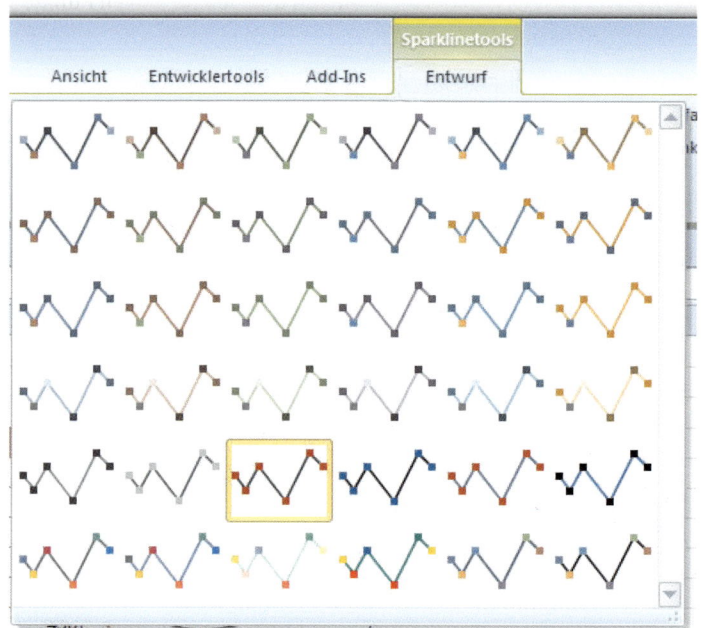

Abbildung 4.42: Formatvorlagen für Sparklines

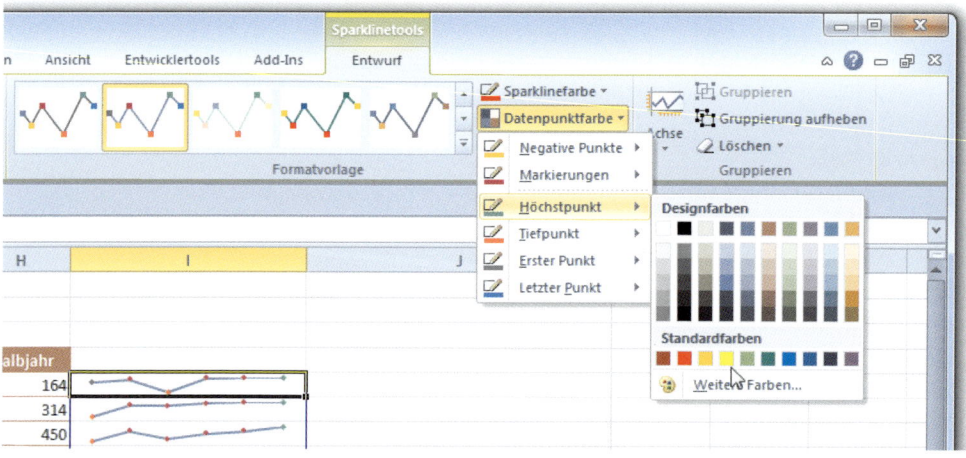

Abbildung 4.43: Datenpunkte individuell gestalten

Sparklines haben standardmäßig keine horizontalen Rubrikenachsen und auch keine vertikalen Größenachsen. Unter diesem Symbol können Sie die positiven und negativen Werte mit einer Achsenlinie trennen und eine individuelle Skalierung der vertikalen Achse festlegen.

HORIZONTALE ACHSENOPTIONEN: Neben ALLGEMEINER ACHSENTYP steht hier auch der DATUMS-ACHSENTYP zur Auswahl. Nutzen Sie diesen, um eine Datumsreihe für die Achsenskalierung zu benutzen.

ACHSE ANZEIGEN zieht eine horizontale Linie zwischen den positiven und den negativen Punkten oder Säulen ein. Enthält die Datenreihe nur positive oder negative Werte, wird die Achse nicht angezeigt.

DATEN VON RECHTS NACH LINKS ANZEIGEN dreht die Anordnung um, der Datenpunkt aus der ersten Zelle des Datenbereichs gilt für den letzten Punkt oder Balken.

Wählen Sie AUTOMATISCH für alle Sparklines, um den Minimalwert automatisch aus dem kleinsten Eintrag der Datenreihe und den Maximalwert automatisch aus dem größten Wert der Datenreihe zu ermitteln. IDENTISCH FÜR ALLE SPARKLINES legt den definierten Mindestwert/Höchstwert für alle Sparklines fest.

Geben Sie unter BENUTZERDEFINIERTER WERT einen eigenen Achsenwert an. Das empfiehlt sich, um die Sparkline-Punkte auf eine bestimmte Wertemenge zu begrenzen (z. B. maximaler Mindestwert: –10, maximaler Höchstwert + 50).

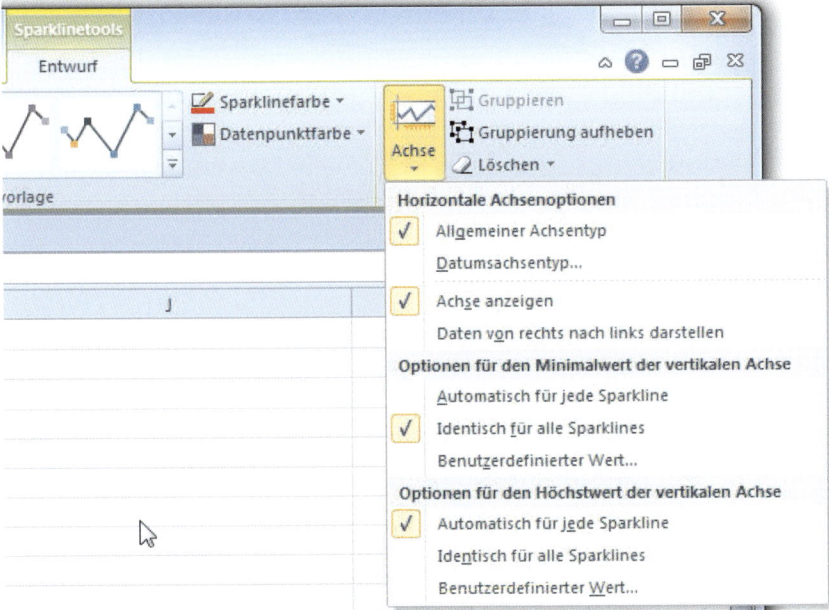

Abbildung 4.44: Hier werden die Achsenwerte festgelegt

Sparklines gruppieren

Eine neue Sparkline gehört wie oben gezeigt automatisch zu einer Gruppe, wenn bei der Erzeugung mehr als eine Zeile markiert war. Auch das Kopieren einer Sparkline erzeugt automatisch eine Gruppe, erkennbar an einer blauen Randlinie, wenn der Zellzeiger darin steht. Sie können diese Gruppe jederzeit auflösen oder Gruppen aus unterschiedlichen Zellen bilden.

1. Markieren Sie die Sparkline-Gruppe und wählen Sie SPARKLINETOOLS/ENTWURF/GRUPPIEREN/GRUPPIERUNG AUFHEBEN. Jetzt können die einzelnen Sparklines unabhängig voneinander formatiert werden.
2. Markieren Sie einen Zellbereich oder mit gedrückter `Strg`-Taste mehrere, auch nicht zusammenhängende Sparkline-Zellen.
3. Wählen Sie SPARKLINETOOLS/ENTWURF/GRUPPIEREN/GRUPPIEREN.

Die neue Gruppe wird gebildet, jede Änderung auf eine Sparkline der Gruppe wird automatisch auf die übrigen Gruppenmitglieder angewandt.

Sparklines beschriften

Zellen, in denen Sparklines eingezeichnet wurden, können beliebig beschriftet werden. Leider gibt es keine Möglichkeit, per Formel oder Funktion auf die kleinen Zellgrafiken zuzugreifen, um die Datenpunkte zu beschriften. Sie können nur mit unterschiedlichen Schriftgrößen und Buchstabenabständen experimentieren und nicht proportionale Schriftarten wie Courier New verwenden.

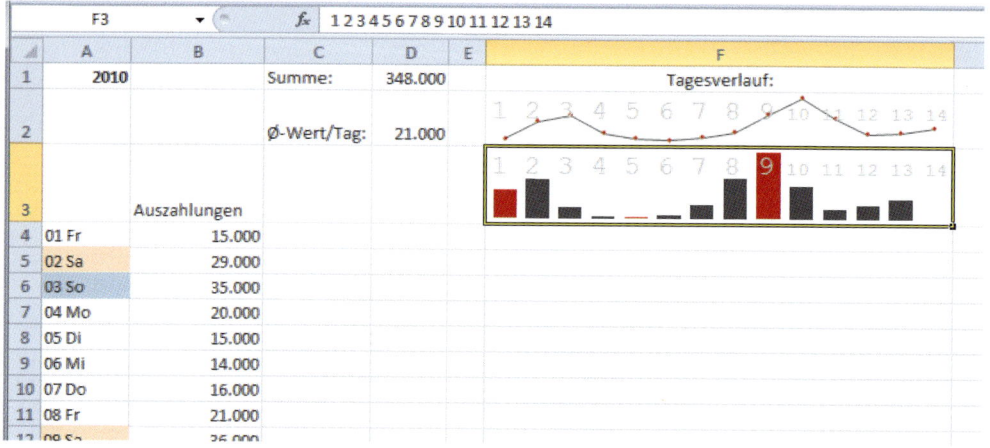

Abbildung 4.45: Sparklines beschriften

Sparklines-Beispiel Temperaturmessungen

Die Tabelle enthält die in verschiedenen Regionen gemessenen Monatswerte, die Sparklines zeigen über den Linientyp die Temperaturentwicklung über das Jahr.

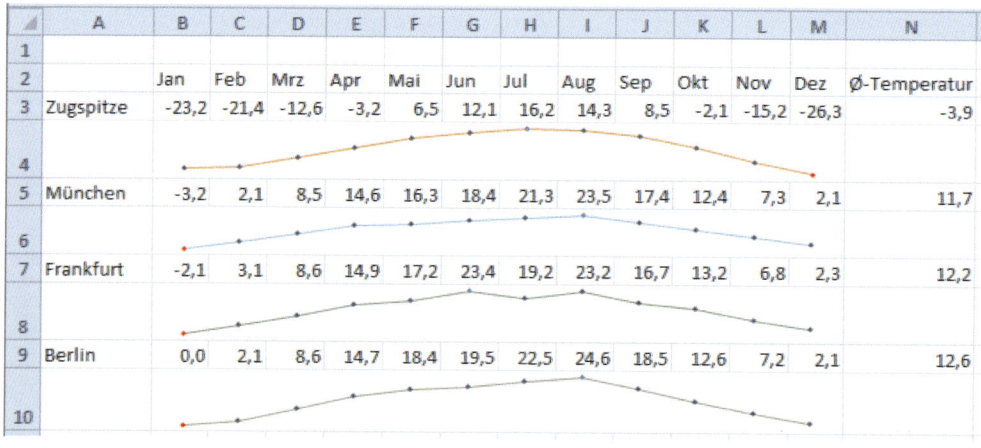

Abbildung 4.46: Temperaturwerte visualisiert über Liniensparklines

4.5.5   SparkShapes

SparkShapes sind eine Mischung auf Sparklines und Diagrammobjekten. Sie werden mit dem Add-In *SparkShapes* produziert, das neben den Diagramm-Grundtypen zahlreiche Vorlagen vom Wasserfalldiagramm bis zur Trendlinie zur Verfügung stellt (siehe Kapitel 9 »Nützliche Werkzeuge«).

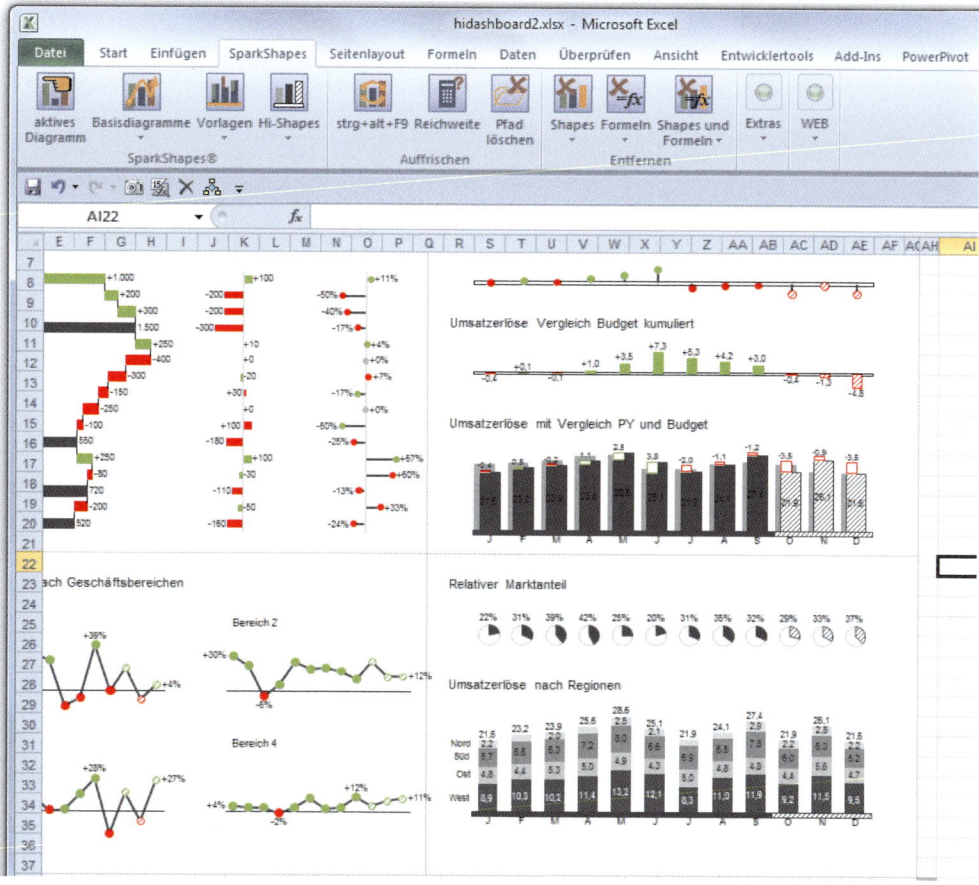

Abbildung 4.47: Ein Dashboard mit SparkShapes

4.6   Die Excel-Kamera

Ein kleines, aber sehr nützliches Werkzeug für Tabellengestalter verbirgt sich hinter der Kamera. Leider hat Microsoft das Tool nicht in das Menüband aufgenommen – in früheren Versionen stand es noch in Symbolleisten zur Auswahl. Sie können die Kamera aber aus dem Angebot der Symbole in das Menüband oder in die Symbolleiste für den Schnellzugriff holen.

Die Kamera macht verknüpfte Bildkopien. Eine Bildkopie ist das grafische Abbild eines Tabellenbereichs und wird so erstellt: Der Bereich wird markiert und mit Start/Zwischen-ablage/Kopieren/Als Bild kopieren in die Zwischenablage befördert. Aus dieser lässt sich die (grafische) Kopie an jede beliebige Stelle in Excel und auch in andere Applikationen einfügen.

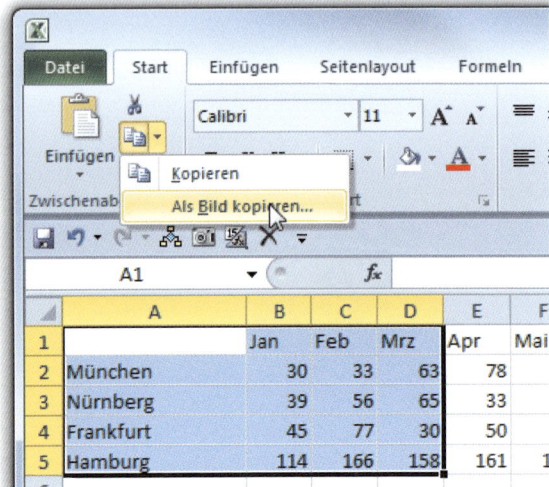

Abbildung 4.48: Die Bildkopie unter Start/Zwischenablage

Die Kamera geht einen Schritt weiter, sie fertigt eine verknüpfte Bildkopie an. Der Inhalt der Grafik ändert sich mit dem »fotografierten« Zellinhalt. Holen Sie die Kamera in Ihre Excel-Oberfläche, wahlweise in die Symbolleiste für den Schnellzugriff oder in das Menüband:

Aktion	Beschreibung
Kamera in die Symbolleiste für den Schnellzugriff einfügen	Rechte Maustaste auf die Symbolleiste für den Schnellzugriff (oder DATEI/OPTIONEN), SYMBOLLEISTE FÜR DEN SCHNELLZUGRIFF ANPASSEN Unter BEFEHLE AUSWÄHLEN auf *Alle Befehle* schalten Kamerasymbol markieren und mit Klick auf *Hinzufügen* in die Symbolleiste übernehmen Mit *OK* bestätigen
Kamera in das Menüband einfügen	Rechte Maustaste in das Menüband oder in die Symbolleiste für den Schnellzugriff (oder DATEI/OPTIONEN) Menüband anpassen In der Liste der Menüband-Registerkarten eine neue Registerkarte anlegen oder ein Register markieren und eine neue Gruppe anlegen Unter BEFEHLE AUSWÄHLEN auf *Alle Befehle* schalten Kamerasymbol markieren und mit Klick auf *Hinzufügen* in das Menüband übernehmen Mit *OK* bestätigen

Abbildung 4.49: Kamerasymbol in Menüband und Symbolleiste für den Schnellzugriff

Testen Sie die Kamera in einem neuen Tabellenblatt mit einem Zufallszahlenbereich:

1. Markieren Sie A1:D5 und schreiben Sie diese Formel:
   `=ZUFALLSBEREICH(100;300)`

2. Drücken Sie zum Abschluss der Formel `Strg` + `Enter`, um diese auf alle markierten Zellen zu verteilen.

3. Der Bereich ist noch markiert, klicken Sie auf das Kamerasymbol.

4. Der Mauszeiger wird zum Fadenkreuz, klicken Sie in eine beliebige Zelle des Tabellenblatts, um das »Foto« abzusetzen.

5. Drücken Sie `F9`, um alle Formeln neu zu berechnen und damit neue Zufallszahlen zu generieren. Die Zahlen ändern sich synchron auch in der Kamerakopie.

Grafik 1		f_x	=$A$1:$D$5				
	A	B	C	D	E	F	G	H
1	282	282	280	280				
2	224	224	288	112				
3	112	245	173	111				
4	245	256	123	129				
5	111	264	256	125				
6								
7					282	282	280	280
8					224	224	288	112
9					112	245	173	111
10					245	256	123	129
11					111	264	256	125
12								

Abbildung 4.50: Kamerakopie aus dem Bereich A1:D5

Das Kamerafoto lässt sich auch in andere Tabellenblätter und sogar in andere Mappen einsetzen. Aktivieren Sie nach dem Klick auf das Kamerasymbol das Tabellenblatt per Klick auf sein Register oder mit der Tastenkombination `Strg`+`Bild ↓`/`Bild ↑`. Zum Wechsel auf eine andere Arbeitsmappe wählen Sie im Register ANSICHT/FENSTER/FENSTER WECHSELN oder drücken `Strg`+`F6`/`⇧`+`F6`.

4.6.1 Kamerabilder von Diagrammobjekten

… sind technisch nicht möglich, das Symbol ist nicht aktiv, sobald ein Diagrammobjekt markiert ist. Sie müssen sich mit einem Trick behelfen:

1. Positionieren Sie das Diagrammobjekt exakt auf den Zellrändern der Tabelle im Hintergrund. Halten Sie dazu die `Alt`-Taste gedrückt und ziehen Sie die Markierungspunkte an den Rändern an ihre Position.

2. Navigieren Sie den Zellzeiger mit den Cursortasten zur linken oberen Hintergrundzelle.

3. Halten Sie die `⇧`-Taste gedrückt und markieren Sie alle Zellen hinter dem Diagramm.

4. Klicken Sie auf die Kamera und fotografieren Sie den markierten Hintergrund. Setzen Sie das Foto an einer beliebigen Stelle ab.

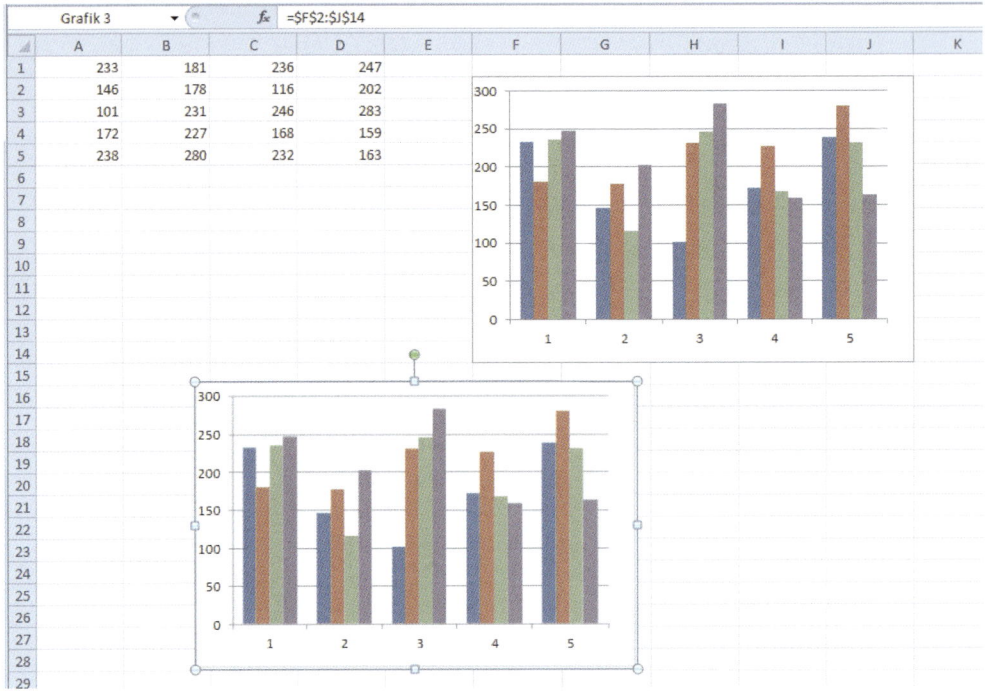

Abbildung 4.51: Für Kamerakopien von Diagrammobjekten Hintergrund markieren

4.6.2 Kamerabilder in Diagramme einfügen

Auch das funktioniert nicht auf Anhieb, aber auch hierzu gibt es einen Trick. Wenn Sie beim Fotografieren mit der Kamera ein Diagrammobjekt anklicken, wird das Foto nicht wie erwartet in das Objekt, sondern in das Tabellenblatt gesetzt. Verschieben Sie das Diagramm anschließend, bleibt die Kamerakopie auf ihrem Platz.

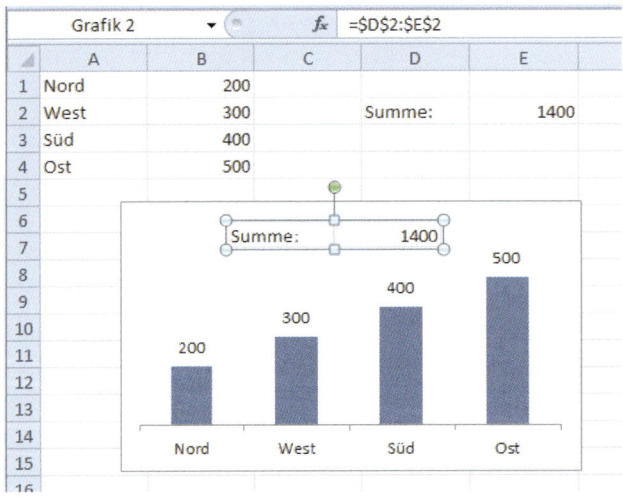

Abbildung 4.52: Die Kamerakopie wird nicht mit dem Diagrammobjekt verknüpft

So verknüpfen Sie die Kamerakopie mit dem Diagramm:

1. Schneiden Sie die Kamerakopie in die Zwischenablage aus, drücken Sie dazu `Strg` + `x`.
2. Markieren Sie das Diagrammobjekt und drücken Sie `Strg` + `v`, um das Kamerafoto aus der Zwischenablage zu holen.
3. Damit wird aber die Verknüpfung aus dem Objekt entfernt. Klicken Sie (das Foto ist noch markiert) in die Bearbeitungsleiste und schreiben Sie ein =-Zeichen.
4. Ziehen Sie eine Markierung über den zu verknüpfenden Bereich und bestätigen Sie mit `Enter`.

Damit ist das Objekt wieder verknüpft und auch mit dem Diagramm verbunden. Über den Auswahlbereich können Sie zuverlässig überprüfen, ob Kameraobjekte mit Diagrammen verbunden sind. Schalten Sie diesen unter START/BEARBEITEN/SUCHEN UND AUSWÄHLEN/ARBEITSBEREICH ein. Wenn das Objekt noch in der Liste zu sehen ist, ist es nicht mit dem Diagramm verbunden.

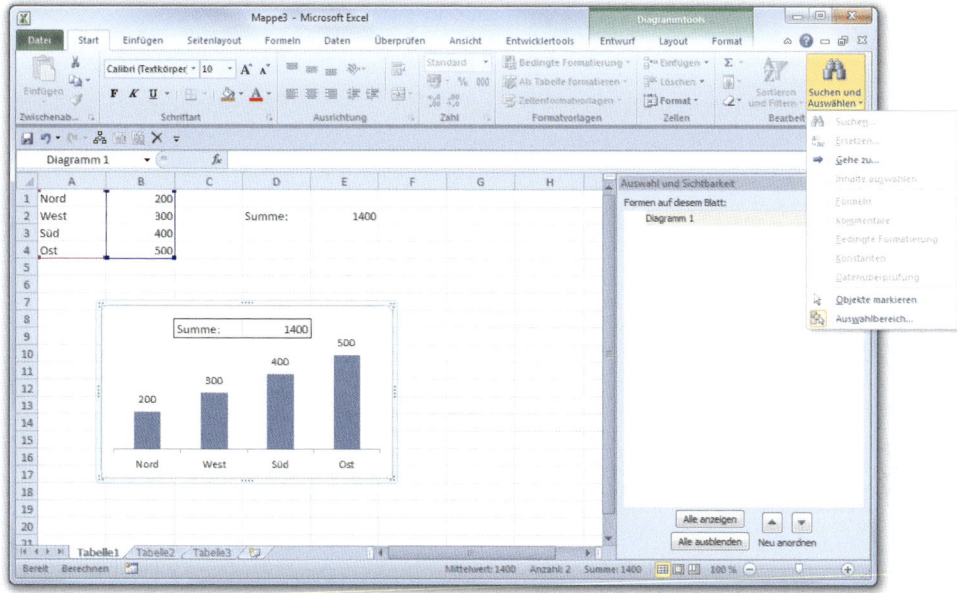

Abbildung 4.53: Im Auswahlbereich finden Sie eine Liste mit allen Objekten im Tabellenblatt

4.6.3 Kamerafehler vermeiden

Es kommt häufig vor, dass die mit der Kamera aufgenommenen Bildobjekte nicht richtig angezeigt oder abgeschnitten werden. Vergrößern Sie in diesem Fall das Diagrammobjekt auf mindestens doppelte Größe. Fotografieren Sie das Objekt anschließend mit der Kamera und verkleinern Sie das Foto.

4.6.4 Die variable Excel-Kamera

Website Kamera variabel.xlsx

Die Kamera kann mehr, als der erste Eindruck vermittelt. Wenn Sie das Ergebnis einer Kamerakopie, ein Grafikobjekt, markiert haben, sehen Sie in der Bearbeitungsleiste eine Verknüpfung auf den Quellbereich. Anstelle dieser Verknüpfung kann auch ein Bereichsname stehen, und wenn Sie bereits berechnete Bereichsnamen anlegen können, wird die Kamera richtig interessant. Hier ein Beispiel:

| Bild für Bild | Variable Kameraobjekte erstellen |

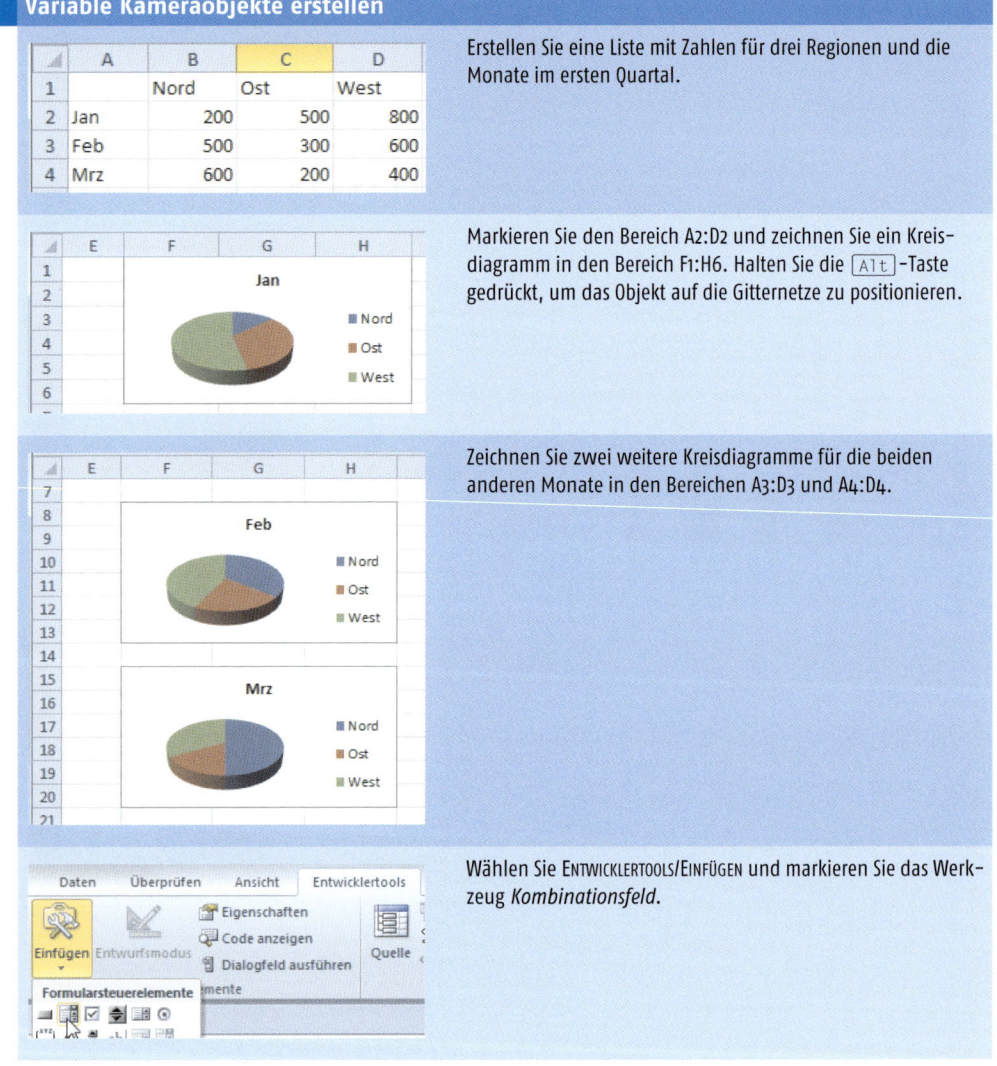

Erstellen Sie eine Liste mit Zahlen für drei Regionen und die Monate im ersten Quartal.

Markieren Sie den Bereich A2:D2 und zeichnen Sie ein Kreisdiagramm in den Bereich F1:H6. Halten Sie die [Alt]-Taste gedrückt, um das Objekt auf die Gitternetze zu positionieren.

Zeichnen Sie zwei weitere Kreisdiagramme für die beiden anderen Monate in den Bereichen A3:D3 und A4:D4.

Wählen Sie ENTWICKLERTOOLS/EINFÜGEN und markieren Sie das Werkzeug *Kombinationsfeld*.

Variable Kameraobjekte erstellen (Forts.)

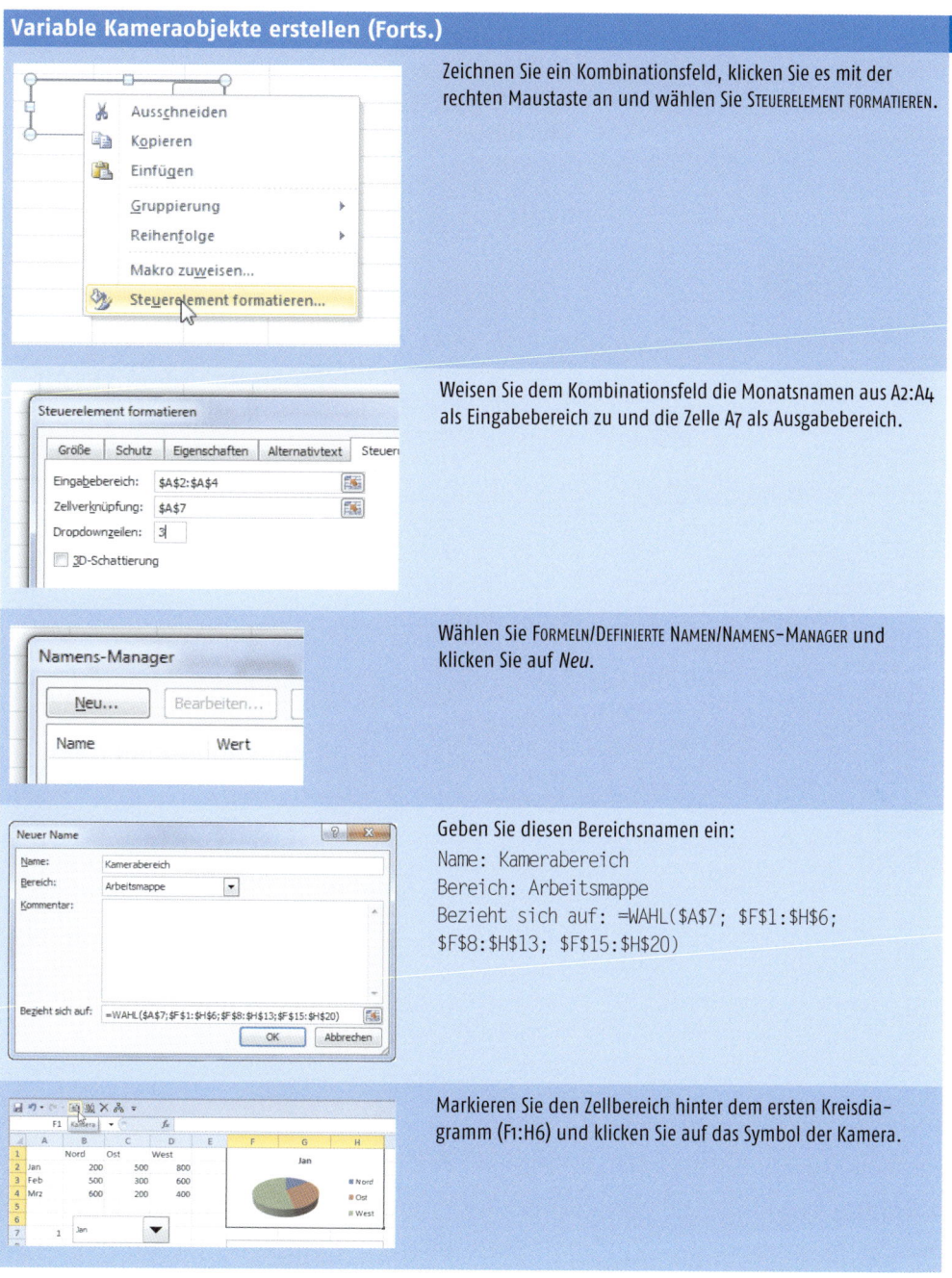

Zeichnen Sie ein Kombinationsfeld, klicken Sie es mit der rechten Maustaste an und wählen Sie STEUERELEMENT FORMATIEREN.

Weisen Sie dem Kombinationsfeld die Monatsnamen aus A2:A4 als Eingabebereich zu und die Zelle A7 als Ausgabebereich.

Wählen Sie FORMELN/DEFINIERTE NAMEN/NAMENS-MANAGER und klicken Sie auf *Neu*.

Geben Sie diesen Bereichsnamen ein:
Name: Kamerabereich
Bereich: Arbeitsmappe
Bezieht sich auf: =WAHL($A$7; $F$1:$H$6; $F$8:$H$13; $F$15:$H$20)

Markieren Sie den Zellbereich hinter dem ersten Kreisdiagramm (F1:H6) und klicken Sie auf das Symbol der Kamera.

Bild für Bild   **Variable Kameraobjekte erstellen (Forts.)**

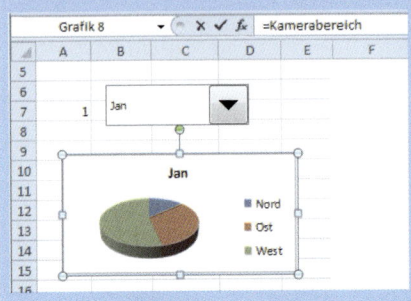

Setzen Sie das Foto an beliebiger Stelle ab (hier unterhalb des Formularelements).

Tragen Sie anstelle des Zellbezugs =$F$1:$H$6 eine Verknüpfung auf den Bereichsnamen ein:

=Kamerabereich

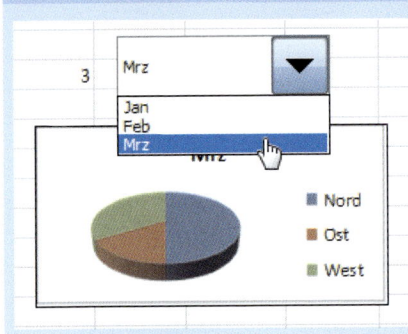

Mit der Auswahl eines Monats im Kombinationsfeld schaltet jetzt die Kamerakopie automatisch auf das passende Diagramm.

Kapitel 5

Diagramme im Management-Reporting

Business-Charts oder Geschäftsdiagramme sind die wichtigsten Elemente in jedem Managementbericht. Wer etwas berichtet, ob nach innen oder nach außen, hat etwas mitzuteilen, und dafür hat er in der Regel komplexe Zahlen vorliegen. Wie diese Zahlen in aussagekräftigen Diagrammen visualisiert werden, lernen Sie in diesem Kapitel anhand praxisnaher Beispiele kennen.

5.1   Controlling & Finanzen

Vom Controller werden Kennzahlen über Umsätze, Absätze, Deckungsbeiträge, Gewinne und Verluste eingefordert, und die Datenbasis ist selten so kompakt und überschaubar, dass einfache PivotTables und PivotCharts ausreichen. Die Praxisbeispiele in diesem Abschnitt zeigen, wie Diagramme für Controlling-Berichte aufbereitet werden.

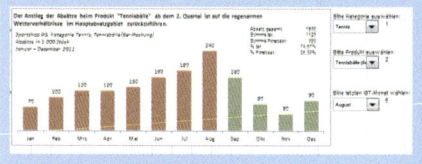

Absatzanalyse Produktportfolio: Ein Säulendiagramm, das die Absatzzahlen aus mehreren Tabellen visualisiert. Produkte, Kategorien und Berichtszeiträume werden über Formularelemente zur Auswahl angeboten. Zuvor müssen aber die Daten per PivotTable aufbereitet werden.

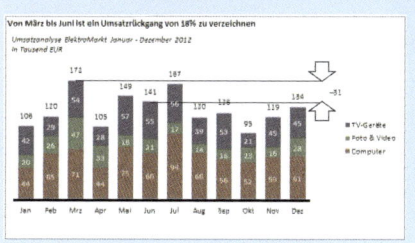

Umsatzreport mit Differenzpfeilen: ein Balkendiagramm mit monatlichen Umsätzen, in dem die Differenzen zwischen zwei Monatswerten über Pfeilsymbole visualisiert werden. Für die Auswahl der Differenzmonate kommen Formularelemente zum Einsatz. Die Datenbasis wird über eine PivotTable verdichtet.

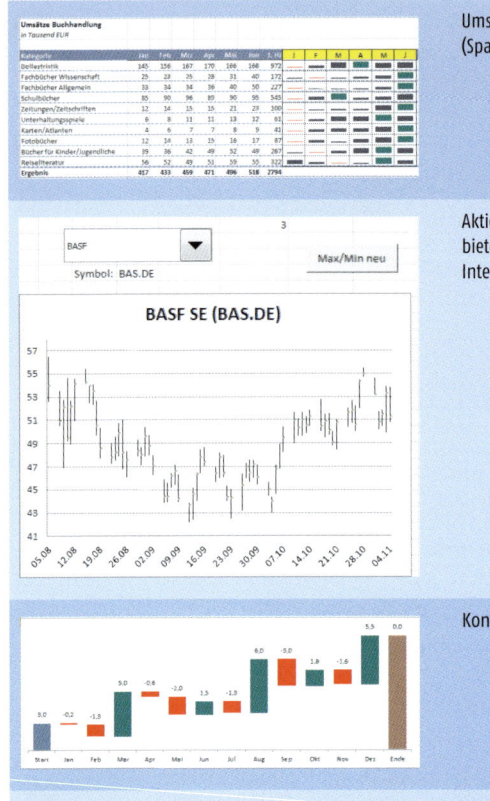

Umsatzanalyse mit Sparklines: Hier werden Zellendiagramme (Sparklines) als Alternative zu allgemeinen Diagrammtypen verwendet.

Aktienkursauswertung mit Makrounterstützung: Formularelemente bieten die Indizes an, die aktuellen Werte werden per Abfrage aus dem Internet geholt.

Kontobestand: Wasserfalldiagramm mit Anfangs- und Endwert.

Ergebnisrechnung aus GUV: ein Funktionsdiagramm mit variablen Zeichensymbolen und Größenfaktoren.

5.1.1   Absatzanalyse Produktportfolio

Sie sind Besitzer eines Sportshops und führen Produkte aus verschiedenen Kategorien (Tennis, Golf, Fußball, Basketball, Outdoor) im Portfolio. Für jede Kategorie haben Sie je ein Tabellenblatt angelegt, in dem die Produkte und die monatlichen Absatzzahlen gelistet sind. Zu Beginn des Jahres tragen Sie die geschätzten Absätze für das gesamte Jahr ein. Diese Zahlen werden pro Monat durch die aktuellen Absatzmengen ersetzt, die Absätze für die restlichen Monate werden im Rahmen des Forecastings hochgerechnet.

AbsatzanalyseProduktportfolio.xlsx

AbsatzanalyseProduktportfolio Loesung.xlsx

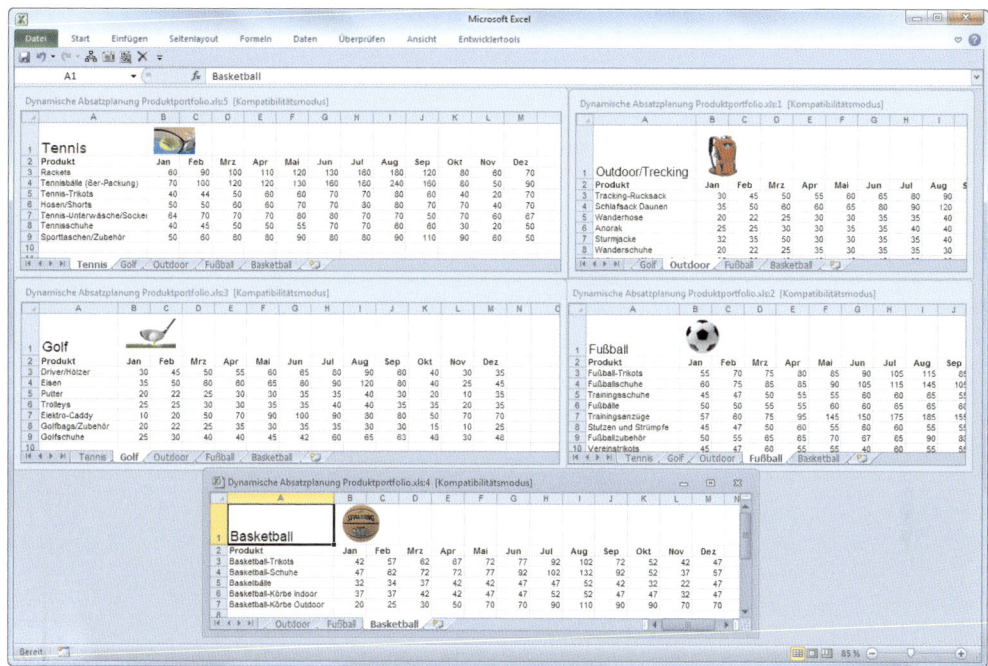

Abbildung 5.1: Die Produktportfolios in den einzelnen Tabellenblättern

Produktportfolios vorbereiten

Für die grafische Auswertung der Ist- und Forecasting-Daten weisen Sie den einzelnen Listen Bereichsnamen zu. Achten Sie darauf, dass diese als globale Namen für die Arbeitsmappe definiert werden müssen, damit sie in der Auswertung verfügbar sind. Die Bereiche dürfen unterschiedlich groß sein, die Bereichsnamen sollten die Kopfzeile integrieren.

Aktion	Beschreibung

Bereichsname *Tennis* anlegen	Im Tabellenblatt *Tennis* Bereich A2:M9 markieren, FORMELN/DEFINIERTE NAMEN/NAMENS-MANAGER/NEU
	`Name: Tennis`
	`Bereich: Arbeitsmappe`
	`Bezieht sich auf: =Tennis!$A$2:$M$9`

Bereichsnamen *Golf, Outdoor, Fußball, Basketball* anlegen	Wie bei *Tennis* oder einfach den Bereich markieren, den Namen in das Namensfeld links oben schreiben und mit Eingabe bestätigen
	`Name: Golf, Bereich: Arbeitsmappe, Bezieht sich auf: =Golf!$A$2:$M$9`
	`Name: Outdoor, Bereich: Arbeitsmappe, Bezieht sich auf: =Outdoor!$A$2:$M$10`
	`Name: Fußball, Bereich: Arbeitsmappe, Bezieht sich auf: =Fußball!$A$2:$M$10`
	`Name: Basketball, Bereich: Arbeitsmappe, Bezieht sich auf: =Basketball!$A$2:$M$7`

Auswertungsblatt anlegen, Kategorien bereitstellen

Legen Sie per Klick auf das Symbol rechts außen in den Tabellenregistern ein neues Tabellenblatt an. Klicken Sie doppelt auf das Register und nennen Sie das neue Blatt *Absatzauswertung*. Passen Sie die Spaltenbreiten der neuen Tabelle den Portfolios an:

```
Spalte A: 25 Zeichen
Spalte B:M: 6 Zeichen
```

Tragen Sie eine Überschrift in die erste Zelle des neuen Tabellenblatts ein, formatieren Sie diese etwas größer, Schriftgrad *12 Punkt*, Zeichenformat *fett*:

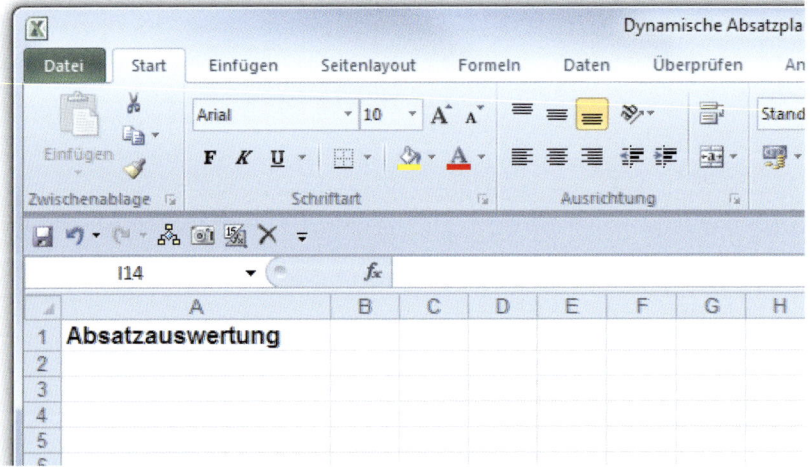

Abbildung 5.2: Auswertungsblatt mit Überschrift

Ein Kombinationsfeld für die Kategorien

Um die Auswertung der Absatzzahlen variabel auf die einzelnen Produktportfolios zuzuschneiden, legen Sie eine Liste der Kategoriebezeichnungen an. Diese Liste verknüpfen Sie mit einem Kombinationsfeld, ein Formularwerkzeug aus den Entwicklertools.

Eine Übersicht über die Formularelemente finden Sie im Anhang.

Aktion	Beschreibung
Kategorienliste anlegen	Schreiben Sie ab Zelle S1: Tennis Golf Outdoor Fußball Basketball Weisen Sie dem Bereich S1:S5 den Bereichsnamen *Kategorien* zu.
Beschriftung einfügen	$O$3: Bitte Kategorie wählen:

Kombinationsfeld einzeichnen, Kategorien zuweisen	ENTWICKLERTOOLS/STEUERELEMENTE/EINFÜGEN/KOMBINATIONSFELD. Werkzeug anklicken, mit gedrückter Maustaste zeichnen. Mit der rechten Maustaste auf das Steuerelement klicken, um es zu konfigurieren. Im Kontextmenü STEUERELEMENT FORMATIEREN anklicken.
	`Eingabebereich: Kategorien`
	`Zellverknüpfung: $P$4`
	`Dropdownzeilen: 5`

Ein Klick in eine beliebige Zelle aktiviert das Kombinationsfeld. Klicken Sie auf den Pfeil und wählen Sie eine Kategorie. Die Ausgabeverknüpfung (Zelle P4) bekommt mit dem Klick die Nummer des gewählten Eintrags.

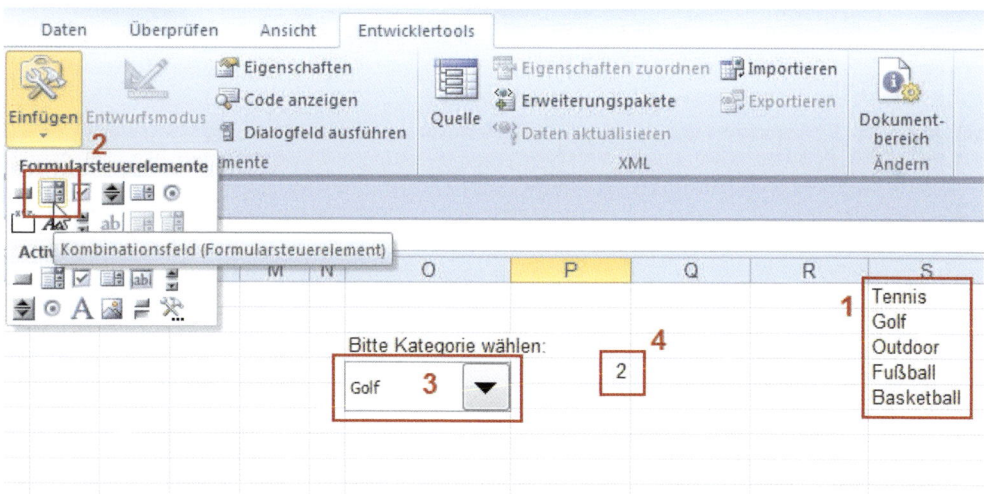

Abbildung 5.3: Kategorienliste (1), Kombinationsfeldwerkzeug (2), Steuerelement Kombinationsfeld (3), Ausgabeverknüpfung (4)

Produktportfolio spiegeln

Mit der Auswahl eines Elements aus dem Kombinationsfeld sollten die Absatzzahlen der gewählten Kategorie im Auswertungsblatt erscheinen. Dazu legen Sie einen weiteren Bereichsnamen *Absatz* an und spiegeln in diesen den Bereichsnamen der gewählten Kategorie. Aktivieren Sie den Namens-Manager unter FORMELN/DEFINIERTE NAMEN, klicken Sie auf *Neu*:

```
Bereichsname: Absatz
Bereich: Absatzauswertung
Bezieht sich auf: =WAHL(Absatzauswertung!$P$4;Tennis;Golf;Outdoor;Fußball;Basketball)
```

Die Funktion WAHL() verwendet den Wert in der Zelle P2, um auf eines der nachfolgenden Argumente zu verweisen, und das sind in dieser Formel die Bereichsnamen der einzelnen Kategorien. Mit der Zuweisung der Formel an den Bereichsnamen spiegeln Sie den über das Kombinationsfeld gewählten Bereich auf den Bereichsnamen *Absatz*.

Um den Bereich in das Tabellenblatt zu übertragen, verwenden Sie die Funktion INDEX() in Kombination mit ZEILE() und SPALTE(). INDEX() ermittelt den Schnittpunkt in einem Bereich, ZEILE() gibt die Zeilennummer aus, in der sich die Formel befindet, und SPALTE() ermittelt die Spaltennummer. Schreiben Sie die Formel in die erste Zelle der Tabelle, erhalten Sie den ersten Wert aus dem Bereich *Absatz*:

```
A3: =INDEX(Absatz;ZEILE()-2;SPALTE())
```

Die Formel könnte jetzt schon kopiert werden, würde aber Fehler liefern, da die Produktportfolios unterschiedlich in der Zeilenzahl sind. Sichern Sie die Formel deshalb mit WENNFEHLER() ab. Das zweite Argument von WENNFEHLER() stellt sicher, dass die Formelzeilen keinen (Fehler-)Wert anzeigen, die eine höhere Zeilennummer als die letzte Zeile der gewählten Kategorie haben:

```
A3: =WENNFEHLER(INDEX(Absatz;ZEILE()-2;SPALTE());"")
```

Kopieren Sie die Formel nach unten bis Zeile 12 und nach rechts bis Spalte M. Testen Sie das Ergebnis, indem Sie im Kombinationsfeld die einzelnen Kategorien auswählen.

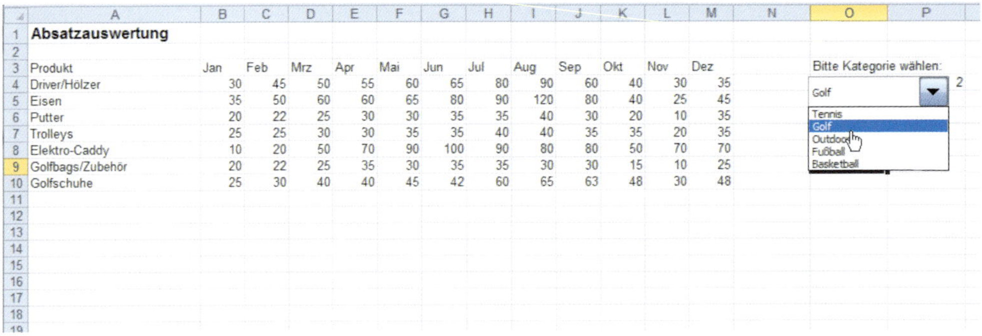

Absatzauswertung

Produkt	Jan	Feb	Mrz	Apr	Mai	Jun	Jul	Aug	Sep	Okt	Nov	Dez
Driver/Hölzer	30	45	50	55	60	65	80	90	60	40	30	35
Eisen	35	50	60	60	65	80	90	120	80	40	25	45
Putter	20	22	25	30	30	35	35	40	30	20	10	35
Trolleys	25	25	30	30	35	35	40	40	35	35	20	35
Elektro-Caddy	10	20	50	70	90	100	90	80	80	50	70	70
Golfbags/Zubehör	20	22	25	35	30	35	35	30	30	15	10	25
Golfschuhe	25	30	40	40	45	42	60	65	63	48	30	48

Abbildung 5.4: Der Bereich Absatz wird in das Tabellenblatt einberechnet

Die Produktauswahl

Ein weiteres Kombinationsfeld wird die Produkte aus dem gewählten Produktportfolio zur Auswahl anbieten. Da die Portfolios unterschiedlich groß sind, berechnen Sie zunächst den Bereich mit den Produkten (1. Spalte von Absatz ohne Kopfzeile). Die Matrixfunktion BEREICH.VERSCHIEBEN() eignet sich hier am besten, sie bietet die Möglichkeit, sowohl die Verschiebung als auch die neue Höhe des Bereichs anzugeben. Und diese berechnen Sie mit der Funktion ZEILEN(Absatz) – abzüglich 1. Um den Bereich im zweiten Kombinationsfeld als Eingabebereich anbieten zu können, verwenden Sie gleich wieder einen Bereichsnamen:

Aktion	Beschreibung
Bereichsname *Produkte* anlegen	Formeln/Definierte Namen/Namens-Manager/Neu Name: Produkte Bereich: Absatzauswertung Bezieht sich auf: =BEREICH.VERSCHIEBEN(Absatzauswertung!Absatz;1;0;ZEILEN(Absatzauswertung!Absatz)-1;1)
Beschriftung einfügen	$O$8: Bitte Produkt wählen:
Kombinations-feld kopieren	Rechte Maustaste auf das erste Kombinationsfeld, KOPIEREN Zelle $O$9 anklicken, Element mit Strg + v aus der Zwischenablage holen Steuerelement formatieren über das Kontextmenü: Eingabebereich: Produkte Zellverknüpfung: $P$9 Dropdownzeilen: 10

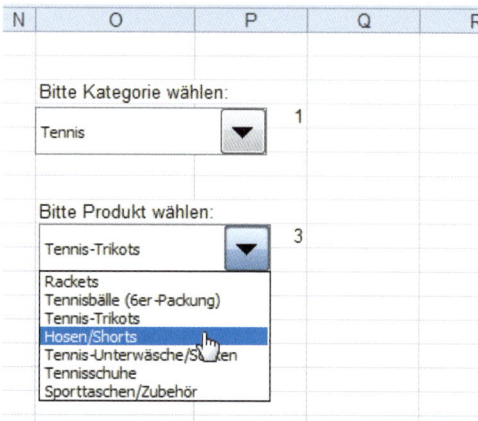

Abbildung 5.5: Kombinationsfeld mit Produktauswahl

Ein Säulendiagramm für das Produkt

Das Diagramm, mit dem das ausgewählte Produkt visualisiert wird, zeichnen Sie zunächst auf Basis des ersten Produkts aus dem Bereich *Absatz*. Löschen Sie alle überflüssigen Elemente und weisen Sie den Balken eine Datenbeschriftung zu, damit die Werte über den Balken angezeigt werden.

Aktion	Beschreibung
Säulendiagramm zeichnen	Bereich A3:M4 markieren, EINFÜGEN/DIAGRAMME/SÄULE/2D-SÄULE. Klick in das Tabellenblatt
Diagrammobjekt platzieren	Mit gedrückter Alt-Taste auf Zelle A16 positionieren, Objekt bis M30 vergrößern
Überflüssige Elemente entfernen	Legende, vertikale Achse und Gitternetzlinien anklicken und mit Entf löschen
Balken beschriften	Rechte Maustaste auf einen Balken, DATENBESCHRIFTUNGEN HINZUFÜGEN

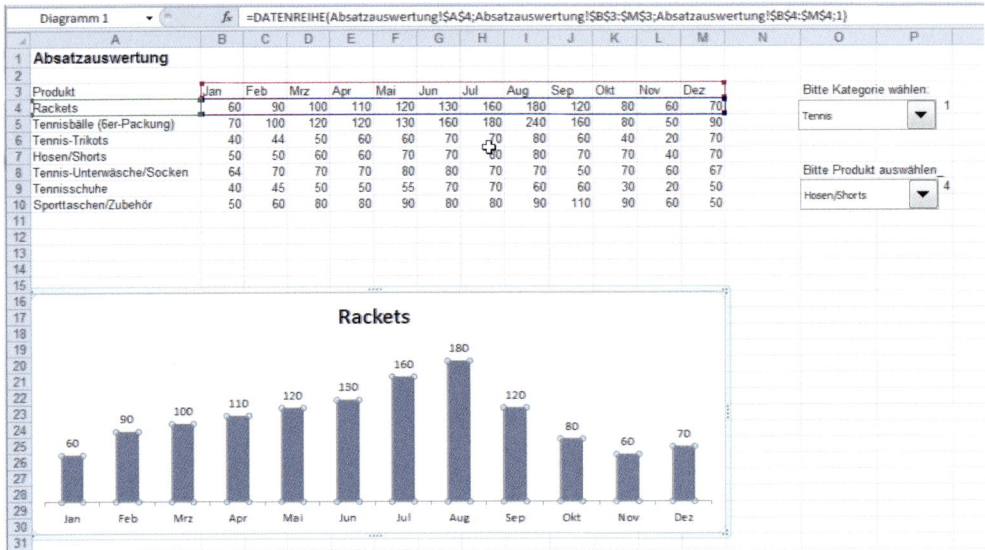

Abbildung 5.6: Balkendiagramm, zunächst für das erste Produkt aus der gewählten Kategorie

Damit das Diagramm das ausgewählte Produkt anzeigt, berechnen Sie die Daten dieses Produkts in einer Hilfsreihe. Verwenden Sie die Funktion INDEX(), um die Daten aus dem Bereich *Absatz* zu holen. Der Zeilenbezug für INDEX() ist die Zellverknüpfung des Kombinationsfelds (abzüglich 1, weil die Kopfzeile als erste Zeile von *Absatz* nicht im Kombinationsfeld enthalten ist). Den Spaltenbezug lassen Sie leer, schreiben Sie nur ein Semikolon, damit wird für den Index die Spalte verwendet, in der sich die Formel befindet.

```
A12: =INDEX(Absatz;$P$9+1;)
```

Kopieren Sie diese Formel mit dem Füllkästchen bis zur Zelle M12.

Damit das Diagramm die berechneten Daten anzeigt, ändern Sie die Verknüpfung auf der Datenreihe, und das geht mit den Farbmarkierungen ganz einfach:

1. Markieren Sie die Datenreihe im Diagrammobjekt.
2. Zeigen Sie auf den Rand der grünen Farbmarkierung für den Titel in Zelle A4.
3. Ziehen Sie die Farbmarkierung auf die Zelle A12.
4. Ziehen Sie die blaue Farbmarkierung, die auf die Daten für die Größenachse zeigt, auf den Bereich B12:M12.
5. Die Farbmarkierung für die Rubrikenachse von B3:M3 bleibt unverändert.

Mit diesem einfachen Trick ändert sich die Zuordnung der Datenreihe automatisch auf die zuvor berechneten Daten des Produkts, das Sie im Kombinationsfeld gewählt haben.

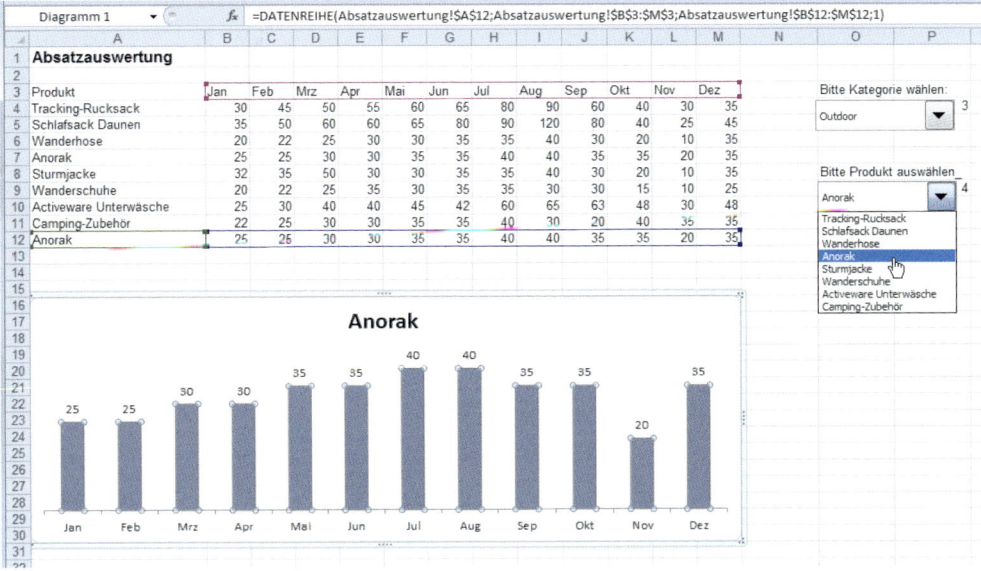

Abbildung 5.7: Dynamisches Diagramm mit INDEX-Formel und Verschiebung der Farbmarkierung

Istwerte und Forecast abgrenzen

Soll das Diagramm nicht nur die aktuellen Planwerte, sondern auch die monatlich fortgeschriebenen Istwerte anzeigen, muss für diese zunächst der aktuelle Ist-Monat fixiert werden. Diesen Monat fixieren Sie wieder über ein Kombinationsfeld, die dafür benötigte Reihe mit Monatsnamen definieren Sie mit einem Bereichsnamen. Anschließend wird eine weitere Hilfsreihe die Istwerte berechnen, und für die dritte Datenreihe ermitteln Sie gleich die restlichen Werte, die mit der Auswahl des Ist-Monats noch im Forecast liegen.

Der letzte Ist-Monat wird über ein drittes Kombinationsfeld angeboten, die Monatsreihe schreiben Sie in die Hilfsspalte S. Ein weiteres Kombinationsfeld bietet diese Monate an:

Aktion	Beschreibung
Monatsreihe erstellen	Januar in die Zelle S8 schreiben, mit dem Füllkästchen bis Dezember erweitern
Bereichsname zuweisen	Bereich S8:S19 markieren: Formeln/Definierte Namen/Namens-Manager/Neu Name: Monate Bereich: Aktuelle Arbeitsmappe Bezieht sich auf: $S$8:$S$19
Kombinationsfeld kopieren und konfigurieren	Text in Zelle $O$12: *Bitte letzten IST-Monat wählen:* Rechte Maustaste auf das Kombinationsfeld für Produkte, KOPIEREN Zelle $O$13 markieren, Strg + v Rechte Maustaste auf Kombinationsfeld, STEUERELEMENT FORMATIEREN Eingabebereich: Monate Zellverknüpfung: $P$13 Dropdownzeilen: 12

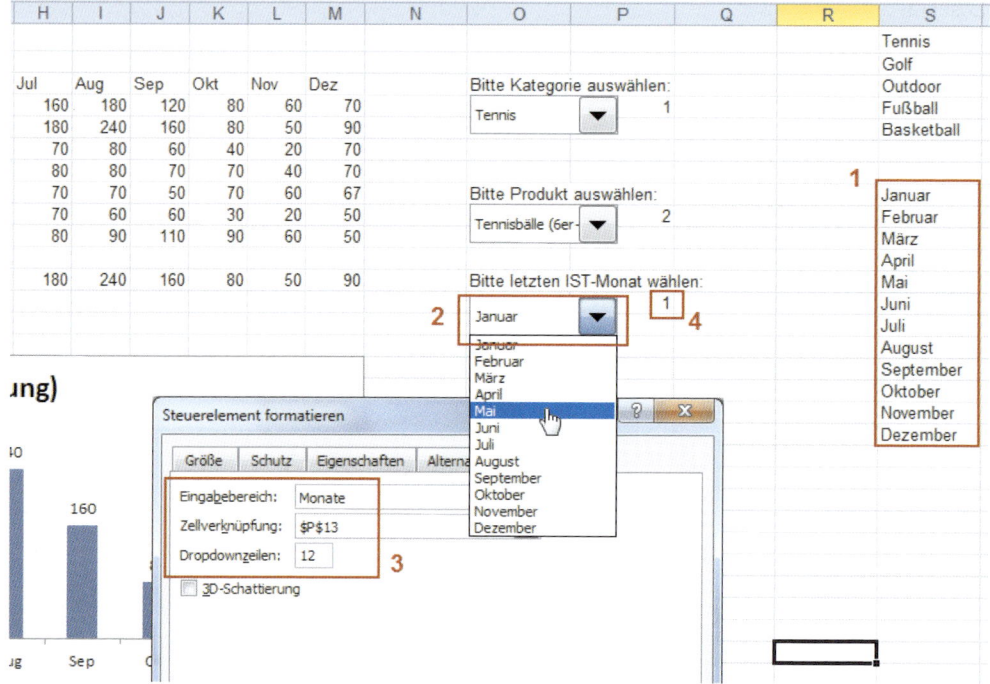

Abbildung 5.8: Auswahl des letzten IST-Monats: Bereich Monate (1), Kombinationsfeld (2), Steuerelementformatierung (3), Zellverknüpfung (4)

Hilfsreihen für Ist-Monat und Forecast berechnen

Berechnen Sie mithilfe der Funktion INDEX() die Istwerte für das gewählte Produkt. Dazu vergleichen Sie am besten die Zellverknüpfung des Ist-Monats mit der Spaltennummer, in der die Formel steht (abzüglich 1, weil die erste Formel schon in Spalte B steht). Ist der Wert kleiner oder gleich, übernehmen Sie den in Zeile 12 berechneten Absatz, wenn nicht, schreiben Sie eine Null in die Zelle.

```
$B$12: Istwerte
$B$13: =WENN(SPALTE()-1<=$P$13;B12;0)
```

Berechnen Sie mit einer weiteren Formel die Werte, die noch als Hochrechnung in der Absatzplanung stehen. Kopieren Sie auch diese Formel bis zu Spalte M:

```
$B$14: Forecast
$B$15: =WENN(SPALTE()-1>$P$13;B12;0)
```

Hilfsreihen in das Diagramm kopieren

Das ist wörtlich gemeint: Um zusätzliche Reihen in das Diagramm einzufügen, müssen Sie nicht die umständlichen Symbole für DATENREIHE BEARBEITEN aus dem Menüband bemühen, es geht viel einfacher:

1. Markieren Sie den Bereich $A$12:$M$13.
2. Drücken Sie [Strg] + [c], um die Zellen zu kopieren.
3. Klicken Sie auf das Diagrammobjekt und drücken Sie [Strg] + [v], um die neuen Datenreihen einzufügen.

Löschen Sie anschließend die erste Datenreihe. Auch das geht einfach: Klicken Sie die Reihe im Diagramm an und drücken Sie die ⌈Entf⌉-Taste. Die beiden verbliebenen Hilfsreihen formatieren Sie noch entsprechend, und das Ist-Forecast-Diagramm ist fertig.

Aktion	Beschreibung
Abstand verringern	DATENREIHE FORMATIEREN/REIHENOPTIONEN: Reihenachsenüberlappung 100%
Balkenbreite einstellen	DATENREIHE FORMATIEREN/Abstandsbreite: 80%
Datenreihe beschriften	Rechte Maustaste auf einen Balken, DATENREIHE BESCHRIFTEN im Kontextmenü wählen
Nullwerte unterdrücken	Datenreihenbeschriftung doppelt anklicken, *Zahl/Benutzerdefiniert* Diesen Formatcode eintragen und *Hinzufügen* anklicken: 0;-0;""

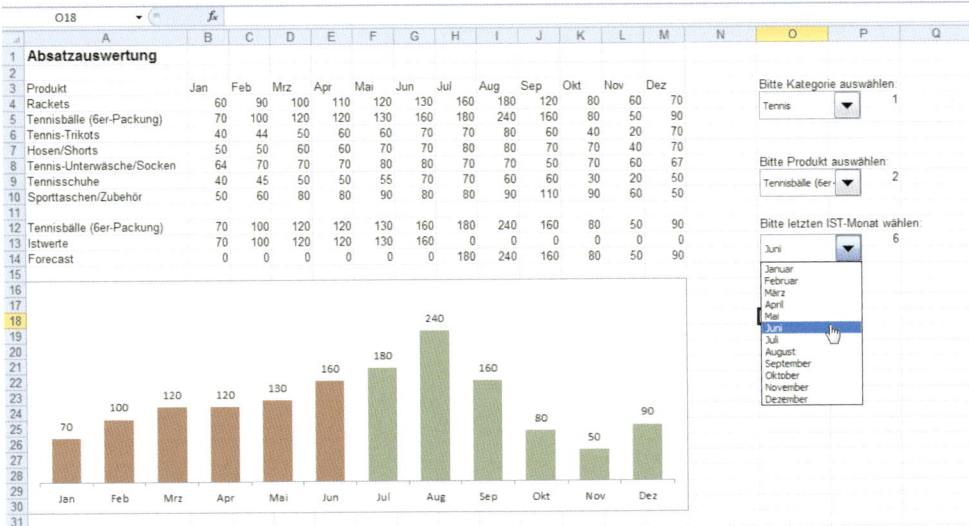

Abbildung 5.9: Ist- und Forecast-Unterscheidung im Diagrammobjekt

Botschaft und Titel

Kein Diagramm ohne Botschaft und nützliche Titelinformationen, so lautet die Direktive in den Regeln des Management-Reportings. Schreiben Sie in mehreren Zeilen, was das Diagramm aussagt, weisen Sie den Betrachter auf die Aussage des Diagramms hin und vergessen Sie nicht, die wichtigsten Randinformationen zu den dargebotenen Zahlen zu liefern.

Berechnen Sie zuerst die wichtigsten Kennzahlen, tragen Sie diese ab Zelle S21 in das Tabellenblatt ein:

```
SA21: =SUMME(B12:M12) (Absatz gesamt)
S22: =SUMME(B13:M13) (Summe Ist)
S23: =SUMME(B14:M14) (Summe Forecast)
S24: =W22/W21 (% Ist)
S25: =W23/W21 (% Forecast)
```

Der Diagrammtitel ist für die Botschaft reserviert, und die sollte klar und deutlich formuliert sein. Im dynamischen Diagramm muss sie natürlich individuell für jede Auswertung formuliert werden. Kennzeichnen Sie die Zelle deutlich und tragen Sie den Text ein. Hier ein Beispiel:

S28: *Der Anstieg der Absätze beim Produkt »Tennisbälle« ab dem 2. Quartal ist auf die regenarmen Wetterverhältnisse im Hauptabsatzgebiet zurückzuführen.*

⊿	Q	R	S	T	U
17			Oktober		
18			November		
19			Dezember		
20					
21			Absatz gesamt:	664	
22			Summe Ist:	254	
23			Summe Forecast:	410	
24			% Ist:	38,25%	
25			% Forecast:	61,75%	
26					
27			Botschaft:		
28			Der Anstieg der Absätze beim Produkt "Tennisbälle'		
29					

Abbildung 5.10: Berechnete Kennzahlen, individuelle Botschaft

Unter der Botschaft wird ein dreizeiliger Titel angeordnet, er enthält in der ersten Zeile den Namen der berichtenden Institution (Firma, Abteilung) sowie die gewählte Kategorie und das Produkt, dessen Absatzzahlen im Diagramm visualisiert sind. Konstruieren Sie diese Aussage mithilfe der INDEX()-Funktion. In Zeile 2 tragen Sie die Berichtsmenge ein, und Zeile 3 erhält die Angabe über den Berichtszeitraum.

```
S29: Titel:
S30: ="Sportshop AG, Kategorie "&INDEX(Kategorien;$S$4;1)&", "&INDEX(Produkte;$S$9;1)
S31: Absätze in 1.000 Stück
S32: Januar - Dezember 2011
```

Verknüpfen Sie diese drei Zeilen zu einem einzigen Textobjekt. Dazu verwenden Sie das &-Zeichen, das wie die Funktion VERKETTEN() Texte miteinander verbindet. Zwischen Zeile 2 und Zeile 3 fügen Sie die Funktion ZEICHEN(13) ein, die ein Druckersteuerzeichen für den Zeilenumbruch erzeugt.

```
S33: =S30&ZEICHEN(13)&S31&ZEICHEN(13)&S32
```

Das Diagrammobjekt muss für die Beschriftung die passende Größe haben, ziehen Sie die obere Randlinie über die Hilfsreihen und verkleinern Sie den inneren Bereich (Zeichnungsfläche). Dann können Sie Botschaft und Titel in das Diagramm eintragen.

Aktion	Beschreibung
Titelelement in das Diagramm zeichnen	Diagrammobjekt markieren, DIAGRAMMTOOLS/LAYOUT/DIAGRAMMTITEL/ÜBER DIAGRAMM
Diagrammtitel platzieren und formatieren	Mit gedrückter Maustaste in die linke obere Ecke verschieben, Schriftgrad auf 12 Punkt ändern, Ausrichtung linksbündig
Titel mit Botschaft verknüpfen	Titelelement markieren, in die Bearbeitungsleiste ein =-Zeichen eintragen Klick auf die Zelle mit der Botschaft (S28) und mit Enter bestätigen
Textfeld für Titel zeichnen	Einfügen/Text/Textfeld
Textfeld verknüpfen	Textfeldelement am Rand markieren, Klick in die Bearbeitungsleiste. Verknüpfung starten mit =-Zeichen, Klick auf die Zelle mit dem Titeltext (S33) und mit Enter bestätigen
Textfeld formatieren	Textfeld an den linken Rand platzieren, Schriftgrad *10 Punkt, kursiv, linksbündig*

Kamerakopie für die Kennzahlen

Um die berechneten Kennzahlen mit dem Diagrammobjekt zu verknüpfen, verwenden Sie die Kamera.

Alles über die Kamera für dynamische Bildverknüpfungen lesen Sie in Kapitel 9 »Nützliche Werkzeuge«.

Aktion	Beschreibung
Kennzahlenbereich bereitstellen	Bereich S21:T25 markieren
Kamerafoto herstellen	Klick auf das Kamerasymbol, Mauszeiger wird zum Fadenkreuz. Klick an die Einfügeposition erzeugt das Foto
Kamerafoto platzieren und formatieren	Foto an den Rändern vergrößern, verkleinern, mit BILDTOOLS/FORMAT formatieren

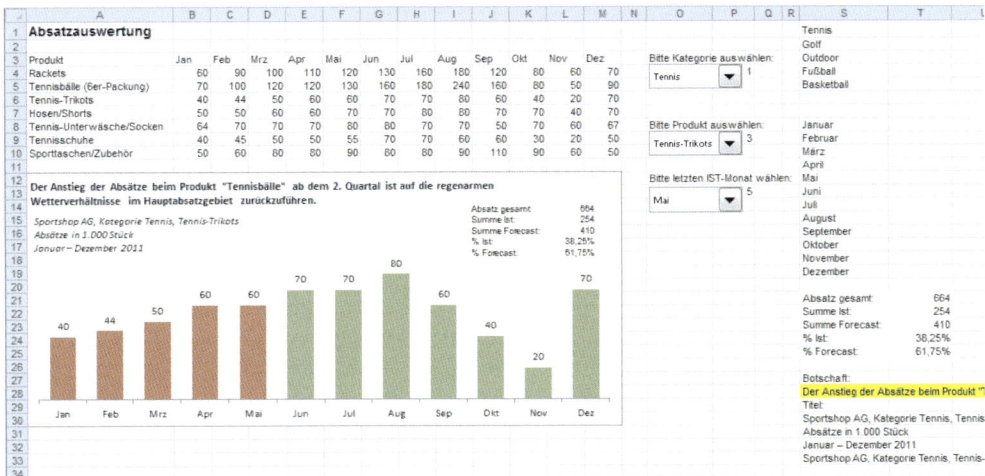

Abbildung 5.11: Botschaft, Titel und Kameraverknüpfung im Diagramm – alles dynamisch

Das mit der Kamera erzeugte Objekt wird nicht mit dem Diagramm verbunden. Um das zu erreichen, schneiden Sie es mit `Strg`+`x` in die Zwischenablage aus, markieren das Diagrammobjekt und drücken `Strg`+`v`, um das Kamerafoto in das Diagrammobjekt zu holen. Dabei geht zwar die Verknüpfung verloren, aber diese können Sie jederzeit nachbessern. Klicken Sie, solange das Foto markiert ist, in die Bearbeitungszeile, schreiben Sie ein =-Zeichen und markieren Sie den zu verknüpfenden Bereich. Bestätigen Sie mit `Enter`, und das Kameraobjekt ist wieder dynamisch verknüpft.

Ein zweites Diagramm mit allen Produkten

Das erste Diagramm ist mit ausreichenden Informationen bestückt. Um dem Betrachter die Möglichkeit zu geben, die Daten eines einzelnen Produkts mit allen Produkten zu vergleichen, zeichnen Sie ein weiteres Diagramm in die Auswertung. Es wird die Ist-Summen der Produkte im ausgewählten Portfolio anzeigen, das gewählte Produkt wird dabei deutlich farblich hervorgehoben.

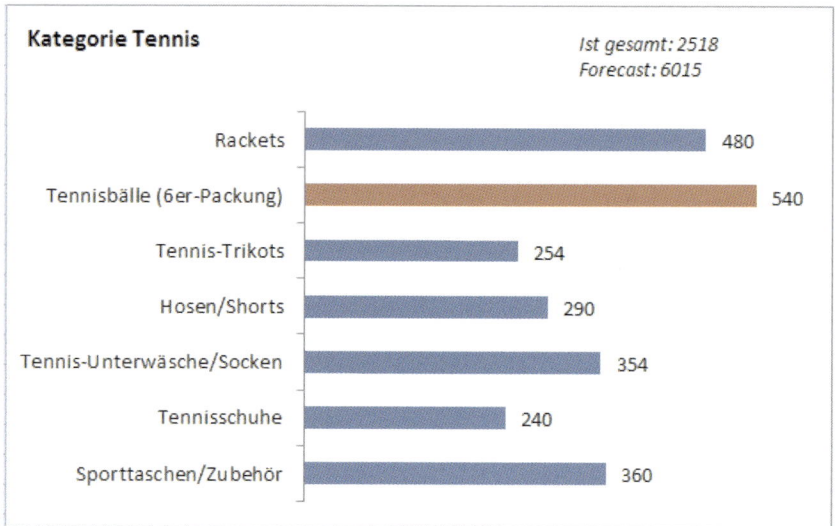

Abbildung 5.12: Das zweite Diagramm enthält die Ist-Absätze aller Produkte mit Hervorhebung des gewählten Produkts

Für die beiden Datenreihen des neuen Diagramms brauchen Sie zwei Spalten neben den Absatzzahlen. Fügen Sie diese vor den Auswahlelementen ein.

Aktion	Beschreibung
Spalten einfügen	Spalte N markieren, zweimal Strg + + drücken

Berechnen Sie in Spalte N die Summe der aktuellen Ist-Daten für das Produkt. Die Funktion BEREICH.VERSCHIEBEN() leistet hier wieder wertvolle Dienste, sie nutzt die Zellverknüpfung der Ist-Monatsauswahl als Breitenangabe für den Summenbereich. Kopieren Sie die Formel nach unten bis Zeile 11:

```
N3: Summe Ist
N4: =WENN(A4<>"";SUMME(BEREICH.VERSCHIEBEN(B4;0;0;;$R$13));"")
```

Die zweite vertikale Hilfsreihe ermittelt die Summe des gewählten Produkts. Mithilfe einer WENN-Funktion stellen Sie sicher, dass nur die Zeile berechnet wird, in der das Produkt steht. Kopieren Sie auch diese Formel nach unten bis Zeile 11:

```
O3: akt. Produkt
O4: =WENN(ZEILE()-3=$R$9;N4;"")
```

Die Bereiche, die im nächsten Diagramm die Rubrikenachse und die Datenreihen bilden, berechnen Sie wieder dynamisch mit der Funktion BEREICH.VERSCHIEBEN(). Beginnen Sie mit der Rubrik, Ausgangspunkt ist die Zelle A4 im aktuellen Tabellenblatt, die Höhe des Bereichs entspricht der Zeilenzahl des Bereichs *Absatz*. Die Bereiche für die beiden Datenreihen berechnen Sie per Verschiebung des ersten Bereichs (13 Spalten für die Ist-Summe, eine Spalte weiter für das aktuelle Produkt).

Aktion	Beschreibung
Bereichsname für die Rubrikenachse	Formel/Definierte Namen/Namens-Manager/Neu Name: D2_Rubrik Bereich: Absatzauswertung Bezieht sich auf: =BEREICH.VERSCHIEBEN($A$4;0;0;ZEILEN(Absatz)-1;1)
Bereichsname erste Datenreihe	Formel/Definierte Namen/Namens-Manager/Neu Name: D2_Daten Bereich: Absatzauswertung Bezieht sich auf: =BEREICH.VERSCHIEBEN(D2_Rubrik;0;13)
Bereichsname zweite Datenreihe	Formel/Definierte Namen/Namens-Manager/Neu Name: D2_Rubrik Bereich: Absatzauswertung Bezieht sich auf: =BEREICH.VERSCHIEBEN(D2_Daten;0;1)

Für die Darstellung der Produktumsätze eignet sich das Balkendiagramm als Diagrammtyp, die Produkte werden dafür auf der vertikalen Rubrikenachse angeordnet. Markieren Sie eine leere Zelle und erstellen Sie ein (ebenfalls leeres) Balkendiagramm über EINFÜGEN/DIAGRAMME/BALKEN/2D-BALKEN. Für die Ausgestaltung wählen Sie DIAGRAMMTOOLS/ENTWURF/DATEN AUSWÄHLEN.

Aktion	Beschreibung
Erste Reihe einfügen	Legendeneinträge (Reihen)/Hinzufügen Reihenname: Ist-Summen Reihenwerte: =Absatzauswertung!D2_Daten
Rubrikenbeschriftung einfügen	Horizontale Achsenbeschriftung (Rubrik)/Bearbeiten =Absatzauswertung!D2_Rubrik
Zweite Reihe einfügen	Legendeneinträge (Reihen)/Hinzufügen Reihenname: aktuelles Produkt Reihenwerte: =Absatzauswertung!D2_aktProdukt

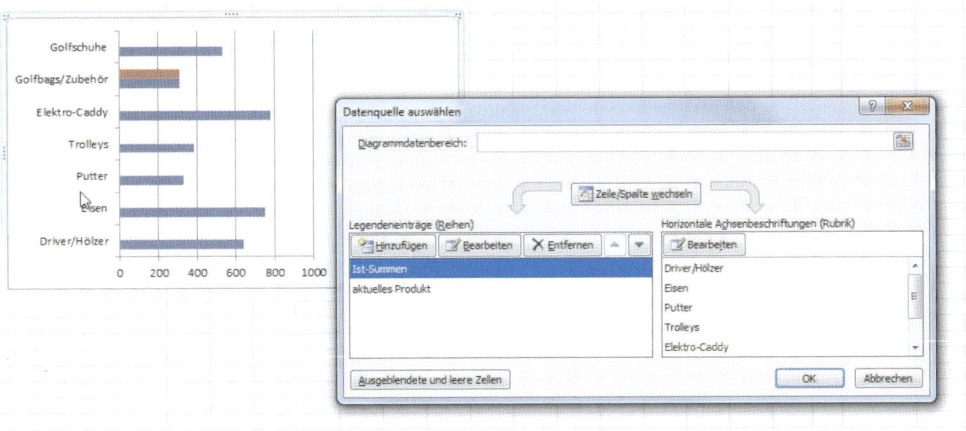

Abbildung 5.13: Rubrik und Datenreihen werden über die Datenquellenauswahl eingefügt

Formatieren Sie das neue Diagramm und fügen Sie einen Diagrammtitel (ohne Botschaft) ein. Die Ist- und Forecast-Summen der Produkte weisen Sie in einem Textfeld aus.

Aktion	Beschreibung
Zweite Datenreihe über die erste Datenreihe legen	Datenreihe formatieren/Reihenoptionen/Reihenachsenüberlappung 100%
Reihenfolge der Produkte in der vertikalen Achse umdrehen	Vertikale Achse per Doppelklick markieren, Achsenoptionen/Kategorien in umgekehrter Reihenfolge
Überflüssige Elemente entfernen	Legende, Gitternetzlinien und Größenachse löschen
Titel konstruieren	U36: ="Kategorie "&INDEX(Kategorien;$R$4;1)
Titel verknüpfen	Diagrammtools/Layout/Diagrammtitel/Über Diagramm Titel markieren, =-Zeichen in die Bearbeitungsleiste schreiben, Klick auf Zelle U36, mit [Enter] bestätigen
Summen konstruieren	U37: ="Ist gesamt: "&SUMME($N$4:$N$11) U38: ="Forecast: "&SUMME($B$4:$M$11)-SUMME($B$13:$M$13) U39: =U37&ZEICHEN(13)&U38
Textfeld für Summen einfügen	Diagrammobjekt markieren Einfügen/Text/Textfeld Textfeld am Rand markieren, =-Zeichen in Bearbeitungsleiste schreiben, Klick auf Zelle U39, mit [Enter] bestätigen

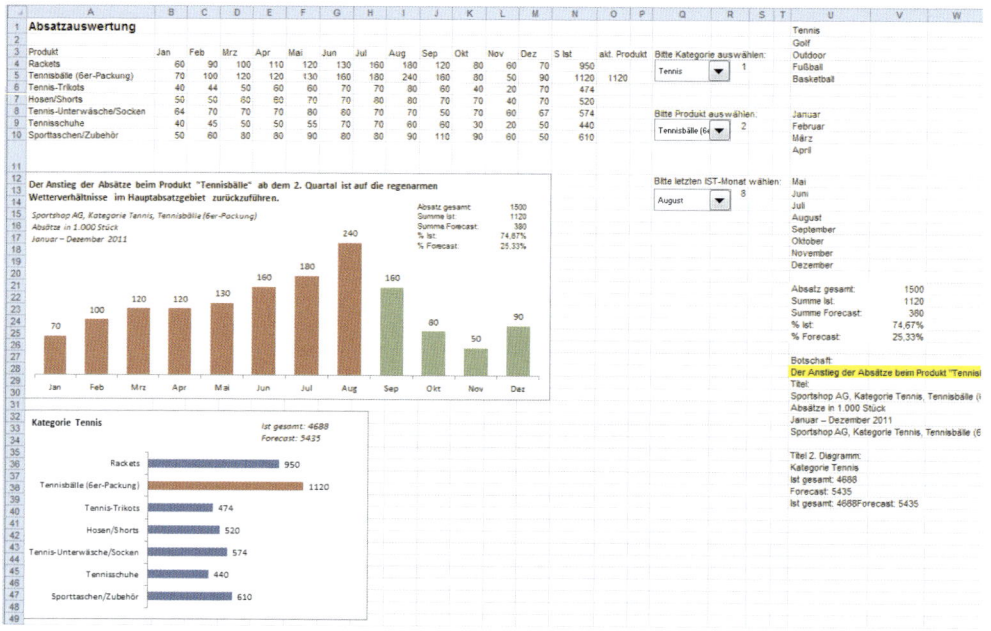

Abbildung 5.14: Das zweite Diagramm zeigt die Ist- und Forecast-Summen der gewählten Kategorie

5.1.2 Umsatzreport mit Differenzpfeilen

In diesem Beispiel lernen Sie einen der häufigsten Diagrammtypen im Berichtswesen kennen, das gestapelte Säulendiagramm. Dieser Diagrammtyp eignet sich besonders für Zeitreihenvergleiche und für die Gegenüberstellung von Plan- und Istwerten. Im Unterschied zum einfachen Säulendiagramm bietet der Stapelbalken die Möglichkeit, mehrere Datenreihen zu visualisieren. Produktsparten, Kategorien, Verkaufsgebiete werden in einem Diagramm zusammengefasst und verglichen.

Zusätzlich zur einfachen Darstellung der Reihenwerte sollte das Diagramm noch die Gesamtsumme der einzelnen Rubrikenwerte als Beschriftung über den Stapelbalken anbieten.

Die Differenz zwischen den Summen zweier Rubrikenwerte wird über Differenzpfeile visualisiert. Um das Diagramm so flexibel wie möglich zu halten, erhält das Diagramm Unterstützung durch Formularelemente zur Auswahl der Monate, zwischen denen die Differenz berechnet wird.

Umsatz in TEUR	Jan	Feb	Mrz	Apr	Mai	Jun	Jul	Aug	Sep	Okt	Nov	Dez
Computer	44	65	71	44	75	66	94	66	56	52	59	61
Foto & Video	20	26	47	33	18	21	17	14	16	23	16	28
TV-Geräte	42	29	54	28	57	55	56	39	53	21	45	45
Gesamtergebnis	106	120	172	105	149	141	167	120	126	95	119	134

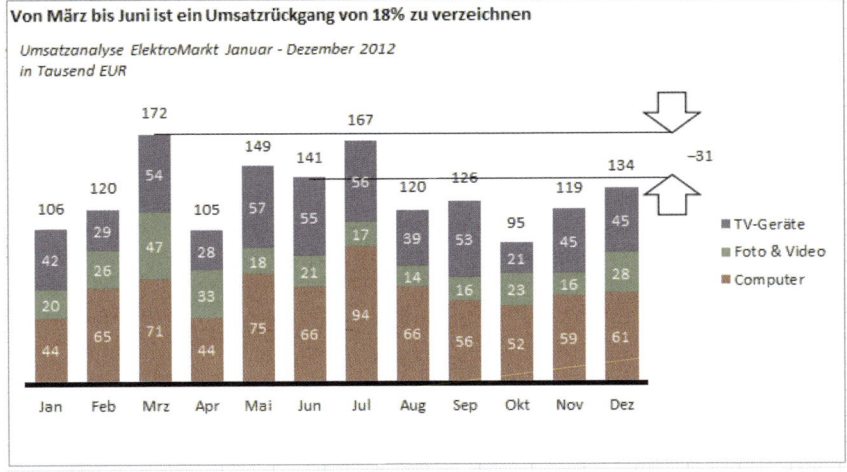

Abbildung 5.15: Umsatzreport mit Differenzpfeilen

Beispiele aus der Fachliteratur oder aus Onlinequellen zum Thema Visualisierung von Unternehmenszahlen arbeiten immer mit »glatten« Zahlen, sauber gerundet und passend gemacht für optisch ansprechende Charts. Die Praxis sieht anders aus. Daten und Fakten müssen aus SAP oder anderen Vorsystemen importiert oder aus Abfragen (Queries) des Business-Warehouse-Systems übernommen werden. Ein ständiges Kopieren und Zusammenfassen der Daten scheint unvermeidlich, und das schöne Diagramm ist dann plötzlich gar nicht mehr so schön, wenn die neuen Quartalszahlen kommen.

Hier sollten Sie sich ein klares Ziel setzen: Die Basis der Diagramme muss dynamisch sein. Datenreihen sollten nicht aus Zellbereichen stammen, die mit reinen $-Bezügen angegeben werden. Ändert sich der Datenbestand, ist eine Nachbesserung der Diagramme unvermeidlich, und die Gefahr, eine Reihe falsch zu verknüpfen, ist groß. Für dieses Übungsbeispiel verwenden Sie eine Übungsdatei mit Zahlen, die sich an »Echtdaten« annähern lassen.

Für die Auswertung der Daten benutzen Sie die PivotTable mit PivotChart. Sie ist das beste Werkzeug, um Daten für die Visualisierung mit Diagrammen zu verdichten. Sie bezieht ihre Daten aus einem fest definierten Bereich, Änderungen im Datenbestand werden sofort sichtbar, wenn die PivotTable oder das PivotChart aktualisiert wird. Sorgen Sie nur noch dafür, dass die Größe des Bereichs dynamisch berechnet wird.

Die Umsätze der Firma ElektroMarkt

Umsatzdiagramm Differenzpfeile Vorlage.xlsx

Umsatzdiagramm Differenzpfeile.xlsx

Im gleichnamigen Tabellenblatt finden Sie eine Liste mit Testdaten, die über Zufallszahlen erzeugt wurde. Mit den Stellwerten in den farbigen Zellen können Sie diese Zahlen an Ihre Echtdaten annähern:

1. Geben Sie in F1 und F2 Anfangs- und Enddatum für die Umsatzauswertung ein. Vorgabe ist 1. Januar bis 31. Dezember.
2. Geben Sie in F7:F9 drei Spartenbezeichnungen ein, die auszuwerten sind.
3. Tragen Sie in die Spalten G und H die (geschätzten) Mindestumsätze und Maximalumsätze für die einzelnen Sparten ein.
4. Geben Sie in Zelle F11 die Anzahl der Datensätze ein, die Sie auswerten möchten. Die Liste umfasst 10.000 Zeilen, die Zahl in Zelle F11 bestimmt die Größe des Bereichs, der per Pivot-Table ausgewertet wird.
5. In der ersten Spalte wird mit der Funktion ZUFALLSBEREICH() ein zufälliges Datum zwischen den beiden Datumsgrenzen in F1 und F2 berechnet.

   ```
   A2: =ZUFALLSBEREICH($F$1;$F$2)
   ```

6. In Spalte B berechnet eine Formel eine Zufallsauswahl aus den drei Spartenbezeichnungen. Die Funktion WAHL() ermittelt hier den Wert, der aus einer Zufallszahl zwischen 1 und 3 resultiert.

   ```
   B2: =WAHL(ZUFALLSBEREICH(1;3);$F$7;$F$8;$F$9)
   ```

7. In Spalte C wird der Umsatz der Sparte per Zufallsbereich berechnet. Dazu ermittelt die Funktion VERGLEICH(), welche Sparte in Spalte B steht, und die Funktion WAHL() stellt den passenden Zufallsbereich zur Verfügung.

   ```
   C2: =WAHL(VERGLEICH(B2;$F$7:$F$9;0);ZUFALLSBEREICH($G$7;$H$7);ZUFALLSBEREICH($G$8;$H$8);
   ZUFALLSBEREICH($G$9;$H$9))
   ```

Damit der auszuwertende Bereich die Anzahl Datensätze erhält, die in Zelle F11 fixiert ist, wurde ein dynamischer Bereichsname angelegt. Aktivieren Sie mit $\boxed{\text{Strg}}$ + $\boxed{\text{F3}}$ den Namens-Manager und sehen Sie sich die Formel an, die diesen Bereichsnamen berechnet:

```
Name: Umsatz
Bezieht sich auf: =BEREICH.VERSCHIEBEN($A$1;0;0;$F$11;3)
```

Die Funktion BEREICH.VERSCHIEBEN() bietet die Möglichkeit, einen Zellbezug von einer Zelle auf eine andere zu verschieben und – was für diesen Fall wichtiger ist – die Höhe und die Breite des Bereichs neu zu bestimmen.

```
=BEREICH.VERSCHIEBEN(vonBezug;umZeilen;umSpalten;neueHöhe;neueBreite)
```

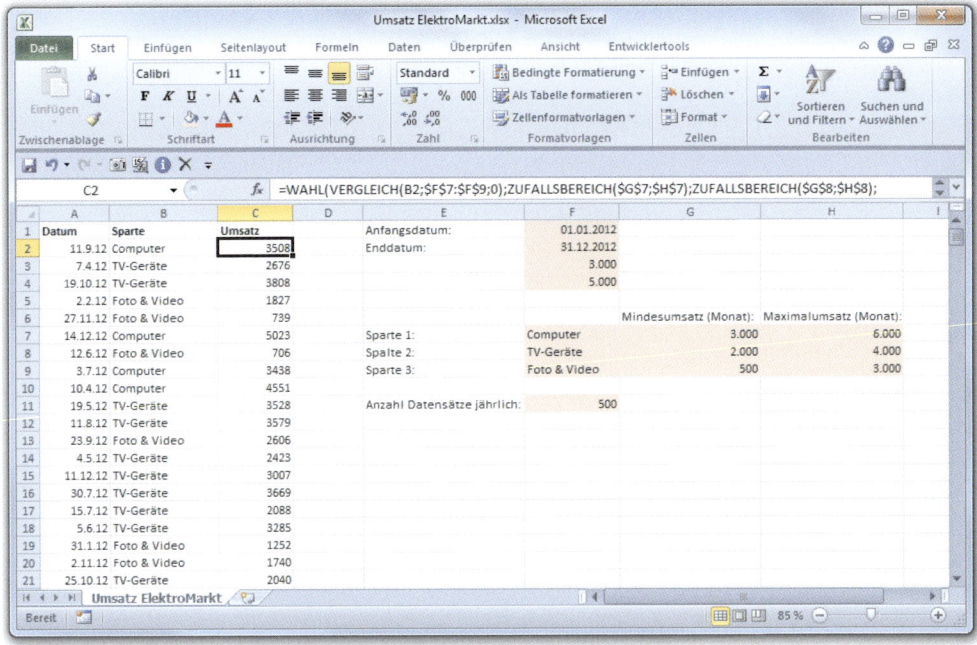

Abbildung 5.16: Beispieldaten mit Zufallszahlen und Parametern

Die Formel verschiebt den Bezug nicht, sondern verwendet den Wert aus Zelle F11 für die Höhe des Bereichs, die Breite beträgt 3 (Spalten).

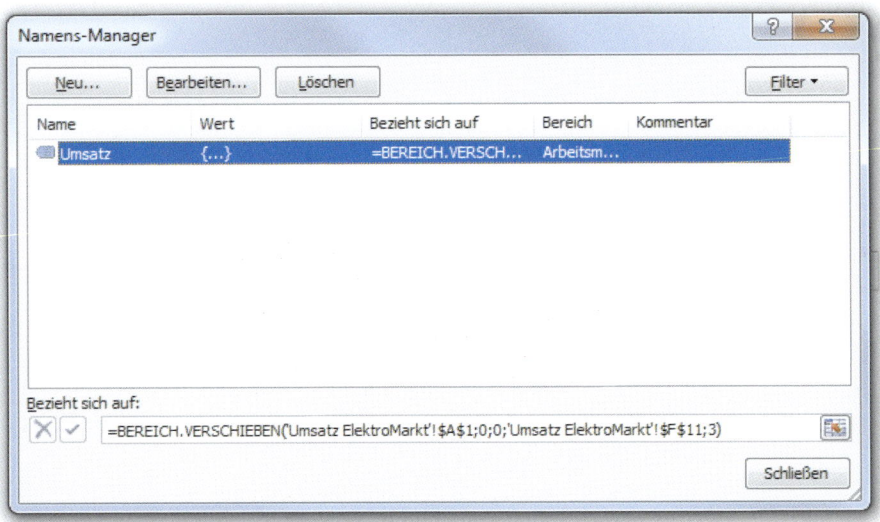

Abbildung 5.17: Dynamischer Bereichsname für die Umsatzauswertung

Auswertung der Datenbasis mit PivotTable

Für die Verdichtung der Daten legen Sie eine neue PivotTable an.

1. Wählen Sie EINFÜGEN/PIVOTTABLE/PIVOTTABLE.
2. Geben Sie als Bereich für die zu analysierenden Daten den berechneten Bereichsnamen *Umsatz* an. Drücken Sie dazu ⊞F3⊞ und holen Sie den Bereichsnamen aus der Liste.
3. Bestätigen Sie die zweite Option, um die PivotTable in einem neuen Arbeitsblatt anzulegen.

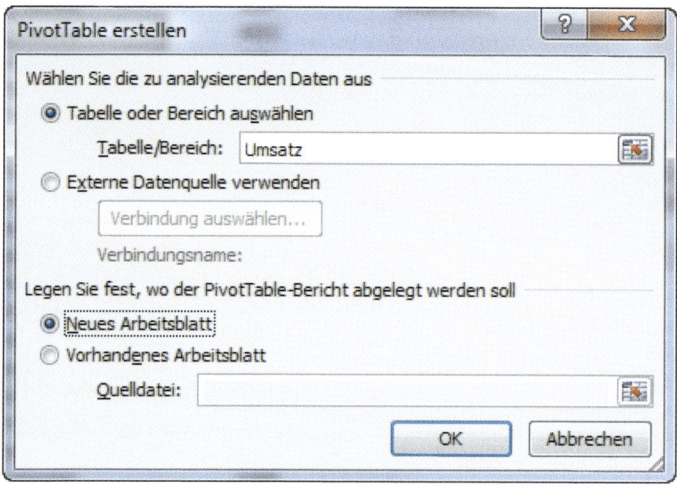

Abbildung 5.18: Eine neue PivotTable für die Umsatzzahlen

Die PivotTable wird angelegt, gestalten Sie das Layout. Das Datumsfeld wird gruppiert, damit die monatlichen Umsätze ausgewiesen werden.

4. Ziehen Sie das Feld *Sparte* in den Bereich *Zeilenbeschriftung*.
5. Ziehen Sie das Feld *Umsatz* in den *Wertebereich*.
6. Ziehen Sie das Feld *Datum* in die *Spaltenbeschriftung*.
7. Klicken Sie mit der rechten Maustaste auf das erste Datum im Spaltenbereich und wählen Sie *Gruppieren*.
8. Markieren Sie *Monat* als Gruppierungsebene und bestätigen Sie mit *OK*.
9. Schalten Sie unter PIVOTTABLE-TOOLS/OPTIONEN die *Feldkopfzeilen* und die Schaltflächen ab und löschen Sie die beiden Leerzeilen über der PivotTable.

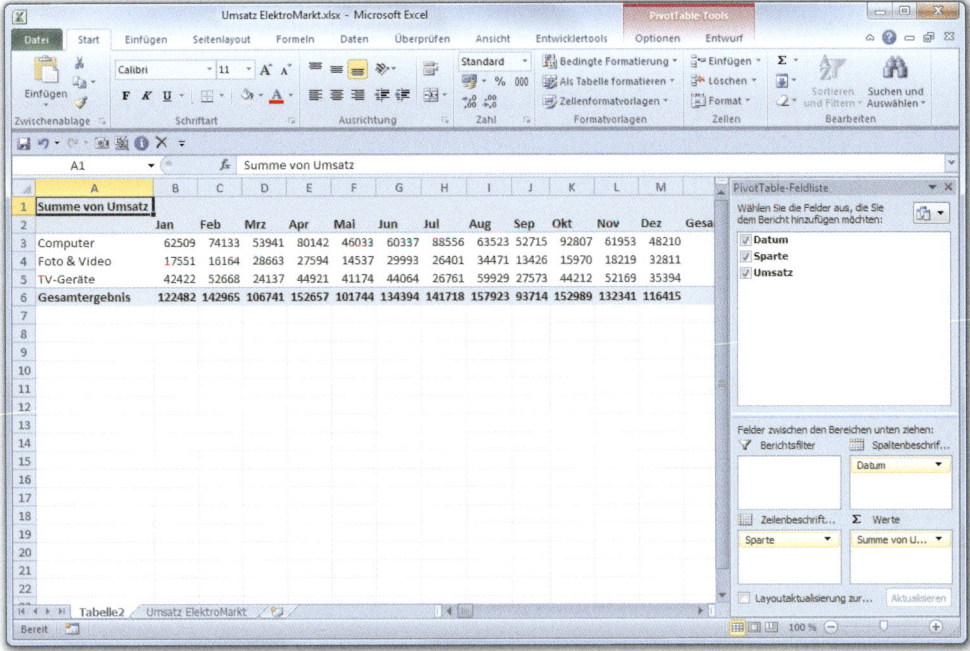

Abbildung 5.19: PivotTable mit Datumsgruppierungen nach Monaten

Umsatzzahlen in TEUR umrechnen

Für die Visualisierung der Zahlen in Diagrammen reicht diese Verdichtung nicht aus, die Zahlen wären viel zu groß für Größenachsen oder Datenreihenbeschriftungen. Rechnen Sie die Zahlen deshalb in TEUR um, benutzen Sie ein berechnetes Feld für die Umsatzwerte im Wertebereich.

1. Wählen Sie PIVOTTABLE-TOOLS/OPTIONEN/BERECHNUNGEN/FELDER, ELEMENTE UND GRUPPEN.
2. Klicken Sie auf BERECHNETES FELD.
3. Tragen Sie den Namen des neuen Felds und die Formel ein. Den Feldnamen *Umsatz* holen Sie per Klick auf den Eintrag in der Feldliste in die Formel. Die Funktion RUNDEN() rundet mit dem Rundungsparameter 0 die Zahl kaufmännisch auf 0 Nachkommastellen.

```
Name: UmsatzTEUR
Formel: =RUNDEN(Umsatz/1000;2)
```

4. Jetzt können Sie das Originalfeld aus dem Wertebereich entfernen, und die PivotTable zeigt nur das berechnete Feld an. Die Überschrift in Zelle A1 überschreiben Sie einfach mit einem Text Ihrer Wahl.

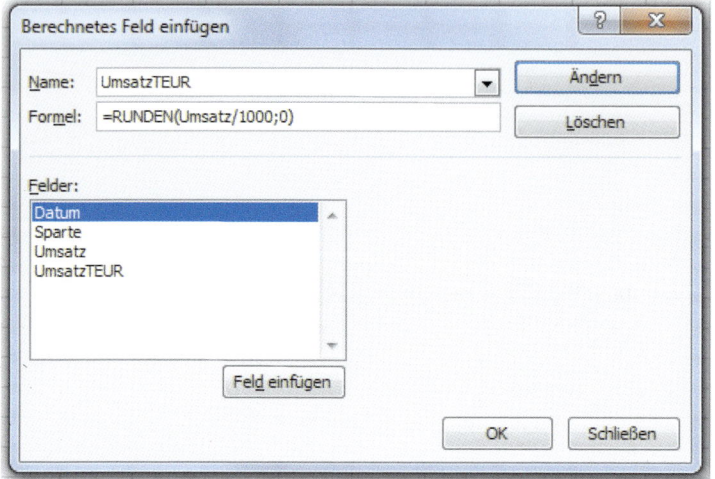

Abbildung 5.20: Ein berechnetes Feld rechnet die Umsatzzahlen in TEUR um

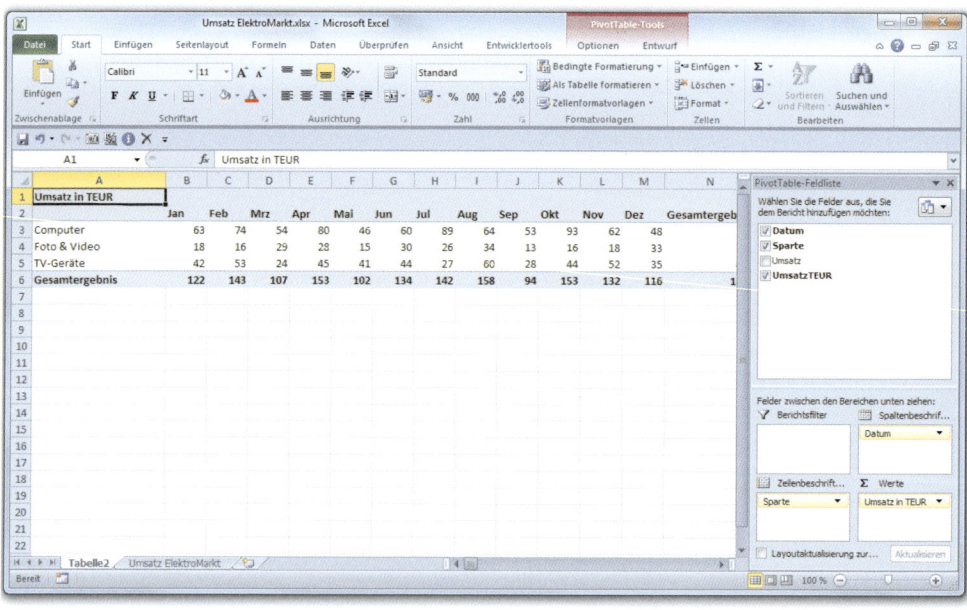

Abbildung 5.21: Die Umsätze werden in TEUR ausgewiesen

PivotTable-Daten spiegeln

Eine einfache Visualisierung für die Daten in der PivotTable würde jetzt das PivotChart bieten, aber diese Diagrammform hat viele Nachteile.

- Sie können in PivotCharts nur beschränkt mit berechneten Datenreihen arbeiten.
- Die Datenreihenanordnung (Zeilen/Spalten) ändert automatisch auch die Ausrichtung der PivotTable.

Übertragen Sie die Daten aus der PivotTable mit der INDEX()-Funktion in ein neues Tabellenblatt, damit Sie das Diagramm frei gestalten können. Die Dynamik der Daten bleibt erhalten, die Werte berechnen sich neu, sobald die PivotTable aktualisiert wird.

1. Fügen Sie ein neues Tabellenblatt in die Arbeitsmappe ein.
2. Schreiben Sie diese Formel in die erste Zelle:

```
=INDEX(Tabelle2!$A$1:$N$6;ZEILE();SPALTE())
```

3. Kopieren Sie die Formel mit dem Füllkästchen über den Bereich A1:M6.
4. Formatieren Sie den Bereich mit diesem benutzerdefinierten Zahlenformat, um die Nullwerte auszublenden:

```
0;-0;""
```

5. Weisen Sie den Monatsspalten eine Spaltenbreite von 50 Pixeln zu.

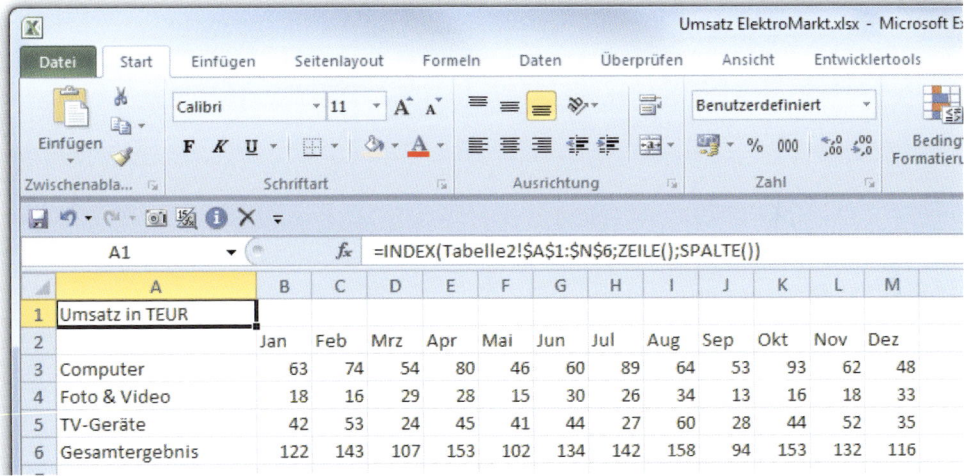

Abbildung 5.22: Die Werte der PivotTable werden per INDEX() in ein neues Blatt übertragen

Hilfsreihe 13 berechnen

Für die Differenzpfeile brauchen Sie anschließend im Diagramm zusätzlichen Platz. Legen Sie dafür eine berechnete Hilfsreihe an, berechnen Sie den Umsatz des letzten Monats und kopieren Sie die Formel nach unten bis zur Summenzeile:

```
N2: 13
N3: =M3
N4: =M4 …
```

Ein gestapeltes Säulendiagramm

Zeichnen Sie das Grundelement, ein gestapeltes Säulendiagramm unterhalb der verknüpften Umsatzwerte. Formatieren Sie es gleich passend, entfernen Sie alle überflüssigen Elemente.

Aktion	Beschreibung
Diagramm zeichnen	Bereich A2:N5 markieren, Einfügen/Diagramme/Säule/2D-Säule, *Untertyp 2 (gestapelt)*
Gitternetze entfernen	Gitternetzlinien markieren, mit [Entf] löschen
Balken beschriften, Beschriftung zentriert im Balken	Diagrammtools/Layout/Beschriftungen/Datenbeschriftung/Basis innerhalb
Vertikale Achse löschen	Vertikale Achse markieren, mit [Entf] löschen
13. Reihe unsichtbar machen	Datenpunkte der 13. Reihe einzeln markieren, Füllung entfernen Datenbeschriftungselemente der 13. Reihe einzeln markieren, mit [Entf] löschen
Beschriftung der Rubrikenachse korrigieren	Erste Datenreihe markieren, Diagrammtools/Entwurf/Daten auswählen. Horizontale Achsenbeschriftung/Bearbeiten Bereich $B$2:$N$2 zuweisen

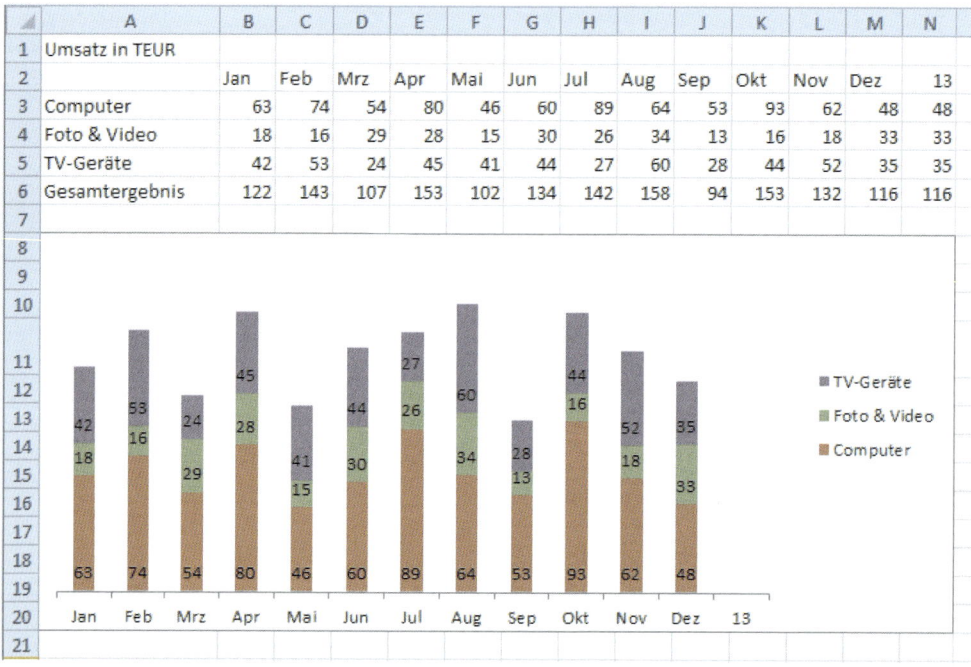

Abbildung 5.23: Das gestapelte Säulendiagramm mit Datenbeschriftungen

Summen über den Spalten anzeigen

Die Gesamtsummen haben wir bewusst nicht in das Diagramm mit aufgenommen, sie würden als oberste Balkenreihe eingefügt werden. Um die Gesamtsumme nur als Beschriftung über den Balken anzeigen zu lassen, erstellen Sie eine neue Datenreihe, formatieren diese als Linie und weisen ihr eine Datenreihenbeschriftung zu.

1. Markieren Sie den Bereich A6:N6.
2. Kopieren Sie den markierten Bereich mit ⌷Strg⌷ + ⌷c⌷.
3. Markieren Sie das Diagramm und holen Sie die Reihe mit der ⌷←⌷-Taste in das Diagramm.

Aktion	Beschreibung
Umsatzsummen anzeigen	Rechte Maustaste auf die Reihe, DATENBESCHRIFTUNGEN HINZUFÜGEN
Beschriftungen über die Balken setzen	DIAGRAMMTOOLS/LAYOUT/AUSWAHL FORMATIEREN, BESCHRIFTUNGSOPTIONEN/BESCHRIFTUNGSPOSITION/ÜBER
Beschriftung der Hilfsreihe 13 löschen	Beschriftungsreihe markieren, Beschriftung 13 mit einem weiteren Klick markieren, mit ⌷Entf⌷ löschen
Linie ausblenden	Linie markieren, DIAGRAMMTOOLS/LAYOUT/AUSWAHL FORMATIEREN, *Linienfarbe/Keine Linie*
Legende löschen	Legende anklicken, mit ⌷Entf⌷ löschen

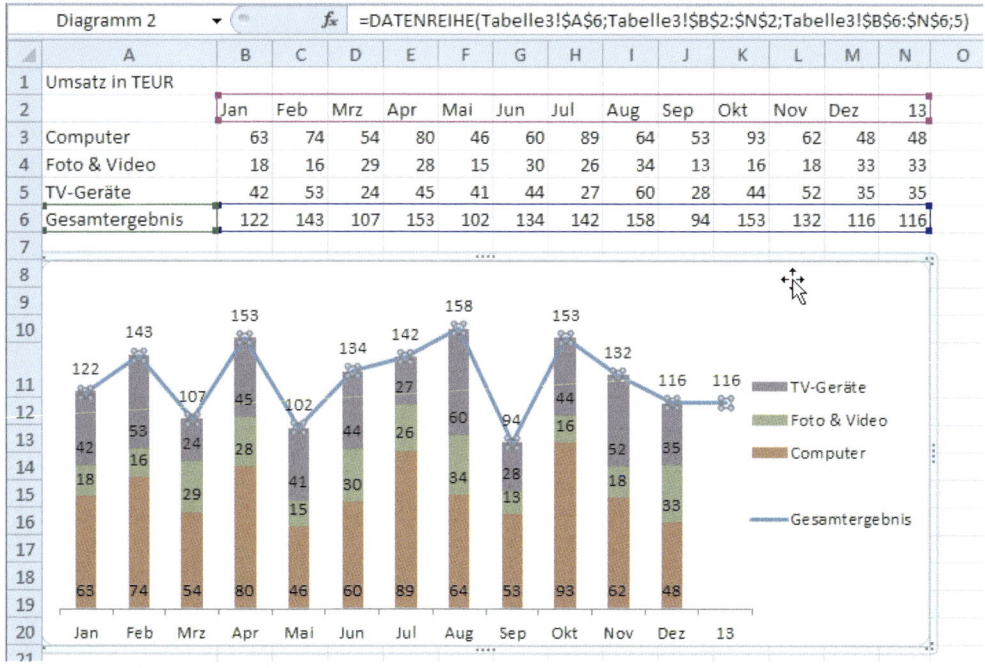

Abbildung 5.24: Die vierte Reihe wird als Linie formatiert und ausgeblendet

Monatsauswahl für Differenzpfeile

Schreiben Sie eine Monatsreihe von Januar bis Dezember in die freie Spalte S des Tabellenblatts. Tragen Sie den Januar in Zelle S1 ein, ziehen Sie das Füllkästchen nach unten bis Zelle S12. Geben Sie dem markierten Bereich den Bereichsnamen *Monate*, schreiben Sie diesen einfach in das Namensfeld, in dem die Zelladresse angezeigt wird, und bestätigen Sie mit ⏎ .

S
Januar
Februar
März
April
Mai
Juni
Juli
August
September
Oktober
November
Dezember

Abbildung 5.25: Hilfsreihe Monate in Spalte S

Formularelemente für die Auswahl der Monate

Für die folgenden Aktionen brauchen Sie die Registerkarte *Entwicklertools*, die standardmäßig nicht aktiv ist. Wählen Sie DATEI/OPTIONEN und markieren Sie das Register unter *Menüband anpassen* in der Liste der Hauptregisterkarten. Für die Auswahl des ersten Monats zeichnen Sie ein Kombinationsfeld in das Tabellenblatt.

1. Wählen Sie ENTWICKLERTOOLS/STEUERELEMENTE EINFÜGEN.
2. Markieren Sie in der Gruppe *Formularelemente* das Kombinationsfeldwerkzeug und zeichnen Sie ein Rechteck in den Bereich der Zelle O4.
3. Klicken Sie mit der rechten Maustaste in das gezeichnete Element und wählen Sie STEUERELEMENT FORMATIEREN. Tragen Sie ein:

   ```
   Eingabebereich: Monate
   Zellverknüpfung: $Q$4
   Dropdownzeilen: 12
   ```

4. Beschreiben Sie die Elemente:

   ```
   P2: Differenzberechnung
   P3: von Monat
   ```

5. Nach einem Klick in eine freie Zelle ist das Element funktionsfähig, klicken Sie auf das Pfeilsymbol und wählen Sie einen Monat. Die Ausgabeverknüpfung (Zelle Q4) erhält die Nummer des Eintrags, der gewählt wurde.

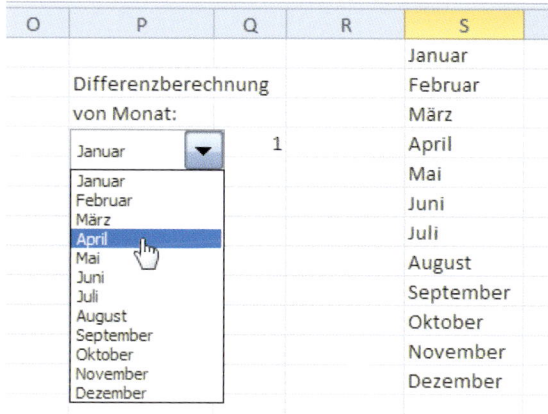

Abbildung 5.26: Monatsreihe und Auswahlelement für Monate

Für das zweite Monatselement legen Sie einen neuen Bereich an, denn dieses Element darf nur die Monate ab dem gewählten »von«-Monat anzeigen. Damit vermeiden Sie, dass der Anwender eine falsche Auswahl trifft, indem er im zweiten Element einen Monat vor dem ersten gewählten Monat anklickt.

6. Aktivieren Sie mit ⌨Strg + ⌨F3 den Namens-Manager. Klicken Sie auf *Neu* und tragen Sie diesen Bereichsnamen ein:

```
Name: Monate2
Bereich: Arbeitsmappe
Bezieht sich auf: =BEREICH.VERSCHIEBEN(Monate;$Q$4;0;12-$Q$4;1)
```

7. Zeichnen Sie ein weiteres Kombinationsfeld und verknüpfen Sie dieses mit dem neuen Bereichsnamen. Setzen Sie die Zellverknüpfung auf die Zelle daneben:

```
Eingabebereich: Monate2
Zellverknüpfung: $Q$7
Dropdownzeilen: 12
```

8. Beschreiben Sie auch dieses Element:

```
P6: bis Monat
```

9. Da die zweite Liste weniger Monate als die erste enthält, entspricht der Wert der Ausgabeverknüpfung nicht mehr der Monatszahl. Berechnen Sie die richtige Monatszahl für den zweiten Monat als Addition der beiden Zellverknüpfungen. Die Formel muss aber prüfen, ob der Wert größer als 12 ist:

```
Q8: =WENN($Q$7+$Q$4>12;12;$Q$7+$Q$4)
```

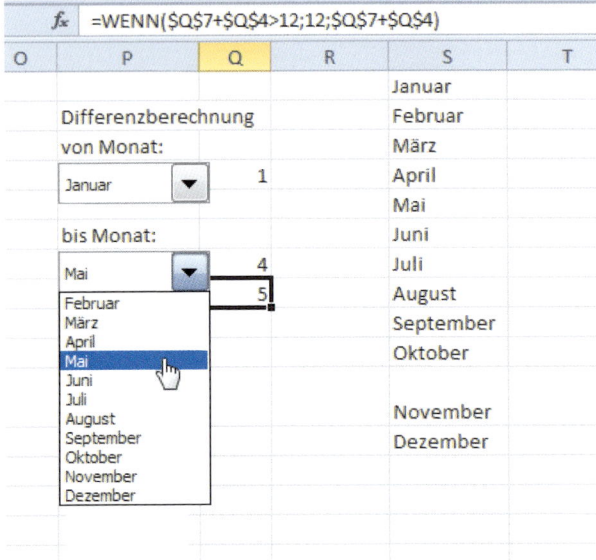

Abbildung 5.27: Das zweite Auswahlelement zeigt die restlichen Monate an

Summe der gewählten Monate berechnen

Mit der Funktion INDEX() ermitteln Sie die Umsatzsummen der beiden in den Kombinationsfeldern gewählten Monate. Dieser Wert wird im Diagramm zwischen den Differenzpfeilen angezeigt werden:

```
R4: =INDEX($B$6:$M$6;1;Q4)
R8: =INDEX($B$6:$M$6;1;Q8)
```

Differenzlinien einziehen

Für die Linien, die vom ersten Monatsbalken bis zum Diagrammrand und vom zweiten Monatsbalken bis zum Rand führen, berechnen Sie zwei Hilfsreihen. Legen Sie zuerst eine Zahlenreihe von 1 bis 13 an und schreiben Sie die Formeln zur Berechnung der Positionen der Datenpunkte:

1. Schreiben Sie eine Zahlenreihe von 1 bis 13 in den Bereich B8:N8.
2. Tragen Sie diese Formeln ein und kopieren Sie diese jeweils bis zur Spalte N:

```
B9:  =WENN(B8>=$Q$4;$R$4;#NV)
B10: =WENN(B8>=$Q$8;$R$8;#NV)
```

Die Funktion #NV steht für *Nicht verfügbar*. Sie kann in Textform in Formeln verwendet werden, um einen Fehler abzufangen:

```
=WENN(ISTNV(Berechnung;…)
```

Verwenden Sie #NV als Argument in einer Formel, um die Datenpunkte einer Reihe auszublenden. Im Unterschied zu 0 wird der Datenpunkt nicht auf die Nulllinie zurückfallen, sondern einfach ausgelassen.

	B10	▼	(		f_x	=WENN(B8>=$Q$8;$R$8;#NV)							

⟋	A	B	C	D	E	F	G	H	I	J	K	L	M	N
1	Umsatz in TEUR													
2		Jan	Feb	Mrz	Apr	Mai	Jun	Jul	Aug	Sep	Okt	Nov	Dez	13
3	Computer	63	74	54	80	46	60	89	64	53	93	62	48	48
4	Foto & Video	18	16	29	28	15	30	26	34	13	16	18	33	33
5	TV-Geräte	42	53	24	45	41	44	27	60	28	44	52	35	35
6	Gesamtergebnis	122	143	107	153	102	134	142	158	94	153	132	116	116
7														
8		1	2	3	4	5	6	7	8	9	10	11	12	13
9	Anfangsmonat:	#NV	143	143	143	143	143	143	143	143	143	143	143	143
10	Endmonat:	#NV	#NV	#NV	#NV	#NV	134	134	134	134	134	134	134	134

Abbildung 5.28: Hilfsreihen für die beiden Monatswerte

3. Kopieren Sie die beiden Hilfsreihen in das Diagramm:
4. Markieren Sie den Bereich A9:N10.
5. Drücken Sie ⌨Strg⌨ + ⌨c⌨, um die Auswahl zu kopieren.
6. Markieren Sie das Diagrammobjekt und holen Sie die Reihen mit ⌨↵⌨ in das Objekt.
7. Die beiden Reihen werden als zusätzliche Balken eingefügt, formatieren Sie sie entsprechend:

Aktion	Beschreibung
Datenbeschriftung entfernen	Datenbeschriftung der beiden neuen Balken markieren, mit ⌨Entf⌨ löschen
Diagrammtyp ändern	Datenreihe markieren, DIAGRAMMTOOLS/ENTWURF/TYP/DIAGRAMMTYP ÄNDERN. Diagrammtyp LINIE, *Untertyp 1* wählen, mit OK bestätigen
Linienfarbe und Strichstärke ändern	Linie markieren, DIAGRAMMTOOLS/LAYOUT/AUSWAHL FORMATIEREN Linienfarbe *einfarbig, schwarz* Linienart: Breite *1 Punkt*

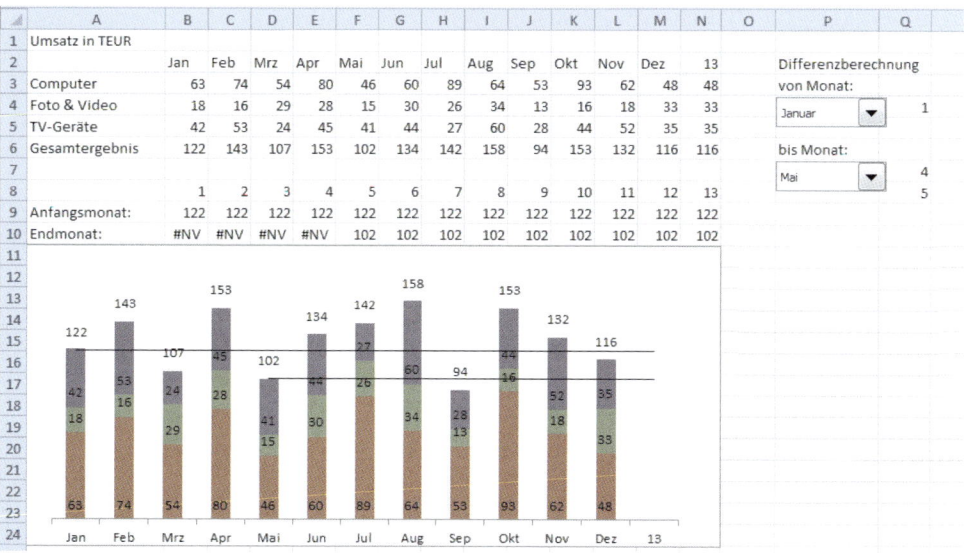

Abbildung 5.29: Die beiden Hilfsreihen bilden die Differenzlinien

Hilfsreihen für den Differenzwert

Zwei weitere Hilfsreihen werden für den berechneten Differenzwert und für die Position dieses Werts zwischen den Differenzlinien benötigt. Die erste Formel berechnet die Differenz zwischen den Umsatzsummen der gewählten Monate:

```
A11: Differenz
N11: =N10-N9
```

1. Weisen Sie der Zelle N11 dieses Zahlenformat zu, das bei positiven Werten ein Pluszeichen und bei negativen Werten ein Minuszeichen anzeigt:

   ```
   +0;-0
   ```

2. Die zweite Formel berechnet die Position des Werts zwischen den Differenzlinien. Dazu wird das Mittel der Summe des Anfangsmonats und des Differenzwerts berechnet:

   ```
   A12: Position Differenzwert
   N12: =N9+N11/2
   ```

	N12			f_x	=N9+N11/2									
	A	B	C	D	E	F	G	H	I	J	K	L	M	N
1	Umsatz in TEUR													
2		Jan	Feb	Mrz	Apr	Mai	Jun	Jul	Aug	Sep	Okt	Nov	Dez	13
3	Computer	63	74	54	80	46	60	89	64	53	93	62	48	48
4	Foto & Video	18	16	29	28	15	30	26	34	13	16	18	33	33
5	TV-Geräte	42	53	24	45	41	44	27	60	28	44	52	35	35
6	Gesamtergebnis	122	143	107	153	102	134	142	158	94	153	132	116	116
7														
8		1	2	3	4	5	6	7	8	9	10	11	12	13
9	Anfangsmonat:	122	122	122	122	122	122	122	122	122	122	122	122	122
10	Endmonat:	#NV	#NV	#NV	#NV	102	102	102	102	102	102	102	102	102
11	Differenzwert:													-20
12	Position Differenzwert:													112

Abbildung 5.30: Hilfsreihen für die Differenzpfeile

Um den Differenzwert zwischen den Differenzlinien zu positionieren, kopieren Sie nur die Hilfsreihe *Position Differenzwert* in das Diagramm.

3. Markieren Sie A12:N12.
4. Kopieren Sie die Auswahl mit ⌈Strg⌉ + ⌈c⌉.
5. Markieren Sie das Diagramm und bestätigen Sie mit ⌈↵⌉.

Die neue Reihe wird als Linie eingefügt, da sie nur aus einem Datenpunkt besteht, ist sie nicht sichtbar. Der Differenzwert aus der Hilfsreihe in Zeile 11 ist die Datenbeschriftung dieser Reihe. Um diese zuzuweisen, brauchen Sie das Makrotool *ChartLabel*.

Hinweis In Kapitel 9 »Nützliche Werkzeuge« finden Sie eine Beschreibung dieses Tools, mit dem Datenreihen individuell beschriftet werden können.

6. Aktivieren Sie das Makro *ChartLabel*.
7. Klicken Sie in der Liste der Diagrammobjekte auf das Objekt.
8. Markieren Sie in der zweiten Liste die Reihe *Position Differenzwert*.
9. Der Cursor blinkt im Eingabefeld für die Datenbeschriftung, ziehen Sie den Mauszeiger über den Bereich B11:N11.
10. Klicken Sie auf ZUWEISEN, um die Beschriftung zuzuweisen.

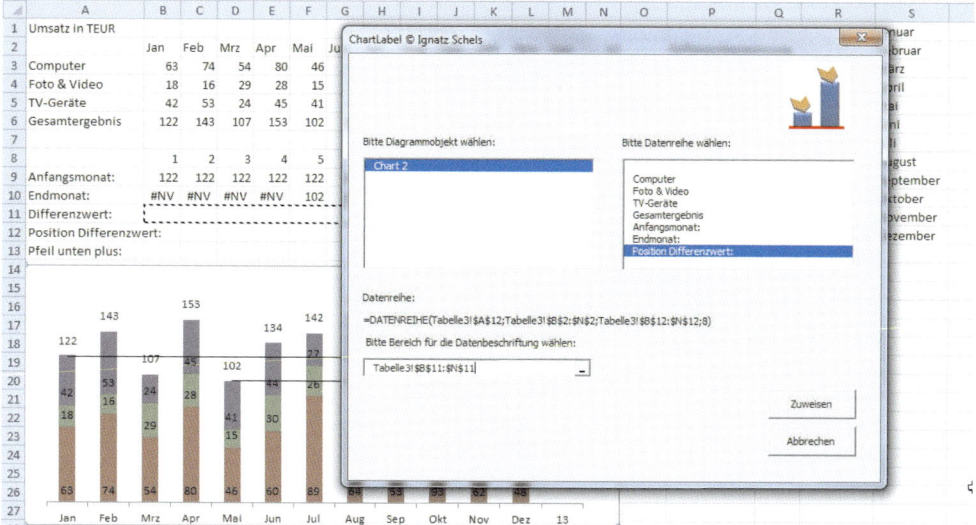

Abbildung 5.31: Der Differenzwert wird der Hilfsreihe als Beschriftung zugewiesen

Aktion	Beschreibung
Differenzwert rechts außen positionieren	Differenzwert mit der rechten Maustaste markieren, DATENBESCHRIFTUNG FORMATIEREN Beschriftungsoptionen/Beschriftungsposition/rechts
Differenzwerte mit Plus- und Minuszeichen versehen	Zahlenformat für die Zelle N11 zuweisen: +0 ; -0

Pfeilsymbole

Die nächste Aufgabe besteht darin, Pfeilsymbole auf die Enden der Differenzlinien zu setzen. Die obere Linie erhält einen abwärts zeigenden Pfeil, die untere Reihe bekommt einen aufwärts zeigenden Pfeil.

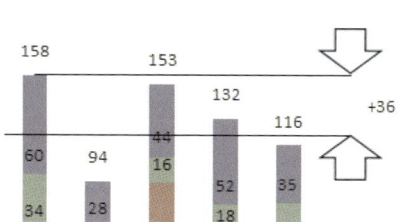

Abbildung 5.32: Pfeilsymbole an den Endpunkten der Differenzlinien

Damit die Differenzpfeile exakt auf die Linie zeigen, fügen Sie ein Steuerelement ein, mit dem der Abstand zwischen Pfeil und Linie korrigiert werden kann.

1. Zeichnen Sie über ENTWICKLERTOOLS/STEUERELEMENTE/EINFÜGEN/FORMULARELEMENTE ein Drehfeld in den Bereich der Zelle P10.
2. Klicken Sie das Element mit der rechten Maustaste an und wählen Sie STEUERELEMENT FORMATIEREN.

3. Tragen Sie in das Register *Steuerung* diese Werte ein:

```
Minimalwert: 1
Maximalwert: 100
Schrittweite: 1
Zellverknüpfung: $Q$10
```

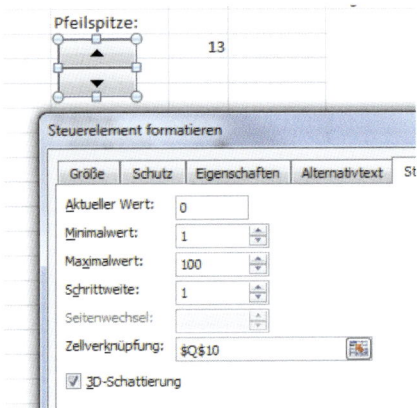

Abbildung 5.33: Drehfeld für die Position der Pfeilspitzen

4. Schreiben Sie vier Hilfsreihen für die Positionierung der Pfeile. Ist der Differenzwert positiv, wird die Position des Endmonats berechnet und der Wert aus dem Drehfeld addiert bzw. subtrahiert beim zweiten Pfeil. Bei negativen Differenzwerten ist es umgekehrt.

```
A13: Pfeil oben pos. Diffwert
N13: =WENN($N$10>$N$9;$N$10+$Q$10;#NV)
A14: Pfeil unten pos. Diffwert
N14: =WENN($N$10>$N$9;$N$9-$Q$10;#NV)
A15: Pfeil oben neg. Diffwert
N15: =WENN($N$10<$N$9;$N$9+$Q$10;#NV)
A16: Pfeil unten neg. Diffwert
N16: =WENN($N$10<$N$9;$N$10-$Q$10;#NV)
```

N14		▾	⊙	f_x	=N9-Q10								
	A	B	C	D	E	F	G	H	I	J	K	L	M	N
4	Foto & Video	18	16	29	28	15	30	26	34	13	16	18	33	33
5	TV-Geräte	42	53	24	45	41	44	27	60	28	44	52	35	35
6	Gesamtergebnis	122	143	107	153	102	134	142	158	94	153	132	116	116
7														
8		1	2	3	4	5	6	7	8	9	10	11	12	13
9	Anfangsmonat:	122	122	122	122	122	122	122	122	122	122	122	122	122
10	Endmonat:	#NV	#NV	#NV	#NV	#NV	#NV	#NV	158	158	158	158	158	158
11	Differenzwert:													+36
12	Position Differenzwert:													140
13	Pfeil oben:													172
14	Pfeil unten:													108

Abbildung 5.34: Hilfsreihen für die Pfeilspitzen

5. Wählen Sie EINFÜGEN/ILLUSTRATIONEN/FORMEN/PFEILE.
6. Zeichnen Sie einen abwärts zeigenden Pfeil in das Tabellenblatt. Formatieren Sie ihn über das Register *Zeichentools* mit einer dünnen Linie (1 Punkt) und der Füllfarbe Weiß.
7. Kopieren Sie das Objekt und drehen Sie die Kopie, sodass der Pfeil aufwärts zeigt.

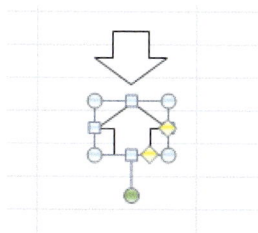

Abbildung 5.35: Zwei Pfeile aus der Formenbibliothek

Pfeilsymbol auf Hilfsreihe setzen

Aktion	Beschreibung
Erste Hilfsreihe in das Diagramm holen	Bereich A13:N13 markieren, mit `Strg`+`c` kopieren Diagramm markieren, `↵`
Pfeil auf die Datenreihe setzen	Pfeilsymbol (abwärts) markieren, mit `Strg`+`c` kopieren Diagramm markieren Unter DIAGRAMMTOOLS/LAYOUT/AKTUELLE AUSWAHL Reihe *Pfeil oben* markieren Pfeil mit `Strg`+`v` auf die Reihe kopieren
Pfeilspitze positionieren	Drehfeld anklicken, bis Pfeilspitze auf den Endpunkt der Differenzlinie zeigt

8. Holen Sie auch die zweite Hilfsreihe in das Diagramm und kopieren Sie das aufwärts zeigende Pfeilsymbol auf die Datenreihe (Pfeil unten).

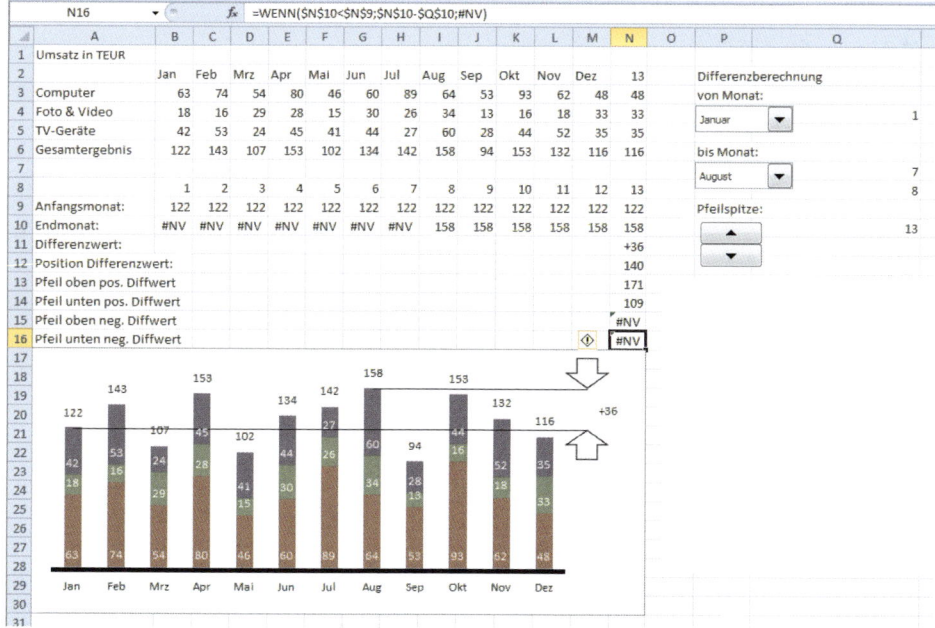

Abbildung 5.36: Pfeilsymbole für die beiden Hilfsreihen

x-Achse neu zeichnen

Die x-Achse des Diagramms ersetzen Sie durch eine weitere Hilfsreihe. Die Größe der Linie, die im Diagramm aus einer Säulenreihe entstehen wird, bestimmen Sie mithilfe eines Drehfelds. Zeichnen Sie dieses über die Formularwerkzeuge aus den Entwicklertools in das Tabellenblatt oder kopieren Sie das erste Drehfeld und fügen Sie es mit `Strg` + `v` wieder ein. Mit der rechten Maustaste angeklickt, wählen Sie STEUERELEMENT FORMATIEREN. Tragen Sie ein:

```
Minimalwert: 1
Maximalwert: 10
Schrittweite: 1
Zellverknüpfung: $Q$14
```

Schreiben Sie eine weitere Hilfsreihe, berechnen Sie den negativen Wert des Drehfelds und kopieren Sie die Formel bis zur letzten Monatsspalte (Dezember = Spalte M).

```
A15: x-Achse
B15: =-$Q$14
```

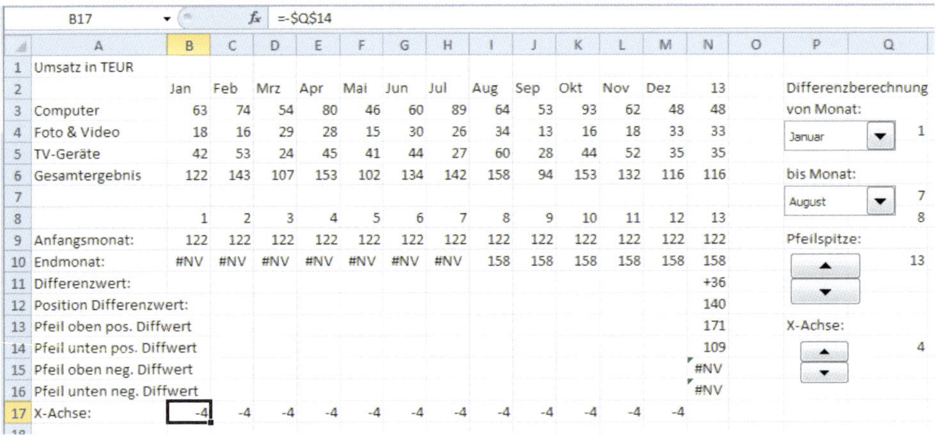

B17		f_x	=-$Q$14													
⊿	A	B	C	D	E	F	G	H	I	J	K	L	M	N	O	P	Q
1	Umsatz in TEUR																
2		Jan	Feb	Mrz	Apr	Mai	Jun	Jul	Aug	Sep	Okt	Nov	Dez	13		Differenzberechnung	
3	Computer	63	74	54	80	46	60	89	64	53	93	62	48	48		von Monat:	
4	Foto & Video	18	16	29	28	15	30	26	34	13	16	18	33	33		Januar ▼	1
5	TV-Geräte	42	53	24	41	44	27	60	28	44	52	35	35				
6	Gesamtergebnis	122	143	107	153	102	134	142	158	94	153	132	116	116		bis Monat:	
7																August ▼	7
8		1	2	3	4	5	6	7	8	9	10	11	12	13			8
9	Anfangsmonat:	122	122	122	122	122	122	122	122	122	122	122	122	122		Pfeilspitze:	
10	Endmonat:	#NV	#NV	#NV	#NV	#NV	#NV	#NV	158	158	158	158	158	158		▲	13
11	Differenzwert:													+36			
12	Position Differenzwert:													140		▼	
13	Pfeil oben pos. Diffwert													171		X-Achse:	
14	Pfeil unten pos. Diffwert													109		▲	4
15	Pfeil oben neg. Diffwert													#NV		▼	
16	Pfeil unten neg. Diffwert													#NV			
17	X-Achse:	-4	-4	-4	-4	-4	-4	-4	-4	-4	-4	-4	-4				

Abbildung 5.37: Drehfeld für die Größe der x-Achse und Hilfsreihe

Löschen Sie die Rubrikenachse aus dem Diagramm und fügen Sie die Hilfsreihe ein. Diese Reihe muss als Erste als Sekundärachse deklariert werden. Die Beschriftung der Achse holen Sie wieder mit dem Makro *ChartLabel*, dafür können Sie die Monatsreihe aus Zeile 2 verwenden.

Aktion	Beschreibung
Rubrikenachse entfernen	Rubrikenachse markieren, mit `Entf` löschen
Hilfsreihe einfügen	Bereich A15:M15 markieren, `Strg`+`c` Diagramm markieren, mit `↵` abschließen
x-Achse als Säulendiagramm formatieren	Neue Reihe über DIAGRAMMTOOLS/LAYOUT/AKTUELLE AUSWAHL suchen und *Auswahl formatieren* Datenreihe formatieren/Reihenoptionen/Datenreihe zeichnen auf/Sekundärachse Vertikale Achse der Sekundärachse löschen Diagrammtyp SÄULE, *Untertyp 1* zuweisen DATENREIHE FORMATIEREN/REIHENOPTIONEN Reihenachsenüberlappung 100% Abstandsbreite 0%
x-Achse beschriften	Makro *ChartLabel* aufrufen Datenreihe *x-Achse* markieren Reihenbeschriftung aus dem Bereich A2:M2 zuweisen

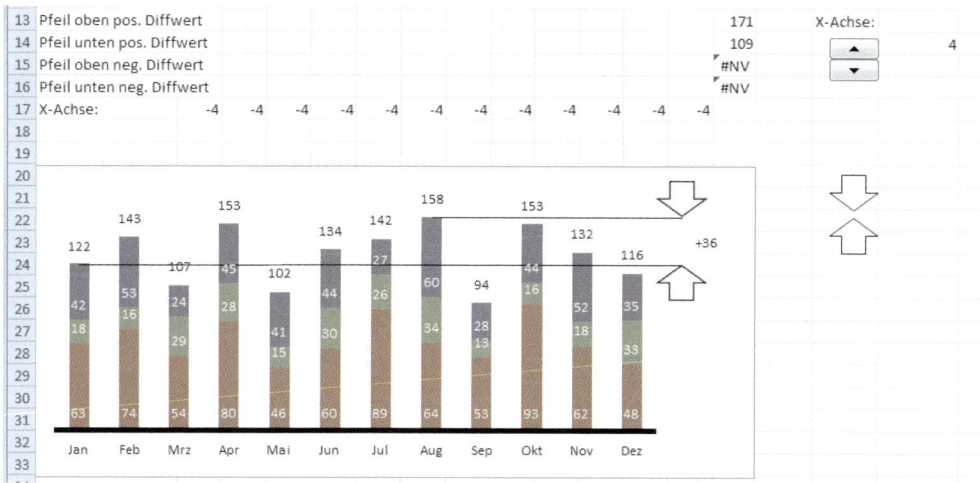

Abbildung 5.38: Eine variable x-Achse im Diagramm

Legende anzeigen

Blenden Sie die Legende wieder ein und löschen Sie alle Elemente aus der Legende, die auf Hilfsreihen verweisen. Dazu klicken Sie das Element in der Legende einfach an und drücken die `Entf`-Taste.

DIAGRAMMTOOLS/LAYOUT/BESCHRIFTUNGEN/LEGENDE/LEGENDE RECHTS ANZEIGEN

Botschaft und Titel

Kein Diagramm ohne Botschaft und Titel, so lautet die Vorgabe für Managementberichte. Schreiben Sie die Botschaft und die Titelangaben in das Tabellenblatt und holen Sie die Informationen über verknüpfte Textfelder in das Diagramm.

Die Botschaftszeile reservieren Sie für eine Titelbotschaft, der Inhalt ist natürlich davon abhängig, welche Differenzmonate eingestellt sind und welche Werte das Diagramm anzeigt. Mit einer Formel lässt sich aber die Wertigkeit der Differenz abfragen, und wenn Sie mit den Funktionen INDEX() und TEXT() vertraut sind, können Sie eine automatische Botschaft erstellen:

```
Q18: ="Von "&INDEX(Monate;$Q$4;1)&" bis "&INDEX(Monate;$Q$8;1)&" ist "&WENN(N11>0;" eine
Umsatzsteigerung";"ein Umsatzrückgang")&" von "&TEXT(N11/N9;"0%;0%")&" zu verzeichnen"
```

Die erste Titelzeile erhält die allgemeine Aussage über den Inhalt des Diagramms. In der zweiten Zeile geben Sie die Berichtsgröße an. Um die beiden Zeilen in ein einziges Textfeld zu verknüpfen, schreiben Sie eine Formel, in der die Zellen Q19 und Q20 mit einem Zeilenumbruch (ZEICHEN(10)) verknüpft sind:

```
Q19: Umsatzanalyse ElektroMarkt Januar - Dezember 2012
Q20: in Tausend EUR
Q21: =Q19&ZEICHEN(10)&Q20
```

Das Diagrammobjekt sollten Sie jetzt vergrößern, damit die Titelelemente Platz haben. Ziehen Sie den oberen Rand über die Hilfsreihen bis zur Zeile 8. Fügen Sie den Titel für die Botschaft und ein Textfeld für den zweizeiligen Titel ein.

Aktion	Beschreibung
Titel einfügen	Diagrammtools/Layout/Beschriftungen/Diagrammtitel/Über Diagramm
Titel mit Botschaft verknüpfen	Titelelement markieren, Cursor in die Bearbeitungsleiste setzen =-Zeichen schreiben, mit Klick auf $Q$18 Zellinhalt verknüpfen. Mit ⎡Enter⎤ bestätigen
Textfeld einzeichnen	Einfügen/Text/Textfeld
Textfeld mit Titel verknüpfen	Textfeld am Rand markieren Cursor in die Bearbeitungsleiste setzen =-Zeichen schreiben Zelle $A$21 anklicken, mit ⎡↵⎤ bestätigen

Der Rest ist »Formsache«: Formatieren Sie die Titelelemente über die Symbole im Register *Start* oder über die Zeichentools. Zellinformationen, die nicht gedruckt werden sollen, z. B. die Hilfsspalte 13, färben Sie mit der Textfarbe Weiß oder weisen ihnen ein Zahlenformat zu, das alle Zahlen ausblendet. Schreiben Sie dieses benutzerdefinierte Zahlenformat:

; ; ;

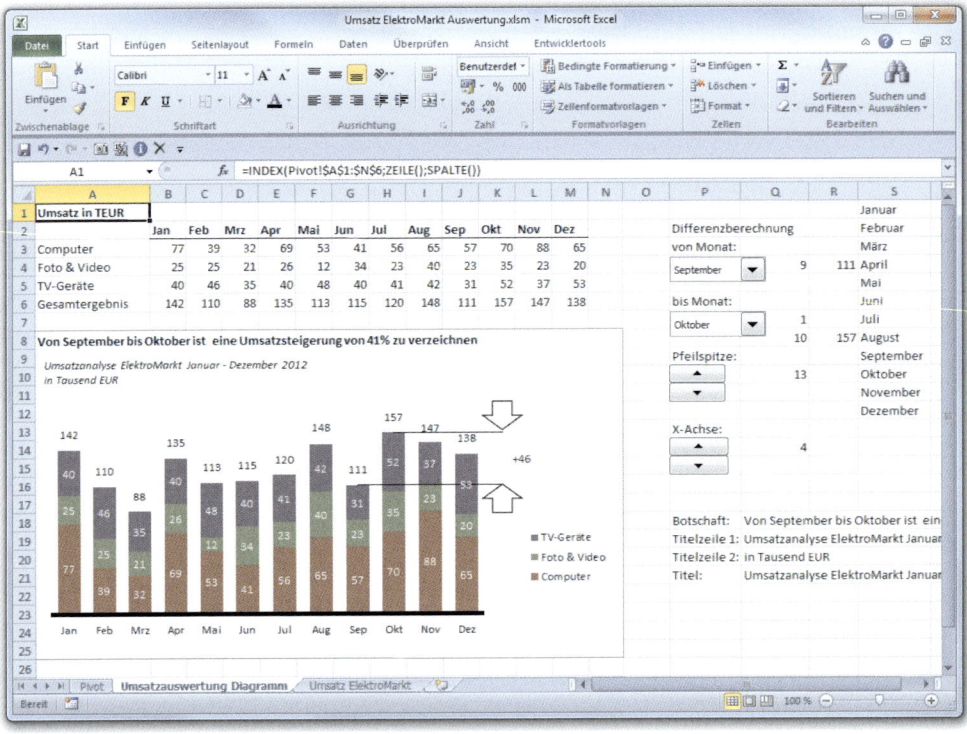

Abbildung 5.39: Das Zahlenformat ;;; macht Zahlen unsichtbar

PivotTable aktualisieren per VBA

Achten Sie darauf, dass die PivotTable die Daten nicht automatisch aktualisiert. In unserem Übungsbeispiel haben wir Zufallszahlen verwendet, in der Praxis werden Sie die Daten aus ODBC-Verbindungen oder über Abfragen aus externen Systemen beziehen. Ändert sich die Datenbasis für die PivotTable und damit das Diagramm regelmäßig, sollten Sie dafür sorgen, dass die neuesten Zahlen bereitstehen, wenn ein Tabellenblatt aktiviert wird.

Schalten Sie mit ⌊Alt⌋ + ⌊F11⌋ in den Visual Basic-Editor um.

Suchen Sie im Projekt-Explorer das aktuelle Projekt (die Arbeitsmappe). Wenn das Fenster des Projekt-Explorers nicht sichtbar ist, aktivieren Sie es im ANSICHT-Menü.

1. Öffnen Sie den Ordner *Microsoft Excel Objekte* und per Doppelklick *Diese Arbeitsmappe*.
2. Suchen Sie für das Workbook (linke Liste im Codeblatt) das Ereignis *SheetActivate* (rechte Liste).
3. Schreiben Sie diese Anweisung, die alle Verknüpfungen und PivotTables aktualisiert:

```
Private Sub Workbook_SheetActivate(ByVal Sh As Object)
  ' Alle Tabellen neu berechnen
  Calculate
  ' Alle PivotTables aktualisieren
  ActiveWorkbook.RefreshAll
End Sub
```

Speichern Sie Ihre Arbeitsmappe als Excel-Makroarbeitsmappe ab, verwenden Sie dazu unter DATEI/SPEICHERN UNTER den Dateityp *Excel-Arbeitsmappe mit Makros (*.xlsm)*.

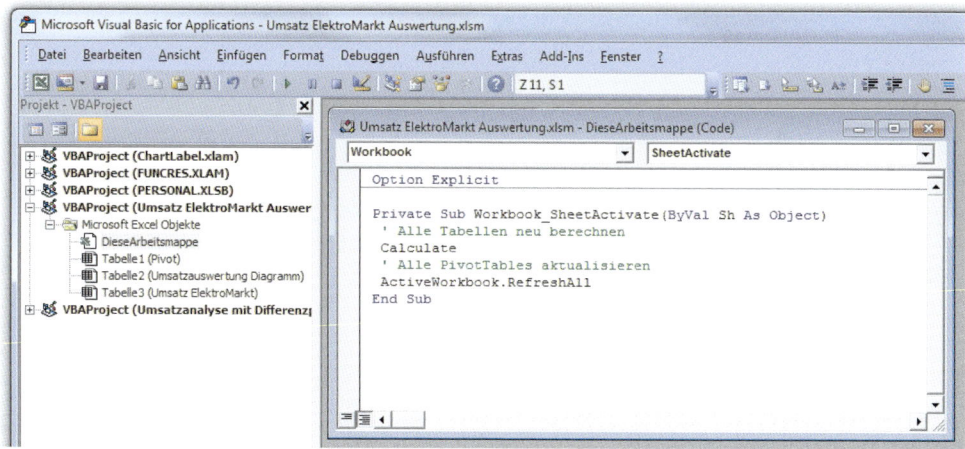

Abbildung 5.40: Makro aktualisiert alle PivotTables und berechnet alle Tabellenblätter neu

5.1.3 Umsatzbericht mit Sparklines

Umsatz Buchhandlung.xlsx

Umsatz Buchhandlung Loesung.xlsx

Das Tabellenblatt *Umsatz* zeigt die jährlichen Umsatzdaten einer Buchhandlung, aufgelistet nach Kategorien. Der Buchhändler möchte die Umsätze pro Halbjahr aufsummieren, die monatlichen Umsätze pro Halbjahr vergleichen und die umsatzstärksten Monate hervorheben. Dazu wandelt er die Daten in eine Tabelle um.

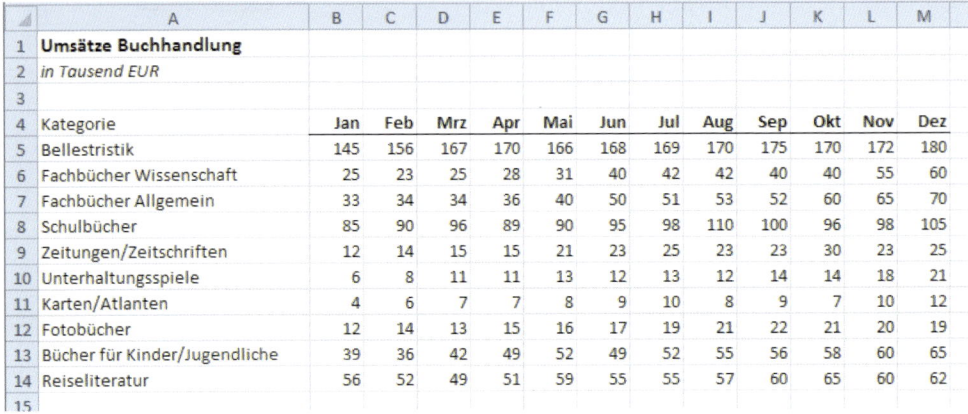

⬜	A	B	C	D	E	F	G	H	I	J	K	L	M
1	**Umsätze Buchhandlung**												
2	*in Tausend EUR*												
3													
4	Kategorie	Jan	Feb	Mrz	Apr	Mai	Jun	Jul	Aug	Sep	Okt	Nov	Dez
5	Bellestristik	145	156	167	170	166	168	169	170	175	170	172	180
6	Fachbücher Wissenschaft	25	23	25	28	31	40	42	42	40	40	55	60
7	Fachbücher Allgemein	33	34	34	36	40	50	51	53	52	60	65	70
8	Schulbücher	85	90	96	89	90	95	98	110	100	96	98	105
9	Zeitungen/Zeitschriften	12	14	15	15	21	23	25	23	23	30	23	25
10	Unterhaltungsspiele	6	8	11	11	13	12	13	12	14	14	18	21
11	Karten/Atlanten	4	6	7	7	8	9	10	8	9	7	10	12
12	Fotobücher	12	14	13	15	16	17	19	21	22	21	20	19
13	Bücher für Kinder/Jugendliche	39	36	42	49	52	49	52	55	56	58	60	65
14	Reiseliteratur	56	52	49	51	59	55	55	57	60	65	60	62
15													

Abbildung 5.41: Buchhandelumsätze

Tabelle erstellen, Halbjahressummen und Jahressumme berechnen

Aktion	Beschreibung
Liste in Tabelle umwandeln	Zellzeiger in die Liste setzen, EINFÜGEN/TABELLEN/TABELLE Bereich \$A\$5:\$M\$14 bestätigen, Option *Tabelle hat Überschriften* ist aktiviert
Farben und Formate ändern	Tabellentools/Entwurf/Tabellenformatvorlagen
Filterpfeile entfernen	START/BEARBEITEN/SORTIEREN UND FILTERN/FILTERN deaktivieren
Tabellenname ändern	Tabellentools/Entwurf/Eigenschaften/Tabellenname Umsatz eintragen
Summe 1. Halbjahr berechnen	Spalte H markieren, mit ⎡Strg⎤+⎡+⎤ neue Spalte einfügen Spaltenbeschriftung ändern in »1. HJ« Summe für die erste Zeile berechnen: H5: =SUMME(Umsatz[@[Jan]:[Jun]])
Summe 2. Halbjahr berechnen	O4: 2. HJ O5: =SUMME(Umsatz[@[Jul]:[Dez]])
Gesamtsummen der Kategorien berechnen	P4: Gesamtsumme P5: =[@[2. Halbjahr]]+[@[1. Halbjahr]]
Monatssummen berechnen	TABELLENTOOLS/ENTWURF/OPTIONEN FÜR TABELLENFORMAT/ERGEBNISZEILE aktivieren B15: Ergebnisformel SUMME markieren B15 mit Füllkästchen bis P15 kopieren

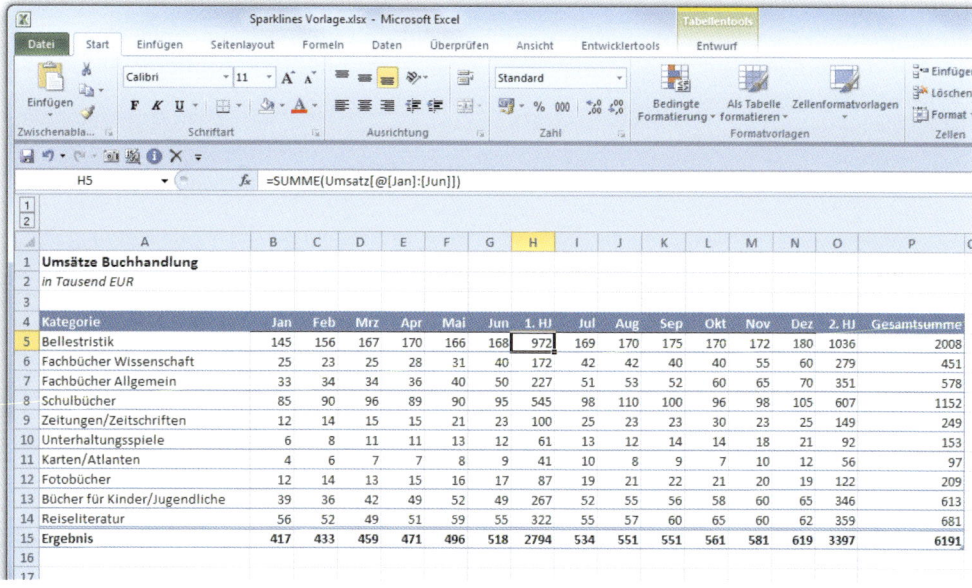

Abbildung 5.42: Die Zeilensummen in der Tabelle werden mit strukturierten Verweisen berechnet

Sparklines für Halbjahre

Aktion	Beschreibung
Sparklines für 1. Halbjahr	Spalte J markieren, mit [Strg]+[+] neue Spalte einfügen Spaltenbeschriftung ändern in »Grafik 1. HJ« I5:I14 markieren, EINFÜGEN/SPARKLINES/SÄULE Datenbereich: $B$5:$G$14 Positionsbereich: $I$5:$I$14
Sparklines 1. HJ formatieren	SPARKLINETOOLS/ENTWURF/ANZEIGEN, Höchstpunkt und Tiefpunkt ankreuzen SPARKLINETOOLS/ENTWURF/DATENPUNKTFARBE, Höchstpunkt grün, Tiefpunkt rot
Sparklines für 2. Halbjahr	Spalte P markieren, mit [Strg]+[+] neue Spalte einfügen Spaltenbeschriftung ändern in »Grafik 2. HJ« P5:P14 markieren, EINFÜGEN/SPARKLINES/SÄULE Datenbereich: $J$5:$O$14 Positionsbereich: $P$5:$P$14

Abbildung 5.43: Sparklines für die Halbjahre

Sparklines für Gesamtumsatz

Leider bietet das Sparklines-Werkzeug keine Möglichkeit, Daten aus mehreren, nicht zusammenhängenden Bereichen zu visualisieren. Für eine Zellengrafik über den Gesamtumsatz aller Monate müssen die Werte aus der Tabelle wieder zusammengefasst werden.

1. Erstellen Sie Verknüpfungen auf die Tabellenbereiche, lassen Sie eine Spalte Abstand zur Tabelle:

   ```
   T5: =B5
   ```

2. Kopieren Sie die Formel bis Zelle Y14 und schreiben Sie die nächste Verknüpfung:

   ```
   Z5: =J5
   ```

3. Kopieren Sie die Formel bis Zelle AE14.
4. Weisen Sie den Spalten T:AE die optimale Spaltenbreite zu.
5. Gruppieren Sie die Spalten T:AE mit DATEN/GLIEDERUNG/GRUPPIEREN eine Ebene tiefer.
6. Markieren Sie den Bereich AF5:AF14 und erstellen Sie die Grafiken mit EINFÜGEN/SPARK-LINES/SÄULE.

   ```
   Datenbereich:      $T$5:$AE$14
   Positionsbereich:  $AF$5:$AF$14
   ```

7. Damit die Daten für die Gesamtsummen auch angezeigt werden, wenn die Hilfsspalten ausgeblendet sind, schalten Sie diese Option ein:

SPARKLINETOOLS/ENTWURF/DATEN BEARBEITEN/AUSGEBLENDETE UND LEERE ZELLENEINSTELLUNGEN, *Daten in ausgeblendeten Zeilen und Spalten anzeigen*.

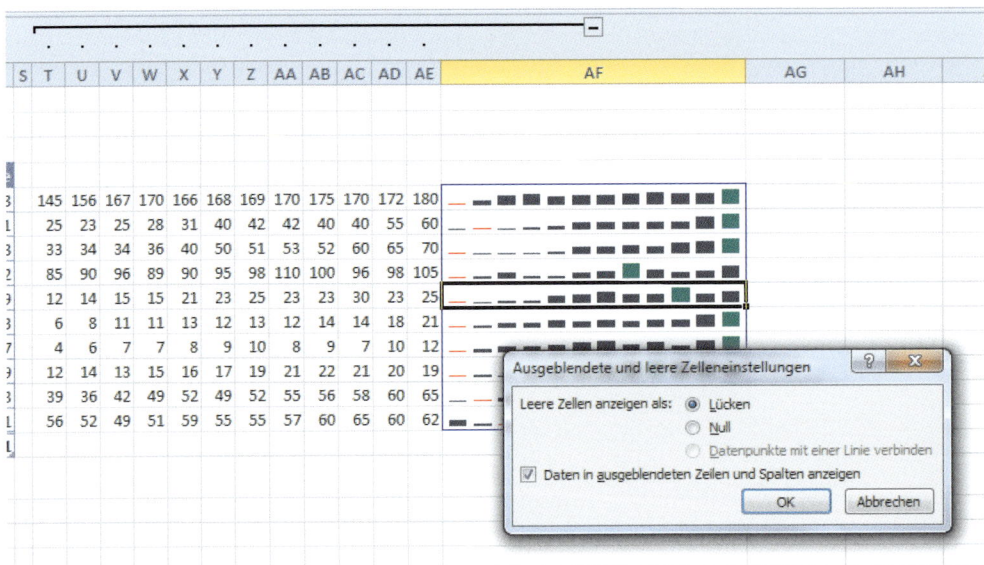

Abbildung 5.44: Sparklines bei ausgeblendeten Ebenen sichtbar machen

8. Gruppieren Sie auch die Spalten der beiden Halbjahre (B:G und J:O) in die zweite Ebene und weisen Sie den beiden Sparklinegruppen die Option zu, damit die Grafiken immer angezeigt werden.

	A	H	I	P	Q	R	S	AF
1	**Umsätze Buchhandlung**							
2	*in Tausend EUR*							
3								
4	Kategorie	1. HJ	Grafik 1. HJ	Grafik 2. HJ	2. HJ	Gesamtsumme		
5	Bellestristik	972			1036	2008		
6	Fachbücher Wissenschaft	172			279	451		
7	Fachbücher Allgemein	227			351	578		
8	Schulbücher	545			607	1152		
9	Zeitungen/Zeitschriften	100			149	249		
10	Unterhaltungsspiele	61			92	153		
11	Karten/Atlanten	41			56	97		
12	Fotobücher	87			122	209		
13	Bücher für Kinder/Jugendliche	267			346	613		
14	Reiseliteratur	322			359	681		
15	**Ergebnis**	**2794**			**3397**	**6191**		
16								

Abbildung 5.45: Mit der Gliederungsfunktion wird die Anzeige auf die Summen und Sparklines reduziert

Raster und Beschriftung für die Sparklines

Wie bereits erwähnt, können zwar die Zellen beschriftet werden, die Sparklines enthalten, eine exakte Positionierung über den Datenpunkten ist damit aber nicht möglich. Mit diesem Trick erhalten Sie ein exaktes Raster und eine Überschrift mit den Monatsnamen über den Datenpunkten der Sparklines:

Die Spaltenbreite der Monatsspalten beträgt jeweils 44 Punkt. Zeichnen Sie unterhalb der Tabelle ein Raster mit Überschrift, tragen Sie die Anfangsbuchstaben der Monatsnamen oder die Monatsnamen abgekürzt in die erste Zeile ein und formatieren Sie die 10 Zeilen darunter mit Rasterlinien.

	A	B	C	D	E	F	G	H	I
4	Kategorie	Jan	Feb	Mrz	Apr	Mai	Jun	1. HJ	Grafik 1. HJ
5	Bellestristik	145	156	167	170	166	168	972	
6	Fachbücher Wissenschaft	25	23	25	28	31	40	172	
7	Fachbücher Allgemein	33	34	34	36	40	50	227	
8	Schulbücher	85	90	96	89	90	95	545	
9	Zeitungen/Zeitschriften	12	14	15	15	21	23	100	
10	Unterhaltungsspiele	6	8	11	11	13	12	61	
11	Karten/Atlanten	4	6	7	7	8	9	41	
12	Fotobücher	12	14	13	15	16	17	87	
13	Bücher für Kinder/Jugendliche	39	36	42	49	52	49	267	
14	Reiseliteratur	56	52	49	51	59	55	322	
15	**Ergebnis**	**417**	**433**	**459**	**471**	**496**	**518**	**2794**	
16									
17		J	F	M	A	M	J		
18									
19									
20									
21									
22									
23									
24									
25									
26									
27									

Abbildung 5.46: Raster für die Beschriftung

1. Markieren Sie den Bereich mit der Überschrift und allen Rasterlinien und wählen Sie START/ZWISCHENABLAGE/KOPIEREN/ALS BILD KOPIEREN. Bestätigen Sie im Dialog die Option WIE ANGEZEIGT.
2. Ändern Sie die Spaltenbreite der Sparklines auf exakt 264 Punkt (6 x 44 Punkt).
3. Markieren Sie die Zelle mit der Spaltenüberschrift (I4) und fügen Sie das Bild mit Strg + v aus der Zwischenablage ein.

B	C	D	E	F	G	H	J	F	M	A	M	J
Jan	Feb	Mrz	Apr	Mai	Jun	1. HJ						
145	156	167	170	166	168	972						
25	23	25	28	31	40	172						
33	34	34	36	40	50	227						
85	90	96	89	90	95	545						
12	14	15	15	21	23	100						
6	8	11	11	13	12	61						
4	6	7	7	8	9	41						
12	14	13	15	16	17	87						
39	36	42	49	52	49	267						
56	52	49	51	59	55	322						
417	433	459	471	496	518	2794						

Abbildung 5.47: Die Sparklines sind beschriftet und gerastert

5.1.4 Aktienkursauswertung

Das Kursdiagramm zeigt die Entwicklung eines Aktienkurses mit Eröffnungskurs, Höchstwert, Tiefstwert, Schlusskurs und Volumen. Dazu stehen mehrere Untertypen für unterschiedliche Visualisierungen zur Auswahl. Als Basis dient eine Liste oder Tabelle mit den Datumswerten der Kursnotierung und den Notierungen in den einzelnen Spalten.

	A	B	C	D	E	F
1	Datum	Eröffnungskurs	Max	Tief	Schluss	Volumen
2	04. Nov 11	36,76	36,76	34,72	34,99	6.181.700
3	03. Nov 11	34,62	36,95	34,4	36,38	9.045.900
4	02. Nov 11	35,3	35,54	34,35	35,42	6.008.100
5	01. Nov 11	35,52	35,6	34,25	34,81	10.559.200
6	31. Okt 11	38,94	39,12	36,92	37	6.749.700
7	28. Okt 11	39,3	39,3	38	39,2	7.492.800
8	27. Okt 11	39,25	39,85	38,08	39,07	11.713.600
9	26. Okt 11	37,8	38,99	37,37	37,9	6.363.200
10	25. Okt 11	37,08	38,69	36,87	37,75	7.407.800
11	24. Okt 11	37,13	37,7	36,33	37,31	4.996.300
12	21. Okt 11	35,17	36,88	35,08	36,72	6.635.400
13	20. Okt 11	35,32	36,14	34,85	34,99	7.568.100

Abbildung 5.48: Kursnotierungen für eine Aktie

Für die Visualisierung der Daten bietet die Diagrammauswahl mehrere Varianten an. Welche Sie nutzen können, ist davon abhängig, wie die Daten zusammengestellt oder vor der Auswahl des Untertyps markiert waren.

1. Wählen Sie EINFÜGEN/DIAGRAMME/WEITERE/KURS.

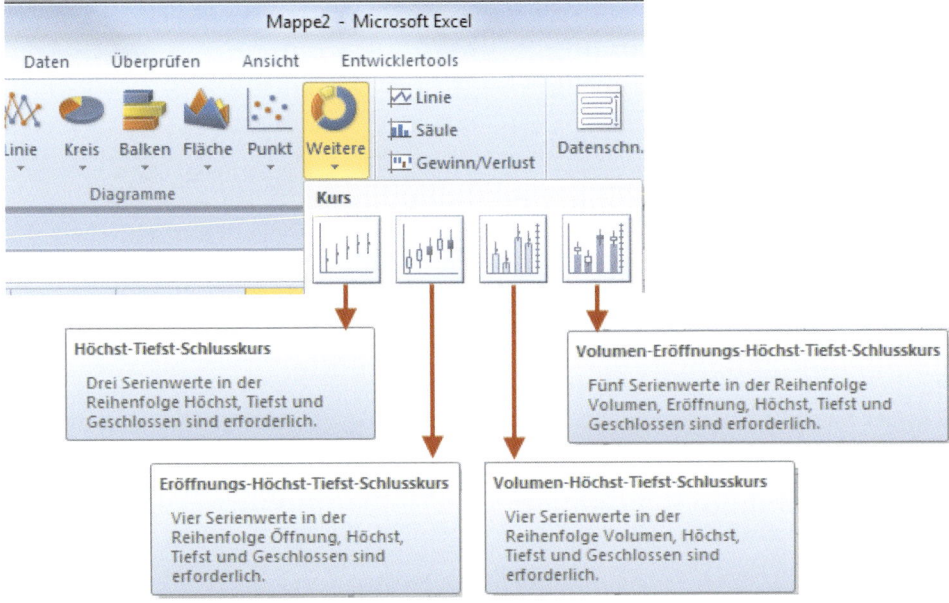

Abbildung 5.49: Vier Untertypen, vier verschiedene Diagramme

Höchstwert, Tiefstwert, Schlusskurs

Für dieses Diagramm markieren Sie die Datumsreihe zuerst. Halten Sie die ⌷Strg⌷-Taste gedrückt und markieren Sie die weiteren Spalten *Höchstwert*, *Tiefstwert* und *Schlusskurs* jeweils inklusive der Beschriftungszeile.

2. Wählen Sie EINFÜGEN/DIAGRAMME/WEITERE/KURS, *Untertyp 1*.
3. Weisen Sie dem Diagramm eine Formatvorlage zu und testen Sie die Diagrammlayouts, die in den Diagrammtools zur Auswahl stehen. Formatieren Sie die Diagrammelemente über den Formatierdialog.

Aktion	Beschreibung
Minimalwert der vertikalen Achse anpassen	Doppelklick auf vertikale Achse, ACHSE FORMATIEREN/ACHSENOPTIONEN, MINIMUM FEST
Rubrikenachse auf Format TT/MM setzen	Doppelklick auf Rubrikenachse, ACHSE FORMATIEREN/ZAHL Formatcode eintragen: TT.MM Klick auf HINZUFÜGEN
Symbole für Schlusskurs formatieren	Schlusskurs per Doppelklick markieren DATENREIHEN FORMATIEREN/MARKIERUNGSOPTIONEN/MARKERTYP INTEGRIERT. Größe ändern

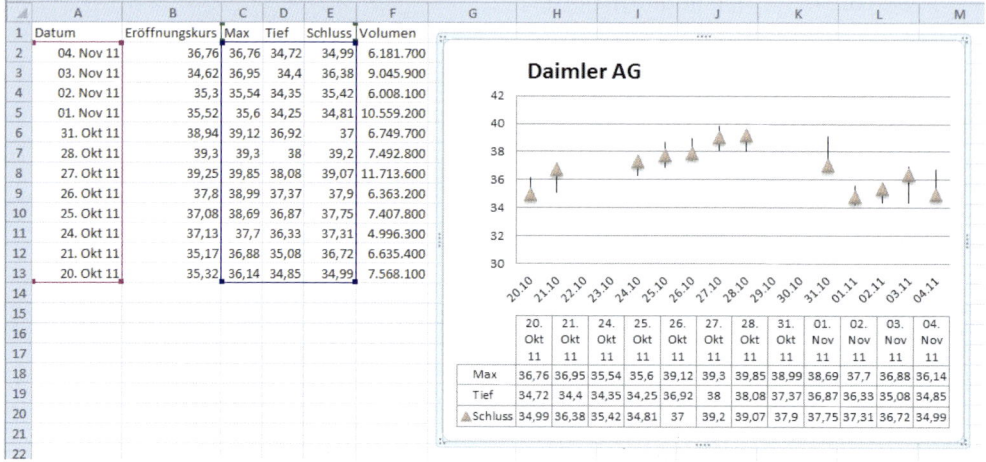

Abbildung 5.50: Kursdiagramm mit Höchst-, Tiefst- und Schlusswert

Eröffnungskurs, Höchst-, Tiefstwert und Schlusskurs

Für dieses Kursdiagramm sind die Daten in unserem Beispiel bereits richtig angeordnet, Sie können den gesamten Block (Spalten A bis E) markieren und das Diagramm mit EINFÜGEN/DIAGRAMM/WEITERE/KURS, *Untertyp 2* anlegen. Die Schlusskurse bilden die Hauptdatenreihe im Diagramm, die Reihen mit den Höchst- und Tiefstwerten sind jeweils mit Spannlinien verbunden. Positive und negative Abweichungen zeigt das Diagramm über Balken an.

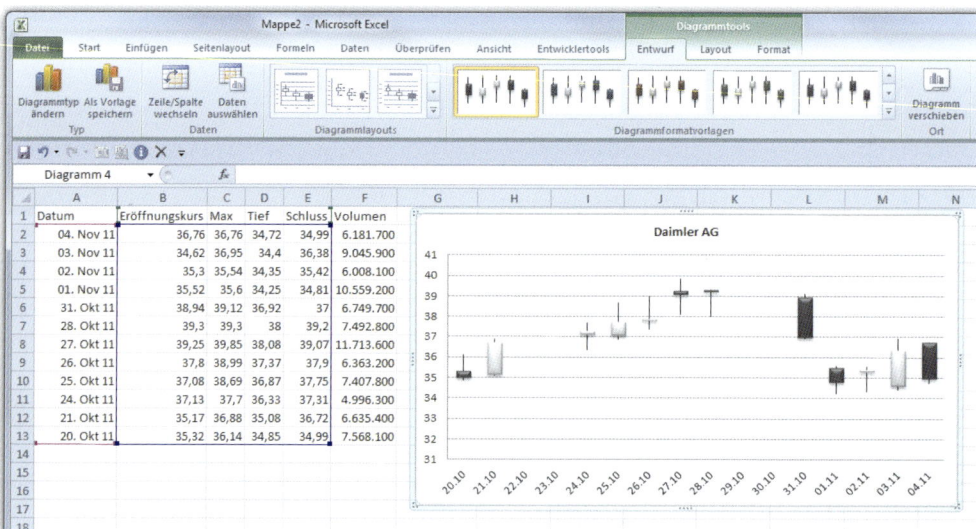

Abbildung 5.51: Kursdiagramm mit Eröffnungskurs, Höchst-, Tiefst- und Schlusswert

Volumen, Höchst-, Tiefst- und Schlusskurs

Für die zusätzliche Angabe des Volumens wird das Diagramm eine weitere vertikale Achse brauchen. Die Daten sollten in der passenden Reihenfolge angeordnet sein, denn Excel akzeptiert zwar eine Mehrfachmarkierung der einzelnen Spalten mit ⟨Strg⟩, weist die Datenreihen aber bei der Erstellung des Diagramms falsch zu. Wollen Sie die Daten nicht umstellen, zeichnen Sie das Diagramm mit der falschen Zuordnung und ändern diese anschließend durch Verschieben der Farbmarkierungen. Zeigen Sie dazu auf die Reihe im Diagramm und ziehen Sie die Farbmarkierung an die richtige Position.

Die Linien für die Hoch-, Tief- und Schlusskurse haben standardmäßig keine Markierungen, setzen Sie diese nachträglich ein, werden sie auch in der Legende angezeigt.

Aktion	Beschreibung
Volumen in der vertikalen Achse auf TEUR reduzieren	Doppelklick auf vertikale Primärachse, ACHSE FORMATIEREN/ACHSENOPTIONEN, ZAHL Formatcode eintragen: #.##0 Klick auf HINZUFÜGEN
Rubrikenachse auf Format TT/MM setzen	Doppelklick auf Rubrikenachse, ACHSE FORMATIEREN/ZAHL Formatcode eintragen: TT.MM Klick auf HINZUFÜGEN
Markierungen für Hoch-, Tief- und Schlusskurse	Reihe per Doppelklick markieren DATENREIHEN FORMATIEREN/MARKIERUNGSOPTIONEN/MARKERTYP INTEGRIERT. Größe und Typ ändern

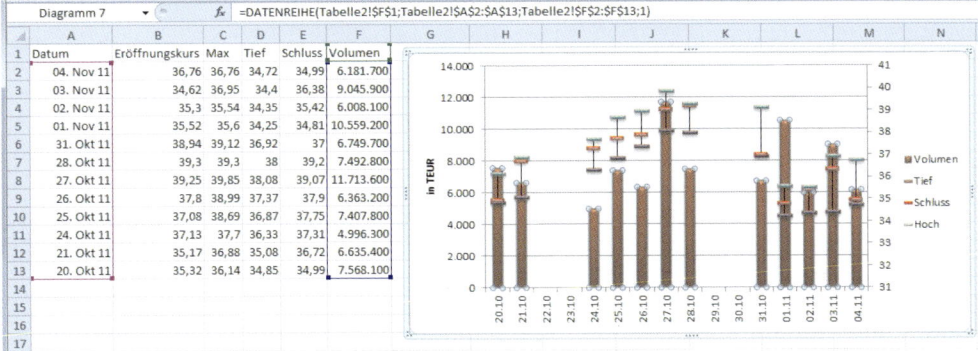

Abbildung 5.52: Kursdiagramm mit Volumen, Höchst-, Tiefst- und Schlusswert

Volumen, Eröffnungskurs, Hoch-, Tief- und Schlusswert

Für dieses Diagramm empfiehlt es sich, die Daten in der richtigen Reihenfolge bereitzustellen, da Excel eine Mehrfachmarkierung zwar akzeptiert, aber die Reihen anschließend nicht richtig zuweist. Das Volumen wird auf der linken Vertikalachse aufgetragen, der Kurswert lässt sich an der Sekundärachse rechts ablesen. Die Volumenreihe wird als Balkenreihe abgebildet, alle weiteren Datenreihen sind Linien ohne Linienfarbe und -stärke. Die Markierungen für die einzelnen Reihen können Sie nachbessern oder neu zuweisen.

Aktion	Beschreibung
Volumen in der vertikalen Achse auf TEUR reduzieren	Doppelklick auf vertikale Primärachse, ACHSE FORMATIEREN/ACHSENOPTIONEN, ZAHL Formatcode eintragen: #.##0 Klick auf HINZUFÜGEN
Rubrikenachse auf Format TT/MM setzen	Doppelklick auf Rubrikenachse, ACHSE FORMATIEREN/ZAHL Formatcode eintragen: TT.MM Klick auf HINZUFÜGEN
Markierungen für Hoch-, Tief- und Schlusskurse	Reihe per Doppelklick markieren DATENREIHEN FORMATIEREN/MARKIERUNGSOPTIONEN/MARKERTYP INTEGRIERT. Größe und Typ ändern

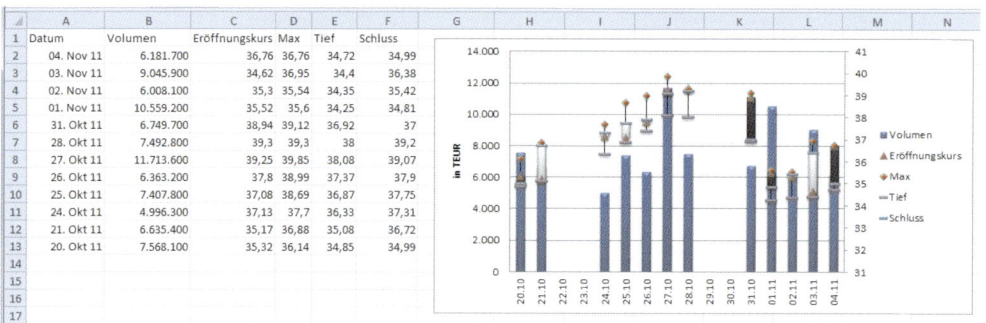

Abbildung 5.53: Kursdiagramm mit Volumen, Eröffnungs-, Höchst-, Tiefst- und Schlusswert

Aktienkurse online beziehen

Die Frage, ob es Sinn macht, Aktienkursanalysen mit Excel durchzuführen, lässt sich nicht einfach beantworten. Das Internet bietet eigentlich alles, was zur Analyse von Kurswerten benötigt wird, allein zur Anfrage nach dem Wort »Aktienkurse« liefert Google über 8 Millionen Fundstellen. Sämtliche Börsen, zahlreiche Dienstanbieter und alle Bankinstitute stellen diesen Service bereit. Die meisten Anbieter liefern aber nur Momentaufnahmen, aktuelle Kurse und Veränderungen zum Kurs der Vortagesnotierung.

Kurshistorien können bei mehreren Anbietern abgefragt werden, viele liefern sogar Tabellenkalkulationsdaten. Bei *Yahoo! Finanzen* geben Sie z. B. das Kurssymbol ein und erhalten sofort die aktuellen Kurse. Ein Klick auf *Historische Kurse* liefert eine Tabelle mit dem Kursverlauf des letzten Monats, und über den Link *Aufbereitet für Tabellenkalkulationsprogramm* am unteren Rand der Seite lässt sich diese sogar im CSV-Format für Excel exportieren.

Diese Liste verwenden wir in diesem Beispiel, um die Abfrage der historischen Werte zu automatisieren.

Erstellen Sie eine Liste der Indizes, für die Sie die Kurshistorie abfragen wollen, im Tabellenblatt *Indizes*. Tragen Sie in der ersten Spalte den Namen des Unternehmens und in der zweiten Spalte den Index ein. Die Symbole finden Sie bei *Yahoo! Finanzen* unter *Kurse & Märkte/Indizes*, kopieren Sie den Namen des Unternehmens und das Symbol.

1. Markieren Sie die gesamte Liste und wählen Sie FORMELN/DEFINIERTE NAMEN/NAMENS-MANAGER.
2. Weisen Sie der Liste den Bereichsnamen *rngIndizes* zu.
3. Markieren Sie den Bereich mit den Unternehmensbezeichnungen und weisen Sie diesem den Bereichsnamen *rngUnternehmen* zu. Diesen Namen können Sie einfach in das Namensfeld links oben schreiben (mit ⏎ bestätigen).

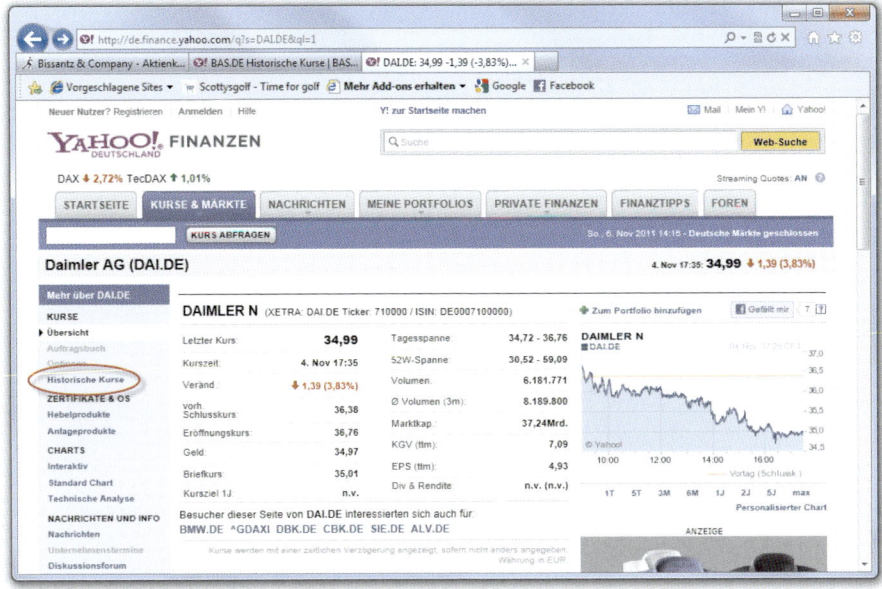

Abbildung 5.54: Kurshistorie bei Yahoo! Finanzen

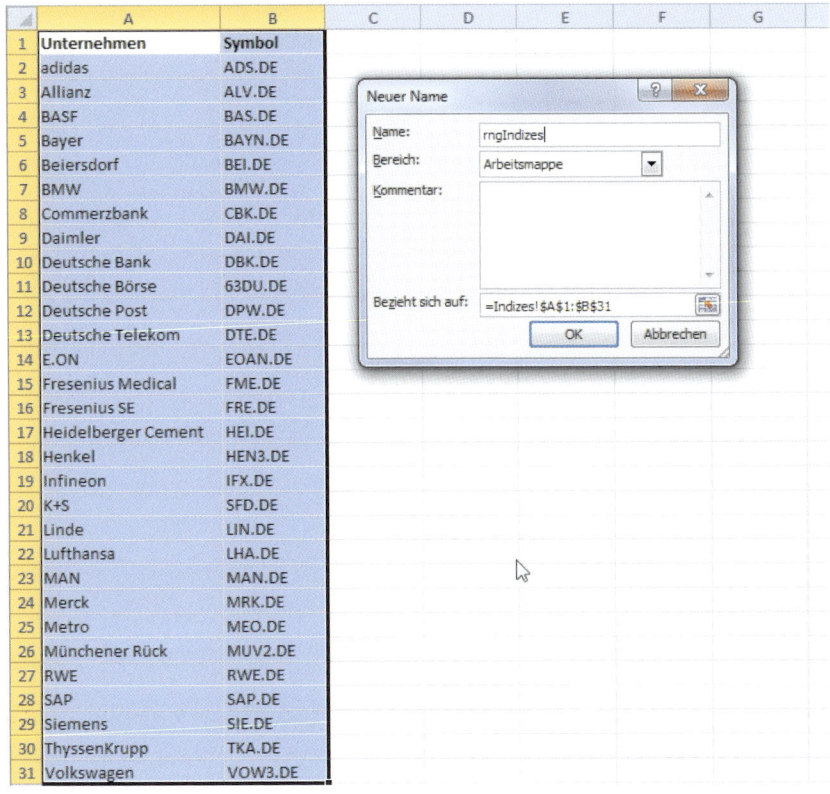

Abbildung 5.55: Bereichsnamen für die Liste und die Unternehmensbezeichnungen

Legen Sie im zweiten Tabellenblatt ein Kombinationsfeld mit den Unternehmensbezeichnungen an. Holen Sie das Symbol des gewählten Unternehmens mit der Funktion SVERWEIS() aus der Liste.

Aktion	Beschreibung
Kombinationsfeld zeichnen	ENTWICKLERTOOLS/STEUERELEMENTE EINFÜGEN In der Gruppe FORMULARSTEUERELEMENTE Klick auf *Kombinationsfeld* Element mit gedrückter Maustaste in das Tabellenblatt zeichnen
Unternehmensbezeichnungen zuweisen	Element mit der rechten Maustaste anklicken Steuerelement formatieren: Eingabebereich: rngUnternehmen Zellverknüpfung: $G$1 Dropdownzeilen: 100
Symbol verknüpfen	D4: Symbol: D5: =INDEX(rngIndizes;$G$1+1;2)

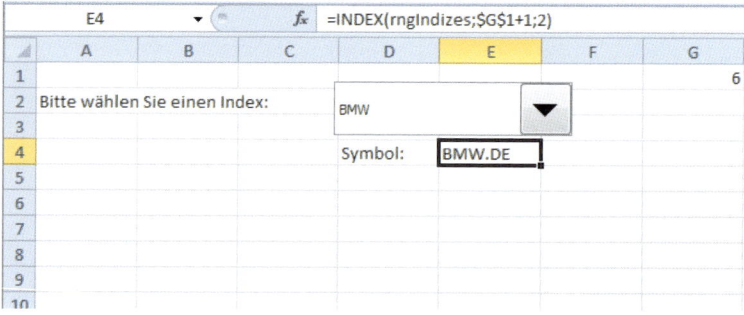

Abbildung 5.56: Auswahl des Index mit Kombinationsfeld und Funktion INDEX()

Webabfrage generieren

Für die dynamische Verknüpfung zum Internet suchen Sie zunächst nach einem der Indizes und stellen die Kurshistorie bereit. Kopieren Sie dann den Link zu dieser Tabelle und holen Sie für diesen die Webabfrage.

1. Geben Sie in *Yahoo! Finanzen* eine Kursabfrage zu einem beliebigen Index ein und aktivieren Sie den Link *Historische Kurse*.
2. Klicken Sie mit der rechten Maustaste in die Tabelle und wählen Sie EIGENSCHAFTEN.
3. Markieren Sie den Link, der im Eigenschaftenfenster angezeigt wird, und kopieren Sie ihn mit ⌨Strg + ⌨c (siehe Abbildung 5.57).
4. Schließen Sie das Eigenschaftenfenster wieder.
5. Wählen Sie DATEN/EXTERNE DATEN ABRUFEN/AUS DEM WEB.
6. Kopieren Sie den Link aus der Zwischenablage in das Adressfeld und bestätigen Sie mit OK.
7. Suchen Sie das gelbe Pfeilsymbol neben dem Unternehmensnamen und klicken Sie es an. Kreuzen Sie auch die Historientabelle an.
8. Klicken Sie auf IMPORTIEREN, um die Tabelle aus dem Web in das Tabellenblatt zu verknüpfen (siehe Abbildung 5.58).
9. Geben Sie die Zelle A6 als Zielzelle für die einzufügenden Daten an und bestätigen Sie mit OK.
10. Setzen Sie den Zellzeiger in die Abfrage und wählen Sie DATEN/VERBINDUNGEN/EIGENSCHAFTEN. Schalten Sie die Option *Spaltenbreite einstellen* aus.

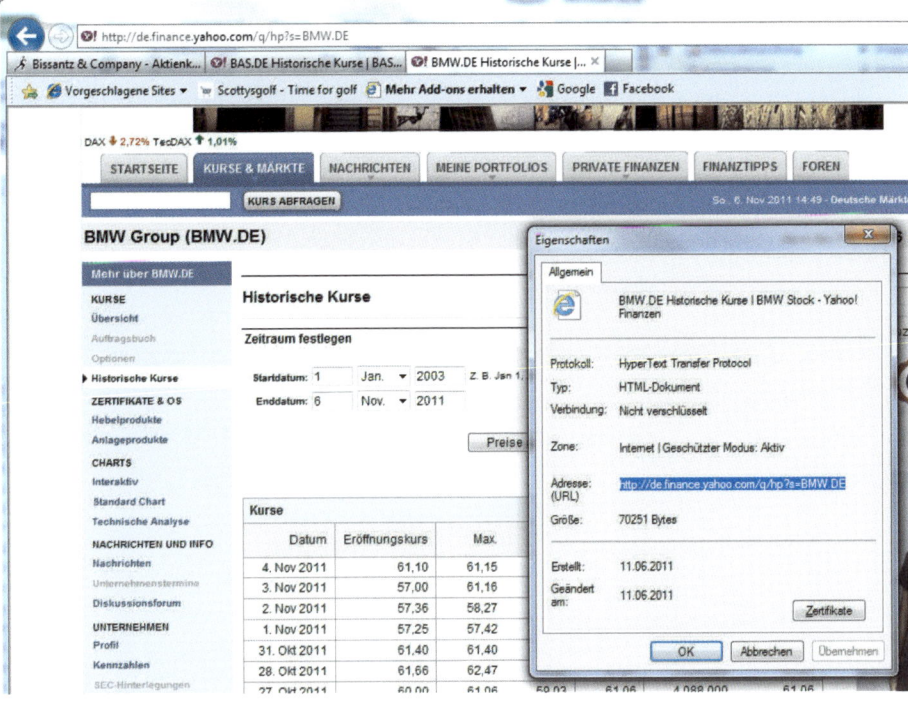

Abbildung 5.57: Link auf die Tabelle mit der Kurshistorie

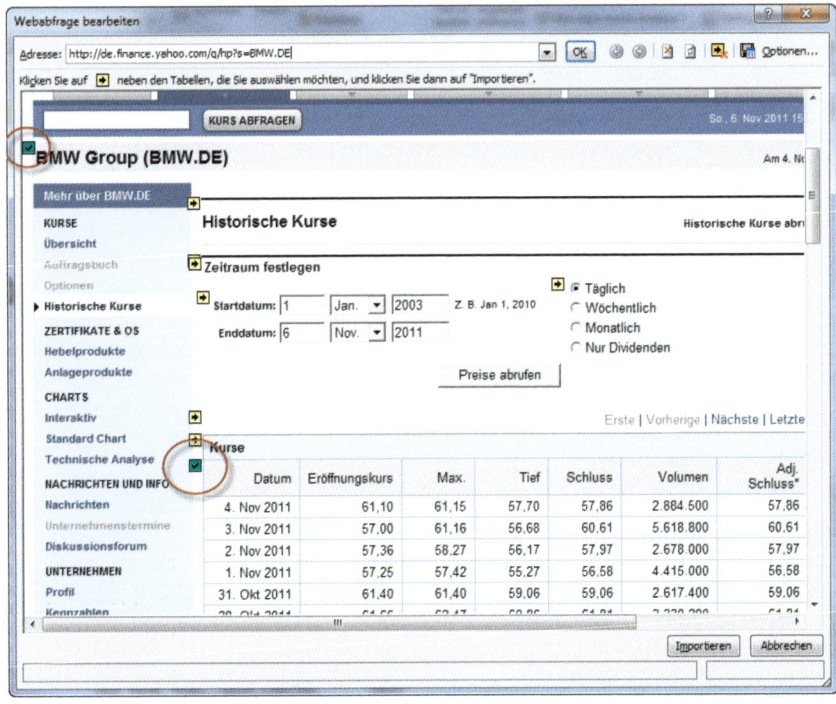

Abbildung 5.58: Kurshistorie verknüpfen

Webabfrage mit VBA-Makro automatisieren

Im nächsten Schritt verbinden Sie die Abfrage aus dem Web mit dem über das Kombinationsfeld gewählten Index. Dazu brauchen Sie ein VBA-Makro, das die Verbindung neu definiert und die Verbindungsabfrage aktualisiert. Verwenden Sie den Makrorecorder, um die passenden Befehle herauszufinden:

1. Wählen Sie ENTWICKLERTOOLS/CODE/MAKRO AUFZEICHNEN.
2. Geben Sie den Makronamen ein:
   `MakeIndex`
3. Stellen Sie sicher, dass das Makro in dieser Arbeitsmappe gespeichert wird. In das Feld BESCHREIBUNG tragen Sie einen passenden Text ein.

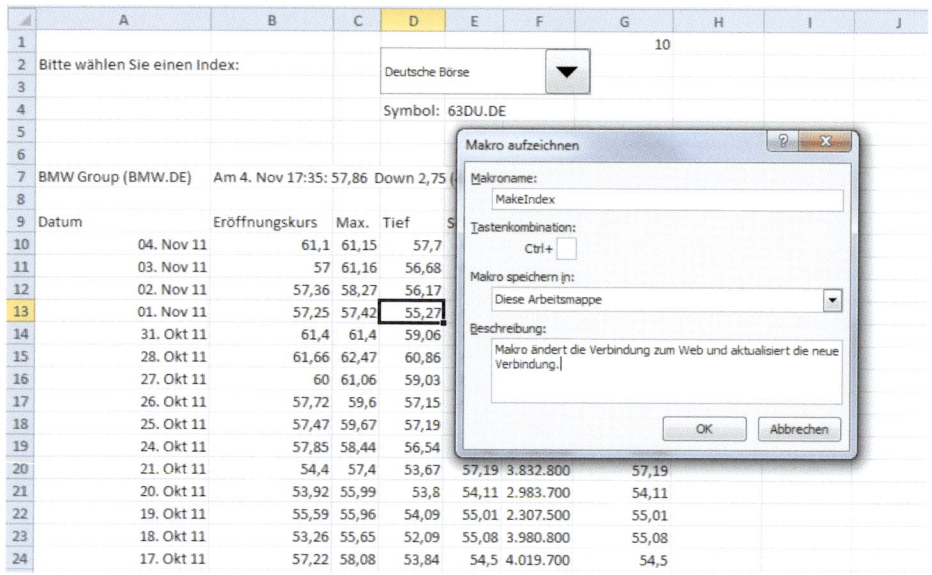

Abbildung 5.59: Makroaufzeichnung starten

Mit einem Klick auf OK starten Sie den Makrorecorder. Das blaue Symbol links unten in der Statusleiste zeigt an, dass der Recorder aktiv ist und alle Aktionen aufzeichnet. Ändern Sie die Verbindungsdaten:

1. Wählen Sie DATEN/VERBINDUNGEN/VERBINDUNGEN.
2. Markieren Sie die Verbindung und wählen Sie *Eigenschaften*. Schalten Sie in den Verbindungseigenschaften auf das Register *Definition* um und klicken Sie auf *Abfrage bearbeiten*.
3. Der integrierte Webbrowser wird wieder aktiv, ändern Sie in der Adresszeile den Link auf die Aktienkurshistorie. Geben Sie einen anderen Index an:
   `http://de.finance.yahoo.com/q/hp?s=DAI.DE`
4. Klicken Sie auf OK, um die Verbindung zu starten. Wenn die neue Seite aufgebaut ist, kreuzen Sie wieder die beiden Elemente an und klicken auf IMPORTIEREN.
5. Schließen Sie dann die Verbindungseigenschaften und die Verbindung. Warten Sie, bis die neuen Daten eingefügt sind, und schließen Sie dann den Makrorecorder wieder. Klicken Sie dazu einfach auf das blaue Symbol links unten in der Statuszeile oder wählen Sie ENTWICKLERTOOLS/CODE/AUFZEICHNUNG BEENDEN.
6. Wählen Sie ENTWICKLERTOOLS/CODE/MAKROS. Markieren Sie das neue Makro *MakeIndex* und klicken Sie auf BEARBEITEN.

Der Visual Basic-Editor wird aktiviert, Sie sehen das neue Makro im Arbeitsbereich. Der Makrorecorder hat ein neues Modul dafür angelegt. Das Projekt (die Arbeitsmappe) sehen Sie im Projekt-Explorer links oben. Schalten Sie diesen über das ANSICHT-Menü ein, falls er nicht sichtbar ist.

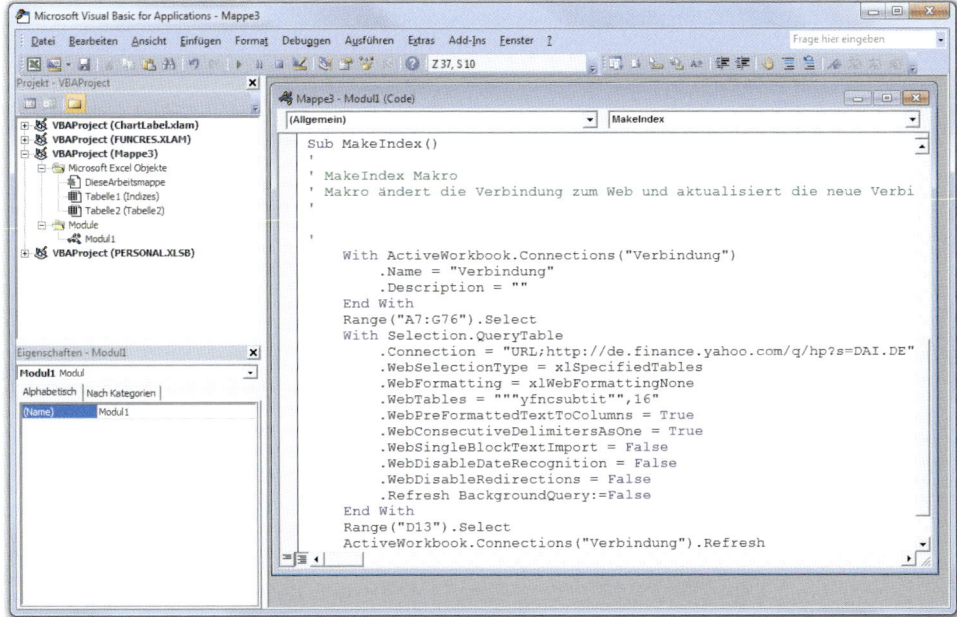

Abbildung 5.60: Das aufgezeichnete Makro MakeIndex

Die meisten dieser Makrobefehle brauchen Sie nicht, um die Verbindung zu ändern. Löschen Sie alle Codezeilen bis auf die With-Anweisung, die die Verbindung definiert, und die letzte Anweisung, mit der die Verbindung aktualisiert wird.

```
Sub MakeIndex()
' MakeIndex Makro
' Makro ändert die Verbindung zum Web und aktualisiert die neue Verbindung.
Range("A7").Select
With Selection.QueryTable
 .Connection = "URL;http://de.finance.yahoo.com/q/hp?s=DAI.DE"
End With
ActiveWorkbook.Connections("Verbindung").Refresh
End Sub
```

Um die Verbindung mit dem im Kombinationsfeld gewählten Index zu verknüpfen, fügen Sie eine Variablendimension für eine neue Variable ein und weisen dieser Variable den Inhalt der Zelle zu, in dem sich die INDEX()-Formel für das Indexsymbol befindet:

```
Dim strIndex As String
 strIndex = ActiveSheet.Range("E4")
```

Diese Variable verknüpfen Sie mit der Verbindungsanweisung. Löschen Sie den aufgezeichneten Index und fügen Sie eine Textverknüpfung auf den neuen Index ein:

```
 .Connection = "URL;http://de.finance.yahoo.com/q/hp?s=" & strIndex
```

Hier das Makro noch einmal komplett.

```
Mappe3 - Modul1 (Code)
(Allgemein)                              MakeIndex

    Option Explicit

    Sub MakeIndex()
    ' MakeIndex Makro
    ' Makro ändert die Verbindung zum Web und aktualisiert die neue Verbindung.
    Dim strIndex As String
    strIndex = ActiveSheet.Range("E4")
    Range("A7").Select
    With Selection.QueryTable
      .Connection = "URL;http://de.finance.yahoo.com/q/hp?s=" & strIndex
    End With
    ActiveWorkbook.Connections("Verbindung").Refresh
    End Sub
```

Abbildung 5.61: Das Makro MakeIndex mit der Verknüpfung auf die gewählte Verbindung

 **Hinweis**

Mit *Debuggen/Kompilieren von VBAProject* überprüfen Sie Ihren Makrocode auf Schreib- und Syntaxfehler.

Die Anweisung *Option Explicit* in der ersten Zeile stellt sicher, dass alle Variablen dimensioniert werden. Unter EXTRAS/OPTIONEN finden Sie dafür die Einstellung *Variablendeklaration erforderlich*.

Makro über das Kombinationsfeld starten

1. Wechseln Sie zurück zum Excel-Programmfenster, schließen Sie den Visual Basic-Editor, wenn das Makro sicher läuft. Sie können das Makro direkt mit der Auswahl eines Index im Kombinationsfeld aktivieren lassen. Dazu markieren Sie das Element mit der rechten Maustaste und wählen MAKRO ZUWEISEN.
2. Markieren Sie in der Liste das Makro *MakeIndex* und klicken Sie auf OK. Klicken Sie in eine freie Zelle, um das Kombinationsfeld wieder freizugeben.

Jetzt sollte die Auswahl eines Index automatisch die Verbindung neu starten und die Aktienwerte des gewählten Titels eintragen.

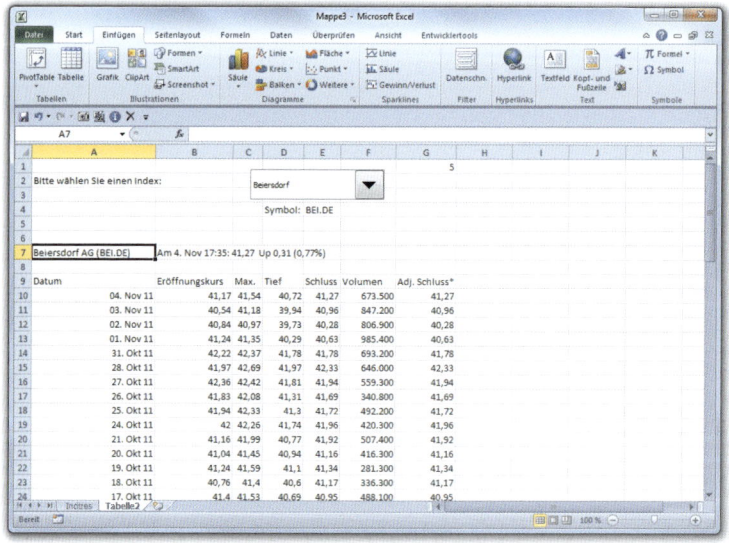

Abbildung 5.62: Mit der Auswahl eines Index wird die Verbindung automatisch aktualisiert

Kursdiagramm zeichnen

1. Markieren Sie in der Kurshistorie die Datumsspalte einschließlich der Kopfzeile ab Zelle A9.
2. Halten Sie die ⌈Strg⌉-Taste gedrückt und markieren Sie die Werte in den Spalten C:E (Höchstwert, Tiefstwert, Schlusskurs).
3. Wählen Sie EINFÜGEN/DIAGRAMME/WEITERE/KURS. Markieren Sie den *Untertyp 1*. Formatieren Sie das Diagramm und weisen Sie dem Diagrammtitel den Index aus der Verknüpfung zu.

Aktion	Beschreibung
Rubrikenachse anpassen	Rubrikenachse mit Doppelklick öffnen, ACHSE FORMATIEREN/ZAHL Zahlenformat eintragen und mit Klick auf HINZUFÜGEN bestätigen: TT.MM
Titel mit Index verknüpfen	Diagrammtitelelement markieren Cursor in die Bearbeitungsleiste setzen und = schreiben Zelle A7 anklicken und mit ⌈↵⌉ bestätigen

Das Kursdiagramm hat einen kleinen Schönheitsfehler, den Sie aber einfach mit einem weiteren Makrobefehl bereinigen können: Der Höchst- und der Tiefstwert in der vertikalen Achse orientieren sich an den größten bzw. kleinsten Werten in den entsprechenden Spalten der Kurshistorie. Mit der Auswahl eines anderen Index ändern sich die eingestellten Werte nicht. Ändern Sie die obere und untere Grenze der Achse manuell, lassen Sie dabei den Makrorecorder mitlaufen. Die VBA-Anweisungen sehen so aus:

```
ActiveSheet.ChartObjects("Chart x").Activate
ActiveChart.Axes(xlValue).Select
ActiveChart.Axes(xlValue).MinimumScale = xx
ActiveChart.Axes(xlValue).MaximumScale = xx
```

Schreiben Sie eine Formel in eine beliebige Zelle, die den kleinsten Wert in der Spalte der Tiefstwerte berechnet, verwenden Sie die Funktion ABRUNDEN(), um den Wert auf den nächsten 10er-Wert abzurunden:

```
H1: =ABRUNDEN(MIN($D$10:$D$75);-1)
```

Zeichnen Sie diese Aktion wieder mit dem Makrorecorder auf, erhalten Sie diese Anweisungen:

```
Range("H1").Select
ActiveCell.FormulaR1C1 = "=ROUNDDOWN(MIN(R10C4:R75C4),0)"
Range("H2").Select
ActiveCell.FormulaR1C1 = ROUNDUP(MAX(R10C3:R75C3),0)"
```

Diese VBA-Anweisungen können Sie zu einem Makro zusammenfassen, das die berechneten Werte für die vertikale Achse definiert und die Hilfszellen wieder löscht. Je nach Wertgrenzen können Sie die Ober- und Untergrenze der Achse noch um 1 oder 2 verringern bzw. erhöhen:

```
Sub MaxMinWertNeu()
 Range("H1").FormulaR1C1 = "=ROUNDDOWN(MIN(R10C4:R75C4),0)"
 Range("H2").FormulaR1C1 = "=ROUNDUP(MAX(R10C3:R75C3),0)"
 ActiveSheet.ChartObjects(1).Select
 ActiveChart.Axes(xlValue).MinimumScale = Range("H1") - 1
 ActiveChart.Axes(xlValue).MaximumScale = Range("H2") + 1
 Range("H1").Value = ""
 Range("H2").Value = ""
End Sub
```

Im Angebot der Formularelemente in den Entwicklertools finden Sie das Werkzeug *Schaltflä-che*. Zeichnen Sie eine solche in das Tabellenblatt und verbinden Sie sie mit dem Makro. Damit können Sie das Diagramm nach Aktualisierung des Index mit den neuen Achsenwerten forma-tieren. Wenn Sie die Aktualisierung direkt nach der Neuberechnung des Index vornehmen wol-len, fügen Sie eine `Call`-Anweisung vor der Endanweisung des ersten Makros ein:

```
Call MaxMinWertNeu
```

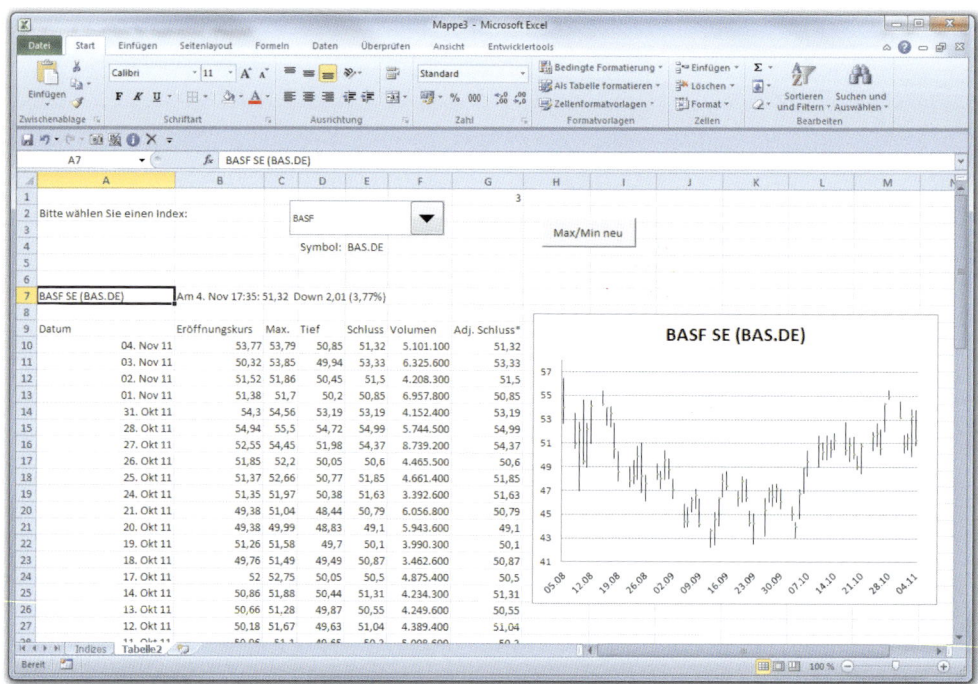

Abbildung 5.63: Das Kursdiagramm mit Aktualisierung der Achsengrenzwerte

5.1.5 Wasserfalldiagramm Kontobestand

Konto.xlsx

Wasserfalldiagramm Konto.xlsx

Mit einem Wasserfalldiagramm visualisieren Sie die Veränderungen eines Werts über den Berichtszeitraum mit aufsteigenden und absteigenden Balken oder Säulen. Das Tabellenblatt *Konto* zeigt die Kontobewegungen über die 12 Monate eines Jahres. In Zelle B2 steht der Start-betrag, der Kontostand aus dem letzten Monat des Vorjahres.

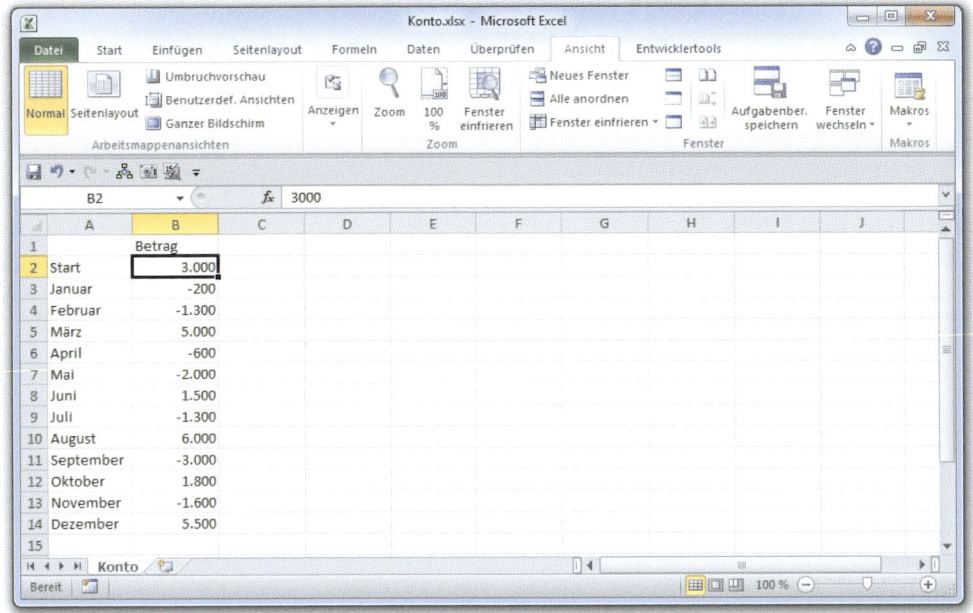

Abbildung 5.64: Die Kontobewegungen eines Jahres im Tabellenblatt Konto

Hilfsspalten einfügen

1. Markieren Sie die Spalten B:F und fügen Sie mit $\boxed{\text{Strg}}$ + $\boxed{+}$ fünf Spalten vor der Betrags-
    spalte ein. Schreiben Sie Überschriften für die einzelnen Spalten:

    B1: Basis
    C1: Ende
    D1: Unten
    E1: Oben
    F1: Start

	A	B	C	D	E	F	G
1		Basis	Ende	Unten	Oben	Start	Betrag
2	Start						3.000
3	Januar						-200
4	Februar						-1.300
5	März						5.000
6	April						-600
7	Mai						-2.000
8	Juni						1.500
9	Juli						-1.300
10	August						6.000
11	September						-3.000
12	Oktober						1.800
13	November						-1.600
14	Dezember						5.500

Abbildung 5.65: Fünf neue Spalten für Hilfsreihenberechnungen

2. Holen Sie den Startbetrag in die erste Zeile der Startreihe, erstellen Sie dazu eine Verknüpfung:

```
F2: =G2
```

3. Für den Endbetrag fügen Sie nur die Beschriftung ein, er wird später in der Basisspalte berechnet werden:

```
A15: Endbetrag
```

Hilfsreihen berechnen

In der Hilfsreihe »Unten« konstruieren Sie die Werte für das Wasserfalldiagramm, die nach unten zeigen, also die Minusbeträge der Kontenbewegungen. Mit der Funktion = MIN() berechnen Sie den kleinsten Wert aus der Betragszeile, fügen Sie aber eine 0 hinzu und negieren Sie das Ergebnis mit einem Minuszeichen:

```
D3: =-MIN(G3;0)
```

Kopieren Sie diese Formel nach unten bis zur letzten Monatszeile.

	D3		f_x	=-MIN(G3;0)			
	A	B	C	D	E	F	G
1		Basis	Ende	Unten	Oben	Start	Betrag
2	Start					3000	3.000
3	Januar			200			-200
4	Februar			1300			-1.300
5	März			0			5.000
6	April			600			-600
7	Mai			2000			-2.000
8	Juni			0			1.500
9	Juli			1300			-1.300
10	August			0			6.000
11	September			3000			-3.000
12	Oktober			0			1.800
13	November			1600			-1.600
14	Dezember			0			5.500
15	Endbetrag						

Abbildung 5.66: Hilfsreihe für fallende Werte

In der Spalte E berechnen Sie die Werte, die im Wasserfalldiagramm nach oben zeigen. Verwenden Sie hier die Funktion = MAX(), wieder mit der 0 als Obergrenze, und kopieren Sie die Formel nach unten bis zur letzten Monatszeile.

```
E3: =MAX(G3;0)
```

Abbildung 5.67: Hilfsreihe für steigende Werte

Basisreihe berechnen

Die Basisreihe wird die erste Reihe im Diagramm bilden, sie »stützt« die tatsächlich angezeigten Werte. Dazu berechnen Sie die Summe aus den Spalten E und F (steigende Werte und Startbetrag) und subtrahieren den fallenden Wert der Monatszeile. Kopieren Sie die Formel bis zum Endbetrag.

```
B3: =SUMME(B2;E2:F2)-D3
```

Abbildung 5.68: Basisdatenreihe mit Summe der steigenden Werte abzgl. des fallenden Werts

Verschieben Sie den Endbetrag auf die Spalte C, er wird später im Diagramm als eigene Reihe ausgewiesen.

```
B15: <leer>
C15: =SUMME(B14;E14:F14)-D15
```

Gestapeltes Balkendiagramm zeichnen

Erstellen Sie ein Diagramm aus den Daten, markieren Sie dazu den Bereich A1:F15 und wählen Sie EINFÜGEN/DIAGRAMME/SÄULE/2D-SÄULE. Als Diagrammtyp verwenden Sie das gestapelte Säulendiagramm (Typ 2).

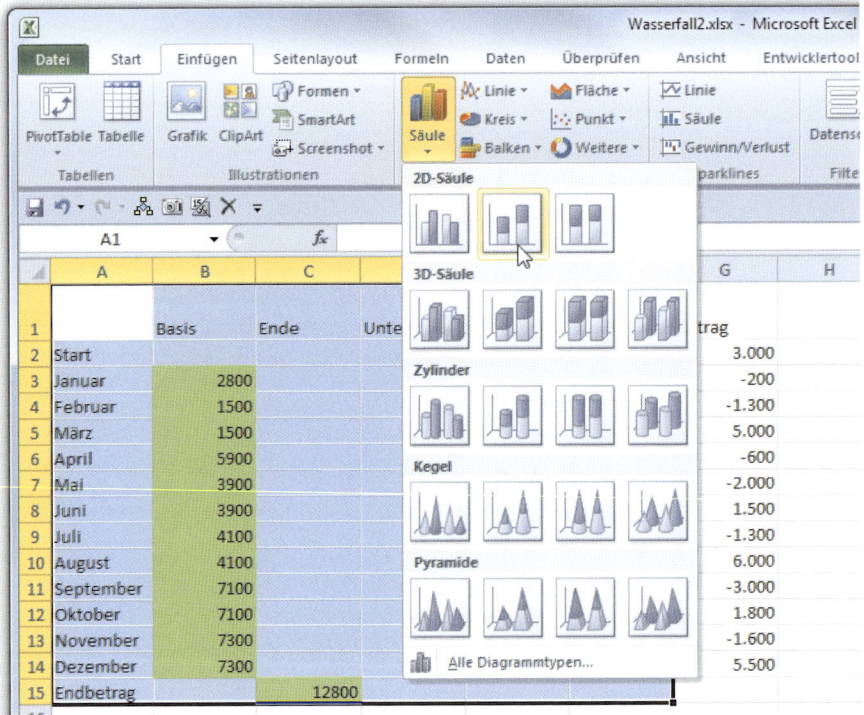

Abbildung 5.69: Gestapeltes Säulendiagramm aus allen Reihen

Positionieren Sie das Diagramm unterhalb der Kalkulation im Zellbereich A17:H29. Halten Sie die [Alt]-Taste gedrückt und setzen Sie das Diagramm damit exakt auf das Gitternetz der Tabelle. Vergrößern oder verkleinern Sie es durch Ziehen der Markierungspunkte an den Kanten und Ecken.

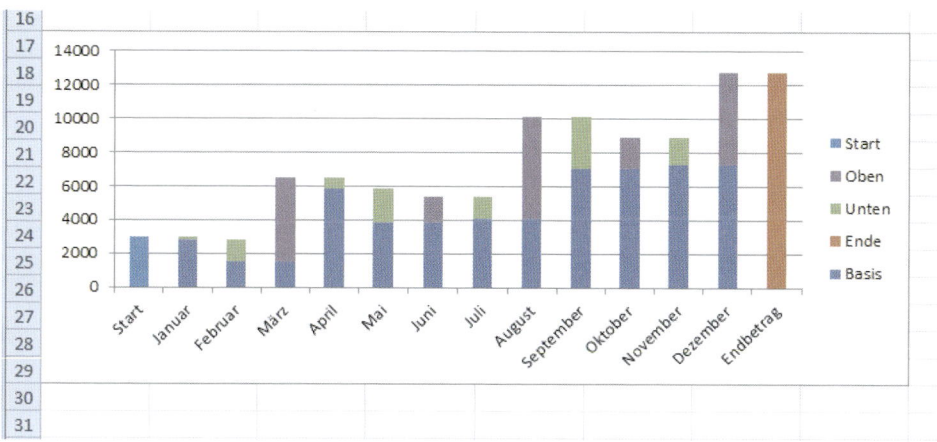

Abbildung 5.70: Das Diagramm wird gezeichnet und positioniert

Stützreihe ausblenden und Farben zuweisen

1. Klicken Sie doppelt auf die blaue Balkenreihe, um den Dialog DATENREIHEN FORMATIEREN zu aktivieren.
2. Wählen Sie FÜLLUNG/KEINE FÜLLUNG.
3. Falls die Diagrammvorlage der Reihe auch eine Rahmenlinie zuweist, schalten Sie diese ebenfalls aus über RAHMENFARBE/KEINE LINIE.
4. Markieren Sie die Reihe mit den fallenden Werten und weisen Sie dieser Reihe über DATENREIHE FORMATIEREN die Füllfarbe Rot zu.
5. Markieren Sie die Reihe mit den steigenden Werten und weisen Sie dieser über DATENREIHE FORMATIEREN die Füllfarbe Grün zu.
6. Die erste Datenreihe *Start*, die nur aus einem einzigen Datenpunkt besteht, formatieren Sie immer unterschiedlich zu den steigenden und fallenden Werten und auch unterschiedlich zum Endergebnis.

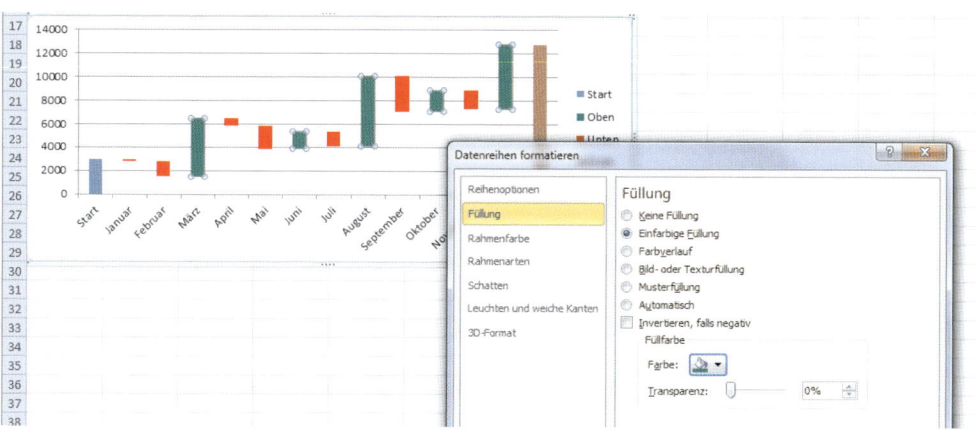

Abbildung 5.71: Stützreihe ohne Rahmen und Füllung, Rot und Grün für steigende und fallende Werte

Legende löschen und Balken verbreitern

Die Legende löschen Sie einfach mit der ⌷Entf⌷-Taste. Um die Balken etwas breiter zu zeichnen, aktivieren Sie noch einmal per Doppelklick eine Datenreihe und ändern die Reihenoptionen:

```
Reihenachsenüberlappung 100%
Abstandsbreite 50%
```

Datenreihenbeschriftung

Um die steigenden oder fallenden Werte über die Datenreihen zu schreiben, können Sie nicht die Standard-Datenreihenbeschriftung verwenden. Für diese wird im gestapelten Säulendiagramm nur eine Position innerhalb des Balkens angeboten. Ziehen Sie zusätzliche Hilfsreihen ein, um die Werte über die Säulen zu schreiben.

1. Fügen Sie zwei neue Spalten vor der Betragsspalte ein (NEU: G und H). Tragen Sie die Spaltenbeschriftungen ein:

   ```
   G1: Beschriftungslinie
   H1: Beschriftung
   ```

2. Schreiben Sie die Formel, die alle Werte von der Basisdatenspalte bis zum Startwert aufsummiert.

   ```
   G2: =SUMME(B2:F2)
   ```

3. Kopieren Sie die Formel nach unten bis zur Zeile mit dem Endbetrag.
4. Start- und Endbetrag beschriften Sie mit den Werten aus der Spalte I. Tragen Sie die Formeln ein, verwenden Sie die Funktion = TEXT(). Sie bietet die Möglichkeit, den Wert aus der Betragsspalte über ein Zahlenformat zu formatieren. Mit einem Punkt hinter den Platzhaltern für die Zahl reduzieren Sie die Zahl in der Anzeige um tausend Einheiten.

   ```
   H2: =TEXT(I2;"0,0.")
   ...
   H15: =TEXT(I15;"0,0.")
   ```

	H2		f_x	=TEXT(I2;"0,0.")					
	A	B	C	D	E	F	G	H	I
1		Basis	Ende	Unten	Oben	Start	Beschriftungslinie	Beschriftung	Betrag
2	Start					3000	3000	3,0	3.000
3	Januar	2800		200	0		200	-0,2	-200
4	Februar	1500		1300	0		1300	-1,3	-1.300
5	März	1500		0	5000		5000	5,0	5.000
6	April	5900		600	0		600	-0,6	-600
7	Mai	3900		2000	0		2000	-2,0	-2.000
8	Juni	3900		0	1500		1500	1,5	1.500
9	Juli	4100		1300	0		1300	-1,3	-1.300
10	August	4100		0	6000		6000	6,0	6.000
11	September	7100		3000	0		3000	-3,0	-3.000
12	Oktober	7100		0	1800		1800	1,8	1.800
13	November	7300		1600	0		1600	-1,6	-1.600
14	Dezember	7300		0	5500		5500	5,5	5.500
15	Endbetrag		12800				12800	0,0	

Abbildung 5.72: Hilfsreihen für die Beschriftung

1. Markieren Sie den Bereich G1:G15.
2. Drücken Sie ⌷Strg⌷ + ⌷c⌷, um den Bereich zu kopieren.
3. Markieren Sie das Diagrammobjekt und holen Sie die Daten mit der ⌷↵⌷-Taste aus der Zwischenablage. Die Beschriftungsdaten werden als neue Datenreihe in das Diagramm eingefügt.

4. Markieren Sie die neue Datenreihe im Diagramm und weisen Sie ihr über DIAGRAMM-TOOLS/ENTWURF/DIAGRAMMTYP ÄNDERN den Diagrammtyp LINIE, *Untertyp 1* zu.
5. Klicken Sie die Linie mit der rechten Maustaste an und wählen Sie im Kontextmenü DATEN-BESCHRIFTUNG HINZUFÜGEN.
6. Klicken Sie die neuen Datenbeschriftungen ebenfalls mit der rechten Maustaste an und wählen Sie im Kontextmenü DATENBESCHRIFTUNGEN FORMATIEREN.
7. Wählen Sie unter *Beschriftungsoptionen Beschriftungsposition/Über*.

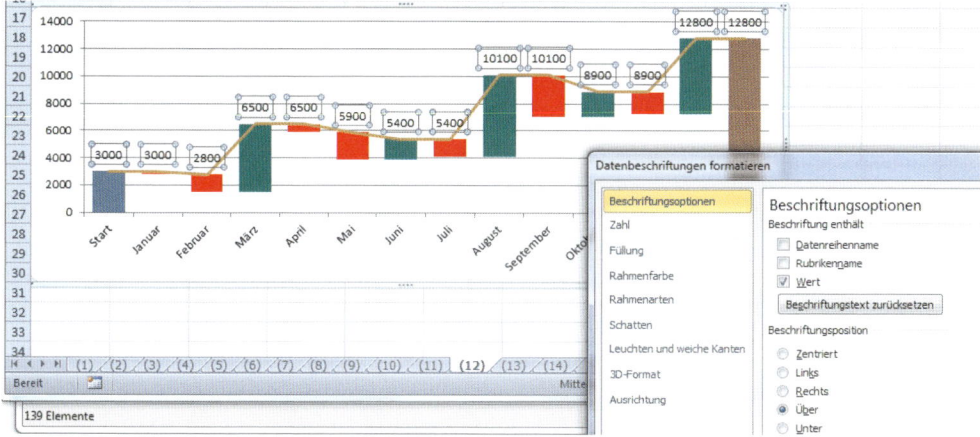

Abbildung 5.73: Neue Datenreihe Linie mit Datenbeschriftung über der Reihe

Die Datenbeschriftungen zeigen nicht die richtigen Werte an. Excel bietet keine Möglichkeit, die Beschriftung einer Reihe unabhängig von den Werten zu gestalten, die Beschriftungsoptionen bieten als Alternative nur den Namen der Datenreihe oder den Rubrikennamen an. Für eine individuelle Datenreihenbeschriftung brauchen Sie die Unterstützung eines Makros.

Eine Beschreibung des Tools *ChartLabel* finden Sie in Kapitel 9 »Nützliche Werkzeuge«.

1. Starten Sie das Makro *ChartLabel*.
2. Markieren Sie in der ersten Liste das aktuelle Chartobjekt.
3. Markieren Sie in der zweiten Liste die Datenreihe *Beschriftungslinie*.
4. Der Cursor blinkt im Eingabefeld für die Datenbeschriftung. Ziehen Sie den Mauszeiger über den Tabellenbereich H2:H15.
5. Klicken Sie auf ZUWEISEN, um der Hilfslinie die Beschriftung zuzuweisen.

Entfernen Sie aus Ihrem Diagramm alle überflüssigen Elemente. Klicken Sie auf die Gitternetzlinien, die vertikale Achse und die Legende und löschen Sie die Elemente mit der ⎡Entf⎤-Taste.

Die x-Achsenbeschriftungen sind zu breit für das Diagramm, ersetzen Sie sie durch eine Hilfsreihe, in der die Monatsnamen abgekürzt sind. Schreiben Sie diese Reihe in einen freien Bereich im Tabellenblatt. Markieren Sie die erste Datenreihe im Diagramm und ziehen Sie die Farbmarkierung, die auf die x-Achsenbeschriftung zeigt, auf die neue Reihe.

Alternativ dazu können Sie die x-Achsenbeschriftung auch mit einer Matrix direkt in die DATENREIHE()-Funktion eintragen. Markieren Sie die erste Datenreihe, klicken Sie in die Bearbeitungsleiste und ändern Sie die Funktion ab:

```
=DATENREIHE($F$1;{"Start"."Jan"."Feb"."Mar"."Apr"."Mai"."Jun"."Jul"."Aug"."Sep"."Okt"."Nov".
"Dez"."Ende"};$F$2:$F$15;5)
```

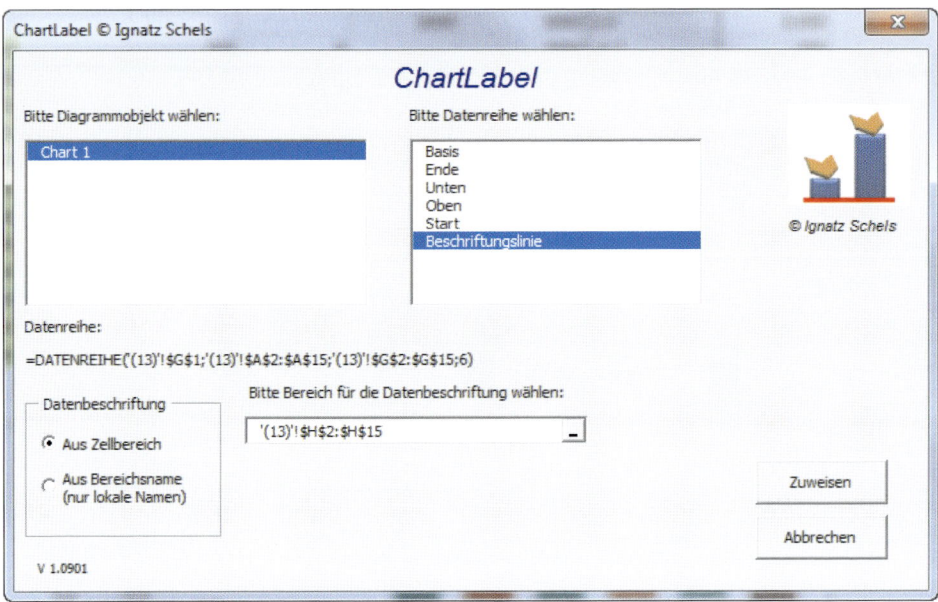

Abbildung 5.74: Mit dem Tool ChartLabel weisen Sie der Linie eine individuelle Beschriftung zu

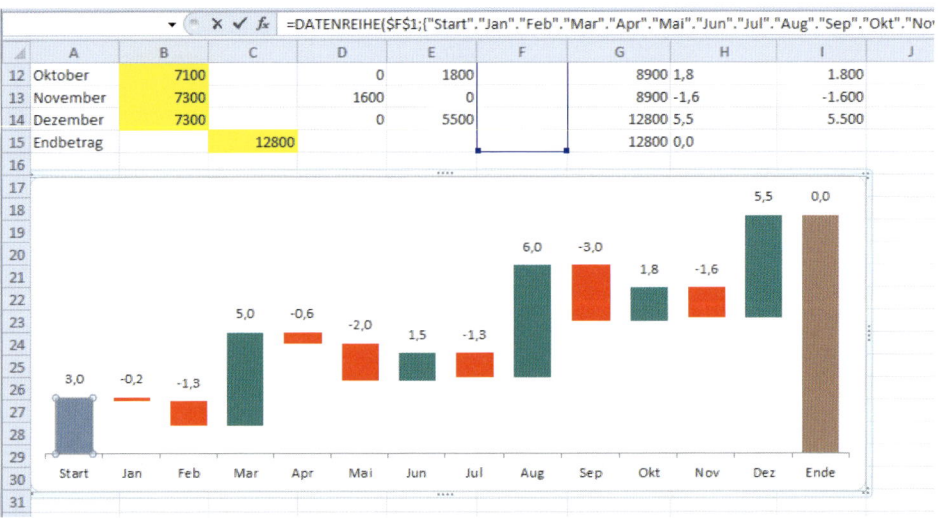

Abbildung 5.75: Rubrikenachsenbeschriftung mit Matrix direkt in der Datenreihe

5.1.6 Ergebnisrechnung aus GUV

Dieses Beispiel demonstriert den professionellen Einsatz von Funktionsdiagrammen im Managementbericht. Die Ergebnisrechnung oder Gewinn-Verlust-Rechnung gehört neben der Bilanz zu den wichtigsten Berichten im Jahresabschluss. Sie enthält die Erträge und Aufwendungen des Geschäftsjahres, die Gliederung ist mit 19 Hauptpositionen im Handelsgesetzbuch (HGB) festgelegt.

Quellhinweis: Das Beispiel wurde unter Anwendung der SUCCESS-Notation von Prof. Dr. Rolf Hichert im Controlling Office (Haufe Verlag) vorgestellt.

In unserem Beispiel werden die Planzahlen den Ist-Zahlen gegenübergestellt, eine weitere Spalte enthält die Vorjahreswerte. Für den Managementbericht müssen die Differenzen zwischen Plan und Ist des aktuellen Geschäftsjahres und die Abweichung des aktuellen Ist zu den Vorjahreswerten visualisiert werden.

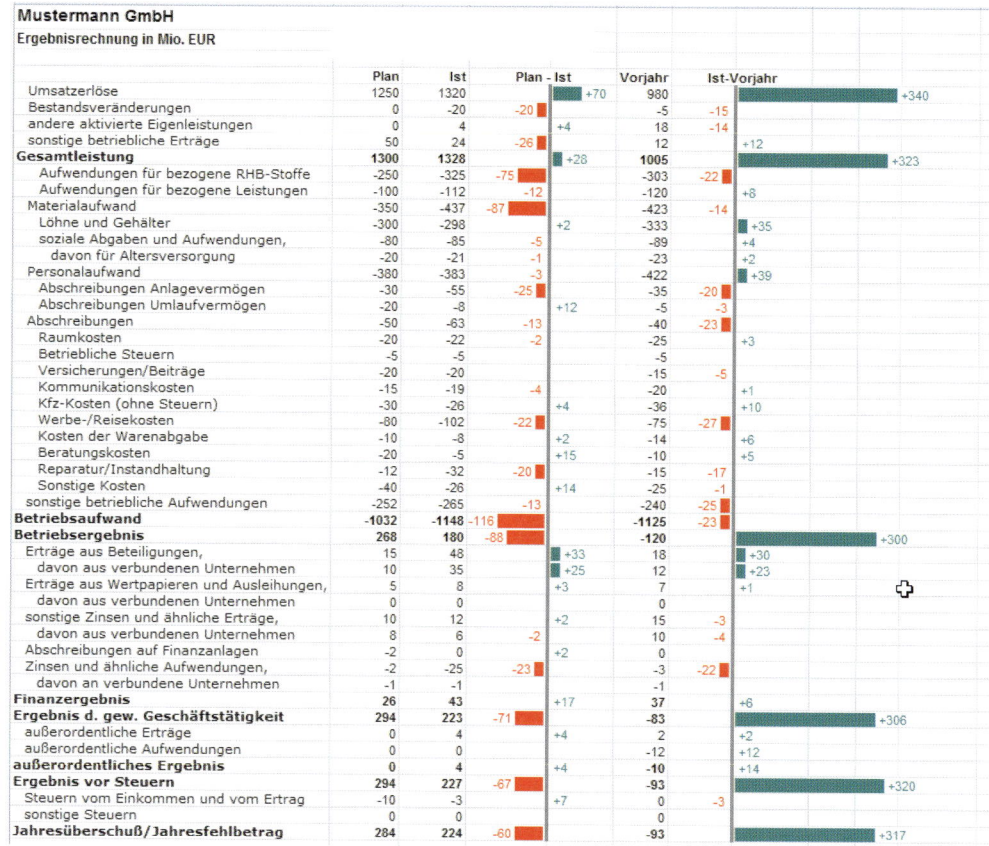

Abbildung 5.76: Ergebnisrechnung mit Plan-Ist-Vergleich und Vorjahresvergleich

Ergebnisrechnung.xlsx

Ergebnisrechung Loesung.xlsx

Website

Die Datenbasis

Das Tabellenblatt *Ergebnisrechnung* enthält die Erträge und Aufwendungen des Geschäftsjahres mit Plan-, Ist- und Vorjahreswerten.

	A	B	C	D
1	Mustermann GmbH			
2	Ergebnisrechnung in Mio. EUR			
3				
4		Plan	Ist	Vorjahr
5	Umsatzerlöse	1250	1320	980
6	Bestandsveränderungen	0	-20	-5
7	andere aktivierte Eigenleistungen	0	4	18
8	sonstige betriebliche Erträge	50	24	12
9	**Gesamtleistung**	**1300**	**1328**	**1005**
10	Aufwendungen für bezogene RHB-Stoffe	-250	-325	-303
11	Aufwendungen für bezogene Leistungen	-100	-112	-120
12	Materialaufwand	-350	-437	-423
13	Löhne und Gehälter	-300	-298	-333
14	soziale Abgaben und Aufwendungen,	-80	-85	-89
15	davon für Altersversorgung	-20	-21	-23
16	Personalaufwand	-380	-383	-422
17	Abschreibungen Anlagevermögen	-30	-55	-35
18	Abschreibungen Umlaufvermögen	-20	-8	-5
19	Abschreibungen	-50	-63	-40
20	Raumkosten	-20	-22	-25
21	Betriebliche Steuern	-5	-5	-5
22	Versicherungen/Beiträge	-20	-20	-15
23	Kommunikationskosten	-15	-19	-20
24	Kfz-Kosten (ohne Steuern)	-30	-26	-36
25	Werbe-/Reisekosten	-80	-102	-75
26	Kosten der Warenabgabe	-10	-8	-14
27	Beratungskosten	-20	-5	-10
28	Reparatur/Instandhaltung	-12	-32	-15
29	Sonstige Kosten	-40	-26	-25
30	sonstige betriebliche Aufwendungen	-252	-265	-240
31	**Betriebsaufwand**	**-1032**	**-1148**	**-1125**
32	**Betriebsergebnis**	**268**	**180**	**-120**
33	Erträge aus Beteiligungen,	15	48	18

Ergebnisrechnung

Abbildung 5.77: Ergebnisrechnung, Rohdaten

Gruppieren und Gliedern

Ziehen Sie mithilfe der Gliederungswerkzeuge Zeilenebenen ein, gliedern Sie alle Positionen oberhalb ihrer Summenzeilen. Markieren Sie dazu die Zeilen und wählen Sie DATEN/GLIEDE-RUNG/GRUPPIEREN. Mit einem Klick auf die Ebenennummer im Gliederungsbereich können Sie anschließend die gesamte Liste nach den Summenpositionen zusammenfassen.

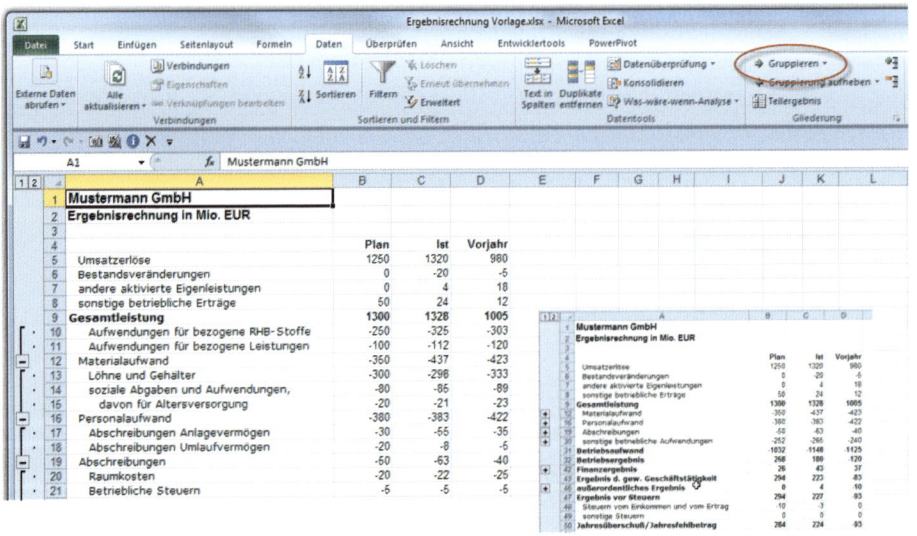

Abbildung 5.78: Ergebnisrechnung mit Gliederungsebenen

Hilfsdaten: Blockgrafik und Faktor

Damit die Funktionsgrafiken für unterschiedliche Zahlenräume erstellt werden können, legen Sie eine Hilfstabelle an und erstellen in dieser eine Liste mit Symbolen. Die Verwendung von Zeichensatzsymbolen aus WebDings, WingDings etc. ist hier nicht zu empfehlen, da die Balken beschriftet werden müssen. Im Unicode-Zeichensatz finden Sie Symbole, die sich auch ohne Zuweisung einer alternativen Schriftart bestens für Funktionsdiagramme eignen.

1. Legen Sie ein neues Tabellenblatt mit der Registerbezeichnung *DATA* an.
2. Wählen Sie EINFÜGEN/SYMBOL.
3. Schalten Sie rechts unten um auf die Unicode-Codierung und suchen Sie die Subset-Gruppe *Blockgrafikzeichen*.
4. Holen Sie das erste Zeichen in die Tabelle und schließen Sie den Dialog wieder. Markieren Sie die nächste Zelle und wählen Sie wieder EINFÜGEN/SYMBOL.
5. Fügen Sie so eine Liste von Blockgrafikzeichen ein.
6. Markieren Sie die Liste anschließend und weisen Sie ihr über den Namens-Manager oder das Namensfeld den globalen Bereichsnamen *lst_Blockzeichen* zu.

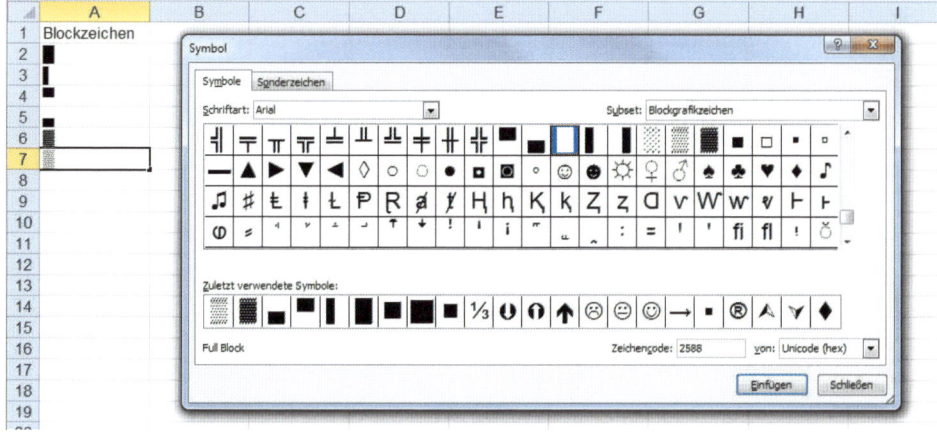

Abbildung 5.79: Unicode bietet schriftartunabhängige Blockgrafikzeichen

Im Tabellenblatt *Ergebnisrechnung* stellen Sie diese Zeichen über eine Datenüberprüfungsliste zur Auswahl.

1. Wählen Sie für die Zelle C1 DATEN/DATENTOOLS/DATENÜBERPRÜFUNG.
2. Tragen Sie die Einstellungen für die Gültigkeitskriterien ein:

```
Zulassen: Liste
Quelle: =Blockzeichen
```

3. Weisen Sie der Zelle C1 über den Namens-Manager einen Bereichsnamen zu:

```
Name: rng_Zeichen
Bereich: Tabellenblatt
Bezieht sich auf: =$C$1
```

4. Zeichnen Sie in den Bereich der Zelle D2 über ENTWICKLERTOOLS/STEUERELEMENTE/EINFÜGEN/FORMULARSTEUERELEMENTE ein Drehfeld. Wählen Sie im Kontextmenü des Elements *Steuerelement formatieren* und tragen Sie die Steuerungsparameter ein:

```
Minimalwert: 1
Maximalwert: 100
Schrittweite: 1
Zellverknüpfung: $D$2
```

Abbildung 5.80: Die Blockgrafiken werden in einer Liste angeboten

5.   Da das Drehfeld nur ganze positive Werte erzeugen kann, tragen Sie in Zelle C2 eine Formel ein, die den Faktor durch 100 dividiert:

```
C2: =D2/100
```

6.   Weisen Sie der Zelle über den Namens-Manager einen lokalen Bereichsnamen zu:

```
Name: rng_Faktor
Bereich: Tabellenblatt
Bezieht sich auf: =$C$2
```

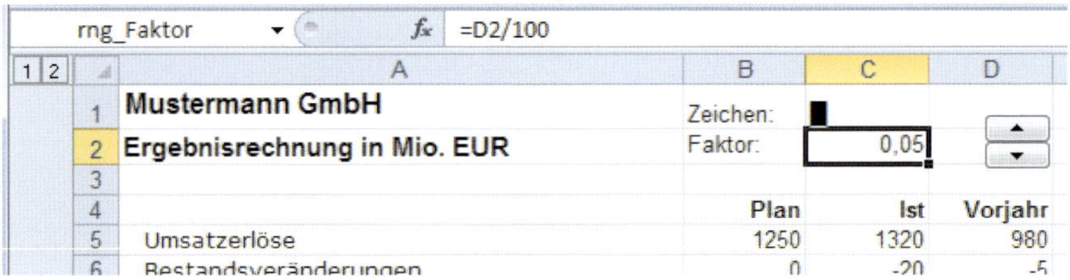

Abbildung 5.81: Drehfeld und Bereichsnamen für den Faktor

Funktionsgrafik Plan-Ist

Damit die Funktionsgrafik unmittelbar neben den Plan- und Istwerten steht, verschieben Sie die Vorjahreswerte in die Spalte G. Verbinden Sie die Zellen D4 und E4 und tragen Sie die Überschrift für die erste Funktionsgrafik ein:

```
Plan - Ist
```

Schreiben Sie für die erste Position die Formel zur Berechnung der negativen Abweichung. Die WENN()-Funktion prüft in dieser ab, ob die Differenz zwischen Plan und Ist negativ ist, die Formel liefert in diesem Fall eine Verknüpfung aus der berechneten Differenz und der Funktionsgrafik. In dieser wird das per Datenüberprüfungsliste eingestellte Zeichen wiederholt, den Wiederholungsfaktor liefert das Produkt aus dem Absolutwert der Abweichung und dem per Drehfeld eingestellten Faktor.

```
D5: =WENN(C5-B5<0;TEXT(C5-B5;";-#.##0")&" "&WIEDERHOLEN(rng_Zeichen;ABS(B5-
C5)*rng_Faktor);"")
```

Weisen Sie der Zelle die Ausrichtung *Rechtsbündig* zu und die Schriftfarbe *Rot* und kopieren Sie die Formel nach unten bis zur letzten Position der Ergebnisrechnung.

`=WENN(C5-B5<0;TEXT(C5-B5;";-#.##0")&" "&WIEDERHOLEN(rng_Zeichen;ABS(B5-C5)*rng_Faktor);"")`

	B	C	D	E	F	G	H
	Zeichen:		▓				
Mio. EUR	Faktor:	0,05	▲▼	5			
	Plan	Ist	Plan - Ist		Vorjahr		
	1250	1320			980		
...en	0	-20	-20 ▮		-5		
...nleistungen	0	4			18		
...rträge	50	24	-26 ▮		12		
	1300	1328			1005		
...ezogene RHB-Stoffe	-250	-325	-75 ▬		-303		
...ezogene Leistungen	-100	-112	-12		-120		
	-350	-437	-87 ▬		-423		
	-300	-298			-333		
...l Aufwendungen,	-80	-85	-5		-89		
...rsorgung	-20	-21	-1		-23		

Abbildung 5.82: Die Funktionsgrafik für die negativen Abweichungen

Die Formel für die positiven Abweichungen in der nächsten Spalte wiederholt erst das Zeichen und fügt dann die über die TEXT()-Funktion formatierte Abweichung an die Balkengrafik an.

`E5: =WENN(C5-B5>0;WIEDERHOLEN(rng_Zeichen;(C5-B5)*rng_Faktor)&" "&TEXT(C5-B5;"+#.##0");"")`

Die Zelle erhält die Schriftfarbe *Grün* und die (Standard-)Ausrichtung *Linksbündig*. Kopieren Sie die Formel nach unten bis zum letzten Eintrag der Ergebnisrechnung. Weisen Sie den Werten mit START/SCHRIFTART/RAHMEN/WEITERE RAHMENLINIEN eine Rahmenlinie am linken Rand zu. Formatieren Sie diese mit der stärksten verfügbaren Rahmenlinie und weisen Sie ihr die Farbe *Dunkelgrau* zu.

	A	B	C	D	E	F
1	**Mustermann GmbH**	Zeichen:		▓		
2	**Ergebnisrechnung in Mio. EUR**	Faktor:	0,05	▲▼	5	
3						
4		Plan	Ist	Plan - Ist		Vorjahr
5	Umsatzerlöse	1250	1320		▬ +70	980
6	Bestandsveränderungen	0	-20	-20 ▮		-5
7	andere aktivierte Eigenleistungen	0	4		+4	18
8	sonstige betriebliche Erträge	50	24	-26 ▮		12
9	**Gesamtleistung**	1300	1328		▮ +28	1005
10	Aufwendungen für bezogene RHB-Stoffe	-250	-325	-75 ▬		-303
11	Aufwendungen für bezogene Leistungen	-100	-112	-12		-120
12	Materialaufwand	-350	-437	-87 ▬		-423
13	Löhne und Gehälter	-300	-298		+2	-333
14	soziale Abgaben und Aufwendungen,	-80	-85	-5		-89
15	davon für Altersversorgung	-20	-21	-1		-23
16	Personalaufwand	-380	-383	-3		-422
17	Abschreibungen Anlagevermögen	-30	-55	-25 ▮		-35
18	Abschreibungen Umlaufvermögen	-20	-8		+12	-5
19	Abschreibungen	-50	-63	-13		-40
20	Raumkosten	-20	-22	-2		-25
21	Betriebliche Steuern	-5	-5			-5
22	Versicherungen/Beiträge	-20	-20			-15
23	Kommunikationskosten	-15	-19	-4		-20
24	Kfz-Kosten (ohne Steuern)	-30	-26		+4	-36
25	Werbe-/Reisekosten	-80	-102	-22 ▮		-75
26	Kosten der Warenabgabe	-10	-8		+2	-14
27	Beratungskosten	-20	-5		+15	-10
28	Reparatur/Instandhaltung	-12	-32	-20 ▮		-15

Abbildung 5.83: Funktionsdiagramm Plan-Ist mit Achse

Verbinden Sie die Zellen G4 und H4 und tragen Sie die Überschrift für die zweite Funktionsgrafik ein:

```
Ist - Vorjahr
```

Tragen Sie die Formel zur Berechnung der negativen Abweichungen zwischen den Jahres-Istwerten und den Vorjahreswerten ein. Formatieren Sie die Zelle wieder rechtsbündig und weisen Sie die Schriftfarbe *Rot* zu:

```
G5: =WENN(C5-F5<0;TEXT(C5-F5;";-#.##0")&" "&WIEDERHOLEN(rng_Zeichen;ABS(C5-
F5)*rng_Faktor);"")
```

Die positive Abweichung berechnen Sie mit dieser Formel, weisen Sie der Zelle die Schriftfarbe *Grün* und einen linken Rahmen zu. Kopieren Sie dazu das Format aus der Zelle E5.

```
H5: =WENN(C5-F5>0;WIEDERHOLEN(rng_Zeichen;(C5-F5)*rng_Faktor)&" "&TEXT(C5-F5;"+#.##0");"")
```

Stellen Sie ein für den Wertebereich passendes Blockgrafikzeichen ein und erhöhen oder verringern Sie den Umrechnungsfaktor mithilfe des Drehfelds, bis die Grafik für den Ausdruck passend formatiert ist.

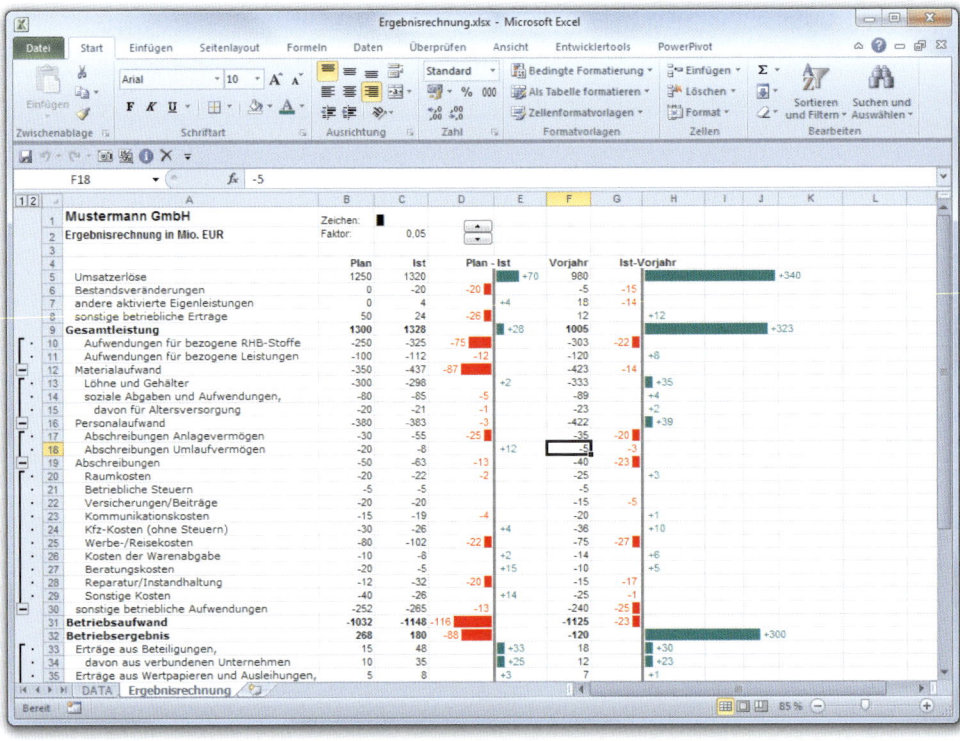

Abbildung 5.84: Ergebnisrechnung mit Plan-Ist- und Vorjahresvergleich

5.2 Marketing & Verkauf

Umsatz- und Absatzstatistiken, Preisentwicklung und Marktanteilsanalysen sind das tägliche Brot des Managers im Sales- und Marketingbereich. Umso wichtiger sind klare und verständliche Visualisierungen in den Berichten und aussagekräftige Diagramme.

5.2.1 Portfolioanalyse

Um Produkte auf dem Markt zu etablieren, muss deren Position im Markt analysiert werden. Die Portfolioanalyse besteht aus einer zweidimensionalen Darstellung in Matrixform, der sogenannten **Portfoliomatrix**, in der zwei Bewertungskriterien abgetragen werden. Auf der einen Achse wird eine durch das Unternehmen selbst beeinflussbare Größe (z. B. Marktanteil), auf der zweiten Achse eine nicht beeinflussbare externe Größe (z. B. Marktwachstum) abgebildet.

Die beiden bekanntesten **Portfoliomodelle** wurden von zwei renommierten Strategieberatungsunternehmen erarbeitet:

Bezeichnung	Kriterium 1	Kriterium 2
Marktwachstums-/Marktanteils-Portfolio (Boston Consulting Group)	Marktwachstum (zur Abbildung der Attraktivität eines Markts)	relativer Marktanteil (zur Abbildung der Wettbewerbsposition relativ zum Mitbewerber)
Marktattraktivitäts-/Wettbewerbsstärken-Portfolio (McKinsey)	Marktattraktivität	relative Wettbewerbsposition (zur Abbildung des Wettbewerbsvorteils)

Tabelle 5.1: Kriterien der Portfoliomodelle

Marktwachstums-/Marktanteils-Portfolio

Die bekannteste Portfoliomatrix wurde von der Boston Consulting Group (BSC) entwickelt:

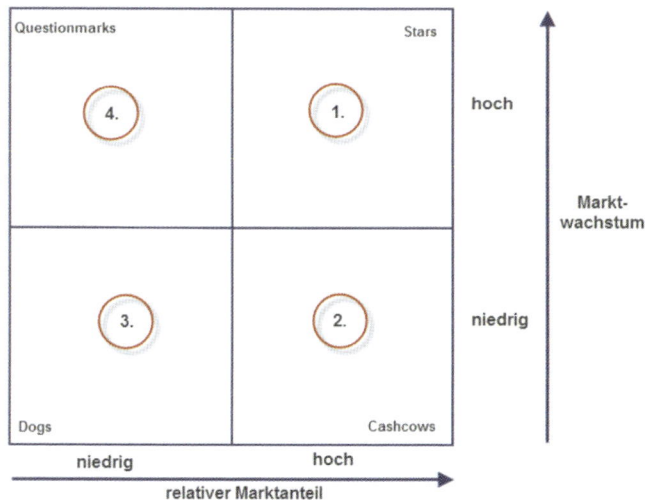

Abbildung 5.85: Portfoliomatrix nach Boston Consulting Group

Produktportfolio Vorlage.xlsx
Produktportfolio.xlsx

Bild für Bild | **Blasendiagramm Produktportfolio erstellen**

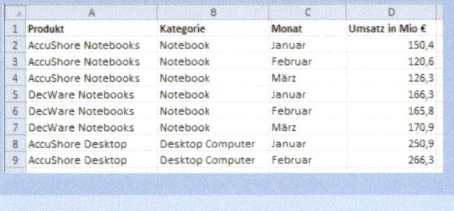

Die Liste im Tabellenblatt *Umsatz* enthält eine Umsatzaufstellung mit dem Produktnamen, der Kategorie, dem Monat und dem Umsatz in Mio EUR.

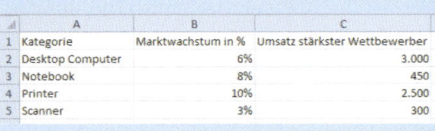

Auf dem Tabellenblatt *Marktforschung* sind das Marktwachstum und der Wettbewerberumsatz für die einzelnen Kategorien hinterlegt.

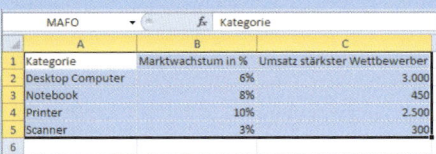

Markieren Sie die Liste und weisen Sie ihr den Bereichsnamen *MAFO* zu. Schreiben Sie diesen einfach in das Namensfeld und bestätigen Sie mit ⎡Enter⎤.

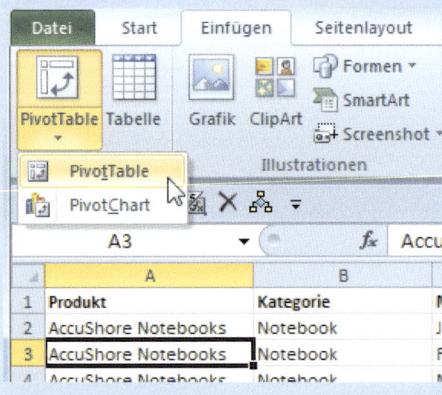

Schalten Sie zur ersten Liste zurück und wählen Sie EINFÜGEN/TABELLEN/PIVOTTABLE.

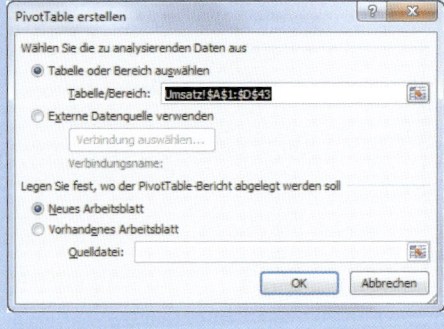

Bestätigen Sie den vorgeschlagenen Bereich und legen Sie die PivotTable in einem neuen Arbeitsblatt an.

Blasendiagramm Produktportfolio erstellen (Forts.)

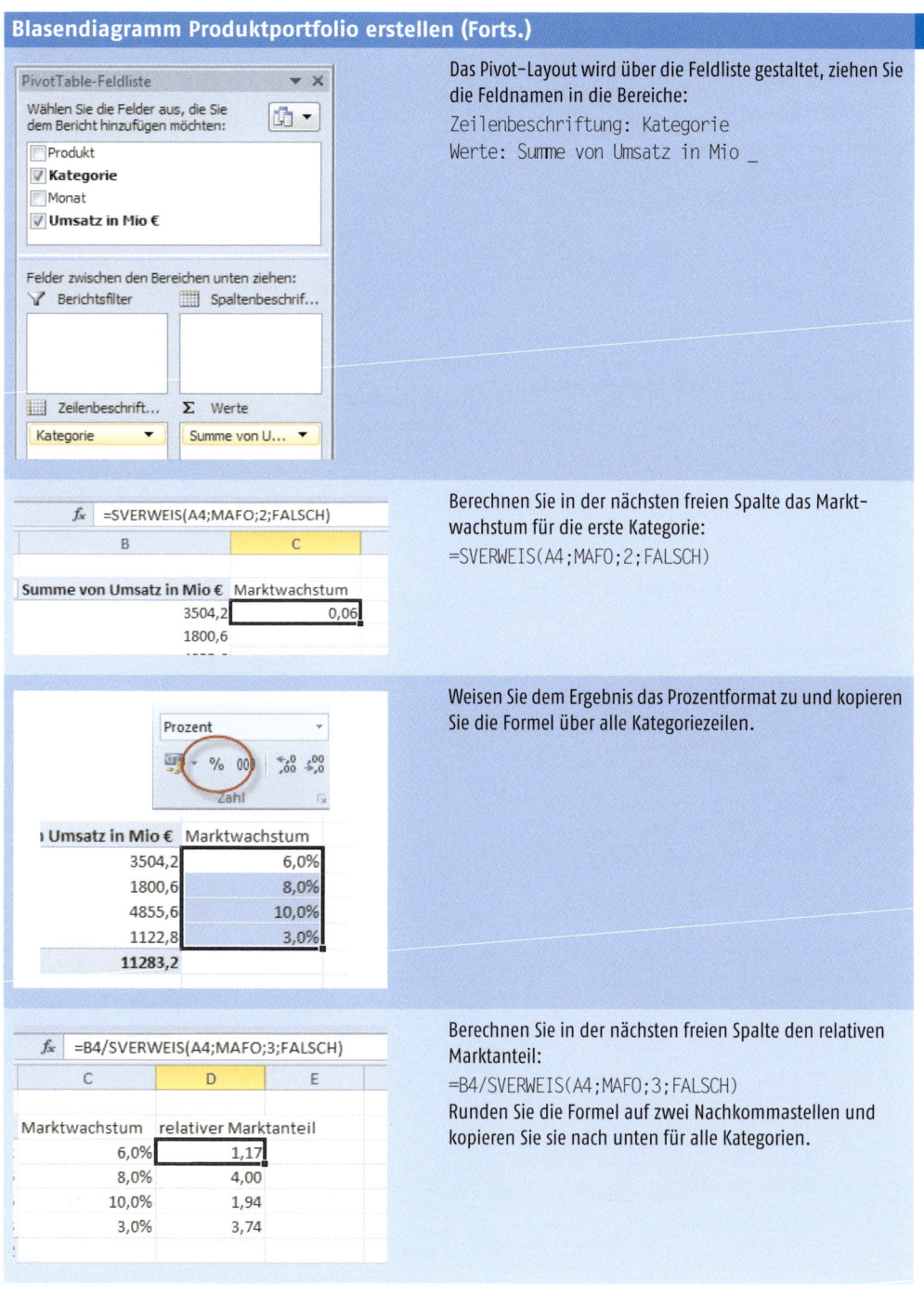

Das Pivot-Layout wird über die Feldliste gestaltet, ziehen Sie die Feldnamen in die Bereiche:

Zeilenbeschriftung: Kategorie
Werte: Summe von Umsatz in Mio _

Berechnen Sie in der nächsten freien Spalte das Marktwachstum für die erste Kategorie:

=SVERWEIS(A4;MAFO;2;FALSCH)

Weisen Sie dem Ergebnis das Prozentformat zu und kopieren Sie die Formel über alle Kategoriezeilen.

Berechnen Sie in der nächsten freien Spalte den relativen Marktanteil:

=B4/SVERWEIS(A4;MAFO;3;FALSCH)

Runden Sie die Formel auf zwei Nachkommastellen und kopieren Sie sie nach unten für alle Kategorien.

Bild für Bild **Blasendiagramm Produktportfolio erstellen (Forts.)**

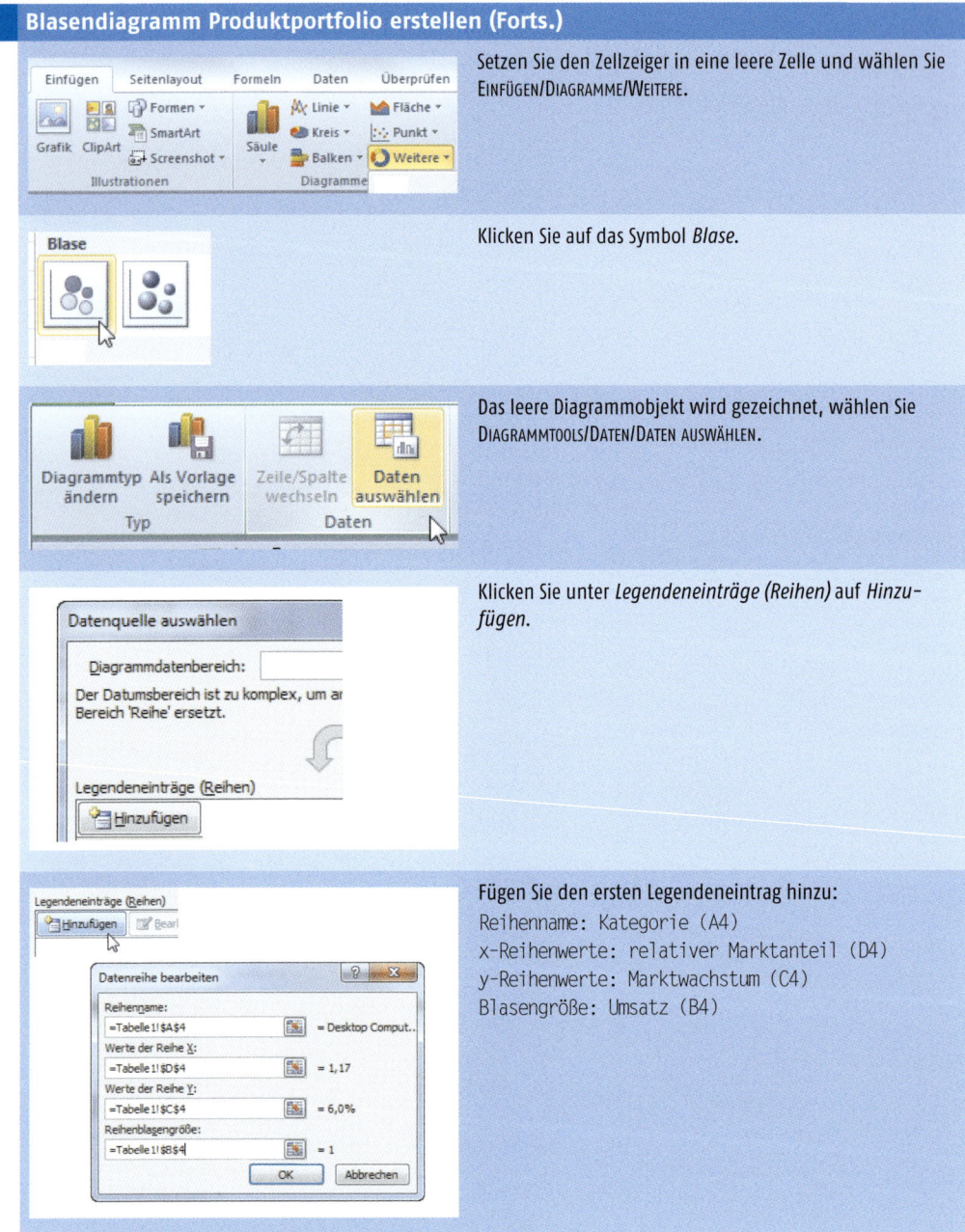

Setzen Sie den Zellzeiger in eine leere Zelle und wählen Sie EINFÜGEN/DIAGRAMME/WEITERE.

Klicken Sie auf das Symbol *Blase*.

Das leere Diagrammobjekt wird gezeichnet, wählen Sie DIAGRAMMTOOLS/DATEN/DATEN AUSWÄHLEN.

Klicken Sie unter *Legendeneinträge (Reihen)* auf *Hinzufügen*.

Fügen Sie den ersten Legendeneintrag hinzu:
Reihenname: Kategorie (A4)
x-Reihenwerte: relativer Marktanteil (D4)
y-Reihenwerte: Marktwachstum (C4)
Blasengröße: Umsatz (B4)

Blasendiagramm Produktportfolio erstellen (Forts.)

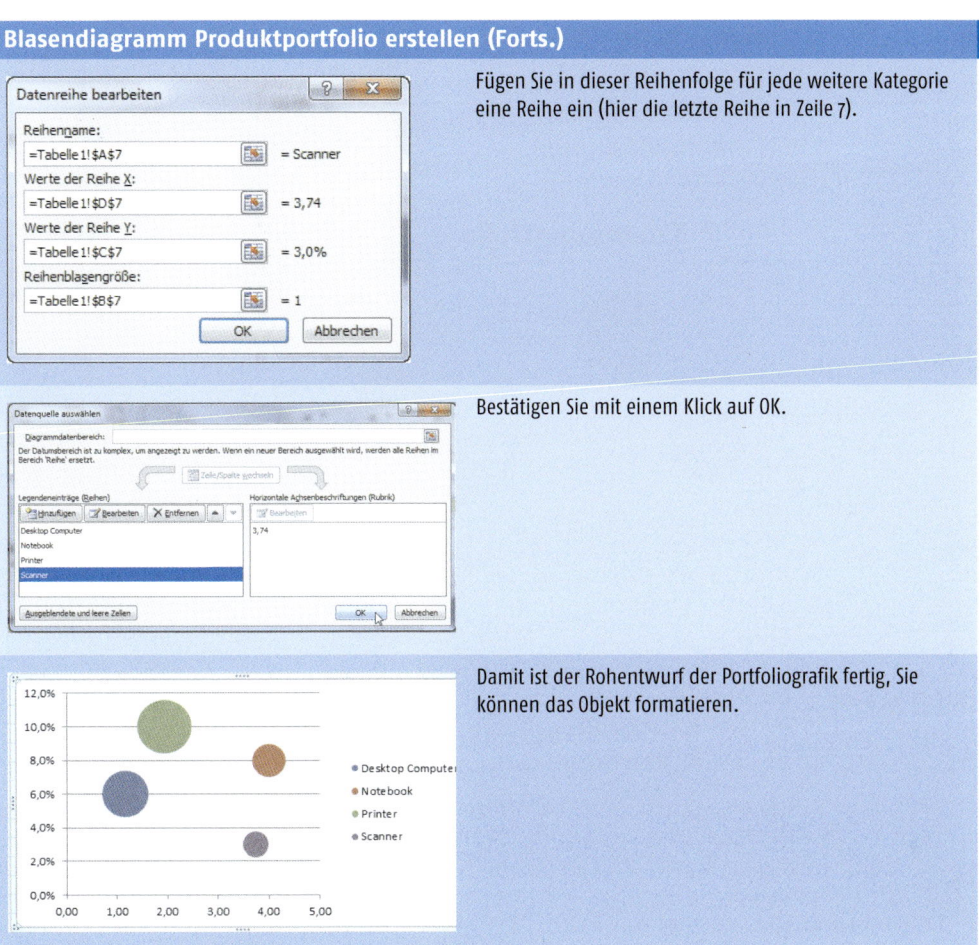

Fügen Sie in dieser Reihenfolge für jede weitere Kategorie eine Reihe ein (hier die letzte Reihe in Zeile 7).

Bestätigen Sie mit einem Klick auf OK.

Damit ist der Rohentwurf der Portfoliografik fertig, Sie können das Objekt formatieren.

Entfernen Sie die Legende und klicken Sie die Elemente, die Sie formatieren wollen, einfach doppelt an, um den Formatierdialog zu aktivieren.

Aktion	Beschreibung
Vertikale Achse in die Mitte setzen	Horizontale Achse formatieren, Achsenoptionen: Vertikale Achse schneidet bei Achsenwert 2,5
Prozentwerte nach außen setzen	Vertikale Achse formatieren, Achsenbeschriftung: Niedrig
Blasen mit Kategorie beschriften	Legende löschen Blase mit der rechten Maustaste anklicken, Datenbeschriftung hinzufügen Datenbeschriftung mit rechts anklicken, formatieren: Beschriftung enthält Datenreihenname Aktion wiederholen für alle anderen Blasen
Quadrate-Gitternetz	Vertikale Achse formatieren: Linienfarbe: Keine Linie DIAGRAMMTOOLS/LAYOUT/ACHSEN/GITTERNETZLINIEN: Hauptgitternetz für beide Achsen

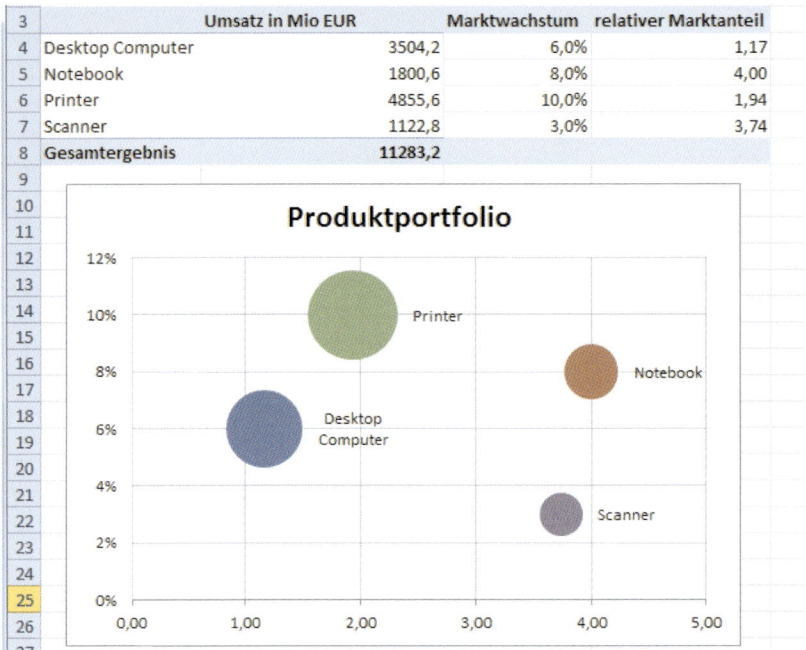

3		Umsatz in Mio EUR	Marktwachstum	relativer Marktanteil
4	Desktop Computer	3504,2	6,0%	1,17
5	Notebook	1800,6	8,0%	4,00
6	Printer	4855,6	10,0%	1,94
7	Scanner	1122,8	3,0%	3,74
8	**Gesamtergebnis**	**11283,2**		

Abbildung 5.86: Das Produktportfolio nach Boston Consulting Group

5.2.2 Multidiagramm Verkaufsstatistik

Simplify It lautet das Schlagwort im SUCCESS-Konzept, und wer sich schon mehr als einmal mühsam durch ein völlig überfrachtetes Diagramm »kämpfen« musste, um die darin enthaltene (oder besser verborgene) Information zu finden, wird sein komplexes Datenmaterial künftig lieber auf mehrere Diagramme verteilen. Solche Diagramme lassen sich bei aller Gestaltungskunst nicht in Informationsträger umwandeln:

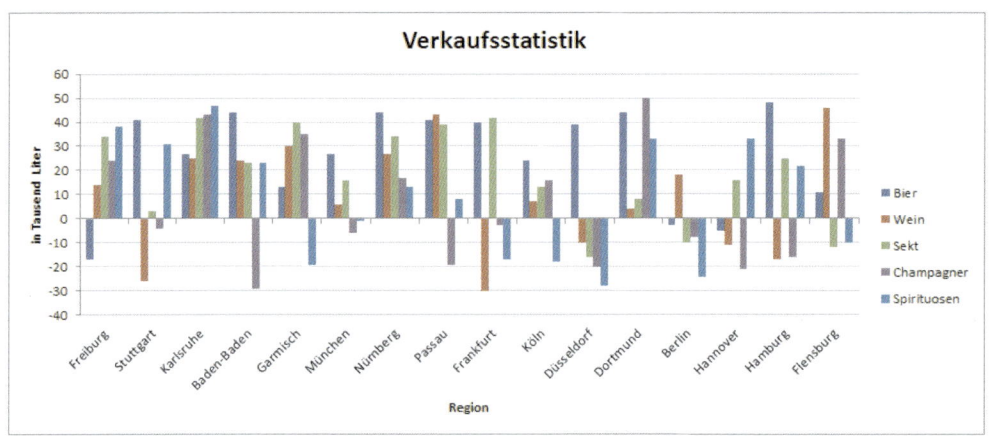

Abbildung 5.87: Nicht verkaufsfähig: völlig überladene Statistik

Informativ, klar in der Aussage und frei von jedem Ballast ist dagegen das Multidiagramm. Es verzichtet auf überflüssige Elemente und redundante Beschriftungen.

Abbildung 5.88: Schlicht und informativ: Multidiagramme

Datenbasis vorbereiten

Übungsdaten: Verkaufsstatistik Vorlage.xlsx

Multidiagramm Verkaufsstatistik.xlsx

Die Verkaufszahlen stehen in einer Liste bereit, Zeilen und Spalten der Liste sind beschriftet. Berechnen Sie die positiven und negativen Werte in Hilfsreihen und erstellen Sie ein Balkendiagramm aus diesen Datenbereichen. Das Diagramm wird formatiert und in eine vorbereitete Vorlage kopiert. Hier müssen Sie es nur noch vervielfältigen und die Bezüge anpassen.

	A	B	C	D	E	F	G	H	I	J	K	L	M	N	O	P	Q
1		Freiburg	Stuttgart	Karlsruhe	Baden-Baden	Garmisch	München	Nürnberg	Passau	Frankfurt	Köln	Düsseldorf	Dortmund	Berlin	Hannover	Hamburg	Flensburg
2	Bier	12	21	27	44	13	27	44	41	40	24	39	44	21	6	48	11
3	Wein	14	-26	25	24	30	6	27	43	-12	7	-10	4	-3	-11	-7	46
4	Sekt	-3	12	-3	23	40	16	34	39	42	13	-16	8	12	16	21	-12
5	Champagner	24	-4	12	-29	35	-6	-5	-19	-3	16	-20	50	-8	-3	-16	33
6	Spirituosen	38	31	25	23	-19	-3	13	8	-17	-18	-28	33	14	16	22	-10

Abbildung 5.89: Verkaufszahlen im Tabellenblatt »Sales«

Bild für Bild Multidiagramm Verkaufsstatistik erstellen

	B8			f_x	=WENN(B2>0;B2;"")			
	A	B	C	D	E	F	G	H	I
7									
8	pos	12	21	27	44	13	27	44	41
9		14		25	24	30	6	27	43
10		12			23	40	16	34	39
11		24		12		35			
12		38	31	25	23			13	8

Berechnen Sie in Zelle B8 die positiven Werte der ersten Datenreihe. Kopieren Sie die Formel über 5 Zeilen und 16 Spalten:

`=WENN(B2>0;B2;"")`

Weisen Sie dem Bereich dieses benutzerdefinierte Zahlenformat zu, das keine 0 anzeigt:

`0;-0;""`

	B14			f_x	=WENN(B2<0;B2;"")			
	A	B	C	D	E	F	G	H	I
13									
14	neg								
15			-26						
16		-3		-3					
17			-4		-29		-6	-5	-19
18						-19	-3		

In Zelle B14 werden die negativen Werte aus der ersten Datenreihe berechnet, kopieren Sie auch diese Formel über 5 Zeilen und 16 Spalten und weisen Sie das Zahlenformat zu:

`=WENN(B2<0;B2;"")`

Zahlenformat:

`0;-0;""`

Setzen Sie den Zellzeiger in eine leere Zelle und wählen Sie EINFÜGEN/DIAGRAMME/BALKEN/2D-BALKEN.

Klicken Sie in den DIAGRAMMTOOLS auf DATEN/DATEN AUSWÄHLEN, um die Reihen einzufügen.

Klicken Sie unter LEGENDENEINTRÄGE auf HINZUFÜGEN. Tragen Sie den Reihennamen ein und markieren Sie die ersten positiven Werte für die Reihe:

Reihenname: pos
Reihenwerte: =Sales!$B$8:$B$12

Fügen Sie eine weitere Reihe hinzu, markieren Sie die ersten negativen Werte dafür:

Reihenname: neg
Reihenwerte: =Sales!$B$14:$B$18

Multidiagramm Verkaufsstatistik erstellen (Forts.)

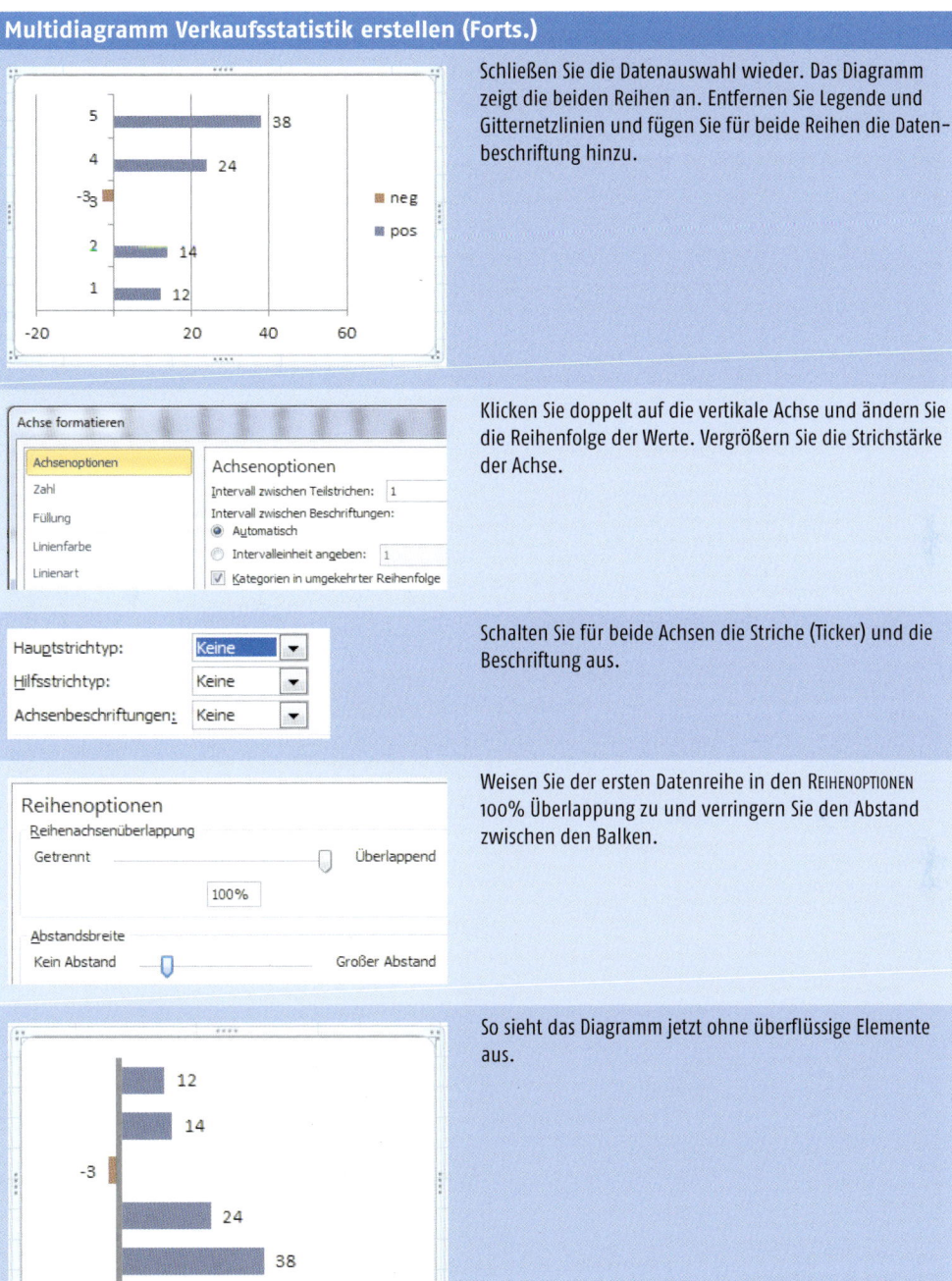

Schließen Sie die Datenauswahl wieder. Das Diagramm zeigt die beiden Reihen an. Entfernen Sie Legende und Gitternetzlinien und fügen Sie für beide Reihen die Datenbeschriftung hinzu.

Klicken Sie doppelt auf die vertikale Achse und ändern Sie die Reihenfolge der Werte. Vergrößern Sie die Strichstärke der Achse.

Schalten Sie für beide Achsen die Striche (Ticker) und die Beschriftung aus.

Weisen Sie der ersten Datenreihe in den REIHENOPTIONEN 100% Überlappung zu und verringern Sie den Abstand zwischen den Balken.

So sieht das Diagramm jetzt ohne überflüssige Elemente aus.

Bild für Bild   Multidiagramm Verkaufsstatistik erstellen (Forts.)

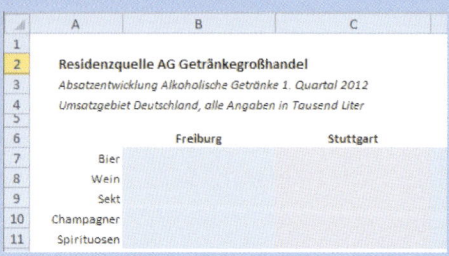

Gestalten Sie in einem neuen Tabellenblatt das Raster für die Diagramme. Schreiben Sie die Überschriften und die Legendentexte und tragen Sie die Regionsbezeichnungen ein.

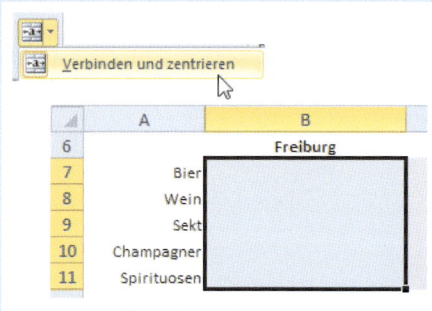

Für das Diagrammobjekt reservieren Sie jeweils 5 Zeilen, verbinden Sie diese mit dem Symbol *Verbinden und Zentrieren* in START/AUSRICHTUNG.

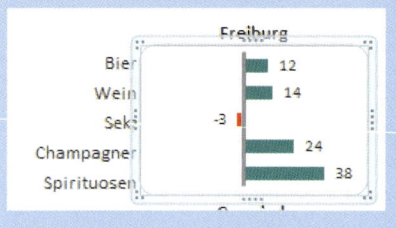

Kopieren Sie das Diagrammobjekt, markieren Sie die verbundenen Zellen und holen Sie es mit ⎡Strg⎤+⎡v⎤ in das Tabellenblatt.

Positionieren Sie es mit gedrückter ⎡Alt⎤-Taste exakt auf den Zellrändern der verbundenen Zellen.

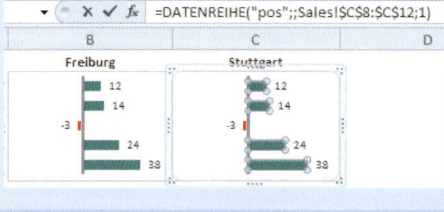

Kopieren Sie das Objekt wieder mit ⎡Strg⎤+⎡c⎤, markieren Sie die nächsten verbundenen Zellen und drücken Sie ⎡Strg⎤+⎡v⎤.

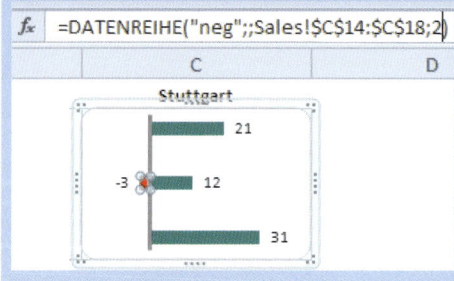

Ändern Sie im neuen Diagrammobjekt die Zuweisung des Datenbereichs in der Funktion DATENREIHE().

Jetzt noch ein wenig Fleißarbeit, die Diagrammobjekte müssen für alle Regionen kopiert und angepasst werden. Sie können übrigens mit gedrückter ⎡Strg⎤-Taste mehrere Objekte markieren.

Dann ist das Multidiagramm fertig, ziehen Sie noch einen Rahmen um den Bereich und erklären Sie ihn zum Druckbereich.

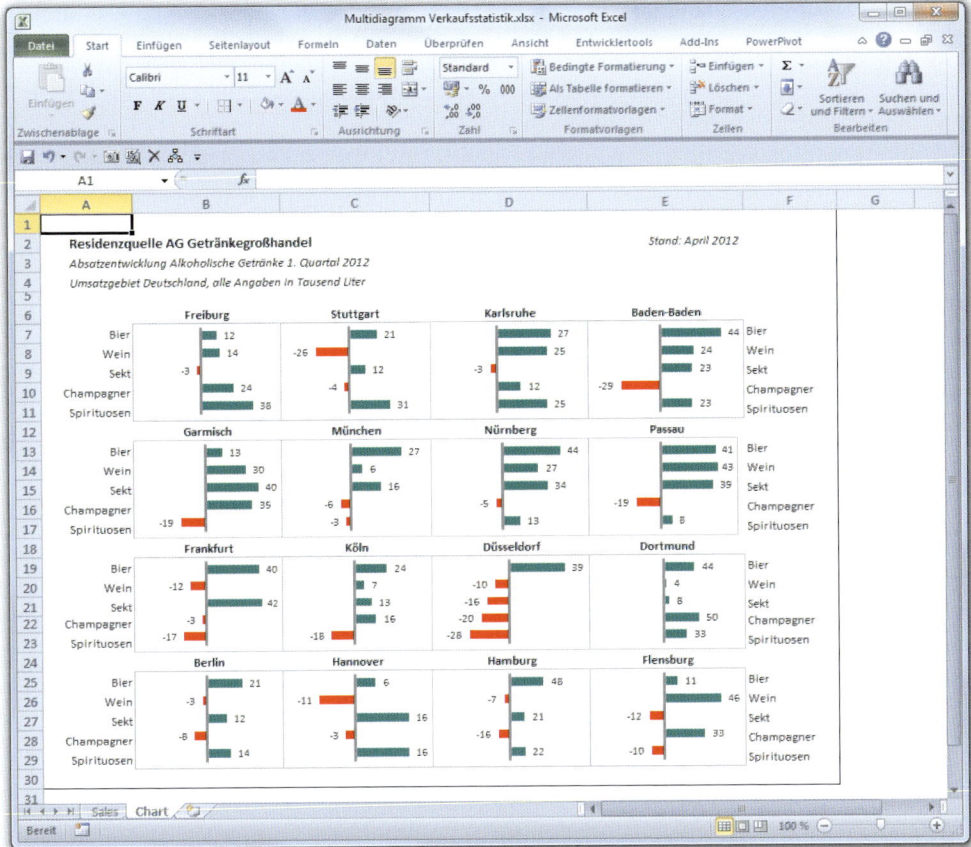

Abbildung 5.90: Multidiagramm mit Verkaufszahlen

5.3 Berichte im Personalmanagement

Controller und Sachbearbeiter im Personalbereich stehen täglich vor der Herausforderung, komplexe Daten in auswertbare Form zu bringen und HR-Kennzahlen zu berechnen. Vorsysteme wie SAP HR, SAS, LOGA, Zeiterfassungswerkzeuge und Abrechnungssoftware liefern Daten und Berichte, können aber nicht alle individuellen Anforderungen im Personalreporting abdecken. Nicht wenige Unternehmen setzen für die Auswertung von Personaldaten komplett auf Excel.

In diesem Kapitel lernen Sie, Personaldaten in Berichte und Diagramme umzuwandeln. Je nach Datenbasis werden Sie einige Berechnungen voranstellen müssen, z. B. die Alterscluisterberechnung und das Austrittsdatum nach Rentenalterstabelle.

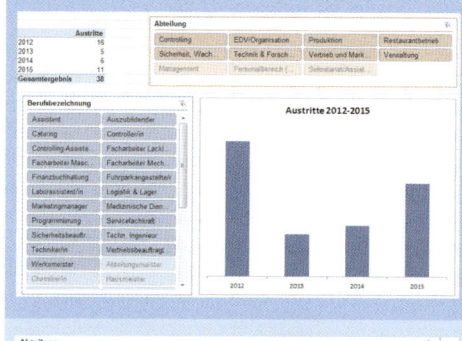

Kapazitätsplanung: Dieser Bericht berechnet, wie viele Mitarbeiter in den nächsten 5 Jahren austreten. Mit PivotTables und PivotCharts haben Sie die Möglichkeit, den Bericht nach Abteilung und Berufsgruppe zu filtern.

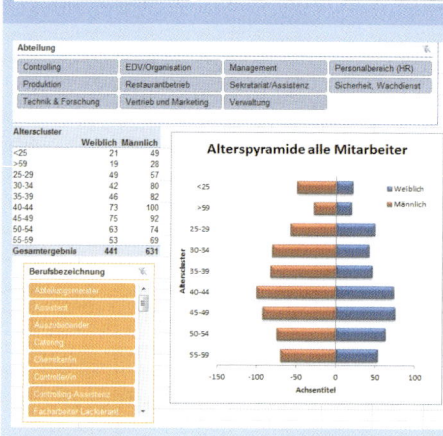

Altersstrukturanalyse: In diesem Bericht erstellen Sie eine Alterspyramide über die Altersgruppen, getrennt nach männlichen und weiblichen Mitarbeitern. Das PivotChart lässt sich nach Abteilung und Berufsgruppen filtern.

5.3.1 Mitarbeiterdaten importieren und aufbereiten

Die grafische Auswertung ist natürlich immer nur so gut wie die Datenbasis. Mitarbeiterdaten verwalten Unternehmen ab einer bestimmten Größe in Personalabrechnungssystemen, z. B. im HR-Modul von SAP, mit Haufe Personal Office (Lexware), Persis, Paisy, Sage Personalwirtschaft – die Liste ließe sich noch lange weiterführen. Kleinere Unternehmen pflegen ihre Personaldaten auch mit Datenbanken oder in Excel-Tabellen.

Wer einen direkten, unbeschränkten Zugriff auf die Mitarbeiterstammdaten hat, exportiert sich die Daten im Excel-Format (XLS bzw. XLSX). In der Praxis werden die Daten aus HR-Systemen aber von zentraler Stelle an ausgewählte Personen verschickt, der Schutz persönlicher und vertraulicher Daten steht hier an oberster Stelle.

Für eine Demografieauswertung brauchen Sie nur wenige Mitarbeiterdaten. Abteilung, Berufsbe-zeichnung, Geschlecht und Geburtsdatum genügen schon für eine Altersstrukturanalyse. Lassen Sie personenbezogene Daten wie Personalnummern und Namen bewusst weg, wenn Sie die Daten anfordern, das erspart so manche Diskussion.

Verknüpfungen mit ODBC

Wenn Sie die Möglichkeit haben, die Daten aus dem ERP-System (SAP o. a.) dynamisch zu ver-knüpfen, nutzen Sie diese. Kopierte Daten sind alte Daten, Verknüpfungen sind schnell aktuali-siert und liefern immer automatisch topaktuelle Mitarbeiterstammdaten für die Auswertung. ODBC (Open Database Connectivity) ist das Zauberwort für die Verbindung zwischen Excel und einer externen Datenquelle. Voraussetzung ist ein ODBC-Treiber, der unter Windows installiert und über die Systemsteuerung verwaltet wird.

Wählen Sie in Windows 7 START/SYSTEMSTEUERUNG. Schalten Sie auf ALLE SYSTEMSTEUERUNGS-ELEMENTE und öffnen Sie die VERWALTUNG. Hier finden Sie den Eintrag DATENQUELLEN (ODBC), und auf der Registerkarte BENUTZER-DSN sehen Sie die installierten Treiber. Ist der Treiber für Ihr Vorsystem nicht dabei, klicken Sie auf HINZUFÜGEN und holen den ODBC-Treiber aus der Liste.

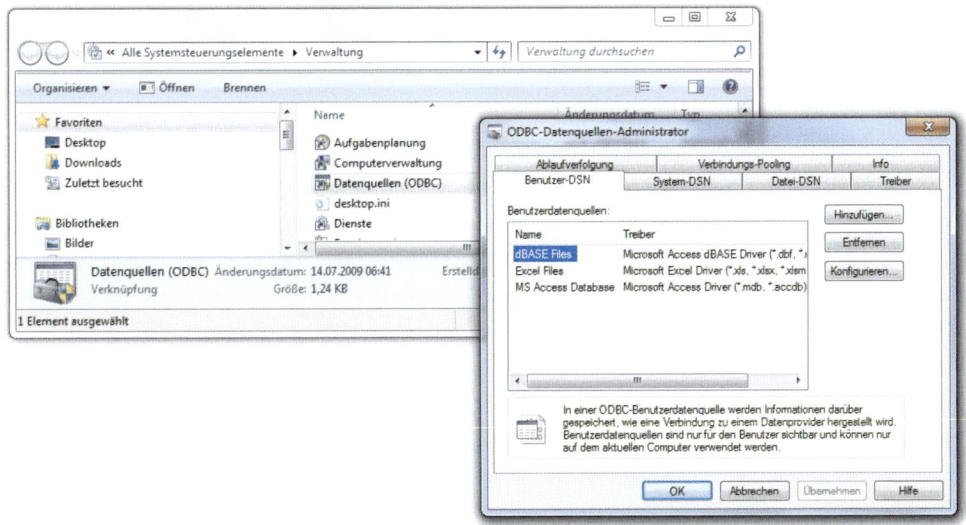

Abbildung 5.91: ODBC-Treiber werden unter Windows verwaltet

Beispieldatenbank »Headcount«

Für unser Praxisbeispiel verwenden wir eine Excel-Tabelle mit ca. 1.000 Datensätzen und je einer Spalte für Abteilung, Berufsbezeichnung, Geburtstag, Eintrittsdatum und Geschlecht. Alle weiteren Informationen berechnen Sie in den folgenden Spalten.

Headcount.xlsx

Personalkapazitaetsplanung.xlsx

▲	A	B	C	D	E
1	**Abteilung**	**Berufsbezeichnung**	**Geburtstag**	**Eintrittsdatum**	**Geschlecht**
2	Vertrieb und Marketing	Marketingmanager	12.04.67	01.09.85	W
3	Produktion	Facharbeiter Mechanik	24.01.67	23.09.85	M
4	Controlling	Finanzbuchhaltung	23.11.66	29.01.85	M
5	Personalbereich (HR)	Personalmanager	30.07.66	02.06.85	W
6	Sekretariat/Assistenz	Persönliche Assistenz	02.10.66	14.06.85	W
7	Controlling	Qualitätsmanagement	18.03.65	21.01.85	M
8	Produktion	Ingenieur Steuerungswesen	21.06.65	29.04.85	M
9	Produktion	Facharbeiter Lackieranlagen	11.09.65	27.11.85	M
10	Technik & Forschung	Techniker/in	06.11.66	11.05.86	M
11	Controlling	Controlling-Assistenz	28.07.66	09.07.86	W
12	Controlling	Controller/in	25.04.64	10.07.85	M
13	Controlling	Controller/in	24.07.64	14.12.85	M
14	Technik & Forschung	Techniker/in	16.02.66	28.12.87	M
15	Management	Manager	28.04.88	07.01.09	W
16	Technik & Forschung	Laborassistent/in	06.06.88	07.05.09	M
17	Verwaltung	Logistik & Lager	30.05.88	09.05.09	M
18	Verwaltung	Logistik & Lager	05.06.88	13.07.09	M

Abbildung 5.92: Datenbank Headcount mit Demografiedaten

5.3.2 Kapazitätsplanung

Berechnen Sie in der vorliegenden Mitarbeiterliste alle erforderlichen Informationen für die einzelnen Mitarbeiter:

- Alter
- Alterscluster
- Betriebszugehörigkeit
- Austrittsdatum

Um das Alter einer Person aus dem Geburtsdatum zu berechnen, gibt es mehrere Verfahren. Sie können das Geburtsdatum vom Tagesdatum abziehen und erhalten damit das Alter in Tagen. Dividiert durch 365,25 (weil alle vier Jahre ein Schaltjahr stattfindet), erhalten Sie ziemlich genau das Alter der Person:

```
=GANZZAHL((HEUTE()-C2)/365,25)
```

Mit der Funktion DATEDIF() lässt sich das Alter ebenfalls berechnen. Die Funktion ist in Excel nicht dokumentiert, sie rechnet nämlich in einigen Konstellationen falsch. Die einfache Altersberechnung funktioniert aber:

```
=DATEDIF(C2;HEUTE();"y")
```

Ganz sicher gehen Sie mit dieser Funktion. Sie berechnet zunächst die Differenz zwischen dem aktuellen Jahr und dem Jahr des Geburtsdatums. Dann ermittelt eine WENN-Funktion, ob das aktuelle Geburtsdatum der Person größer oder gleich dem Tagesdatum ist, und addiert in diesem Fall eine 1.

```
=JAHR(HEUTE())-JAHR(C2)-WENN(HEUTE()>=DATUM(JAHR(HEUTE());MONAT(C2);TAG(C2));0;1)
```

1. Schreiben Sie die Formel in die nächste Spalte mit der Spaltenüberschrift *Alter*.
2. Weisen Sie den Zellen mit dem berechneten Alter dieses benutzerdefinierte Zahlenformat zu:

```
0" Jahre"
```

	F2	▼	fx	=JAHR(HEUTE())-JAHR(C2)-WENN(HEUTE()>=DATUM(JAHR(HEUTE());MONAT(C2);TAG(C2));0;1)		

	A	B	C	D	E	F	G
1	Abteilung	Berufsbezeichnung	Geburtstag	Eintrittsdatum	Geschlecht	Alter	
2	Vertrieb und Marketing	Marketingmanager	12.04.67	01.09.85	W	44 Jahre	
3	Produktion	Facharbeiter Mechanik	24.01.67	23.09.85	M	44 Jahre	
4	Controlling	Finanzbuchhaltung	23.11.66	29.01.85	M	45 Jahre	
5	Personalbereich (HR)	Personalmanager	30.07.66	02.06.85	W	45 Jahre	
6	Sekretariat/Assistenz	Persönliche Assistenz	02.10.66	14.06.85	W	45 Jahre	
7	Controlling	Qualitätsmanagement	18.03.65	21.01.85	M	46 Jahre	
8	Produktion	Ingenieur Steuerungswesen	21.06.65	29.04.85	M	46 Jahre	
9	Produktion	Facharbeiter Lackieranlagen	11.09.65	27.11.85	M	46 Jahre	
10	Technik & Forschung	Techniker/in	06.11.66	11.05.86	M	45 Jahre	
11	Controlling	Controlling-Assistenz	28.07.66	09.07.86	W	45 Jahre	
12	Controlling	Controller/in	25.04.64	10.07.85	M	47 Jahre	
13	Controlling	Controller/in	24.07.64	14.12.85	M	47 Jahre	
14	Technik & Forschung	Techniker/in	16.02.66	28.12.87	M	45 Jahre	
15	Management	Manager	28.04.88	07.01.09	W	23 Jahre	
16	Technik & Forschung	Laborassistent/in	06.06.88	07.05.09	M	23 Jahre	
17	Verwaltung	Logistik & Lager	30.05.88	09.05.09	M	23 Jahre	

Abbildung 5.93: So wird das Alter korrekt berechnet

Viele Systeme liefern die Demografiedaten bereits mit Berechnung der Alterscluster aus. Wo diese Information fehlt, hilft Excel mit seinen logischen Funktionen aus. Berechnen Sie die Altersgruppe der ersten Person in Zeile 2 in Fünf-Jahres-Schritten:

```
<25 Jahre
25-29 Jahre
30-34 Jahre
35-39 Jahre
40-44 Jahre
45-49 Jahre
50-54 Jahre
55-59 Jahre
>59 Jahre
```

3. Schreiben Sie die Formel in die nächste Spalte mit der Überschrift *Alterscluster*.
4. Kopieren Sie die Formel per Doppelklick auf das Füllkästchen nach unten bis zum letzten Mitarbeiterdatensatz.

```
G2: =WENN(F2<25;"<25";WENN(F2>=60;">59";F2-REST(F2;5)&"-"&F2-REST(F2;5)+4))
```

fx	=WENN(F2<25;"<25";WENN(F2>=60;">59";F2-REST(F2;5)&"-"&F2-REST(F2;5)+4))				

C	D	E	F	G	
Geburtstag	Eintrittsdatum	Geschlecht	Alter	Alterscluster	
12.04.67	01.09.85	W	44 Jahre	40-44	
24.01.67	23.09.85	M	44 Jahre	40-44	
23.11.66	29.01.85	M	45 Jahre	45-49	
30.07.66	02.06.85	W	45 Jahre	45-49	
02.10.66	14.06.85	W	45 Jahre	45-49	
18.03.65	21.01.85	M	46 Jahre	45-49	
21.06.65	29.04.85	M	46 Jahre	45-49	
11.09.65	27.11.85	M	46 Jahre	45-49	
06.11.66	11.05.86	M	45 Jahre	45-49	
28.07.66	09.07.86	W	45 Jahre	45-49	
25.04.64	10.07.85	M	47 Jahre	45-49	
24.07.64	14.12.85	M	47 Jahre	45-49	
16.02.66	28.12.87	M	45 Jahre	45-49	
28.04.88	07.01.09	W	23 Jahre	<25	
06.06.88	07.05.09	M	23 Jahre	<25	
30.05.88	09.05.09	M	23 Jahre	<25	

Abbildung 5.94: Alterscluster berechnen

Berechnen Sie auch noch die Anzahl der Jahre, die der Mitarbeiter in der Firma beschäftigt ist. Diese Information können Sie nutzen, um Betriebsjubiläen zu ermitteln. Verwenden Sie die Formel für die Altersberechnung, ändern Sie nur den Bezug auf die Spalte *Alter* in den Zellbezug der Spalte *Eintrittsdatum*.

f_x	=JAHR(HEUTE())-JAHR(D2)-WENN(HEUTE()>=DATUM(JAHR(HEUTE());MONAT(D2);TAG(D2));0;1)					

m	Geschlecht E	Alter F	Alterscluster G	Jahre in der Firma H	I	J
9.85	W	44 Jahre	40-44	26 Jahre		
9.85	M	44 Jahre	40-44	26 Jahre		
1.85	M	45 Jahre	45-49	26 Jahre		
6.85	W	45 Jahre	45-49	26 Jahre		
6.85	W	45 Jahre	45-49	26 Jahre		
1.85	M	46 Jahre	45-49	26 Jahre		
4.85	M	46 Jahre	45-49	26 Jahre		

Abbildung 5.95: Betriebszugehörigkeit berechnen

Renteneintrittsalter und Kapazitätsplanung

Für die Personalplanung unerlässlich ist die Planung der Kapazitäten für einzelne Abteilungen oder Kostenstellen. Berechnen Sie, welche Kapazitäten die einzelnen Abteilungen die nächsten Jahre zu erwarten haben, wenn Mitarbeiter altersbedingt ausscheiden. Für das Austrittsdatum des Mitarbeiters muss die gesetzliche Regelung des Renteneintrittsalters berücksichtigt werden.

Die Bundesregierung hat beschlossen, ab dem 1.1.2008 das Renteneintrittsalter von 65 auf 67 zu erhöhen, und zwar in monatlichen Schritten. Für Mitarbeiter, die vor 1947 geboren sind, bleibt es beim Renteneintrittsalter von 65, für alle anderen wird der Renteneintritt nach einer Tabelle berechnet. Beachten Sie aber die Ausnahmeregelungen, hier ein Link dazu:

www.planetsenior.de/renteneintrittsalter

Erstellen Sie eine Berechnungstabelle in einem neuen Tabellenblatt:

1. Öffnen Sie ein neues Tabellenblatt, nennen Sie dieses *Renteneintrittsalter*.
2. Tragen Sie die Geburtsjahrgänge in die erste Spalte ein und die Anzahl Monate, um die sich das Renteneintrittsalter erhöht, in die zweite Spalte.
3. Markieren Sie den Bereich A1:B19 und weisen Sie ihm über den Namens-Manager (FORMELN/DEFINIERTE NAMEN) den Bereichsnamen *R_Eintritt* zu.

	A	B
1	Geburtsjahrgang	Erhöhung Renteneintrittsalter (Monate)
2	1947	1
3	1948	2
4	1949	3
5	1950	4
6	1951	5
7	1952	6
8	1953	7
9	1954	8
10	1955	9
11	1956	10
12	1957	11
13	1958	12
14	1959	14
15	1960	16
16	1961	18
17	1962	20
18	1963	22
19	1964	24

HR Headcount   Renteneintrittsalter

Abbildung 5.96: Tabelle zur Berechnung des Renteneintrittsalters

4. Schalten Sie zurück auf das Tabellenblatt mit der Mitarbeiterliste und berechnen Sie in der nächsten freien Spalte das Austrittsdatum der einzelnen Mitarbeiter. Mit der Funktion DATUM() berechnen Sie das Datum des Austritts. Dazu wird Rentenalter (65) auf das Jahr des Geburtsdatums addiert, Monat und Tag erhält die Funktion aus dem Geburtsdatum.

```
I1: Austritt am
I2: =DATUM(JAHR(C2)+65;MONAT(C2);TAG(C2))
```

5. Die Funktion SVERWEIS() ermittelt die Anzahl Monate, um die das Austrittsdatum erhöht wird. SVERWEIS() sucht das Jahr des Geburtsdatums im Bereich der Tabelle *Renteneintritt-salter* und liefert als Ergebnis die Anzahl Monate in der zweiten Spalte. Achten Sie darauf, dass das letzte Argument *Bereich_Verweis* nicht (oder mit WAHR) besetzt werden muss, damit der Verweis bei Jahreszahlen über 1964 den letzten Eintrag liefert:

```
=SVERWEIS(JAHR(C2);R_Eintritt;2)
```

6. Fügen Sie diesen Verweis an das Argument für den Austrittsmonat an, addieren Sie damit die Anzahl der Monate, um die das Austrittsdatum gemäß Renteneintrittsberechnung erhöht wird:

```
F2: =DATUM(JAHR(C2)+65;MONAT(C2)+SVERWEIS(JAHR(C2);R_Eintritt;2);TAG(C2))
```

7. Kopieren Sie die Formel per Doppelklick auf das Füllkästchen nach unten bis zur letzten Zeile der Mitarbeiterliste.

f_x =DATUM(JAHR(C2)+65;MONAT(C2)+SVERWEIS(JAHR(C2);R_Eintritt;2);TAG(C2))						
H	**I**	**J**	**K**	**L**	**M**	
Jahre in der Firma	**Austritt am**					
28 Jahre	25.04.2012					
27 Jahre	26.08.2012					
24 Jahre	15.07.2012					
24 Jahre	06.11.2012					
23 Jahre	14.08.2012					
23 Jahre	15.07.2012					
22 Jahre	23.09.2012					
22 Jahre	09.05.2012					
22 Jahre	12.10.2012					
21 Jahre	09.06.2012					
20 Jahre	14.08.2012					
20 Jahre	04.09.2012					
17 Jahre	09.05.2012					
17 Jahre	11.10.2012					

Abbildung 5.97: Berechnung des Austrittsdatums mit Renteneintrittsalter

Weisen Sie der Liste in der Tabelle *Headcount* einen Bereichsnamen zu, damit die PivotTable-Auswertung eine einheitliche Datenbasis hat:

1. Setzen Sie den Zellzeiger in die Liste, drücken Sie ⌈Strg⌉ + ⌈⇧⌉ + ⌈*⌉, um alle Daten zu markieren.

2. Schreiben Sie den Bereichsnamen *MA-Daten* in das Namensfeld links oben und bestätigen Sie mit ⌈Enter⌉.

3. Im Namens-Manager (FORMELN/DEFINIERTE NAMEN) können Sie den Bereichsnamen und den zugewiesenen Bezug überprüfen.

Wenn Sie den Bereich dynamisch benennen wollen, sodass sich der Name automatisch anpasst, wenn sich die Anzahl der Datensätze ändert, verwenden Sie die Matrixfunktion BEREICH.VERSCHIEBEN() (siehe Kapitel 4).

Erstellen Sie den ersten PivotTable-Bericht, der Auskunft gibt über die zu erwartenden Austritte in den nächsten 5 Jahren:

Bild für Bild	PivotTable-Bericht »Austritte« erstellen

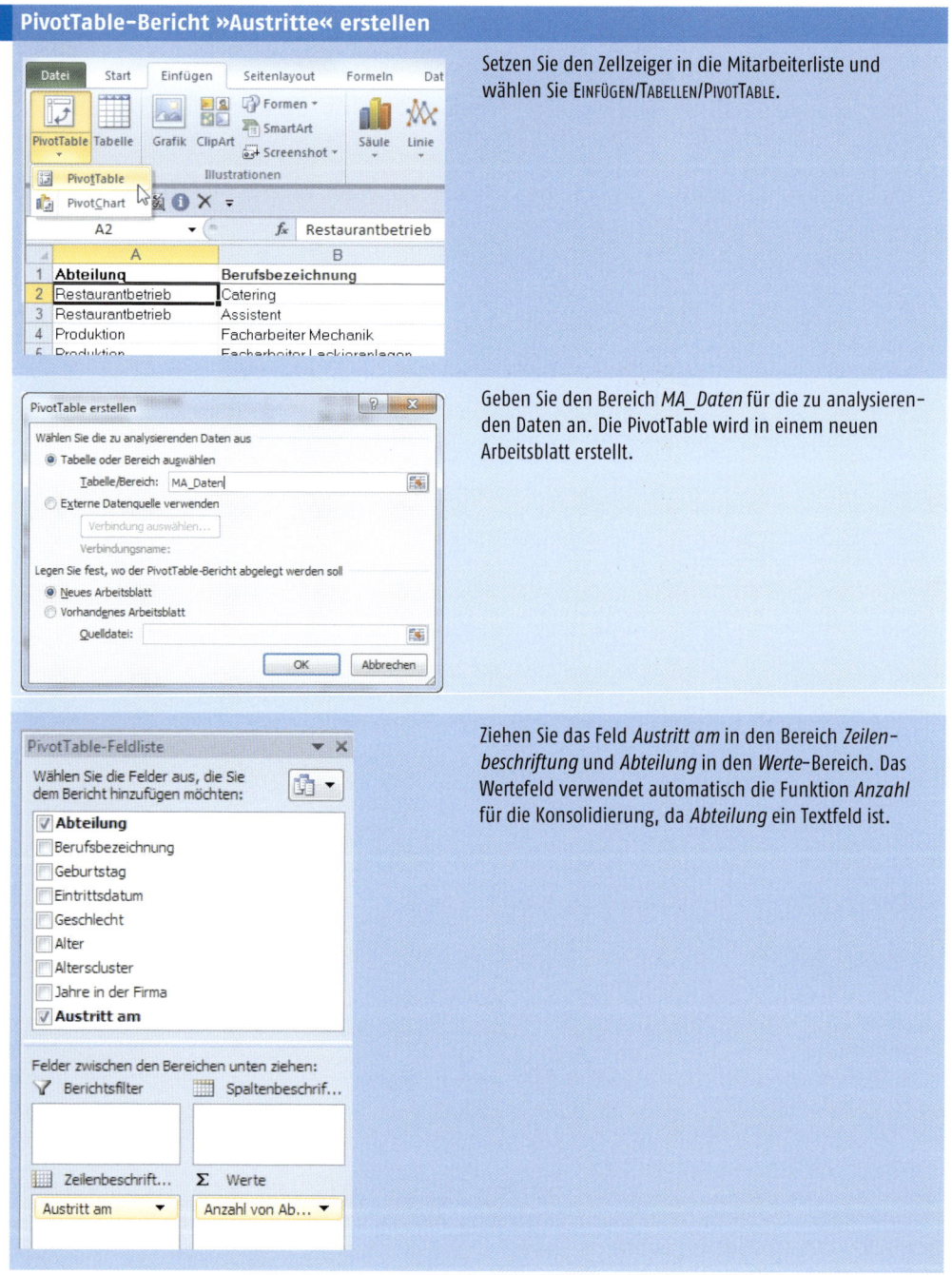

Setzen Sie den Zellzeiger in die Mitarbeiterliste und wählen Sie EINFÜGEN/TABELLEN/PIVOTTABLE.

Geben Sie den Bereich *MA_Daten* für die zu analysieren-den Daten an. Die PivotTable wird in einem neuen Arbeitsblatt erstellt.

Ziehen Sie das Feld *Austritt am* in den Bereich *Zeilen-beschriftung* und *Abteilung* in den *Werte*-Bereich. Das Wertefeld verwendet automatisch die Funktion *Anzahl* für die Konsolidierung, da *Abteilung* ein Textfeld ist.

PivotTable-Bericht »Austritte« erstellen (Forts.)

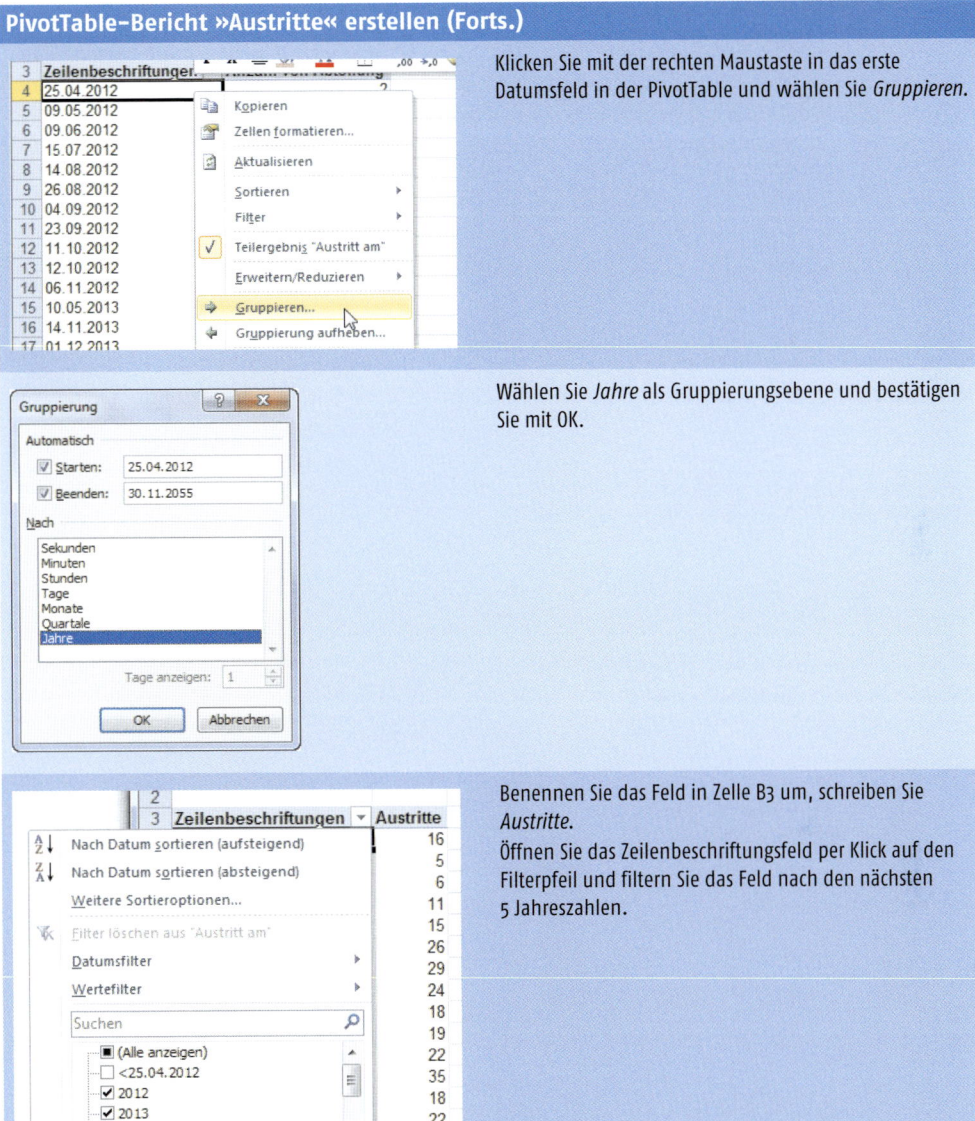

Klicken Sie mit der rechten Maustaste in das erste Datumsfeld in der PivotTable und wählen Sie *Gruppieren*.

Wählen Sie *Jahre* als Gruppierungsebene und bestätigen Sie mit OK.

Benennen Sie das Feld in Zelle B3 um, schreiben Sie *Austritte*.
Öffnen Sie das Zeilenbeschriftungsfeld per Klick auf den Filterpfeil und filtern Sie das Feld nach den nächsten 5 Jahreszahlen.

Bild für Bild   **PivotTable-Bericht »Austritte« erstellen (Forts.)**

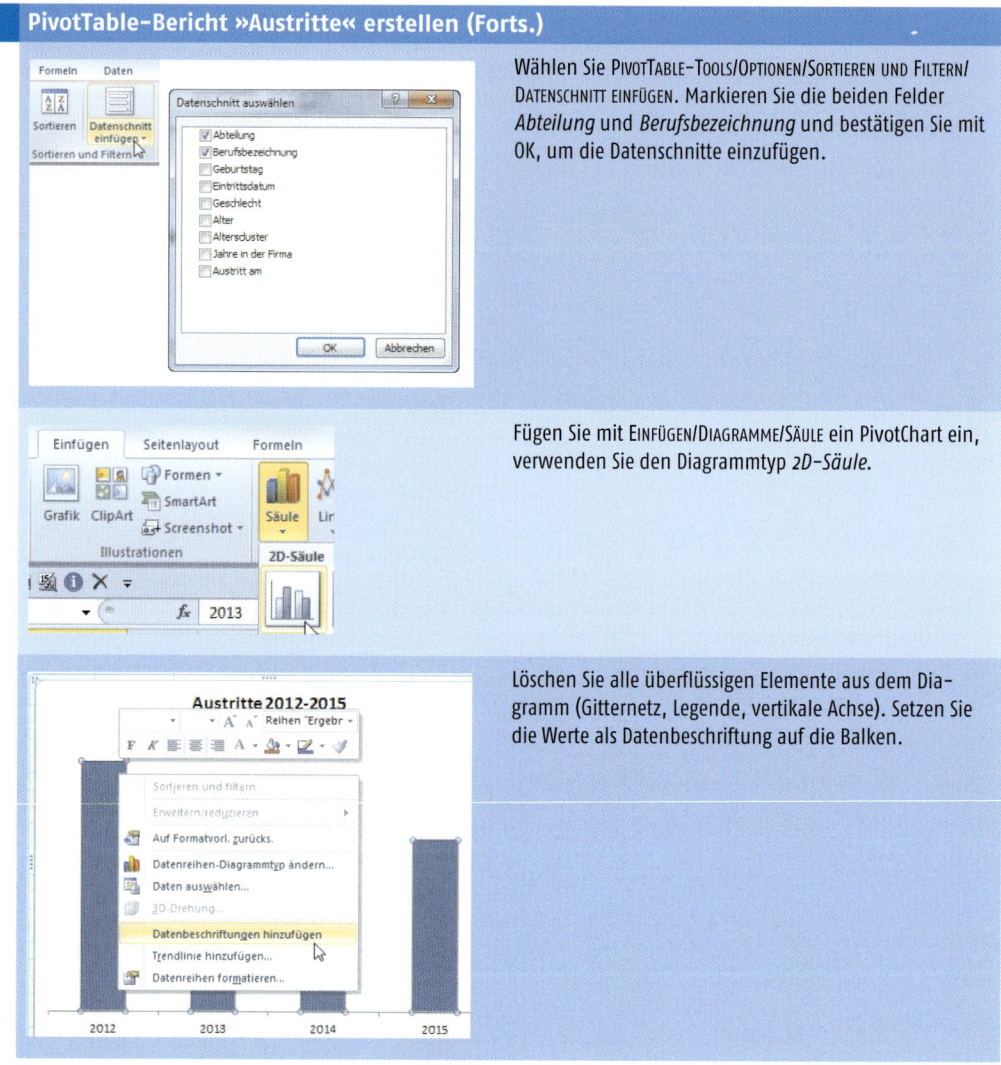

Wählen Sie PivotTable-Tools/Optionen/Sortieren und Filtern/ Datenschnitt einfügen. Markieren Sie die beiden Felder *Abteilung* und *Berufsbezeichnung* und bestätigen Sie mit OK, um die Datenschnitte einzufügen.

Fügen Sie mit Einfügen/Diagramme/Säule ein PivotChart ein, verwenden Sie den Diagrammtyp *2D-Säule*.

Löschen Sie alle überflüssigen Elemente aus dem Diagramm (Gitternetz, Legende, vertikale Achse). Setzen Sie die Werte als Datenbeschriftung auf die Balken.

Mithilfe der Datenschnitte können Sie die einzelnen Abteilungen und Berufsbezeichnungen filtern. Halten Sie die ⌨Strg-Taste gedrückt und klicken Sie mehrere Elemente an. Mit dem Filterpfeil links oben im Datenschnittfenster löschen Sie alle Filter.

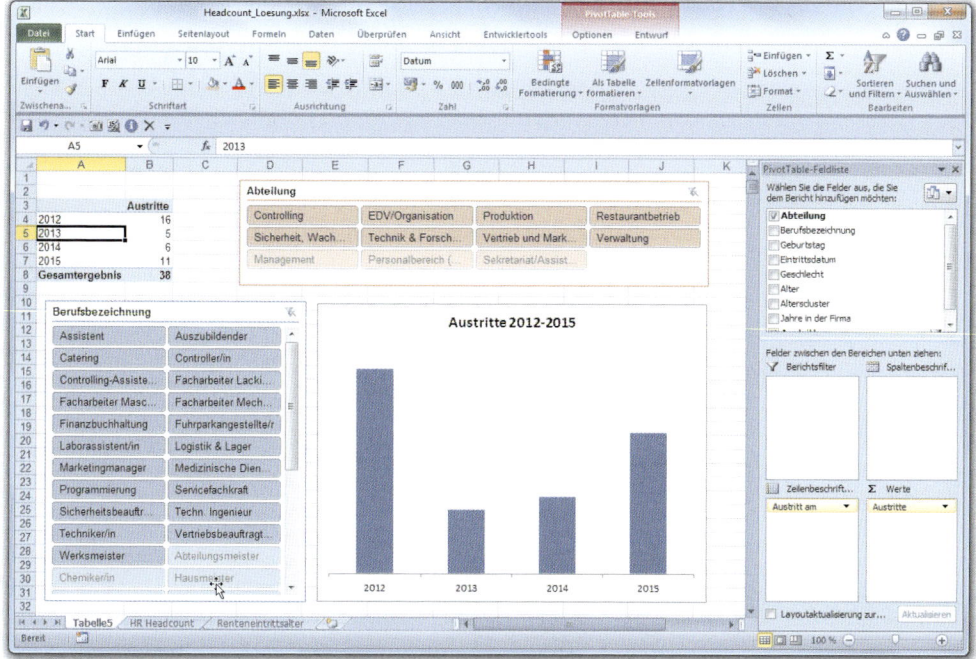

Abbildung 5.98: Kapazitätsplanung mit PivotTable und PivotChart

5.3.3   Altersstrukturanalyse

Wie alt sind eigentlich unsere Mitarbeiter im Durchschnitt? Wie wirkt sich die Altersteilzeitregelung, der Einstellungsstopp auf die Kapazitäten in den Abteilungen aus? Wer sich oder den Teilnehmern eines Gesprächs am runden Tisch diese Fragen stellt, wird einen guten Grund haben. Das Wissen um die statistische Verteilung des Lebensalters von Männern und Frauen im Unternehmen ist eine wichtige Grundlage für die Personalplanung. Die Überalterung der Menschen hat nicht nur Auswirkungen auf Renten und Sozialversicherungen, sie zwingt auch die Firmen, ihre Altersstrukturen zu überwachen und geeignete Maßnahmen einzuleiten, um eine negative Verschiebung der Altersstruktur zu verhindern.

Bei der Analyse der Altersstruktur für einzelne Unternehmenssparten (Abteilungen, Kostenstellen) ist besonders die Konzentration auf die Altersgruppen wichtig. Die Altersstrukturpyramide allein ist nicht repräsentativ, sie zeigt nur eine statistische Verteilung und wird in der Regel einen »Bauch« in der Mitte beim Durchschnittsalter haben. Mit der Einteilung in Gruppen lassen sich Demografiefragen besser beantworten.

Zeigt die Pyramide, dass viele Mitarbeiter unter 25 sind, hat der Abteilungsleiter zwar genügend junge Leute, muss aber hohe Ausbildungskosten einkalkulieren. Mit einem hohen Anteil in der Gruppe der über 50-Jährigen wird der Abteilungsleiter in absehbarer Zeit viel internes Wissen verlieren, das er nicht durch Einstellungen junger Berufsanfänger kompensieren kann. Positiv ist meist ein hoher Anteil an Mitarbeitern in den Gruppen zwischen 35 und 45 Jahren.

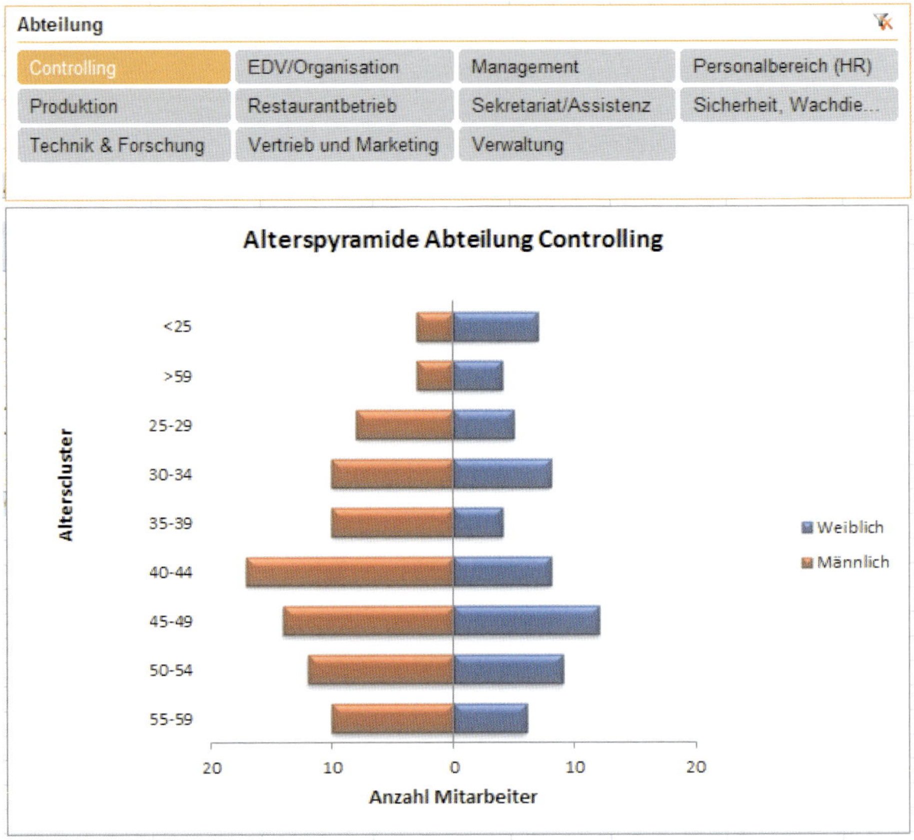

Abbildung 5.99: Eine Altersstrukturanalyse mit Abteilungswahl

Die Alterspyramide

Headcount.xlsx

Personalaltersstrukturanalyse.xlsx

Die nächste Auswertung soll die Anzahl der männlichen und weiblichen Mitarbeiter in den einzelnen Altersgruppen in Form einer Pyramide darstellen. Dazu erstellen Sie wieder eine Pivot-Table und ein PivotChart. Zuvor müssen Sie den Datenbereich aber neu definieren, damit die zweite PivotTable berechnete Elemente erlaubt.

PivotTable und PivotChart erstellen

1. Öffnen Sie den Namens-Manager mit `Strg` + `F3`. Klicken Sie auf *Neu* und geben Sie einen neuen Bereichsnamen ein:
    ```
    Name: MA_Daten2
    Bezieht sich auf: MA_Daten
    ```
2. Öffnen Sie ein neues Tabellenblatt, geben Sie ihm die Bezeichnung *Altersstrukturanalyse*.
3. Setzen Sie den Zellzeiger in die Zelle A10 und wählen Sie *Einfügen/Tabellen/PivotTable*.
4. Tragen Sie den Bereichsnamen *MA_Daten2* für die zu analysierenden Daten an und legen Sie die PivotTable an.

5. Legen Sie das Layout der PivotTable fest.

Aktion	Beschreibung
Pivot-Layout definieren	Zeilenbeschriftung: Alterscluster Spaltenbeschriftung: Geschlecht Werte: Anzahl von *Berufsbezeichnung*
Datenschnitt für Abteilungen	Fügen Sie 8 Zeilen am oberen Rand ein. Wählen Sie Pivot Table-Tools/Optionen/Datenschnitte/Daten-schnitt einfügen. Platzieren Sie den Datenschnitt in den Bereich der ersten 10 Zeilen, ändern Sie die Spaltenzahl mit Datenschnitttools/Optionen/Schaltflächen, Spalten: 4. Formatieren Sie ihn mit Datenschnitttools/Optionen/Datenschnitt-formatvorlagen.
Beschriftungen	Schalten Sie über Pivot Table-Tools/Optionen/Anzeigen die Feldkopfzeilen aus.
Pivot-Überschrift ändern	Ändern Sie die erste Zelle der PivotTable mit dem Inhalt *Anzahl von Berufsbezeichnung*, geben Sie *Alterscluster* und ein Leerzeichen ein.
Spaltenbreitenanpassung	Rechte Maustaste in die PivotTable, Pivot Table-Optionen, Layout & Format/Spaltenbreiten bei Aktualisierung deaktivieren.

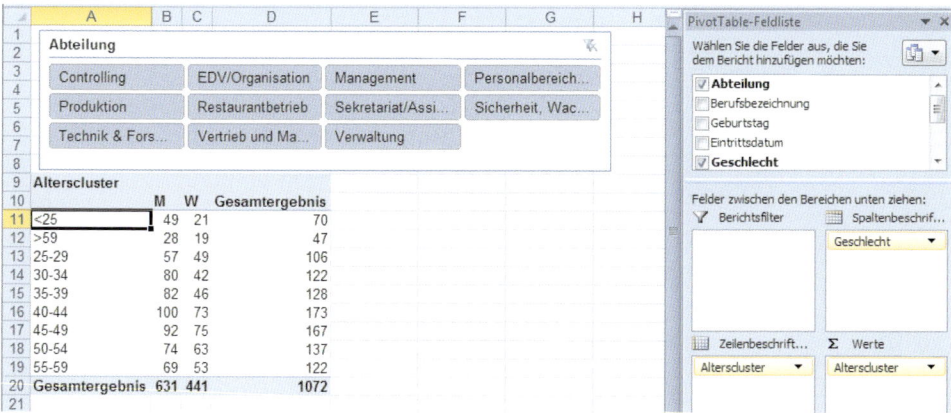

Abbildung 5.100: PivotTable mit Alterscluster

Für das PivotChart verwenden Sie den Diagrammtyp *Balken*. Mithilfe eines berechneten Felds positionieren Sie eine der beiden Datenreihen auf der negativen Seite, um die typische Pyrami-denform zu erhalten.

1. Wählen Sie mit dem Zellzeiger in der PivotTable *Einfügen/Diagramme/Balken*.
2. Verwenden Sie den Untertyp *2D-Balken*.
3. Positionieren Sie das Diagrammobjekt neben der PivotTable im Bereich ab der Spalte E:

Um das einfache Balkendiagramm in eine Pyramide zu verwandeln, müssen Sie die PivotTable um ein berechnetes Element erweitern, das eine der Datenreihen in negative Werte verwandelt. Anschließend passen Sie noch das Diagrammlayout an, und die Alterspyramide ist fertig.

Aktion	Beschreibung
Berechnetes Element anlegen	Zelle B10 markieren, PivotTable-Tools/Optionen/Berechnungen/Felder, Elemente und Gruppen/berechnetes Element Name: Männlich Formel: =M*-1
Minuswerte optisch in Plus-werte umwandeln	Bereich D11:D21 markieren, mit Strg + 1 Zellformatierung aktivieren. Benutzerdefiniertes Zahlenformat: 0;0
Zeilenergebnis löschen	Die Zeilensumme stimmt jetzt natürlich nicht mehr. Wählen Sie im Kontextmenü PivotTable-Optionen/Summen & Filter, deaktivieren Sie die Option Gesamtsumme für Zeilen anzeigen.
Spaltenbeschriftung für die Reihe »Weiblich«	Schreiben Sie »Weiblich« über die bereits bestehende Spaltenüberschrift (W).
Spalte »M« ausblenden	Schalten Sie die Feldkopfzeilen ein, klicken Sie auf den Filterpfeil der Spaltenbeschriftung und entfernen Sie die Option »M«.
Feldkopfzeilen ausblenden	PivotTable-Tools/Optionen/Anzeigen/Feldkopfzeilen
Schaltflächen im Diagramm ausblenden	Mit der rechten Maustaste auf eine Schaltfläche im Diagramm klicken, Alle Feldschaltflächen im Diagramm ausblenden
Datenreihen bündig stellen	Rechte Maustaste ins Diagramm, Datenreihen formatieren Reihenoptionen: Reihenachsenüberlagerung 100%, Abstandsbreite ca. 70%
Achsenbeschriftung nach links	Vertikale Achse formatieren, Achsenoptionen/Achsenbeschriftung niedrig
Alterscluster aufsteigend sortiert	Vertikale Achse formatieren, Achsenoptionen/Kategorien in umgekehrter Reihenfolge Horizontale Achse schneidet: Bei größter Rubrik
Beschriftungen	PivotChart-Tools/Layout/Beschriftungen, Diagrammtitel zentriert, Achsentitel für die horizontale und vertikale Primärachse
Abteilungsbezeichnung im Titel verknüpfen	Pivot-Layout-Feld *Abteilung* in den Bereich *Berichtsfilter* ziehen Formel in Zelle K1: ="Alterspyramide "&WENN($B$7="(Alle)";"alle Mitarbeiter";"Abteilung "&$B$7) PivotChart-Tools/Layout/Beschriftungen/Diagrammtitel/Über Diagramm Titelelement markieren, in der Bearbeitungsleiste die Verknüpfung eintragen: =Altersstrukturanalyse!$K$1

Fügen Sie noch einen Datenschnitt für das Feld *Berufsbezeichnung* ein. Der Datenschnitt für das Feld *Abteilung* arbeitet synchron mit dem Berichtsfilter, zeigt aber im Unterschied zu diesem die gewählten Elemente an. Die Datenschnitte formatieren Sie über das Register Datenschnitt-Tools, hier definieren Sie die Spaltenzahl. Zur Positionierung und Größenänderung ziehen Sie einfach die Ränder bzw. Ecken der Datenschnitte mit gedrückter Maustaste.

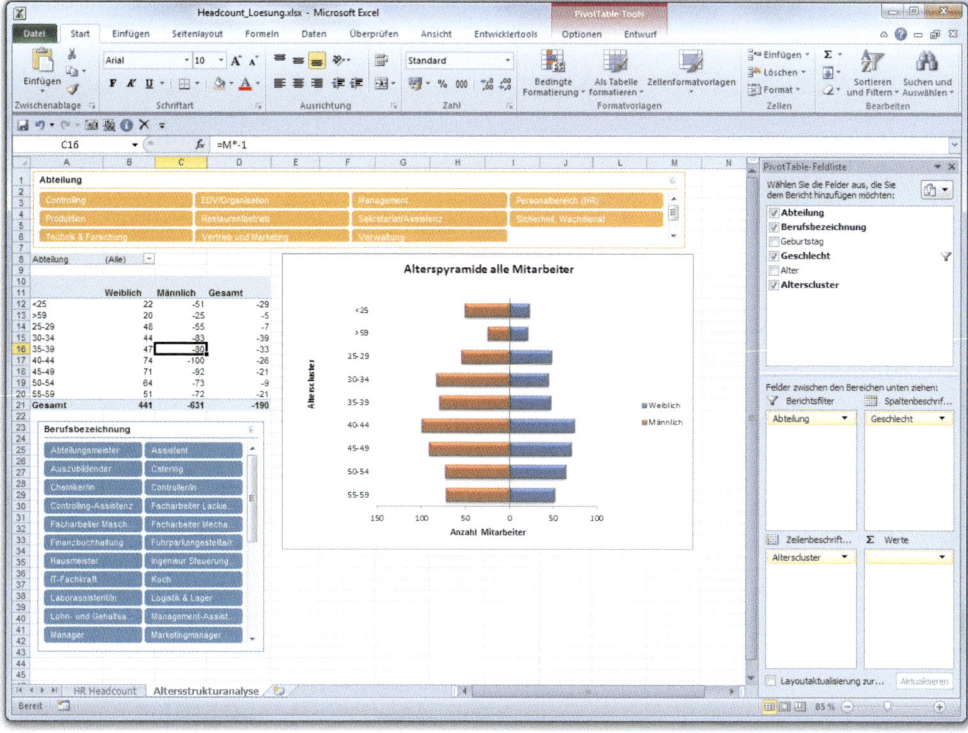

Abbildung 5.101: Die Alterspyramide mit verknüpftem Titelelement

5.4 Projektmanagement-Berichte

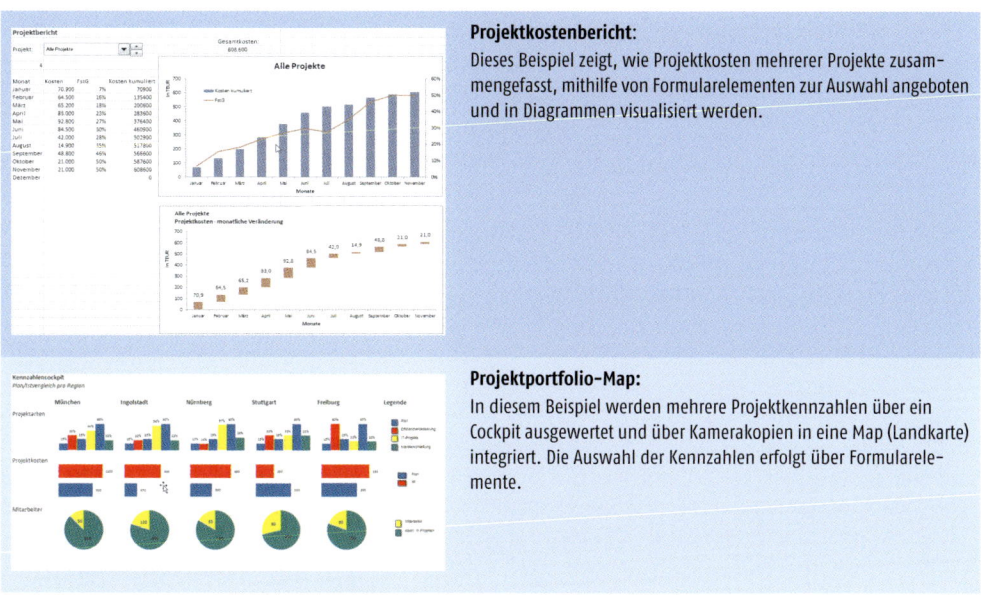

Projektkostenbericht:

Dieses Beispiel zeigt, wie Projektkosten mehrerer Projekte zusammengefasst, mithilfe von Formularelementen zur Auswahl angeboten und in Diagrammen visualisiert werden.

Projektportfolio-Map:

In diesem Beispiel werden mehrere Projektkennzahlen über ein Cockpit ausgewertet und über Kamerakopien in eine Map (Landkarte) integriert. Die Auswahl der Kennzahlen erfolgt über Formularelemente.

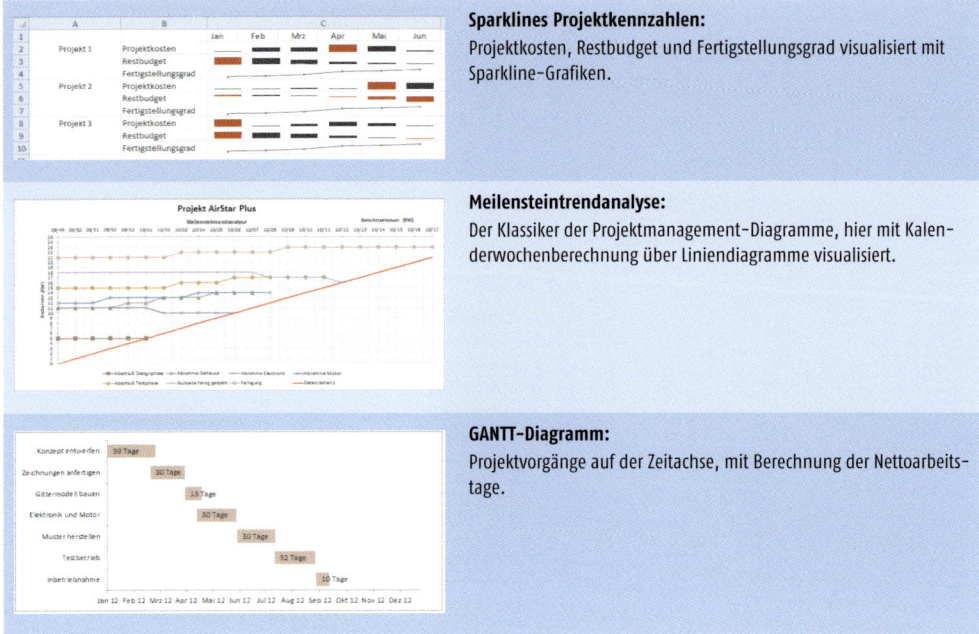

Sparklines Projektkennzahlen:
Projektkosten, Restbudget und Fertigstellungsgrad visualisiert mit Sparkline-Grafiken.

Meilensteintrendanalyse:
Der Klassiker der Projektmanagement-Diagramme, hier mit Kalenderwochenberechnung über Liniendiagramme visualisiert.

GANTT-Diagramm:
Projektvorgänge auf der Zeitachse, mit Berechnung der Nettoarbeitstage.

5.4.1   Projektkostenbericht

Neben vielen verantwortlichen Aufgaben hat der Projektleiter in erster Linie dafür zu sorgen, dass seine Projekte rechtzeitig fertig werden und dass die geplanten Kosten im Rahmen bleiben. Im Rahmen des Multiprojektmanagements sind regelmäßige Berichte über Projekt- und Ressourcenkosten sowie den Fertigstellungsgrad der einzelnen Projekte von größter Wichtigkeit. Die Daten liefern Systeme wie SAP PS oder andere Projektmanagementsysteme, häufig wird die Projektkostenplanung auch mit Excel durchgeführt.

In diesem Beispiel stehen die monatlichen Projektkosten und Fertigstellungsgrade von drei Projekten in einem Tabellenblatt. Erstellen Sie einen Projektkostenbericht, der die Auswahl eines einzelnen Projekts oder wahlweise aller Projekte anbietet. Zwei Diagramme im Bericht visualisieren die Informationen:

- Kosten/FstG-Diagramm: Kombination aus Balken- und Liniendiagramm mit den Monaten in der Rubrikenachse
- Monatliche Veränderung: Wasserfalldiagramm mit Veränderungen der Projektkosten pro Monat

Die Datenbasis: ein Projektportfolio

Projektkosten Vorlage.xlsx
Projektkosten.xlsx

Das Tabellenblatt *Projektportfolio* enthält in Spalte A eine Liste der Projekte. In den Spalten C:E sind die monatlichen Kosten und Fertigstellungsgrade (FstG) der ersten Projekts aufgelistet, die Spalten G:H enthalten die Informationen für das zweite Projekt, und in K:L stehen Kosten und Fertigstellungsgrade für das dritte Projekt.

⊿	A	B	C	D	E	F	G	H	I	J	K	L	M	N
1	Projekte		1: Neubau Maschinenhalle Werk 20				2: Einführung SAP Forschungsbereich				3: Neugestaltung Kundencenter Ost			
2	1: Neubau Maschinenhalle Werk 20													
3	2: Einführung SAP Forschungsbereich			Ist-Kosten	Fertigstellung			Ist-Kosten	Fertigstellung			Ist-Kosten	Fertigstellung	
4	3: Neugestaltung Kundencenter Ost		Januar	23.500	5%		Januar	45.000	10%		Januar	2.400	5%	
5			Februar	21.000	12%		Februar	12.500	15%		Februar	31.000	20%	
6			März	2.400	15%		März	17.800	20%		März	45.000	20%	
7			April	31.000	15%		April	31.000	20%		April	21.000	35%	
8			Mai	45.000	21%		Mai	30.000	25%		Mai	17.800	35%	
9			Juni	30.000	24%		Juni	23.500	25%		Juni	31.000	40%	
10			Juli	21.000	30%		Juli	21.000	25%		Juli			
11			August	12.500	40%		August	2.400	30%		August			
12			September	17.800	42%		September	31.000	50%		September			
13			Oktober				Oktober	21.000	50%		Oktober			
14			November				November	21.000	50%		November			
15			Dezember				Dezember				Dezember			
16														
17														

Abbildung 5.102: Projektkosten und Fertigstellungsgrade für drei Projekte

Berechnen Sie in den nächsten Spalten des Tabellenblatts die Summen der Ist-Kosten und die durchschnittlichen Fertigstellungsgrade.

1. Schreiben Sie *Alle Projekte* in die Zelle O1.
2. Tragen Sie in Spalte O eine Monatsreihe von Januar bis Dezember ein und schreiben Sie diese Formeln:

```
04:015: Januar -Dezember
P4:  =SUMME(D4;H4;L4)
Q4:  =WENN(P4>0;MITTELWERT(E4;I4;M4);0)
```

3. Kopieren Sie die Formeln nach unten bis zum Ende der Liste. Formatieren Sie die Spalte Q mit dem Prozentformat (0,0%).

Abbildung 5.103: Summen und Durchschnittswerte der FstGs

4. Weisen Sie den vier Projektlisten über den Namens-Manager oder per Eintrag in das Namensfeld je einen Bereichsnamen zu:

Bereichsname	Bezieht sich auf
Projekt1	=Projektportfolio!$C$4:$E$15
Projekt2	=Projektportfolio!$G$4:$I$15
Projekt3	=Projektportfolio!$K$4:$M$15
AlleProjekte	=Projektportfolio!$O$4:$Q$15

5. Schreiben Sie *Alle Projekte* in die Zelle A5 und weisen Sie der Liste in Spalte A ebenfalls einen Bereichsnamen zu:

Bereichsname	Bezieht sich auf
Projekte	=Projektportfolio!$A$2:$A$5

Projektbericht erstellen

1. Legen Sie ein neues Tabellenblatt mit der Bezeichnung *Projektbericht* an.
2. Schreiben Sie die Überschrift *Projektbericht* in Zelle A1 und zeichnen Sie ein Formularelement in das Tabellenblatt, mit dem wahlweise ein Projekt oder alle Projekte auszuwählen sind.

 Hinweis Schalten Sie über DATEI/OPTIONEN/MENÜBAND ANPASSEN die Registerkarte *Entwicklertools* ein, falls diese nicht angezeigt wird.

3. Wählen Sie ENTWICKLERTOOLS/STEUERELEMENTE/EINFÜGEN.
4. Zeichnen Sie ein Kombinationsfeld.
5. Klicken Sie das Element mit der rechten Maustaste an und wählen Sie *Steuerelement formatieren*. Geben Sie ein:

```
Eingabebereich: Projekte
Zellverknüpfung: $A$5
Dropdownzeilen: 4
```

6. Zeichnen Sie ein weiteres Element, ein Drehfeld, weisen Sie diesem über *Steuerelement formatieren* die gleiche Ausgabeverknüpfung zu:

```
Minimalwert: 1
Maximalwert: 4
Schrittweite: 1
Zellverknüpfung: $A$5
```

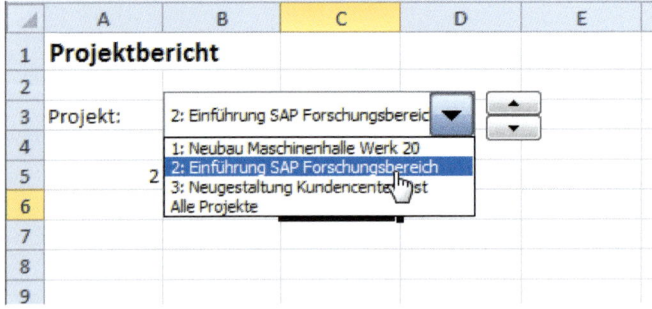

Abbildung 5.104: Formularsteuerelemente für die Projektauswahl

Projektdaten in Projektbericht übertragen

Die Daten des ausgewählten Projekts übertragen Sie mithilfe von Matrixfunktionen in den Projektbericht:

1. Schreiben Sie in die Kopfzeile des Berichts in Zeile 7 diese Spaltenüberschriften:

```
A7: Monat
B7: Kosten
C7: FstG
D7: Kosten kumuliert
```

2. Definieren Sie einen Bereichsnamen, der über die Funktion WAHL() und die Ausgabeverknüpfung des Kombinationsfelds das gewählte Projekt berechnet:

```
Name: Projekt
Bereich: Arbeitsmappe
Bezieht sich auf: =WAHL($A$5;Projekt1;Projekt2;Projekt3;AlleProjekte)
```

3. Markieren Sie den Bereich A8:C19 und schreiben Sie diese Formel:

```
A8: =INDEX(Projekt;ZEILE()-7;SPALTE())
```

4. Drücken Sie ⎡Strg⎤ + ⎡↵⎤, um die Formel auf den markierten Bereich zu übertragen.

Die Funktion INDEX() indiziert den Bereich mit Zeile und Spalte, die Zeilennummer und die Spaltennummer der Formelzelle liefern hier den passenden Index. Da der Zielbereich in Zeile 8 beginnt, ist der Zeilenindex in der Formel um 7 verringert (ZEILE()-7). Damit der Bereich nur die bereits erfassten Daten der Projekte abbildet, erweitern Sie die Formel mit einer WENN()-Funktion, die nur Werte größer 0 zulässt:

```
A8: =WENN(INDEX(Projekt;ZEILE()-7;SPALTE())>0;INDEX(Projekt;ZEILE()-7;SPALTE());"")
```

5. Schreiben Sie in der nächsten Spalte neben dem Zielbereich die Formel zur Kumulierung der Monatswerte und kopieren Sie diese per Doppelklick auf das Füllkästchen nach unten bis zum Ende des Bereichs:

```
D8: =WENN(B8<>"";SUMME($B$8:B8);0)
```

6. Die Kostensumme berechnen Sie in einer Zelle im Kopfbereich:

```
G3: =SUMME($B$8:$B$19)
```

7. Formatieren Sie die Spalte C mit dem Zahlenformat *Prozent* und die Kostenwerte mit Tausendertrennzeichen ohne Nachkommastellen.

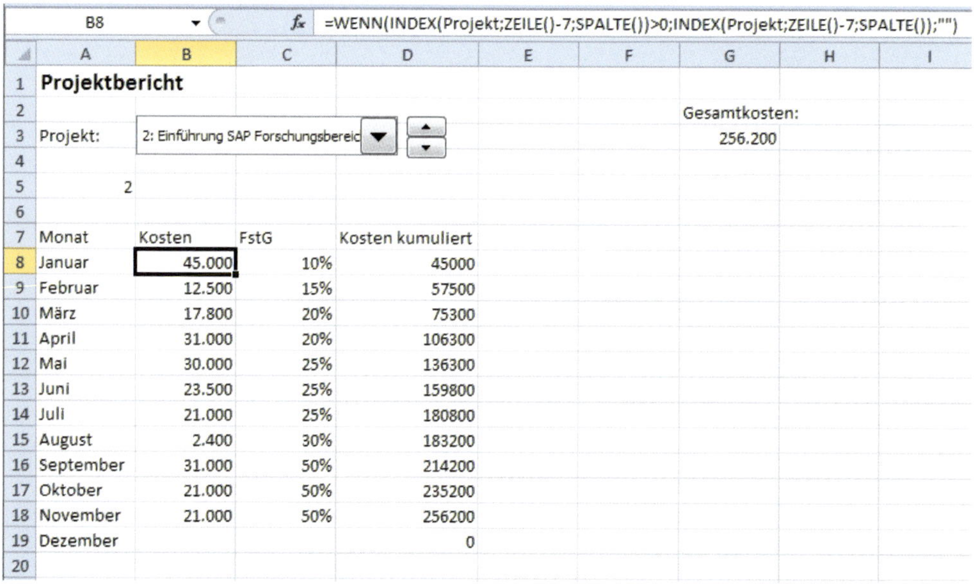

	B8	▾	*f*x	=WENN(INDEX(Projekt;ZEILE()-7;SPALTE())>0;INDEX(Projekt;ZEILE()-7;SPALTE());"")					
	A	B	C	D	E	F	G	H	I
1	**Projektbericht**								
2							Gesamtkosten:		
3	Projekt:	2: Einführung SAP Forschungsbereic ▾	▲▼				256.200		
4									
5	2								
6									
7	Monat	Kosten	FstG	Kosten kumuliert					
8	Januar	45.000	10%	45000					
9	Februar	12.500	15%	57500					
10	März	17.800	20%	75300					
11	April	31.000	20%	106300					
12	Mai	30.000	25%	136300					
13	Juni	23.500	25%	159800					
14	Juli	21.000	25%	180800					
15	August	2.400	30%	183200					
16	September	31.000	50%	214200					
17	Oktober	21.000	50%	235200					
18	November	21.000	50%	256200					
19	Dezember			0					
20									

Abbildung 5.105: INDEX() berechnet die Projektdaten aus der Projektauswahl

Das Kosten/FstG-Diagramm

Mit dem ersten Diagramm werden die kumulierten Kosten dem Fertigstellungsgrad gegenübergestellt, als Diagrammtyp eignet sich hier am besten eine Kombination aus Säulen und Linien.

Da das Diagramm unterschiedliche, von der Auswahl im Kombinationsfeld abhängige Daten abbildet, konstruieren Sie für den Diagrammtitel den Namen des gewählten Projekts in einer für den Benutzer unsichtbaren Zelle, am besten hinter dem Formularelement. Nutzen Sie die Funktion INDEX() und die Ausgabeverknüpfung des Listenfelds:

```
B3: =INDEX(Projekte;$A$5;1)
```

Damit das Diagramm die Daten des aktuellen Projekts dynamisch abbildet und nur so viele Datenpunkte anzeigt, wie Werte zu den einzelnen Monaten im Tabellenblatt stehen, legen Sie für jede Diagrammreihe einen dynamischen Bereichsnamen an. Die Funktion BEREICH.VERSCHIEBEN() in Kombination mit ANZAHL() stellt in diesem Bereichsnamen sicher, dass er nur die Werte einschließt, die in den Spalten C und D zu finden sind. ANZAHL() berechnet dazu die Anzahl der Spalteneinträge und liefert diese wieder an die Matrixfunktion BEREICH.VERSCHIEBEN().

1. Wählen Sie FORMELN/DEFINIERTE NAMEN/NAMENS-MANAGER.
2. Klicken Sie auf NEU.
3. Wählen Sie den Bereich *Arbeitsmappe*.
4. Geben Sie diese Bereichsnamen ein:

Bereichsname	Bezieht sich auf
Rubrik	=BEREICH.VERSCHIEBEN($A$8;0;0;ANZAHL($B:$B);1)
Kosten	=BEREICH.VERSCHIEBEN($B$8;0;0;ANZAHL($B:$B);1)
FstG	=BEREICH.VERSCHIEBEN($C$8;0;0;ANZAHL($C:$C);1)
KostenKum	=BEREICH.VERSCHIEBEN($D$8;0;0;ANZAHL($B:$B);1)

5. Klicken Sie in eine freie Zelle und erstellen Sie ein leeres Säulendiagramm.
6. Wählen Sie DIAGRAMMTOOLS/ENTWURF/DATEN AUSWÄHLEN.
7. Fügen Sie den ersten Legendeneintrag hinzu:

```
Reihenname: Kosten kumuliert
Reihenwerte: =Projektbericht!KostenKum
```

8. Fügen Sie die horizontale Achsenbeschriftung hinzu:

```
Achsenbeschriftungsbereich: =Projektbericht!Rubrik
```

9. Fügen Sie den zweiten Legendeneintrag hinzu:

```
Reihenname: FstG
Reihenwerte: =Projektbericht!FstG
```

10. Formatieren Sie die zweite Datenreihe als Linie und ändern Sie das Zahlenformat der Kostenreihe.

Aktion	Beschreibung
Datenreihe FstG auf Sekundärachse setzen	DIAGRAMMTOOLS/LAYOUT/AKTUELLE AUSWAHL, Reihe »FstG« auswählen Auswahl formatieren *Reihenoptionen: Datenreihe zeichnen auf: Sekundärachse*
Datenreihe FstG in Linie umwandeln	Datenreihe markieren, DIAGRAMMTOOLS/ENTWURF/DIAGRAMMTYP ÄNDERN/LINIE
Vertikale Achse im TEUR-Format	Achse per Doppelklick markieren, ACHSENOPTIONEN/ANZEIGEEINHEITEN: TAUSENDE

Aktion	Beschreibung
Titel einfügen und mit Formel verknüpfen	Diagrammtools/Layout/Beschriftungen/Diagrammtitel/Über Diagramm Titelelement markieren, in die Bearbeitungsleiste eintragen: =Projektbericht!$B$3
Achsen beschriften	Diagrammtools/Layout/Beschriftungen/Achsentitel

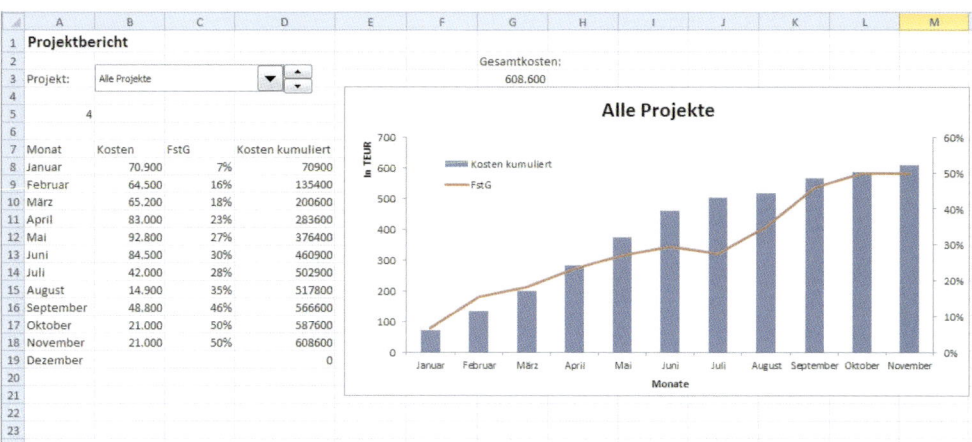

Abbildung 5.106: Säulen-/Liniendiagramm für Kosten und FstG

Das Wasserfalldiagramm »Veränderung Projektkosten«

Das zweite Diagramm im Projektbericht informiert den Anwender über die monatliche Veränderung der Projektkosten. Die monatlichen Kosten werden in Form roter Balken ausgewiesen. Damit alle Werte positiv auf einer einheitlichen X-Achse abgebildet werden, sind einige Zwischenberechnungen erforderlich.

1. Schreiben Sie eine Monatsreihe von Januar bis Dezember in den Bereich O25:O36.
2. Berechnen Sie die Basisreihe, die Kostenreihe und die Startreihe sowie die Daten für eine Beschriftungslinie:

```
P25: =SUMME(P24;Q24) (kopiert bis P36)
Q25: =WENN(B8>0;B8;"") (kopiert bis Q36)
R25: =SUMME(P25:Q25) (kopiert bis R36)
S25: =TEXT(B8;"0,0.;0") (kopiert bis S36)
```

3. Der Titel für das Diagramm sollte zweizeilig sein, dazu verknüpfen Sie den Projektnamen aus der Zelle B3 mit einem Zeilenumbruch (Funktion ZEICHEN() mit dem ASCII-Wert 10) und dem Text für die zweite Zeile:

```
O39: =B3&ZEICHEN(10)&"Projektkosten - monatliche Veränderung"
```

4. Erstellen Sie über den Namens-Manager diese Bereichsnamen:

Bereichsname	Bezieht sich auf
WF_Kosten	=BEREICH.VERSCHIEBEN(Projektbericht!$Q$25;0;0;ANZAHL(Projektbericht!$Q$25:$Q$36);1)
WF_Basis	=BEREICH.VERSCHIEBEN(WF_Kosten;0;-1)
WF_Rubrik	=BEREICH.VERSCHIEBEN(WF_Kosten;0;-2)

5. Tragen Sie noch Beschriftungen für die Hilfstabelle ein:

   O24: Start
   P23: Basis
   Q23: Kosten
   R23: B_Linie
   S23: Beschriftung

	O39	▼ (●	f_x	=B3&ZEICHEN(10)&"Projektkosten - monatliche Veränderung"				
▲	N	O	P	Q	R	S	T	U	V
23			Basis	Kosten	B_Linie	Beschriftung			
24		Start							
25		Januar	0	70.900	70900	70,9			
26		Februar	70.900	64.500	135400	64,5			
27		März	135.400	65.200	200600	65,2			
28		April	200.600	83.000	283600	83,0			
29		Mai	283.600	92.800	376400	92,8			
30		Juni	376.400	84.500	460900	84,5			
31		Juli	460.900	42.000	502900	42,0			
32		August	502.900	14.900	517800	14,9			
33		September	517.800	48.800	566600	48,8			
34		Oktober	566.600	21.000	587600	21,0			
35		November	587.600	21.000	608600	21,0			
36		Dezember	608.600		608600				
37									
38		**Titel**							
39		Alle Projekte	Projektkosten - monatliche Veränderung						
40									

Abbildung 5.107: Zwischenberechnungen für das Wasserfalldiagramm

6. Markieren Sie eine leere Zelle und legen Sie mit Einfügen/Diagramme/Säule ein gestapeltes Säulendiagramm (2D-Säule, Untertyp 2) an.
7. Wählen Sie Diagrammtools/Entwurf/Daten auswählen.
8. Fügen Sie den ersten Legendeneintrag hinzu:

   Reihenname: Basis
   Reihenwerte: =Projektbericht!WF_Basis

9. Fügen Sie die horizontale Achsenbeschriftung hinzu:

   Achsenbeschriftungsbereich: =Projektbericht!WF_Rubrik

10. Fügen Sie den zweiten Legendeneintrag hinzu:

    Reihenname: Kosten
    Reihenwerte: =Projektbericht!WF_Kosten

11. Formatieren Sie das Diagramm als Wasserfalldiagramm.

Aktion	Beschreibung
Erste Datenreihe ausblenden	Doppelklick auf die erste Reihe, Füllung: Keine Füllung
Vertikale Achse in TEUR	Achsenoptionen/Anzeigeeinheiten: Tausende Zahl: Zahlenformat #.##0
Achsen beschriften	Diagrammtools/Layout/Beschriftungen/Achsentitel
Titel einfügen und mit Formel verknüpfen	Diagrammtools/Layout/Beschriftungen/Diagrammtitel/Über Diagramm Titelelement markieren, in die Bearbeitungsleiste eintragen: =Projektbericht!$O$39

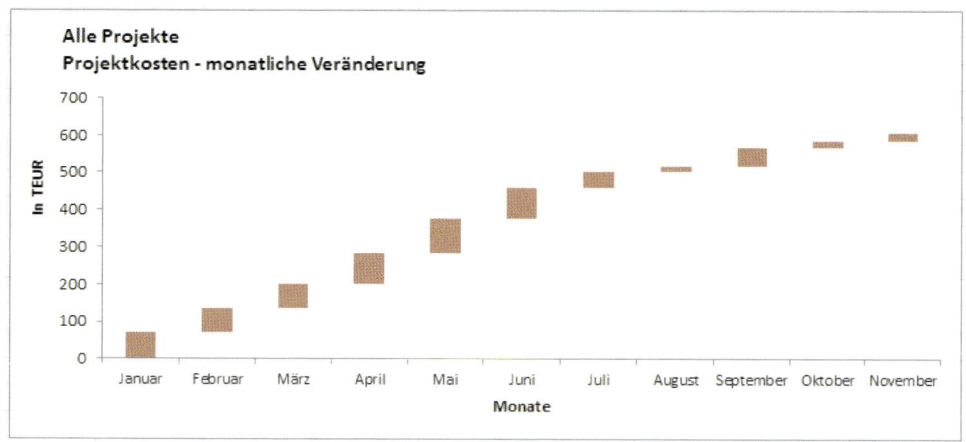

Abbildung 5.108: Wasserfalldiagramm mit verknüpftem Titel

Für die Beschriftung der Balken zeichnen Sie eine Hilfslinie ein. Gestapelte Balkendiagramme bieten keine Möglichkeit, die Beschriftung über den letzten Balken zu setzen, zeichnen Sie deshalb eine Hilfslinie ein. Die Bereichsnamen für die Linie und die Linienbeschriftung berechnen Sie vorher im Namens-Manager. Legen Sie den Namen für die Beschriftung aber als lokalen Namen an, damit das ChartLabel-Makro ihn findet:

Bereichsname	Bereich	Bezieht sich auf
WF_Linie	Arbeitsmappe	=BEREICH.VERSCHIEBEN(WF_Kosten;0;1)
WF_LinieB	Projektbericht	=BEREICH.VERSCHIEBEN(WF_Kosten;0;2)

1. Wählen Sie DIAGRAMMTOOLS/ENTWURF/DATEN AUSWÄHLEN.
2. Fügen Sie diesen Legendeneintrag hinzu:

```
Reihenname: Linie
Reihenwerte: =Projektbericht!WF_Linie
```

3. Markieren Sie die neue (grüne) Datenreihe und schalten Sie unter DIAGRAMM-TOOLS/TYP/DIAGRAMMTYP ÄNDERN auf LINIE um.

Für die Beschriftung der Linie verwenden Sie das Makro ChartLabel (siehe Kapitel 9 »Nützliche Werkzeuge«). Excel bietet keine Möglichkeit, die Werte aus einem anderen Bereich als dem Wertebereich der Datenreihe zu verwenden.

4. Starten Sie das Makro ChartLabel.
5. Markieren Sie das Chartobjekt und klicken Sie auf die Datenreihe *Linie*. Formatieren Sie die Beschriftung anschließend und blenden Sie die Hilfslinie aus.

Aktion	Beschreibung
Beschriftung über die Punkte setzen	Beschriftung markieren, rechte Maustaste, DATENBESCHRIFTUNG FORMATIEREN Beschriftungsoptionen: BESCHRIFTUNGSPOSITION/ÜBER
Linie ausblenden	Linie mit der rechten Maustaste markieren, DATENREIHE FORMATIEREN Linienfarbe: Keine Linie

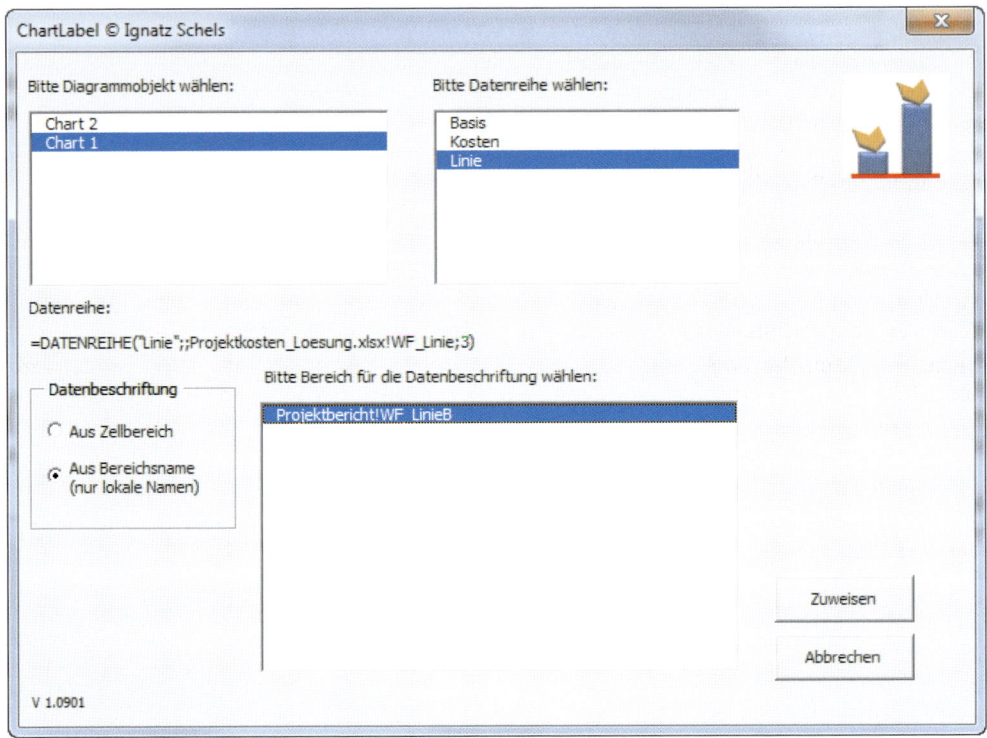

Abbildung 5.109: Beschriftung zuweisen mit ChartLabel

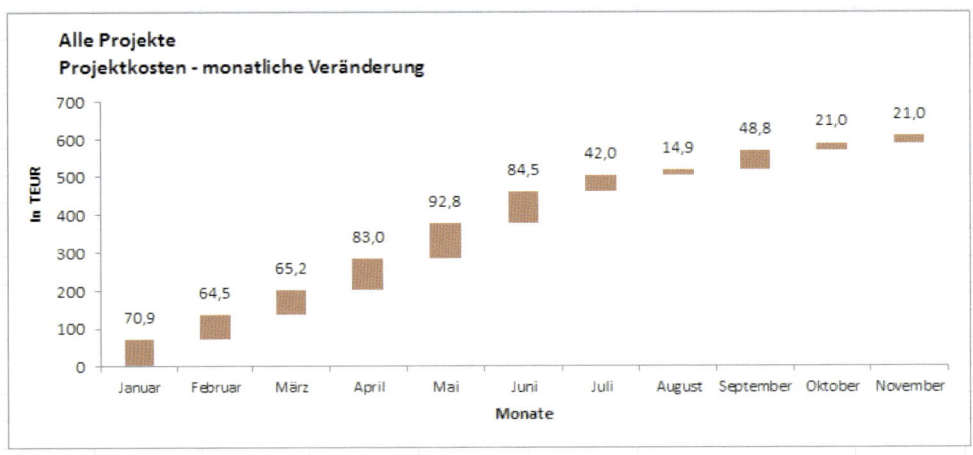

Abbildung 5.110: Das Wasserfalldiagramm mit variabler Beschriftung über Hilfslinie

5.4.2 Projekt-Map

Bis zur Version 2000 stellt Microsoft Office noch ein Tool für die Visualisierung von Zahlenwerten auf Landkarten zur Verfügung. Das Add-In *Microsoft Map* wird nicht mehr unterstützt, es war auch nie besonders nützlich und auf europäische Vorlagen angepasst.

Landkartengrafiken (Mapcharts) spielen für Managementberichte keine große Rolle, haben aber in vielen Bereichen ihre Berechtigung. Verkaufsleiter und Marketingspezialisten nutzen sie, um Umsätze, Absätze, Populationen (Kunden, Filialen etc.) in Bezug zu geografischen Daten zu bringen. Im Projektmanagement zeigt das Mapchart die Verteilung der Projekte und Projektfortschrittsdaten auf die einzelnen Standorte. Leider bietet Excel keine Werkzeuge an, um Farben oder Muster von Landkarten mit regionsbezogenen Daten zu manipulieren oder Charts an Länder, Bundesländer, Städte oder Vertriebsgebiete zu binden.

In diesem Beispiel lernen Sie eine einfache, aber nützliche Methode kennen, Daten regionsbezogen mit Landkarten zu verbinden. Visualisieren Sie über eine Landkarte mehrere Informationen:

- die Projektkosten in den einzelnen Regionen
- die Projektarten; zur Auswahl stehen Projekte zur Effizienzverbesserung, IT-Projekte und Projekte zur Markterschließung

Übungsdateien: Projektmap Vorlage.xlsx

Projektmap.xlsx

Website

Die Datenbasis: Projektkosten

Aus dem Vorsystem erhält der Projektleiter die Übersicht über die Projektkosten aller Projekte im Unternehmen. Die Liste enthält den Namen des Projekts, den Projektort (Region) und die Projektkosten. In der Spalte *Projektart* steht ein zweistelliger Code für die Projektarten, die zuvor für alle Standorte einheitlich definiert wurden.

Code	Projektart
EF	Projekte zur Effizienzsteigerung
IT	IT-Projekte
MA	Projekte zur Markterschließung

Um die Projektkosten auswerten zu können, legt der Projektleiter mehrere Bereichsnamen an. Erweitert sich die Liste mit dem nächsten Update, müssen die Bereichsnamen wieder alle Datensätze umfassen. Die Funktion BEREICH.VERSCHIEBEN() leistet hier wertvolle Dienste, sie bietet die Möglichkeit, alle Bereiche über die Größe der Liste zu ermitteln:

```
=BEREICH.VERSCHIEBEN(vonBezug;umZeilen;umSpalten;neueHöhe;neueBreite)
```

1. Die Größe der Liste ermittelt diese Funktion:

   ```
   =ANZAHL2(ErsteSpalte)
   ```

2. Mit der zweiten Funktion als Höhenparameter errechnet die Funktion BEREICH.VERSCHIEBEN() den Bereich der Liste. Die Breite kann als fester Wert eingegeben werden, da sie sich beim Update nicht verändert:

   ```
   =BEREICH.VERSCHIEBEN(vonBezug;umZeilen;umSpalten;ANZAHL2(ErsteSpalte);4)
   ```

▲	A	B	C	D	E
1	**Projekt**	**Region**	**Projektkosten**	**Projektart**	
2	Robotersteuerung Werk IV	München	60	EF	
3	Hochregallager Germering	München	120	EF	
4	Skill-Management	München	20	EF	
5	Lackieranlage Werk IV	München	60	IT	
6	Einführung Data Warehouse	München	200	IT	
7	Update Benutzerservice/Helpdesk	München	80	IT	
8	Umrüstung Kassensysteme	München	60	IT	
9	Aufbau Kundencenter	München	80	MA	
10	Erweiterung Handelscenter Aschheim	München	250	MA	
11	Werk I Lackieranlage	Ingolstadt	70	EF	
12	Werk II Umrüstung Produktion	Ingolstadt	50	EF	
13	Serverupdate Zentrale	Ingolstadt	80	IT	
14	BWCO Kassensystemupdate	Ingolstadt	50	IT	
15	IT-Center Süd Neustruktur	Ingolstadt	50	IT	
16	SAP BW Update	Ingolstadt	90	IT	
17	Scanner/Barcodesysteme CL	Ingolstadt	40	IT	
18	Shop Harderstraße	Ingolstadt	120	MA	
19	Shop Goetheplatz	Ingolstadt	120	MA	
20	Erweiterung LKW-Flotte	Nürnberg	90	EF	
21	Einführung SAGE III	Nürnberg	120	IT	
22	SAP BW Update	Nürnberg	50	IT	
23	Serverupdate Zentrale	Nürnberg	30	IT	
24	Update Benutzerservice/Helpdesk	Nürnberg	40	IT	
25	Verkaufscenter Friedrichstraße	Nürnberg	90	MA	
26	Verkaufscenter Flughafen	Nürnberg	160	MA	
27	Produktreihe E-4062	Freiburg	50	EF	
28	Parkbereich Breisgau	Freiburg	80	EF	
29	Neustrukturierung Handel CH	Freiburg	40	MA	
30	Werk V Einführung SAGE	Freiburg	60	IT	

⏮ ◀ ▶ ⏭ | Projektkosten | ◀

Abbildung 5.111: Projektkostenliste mit Codes für die Projektarten

3. Der Projektleiter aktiviert die Bereichsnamenverwaltung über FORMELN/DEFINIERTE NAMEN/NAMENS-MANAGER/NEU und trägt diese Bereichsnamen ein:

Dynamischer Bereichsname für die gesamte Projektkostenliste

```
Name: Projektliste
Bereich: Arbeitsmappe
Bezieht sich auf:
=BEREICH.VERSCHIEBEN(Projektkosten!$A$1;0;0;ANZAHL2(Projektkosten!$A:$A);4)
```

Dynamischer Bereichsname für die Regionen

```
Name: Region
Bereich: Arbeitsmappe
Bezieht sich auf:
=BEREICH.VERSCHIEBEN(Projektliste;1;1;ZEILEN(Projektliste)-1;1)
```

Dynamischer Bereichsname für die Projektkosten

```
Name: Region
Bereich: Arbeitsmappe
Bezieht sich auf:
=BEREICH.VERSCHIEBEN(Projektliste;1;2;ZEILEN(Projektliste)-1;1)
```

Dynamischer Bereichsname für die Projektarten

```
Name: Projektart
Bereich: Arbeitsmappe
Bezieht sich auf:
=BEREICH.VERSCHIEBEN(Projektliste;1;3;ZEILEN(Projektliste)-1;1)
```

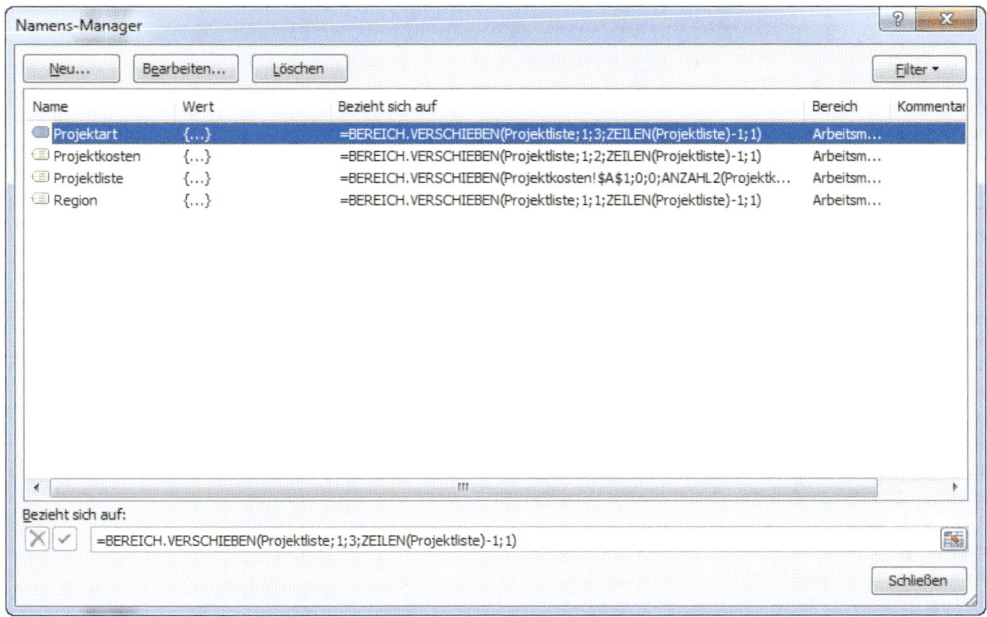

Abbildung 5.112: Dynamische Bereichsnamen für die Liste und einzelne Spalten

Die Kennzahl Projektarten

Die erste Kennzahl, die aus den Projektkosten zu ermitteln ist, gibt Auskunft über die prozentuale Verteilung der einzelnen Projektarten im gesamten Projektportfolio. Der Projektleiter legt ein neues Tabellenblatt an, trägt Überschriften ein und listet die Projektarten mit ihren Codes auf. In die Plan-Spalte trägt er die Planvorgaben ein, die für alle Projektarten in allen Regionen definiert wurden. Die Summe der Prozentwerte muss 100 % betragen.

Im Beispiel sollten 15 % aller Projekte in die Planart 1 fallen (Effizienzverbesserung), 25 % der Projekte müssen IT-Projekte sein, und der größte Anteil sollte auf Projekte zur Markterschließung fallen. Die Projektstandorte trägt er in die nachfolgenden Spalten ein.

Abbildung 5.113: Kennzahlenblatt zur Ermittlung der prozentualen Verteilung der Projektarten

Prozentuale Verteilung ermitteln

Um die prozentualen Anteile der Projektart »EF« in der ersten Region zu zählen, verwendet der Projektleiter die Funktion ZÄHLENWENNS(). Diese Funktion bietet die Möglichkeit, mehrere Bedingungen anzugeben, in unserem Fall den Projektcode und die Region:

`=ZÄHLENWENNS(Projektart;"EF";Region;"München")`

Die Projektart übernimmt er aus der ersten Spalte, die Region aus der Zelle über der Formelzelle:

`=ZÄHLENWENNS(Projektart;$A5;Region;D$4)`

Dieser Wert wird jetzt durch die Anzahl der Projekte in der Region dividiert, das Ergebnis ist der prozentuale Anteil der Projekte der ersten Projektart, es wird mit dem Prozentzahlenformat formatiert und mit dem Füllkästchen auf die restlichen Regionen und die zwei weiteren Projektartenzeilen kopiert.

`=ZÄHLENWENNS(Projektart;$A5;Region;D$4)/ZÄHLENWENN(Region;D$4)`

Abbildung 5.114: Die Prozentanteile der Projekte sind berechnet

Diagramme mit Plan/Ist-Vergleich der Projektarten

Zur Visualisierung dieser Kennzahlen in der Projektmap erstellen Sie das erste Diagramm, ein Säulendiagramm, mit den Planzahlen und den Ist-Zahlen der ersten Region. Dazu verbreitern Sie die Spalten der einzelnen Regionen auf 170 Pixel.

Aktion	Beschreibung
Säulendiagramm erstellen	Bereich C5:D7 markieren Einfügen/Diagramme/Säule/2D-Säule, *Untertyp 1*
Überflüssige Elemente entfernen	Legende, vertikale und horizontale Achse markieren und mit `Entf` löschen
Abstände zwischen den Balken verringern	Datenreihe formatieren, Reihenoptionen, *Reihenachsenüberlappung 0%, Abstandsbreite 10%*
Farben der Istwerte ändern	Datenpunkte einzeln markieren, Farbe über Start/Schriftart/Füllfarbe zuweisen
Säulen mit Prozentwerten beschriften	Rechte Maustaste auf die Reihe, Datenbeschriftung hinzufügen

Das Diagramm wird mit gedrückter `Alt`-Taste exakt auf die Breite der Regionsspalte positioniert, die Höhe beträgt 6 Tabellenzeilen (Bereich D9:D14). Die Beschriftung wird über Start/Schriftart auf die Schriftgröße 7 Punkt reduziert.

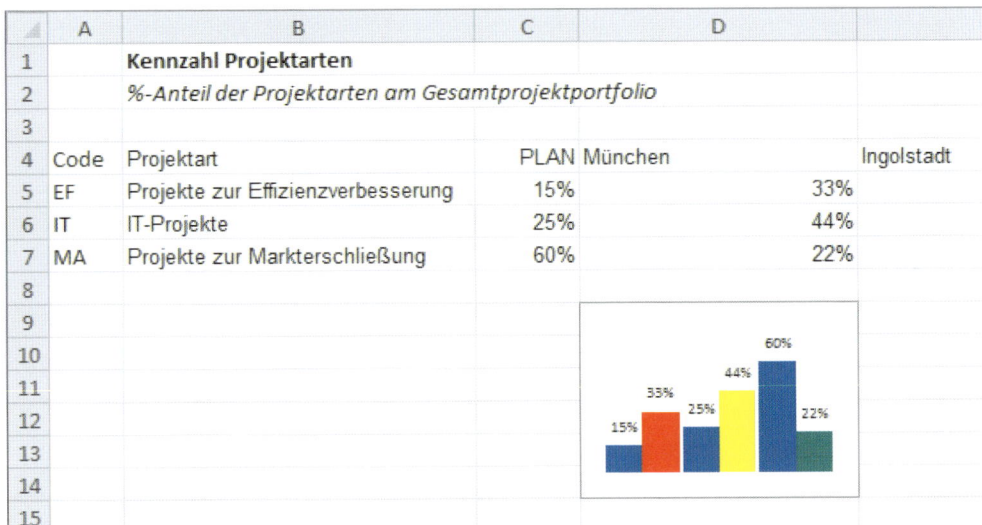

Abbildung 5.115: Das Plan/Ist-Diagramm für die erste Region

Damit die Formatierung in den weiteren Diagrammen identisch ist, erstellen Sie eine Kopie des ersten Objekts und ändert in dieser nur die Bezüge auf die Ist-Daten.

1. Diagrammobjekt markieren, mit `Strg` + `c` in die Zwischenablage kopieren
2. Zielzelle markieren und `Strg` + `v` drücken, um das Objekt einzufügen
3. Datenreihe Ist-Daten (rote Balken) markieren, Farbmarkierung (blaue Linie) von D5:D7 auf E5:E7 verschieben
4. Vorgang wiederholen für die übrigen Regionen

Abbildung 5.116: Plan/Ist-Diagramm für alle Regionen

Die Legende wird über Grafikobjekte aus der Formenbibliothek gezeichnet, für die Texte werden Textfelder eingezeichnet. Beginnen Sie mit einem ersten Textfeld, formatieren Sie es mit der Schriftgröße 7 Punkt und kopieren Sie es mehrfach. Dann zeichnen Sie über EINFÜGEN/ILLUSTRATIONEN/FORMEN ein kleines Quadrat (Rechteck zeichnen, ⇧-Taste dabei gedrückt halten), kopieren auch dieses mehrfach und tragen die Farben ein, die im Diagramm für die Datenpunkte verwendet werden. Die Legende positionieren Sie im Bereich B9:B14.

Mit START/SUCHEN UND AUSWÄHLEN/OBJEKTE MARKIEREN wird der Objektmarkierungspfeil aktiviert. Damit lässt sich ein Markierungsrahmen über die Elemente der Legende ziehen. Im Kontextmenü der rechten Maustaste steht der Befehl GRUPPIEREN bereit, damit werden alle markierten Elemente gruppiert. Esc schaltet den Objektmarkierungspfeil wieder ab.

	A	B
1		**Kennzahl Projektarten**
2		*%-Anteil der Projektarten am Gesam*
3		
4	Code	Projektart
5	EF	Projekte zur Effizienzverbesserung
6	IT	IT-Projekte
7	MA	Projekte zur Markterschließung
8		
9		
10		Plan
11		Effizienzverbesserung
12		IT-Projekte
13		Markterschließung
14		

Abbildung 5.117: Legende für die Diagramme der Projektartendiagramme

Kennzahl Projektkosten

Zur Ermittlung der Projektkosten öffnet der Projektleiter ein weiteres Tabellenblatt und nennt dieses *Kennzahl Projektkosten*. Hier sieht er für die Regionen jeweils zwei Spalten PLAN und IST vor. Die beiden letzten Spalten sind für die Summen der Planwerte und der Istwerte reserviert.

Die Planwerte der einzelnen Regionen tragen Sie gleich in die Plan-Spalten ein. Damit die Diagrammobjekte die gleiche Größe haben wie die zuvor erstellten Objekte für die Projektarten, weisen Sie allen Spalten die Breite 85 Pixel zu. Die Summe der Plankosten kalkulieren Sie mit dieser Formel in Zelle K6:

```
K6: =SUMME(A6;C6;E6;G6;I6)
```

	A	B	C	D	E	F	G	H	I	J	K	L
1	**Kennzahl Projektkosten**											
2	*Plan/Istvergleich pro Region*											
3												
4	München		Ingolstadt		Nürnberg		Stuttgart		Freiburg			
5	PLAN	IST	PLAN	IST	PLAN	IST	PLAN	IST	PLAN	IST	PLAN gesamt	IST gesamt
6	1200		800		650		200		350		3200	

Abbildung 5.118: Projektkostenaufstellung mit Spalten für die Plan- und Istwerte der Regionen

Für die Ermittlung der Projektkosten bietet sich die Funktion SUMMEWENN() an. Sie berechnet die Kosten mithilfe einer Bedingung. Das erste Argument bezeichnet die Spalte, in der ein Wert oder Text gesucht wird. Das zweite Argument gibt das Suchkriterium an, und im dritten Argument steht die Spalte, in der sich die aufzusummierenden Werte befinden.

```
=SUMMEWENN(Suchspalte;Suchkriterium;Summenspalte)
```

Unsere dynamischen Bereichsnamen bieten die beste Voraussetzung für die Kalkulation. So wird die Summe der Projektkosten für die Region *München* ermittelt:

```
=SUMMEWENN(Region;"München";Projektkosten)
```

Im Tabellenblatt *Kennzahl Projektkosten* kann das Suchkriterium aus der Regionsbezeichnung in Zeile 4 übernommen werden. Die Formel für die erste Region lässt sich auf die übrigen IST-Spalten kopieren.

```
B6: =SUMMEWENN(Region;A4;Projektkosten)
```

Fehlt noch die Summe der Istwerte, und dazu wird auch die Formel für die Plansumme einfach eine Spalte nach rechts kopiert:

```
L6: =SUMME(B6;D6;F6;H6;J6)
```

B6 =SUMMEWENN(Region;A4;Projektkosten)

	A	B	C	D	E	F	G	H	I	J	K	L
1	**Kennzahl Projektkosten**											
2	*Plan/Istvergleich pro Region*											
3												
4	München		Ingolstadt		Nürnberg		Stuttgart		Freiburg			
5	PLAN	IST	PLAN	IST	PLAN	IST	PLAN	IST	PLAN	IST	PLAN gesamt	IST gesamt
6	1200	930	800	670	650	580	200	390	350	260	3200	2830

Abbildung 5.119: Mit SUMMEWENN() werden die Ist-Kosten berechnet

Diagramme mit Plan/Ist-Vergleich der Projektkosten

Die Kennzahl *Projektkosten* visualisieren Sie über ein Balkendiagramm, das den Planwert und den Istwert gegenüberstellt.

Aktion	Beschreibung
Balkendiagramm erstellen	Bereich A6:B6 markieren Einfügen/Diagramme/Balkendiagramm/2D-Balken, *Untertyp 1*
Planwerte als erste Reihe anzeigen	Vertikale Achse formatieren, Achsenoptionen, Kategorien in umgekehrter Reihenfolge
Überflüssige Elemente entfernen	Legende, vertikale und horizontale Achse markieren und mit Entf löschen
Abstände zwischen den Balken verringern	Datenreihe formatieren, Reihenoptionen, *Reihenachsenüberlappung 0%, Abstandsbreite 35%*
Farben der Istwerte ändern	Datenpunkt IST einzeln markieren, Farbe über Start/Schriftart/Füllfarbe zuweisen
Säulen mit Prozentwerten beschriften	Rechte Maustaste auf die Reihe, Datenbeschriftung hinzufügen

Das Diagramm wird wieder mit gedrückter Alt-Taste exakt auf die Breite der beiden Regions-spalten positioniert, die Höhe beträgt 5 Tabellenzeilen (Bereich A9:B14). Die Beschriftung wird über Start/Schriftart auf die Schriftgröße 7 Punkt reduziert.

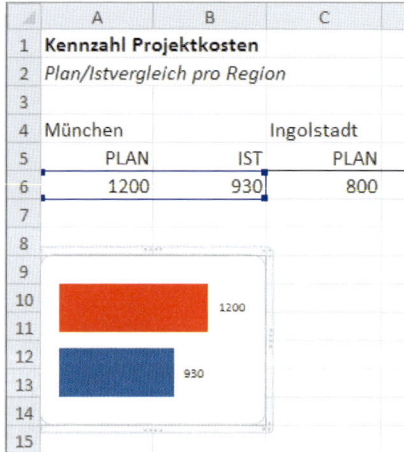

Abbildung 5.120: Plan-/Ist-Kosten-Diagramm für die erste Region

Auch dieses Diagrammobjekt wird wieder für die restlichen Regionen kopiert, die Bezüge lassen sich über die Farbmarkierungen anpassen.

1. Diagrammobjekt markieren, mit Strg + c in die Zwischenablage kopieren
2. Zielzelle markieren und Strg + v drücken, um das Objekt einzufügen
3. Datenreihe markieren, Farbmarkierung (blaue Linie) von A6:B6 auf C6:D6 verschieben
4. Vorgang wiederholen für die übrigen Regionen

Die Legende kann aus dem vorherigen Tabellenblatt kopiert und angepasst werden. Sie enthält zwei Textfelder und zwei gezeichnete Quadrate für die Plan- und Istwerte der Projektkosten.

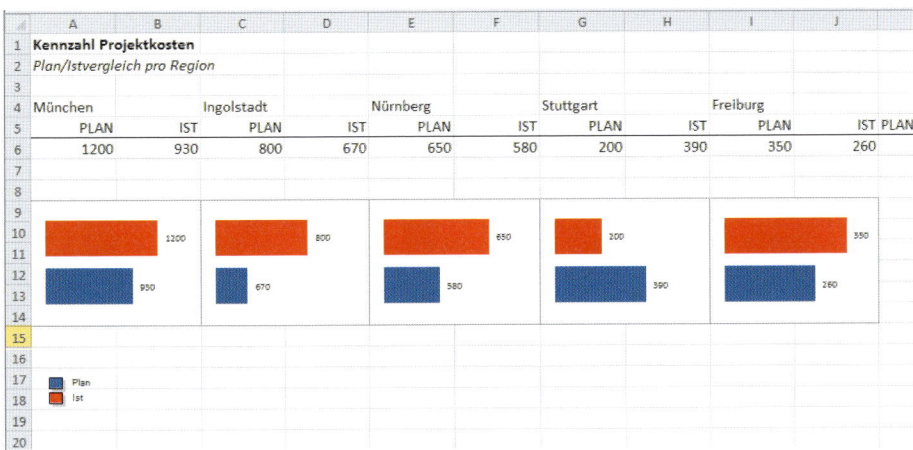

Abbildung 5.121: Diagrammobjekte und Legende für die Projektkostendiagramme

Kennzahl Mitarbeiter in Projekten

Die dritte Kennzahl, die die Projektmap ausweisen soll, wird in einem weiteren Tabellenblatt *Kennzahl Mitarbeiter* erstellt. In diesem wird die Gesamtzahl der Mitarbeiter der Zahl der Mitarbeiter in Projekten gegenübergestellt. Kopieren Sie dazu das Tabellenblatt mit der Projektkostenübersicht und ändern Sie die Beschriftungen ab. Die Daten werden aus anderen Quellen übermittelt und händisch eingetragen.

Für die Diagramme stellen Sie den Datentyp auf *Kreis* um, zentrieren Sie die Beschriftungen und ändern Sie die Legende entsprechend ab.

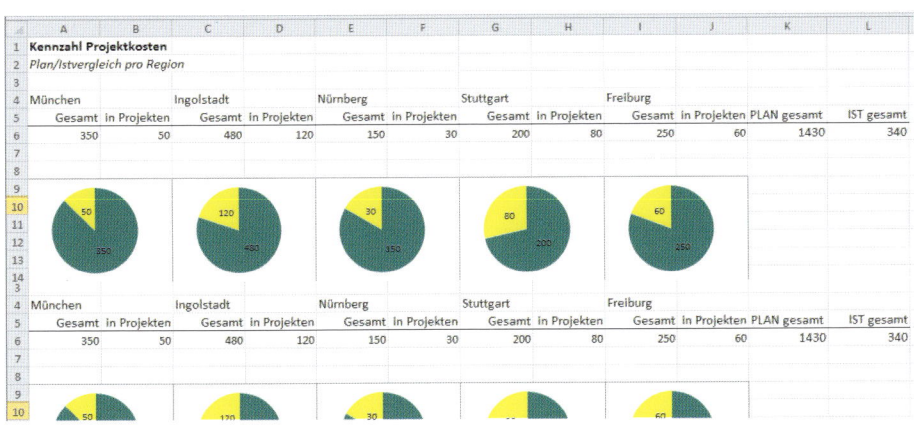

Abbildung 5.122: Diagrammobjekte und Legende für die Projektkostendiagramme

Ein Kennzahlencockpit

Die Kennzahlendiagramme aus den einzelnen Tabellenblättern werden jetzt in einem weiteren Blatt zusammengefasst, damit sie für den Export oder die Verknüpfung in PowerPoint-Präsentationen zur Verfügung stehen.

Erstellen Sie ein neues Tabellenblatt und legen Sie eine Matrix mit den Kennzahlen in der Vertikalen und den Regionen in der Horizontalen an. Für die Legenden reservieren Sie die letzte Spalte der Matrix. Zeilen und Spalten werden so dimensioniert, dass die Diagrammobjekte exakt platziert werden können.

- Die Zeilenhöhe beträgt 120 Pixel (6 x Standardzeilenhöhe 20 Pixel).
- Die Spalten sind 170 Pixel breit, das entspricht der Breite aller Diagrammobjekte in den Kennzahlenblättern.

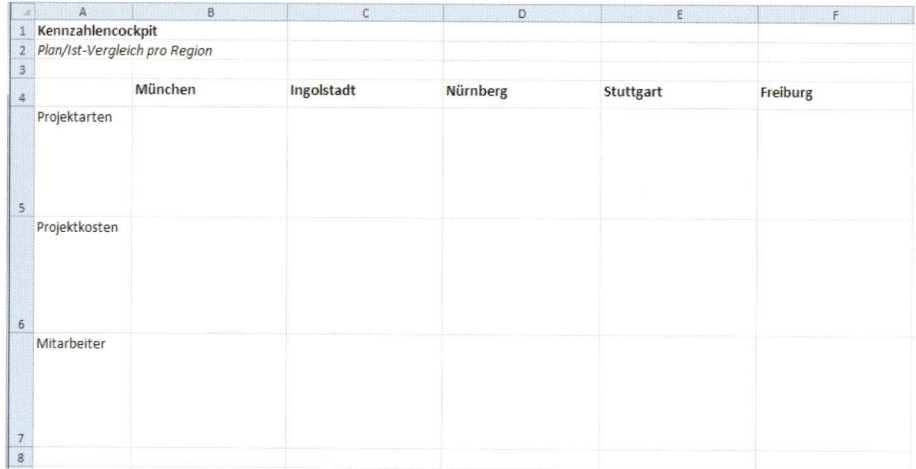

Abbildung 5.123: Matrix für die Kennzahlendiagramme im Cockpit-Tabellenblatt

1. Die Diagrammobjekte werden aus den Kennzahlenblättern kopiert und in die Matrix eingefügt.
2. Das Diagrammobjekt wird markiert und mit ⌈Strg⌉ + ⌈c⌉ in die Zwischenablage kopiert.
3. Nach dem Wechsel in das Cockpitblatt wird der Zellzeiger auf das Zielfeld gesetzt, die Kopie wird mit ⌈Strg⌉ + ⌈v⌉ eingefügt.
4. Die Randlinien des Diagrammbereichs werden mit DIAGRAMMTOOLS/LAYOUT/AUSWAHL FORMATIEREN/ *Rahmenfarbe/Keine Linie* ausgeblendet.
5. Mit DIAGRAMMBEREICH/FÜLLUNG/KEINE FÜLLUNG und ZEICHNUNGSFLÄCHE/FÜLLUNG/KEINE FÜLLUNG wird der Hintergrund transparent.
6. Die letzte Spalte erhält eine Kopie der einzelnen Legendenobjekte.

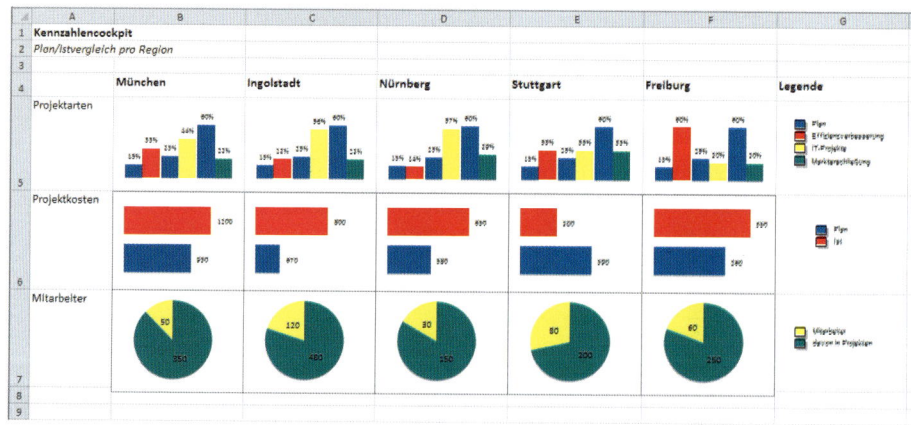

Abbildung 5.124: Alle Kennzahlendiagramme als Kopien im Cockpit

Die Gitternetzlinien des Tabellenblatts werden in den nachfolgend erstellten Kameraobjekten auch als Ränder durchscheinen. Mit SEITENLAYOUT/BLATTOPTIONEN/GITTERNETZLINIEN/ANSICHT können sie ausgeschaltet werden.

Diagramme in Projektmap verknüpfen

Die Landkarte im ersten Tabellenblatt wird die Kennzahlendiagramme den einzelnen Standorten zuweisen. Für die Auswahl der Kennzahl wird ein Formularelement verwendet, das Diagramm entsteht aus einer Kamerakopie. Diese wird mit einem speziellen Bereichsnamen so präpariert, dass sie mit Auswahl der Kennzahl das passende Diagramm anbietet.

Hier kommt zum ersten Mal die Kamerakopie zum Einsatz. Die Excel-Kamera bietet die Möglichkeit, Tabellenbereiche zu »fotografieren« und grafische Objekte zu erzeugen, die mit der Quelle dynamisch verbunden sind.

Wie die Excel-Kamera installiert und verwendet wird, lesen Sie in Kapitel 4.6.

Erstellen Sie eine Auswahlliste mit den drei Kennzahlenbezeichnungen in einer freien Spalte des Tabellenblatts.

```
N1: Kennzahl Projektarten
N2: Kennzahl Projektkosten
N3: Kennzahl Mitarbeiter
```

Über ENTWICKLERTOOLS/STEUERELEMENTE/EINFÜGEN zeichnen Sie ein Kombinationsfeld in das Tabellenblatt. Das Werkzeug steht in der ersten Gruppe *Formularsteuerelemente* zur Auswahl. Klicken Sie das gezeichnete Element mit der rechten Maustaste an und wählen Sie im Kontextmenü *Steuerelement formatieren*. Auf der Registerkarte *Steuerung* weisen Sie dem Element diese Parameter zu:

```
Eingabebereich: $N$1:$N$3
Zellverknüpfung: $N$4
Dropdownzeilen: 3
```

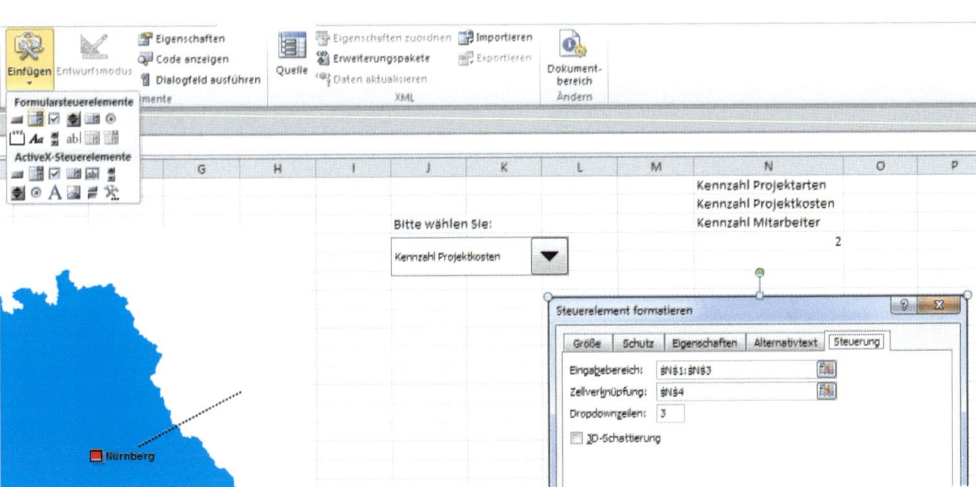

Abbildung 5.125: Auswahl der Kennzahl über ein Formularsteuerelement

Ein Klick in eine beliebige Zelle schließt die Zuweisung ab. Mit der Auswahl einer Kennzahl im Kombinationsfeld erhält die Ausgabeverknüpfung die Nummer der Kennzahl.

Damit die Kamerakopie dynamisch auf die Auswahl reagieren kann, wird sie einen Bereichsnamen erhalten, der über die Funktion BEREICH.VERSCHIEBEN() die Position des Felds in der
Matrix des Kennzahlencockpits berechnet.

1. Markieren Sie das Tabellenblatt *Deutschland Süd*.
2. Über FORMELN/DEFINIERTE NAMEN/NAMENS-MANAGER starten Sie die Namenszuweisung.
3. Mit einem Klick auf *Neu* wird ein neuer Bereichsname angelegt:

```
Name: Kamera_München
Bereich: Arbeitsmappe
Bezieht sich auf: =BEREICH.VERSCHIEBEN()
```

4. Das erste Argument ist der Ausgangspunkt der Verschiebung. Klicken Sie auf das Tabellenblatt *Kennzahlencockpit* und markieren Sie die Zelle B4.
5. Das zweite Argument ist der Verschiebungsfaktor, markieren Sie dazu im Landkartenblatt
die Zelle mit der Zellverknüpfung des Formularelements. Das dritte Argument für die Spal-
tenverschiebung erhält eine 0.

```
=BEREICH.VERSCHIEBEN(Kennzahlencockpit!$B$4;'Deutschland Süd'!$N$4;0)
```

6. Auf diese Art erstellen Sie für jeden Standort einen Bereichsnamen, der letzte Bereichsname verweist auf die Spalte mit der Legende.

Kamera_München	=BEREICH.VERSCHIEBEN(Kennzahlencockpit!$B$4;'Deutschland Süd'!$N$4;0)
Kamera_Ingolstadt	=BEREICH.VERSCHIEBEN(Kennzahlencockpit!$C$4;'Deutschland Süd'!$N$4;0)
Kamera_Nürnberg	=BEREICH.VERSCHIEBEN(Kennzahlencockpit!$D$4;'Deutschland Süd'!$N$4;0)
Kamera_Stuttgart	=BEREICH.VERSCHIEBEN(Kennzahlencockpit!$E$4;'Deutschland Süd'!$N$4;0)
Kamera_Freiburg	=BEREICH.VERSCHIEBEN(Kennzahlencockpit!$F$4;'Deutschland Süd'!$N$4;0)
Kamera_Legende	=BEREICH.VERSCHIEBEN(Kennzahlencockpit!$G$4;'Deutschland Süd'!$N$4;0)

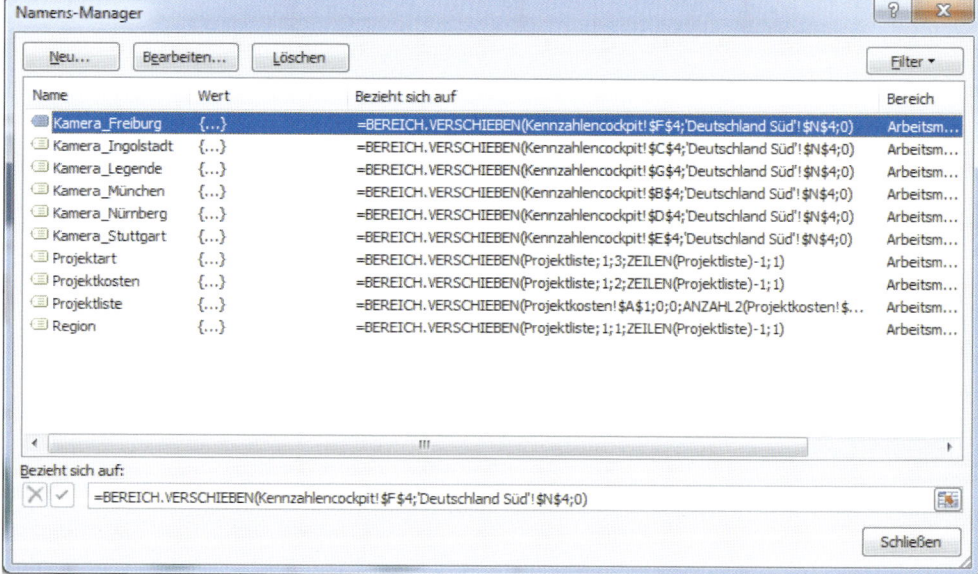

Abbildung 5.126: Bereichsnamen für die Kameraelemente

Kamerakopie erstellen

Kamerakopien sind grafische Verknüpfungen auf Zellbereiche. Leider bietet die Kamera keine Möglichkeit, grafische Objekte zu fotografieren, stattdessen wird der Zellbereich im Hintergrund markiert.

1. Markieren Sie im Kennzahlencockpit die Zelle mit dem ersten Diagrammobjekt (B5).
2. Klicken Sie auf das Kamerasymbol in der Symbolleiste für den Schnellzugriff.
3. Der Mauszeiger verwandelt sich in ein Fadenkreuz, wechseln Sie in das Tabellenblatt mit der Landkarte und klicken Sie auf die Zelle, über der die Fotografie eingefügt wird.
4. Das Ergebnis ist ein grafisches Objekt, das mit dem Quellbereich verknüpft ist, die Verknüpfung lässt sich in der Bearbeitungsleiste ablesen.
5. Ein Klick mit der rechten Maustaste in das Objekt aktiviert ein Kontextmenü, hier wählen Sie den Befehl *Objekt formatieren*.
6. Mit GRAFIK FORMATIEREN/LINIENFARBE/KEINE LINIE wird der Rahmen aus der Kamerakopie entfernt.
7. Die Hintergrund wird mit FÜLLUNG/KEINE FÜLLUNG transparent gestellt.

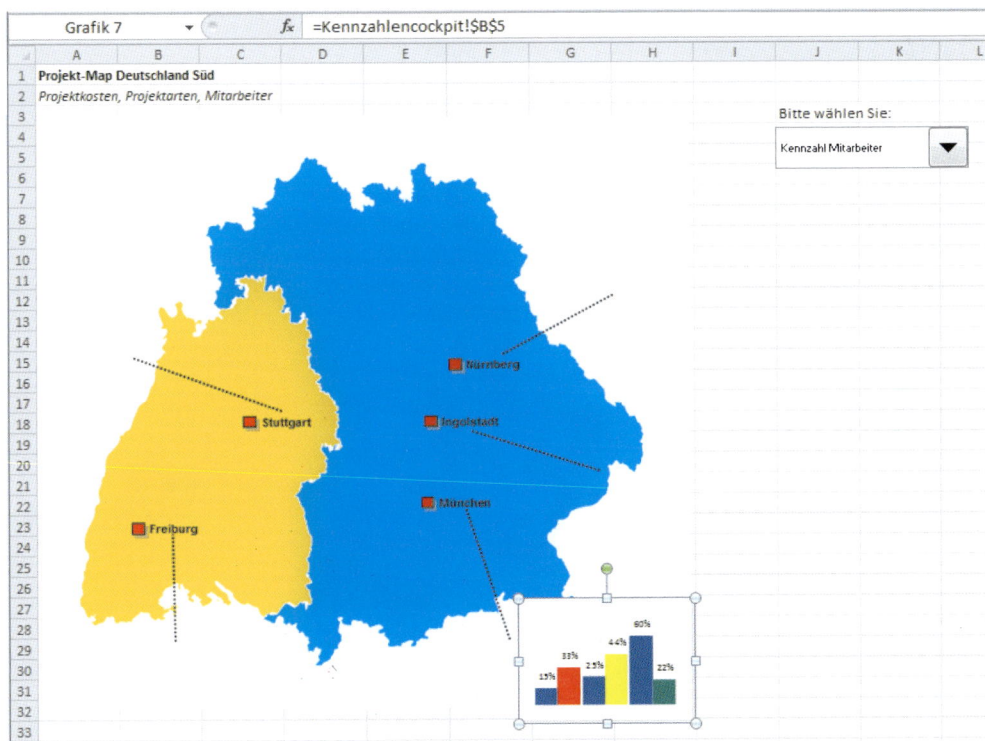

Abbildung 5.127: Die erste Kamerakopie für die erste Region

Für das nächste Kameraobjekt markieren Sie wieder die erste Zelle unterhalb der Regionsbezeichnung im Cockpit, klicken auf die Kamera, setzen das Objekt in der Landkarte ab und entfernen den Rahmen aus dem Grafikobjekt. Auf diese Art entstehen fünf Kameraobjekte.

Kameraobjekte dynamisch verknüpfen

Die Kameraobjekte zeigen jetzt die Diagramme für die erste Kennzahl an. Mit der Zuweisung des dynamischen Bereichsnamens werden sie von der Auswahl im Formularelement abhängig gemacht. Dazu markieren Sie die erste Kamerakopie und tragen die Verknüpfung in die Bearbeitungsleiste ein.

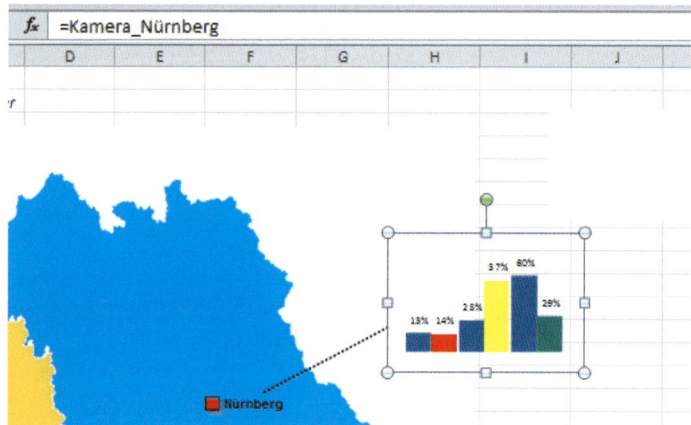

Abbildung 5.128: Die Kamerakopie wird mit dem Bereichsnamen verknüpft

Die übrigen Objekte erhalten ebenfalls ihre Bereichsnamen zugewiesen. Mit der Auswahl einer Kennzahl im Kombinationsfeld wechseln die Objekte automatisch auf das richtige Diagramm. Die Legende wird am rechten Rand der Landkarte positioniert, auch sie wechselt nach der Zuweisung des Bereichsnamens auf das richtige Objekt.

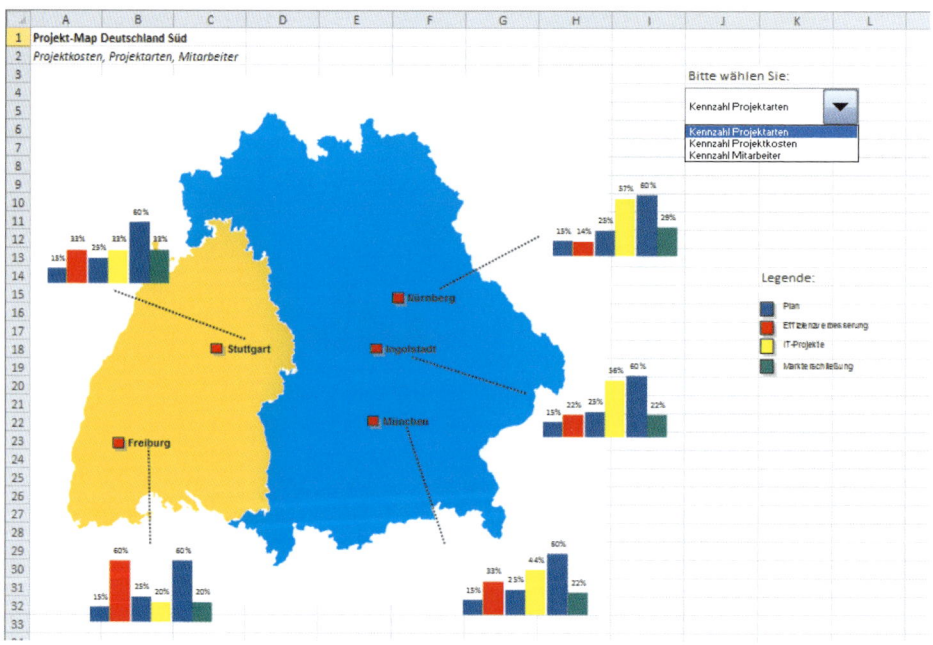

Abbildung 5.129: Kennzahl Projektarten

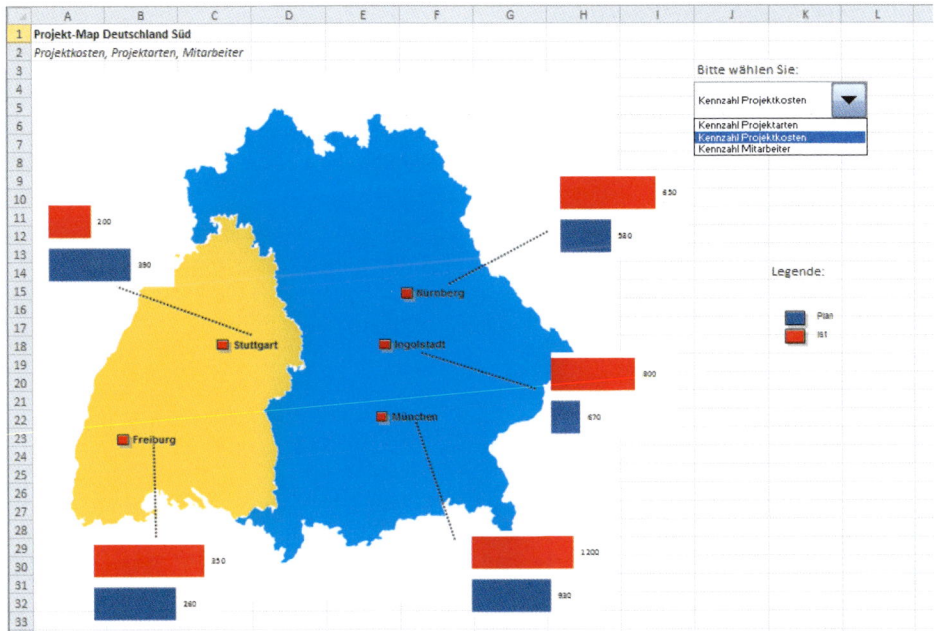

Abbildung 5.130: Kennzahl Projektkosten

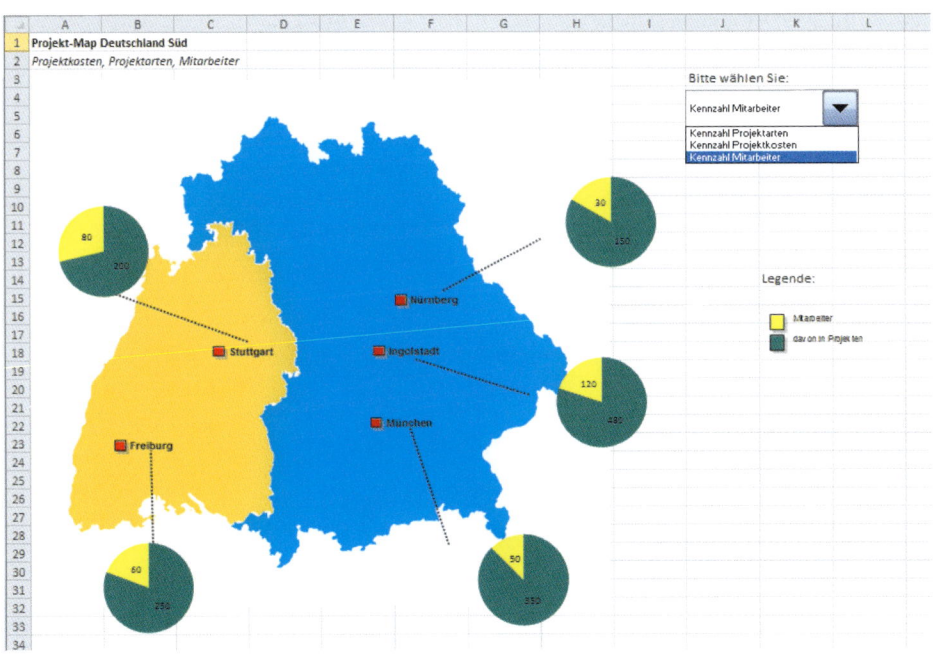

Abbildung 5.131: Kennzahl Mitarbeiter

5.4.3 Sparklines Projektkennzahlen

Website

Projektmanagement Sparklines.xlsx

In diesem Beispiel sind die Projektkosten mehrerer Projekte aufgeführt. Das Budget wird für den ersten Monatswert eingetragen, die Restbudgets berechnet eine Formel:

```
E3: =D3-E2 (kopiert bis I3)
```

Zu jedem Projekt ist der Fertigstellungsgrad eingetragen. Die Sparklines in Spalte C werden einzeln über die Zeilenwerte erstellt, damit unterschiedliche Diagrammtypen zugewiesen werden können.

Die Überschriftszeile mit den Monatsnamen wurde als Bild kopiert und über die Sparklines eingefügt, die Spaltenbreite der Spalte mit den Sparklines entspricht der Summe der Spaltenbreiten der Monatswerte.

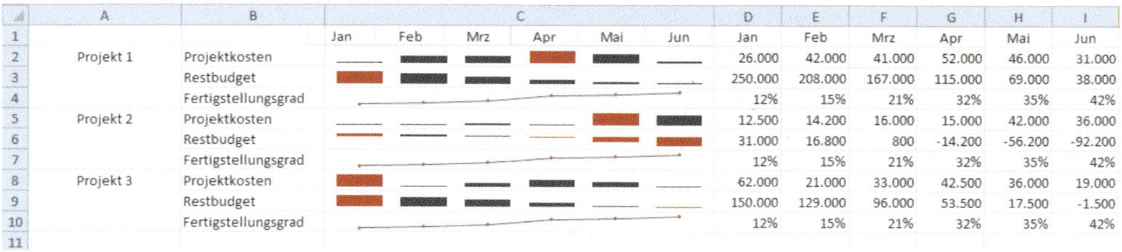

	A	B	C							D	E	F	G	H	I
			Jan	Feb	Mrz	Apr	Mai	Jun	Jan	Feb	Mrz	Apr	Mai	Jun
2	Projekt 1	Projektkosten							26.000	42.000	41.000	52.000	46.000	31.000
3		Restbudget							250.000	208.000	167.000	115.000	69.000	38.000
4		Fertigstellungsgrad							12%	15%	21%	32%	35%	42%
5	Projekt 2	Projektkosten							12.500	14.200	16.000	15.000	42.000	36.000
6		Restbudget							31.000	16.800	800	-14.200	-56.200	-92.200
7		Fertigstellungsgrad							12%	15%	21%	32%	35%	42%
8	Projekt 3	Projektkosten							62.000	21.000	33.000	42.500	36.000	19.000
9		Restbudget							150.000	129.000	96.000	53.500	17.500	-1.500
10		Fertigstellungsgrad							12%	15%	21%	32%	35%	42%
11														

Abbildung 5.132: Sparklines im Projektmanagement

5.4.4 Meilensteintrendanalyse

Website

Projektmanagement Sparklines.xlsx

Die Meilensteintrendanalyse zeigt den Projektfortschritt in den einzelnen Kalenderwochen. Dazu wird die Kalenderwoche des geplanten Enddatums der einzelnen Meilensteine berechnet. Excel stellt dafür die Funktion KALENDERWOCHE() zur Verfügung, im zweiten Argument muss der Typ 21 angegeben werden, damit die Kalenderwoche nach DIN berechnet wird (KW 1 = erste Woche mit vier Tagen im Jahr).

```
=KALENDERWOCHE(B5;21)
```

Der Berichtszeitraum listet die Statusmeldungen pro Kalenderwoche. Verzögert sich das Projekt bis zu einem Meilenstein oder wird das Projekt voraussichtlich früher fertig, wird die Kalenderwoche der Fertigstellung eingetragen.

Mit Sparklines

Die Sparklines zeigen den Verlauf der Berichte und verdeutlichen, an welchen Stellen das Projekt geradlinig oder »unruhig« verläuft.

	A	B	C	D	E	F	G	H	I	J	K	L	M	N	O	P	Q	R	S	T	U	V	W	X	Y	Z
1	Meilenstein-Trendanalyse																									
2																										
3													Berichtszeitraum (KW)													
4	Meilensteine	Ende geplant	KW	Sparklines		0	1	2	3	4	5	6	7	8	9	10	11	12	13	14	15	16	17	18	19	20	21
5	Abschluss Designphase	Fr 03.02.12	5. KW			5	5	5	5	5	5																	
6	Abnahme Gehäuse	Sa 17.03.12	11. KW			11	11	11	11	12	12	13	13	13	14	14	14											
7	Abnahme Elektronik	Sa 10.03.12	10. KW			10	10	10	10	10	9	9	9	10	10													
8	Abnahme Motor	Sa 17.03.12	11. KW			11	11	13	13	13	14	14	14	14	14	14												
9	Abschluss Testphase	Do 12.04.12	15. KW			15	15	15	15	14	15	15	13	13	13	13	14	15	15	15							
10	Nullserie fertiggestellt	Sa 28.04.12	17. KW			17	17	16	16	16	16	16	17	17	17	18	18	18	18	18	18						
11	Fertigung	Mo 21.05.12	21. KW			20	20	20	20	20	19	19	19	19	19	19	20	20	20	20	20	21	21	21	21		
12																											

Abbildung 5.133: Meilensteintrends mit Sparklines

Mit Liniendiagramm

Meilensteintrendanalyse.xlsx

Website

Für diese Lösung erstellen Sie über EINFÜGEN/DIAGRAMME/LINIEN ein Liniendiagramm mit Punktmarkierungen. Als Rubrikenachse wird die KW-Reihe in D6:Y6 verwendet, hier tragen Sie die Kalenderwochen ein. Die Einträge der Meilensteintrends bilden die Datenreihen (D7:Y13). Für den abschließenden Trennstrich im MTA-Gitter kopieren Sie die Zahlenreihe noch einmal als Datenreihe in das Diagramm.

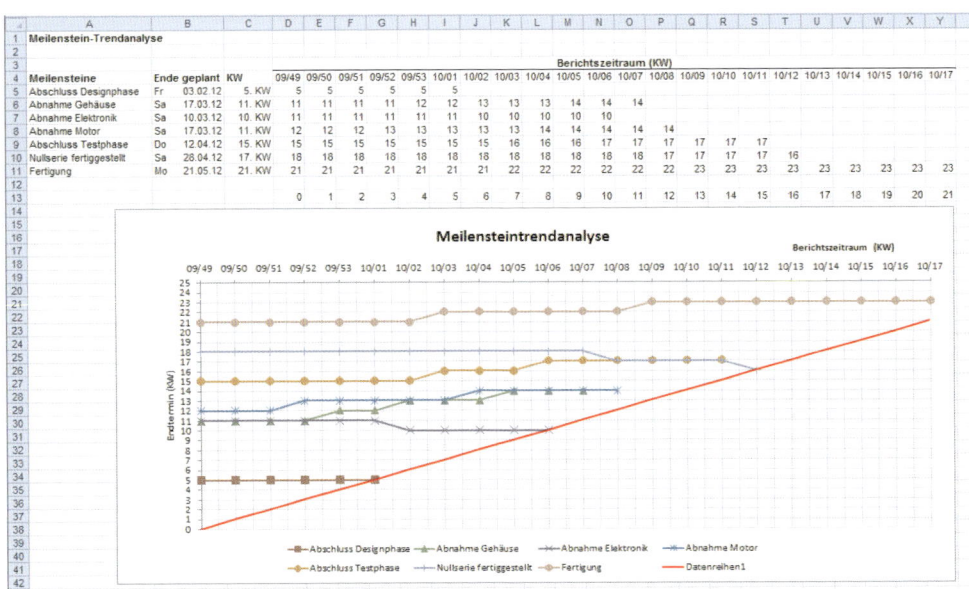

Abbildung 5.134: Meilensteintrendanalyse mit Liniendiagramm

5.4.5 GANTT-Diagramm

Das GANTT-Diagramm gehört zu den Standardberichten im Projektmanagement. Es visualisiert die Dauer einzelner Projektvorgänge oder Termine als Balken auf einer Zeitachse und macht Verschiebungen und Überschneidungen sofort transparent. Als Datenbasis dient der Projektstrukturplan mit Bezeichnung, Beginn und Ende des Projektvorgangs. Im Terminplan (Urlaubsplan, Abwesenheitsplan) stehen die Terminbezeichnung, der Mitarbeitername, die Abteilung oder Kostenstelle in der ersten Spalte.

Das Diagramm sollte die Zeitachse automatisch berechnen und die Vorgänge mit der tatsächlichen Dauer in Tagen beschriften. Dazu berechnen Sie mit der Funktion NETTOARBEITSTAGE() die Dauer der einzelnen Vorgänge in Nettotagen.

Website Übungsbeispiel: GANTT-Diagramm Vorlage.xlsx

GANTT-Diagramm.xlsx

Bild für Bild | **GANTT-Diagramm erstellen**

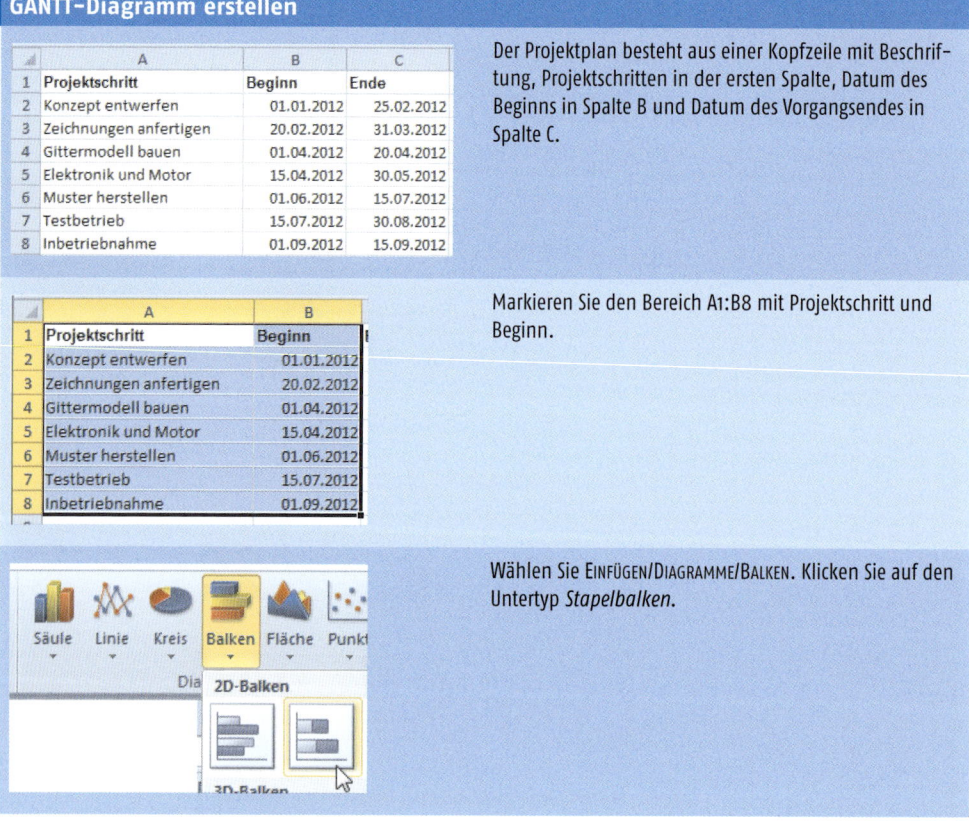

Der Projektplan besteht aus einer Kopfzeile mit Beschriftung, Projektschritten in der ersten Spalte, Datum des Beginns in Spalte B und Datum des Vorgangsendes in Spalte C.

Markieren Sie den Bereich A1:B8 mit Projektschritt und Beginn.

Wählen Sie EINFÜGEN/DIAGRAMME/BALKEN. Klicken Sie auf den Untertyp *Stapelbalken*.

GANTT-Diagramm erstellen (Forts.)

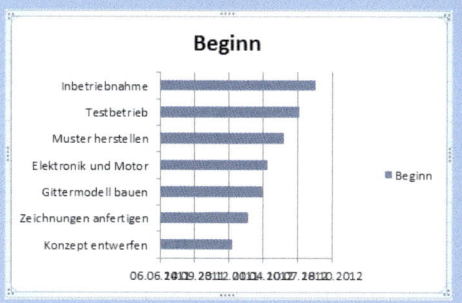

Das Diagramm wird als Objekt gezeichnet, die Datenreihe zeigt in der Zeitachse bis zum Beginn des Projektschritts.

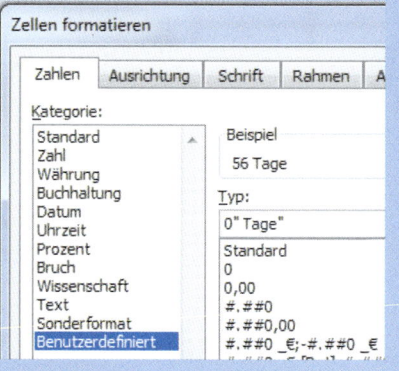

Berechnen Sie in der nächsten Spalte die Dauer des Vorgangs aus der Differenz zwischen Beginn und Ende (plus 1, da der erste Tag mitgezählt wird).

D1: Dauer

D2: =C2-B2+1

Formatieren Sie die gesamte Spalte mit einem benutzerdefinierten Zahlenformat:

Klicken Sie mit der rechten Maustaste auf den Spaltenbuchstaben D, wählen Sie ZELLEN FORMATIEREN im Kontextmenü.

Schalten Sie um auf *Benutzerdefiniert* und tragen Sie dieses Format ein:

0" Tage"

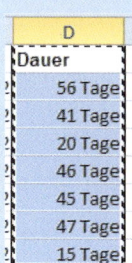

Markieren Sie den Bereich D1:D8 und kopieren Sie ihn mit Strg + c in die Zwischenablage.

Klicken Sie das Diagramm an und drücken Sie die Enter -Taste, um die Daten als neue Reihe in das Diagramm zu holen.

Bild für Bild   **GANTT-Diagramm erstellen (Forts.)**

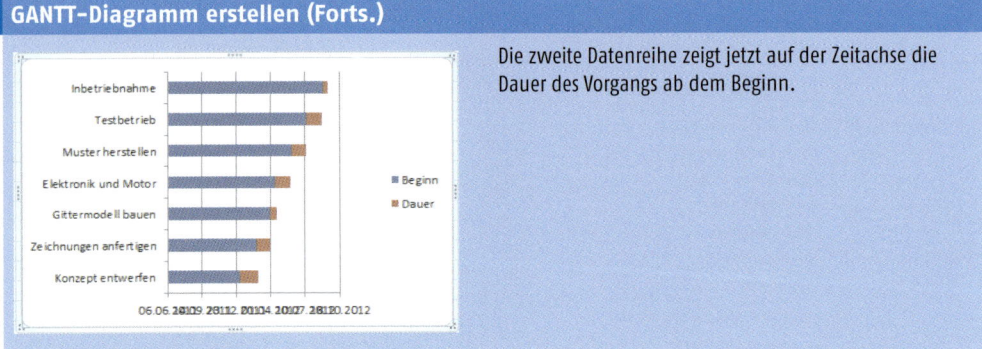

Die zweite Datenreihe zeigt jetzt auf der Zeitachse die Dauer des Vorgangs ab dem Beginn.

Formatieren Sie das Diagramm als GANTT-Diagramm. Blenden Sie dazu die erste Reihe aus und passen Sie die Zeitachse so an, dass sie die Monatsnamen wiedergibt. Leider bietet Excel keine Möglichkeit, die Minimal- und Maximalwerte der Zeitachse aus den Projektdaten zu berechnen, tragen Sie die Grenzwerte manuell ein.

Aktion	Beschreibung
Erste Reihe unsichtbar machen	Doppelklick auf die Datenreihe, FÜLLUNG/KEINE FÜLLUNG
Skala der Zeitachse auf Jan – Dez festlegen	Doppelklick auf die horizontale Achse Achsenoptionen: Minimum Fest: 1.1.2012 Maximum: Fest 31.12.2012 Hauptintervall: Fest: 31
Zeitachse formatieren	Achse formatieren Zahl: Formatcode *MMM JJ* eintragen, Klick auf HINZUFÜGEN
Reihenfolge der vertikalen Achse umdrehen	Doppelklick auf die vertikale Achse Achsenoptionen: Kategorien in umgekehrter Reihenfolge Horizontale Achse schneidet: Bei größter Rubrik
Legende und Gitternetze löschen	Elemente anklicken, ⌨Entf⌨-Taste drücken

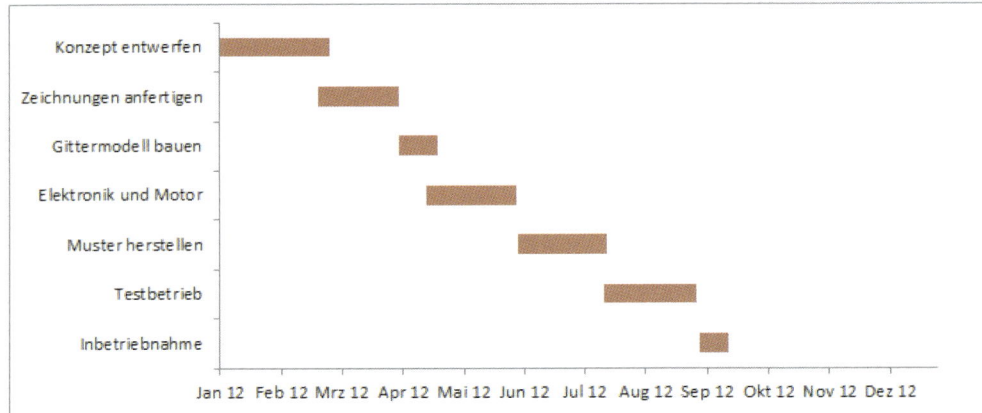

Abbildung 5.135: GANTT-Diagramm mit formatierter Zeitachse

Nettotage mit Feiertagen berechnen

Für die Beschriftung der Vorgangsbalken können Sie der Reihe eine Datenbeschriftung hinzufügen, diese würde aber die Bruttodauer der Vorgänge anzeigen. Mit der Funktion NETTOARBEITSTAGE() berechnen Sie die Nettodauer. Verwenden Sie eine zusätzliche Tabelle mit einer Liste der Feiertage und der projektfreien Tage, um diesen Wert noch exakter zu kalkulieren.

1. Legen Sie ein neues Tabellenblatt an, berechnen Sie die Jahreszahl des ersten Projektschritts in Zelle A1:

   `A1: =JAHR(Projektplan!$B$2)`

2. Berechnen Sie die Feiertage über die Funktion DATUM(), die im ersten Argument die Möglichkeit bietet, das Projektjahr zu verwenden (z. B. Neujahr):

   `B1: =DATUM($A$1;1;)`

3. Die beweglichen Feiertage sind vom Datum des Ostersonntags abhängig, berechnen Sie dieses mit der Gauß-Formel:

   `B4: =RUNDEN((TAG(MINUTE($A$1/38)/2+55)&".4."&$A$1)/7;)*7-WENN(JAHR(1)=1904;5;6)+1`

4. Legen Sie eine zweite Liste mit den Feiertagen des Folgejahres an, damit das GANTT-Diagramm diese übergreifend auf das nächste Jahr berechnen kann. Alle Datumswerte dieser Liste beziehen sich auf das Datum in A17:

   `A17: =A1+1`

5. Markieren Sie die Liste mit den Datumswerten und weisen Sie ihr über den Namens-Manager den Bereichsnamen *Feiertage* zu.

Hier eine Liste mit allen Feiertagen in Deutschland, löschen Sie die Feiertage, die nicht auf Ihr Bundesland zutreffen:

	B4	▼	*f*ₓ	=RUNDEN((TAG(MINUTE($A$1/38)/2+55)&".4."&$A$1)/7;)*7-WENN(JAHR(1)=1904;5;6)+1	

	A	B		C
1	=JAHR(Projektplan!$B$2)	=DATUM($A$1;1;1)	Neujahrstag	
2		=DATUM($A$1;1;6)	Hl. Drei Könige	
3		=B4-3	Karfreitag	
4		=RUNDEN((TAG(MINUTE($A$1/38)/2+55)&".4."&$A$1)/7;)*7-	Ostermontag	
5		=DATUM($A$1;5;1)	Tag der Arbeit	
6		=B4+38	Christi Himmelfahrt	
7		=B4+49	Pfingstmontag	
8		=B4+59	Fronleichnam	
9		=DATUM($A$1;8;8)	Augsburger Friedensfest	
10		=DATUM($A$1;8;15)	Mariä Himmelfahrt	
11		=DATUM($A$1;10;3)	Tag der d. Einheit	
12		=DATUM($A$1;10;31)	Reformationstag	
13		=DATUM($A$1;11;1)	Allerheiligen	
14		=(DATUM($A$1;12;25)-WOCHENTAG("24.12." & $A$1)-32)	Buß- und Bettag	
15		=DATUM($A$1;12;25)	1. Weihnachtsfeiertag	
16		=DATUM($A$1;12;26)	2. Weihnachtsfeiertag	
17	=A1+1	=DATUM($A$17;1;1)	Neujahrstag	
18		=DATUM($A$17;1;6)	Hl. Drei Könige	
19		=B20-3	Karfreitag	
20		=RUNDEN((TAG(MINUTE($A$17/38)/2+55)&".4."&$A$17)/7;)	Ostermontag	
21		=DATUM($A$17;5;1)	Tag der Arbeit	
22		=B20+38	Christi Himmelfahrt	
23		=B20+49	Pfingstmontag	
24		=B20+59	Fronleichnam	
25		=DATUM($A$17;8;8)	Augsburger Friedensfest	
26		=DATUM($A$17;8;15)	Mariä Himmelfahrt	
27		=DATUM($A$17;10;3)	Tag der d. Einheit	
28		=DATUM($A$17;10;31)	Reformationstag	
29		=DATUM($A$17;11;1)	Allerheiligen	
30		=(DATUM($A$17;12;25)-WOCHENTAG("24.12." & $A$17)-32	Buß- und Bettag	
31		=DATUM($A$17;12;25)	1. Weihnachtsfeiertag	
32		=DATUM($A$17;12;26)	2. Weihnachtsfeiertag	

Abbildung 5.136: Feiertage in Deutschland (alle Bundesländer)

6. Berechnen Sie in der nächsten Spalte des Projektplans die Nettoarbeitstage der einzelnen Projektvorgänge unter Berücksichtigung der Feiertagsliste. Formatieren Sie die Spalte mit dem benutzerdefinierten Zahlenformat:

`0" Tage"`

7. Für die Zuweisung der Nettotage als Datenbeschriftung der zweiten Balkenreihe verwenden Sie das Makro ChartLabel (siehe Kapitel 9 »Nützliche Werkzeuge«).

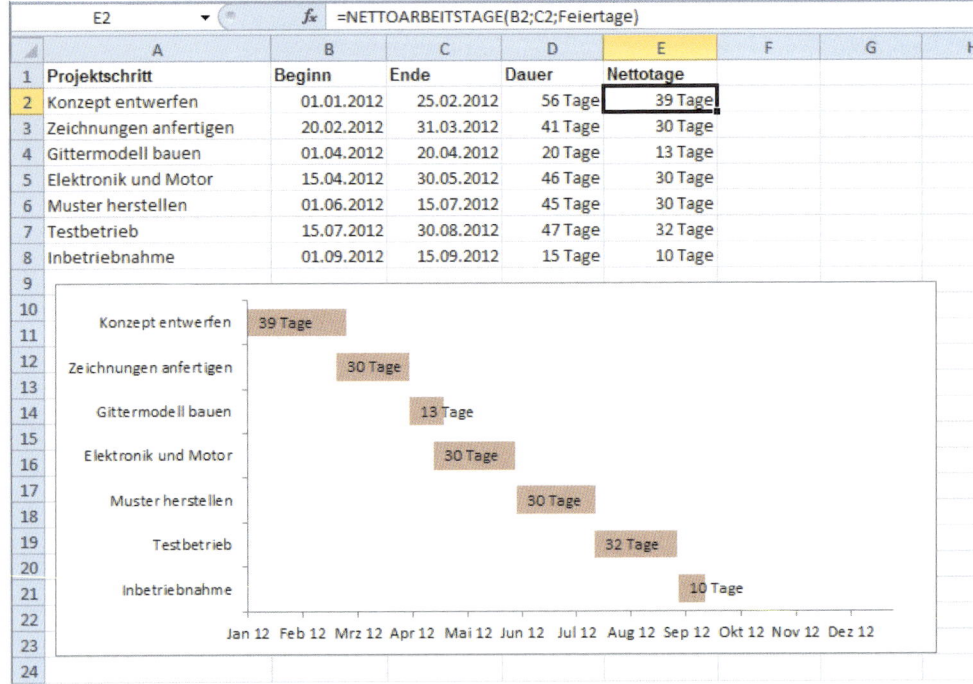

Abbildung 5.137: Nettotage berechnen und mit ChartLabel als Datenbeschriftung eintragen

Kapitel 6

Kennzahlencockpits

Ohne Kennzahlen geht nichts in allen Unternehmensbereichen. *If you can measure it, you can manage it* lautet der Leitspruch. Das Finanzcontrolling orientiert sich an Kennzahlen, die im BWL-Handbuch stehen und Cashflow, Liquidität und Return in Investment berechnen. Personalcontroller arbeiten nach Auswertung von Mitarbeiterzahlen, Kapazität und Fluktuation Entscheidungen aus, und das Projektmanagement orientiert sich an Fertigstellungswerten, Meilensteinanalysen und Projektkostenanalysen. Kennzahlen zeigen Entwicklungen und Trends auf und dienen dem Management zur Entscheidungsfindung. Die Balanced Scorecard ist z. B. ein klassisches Kennzahlencockpit im Controlling, für kundenorientierte Prozesse werden KPIs (Key Performance Indices) entwickelt.

Das Kennzahlencockpit verdichtet verteilte Daten aus Kennzahlensystemen, quantifiziert und qualifiziert diese und präsentiert dem Betrachter große Mengen von Informationen in kompakter, übersichtlicher Form. In Management-Information-Systemen, Data Warehouses und Business-Intelligence-Software ist das Kennzahlencockpit fester Bestandteil des Reportings.

Ein Kennzahlencockpit mit Excel zu realisieren bedeutet zunächst, große Datenmengen aufzubereiten, und das ist in der Praxis zeit- und arbeitsaufwendiger als das Zeichnen der Diagramme. Die Kalkulation ist nun einmal zweidimensional, und für Summen, Vergleiche, Abweichungen oder statistische Aussagen müssen die Daten erst einmal importiert und in die passende Form gebracht werden. Um hier der Copy&Paste-Kultur auszuweichen, sollte ein Kennzahlencockpit im Idealfall so vorbereitet sein, dass es neue oder veränderte Datenmengen automatisch wiedergibt. Das gilt für monatliche Fortschreibungen ebenso wie für zusätzliche Berichtsebenen wie neue Produkte und erweiterte Stammdaten. Die Matrixfunktionen leisten hier wertvolle Dienste, weil sie die Dimensionen der Auswertungsbereiche berechnen und damit eine dynamische Basis für die Visualisierung schaffen.

Informationen und Gestaltungselemente, die keinen Wert für den Betrachter und keine Aussage im Gesamtkontext haben, gehören nicht in das Cockpit, dafür ist kein Platz. Der Betrachter muss sich durch diese durchkämpfen, ohne daraus einen Nutzen zu ziehen. Ein Musterbeispiel für ein Cockpit, das Standard-Grafiktypen verwendet, sich auf die wesentlichen Informationen beschränkt und trotzdem reich an Informationen ist, liefert Robert Allison von SAS (www.information-management.com). Die wichtigsten Gestaltungsregeln und zahlreiche Beispiele für gutes Cockpit-Design finden Sie wieder im SUCCESS-Konzept von Prof. Dr. Rolf Hichert (siehe Kapitel 1).

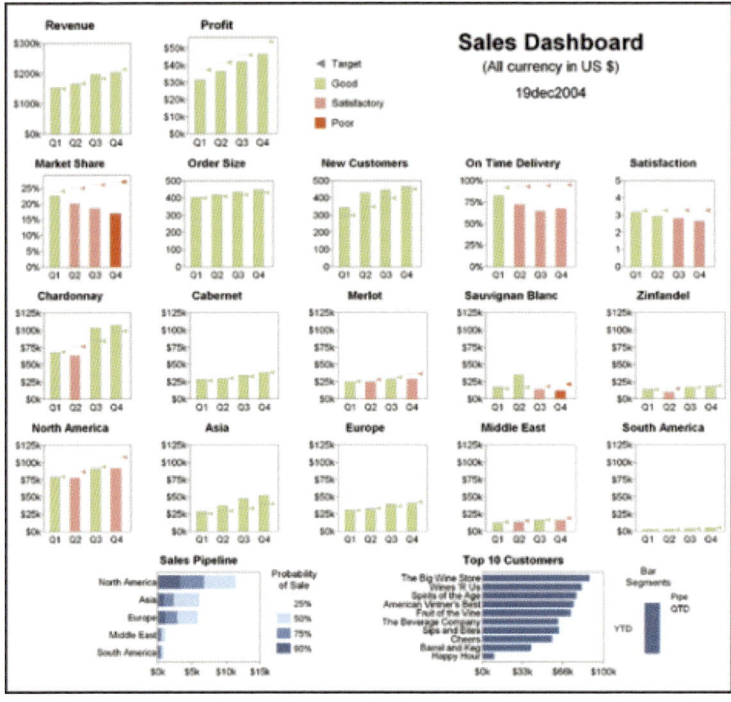

Quelle: www.information-management.com

Abbildung 6.1: Dashboard von Robert Allison

6.1 Controlling-Kennzahlen: Balanced Scorecard

Die Balanced Scorecard ist das klassische Kennzahlencockpit im Controlling. Entwickelt wurde sie von Kaplan und Norton mit der Zielsetzung, neben finanziellen Größen wie Umsatz, Gewinn und Verlust auch nicht finanzielle Größen abzubilden. Die Balanced Scorecard übersetzt Vision, Leitbild und Strategien in Ziele und Kennzahlen und gliedert sich in diese vier Perspektiven:

Finanzwirtschaftliche Perspektive

Rentabilitäten

Kapitalquoten

Wertorientierte Kennzahlen

Cashflow-basierte Kennzahlen

Kennzahlen der Bilanzanalyse

Kundenperspektive

Marktanteil

Kundentreue

Kundenzufriedenheit

Kundenwert

Kennzahlen zur Akquisitionsleistung des Vertriebs

Interne Prozessperspektive

Ausschussquote

Durchlaufzeit

Prozessqualität

Lern- und Entwicklungsperspektive

Mitarbeiterzufriedenheit

Mitarbeiterproduktivität

Fluktuationsrate

Kennzahlen zur Fort- und Weiterbildung

Kennzahlen zum betrieblichen Vorschlagswesen

Die Kennzahlen der einzelnen Perspektiven werden in der Regel im ERP-System berechnet. Für die Visualisierung bietet Excel optimale Voraussetzungen: Diagrammtypen wie Balken, Säulen und Linien stehen zur Auswahl, Spezialtypen wie Tachometerdiagramme lassen sich durch Kombination der Standardtypen generieren. Ein wichtiges Element ist die Ampelformatierung mit Verwendung von Farbskalen, hier kommt die bedingte Formatierung mit Formelbedingungen zum Einsatz.

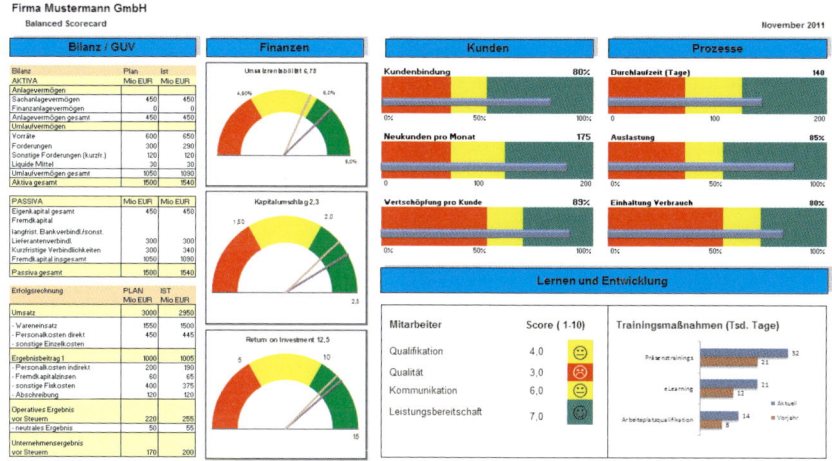

Abbildung 6.2: Kennzahlencockpit mit vier Perspektiven

6.1.1 Das Kennzahlenblatt

Balanced Scorecard Vorlage.xlsx

BalancedScoreCardCockpit.xlsx

Website

Die Datenbasis für die Balanced Scorecard ist ein Kennzahlenblatt, in dem die Kennzahlen zu den einzelnen Perspektiven hinterlegt werden. Übertragen Sie die Kennzahlen aus den Vorsystemen oder berechnen Sie sie aus integrierten oder verknüpften Excel-Arbeitsmappen.

Kennzahlen Finanzen

Controlling-Kennzahlen wie Umsatzrentabilität, Kapitalumschlag und Return on Investment sind einfach zu berechnen, sie können mit internen Funktionen oder mit einfacher Arithmetik aus vorliegenden Daten ermittelt werden. Tragen Sie die Soll- und Istwerte ein.

```
Umsatzrentabilität = (Gewinn + Fremdkapitalzinsen) / Umsatz x 100
ROI = (Gewinn/Umsatzerlöse) x (Umsatzerlöse / Gesamtkapital) / 100
Kapitalumschlagshäufigkeit = Umsatz / Durchschnittliches Gesamtkapital
```

Um die Kennzahlen in Tachometerdiagrammen zu visualisieren, erstellen Sie zu jedem Werte-paar eine Skala mit der Verteilung der Anteile auf die Farben Rot, Gelb und Grün. Schreiben Sie die Toleranzwerte neben die Farbbezeichnungen, sie werden später als Beschriftung für die Segmente des Tachometers verwendet. Hier für die erste Kennzahl Umsatzrentabilität:

	A	B	C	D	E	F
1	**Kennzahlen Finanzen**					
2		SOLL	IST	Skala		
3	Umsatzrentabilität	5,67	6,78	Rot	4,5%	
4				Gelb	6%	
5				Grün	10%	

Abbildung 6.3: Kennzahl Umsatzrentabilität

Kennzahlen Vertrieb/Marketing

Zu dieser Kennzahlengruppe muss ebenfalls für jeden Wert eine Rot-Gelb-Grün-Skala definiert werden. Diese unternehmensspezifische Skala definiert die Grenzwerte der drei Farbbereiche für die Ampelformatierung. Um beispielsweise den prozentualen Wert der Kundenbindung zu visualisieren, setzen Sie den Bereich Rot zwischen 0 und 30 %, Gelb zwischen 31 % und 50 % und Grün zwischen 51 % und 100 % fest. In unserem Beispiel werden die Werte und die Skalen für die Kennzahlen *Kundenbindung*, *Anzahl Neukunden pro Monat* und *Wertschöpfung pro Kunde* festgehalten. Um die Skalenwerte in der Balanced Scorecard abbilden zu können, versehen Sie die Bereiche über FORMELN/DEFINIERTE NAMEN/NAMENS-MANAGER mit einem globalen Bereichsnamen.

```
Name: Skala_Kundenbindung
Bereich: Arbeitsmappe
Bezieht sich auf: $D$18:$F$20

Name: Skala_Neukunden
Bereich: Arbeitsmappe
Bezieht sich auf: $D$22:$F$24

Name: Skala_Wertschöpfung
Bereich: Arbeitsmappe
Bezieht sich auf: $D$26:$F$28
```

	A	B	C	D	E	F
18	**Kennzahlen Vertrieb/Marketing**			Rot	0	30
19	Kundenbindung	80%		Gelb	31	50
20				Grün	51	100
21						
22				Rot	0	60
23	Neukunden pro Monat	175		Gelb	61	120
24				Grün	121	200
25						
26				Rot	0	50
27	Wertschöpfung pro Kunde	89%		Gelb	51	70
28				Grün	71	120

Abbildung 6.4: Kennzahlen Vertrieb/Marketing

Kennzahlen Prozessmanagement

Auch in dieser Kennzahlengruppe definieren Sie je eine Skala für die Kennzahlen.

1. Tragen Sie die Werte ein und weisen Sie über den Namens-Manager die globalen Bereichsnamen zu:

```
Name: Skala_Durchlaufzeit
Bereich: Arbeitsmappe
Bezieht sich auf: $D$21:$F$23

Name: Skala_Auslastung
Bereich: Arbeitsmappe
Bezieht sich auf: $D$25:$F$27

Name: Skala_Verbrauch
Bereich: Arbeitsmappe
Bezieht sich auf: $D$29:$F$31
```

	A	B	C	D	E	F
31	**Kennzahlen Prozessmanagement**			Rot	0	60
32	Durchlaufzeit (Tage)	140		Gelb	61	120
33				Grün	121	200
34						
35				Rot	0	30
36	Auslastung	85%		Gelb	31	50
37				Grün	51	100
38						
39				Rot	0	50
40	Einhaltung Verbrauch	80%		Gelb	51	70
41				Grün	71	100

Abbildung 6.5: Kennzahlen Prozessmanagement

Kennzahlen Lernen/Entwickeln

Die Kennzahlen in dieser Gruppe müssen nicht über Diagramme visualisiert werden. Die Skala für die Ampelfarben wird für die Formatierung der »Smileys« verwendet.

1. Tragen Sie die Kennzahlen ein und definieren Sie die Werte für die Farbbereiche.
2. Weisen Sie der Skala einen Bereichsnamen zu:

```
Name: Skala_Lernen
Bereich: Arbeitsmappe
Bezieht sich auf: $D$45:$F$47
```

	A	B	C	D	E	F
43						
44	**Kennzahlen Lernen/Entwicklung**					
45	Qualifikation	4		Rot	0	3
46	Qualität	3		Gelb	4	6
47	Kommunikation	6		Grün	7	10
48	Leistungsbereitschaft	7				
49						
50		Aktuell	Vorjahr			
51	Präsenztrainings	32000	21000			
52	E-Learning	21000	12000			
53	Arbeitsplatzqualifikation	14000	8000			

Abbildung 6.6: Kennzahlen Lernen/Entwicklung

6.1.2 Tachometerdiagramme

Diesen Diagrammtyp hat Excel zwar nicht im Angebot, er lässt sich aber aus der Kombination aus einem (halben) Ringdiagramm und zwei Punktediagrammen erstellen.

Umsatzrentabilität

Beginnen Sie mit der ersten Finanzkennzahl *Umsatzrentabilität*.

1. Schreiben Sie die Daten für die Verteilung von vier Segmenten neben die Kennzahl. Die vierte Zahl ist die Summe der ersten drei Werte, hier z. B. 5,5,5 und 15.
2. Markieren Sie die Werte und erstellen Sie mit EINFÜGEN/DIAGRAMME/WEITERE ein Ringdiagramm.

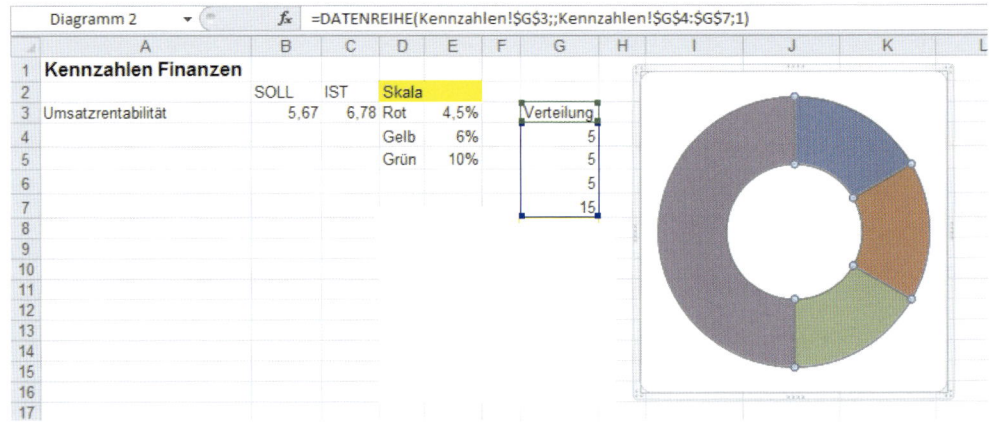

Abbildung 6.7: Ringdiagramm mit vier Segmenten

3. Klicken Sie doppelt auf den Ring und ändern Sie unter DATENREIHEN FORMATIEREN den Winkel des ersten Segments.
4. Tragen Sie den Wert *270* ein.
5. Formatieren Sie die Datenpunkte einzeln, weisen Sie den ersten drei Segmenten die Füllfarben Rot, Gelb und Grün zu und entfernen Sie die Füllung aus dem vierten Segment.

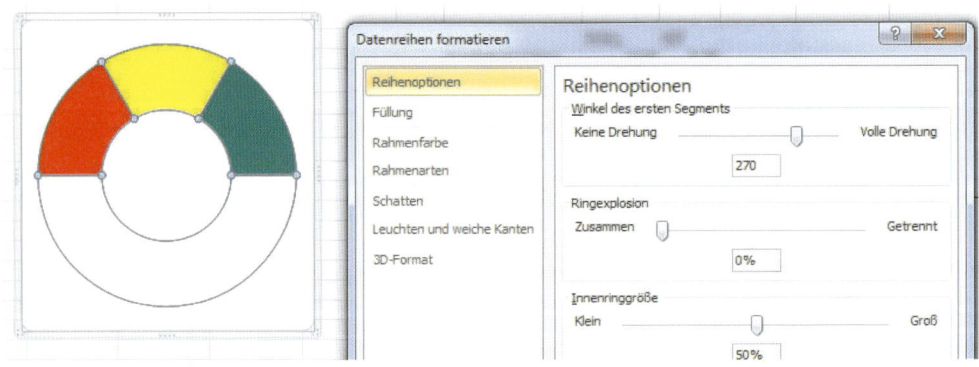

Abbildung 6.8: Drei Segmente bleiben übrig

6. Fügen Sie die Datenbeschriftung für die Datenreihe hinzu. Die Werte können Sie überschreiben, tragen Sie die Skalenwerte der Kennzahl ein und ziehen Sie die Beschriftungen an den Rand des Rings. Die Beschriftung des leeren Segments löschen Sie.

Für die beiden Werte SOLL und IST wird je eine neue Datenreihe eingefügt und als Punktediagramm mit durchgezogener Linie formatiert. Dazu brauchen Sie zwei Wertepaare, schreiben Sie diese unter die Kennzahl. Beide Punktelinien beginnen am Nullpunkt, das Reihenende wird über die geometrischen Funktionen SIN() und BOGENMASS() berechnet. Den Diagrammtitel berechnen Sie in einer weiteren Zelle und verknüpfen ihn mit dem Titelelement.

```
D9:  0
E9:  0
D10: =-COS(BOGENMASS(B3*20))
E10: =SIN(BOGENMASS(B3*20))
D12: 0
E12: 0
D13: =-COS(BOGENMASS(C3*20))
E13: =SIN(BOGENMASS(C3*20))
D15: =A3&" "&RUNDEN(C3;2)
```

Aktion	Beschreibung
SOLL-Zeiger einfügen	Diagrammtools/Entwurf/Daten auswählen/Hinzufügen Reihenname: SOLL Werte der Reihe: X: $D$9:$D$10 Werte der Reihe Y: $E$9:$E$10 Diagrammtyp *Punkt, Untertyp 3*
IST-Zeiger einfügen	Diagrammtools/Entwurf/Daten auswählen/Hinzufügen Reihenname: IST Werte der Reihe: X: $D$12:$D$13 Werte der Reihe Y: $E$12:$E$13 Diagrammtyp *Punkt, Untertyp 3*
Horizontale Achse (beide Zeiger)	Achsenoptionen: Minimum Fest –1,0, Maximum Fest 1,0 Vertikale Achse schneidet bei 0 Achsenbeschriftung: Keine Hauptstrichtyp: Keine Hilfsstrichtyp: Keine
Vertikale Achse (beide Zeiger)	Achsenoptionen: Minimum Fest –1,0, Maximum Fest 1,0 Horizontale Achse schneidet bei 0 Linienfarbe: Keine Linie
Titel	DIAGRAMMTOOLS/LAYOUT/DIAGRAMMTITEL/ÜBER DIAGRAMM. Titelelement markieren, Formel in Bearbeitungsleiste schreiben: `=Kennzahlen!$D$15`

7. Zeichnen Sie über EINFÜGEN/ILLUSTRATIONEN/FORMEN ein Rechteck in das Tabellenblatt, weisen Sie diesem einen schattierten Rahmen und die Füllfarbe Weiß zu und positionieren Sie es exakt mit gedrückter Alt-Taste auf einem quadratischen Bereich (vier Spalten, 14 Zeilen).

8. Positionieren Sie das Diagramm so, dass der sichtbare Bereich im gezeichneten Rahmen steht.

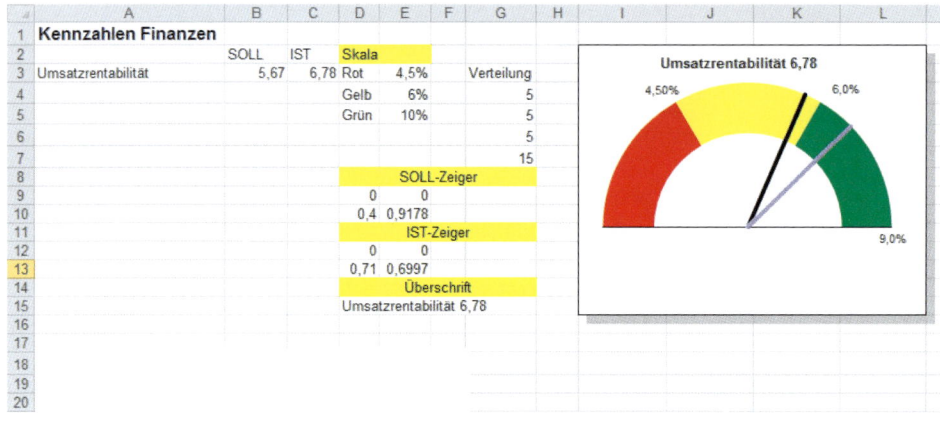

Abbildung 6.9: Tachometer mit Zeigern aus Punktediagrammen und Hintergrundrahmen

Kapitalumschlag

```
Q9: 0
R9: 0
Q10: =-COS(BOGENMASS((O3*60)))
R10: =SIN(BOGENMASS(O3*60))
Q12: 0
R12: 0
Q13: =-COS(BOGENMASS(P3*60))
R13: =SIN(BOGENMASS(P3*60))
Q15: =N3&" "&RUNDEN(P3;2)
```

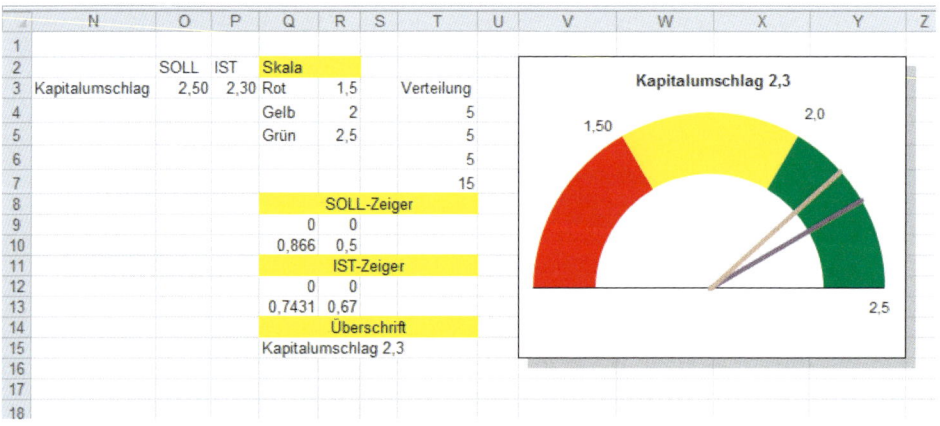

Abbildung 6.10: Zweite Kennzahl im Tachometer

Return on Investment

```
AD9: 0
AE9: 0
AD10: =-COS(BOGENMASS(((AB3-6)*20)))
AE10: =SIN(BOGENMASS((AB3-6)*20))
AD12: 0
AE12: 0
AD13: =-COS(BOGENMASS(AC3*270))
AE13: =SIN(BOGENMASS(AC3*270))
```

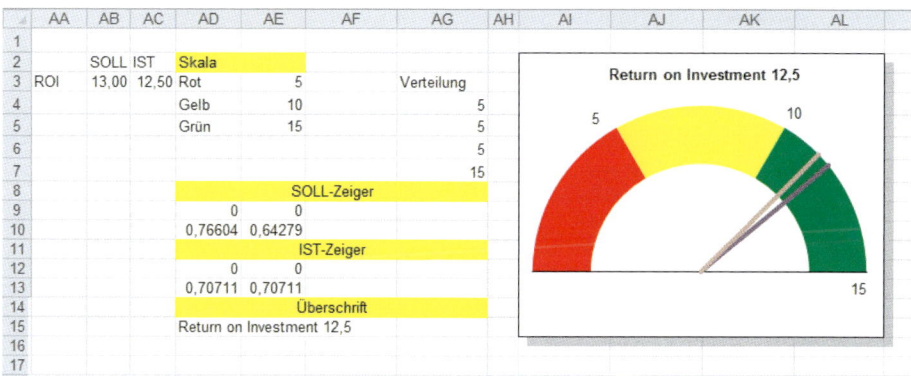

	AA	AB	AC	AD	AE	AF	AG	AH	AI	AJ	AK	AL
1												
2		SOLL	IST	Skala								
3	ROI	13,00	12,50	Rot	5		Verteilung					
4				Gelb	10			5				
5				Grün	15			5				
6								5				
7								15				
8						SOLL-Zeiger						
9					0	0						
10				0,76604	0,64279							
11						IST-Zeiger						
12					0	0						
13				0,70711	0,70711							
14						Überschrift						
15				Return on Investment 12,5								
16												
17												

Abbildung 6.11: Dritte Kennzahl im Tachometer

6.1.3 Tabellenblatt Balanced Scorecard

Das Tabellenblatt für die Zusammenfassung der Kennzahlen wird mit einer Überschrift versehen, das Datum tragen Sie mithilfe einer Textfunktion ein, damit es unabhängig von der Spaltenbreite formatiert werden kann.

`AG2: =TEXT(HEUTE();"MMMM JJJJ")`

Die Tabelle wird in vier Bereiche untergliedert, für die Beschriftung zeichnen Sie Rechtecke aus
der Formenbibliothek ein und beschriften diese.

Bilanz/GUV

Der erste Bereich erhält die Daten aus der Bilanz/GUV mit Aktiva und Passiva, die Werte werden aus anderen Tabellen verknüpft oder hineinkopiert.

Firma Mustermann GmbH

Balanced Scorecard

Bilanz / GUV

Bilanz	Plan	Ist
AKTIVA	Mio EUR	Mio EUR
Anlagevermögen		
Sachanlagevermögen	450	450
Finanzanlagevermögen	0	0
Anlagevermögen gesamt	450	450
Umlaufvermögen		
Vorräte	600	650
Forderungen	300	290
Sonstige Forderungen (kurzfr.)	120	120
Liquide Mittel	30	30
Umlaufvermögen gesamt	1050	1090
Aktiva gesamt	1500	1540

PASSIVA	Mio EUR	Mio EUR
Eigenkapital gesamt	450	450
Fremdkapital		
langfrist. Bankverbindl./sonst. Lieferantenverbindl.	300	300
Kurzfristige Verbindlichkeiten	300	340
Fremdkapital insgesamt	1050	1090
Passiva gesamt	1500	1540

Abbildung 6.12: Erster Bereich: Bilanz/GUV

Den Abschluss bildet die Erfolgsrechnung mit Plan- und Istwerten und dem Unternehmens-ergebnis vor Steuern.

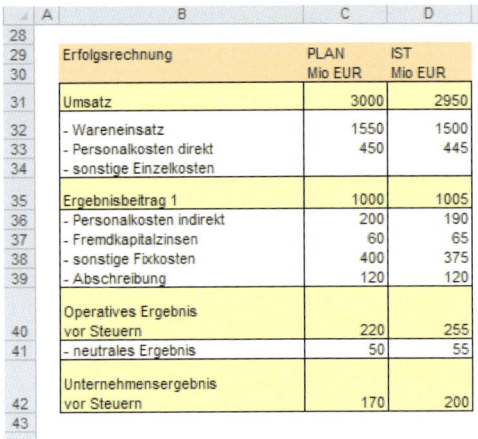

Abbildung 6.13: Ergebnisrechnung

Finanzen

Der zweite Bereich ist für die drei Tachometerdiagramme aus dem Kennzahlenblatt vorgese-hen. Holen Sie diese über die Kamera in das BSC-Blatt. Leider kann die Kamera keine Dia-grammobjekte kopieren, verwenden Sie stattdessen den Zellbereich, auf dem das Diagramm und das Rahmenobjekt platziert sind.

 Eine Beschreibung des Kamerawerkzeugs finden Sie in Kapitel 9 »Nützliche Werkzeuge«.

1. Markieren Sie im Kennzahlenblatt den Zellbereich hinter dem Diagramm, positionieren Sie den Zellzeiger mit den Cursortasten und drücken Sie die ⬆-Taste, um den Bereich zu markieren.
2. Klicken Sie auf die Kamera in der Symbolleiste für den Schnellzugriff.
3. Wechseln Sie in das Tabellenblatt *Balanced Scorecard* und klicken Sie in die Zielzelle.
4. Die Kamerakopie wird eingefügt, das Foto ist dynamisch mit dem Quellbereich verbunden. Die Verknüpfung sehen Sie in der Bearbeitungsleiste, wenn das Objekt markiert ist.
5. Mit einem Doppelklick auf das Foto schalten Sie sofort auf den Quellbereich um. Holen Sie mit der Kamera die drei Kennzahlendiagramme in die *Balanced Scorecard*.

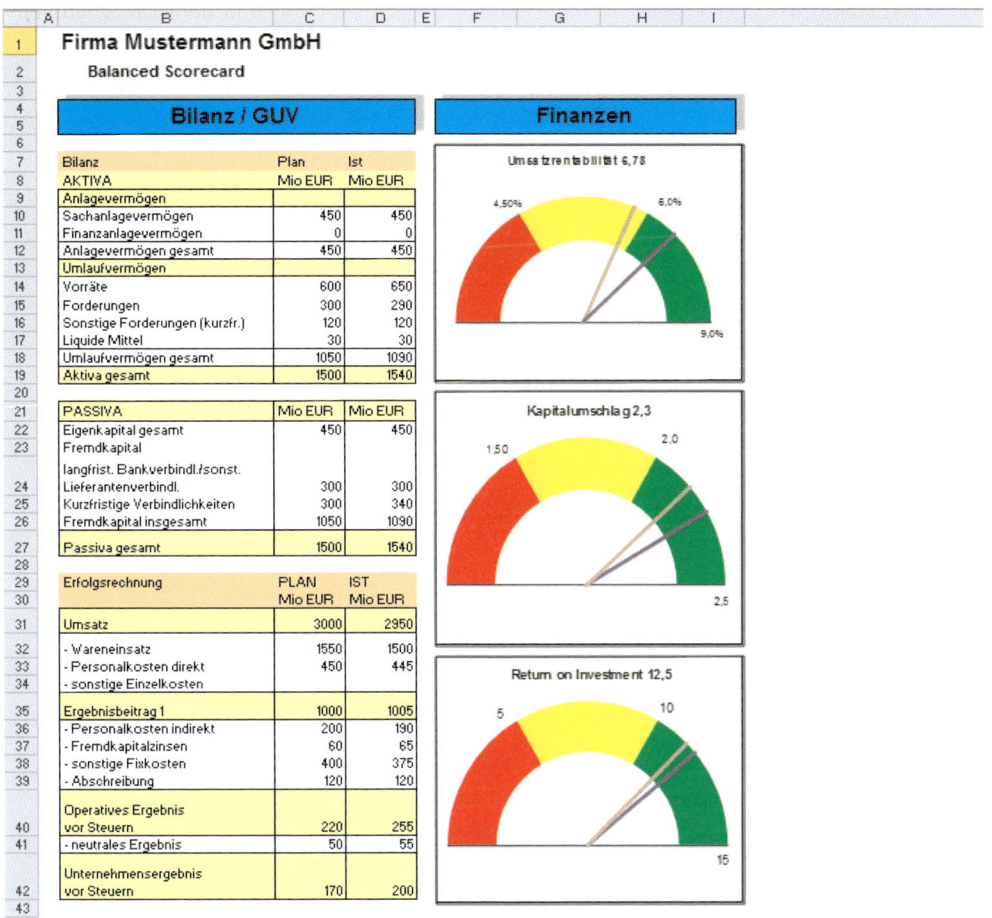

Abbildung 6.14: Kennzahlendiagramme aus Kamerakopien

6.1.4 Bereich Kundenperspektive

Die Bereiche für den zweiten Abschnitt werden nach dem Prinzip der Ampelformatierung so aufbereitet, dass die Rot-Gelb-Grün-Bereiche individuell konfigurierbar sind.

Im zweiten Bereich tragen Sie Kennzahlen aus Vertrieb und Marketing ein. Reservieren Sie 10 Spalten mit einer einheitlichen Spaltenbreite (30).

1. Schreiben Sie die Verknüpfungen auf die Kennzahlen:

    ```
    K7: Kundenbindung
    U7: Kennzahlen!$B$19
    K14: Neukunden pro Monat
    K21: Wertschöpfung pro Kunde
    U14: Kennzahlen!$B$23
    U21: Kennzahlen!$B$23
    ```

Kundenbindung

Damit die Farbabstufungen mit den Skalenwerten der Kennzahlen übereinstimmen, markieren Sie den Bereich unterhalb der Kennzahl mit vier Zeilen und 10 Spalten und weisen diesem eine bedingte Formatierung zu. Wählen Sie START/FORMATVORLAGEN/BEDINGTE FORMATIERUNG.

1. Schalten Sie um auf *Formel zur Ermittlung der zu formatierenden Zellen verwenden* und tragen Sie die Formeln ein. Weisen Sie dann über Formatierung die einzelnen Füllfarben zu.

2. Die Formel für die Farbe Rot vergleicht die ersten beiden Skalenwerte und weist die Füllfarbe zu:

```
=UND(K$12>=INDEX(Skala_Kundenbindung;1;2);K$12<=INDEX(Skala_Kundenbindung;1;3))
```

3. Die Formel für die Farbe Gelb:

```
=UND(K$12>=INDEX(Skala_Kundenbindung;2;2);K$12<=INDEX(Skala_Kundenbindung;2;3))
```

4. Die Formel für die Farbe Grün:

```
=UND(K$12>=INDEX(Skala_Kundenbindung;3;2);K$12<=INDEX(Skala_Kundenbindung;3;3))
```

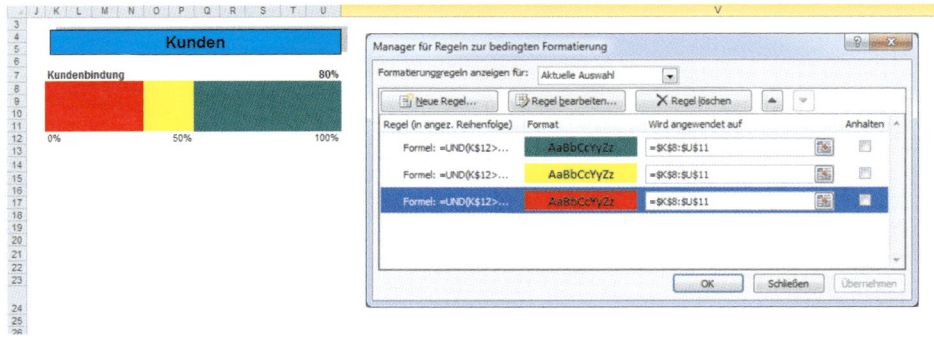

Abbildung 6.15: Der Skalenbereich wird mit Bedingungsformaten eingefärbt

5. Zeichnen Sie für die Kennzahl ein Balkendiagramm über den eingefärbten Bereich. Markieren Sie dazu die Kennzahl, wählen Sie EINFÜGEN/DIAGRAMME/BALKEN, *Untertyp 1*.

6. Entfernen Sie alle Elemente außer der Datenreihe (horizontale und vertikale Achse, Legende, Gitternetzlinien).

7. Positionieren Sie das Balkendiagramm mit gedrückter Maustaste exakt über dem Skalenbereich.

Neukunden pro Monat

1. Formatieren Sie den nächsten Skalenbereich mit bedingter Formatierung:

Farbe	Formel
Rot	=UND(K$19>=INDEX(Skala_Neukunden;1;2);K$19<=INDEX(Skala_Neukunden;1;3))
Gelb	=UND(K$19>=INDEX(Skala_Neukunden;2;2);K$19<=INDEX(Skala_Neukunden;2;3))
Grün	=UND(K$19>=INDEX(Skala_Neukunden;3;2);K$19<=INDEX(Skala_Neukunden;3;3))

Zeichnen Sie ein Balkendiagramm mit einer Datenreihe aus der Kennzahl:

```
=DATENREIHE(;;'Balanced Scorecard'!$U$14;1)
```

Wertschöpfung pro Kunde

1. Formatieren Sie den Skalenbereich für diese Kennzahl mit bedingter Formatierung:

Farbe	Formel
Rot	=UND(K$25>=INDEX(Skala_Wertschöpfung;1;2);K$25<=INDEX(Skala_Wertschöpfung;1;3))
Gelb	=UND(K$25>=INDEX(Skala_Wertschöpfung;2;2);K$25<=INDEX(Skala_Wertschöpfung;2;3))
Grün	=UND(K$25>=INDEX(Skala_Wertschöpfung;3;2);K$25<=INDEX(Skala_Wertschöpfung;3;3))

Zeichnen Sie ein Balkendiagramm mit einer Datenreihe aus der Kennzahl:

```
=DATENREIHE(;;'Balanced Scorecard'!$U$21;1)
```

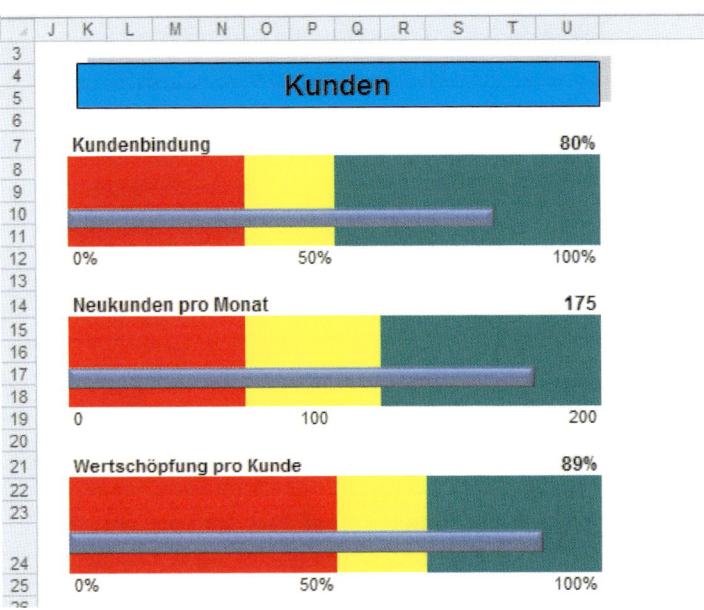

Abbildung 6.16: Kennzahlen Kundenperspektive mit Farbskala und Balkendiagramm

6.1.5 Bereich Prozesse

Auch für diesen Kennzahlenbereich stellen Sie mithilfe der bedingten Formatierung die Farbskalen bereit und zeichnen Balkendiagrammobjekte ohne Achsen und Beschriftungen. Die Kennzahlen verknüpfen Sie aus dem Kennzahlenblatt:

```
AG7:  =Kennzahlen!B32
AG14: =Kennzahlen!B36
AG21: =Kennzahlen!B40
```

Durchlaufzeit

Farbe	Formel
Rot	=UND(W$12>=INDEX(Skala_Durchlaufzeit;1;2);W$12<=INDEX(Skala_Durchlaufzeit;1;3))
Gelb	=UND(W$12>=INDEX(Skala_Durchlaufzeit;2;2);W$12<=INDEX(Skala_Durchlaufzeit;2;3))
Grün	=UND(W$12>=INDEX(Skala_Durchlaufzeit;3;2);W$12<=INDEX(Skala_Durchlaufzeit;3;3))

Auslastung

Farbe	Formel
Rot	=UND(W$19>=INDEX(Skala_Auslastung;1;2);W$19<=INDEX(Skala_Auslastung;1;3))
Gelb	=UND(W$19>=INDEX(Skala_Auslastung;2;2);W$19<=INDEX(Skala_Auslastung;2;3))
Grün	=UND(W$19>=INDEX(Skala_Auslastung;3;2);W$19<=INDEX(Skala_Auslastung;3;3))

Einhaltung Verbrauch

Farbe	Formel
Rot	=UND(W$25>=INDEX(Skala_Verbrauch;1;2);W$25<=INDEX(Skala_Verbrauch;1;3))
Gelb	=UND(W$25>=INDEX(Skala_Verbrauch;2;2);W$25<=INDEX(Skala_Verbrauch;2;3))
Grün	=UND(W$25>=INDEX(Skala_Verbrauch;3;2);W$25<=INDEX(Skala_Verbrauch;3;3))

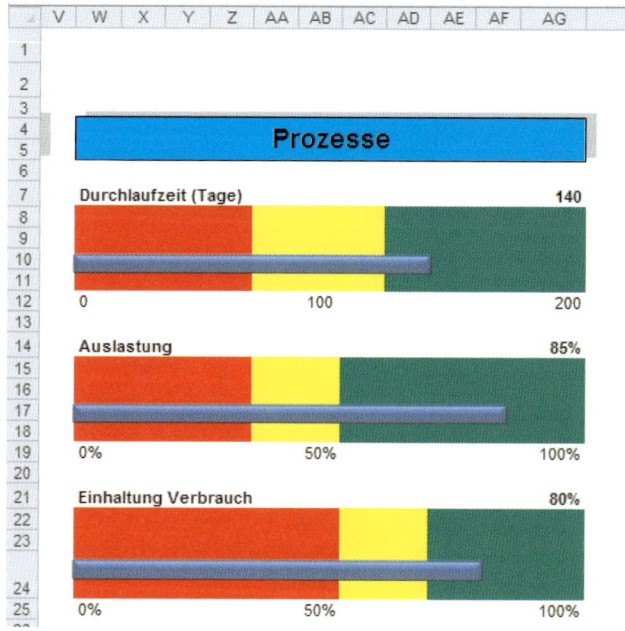

Abbildung 6.17: Kennzahlen Prozesse mit Farbskala und Balkendiagramm

6.1.6　Bereich Lernen und Entwicklung

In diesem Bereich visualisieren Sie die Kennzahlen aus den Mitarbeiterbefragungen und -analysen.

1. Schreiben Sie die Bezeichnungen in den ersten Block und verknüpfen Sie die Kennzahlenwerte aus dem Kennzahlenblatt:

```
S34:  =Kennzahlen!B45
S36:  =Kennzahlen!B46
S38:  =Kennzahlen!B47
S40:  =Kennzahlen!B48
```

2. Für die »Smileys« zur Einordnung der Kennzahl in die definierten Skalenbereiche schreiben Sie eine Formel.

Die Funktion INDEX() überprüft die Skalenbereiche zeilenweise, die geschachtelte WENN()-Funktion trägt die Buchstaben L, K und J ein. Diese Buchstaben stehen im Zeichensatz *Wing-Dings* für die drei Smileys.

3. Formatieren Sie die Formelzelle mit dieser Schriftart und kopieren Sie die Formel nach unten auf die übrigen Kennzahlenzeilen.

```
=WENN(S34<=INDEX(Skala_Lernen;1;3);"L";WENN(UND(S34>=INDEX(Skala_Lernen;2;2);S34<=INDEX
(Skala_Lernen;2;3));"K";"J"))
```

4. Das Diagramm im zweiten Block bildet die Kennzahlen für die Trainingsmaßnahmen ab. Markieren Sie den Bereich $A$50:$C$53 im Kennzahlenblatt, erstellen Sie mit EINFÜGEN/DIAGRAMME/DIAGRAMM ein Balkendiagramm und entfernen Sie alle überflüssigen Elemente.

5. Kopieren Sie das Objekt in die Scorecard.

```
Datenreihe "Aktuell":
=DATENREIHE(Kennzahlen!$B$50;Kennzahlen!$A$51:$A$53;Kennzahlen!$B$51:$B$53;1)
Datenreihe "Vorjahr":
=DATENREIHE(Kennzahlen!$C$50;Kennzahlen!$A$51:$A$53;Kennzahlen!$C$51:$C$53;2)
```

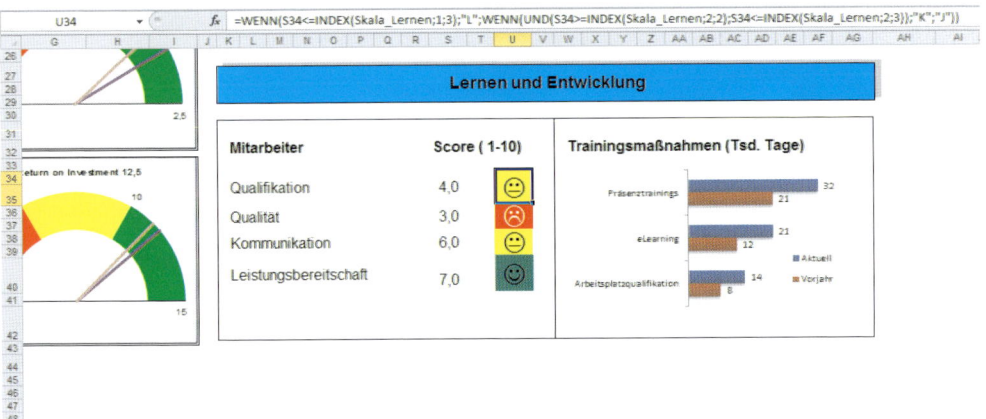

Abbildung 6.18: Kennzahlen Lernen und Entwicklung

6.2 Qualitätsmanagement: Energie & Abfall

6.2.1 Das Environment-Cockpit

Umweltschutz und umweltbewusstes Handeln gehören für Unternehmen jeder Größenordnung zu den Hauptaufgaben. Der Environment-Manager steuert und überwacht die Kosten für Wasser, Elektrizität, Gas, Kohle und Treibstoffe und wird dabei unterstützt von automatisierten Prozesssteuerungen. Die Daten kommen aus unterschiedlichsten Quellen. Ablesedaten von Wasser- und Stromzählern, Abrechnungen vom E-Werk und Treibstofflieferanten gehören ebenso dazu wie Kostenaufstellungen für Abfallbeseitigung. Das Cockpit liefert Auskunft über den aktuellen Energieverbrauch, aufgeschlüsselt nach Energietyp, und die Abfallmengen nach Abfalltypen. Um rechtzeitig auf ungewöhnlich hohe Verbrauchskosten oder Abfallmengen reagieren zu können, werden die kumulierten Daten zum Berichtsmonat mit den Vorjahreswerten verglichen.

6.2.2 Auswahl des Standorts und Berichtszeitraum

Website

EnvironmentCockpit Vorlage.xlsx

EnvironmentCockpit.xlsx

In diesem Praxisbeispiel lernen Sie eine Diagrammvorlage kennen, die Daten aus unterschiedlichen Tabellenblättern zu einem Cockpit zusammenfasst. Das Unternehmen, für das diese Vorlage erstellt wurde, hatte einige Sonderwünsche:

- Das Cockpit sollte die Daten aus den einzelnen Unternehmensstandorten wiedergeben, der Standort musste wählbar sein.
- Der Berichtszeitraum musste frei wählbar sein. Die Datentabellen enthalten die Werte aus dem Vorjahr und die Werte bis zum Vormonat des aktuellen Jahres. Die Diagramme sollten diese Zeiträume jeweils vergleichen. Liegen beispielsweise Werte bis zum Monat April vor, müssen die Diagramme die Vergleiche auch bis zum April des Vorjahres ziehen.
- Für die Auswahl des Berichtszeitraums sollten die Monatsnamen angeboten werden, allerdings nur bis zu dem Monat, für den Daten vorliegen. Der Berichtende muss auf einen zurückliegenden Monat schalten können, aber keine Möglichkeit haben, einen Monat einzustellen, für den keine Daten vorliegen.

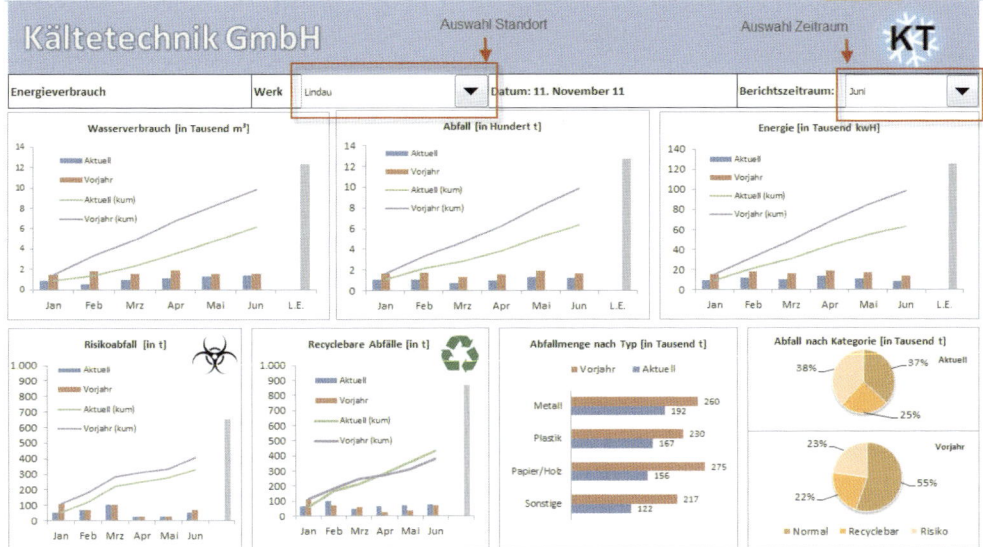

Abbildung 6.19: Das Cockpit mit Auswahlelementen für Standort und Zeitraum

6.2.3   Die Datenquelle

In den Datentabellen, die dem Cockpit zugrunde liegen, sind die Verbrauchswerte und die Abfallmengen des aktuellen Jahres und des Vorjahres hinterlegt. Die Monatswerte sind in Spalten angeordnet, die Energie- oder Abfalltypen vertikal. Jedes Tabellenblatt enthält die Daten aus mehreren Bereichen, in unserem Beispiel aus den Werken Lindau, Sigmaringen und Kempten der (fiktiven) Firma Kältetechnik GmbH. Die Daten sind bis zum aktuellen Monat erfasst, neue Werte werden aus den Vorsystemen kopiert und in die Monatsspalten eingefügt.

1. Eine Summenzeile schließt die Werteliste jedes Werks ab, die Formel ist so präpariert, dass sie die Summe nur anzeigt, wenn Daten vorhanden sind.

```
C7:  =WENN(SUMME(C3:C6)>0;SUMME(C3:C6);"") (kopiert bis N7)
C13: =WENN(SUMME(C9:C12)>0;SUMME(C9:C12);"") (kopiert bis N13)
C19: =WENN(SUMME(C15:C18)>0;SUMME(C15:C18);"") (kopiert bis N19)
```

2. Auf die Summenzeile folgt die Kalkulation der kumulierten Monatswerte, die in den Cockpitdiagrammen in Form von Linien visualisiert werden.

```
C8:  =C7
D8:  =WENN(D7<>"";C8+D7;"") (kopiert bis N8)
C14: =C13
D14: =WENN(D13<>"";C14+D13;"") (kopiert bis N14)
C20: =C19
D20: =WENN(D19<>"";C20+D19;"") (kopiert bis N20)
```

D8 · fx =WENN(D7<>"";C8+D7;"")

	A	B	C	D	E	F	G	H	I	J	K	L	M	N
1	Wasser (Tausend m³)		2012											
2			Jan	Feb	Mrz	Apr	Mai	Jun	Jul	Aug	Sep	Okt	Nov	Dez
3	Lindau	Abwasser	300	200	300	500	600	650						
4		Brauchwasser	450	300	500	570	580	600						
5		Kühlwasser	120	50	120	50	120	120						
6		Sonstiges	0	0	20	0	20	0						
7		Summe	870	550	940	1.120	1.320	1.370						
8		Summe kum.	870	1.420	2.360	3.480	4.800	6.170						
9	Sigmaringen	Abwasser	180	150	180	150	180	180						
10		Brauchwasser	320	300	320	300	320	320						
11		Kühlwasser	30	10	30	10	30	30						
12		Sonstiges	200	110	200	110	200	200						
13		Summe	730	570	730	570	730	730						
14		Summe kum.	730	1300	2030	2600	3330	4060						
15	Kempten	Abwasser	100	20	10	20	30	100						
16		Brauchwasser	120	80	130	170	100	120						
17		Kühlwasser	200	150	250	165	285	200						
18		Sonstiges	310	350	335	350	310	310						
19		Summe	730	600	725	705	725	730						
20		Summe kum.	730	1330	2055	2760	3485	4215						

Abbildung 6.20: Aktuelle Monatsdaten für die erste Energieart Wasser

Basisdaten und Bereichsnamen

Um die Auswertung dynamisch zu gestalten, legen Sie ein Basisdatenblatt mit der Bezeichnung *DATA* an. In diesem werden die Werksnamen in einer Liste zusammengefasst und mit einem Bereichsnamen versehen. Eine Liste mit Monatsnamen darf nicht fehlen, sie wird für die Auswahl des Berichtszeitraums benötigt. Für diese beiden Listen legen Sie über den Namens-Manager ebenfalls Bereichsnamen an.

Die beiden wichtigsten Parameter, die Nummer des auszuwertenden Werks und die Monatsnummer des Berichtszeitraums, werden auch in diesem Datenblatt hinterlegt, weisen Sie den Zellen gleich passende Bereichsnamen zu.

Bereichsname	Bereich	Bezieht sich auf
Monate	Arbeitsmappe	=DATA!$C$2:$C$13
Werke	Arbeitsmappe	=DATA!$A$2:$A$4
rngMonat	Arbeitsmappe	=DATA!$G$2
rngWerk	Arbeitsmappe	=DATA!$E$2

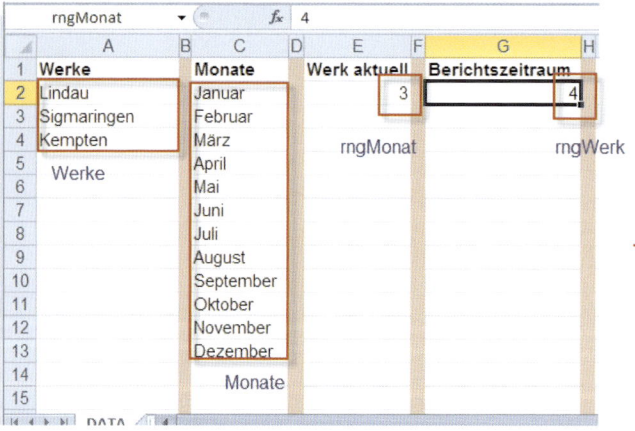

Abbildung 6.21: Basisdaten mit Bereichsnamen

6.2.4   Vorlage erstellen

Legen Sie in einem neuen Tabellenblatt eine Vorlage für das Cockpit an, nennen Sie das Blatt *Cockpit*. Es sollte neben der Firmenbezeichnung und dem Firmenlogo das aktuelle Berichtsdatum und den Namen des Berichtserstellers bzw. Verantwortlichen enthalten. Die Zellbereiche für die einzelnen Charts präparieren Sie über Spaltenbreiten und kennzeichnen Sie mit Rahmensymbolen (siehe Abbildung). Die Vorlage sollte natürlich komfortabel genug sein, um zwischen den Werken umschalten zu können. Der Berichtszeitraum ist ebenfalls variabel, der Anwender wird die Möglichkeit haben, einen beliebigen Monat einzustellen. Die Auswahl sollte sich aber auf die Monate beschränken, für die bereits Daten verfügbar sind. Die Auswahl der Werke übertragen Sie einem Kombinationsfeld.

1. Zeichnen Sie dieses über ENTWICKLERTOOLS/STEUERELEMENTE EINFÜGEN, verwenden Sie das Werkzeug aus der Gruppe der FORMULARELEMENTE.

2. Klicken Sie das Element mit der rechten Maustaste an, wählen Sie STEUERELEMENT FORMATIEREN und tragen Sie die Eigenschaften ein.

3. Für die Zellverknüpfung schalten Sie um auf das Basisdatenblatt *DATA*.

```
Eingabebereich: Werke
Zellverknüpfung: DATA!$E$2
Dropdownzeilen: 3
```

4. Für das zweite Steuerelement kopieren Sie das erste Kombinationsfeld und ändern die Eigenschaften:

```
Eingabebereich: Monate
Zellverknüpfung: DATA!$G$2
Dropdownzeilen: 12
```

5. Wenn Sie in diesem Kombinationsfeld nur die Monate anzeigen lassen wollen, für die Daten vorhanden sind, schalten Sie um auf das Tabellenblatt *Wasser* und erstellen über den Namens-Manager einen Bereichsnamen aus der Kombination der Funktionen BEREICH.VERSCHIEBEN() und ANZAHL2(). Letztere zählt die Anzahl Einträge in der ersten Datenzeile und bildet die Breite des Bereichs:

```
Name: Monate2
Bereich: Arbeitsmappe
Bezieht sich auf: =BEREICH.VERSCHIEBEN(Monate;;;ANZAHL2(Wasser!$C$3:$N$3);1)
```

6. Weisen Sie dem zweiten Kombinationsfeld den Namen *Monat2* anstelle von *Monat* zu.

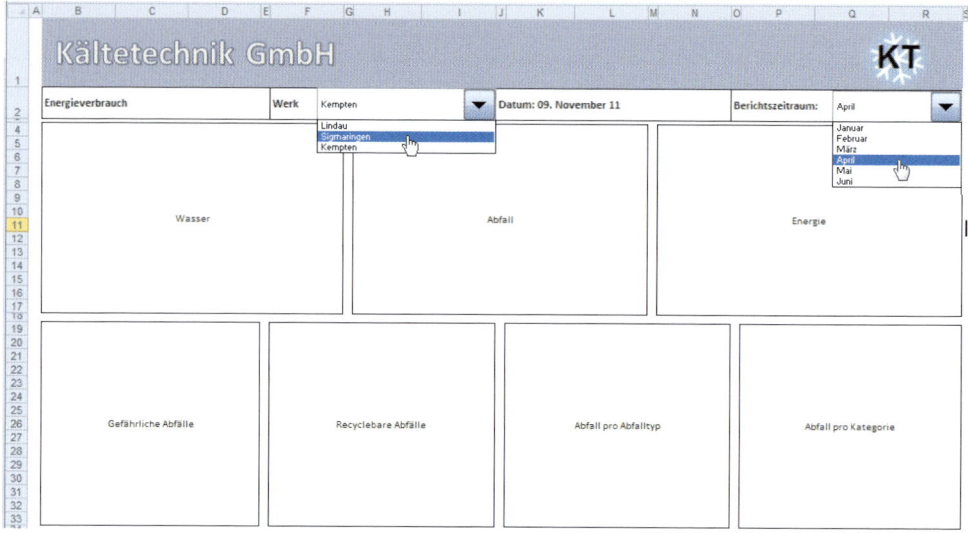

Abbildung 6.22: Zwei Kombinationsfelder zur Auswahl der Werke und der Berichtsmonate

6.2.5 Forecast (Latest Estimate) berechnen

Der Begriff *Forecast* oder *Latest Estimate* bezeichnet die Hochrechnung der aktuellen Werte auf das gesamte Jahr. Dazu wird der Mittelwert der aktuellen Werte gebildet, durch die Anzahl der Monate dividiert und mit 12 multipliziert. Im Kennzahlencockpit ist dieser Schätzwert ein wichtiger Faktor. An seinem Volumen lässt sich der Jahresendwert bei konstanter Entwicklung der Monatswerte abschätzen.

1. Schreiben Sie die Formel für den Schätzwert in die Spalte neben dem letzten Monatsnamen, konstruieren Sie den Wert über BEREICH.VERSCHIEBEN() aus dem Berichtsmonat.

   O3: =SUMME(BEREICH.VERSCHIEBEN(C3;;;1;rngMonat))/rngMonat*12 (kopiert bis O19)

2. In der nächsten Spalte berechnen Sie die Summe der erfassten Werte pro Zeile, wieder unter Berücksichtigung des Berichtsmonats.

   P3: =SUMME(BEREICH.VERSCHIEBEN(C3;;;1;rngMonat))

=SUMME(BEREICH.VERSCHIEBEN(C3;;;1;rngMonat))/rngMonat*12

J	K	L	M	N	O	P
Aug	Sep	Okt	Nov	Dez	L.E.	Summe
					5.100	2.550
					6.000	3.000
					1.160	580
					80	40
					12.340	**6.170**
					2.040	1.020
					3.760	1.880
					280	140
					2.040	1.020
					8.120	**4060**
					560	280
					1.440	720
					2.500	1.250
					3.930	1.965
					8.430	**4215**

Abbildung 6.23: Schätzwert und Zeilensumme der Werte bis zum Berichtsmonat

Vorjahreswerte

Die nächsten Spalten erhalten die Vorjahreswerte. Hier sind alle 12 Monatsspalten ausgefüllt, außer der Summe und dem kumulierten Monatswert sind keine weiteren Berechnungen erforderlich. Die Summenspalte erhält die Zeilensummen aus den Spalten Q:AB.

f_x	=SUMME(Q3:AB3)											
Q	R	S	T	U	V	W	X	Y	Z	AA	AB	AC
2011												
Jan	Feb	Mrz	Apr	Mai	Jun	Jul	Aug	Sep	Okt	Nov	Dez	Summe
400	500	400	500	400	400	550	560	550	580	600	620	6.060
500	650	500	650	500	500	650	600	650	660	660	680	7.200
250	280	280	320	300	330	350	300	330	350	350	320	3.760
350	400	350	400	350	350	400	350	400	350	400	400	4.500
1.500	1.830	1.530	1.870	1.550	1.580	1.950	1.810	1.930	1.940	2.010	2.020	21.520
1.500	3.330	4.860	6.730	8.280	9.860	11.810	13.620	15.550	17.490	19.500	21.520	
150	180	180	220	200	230	250	200	230	250	500	520	3.110
400	550	400	550	400	400	550	500	550	560	560	580	6.000
150	180	180	220	200	230	250	200	230	250	250	220	2.560
400	550	400	550	400	400	550	500	300	250	300	300	4.900
1100	1460	1160	1540	1200	1260	1600	1400	1310	1310	1610	1620	16.570
1100	2560	3720	5260	6460	7720	9320	10720	12030	13340	14950	16570	
400	550	400	550	400	400	550	500	550	560	560	580	6.000
150	180	180	220	200	230	250	200	230	250	250	220	2.560
150	180	180	220	200	230	150	180	180	220	200	230	2.320
250	300	250	300	250	250	250	300	250	300	250	250	3.200
950	1210	1010	1290	1050	1110	1200	1180	1210	1330	1260	1280	14.080
950	2160	3170	4460	5510	6620	7820	9000	10210	11540	12800	14080	

Abbildung 6.24: Vorjahreswerte mit Zeilen- und Spaltensummen

6.2.6 Datenreihen konstruieren

Die Datenreihen für das erste Cockpitchart müssen ausnahmslos über Formeln konstruiert werden, damit dieses die Daten des im Cockpit ausgewählten Werks visualisiert und die Menge auf die Monate bis zum Berichtsmonat beschränkt.

1. Legen Sie mit dem NAMENS-MANAGER im Register FORMELN globale Bereichsnamen an. Der erste Bereichsname berechnet mit BEREICH.VERSCHIEBEN() die Beschriftung der Rubrikenachse. Der Parameter des eingestellten Berichtsmonats bildet die Breite des Bereichs:

```
Name: Wasser_Rubrik
Bereich: Arbeitsmappe
Bezieht sich auf: =BEREICH.VERSCHIEBEN(Wasser!$C$2;0;0;1;rngMonat)
```

2. Der zweite Bereichsname berechnet den Bereich mit allen Verbrauchssummen bis zum eingestellten Berichtsmonat. Die Position des Bereichs muss der Auswahl des Werks angepasst werden, sie wird über WAHL() ermittelt.

```
Name: Wasser_aktuell
Bereich: Arbeitsmappe
Bezieht sich auf:
=BEREICH.VERSCHIEBEN(WAHL(rngWerk;Wasser!$C$7;Wasser!$C$13;Wasser!$C$19);;;1;rngMonat)
```

3. Hier die weiteren Bereichsnamen, alle global für die Arbeitsmappe definiert:

```
Name: Wasser_Vorjahr
Bezieht sich auf:
=BEREICH.VERSCHIEBEN(WAHL(rngWerk;Wasser!$Q$7;Wasser!$Q$13;Wasser!$Q$19);;;1;rngMonat)
Name: Wasser_kum_aktuell
Bezieht sich auf:
=BEREICH.VERSCHIEBEN(WAHL(rngWerk;Wasser!$C$8;Wasser!$C$14;Wasser!$C$20);;;1;rngMonat)
Name: Wasser_kum_Vorjahr
Bezieht sich auf:
=BEREICH.VERSCHIEBEN(WAHL(rngWerk;Wasser!$Q$8;Wasser!$Q$14;Wasser!$Q$20);;;1;rngMonat)
```

4. Der Schätzwert wird in einer zusätzlichen Hilfsreihe untergebracht. Legen Sie diese in die Zeile *Der Wert wird in der Folgespalte des letzten Berichtsmonats hinterlegt*. Formatieren Sie die Zeile mit einem Zahlenformat, das die Nullwerte ausblendet.

```
B22: Schätzung (LE)
C22: =WENN(SPALTE()-3=rngMonat;WAHL(rngWerk;$O$7;$O$13;$O$19);0) (kopiert bis O22)
```

5. Für die Datenreihe berechnen Sie einen weiteren Bereichsnamen im Namens-Manager:

```
Name. Wasser_LE
Bezieht sich auf: =BEREICH.VERSCHIEBEN(Wasser!$C$22;;;1;rngMonat+1)
```

6.2.7 Erstes Diagramm anlegen und formatieren

Das erste Cockpitdiagramm können Sie gleich in die Vorlage zeichnen, die globalen Bereichsnamen lassen sich in jedem Tabellenblatt abrufen.

1. Schalten Sie um auf das Tabellenblatt *Cockpit*.
2. Wählen Sie EINFÜGEN/DIAGRAMME/SÄULE/2D-SÄULE, UNTERTYP 1.
3. Zeichnen Sie ein leeres Diagrammobjekt in den linken oberen Kasten des Cockpits.
4. Wählen Sie DIAGRAMMTOOLS/ENTWURF/DATEN/DATEN AUSWÄHLEN.
5. Klicken Sie auf *Hinzufügen* und tragen Sie den Bereichsnamen für die erste Reihe ein.

Achten Sie darauf, dass vor jedem berechneten Bereichsname der Name der Arbeitsmappe angegeben werden muss, damit Excel ihn als Reihe akzeptiert. Sie können auch das Tabellenblatt *Wasser* als Verknüpfung eintragen, er wird anschließend automatisch durch den Namen der Mappe ersetzt.

```
Reihenname: Aktuell
Reihenwerte: Wasser!Wasser_aktuell
```

6. Klicken Sie in der zweiten Liste *Horizontale Achsenbeschriftung* auf *Bearbeiten*. Geben Sie den Bereichsnamen für die Rubrik ein:

```
Achsenbeschriftungsbereich: =Wasser!Wasser_Rubrik
```

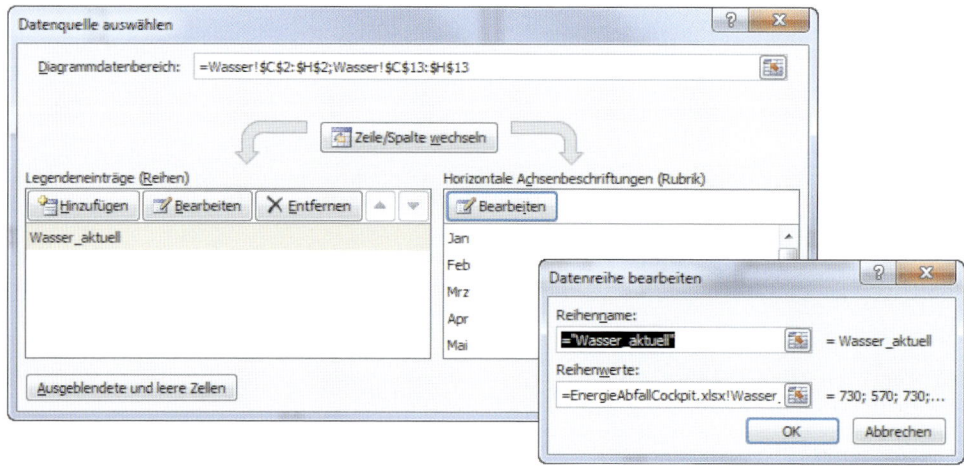

Abbildung 6.25: Die berechneten Bereichsnamen werden als Datenreihen eingetragen

7. Schließen Sie die Eingabe ab und sehen Sie sich die Formel der Datenreihe an. Klicken Sie dazu auf die Balken der ersten Reihe.

8. In der Rubrikenbeschriftung fehlt der Eintrag für den Schätzwert, fügen Sie diesen als zusätzlichen Rubrikenwert hinzu.

```
=DATENREIHE("Aktuell";(EnergieAbfallCockpit.xlsx!Wasser_Rubrik;Wasser!$O$2);EnergieAbfal
lCockpit.xlsx!Wasser_aktuell;1)
```

9. Aktivieren Sie wieder die Datenquellenauswahl und fügen Sie die übrigen Bereichsnamen ein. Achsenbeschriftungen müssen für diese nicht zugewiesen werden, da Excel automatisch die Beschriftung der ersten Datenreihe verwendet.

```
Reihenname: Aktuell (kum)
Reihenwerte: Wasser!Wasser_kum_aktuell

Reihenname: Vorjahr (kum)
Reihenwerte: Wasser!Wasser_kum_Vorjahr

Reihenname: LE
Reihenwerte: Wasser!Wasser_LE
```

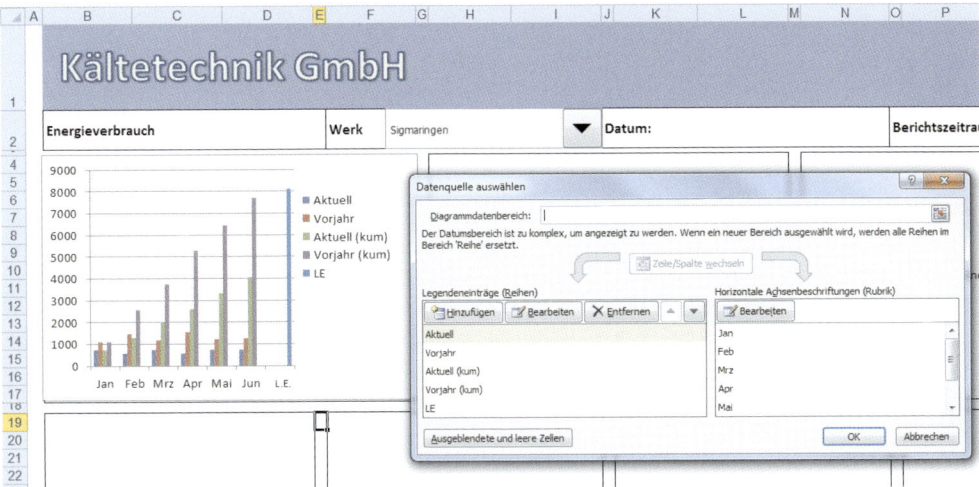

Abbildung 6.26: Das erste Cockpitchart mit allen Datenreihen

10. Bringen Sie das Diagramm in die passende Form, ändern Sie die Reihentypen für die kumulierten Werte auf *Linie* und reduzieren Sie die Achsenwerte um 1.000.

Aktion	Beschreibung
Kumulierte Werte als Linien	Datenreihe *Aktuell (kum)* markieren, Diagrammtools/Entwurf, Diagrammtyp ändern. Umschalten auf *Linie* Datenreihe *Vorjahr (kum)* markieren, Diagrammtools/Entwurf, Diagrammtyp ändern. Umschalten auf *Linie*
Gitternetze entfernen	Klick auf *Gitternetzlinien*, mit ⎯Entf⎯ löschen
Vertikale Achse im Tausender-format	Vertikale Achse doppelklicken, *Zahl* Formatcode eintragen und mit *Hinzufügen* bestätigen: 00.
Beschriftung	Diagrammtools/Layout/Beschriftungen/Diagrammtitel/Über Diagramm Schriftgröße auf 10 Punkt reduzieren und Text eintragen: Wasserverbrauch [in Tausend m³]

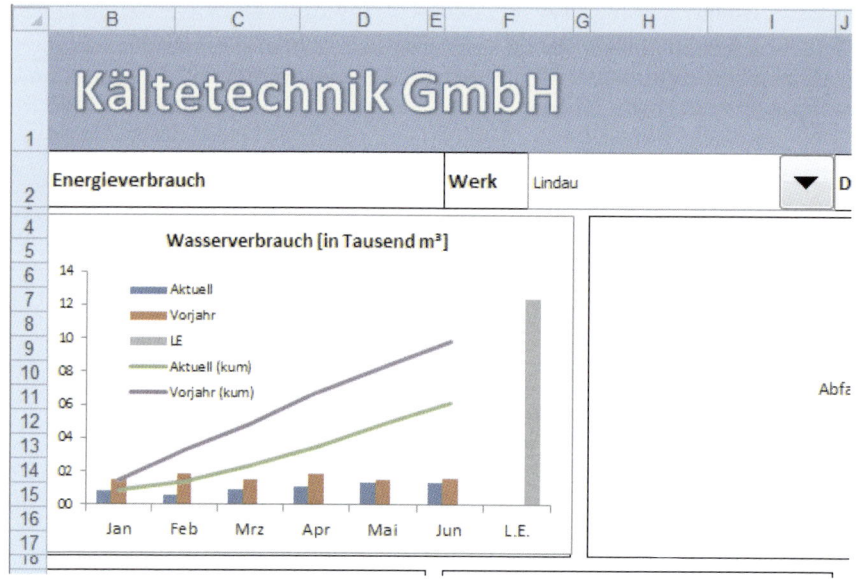

Abbildung 6.27: Chart mit Formatierungen und Beschriftungen

6.2.8 Die weiteren Cockpitcharts

Alle weiteren Diagramme im Cockpit werden nach diesem Muster angefertigt, jede Datenreihe wird über BEREICH.VERSCHIEBEN() unter Verwendung der beiden Parameter *rngWerk* und – falls erforderlich – *rngMonat* erstellt. Zusätzliche Berechnungen in den Datentabellen erleichtern die Arbeit natürlich wesentlich, z. B. die Berechnung der Vorjahresmengen bis zum aktuellen Berichtsmonat. Kalkulieren Sie diese einfach neben den Summen des Vorjahres. Hier z. B. für das Tabellenblatt *Abfall* mit dem Januarwert des ersten Abfalltyps in Zelle Q3:

```
AD3: =SUMME(BEREICH.VERSCHIEBEN(Q3;;;1;rngMonat))
```

Welcher Diagrammtyp zum Einsatz kommt, ist von der Art der Information abhängig. Alle Charts, die Monatswerte des Berichtsjahres denjenigen des Vorjahres gegenüberstellen, werden mit dem Typ *Säulendiagramm* erstellt. Die Datenreihen mit kumulierten Werten erhalten den Datentyp *Linie*, vermeiden Sie in diesen aber Punktmarkierungen und reduzieren Sie die Linienstärke auf 1 Punkt.

Die Füllfarben sollten in allen Diagrammen einheitlich sein. Ist die Datenreihe für die aktuellen Monatswerte blau, dann ist sie das in allen Diagrammen. Zeigt ein Diagramm andere Informationen als Monatswerte, sollten Sie die Farbe natürlich vermeiden. Der Schätzwert in der letzten Reihe erhält einheitlich für alle Säulendiagramme eine von den Monatswerten abweichende Füllung (z. B. Grau).

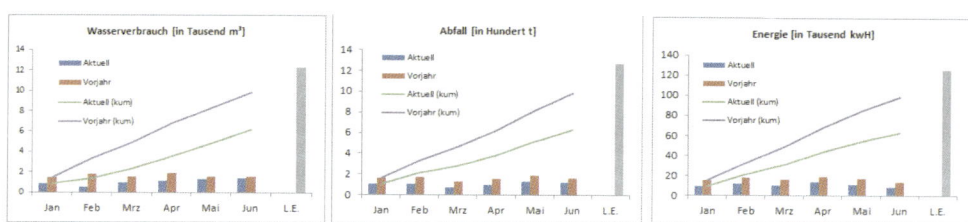

Abbildung 6.28: Säulendiagramme für die Energiearten

Balkendiagramme kommen zum Einsatz bei größeren Rubrikenbeschriftungen. Kreisdiagramme visualisieren einzelne Datenreihen und werden verwendet, um den Anteil einzelner Elemente an der Gesamtheit zu verdeutlichen. Kombinieren Sie im Cockpit aber wenn möglich immer mehrere Kreisdiagramme, da einzelne Kreise zu wenig Informationen bieten. In unserem Beispiel werden die Abfallmengen nach Kategorien des aktuellen Jahres den Vorjahreswerten gegenübergestellt.

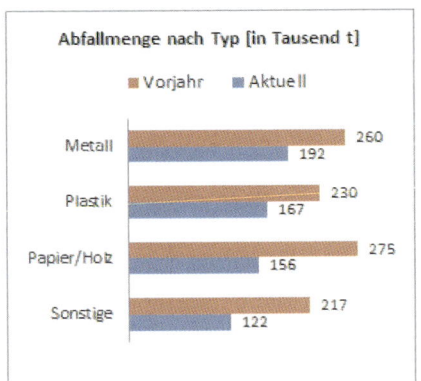 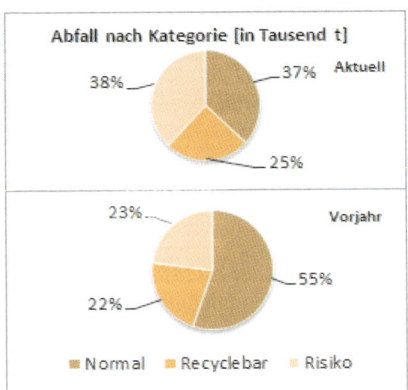

Abbildung 6.29: Balken- und Kreisdiagramme

Für Datenreihen mit Werten aus mehreren Tabellenblättern erstellen Sie Hilfstabellen mit Verknüpfungen. Die Datenreihen konstruieren Sie wieder abhängig vom Parameter *rngWerk*. Hier z. B. die Zusammenfassung aller Abfalltypen für die Kreisdiagramme im Tabellenblatt *Abfall*:

	D26		f_x	=Risikoabfall!$O$7		
	A	B	C	D	E	F
24						
25	Aktuell	Normal	Recyclebar	Risiko	Gesamt	
26	Lindau	637	434	654	1.725	
27	Sigmaringen	1.320	350	780	2.450	
28	Kempten	1.852	494	1.108	3.454	
29						
30	Vorjahr	Normal	Recyclebar	Risiko	Gesamt	
31	Lindau	982	383	406	1.771	
32	Sigmaringen	694	357,5	214	1.265	
33	Kempten	1.046	255,5	230	1.532	
34						

Abbildung 6.30: Hilfstabelle mit Verknüpfungen

Die Datenreihen konstruieren Sie mit Bereichsverschiebung in dieser Tabelle:

```
Name: Abfall_Kat_Rubrik
Bezieht sich auf: =Abfall!$B$25:$D$25
Name: Abfall_Kat_Aktuell
Bezieht sich auf =BEREICH.VERSCHIEBEN(Abfall!$A$25;rngWerk;1;1;3)
Name: Abfall_Kat_Vorjahr
Bezieht sich auf: =BEREICH.VERSCHIEBEN(Abfall!$A$30;rngWerk;1;1;3)
```

Das dynamische Cockpit: der Aufwand lohnt sich

Der Aufwand, ein dynamisches Cockpit zu erstellen, ist, wie in diesem einfachen Beispiel gezeigt, schon enorm und nicht zu unterschätzen. Aber – es lohnt sich, mit Auswahlelementen, dynamischen Bereichsnamen und Hilfsreihen zu arbeiten. Neue Daten werden einfach erfasst oder importiert, die Diagramme müssen nicht mehr mühsam nachgebessert werden. Fehlerquellen werden ausgeschaltet: Je mehr Visualisierungselemente ein Bericht enthält, desto höher ist die Gefahr, falsche Bezüge und damit fehlerhafte Informationen zu produzieren.

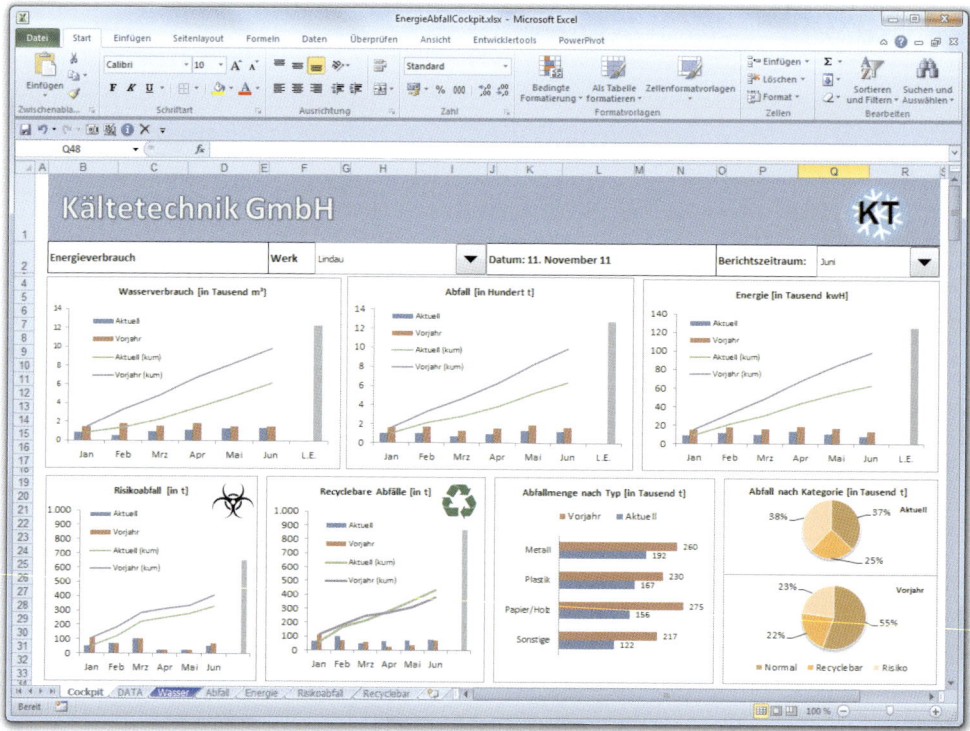

Abbildung 6.31: Das dynamische Energie-Abfall-Cockpit

Kapitel 7

Externe Daten importieren

Kopieren Sie noch oder verknüpfen Sie schon? Wenn Sie wie viele Excel-Anwender das Gefühl nicht loswerden, dass viel zu viel Ihrer wertvollen Zeit mit Kopieren und Verschieben von Daten verschwendet wird, sollten Sie sich mit den hier gezeigten Spezialtechniken beschäftigen. Und falls Sie ein Anhänger der SVERWEIS()-Funktion sind, mit der unterschiedliche Datenbestände über gemeinsame Schlüsselbegriffe verknüpft werden, dann sollten Sie ebenfalls einen Blick auf diese Techniken werfen. Vielleicht werden Sie in Zukunft nicht mehr so viele Formeln schreiben und kontrollieren müssen, ganz sicher werden Sie aber mit diesen Techniken Ihre Arbeit mit externen Daten stark vereinfachen und in Zukunft mehr Zeit für wichtigere Dinge haben.

7.1   ODBC

ODBC ist die Abkürzung für *Open Database Connectivity* und bezeichnet die Verbindung zwischen Excel und externen Datenbanken. Wikipedia spricht von einer von Microsoft entwickelten Schnittstelle, die SQL verwendet und als Standard für den Datenaustausch mit Datenbanken wie Access, SQL-Server, Oracle u. a. gilt.

`de.wikipedia.org/wiki/Open_Database_Connectivity`

Wenig bekannt ist die Tatsache, dass ODBC und SQL nicht nur für die Auswertung von Datenbanken verwendet werden können, sondern auch für Excel-interne Datenverbindungen. Die Kombination Excel-Tabellenkalkulation und Datenbank ist zwar ideal und bietet viele Vorteile einer »reinen« Excel-Anwendung gegenüber, aber viele Anwender können oder dürfen Datenbanken wie Access, SQL-Server oder Oracle nicht einsetzen bzw. haben keinen Zugriff darauf und behelfen sich mit Copy&Paste oder zeitraubenden und fehlerträchtigen Verweisfunktionen.

7.1.1   ODBC-Treiber überprüfen

Für die Verbindung zwischen Excel und einer Datenbank werden bei der Installation des Office-Pakets mehrere Standard-ODBC-Treiber unter Windows eingerichtet. ODBC-fähige Applikationen fügen mit der Einrichtung unter Windows ihre Treiber hinzu, z. B. SQL-Server, Oracle und Microsoft Dynamics. In der Windows-Systemsteuerung werden diese Treiber verwaltet:

Aktion	Beschreibung
ODBC-Verwaltung in der Systemsteuerung aktivieren	Start/Systemsteuerung/Alle Systemsteuerungselemente VERWALTUNG/DATENQUELLEN (ODBC)
Alternative: schneller Aufruf der ODBC-Verwaltung über AUSFÜHREN-Fenster	*Ausführen*-Fenster im Startmenü anklicken, *ODBC* eingeben Vorgeschlagenes Suchergebnis *ODBC* anklicken
ODBC-Treiber hinzufügen	Registerkarte BENUTZER-DSN zeigt alle eingerichteten Datenquellen, standardmäßig sind dBASE, Excel und Access vertreten. Klick auf HINZUFÜGEN, um weitere Datenquellen einzubinden

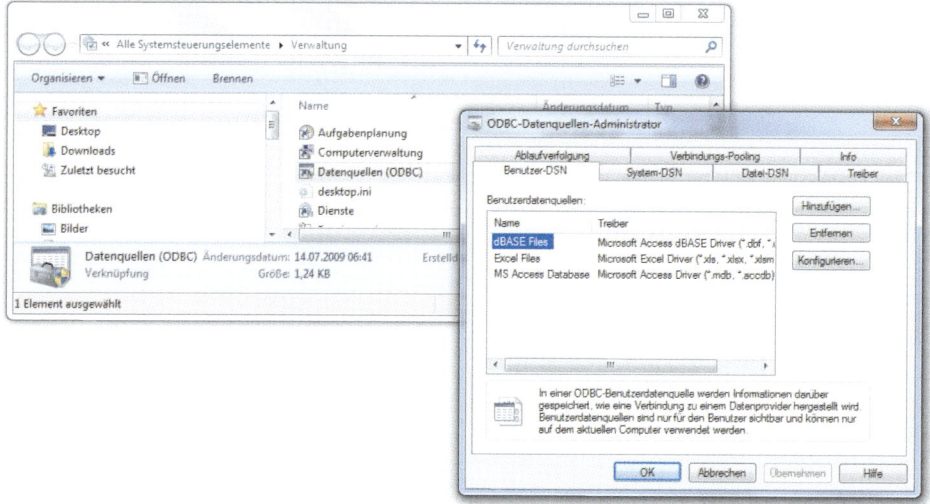

Abbildung 7.1: Der ODBC-Datenquellen-Administrator in der Systemsteuerung

7.1.2 ODBC-Datenquelle einrichten

Wenn Sie häufig auf bestimmte Datenbanken zugreifen wollen, richten Sie am besten eine Datenquelle ein, die neben dem ODBC-Treiber auch die Angaben über Pfad und Dateiname der Datenbank enthält. Dieser Datenquelle können Sie auch das Kennwort zum Öffnen der Datenbank mitteilen.

Aktion	Beschreibung
ODBC-Datenquellen-Administrator aktivieren	Start/Systemsteuerung/Alle Systemsteuerungselemente VERWALTUNG/DATENQUELLEN (ODBC)
Neue Datenquelle einrichten	Klick auf den Datenbanktreiber, HINZUFÜGEN oder KONFIGURIEREN, Treiber auswählen Name und Beschreibung eingeben, Datenbank mit AUSWÄHLEN abholen oder mit ERSTELLEN neu anlegen

7.1.3 Datenbanken per ODBC verbinden

Mit ODBC-Datenquellen können Sie sich direkt mit der Datenbank verbinden, die in der Datenquelle bezeichnet ist. Das Datenbankprogramm Access bietet sogar die Möglichkeit, ohne Verbindungsdatei auf die Elemente der Datenbank zuzugreifen, die Verbindung kann nachträglich als Datei gespeichert werden.

Abbildung 7.2: ODBC-Datenquelle direkt für eine Datenbank einrichten

1. Wählen Sie DATEN/EXTERNE DATEN ABRUFEN.
2. Markieren Sie den Datenbanktyp, mit dem Sie sich verbinden wollen.
3. Bestätigen Sie die Abfragen des ODBC-Treibers für die Verbindung mit der Datenbank.
4. Holen Sie Tabellen oder Abfragen aus der Datenbank in das aktuelle Tabellenblatt.

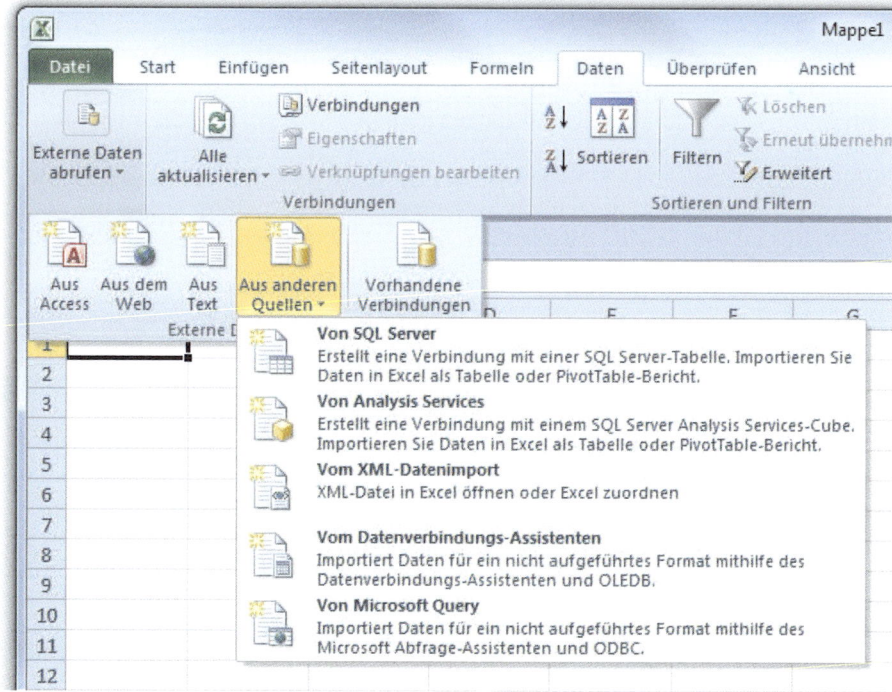

Abbildung 7.3: ODBC-Verbindung zu Datenbanken oder anderen Quellen

7.2 ODBC mit Access-Datenbank

Access und Excel sind ideale Partner. Das Datenbankprogramm, das ab der Version Professional Bestandteil des Office-Pakets ist, kann Daten bis zu 2 GByte Volumen speichern, bietet die Möglichkeit, Tabellen und externe Daten relational zu verknüpfen, und stellt eine einfache Abfrageschnittstelle auf SQL-Basis bereit. Access kann Excel-Dateien importieren oder Verknüpfungen auf Excel-Listen und -Tabellen verwalten. Für den Dialog mit dem Benutzer werden Formulare erstellt, die Präsentation der Daten erfolgt über Berichte.

7.2.1 Praxisbeispiel: Absatz- und Umsatzauswertung

Website   Golfstore.accdb

Die Datenbank GOLFSTORE.ACCDB enthält aktuelle Verkaufszahlen der fiktiven Firma GOLFSTORE mit diesen Tabellen:

Tabelle	Erklärung
tbl_Artikel	Der Artikelstamm mit Artikelnummer und Artikelbezeichnung, Einkaufspreis und Verkaufspreis, verknüpft mit Hersteller und Kategorie
tbl_Hersteller	Die Herstellerliste, verknüpft mit dem Artikelstamm
tbl_Kategorien	Die Liste der Kategorien, verknüpft mit dem Artikelstamm
tbl_Sales_Q1_2012	Die Verkaufsdaten des ersten Quartals 2012 mit Datum, Verkaufsstellennummer, Absatz, Umsatz und Rabatt (in Prozent)
tbl_Stores	Die Liste der Verkaufsstellen mit Adressdaten

Die Verkaufsdaten werden über eine Abfrage (Query) ausgewertet, die Abfrage verwendet die verknüpften Tabellen und enthält eine zusätzliche Verknüpfung zur Tabelle *tbl_Stores* über das Feld *Store_Nr*.

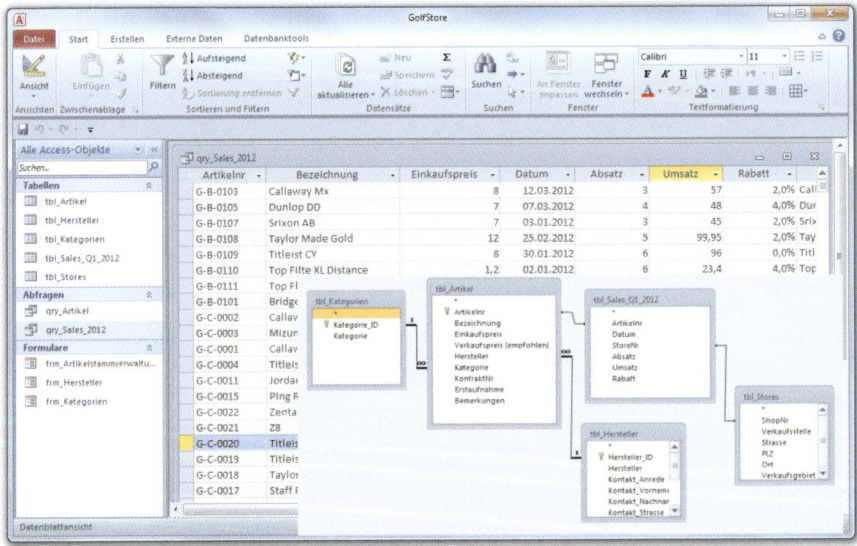

Abbildung 7.4: Verkaufszahlenauswertung in GOLFSTORE.ACCDB über eine Abfrage

Wenn Sie eine ODBC-Abfrage auf diese Datei starten, werden Sie nach der Datenquelle gefragt, der Ordner *Queries* aus Ihrem Benutzerprofil wird dazu angeboten, Sie können aber in jeden anderen Ordner wechseln und eine Access-Datenbank abrufen. Zur Auswahl stehen diese Dateitypen:

Dateiendung	Beschreibung
*.MDB	Das Datenbankformat der Access-Versionen 97–2003
*.MDE	Geschützte Datenbankdateien der Access-Version 97–2003
*.ACCDB	Das Datenbankformat der Access-Versionen 2007/2010
*.ACCDE	Geschützte Datenbankdateien der Access-Versionen 2007/2010

Starten Sie in einer neuen Arbeitsmappe eine ODBC-Verknüpfung auf die Access-Datenbank GOLFSTORE.ACCDB:

ODBC-Verknüpfung mit Access-Datenbank erstellen Bild für Bild

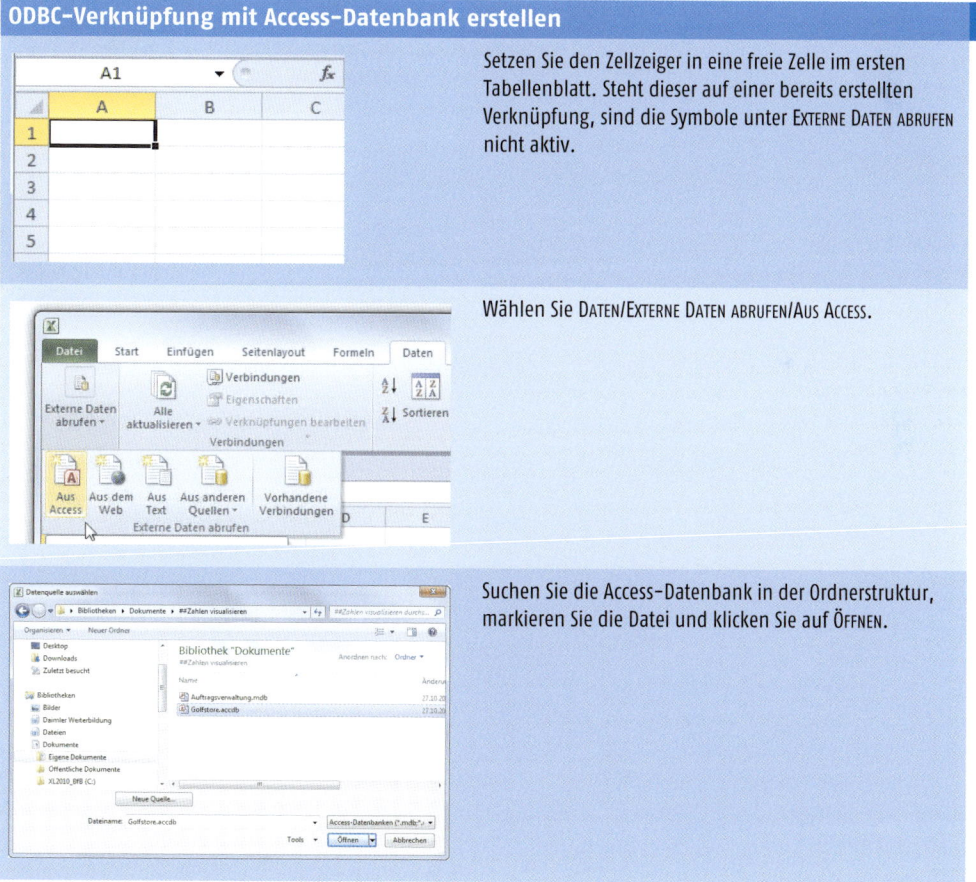

Setzen Sie den Zellzeiger in eine freie Zelle im ersten Tabellenblatt. Steht dieser auf einer bereits erstellten Verknüpfung, sind die Symbole unter EXTERNE DATEN ABRUFEN nicht aktiv.

Wählen Sie DATEN/EXTERNE DATEN ABRUFEN/AUS ACCESS.

Suchen Sie die Access-Datenbank in der Ordnerstruktur, markieren Sie die Datei und klicken Sie auf ÖFFNEN.

Bild für Bild | **ODBC-Verknüpfung mit Access-Datenbank erstellen (Forts.)**

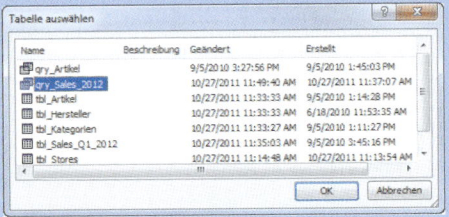

Markieren Sie die Abfrage *qry_Sales_2012* und klicken Sie auf OK.

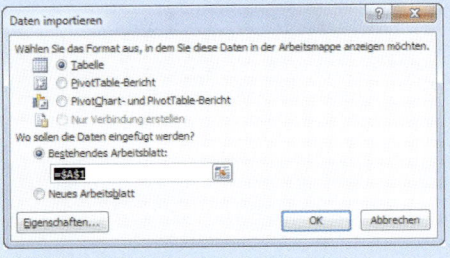

Im nächsten Schritt bestimmen Sie, wie die Daten importiert werden. Wählen Sie die Voreinstellung *Tabelle*, erhalten Sie eine verknüpfte Tabelle.

Mit *PivotTable-Bericht* wird eine PivotTable erstellt, und die dritte Option zeichnet auch gleich ein PivotChart dafür.

Bestätigen Sie die Option *Bestehendes Arbeitsblatt*, wird die Verknüpfung an der Position angelegt, die Sie im Eingabefeld angegeben haben.

Klicken Sie auf NEUES ARBEITSBLATT, wird ein neues Tabellenblatt angelegt.

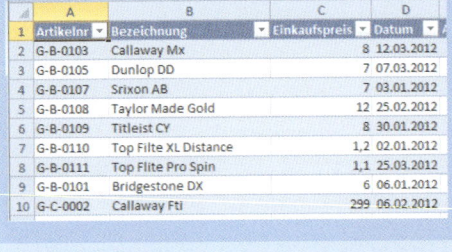

Das Abfrageergebnis wird in das Tabellenblatt geholt, dazu wird eine ODBC-Verbindung zwischen Excel und Access aufgebaut.

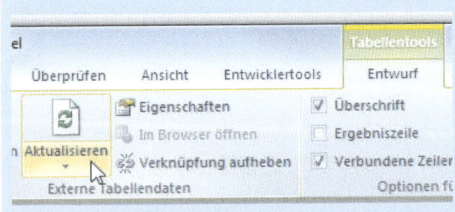

Klicken Sie im Register TABELLENTOOLS auf EXTERNE TABELLENDATEN/AKTUALISIEREN, um die Daten zu aktualisieren, wenn sich diese in der Datenbank geändert haben.

7.2.2 ODBC-Verbindungseigenschaften

Über die Verbindungseigenschaften definieren Sie die ODBC-Verbindung im Detail. Sie können z. B. festlegen, dass die Daten in einem bestimmten Zeitintervall automatisch aktualisiert werden. Speichern Sie den gezielten Zugriff auf eine bestimmte Abfrage, sparen Sie sich die Suche nach dem ODBC-Aufruf. OLEDB-Verbindungen sind besonders nützlich, um Mitarbeitern, die nicht mit der Struktur und den Verknüpfungen der externen Datenbank vertraut sind, externe Daten zur Verfügung zu stellen.

ODBC-Verbindung verwalten

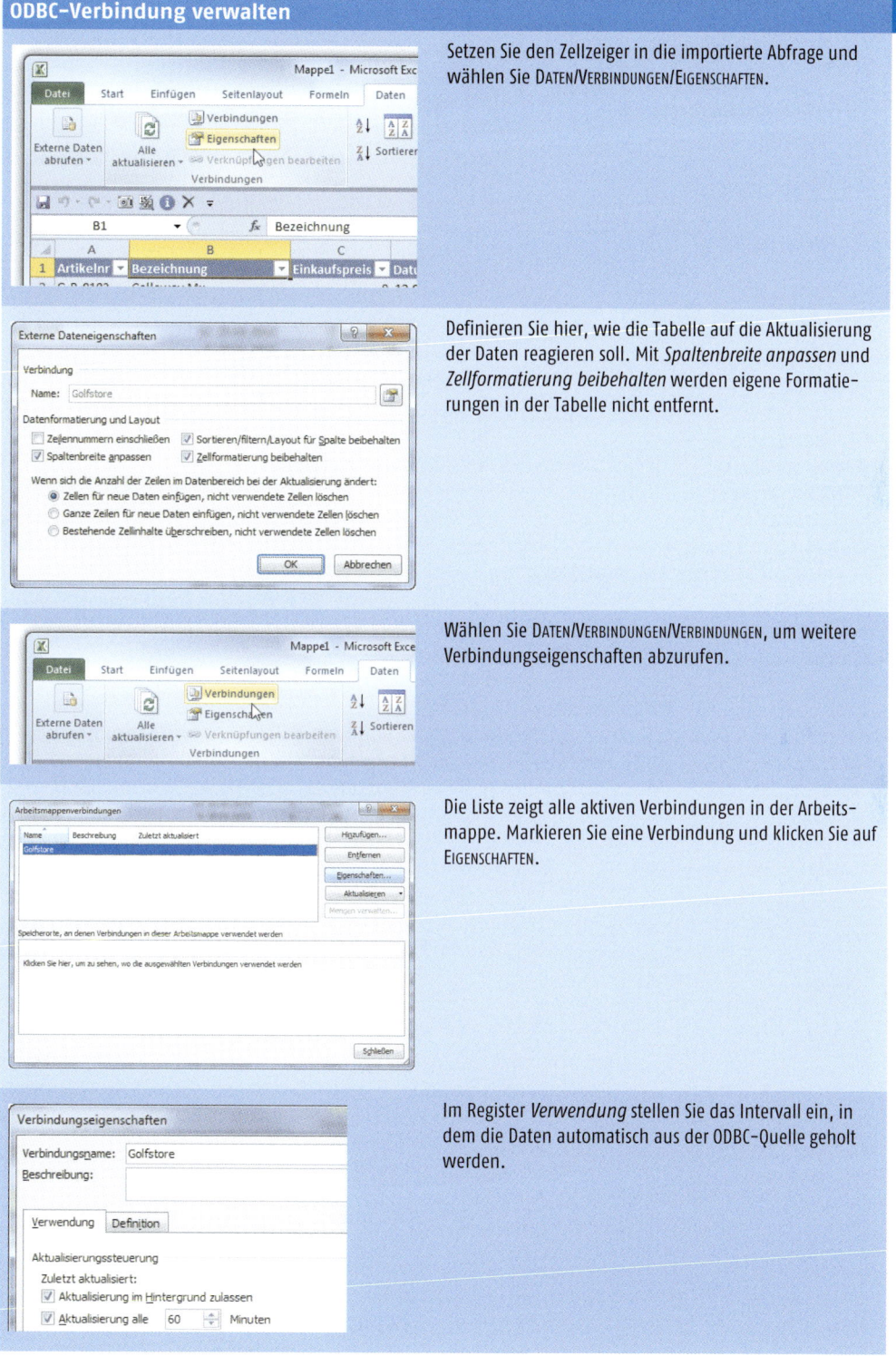

Setzen Sie den Zellzeiger in die importierte Abfrage und wählen Sie DATEN/VERBINDUNGEN/EIGENSCHAFTEN.

Definieren Sie hier, wie die Tabelle auf die Aktualisierung der Daten reagieren soll. Mit *Spaltenbreite anpassen* und *Zellformatierung beibehalten* werden eigene Formatierungen in der Tabelle nicht entfernt.

Wählen Sie DATEN/VERBINDUNGEN/VERBINDUNGEN, um weitere Verbindungseigenschaften abzurufen.

Die Liste zeigt alle aktiven Verbindungen in der Arbeitsmappe. Markieren Sie eine Verbindung und klicken Sie auf EIGENSCHAFTEN.

Im Register *Verwendung* stellen Sie das Intervall ein, in dem die Daten automatisch aus der ODBC-Quelle geholt werden.

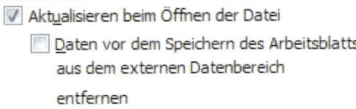

Aktualisieren beim Öffnen der Datei stellt sicher, dass die Daten aktuell sind, wenn die Mappe geöffnet wird, und wenn Sie die Daten vor dem Speichern der Mappe entfernen, werden diese nicht in der Datei gespeichert.

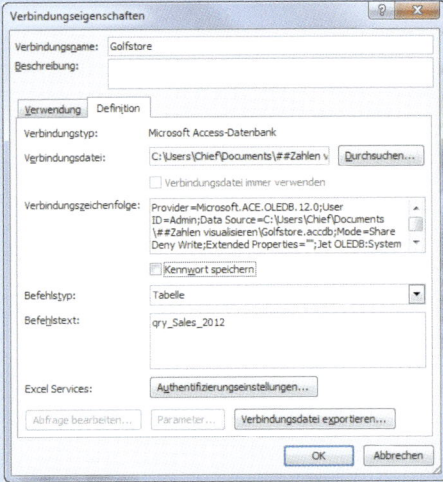

Auf der Registerkarte *Definition* finden Sie die Verbindungszeichenfolge und die Authentifizierungseinstellungen. Klicken Sie auf VERBINDUNGSDATEI EXPORTIEREN.

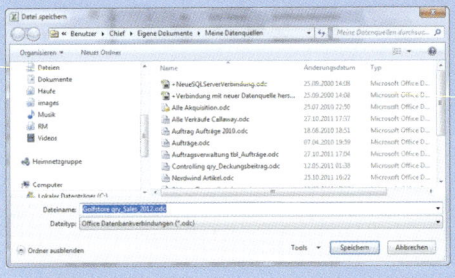

Geben Sie einen Dateinamen für die Verbindung ein oder bestätigen Sie den Vorschlag. Damit können Sie die Verbindung zukünftig auch über die Datei mit der Endung *.odc* herstellen.

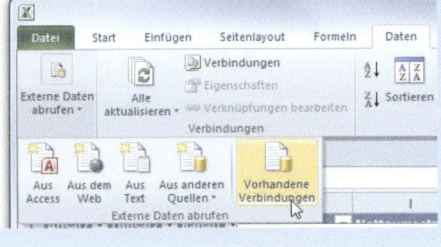

Wählen Sie DATEN/EXTERNE DATEN ABRUFEN/VORHANDENE VERBINDUNGEN und suchen Sie die ODC-Datei, in der die Verbindungsdaten gespeichert sind.

7.2.3 Das ODBC-Ergebnis: eine Tabelle

Das Ergebnis einer ODBC-Verbindung ist je nach gewählter Option im letzten Dialogfenster eine Tabelle oder eine PivotTable, wahlweise mit oder ohne PivotChart. Die Tabelle – nicht zu verwechseln mit dem Tabellenblatt– ist eine Sonderform der Liste (siehe Kapitel 4.2). Sie können die Tabelle zwar in einen Bereich umwandeln und erhalten damit eine »normale« Excel-Liste, aber dabei gehen die ODBC-Verbindungen verloren.

Nutzen Sie das Potenzial der Tabelle, arbeiten Sie mit strukturierten Verweisen, um zusätzliche Berechnungen in den importierten Daten durchzufügen, und schalten Sie die Ergebniszeile ein, die automatisch Zeilenwerte summiert, zählt oder statistisch auswertet. Mit dem Zellzeiger in der Tabelle erhalten Sie ein neues Register TABELLENTOOLS, hier können Sie die Tabelle formatieren.

Strukturierte Verweise nutzen

Berechnen Sie in unserem ODBC-Beispiel mithilfe von strukturierten Verweisen den Nettoumsatz:

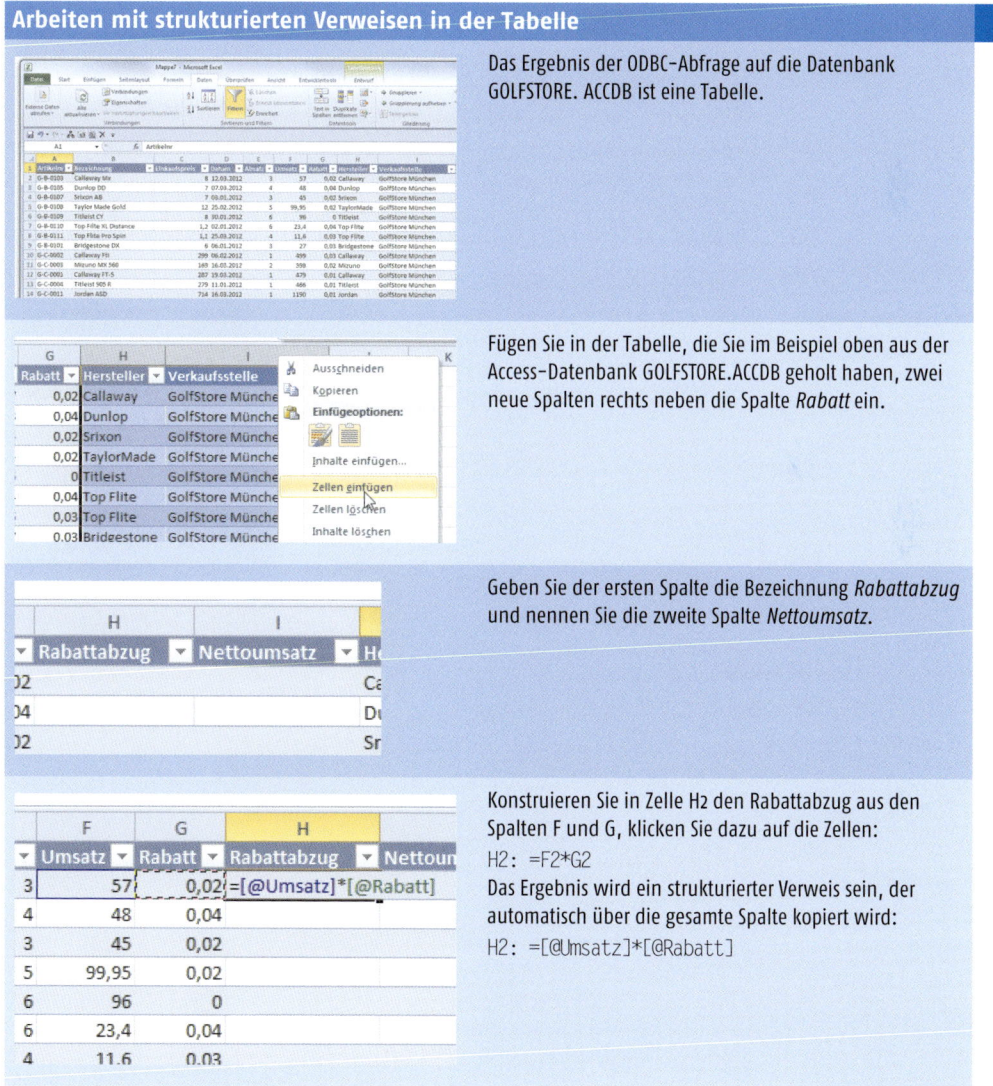

| **Arbeiten mit strukturierten Verweisen in der Tabelle** | **Bild für Bild** |

Das Ergebnis der ODBC-Abfrage auf die Datenbank GOLFSTORE. ACCDB ist eine Tabelle.

Fügen Sie in der Tabelle, die Sie im Beispiel oben aus der Access-Datenbank GOLFSTORE.ACCDB geholt haben, zwei neue Spalten rechts neben die Spalte *Rabatt* ein.

Geben Sie der ersten Spalte die Bezeichnung *Rabattabzug* und nennen Sie die zweite Spalte *Nettoumsatz*.

Konstruieren Sie in Zelle H2 den Rabattabzug aus den Spalten F und G, klicken Sie dazu auf die Zellen:

H2: =F2*G2

Das Ergebnis wird ein strukturierter Verweis sein, der automatisch über die gesamte Spalte kopiert wird:

H2: =[@Umsatz]*[@Rabatt]

Bild für Bild | **Arbeiten mit strukturierten Verweisen in der Tabelle (Forts.)**

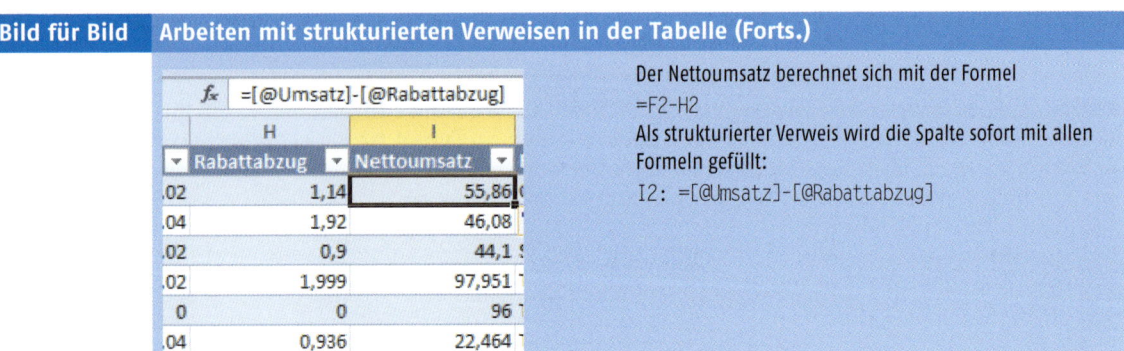

Der Nettoumsatz berechnet sich mit der Formel

=F2-H2

Als strukturierter Verweis wird die Spalte sofort mit allen Formeln gefüllt:

I2: =[@Umsatz]-[@Rabattabzug]

7.2.4 Access-Daten visualisieren mit PivotCharts

Das PivotChart ist das ideale Visualisierungswerkzeug für Daten, die mit ODBC aus externen Datenquellen importiert wurden. Aktualisieren Sie die Verknüpfungen, werden sowohl die Tabellen als auch die Diagramme sofort die neuen Daten enthalten.

Erstellen Sie einen Absatz-/Umsatzbericht über die Verkaufszahlen aus der Datenbank GOLF-STORE.ACCDB. Als Datenquelle verwenden Sie eine ODBC-Verknüpfung auf die Abfrage *qry_Sales_Q1_2012*.

Bild für Bild | **PivotChart Absatz/Umsatzbericht erstellen**

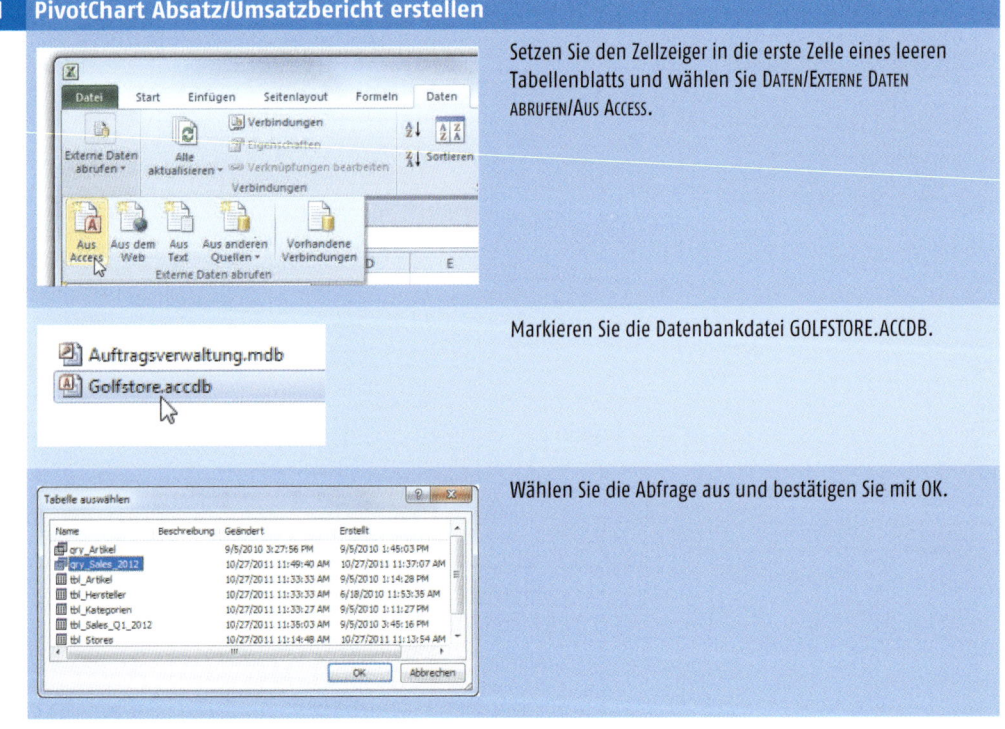

Setzen Sie den Zellzeiger in die erste Zelle eines leeren Tabellenblatts und wählen Sie DATEN/EXTERNE DATEN ABRUFEN/AUS ACCESS.

Markieren Sie die Datenbankdatei GOLFSTORE.ACCDB.

Wählen Sie die Abfrage aus und bestätigen Sie mit OK.

PivotChart Absatz/Umsatzbericht erstellen (Forts.)

Aktivieren Sie die Option PIVOTCHART- UND PIVOTTABLE-BERICHT und fügen Sie die Daten in das bestehende Arbeitsblatt ein.

PivotTable und PivotChart werden angelegt, die Feldliste bietet die Felder aus der Access-Datenbankabfrage an. Sie können wahlweise die PivotTable markieren und für diese das Pivot-Layout generieren oder das PivotChart. Die Feldliste ändert nur die Beschriftung der Feldbereiche. Die Zeilenbeschriftung ist gleichbedeutend mit den Achsenfeldern, die Spaltenbeschriftungen heißen im PivotChart Legendenfelder.

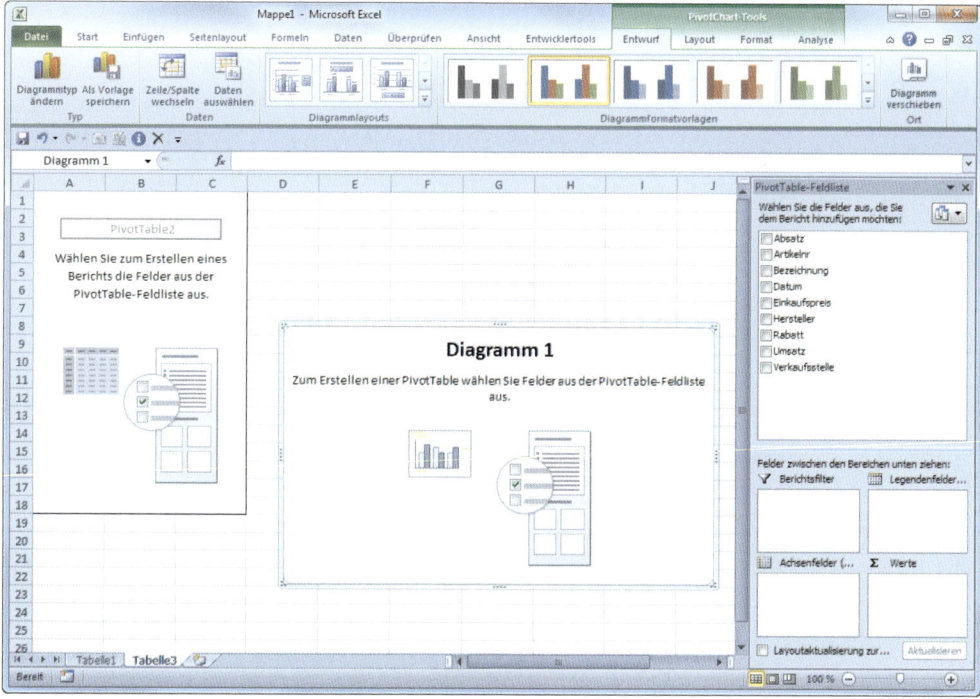

Abbildung 7.5: PivotTable und PivotChart für die ODBC-Daten

Erstes Diagramm: Umsatz nach Hersteller

| Bild für Bild | **Balkendiagramm »Umsatz nach Hersteller« anlegen** |

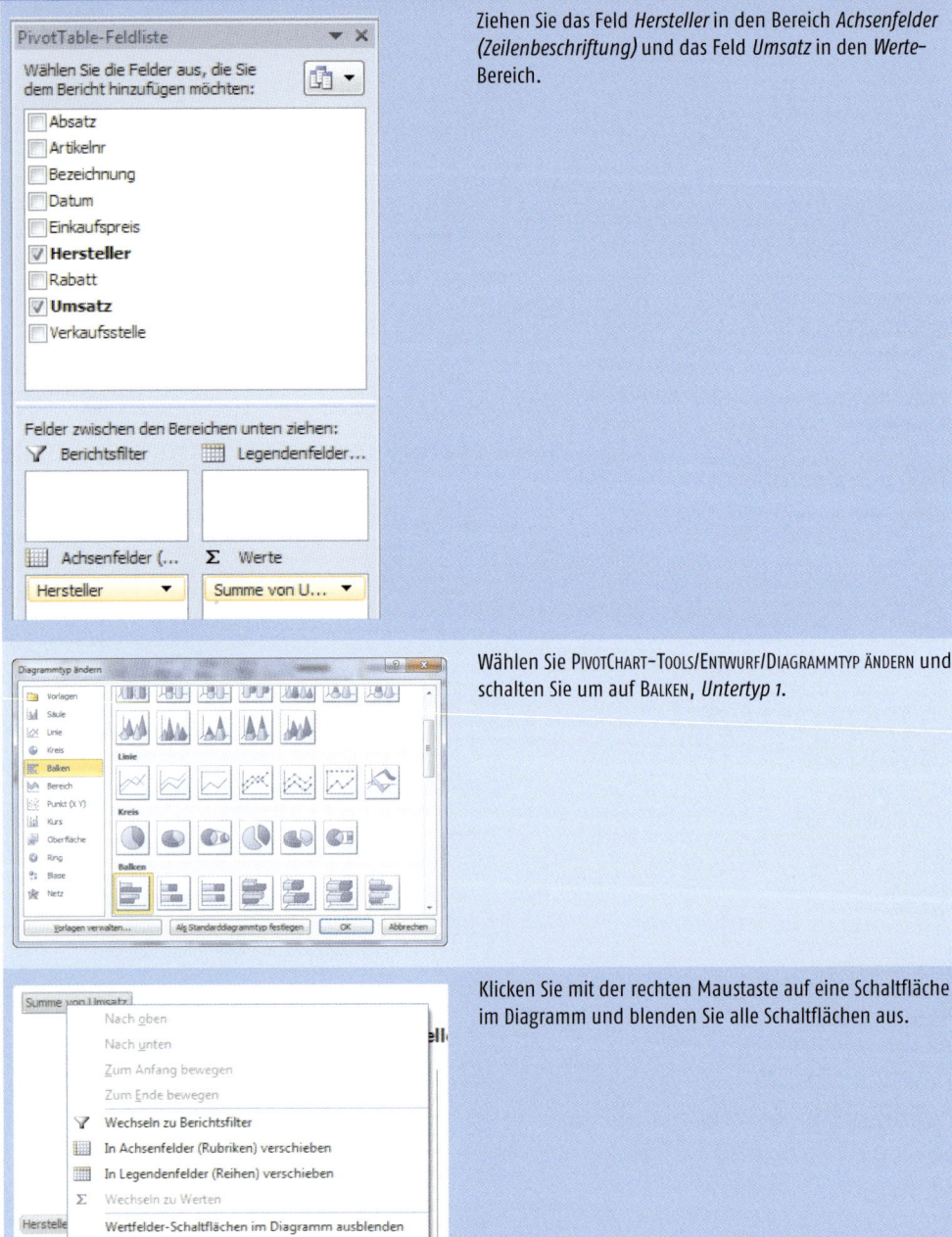

Ziehen Sie das Feld *Hersteller* in den Bereich *Achsenfelder (Zeilenbeschriftung)* und das Feld *Umsatz* in den *Werte-Bereich*.

Wählen Sie PivotChart-Tools/Entwurf/Diagrammtyp ändern und schalten Sie um auf BALKEN, *Untertyp 1*.

Klicken Sie mit der rechten Maustaste auf eine Schaltfläche im Diagramm und blenden Sie alle Schaltflächen aus.

Balkendiagramm »Umsatz nach Hersteller« anlegen (Forts.)

Bild für Bild

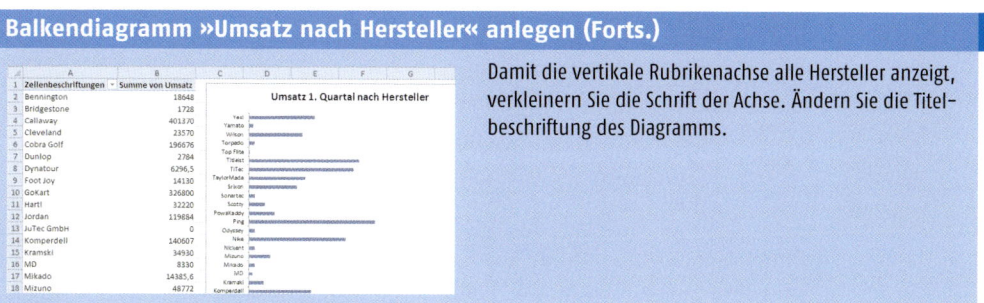

Damit die vertikale Rubrikenachse alle Hersteller anzeigt, verkleinern Sie die Schrift der Achse. Ändern Sie die Titelbeschriftung des Diagramms.

Zweites Diagramm: Monatsumsätze

Das zweite Diagramm soll die Monatsumsätze aus dem Feld *Datum* berechnen. Dazu muss das Feld gruppiert werden. Mit dem Pivot-Assistenten lässt sich das Diagramm auf den ersten PivotTable-Bericht beziehen.

Säulendiagramm »Monatsumsätze« erstellen

Bild für Bild

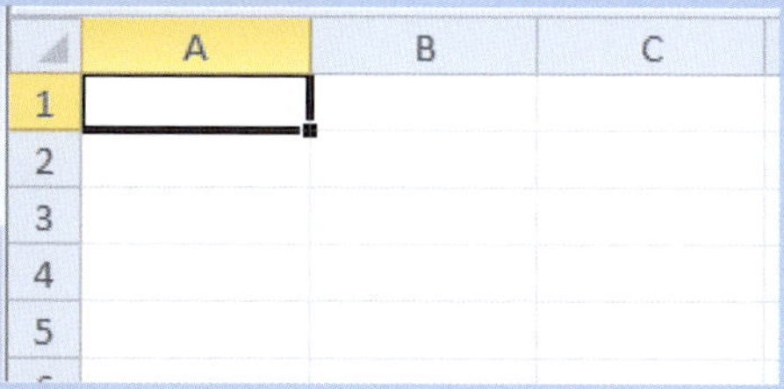

Setzen Sie den Zellzeiger in die erste Zelle eines leeren Tabellenblatts. Drücken Sie [Alt]+[n]+[p], um den PivotTable-Assistenten zu aktivieren.

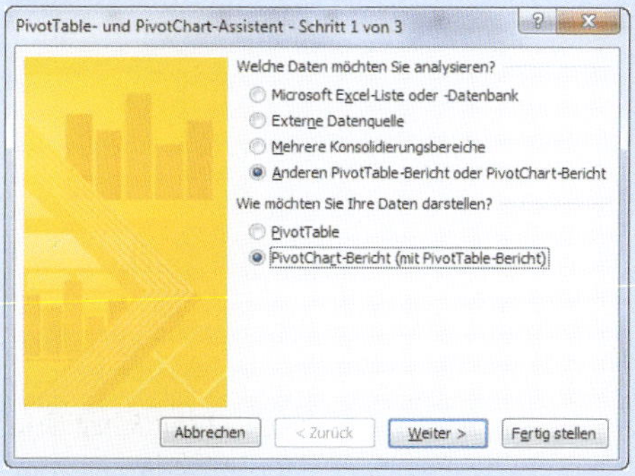

Schalten Sie auf die Option *Anderen PivotTable-Bericht oder PivotChart-Bericht* um und wählen Sie als Darstellung den *PivotChart-Bericht*.

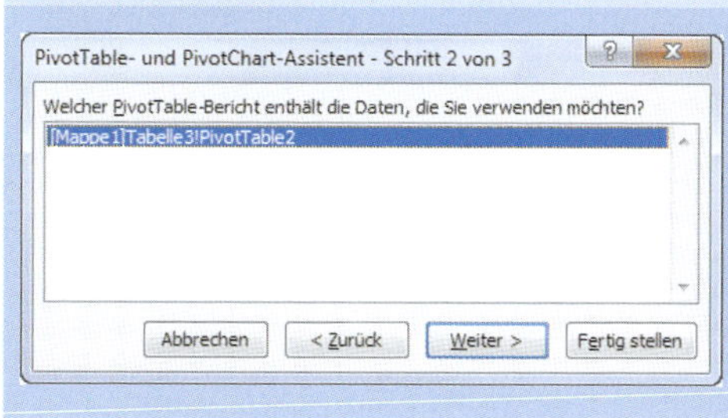

Markieren Sie die zuvor erstellte PivotTable als Quelle und klicken Sie auf *Weiter*.

Bild für Bild | **Säulendiagramm »Monatsumsätze« erstellen (Forts.)**

Bestätigen Sie die Zellzeigerposition mit einem Klick auf *Fertig stellen*.

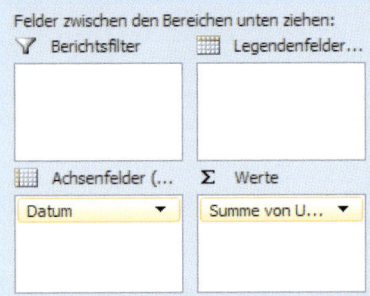

Das neue PivotChart wird erstellt, ziehen Sie in der Feldliste das Feld *Datum* in den Bereich *Achsenfelder* und das Feld *Umsatz* in den *Werte*-Bereich.

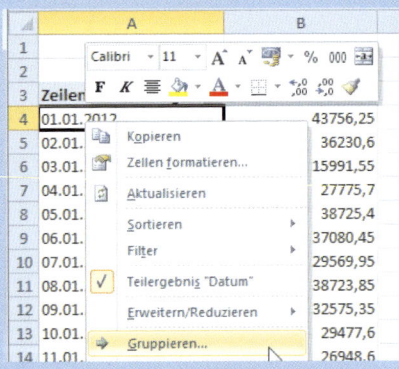

Markieren Sie die Zelle mit dem ersten Verkaufsdatum mit der rechten Maustaste. Wählen Sie im Kontextmenü GRUPPIEREN.

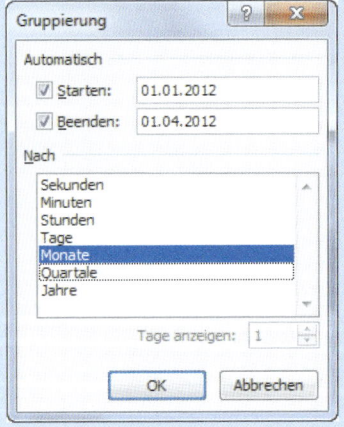

Markieren Sie *Monate* als Gruppierungsoption und bestätigen Sie mit OK. Mit den Filterfeldern können Sie die Datumsauswahl auf bestimmte Datumsperioden einschränken.

Säulendiagramm »Monatsumsätze« erstellen (Forts.)

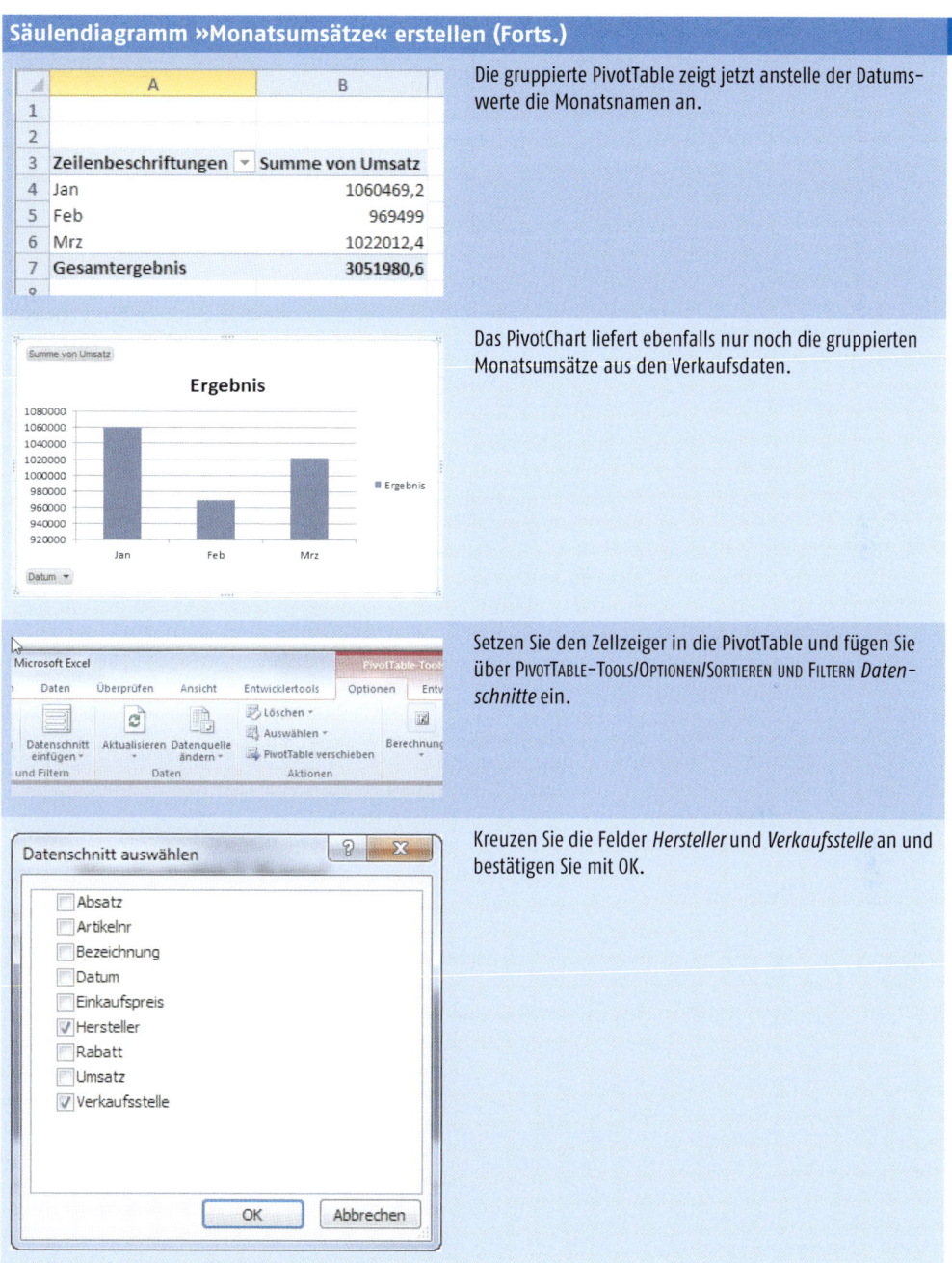

Die gruppierte PivotTable zeigt jetzt anstelle der Datums-werte die Monatsnamen an.

Das PivotChart liefert ebenfalls nur noch die gruppierten Monatsumsätze aus den Verkaufsdaten.

Setzen Sie den Zellzeiger in die PivotTable und fügen Sie über PivotTable-Tools/Optionen/Sortieren und Filtern *Daten-schnitte* ein.

Kreuzen Sie die Felder *Hersteller* und *Verkaufsstelle* an und bestätigen Sie mit OK.

Das Diagramm ist fertig, es zeigt die Umsätze kumuliert nach Monaten an. Mit den Datenschnitten lässt sich die PivotTable auf einzelne Hersteller oder Verkaufsstellen filtern. Gestalten Sie Ihr Diagramm noch, löschen Sie alle überflüssigen Elemente und formatieren Sie die Umsatzzahlen.

Aktion	Beschreibung
Feldschaltflächen ausblenden	Rechte Maustaste auf eine Schaltfläche, *Alle Feldschaltflächen im Diagramm ausblenden*
Achsenwerte in TEUR	Doppelklick auf die vertikale Achse, *Achsenoptionen: Anzeigeeinheiten: Tausende*
Werte auf die Balken setzen und ohne Nachkommastellen formatieren	Rechte Maustaste auf einen Balken, Datenbeschriftung hinzufügen Doppelklick auf einen Wert, unter *Zahl* den Formatcode 0 eintragen und mit Klick auf *Hinzufügen* bestätigen
Vertikale Achse, Gitternetze und Legende löschen	Elemente anklicken, mit Entf aus dem Diagramm löschen
Titel eingeben	Titelelement markieren, Text eingeben und mit ↵ bestätigen

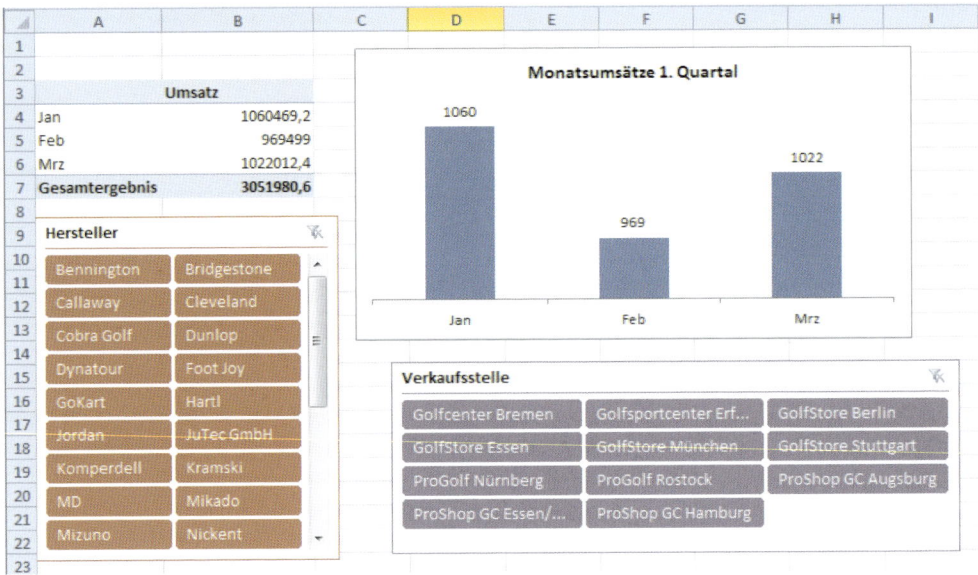

Abbildung 7.6: PivotChart mit Monatsumsätzen und Datenschnitten für Hersteller und Verkaufsstellen

Drittes Diagramm: Absätze pro Verkaufsstelle

Die nächste Auswertung fasst die Absätze der einzelnen Verkaufsstellen zusammen. Da diese Tabelle nur für einzelne Hersteller und Produkte aussagekräftig ist, fügen Sie zwei Datenschnitte ein. Für die Datenschnitte bietet Excel ein eigenes Register DATENSCHNITTTOOLS an, hier finden Sie Formatvorlagen für Datenschnitte und eine Schaltfläche für die Spaltenzahl. Um die Beschriftung eines Datenschnitts zu ändern, klicken Sie diesen mit der rechten Maustaste an und wählen DATENSCHNITTEINSTELLUNGEN. Tragen Sie eine eigene Beschriftung für die Kopfzeile ein, wenn der Feldname nicht aussagekräftig ist.

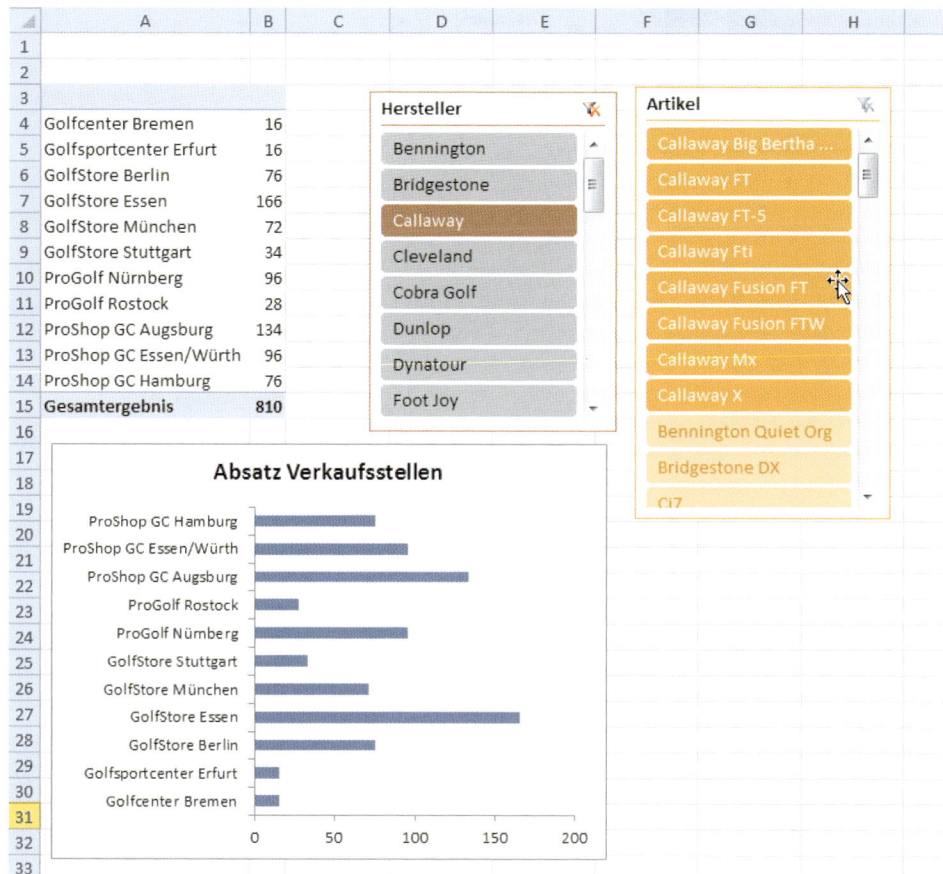

Abbildung 7.7: Mit Datenschnitten werden umfangreiche Tabellen gefiltert, hier nach Hersteller und Artikel

7.2.5 ODBC mit Internet- und Intranetdaten

Excel bietet nicht nur dynamische Zugriffe auf Datenbanken an, sondern auch auf Webseiten, die im HTML-Format vorliegen.

1. Wählen Sie DATEN/EXTERNE DATEN ABRUFEN.
2. Über das Symbol AUS DEM WEB können Sie Daten direkt aus Webseiten oder aus dem Intranet beziehen.

Dazu wird eine Onlineverbindung aufgebaut, Excel startet ein Mini-Browserfenster und zeigt die Startseite des Standard-Internetbrowsers an. Sie können eine Webadresse in die Adresszeile eingeben und mit OK diese Seite ansteuern.

3. Um Inhalte der Seite in das Tabellenblatt zu verlinken, klicken Sie auf die gelben Pfeilsymbole, die das jeweilige Element kennzeichnen.
4. Mit einem Klick auf IMPORTIEREN wird die Verbindung aufgebaut. Bestätigen Sie die Zielzelle oder bestimmen Sie ein neues Tabellenblatt als Ziel für die Verknüpfung.

Die Verbindung wird aufgebaut, die Daten aus den verknüpften Elementen werden in Textform in das Tabellenblatt integriert. Mit jeder Aktualisierung der Verbindung erhalten Sie die aktuellen Daten aus dem Internet oder Intranet. Über die Eigenschaft der Verbindung finden Sie die Webadresse wieder.

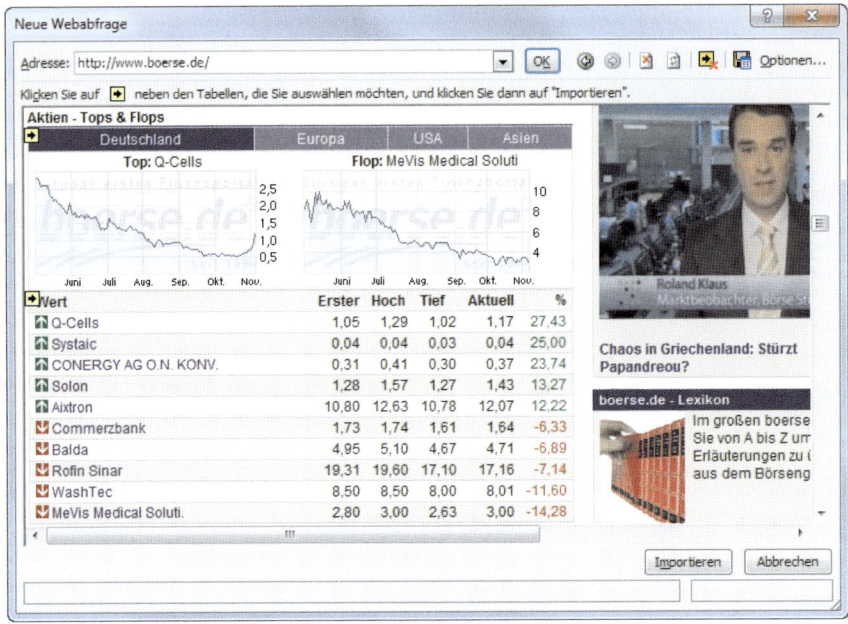

Abbildung 7.8: Daten aus dem Web direkt verbinden

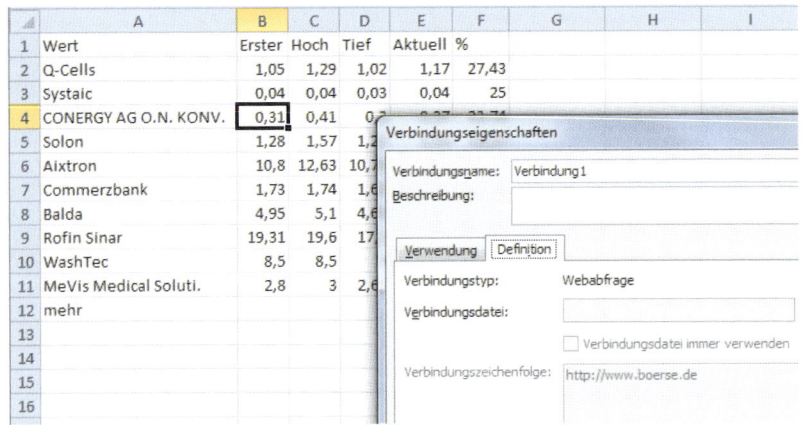

Abbildung 7.9: Die Adresse der Internetdaten steht in den Verbindungeigenschaften

7.2.6 ODBC-Verbindungen zu Textdateien

Besonders ältere Vorsysteme bieten oft nur die Möglichkeit, Daten in Textform zu exportieren, z. B. Warenwirtschaftsprogramme oder Kassensysteme. Auch diese Daten lassen sich mit ODBC verknüpfen, wenn die Form stimmt:

- Die erste Zeile der Textdatei muss die Spaltenüberschriften enthalten.
- Der Aufbau muss einheitlich als Liste erkennbar sein, zwischen den Spalten wird ein Spaltentrennzeichen verwendet.
- Als Spaltentrennzeichen werden Tabulatorsprünge oder Semikolon erkannt. Benutzt die Textdatei ein anderes Trennzeichen (z. B. Komma), kann dieses in der Systemsteuerung in den Regions- und Sprachoptionen als Listentrennzeichen fixiert werden.

1. Wählen Sie DATEN/EXTERNE DATEN ABRUFEN/AUS TEXT.
2. Markieren Sie eine Textdatei und klicken Sie auf IMPORTIEREN. Akzeptiert werden auch andere Dateiformate als *.prn*, *.txt* und *.csv*, sofern diese als Textdateien zu erkennen sind. Schalten Sie den Dateitypfilter auf *Alle Dateien* um.
3. Der Textkonvertierungs-Assistent wird aktiv, bestimmen Sie, ob die Datei Trennzeichen verwendet oder ob die Spalten manuell getrennt werden müssen. Hier können Sie auch den Dateiursprung umstellen und den Import ab einer bestimmten Zeile beginnen lassen. Liegt die Datei im älteren 7-Bit-Format ASCII vor, sind die Umlaute und Sonderzeichen falsch, schalten Sie auf MS-DOS (PC-8), ansonsten auf Windows ANSI (8-Bit-Format). Im Angebot stehen auch das Apple Macintosh-Format und viele internationale Zeichenformate.
4. Im weiteren Verlauf können Sie noch das Trennzeichen umstellen, einzelne Spalten vom Import ausschließen und die Spalten mit einem Zahlenformat belegen.

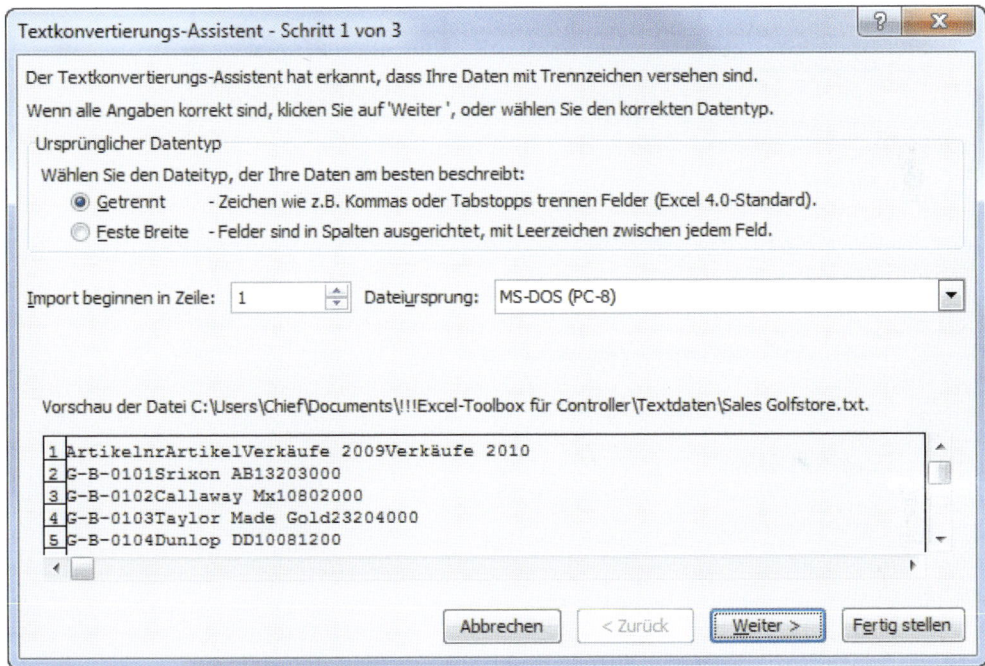

Abbildung 7.10: Textdateien verknüpfen mithilfe des Textkonvertierungs-Assistenten

7.2.7 Weitere ODBC-Verbindungen

Aus anderen Quellen

Wählen Sie DATEN/EXTERNE DATEN ABRUFEN/AUS ANDEREN QUELLEN, wenn Sie die Tabellen oder Sichten von SQL-Server-Datenbanken oder aus OLAP-Cubes abrufen wollen, die über die Analysis Services des SQL Servers eingerichtet und verwaltet werden. Im Angebot stehen auch XML-Dateien, XML wird von vielen ERP-Systemen und Datenbanken als Exportschnittstelle angeboten.

Aus vorhandenen Verbindungen

Wählen Sie DATEN/EXTERNE DATEN ABRUFEN/VORHANDENE VERBINDUNGEN, um eine gespeicherte Verbindung zu nutzen. Angezeigt werden die Beschreibungen, zeigen Sie mit dem Mauszeiger auf eine gespeicherte Verbindung, sehen Sie den Dateinamen der ODC-Datei.

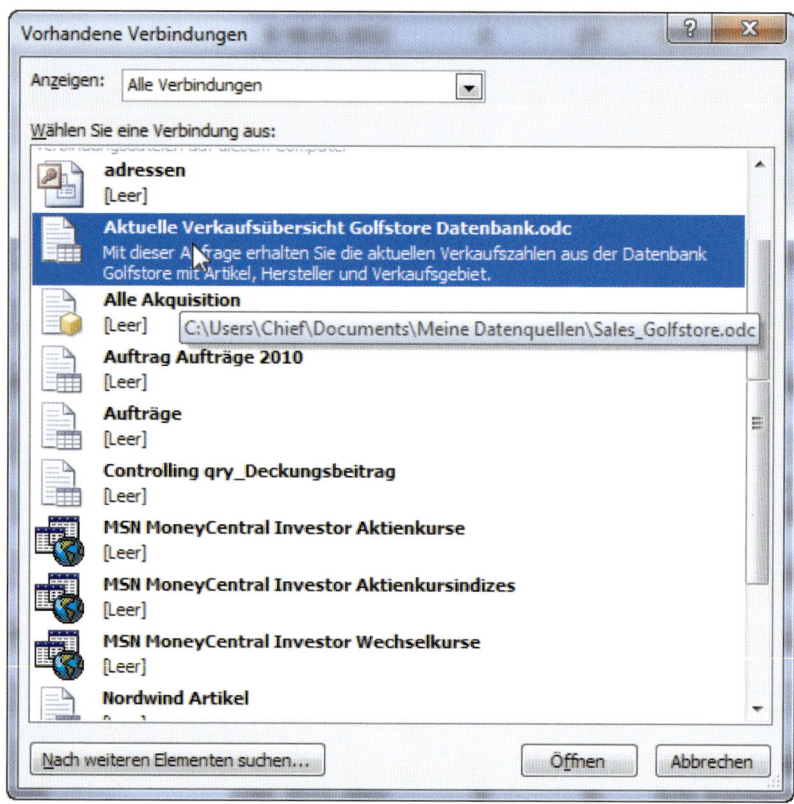

Abbildung 7.11: Die gespeicherte Verbindung wird aus der Liste der Verbindungsdateien geholt

Von Microsoft Query

Microsoft Query ist ein aktiver Abfragegenerator. Wer mit dem Datenbanksystem Access arbeitet, kennt und nutzt dieses Werkzeug, um Abfragen zu generieren. Verwenden Sie Microsoft Query für Datenbankformate, die nicht unter EXTERNE DATEN ABRUFEN aufgeführt sind (z. B. die älteren Formate dBASE, Paradox, FoxPro). Der Query-Assistent wäre auch für Datenbanken aus Access 2010 nützlich, leider akzeptiert er nur das Datenbankformat der Office-Versionen 97-2003 (Dateiendung *.mdb*).

Der Query-Assistent führt den Anwender Schritt für Schritt zur fertigen Abfrage und fordert dabei die Informationen ab. Wählen Sie DATEN/EXTERNE DATEN ABRUFEN/AUS ANDEREN QUELLEN/VON MICROSOFT QUERY.

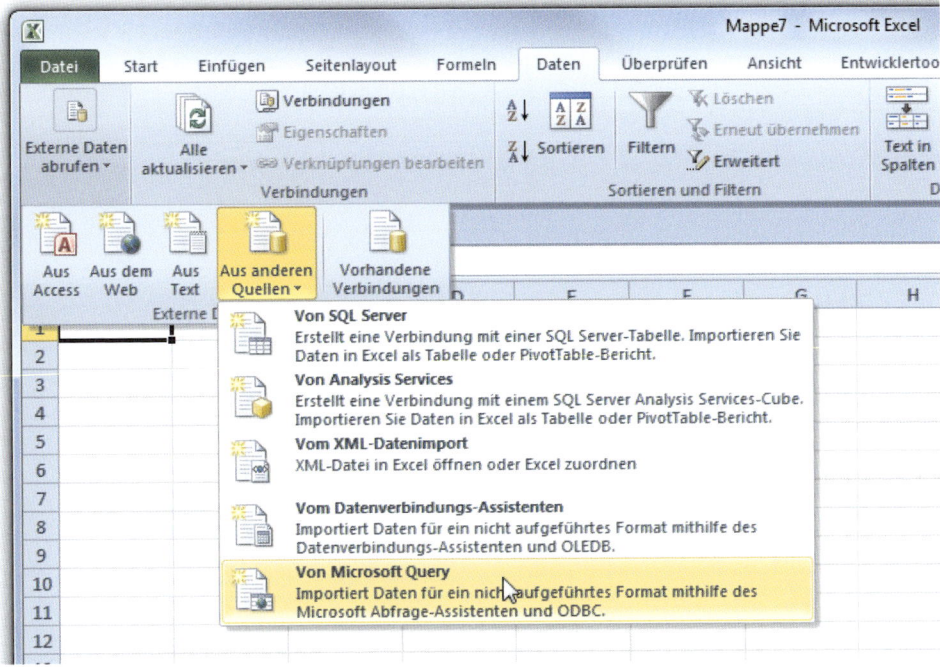

Abbildung 7.12: Abfragegenerator Microsoft Query

Aufträge.mdb

ODBC-Verbindung mit MS-Query aufbauen

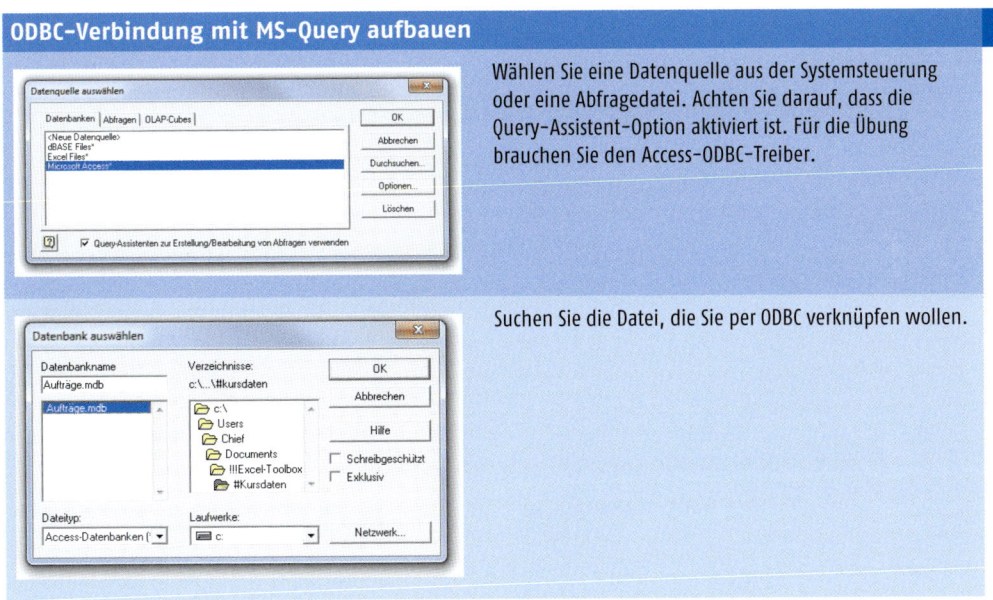

Wählen Sie eine Datenquelle aus der Systemsteuerung oder eine Abfragedatei. Achten Sie darauf, dass die Query-Assistent-Option aktiviert ist. Für die Übung brauchen Sie den Access-ODBC-Treiber.

Suchen Sie die Datei, die Sie per ODBC verknüpfen wollen.

Bild für Bild   **ODBC-Verbindung mit MS-Query aufbauen (Forts.)**

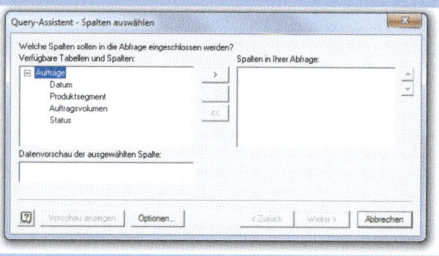

Holen Sie alle Spalten, die benötigt werden, in die Abfrage.

Filtern und sortieren Sie die Abfrage in den nächsten Schritten des Assistenten und geben Sie die Daten anschließend als Tabelle oder PivotTable an Excel zurück.

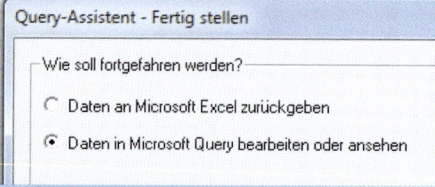

Aktivieren Sie den Query Editor zur Bearbeitung der Daten, ...

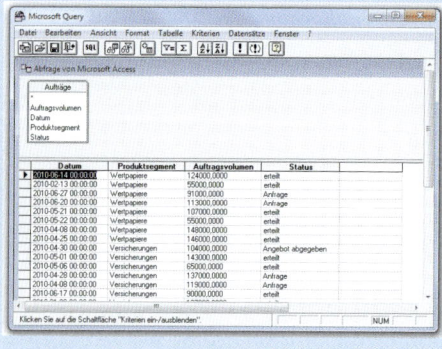

... können Sie die Abfrage umgestalten, neue Tabellen hinzufügen, Spalten sortieren, filtern und formatieren.

7.2.8 ODBC-Verbindung trennen

Mit dem Löschen der Daten ist es nicht getan, die Verbindung bleibt erhalten, wenn Sie nur die Zellen von ihrem Inhalt befreien. Aktualisieren Sie die Verknüpfung, erhalten Sie wieder alle Daten aus der externen Quelle. Neben der Möglichkeit, die Tabellenblätter mit ODBC-Verbindungen einfach zu löschen, gibt es noch zwei Verfahren, um die eingerichtete Verknüpfung zwischen Datenbank und Tabelle oder PivotTable zu trennen:

Wandeln Sie die Tabelle mit TABELLENTOOLS/ENTWURF/TOOLS/IN BEREICH KONVERTIEREN einfach in einen Bereich um. Da ODBC-Verbindungen immer eine Tabelle voraussetzen, wird mit der Tabellendefinition auch die Verbindung entfernt. Eine Warnmeldung weist Sie aber noch sicherheitshalber darauf hin, dass Sie die Abfragedefinition und damit die Verbindung zur ODBC-Quelle lösen.

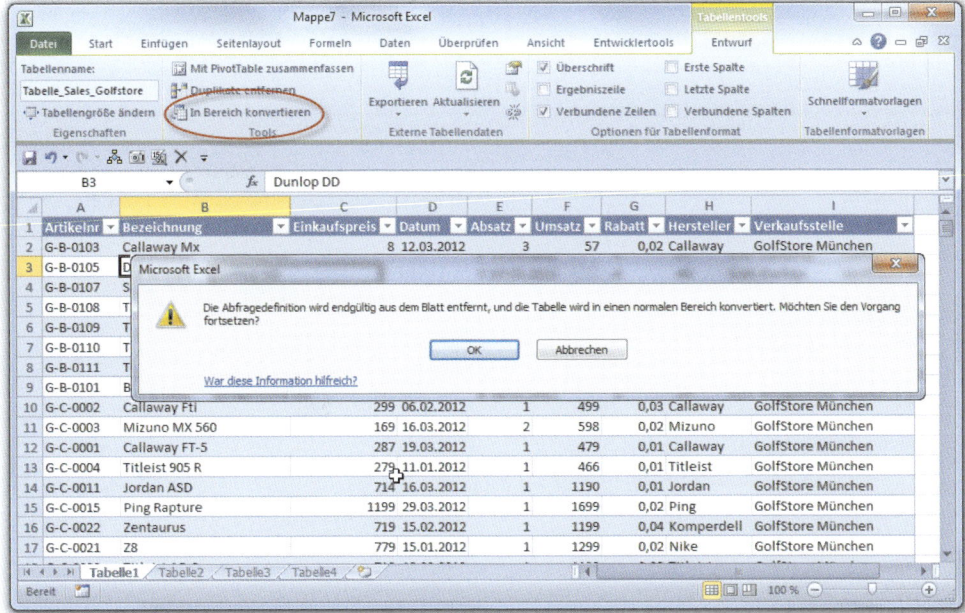

Abbildung 7.13: Mit der Konvertierung der Tabelle in einen Bereich wird die ODBC-Verbindung entfernt

7.3 Externe Daten importieren mit SQL

SQL ist eine Datenbanksprache zur Definition, Abfrage und Manipulation von Daten in relationalen Datenbanken. Mit SQL werden Tabellen und Tabellenstrukturen erstellt, Daten miteinander verknüpft, sortiert, gefiltert, kopiert und verschoben. Wer mit relationalen Datenbanksystemen wie Access oder Microsoft SQL Server arbeitet, wird zunächst wenig mit SQL zu tun haben, denn diese Programme nutzen SQL nur im Hintergrund – alle Aktionen, die auf dieser Sprache basieren, werden über Abfragen oder Sichten ausgeführt. Erst mit der Programmierung der Datenbank kommt SQL ins Spiel.

Hier z. B. die Abfrage *qry_Sales_2012* in der Datenbank GOLFSTORE.ACCDB. In der Entwurfsansicht sehen Sie die Tabellen und die relationalen Verknüpfungen zwischen Feldern und Schlüsselfeldern.

Tastsächlich sorgt SQL im Hintergrund für das Ergebnis dieser Abfrage, und um die SQL-Anweisung zu sehen, schalten Sie einfach auf die SQL-Ansicht um.

Für den Datenbankspezialisten ist SQL ein wichtiges Werkzeug, wer nur mit Excel arbeitet, wird nicht in die Tiefen der Programmiersprache vordringen müssen. Aber – Grundkenntnisse in SQL sind von Vorteil, denn SQL kann, wie das Fallbeispiel zeigt, auch in Excel genutzt werden.

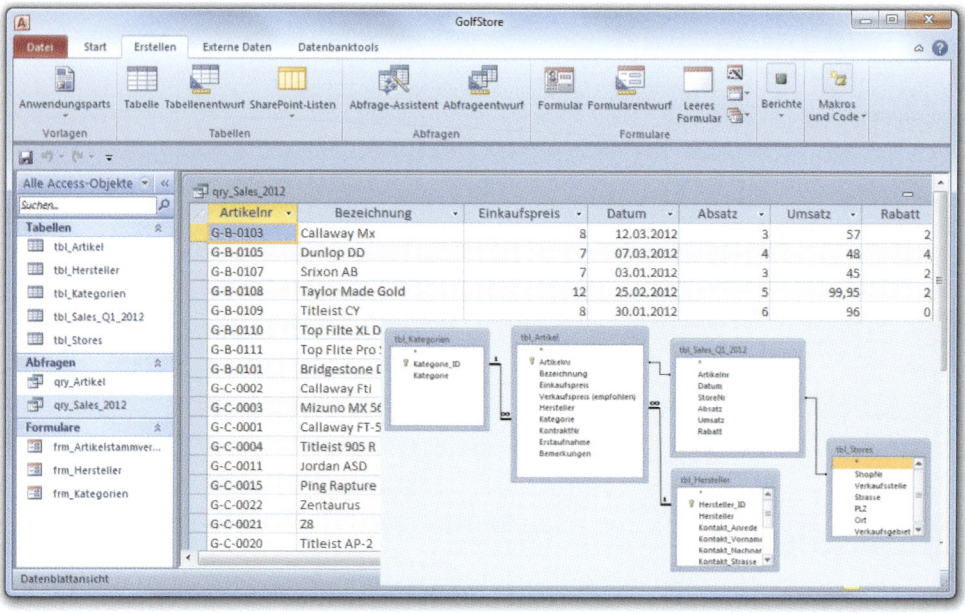

Abbildung 7.14: Eine Abfrage in der Access-Datenbank GOLFSTORE.ACCDB ...

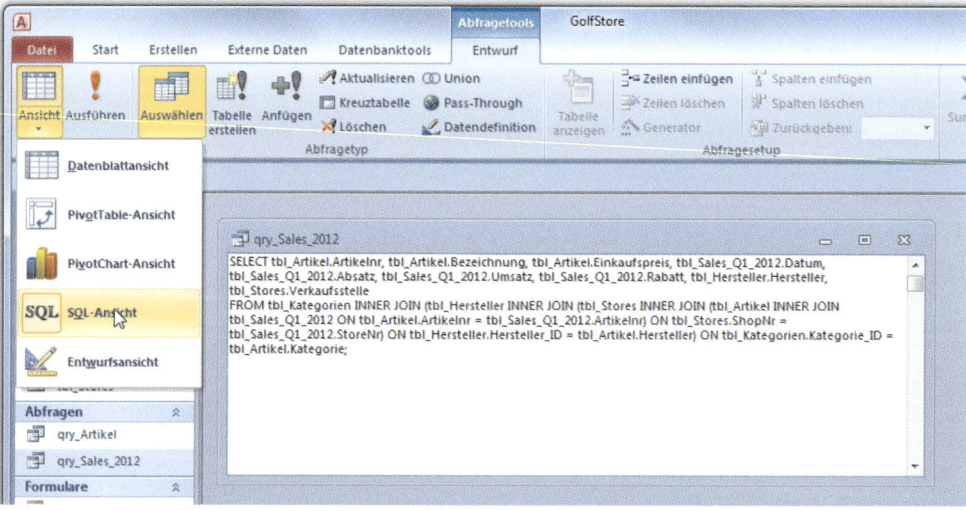

Abbildung 7.15: ... und der SQL-Befehl, der für das Abfrageergebnis zuständig ist

 Im Anhang finden Sie eine Liste mit den wichtigsten Grundelementen der Seitenbeschreibungs-sprache SQL.

7.3.1 SQL-Verbindungen überprüfen

Bauen Sie eine ODBC-Verbindung mit dem Abfragegenerator Microsoft Query auf, aktivieren Sie diesen nach der Erstellung der Abfrage und schalten Sie auf die Ansicht SQL um. Hier finden Sie den SQL-String, den Query für die Abfrage verwendet.

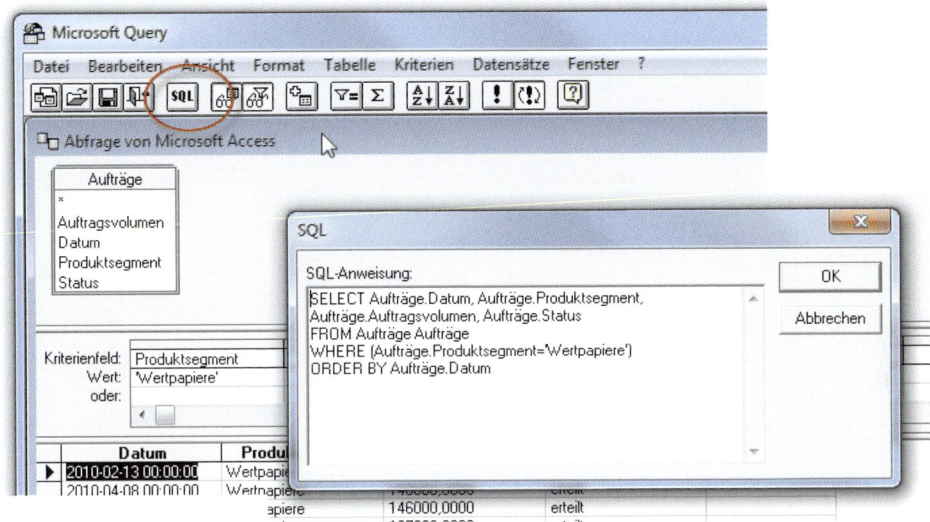

Abbildung 7.16: Der Query-Editor zeigt die SQL-Anweisung an

Die direkten Verbindungen arbeiten mit ODC-Verbindungsdateien, und die wiederum verwenden XML und JavaScript, um die Verbindungen aufzubauen. Die Verbindung lässt sich aber jederzeit auch über SQL herstellen. Schreiben Sie die Anweisung einfach in die Verbindungseigenschaften.

1. Setzen Sie den Zellzeiger in die Tabelle oder PivotTable aus einer ODBC-Verbindung.
2. Wählen Sie Daten/Verbindungen/Verbindungen.
3. Schalten Sie um auf das Register *Eigenschaften* und ändern Sie den Befehlstyp auf *SQL*.
4. Geben Sie die SQL-Anweisung in das Feld *Befehlstext* ein und bestätigen Sie mit *OK*.

So können Sie eine bestehende Verbindung jederzeit abändern, Tabellen und Abfragebezeichnungen und Filter oder Sortierungen hinzufügen. Hier ein Beispiel, wie die im Übungsbeispiel erstellte Verbindung auf die gesamte Abfrage so abgeändert wird, dass sie nur die Verkäufe eines bestimmten Herstellers, sortiert nach Verkaufsdatum, wiedergibt. Tragen Sie den SQL-Befehl in die Befehlszeile ein und bestätigen Sie mit OK, wird die ODBC-Abfrage die Daten filtern und sortieren. Mit Verbindungsdatei exportieren können Sie die neue Abfrage wieder als ODC-Datei abspeichern.

Im nächsten Kapitel finden Sie eine größere Übung, in der Excel-Tabellen mit SQL konsolidiert und per ODBC importiert werden.

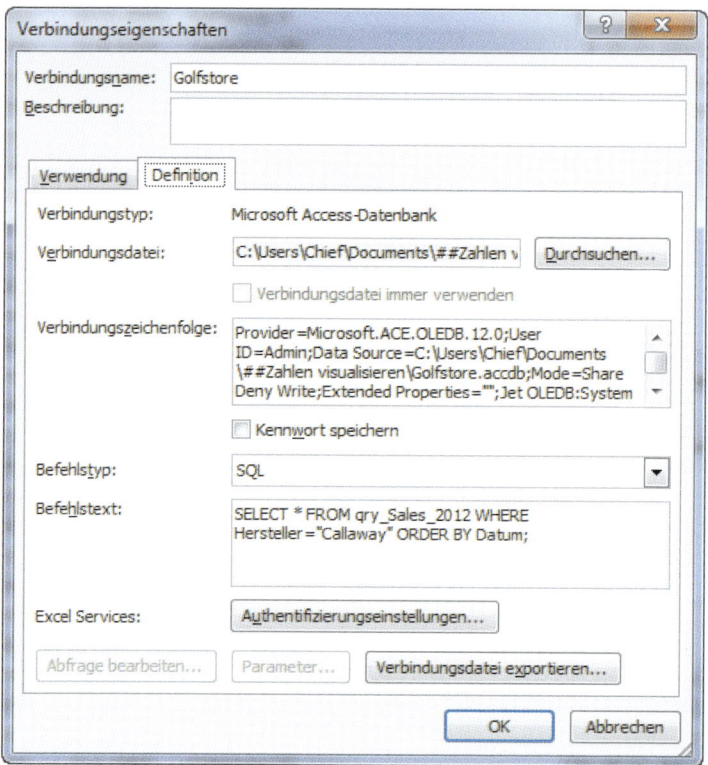

Abbildung 7.17: SQL-Anweisungen werden einfach in die Verbindungseigenschaften eingetragen

7.4 Excel-Tabellen konsolidieren mit ODBC und SQL

In diesem Beispiel lernen Sie die nützliche praktische Umsetzung der ODBC-Schnittstelle mit SQL kennen. ODBC ist eigentlich für externe Datenbanken zuständig, aber die ODBC-Verwaltung in der Systemsteuerung bietet auch einen Treiber für Excel-Arbeitsmappen an. Setzen Sie diesen für einfache Verknüpfungen auf Tabellen ein, können Sie Daten aus gespeicherten Arbeitsmappen auswerten, ohne diese aktivieren zu müssen. Mithilfe des Query-Assistenten filtern und sortieren Sie diese und treffen eine Auswahl an Spalten, was bei voluminösen Export-Tabellen aus SAP oder anderen Vorsystemen besonders hilfreich ist.

7.4.1 Praxisbeispiel: Controlling-Bericht Umsatzanalyse

Die Aufgabe ist komplex: Es gilt, Umsatzdaten zusammenzufassen, die auf mehrere Tabellenblätter verteilt sind. Für jeden Monat von Januar bis Dezember existiert eine Tabelle, die Daten müssen verknüpft eingeholt werden, sodass sie über das Jahr ständig aktualisiert werden. Die Daten sollten in einer neuen Arbeitsmappe auszuwerten sein, alle Auswertungen müssen immer die aktuellen Umsätze aus den Tabellen verwenden.

Website Umsatz Golfshop.xlsx

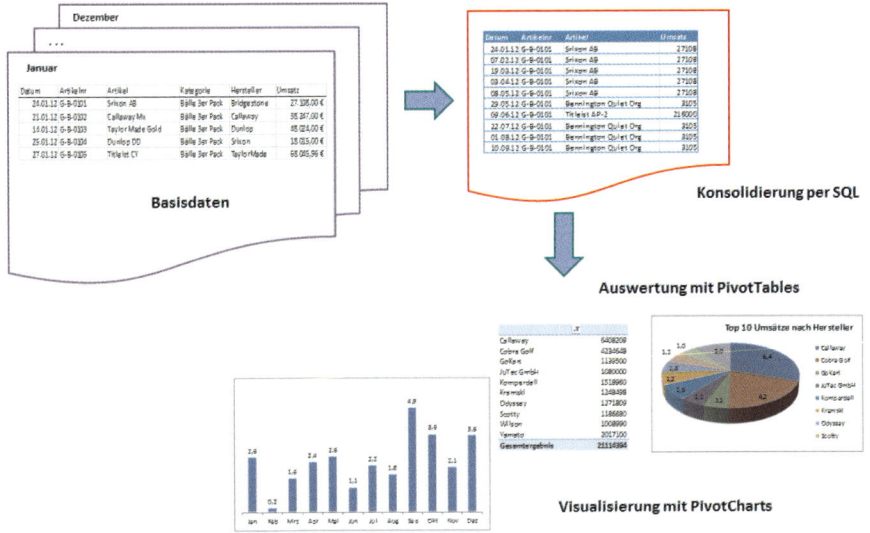

Abbildung 7.18: Datenflussplan

Daten für dieses Fallbeispiel finden Sie in der Arbeitsmappe *UmsatzGolfshop.xlsx*. Sie enthält für jeden Monat ein Tabellenblatt mit einer Liste. Alle Listen sind einheitlich aufgebaut, sie enthalten die Felder (Spalten) *Datum*, *Artikelnr*, *Artikel*, *Kategorie*, *Hersteller* und *Umsatz*. Für die vorgestellten Techniken ist es wichtig, dass alle Listen in Zelle A1 beginnen und die gleichen Spaltenbeschriftungen enthalten. Bereichsnamen müssen nicht zugewiesen sein, die Listen können natürlich unterschiedlich in der Länge sein.

Schließen Sie aber die Mappe mit den Basisdaten wieder, bevor Sie die Zugriffe aufbauen. Beim Aufbau von ODBC-Verbindungen mit Excel-Daten dürfen die Quelldaten nicht in einem Excel-Programmfenster geöffnet sein.

Abbildung 7.19: Arbeitsmappe mit zwölf Umsatztabellen

7.4.2 Auswertung anlegen und erste ODBC-Verknüpfung erstellen

1. Legen Sie mit ⌈Strg⌉ + ⌈n⌉ eine neue Arbeitsmappe an, nennen Sie das erste Tabellenblatt *Auswertung*. Starten Sie die erste ODBC-Verknüpfung mit dem Zellzeiger in Zelle A1, verwenden Sie dazu Microsoft Query.
2. Wählen Sie DATEN/EXTERNE DATEN ABRUFEN/AUS ANDEREN QUELLEN/VON MICROSOFT QUERY.
3. Klicken Sie auf den Excel-Treiber (*Excel-Files** oder *Excel-Dateien**).
4. Stellen Sie sicher, dass die Option *Query-Assistenten zur Erstellung/Bearbeitung von Abfragen verwenden* aktiviert ist.

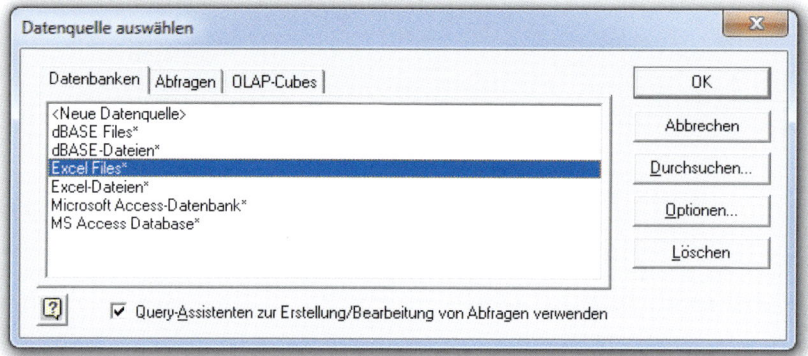

Abbildung 7.20: Auswahl des ODBC-Treibers für Excel-Dateien

5. Klicken Sie auf OK und suchen Sie im anschließend aktivierten Dateidialog Laufwerk und Verzeichnis der zu verknüpfenden Mappe. Markieren Sie *Umsatz_Golfshop.xlsx* und bestätigen Sie mit OK.

Wahrscheinlich werden Sie an diesem Punkt eine Fehlermeldung bekommen, die besagt, dass die gewählte Datenquelle keine sichtbaren Tabellen enthält. Mit der Standardinstallation von Microsoft Query sind nämlich die Systemdateien ausgeschaltet, und um eben diese handelt es sich bei den Tabellenblättern.

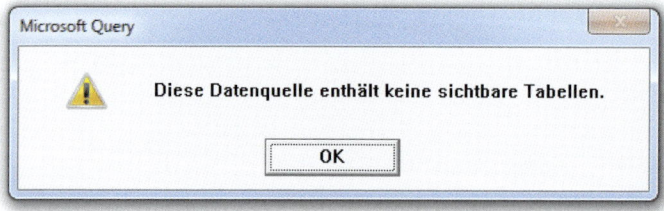

Abbildung 7.21: Fehlermeldung beim ODB-Zugriff auf Excel-Datei

6. Bestätigen Sie mit OK und klicken Sie im nächsten Dialog auf *Optionen*. Schalten Sie die Systemtabellen ein.

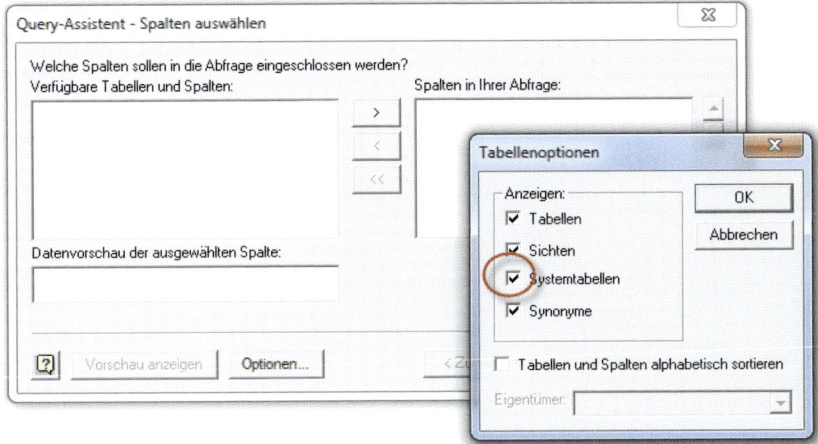

Abbildung 7.22: Systemtabellen einschalten

7. Jetzt zeigt der Query-Assistent die Liste der Tabellenblätter an. Markieren Sie das erste Tabellenblatt *Januar$* und holen Sie per Klick auf das Pfeilsymbol zwischen den Listen alle Spalten aus der Liste in diesem Tabellenblatt in die Abfrage. Mit dem Doppelpfeil verschieben Sie alle Spalten aus der Tabelle in die Abfrage.

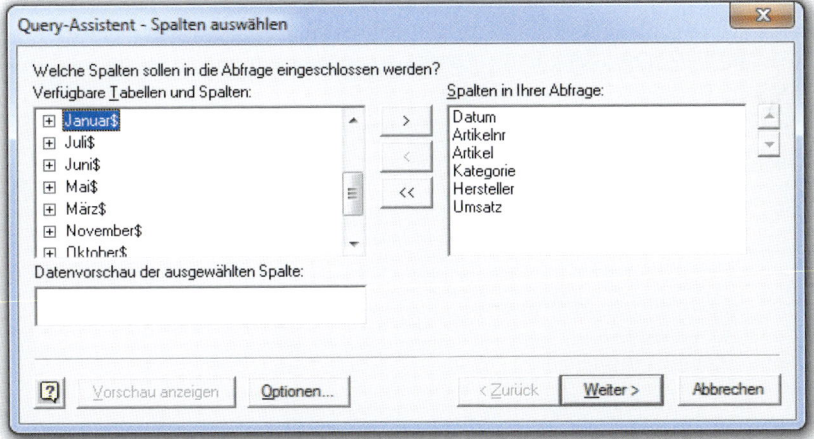

Abbildung 7.23: Alle Spalten der Liste im Tabellenblatt Januar$ in die Abfrage holen

8. Bestätigen Sie mit *Weiter*.
9. Im nächsten Schritt können die Daten gefiltert werden, schalten Sie in unserem Beispiel weiter. Auch den nächsten Dialog, in dem die Daten noch nach beliebig vielen Spalten sortiert werden können, bestätigen Sie einfach mit *Weiter*.
10. Im letzten Schritt möchte der Query-Assistent wissen, wo die Daten abgelegt werden. Bestätigen Sie die Vorgabe *Daten an Excel zurückgeben* und klicken Sie auf *Fertig stellen*.
11. Die markierte Zelle wird vorgeschlagen, fügen Sie die Daten aus der verknüpften Liste als Tabelle ein.

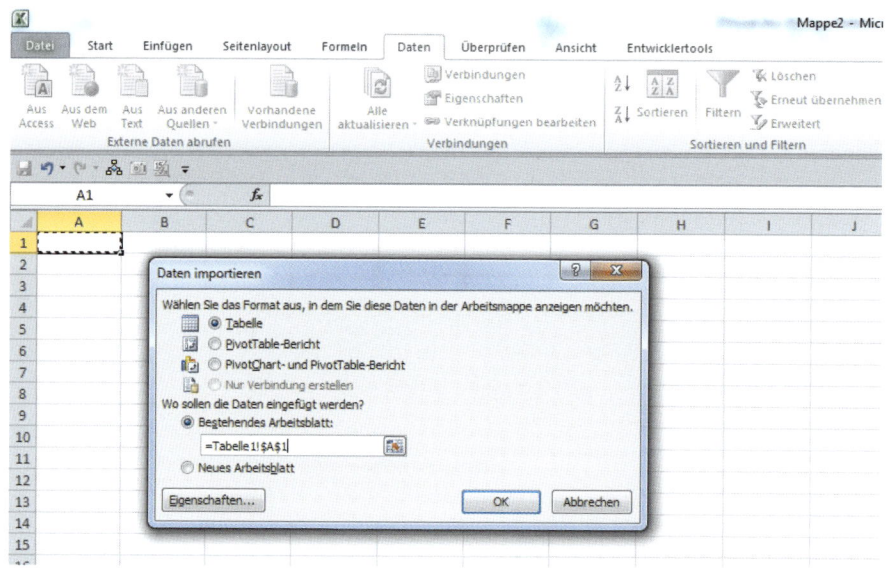

Abbildung 7.24: Daten als Tabelle in die Zielzelle holen

7.4.3 Tabelle gestalten und umbenennen

Das Ergebnis der ODBC-Verknüpfung ist eine Tabelle. Sitzt der Zellzeiger in der Tabelle, können Sie diese über das zusätzliche Register TABELLENTOOLS umgestalten. In der Gruppe TABELLENFORMAT-VORLAGEN finden Sie Vorlagen für die Farbgebung und Rahmen der Tabelle. Die erste Gruppe EIGEN-SCHAFTEN zeigt den Tabellennamen, der mit der ODBC-Verknüpfung automatisch erstellt wurde:

`Tabelle_Abfrage_von_Excel_Files`

1. Ändern Sie diesen Namen, schreiben Sie einfach *JanuarUmsatz* in das Namensfeld.
2. Das Layout der Tabelle ändern Sie durch Zuweisung einer Tabellenformatvorlage.

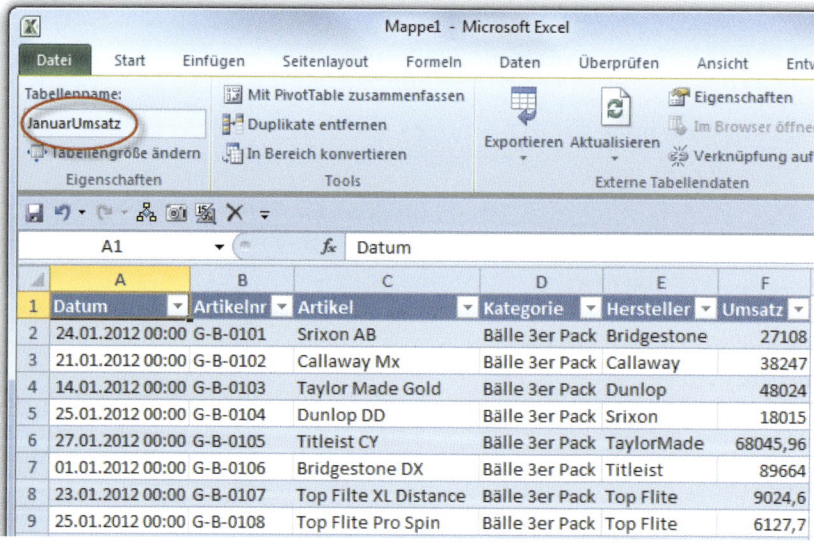

Abbildung 7.25: Die Tabelle wird umbenannt

7.4.4 Verknüpfung und SQL-Anweisung suchen

1. Wählen Sie DATEN/VERBINDUNGEN/VERBINDUNGEN und klicken Sie auf *Eigenschaften*.
2. Schalten Sie um auf die Registerkarte *Definition*. Im Feld *Befehlstext* sehen Sie die SQL-Anweisung, die der Query-Assistent für die Verknüpfung der Daten erstellt hat. Excel-Tabellennamen müssen in SQL-Anweisungen zwischen zwei Accents gesetzt werden (⇧ -Taste, Accent-Taste links von der Rücktaste). Sie können den Befehl vereinfachen, indem Sie anstelle der Feldnamen * für alle Felder verwenden:

```
SELECT * FROM `Januar$``Januar$`
```

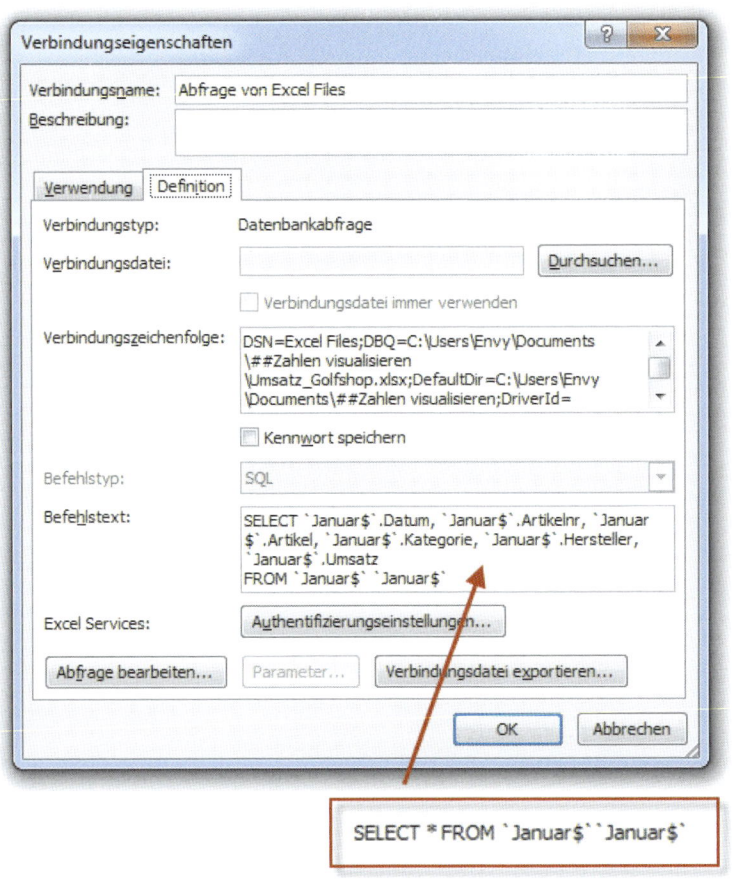

Abbildung 7.26: Die Tabelle wird umbenannt

3. Die SQL-Anweisungen können Sie natürlich auch in eine Zelle oder in ein Textdokument schreiben und per Copy&Paste übertragen.
4. Markieren Sie die Anweisung (in Excel ziehen Sie den Mauszeiger über den Text in der Bearbeitungsleiste).
5. Kopieren Sie die Anweisung mit Strg + c in die Zwischenablage.
6. Aktivieren Sie die Eigenschaft der Verbindung und holen Sie die Anweisung mit Strg + v aus der Zwischenablage in das Feld *Befehlstext*.

7.4.5 Auswertung mit PivotTable und SQL

Verdichten Sie die Daten aus der Verbindung, um Kennzahlen für Ihre Berichte zu erhalten und diese gleich zu visualisieren. Das beste Werkzeug dafür ist die PivotTable in Verbindung mit dem PivotChart.

1. Fügen Sie ein neues Tabellenblatt ein, nennen Sie dieses *Auswertung nach Monat*.
2. Setzen Sie den Zellzeiger in die Zelle A5 und wählen Sie EINFÜGEN/TABELLEN/PIVOTCHART.
3. Schalten Sie um auf die Option *Externe Datenquelle verwenden* und klicken Sie auf *Verbindung auswählen*.

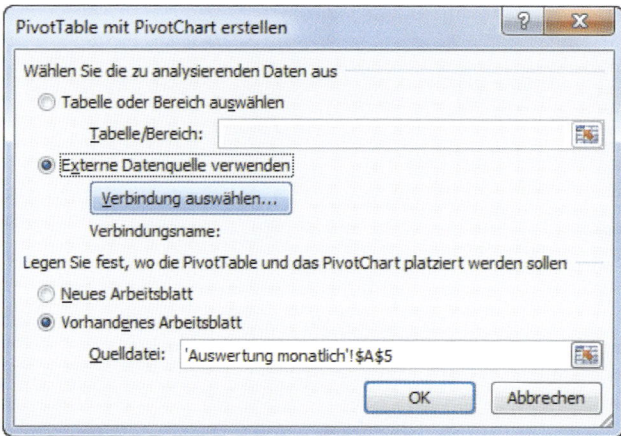

Abbildung 7.27: PivotTable und PivotChart aus externen Daten

4. Markieren Sie die Verbindung *UmsatzGolfstore* und klicken Sie auf ÖFFNEN. Bestätigen Sie mit *OK*, und die neue PivotTable wird zusammen mit dem PivotChart angelegt. Mit dieser Aktion entsteht eine neue Verbindung, benennen Sie diese gleich, um Verwechslungen zu vermeiden, und ändern Sie die SQL-Anweisung.
5. Setzen Sie den Zellzeiger in die PivotTable und wählen Sie DATEN/VERBINDUNGEN/VERBIN-DUNGEN. Markieren Sie die neue Verbindung (*UmsatzGolfstore1*) und klicken Sie auf *Eigenschaften*.
6. Tragen Sie den neuen Verbindungsnamen ein:
   `UmsatzGolfstore_Pivot`
7. Im Register *Verwendung* setzen Sie das Aktualisierungsintervall, und unter *Definition* wird die SQL-Anweisung dieser Verbindung angezeigt. Ändern Sie diese zurück auf die Quartalsauswertung:
   ```
   SELECT * FROM `Januar$` `Januar$` UNION SELECT * FROM `Februar$` `Februar$` UNION SELECT
   * FROM `März$` `März$`
   ```
8. Mit einem Klick auf VERBINDUNGSDATEI EXPORTIEREN können Sie die neue Verbindung als ODC-Datei speichern.

PivotTable und PivotChart gestalten

1. Ziehen Sie das Feld *Datum* in der PivotTable-Feldliste in den Bereich *Achsenfelder* und das Feld *Umsatz* in die Bereich *Werte*.
2. Markieren Sie das erste Datum in der PivotTable mit der rechten Maustaste und wählen Sie GRUPPIEREN.
3. Gruppieren Sie das Datumsfeld nach Monaten und Quartalen.

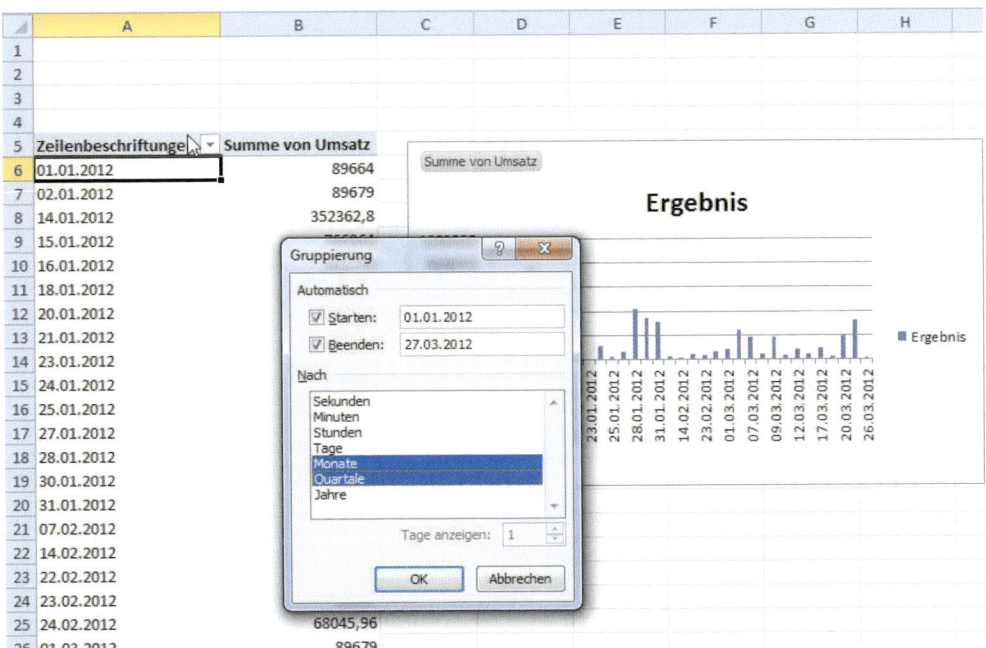

Abbildung 7.28: PivotTable und PivotChart aus externen Daten

4. Wählen Sie PIVOTTABLE-TOOLS/OPTIONEN/DATENSCHNITT EINFÜGEN.
5. Fügen Sie je einen Datenschnitt für die Felder *Kategorie* und *Hersteller* ein. Formatieren Sie die Datenschnitte über DATENSCHNITTTOOLS/OPTIONEN, weisen Sie ihnen unterschiedliche Formate zu und stellen Sie die Spaltenzahl ein.
6. Formatieren Sie das PivotChart, entfernen Sie überflüssige Elemente und schalten Sie die Feldschaltflächen aus.

Aktion	Beschreibung
Vertikale Achse auf TEUR umstellen	Doppelklick auf die Achse, *Zahl* anklicken. Formatcode eintragen: #.##0 Mit *Hinzufügen* in die Formatcodes übernehmen
Vertikale Achse beschriften	PIVOTCHART-TOOLS/LAYOUT/BESCHRIFTUNGEN/ACHSENTITEL, Titel der vertikalen Primärachse setzen, Text eintragen: In TEUR
Feldschaltflächen entfernen	Klick mit der rechten Maustaste ins Diagramm, ALLE FELDSCHALTFLÄCHEN IM DIAGRAMM AUSBLENDEN
Diagrammtitel	Titelelement markieren, Text schreiben: *Umsatz 1. Quartal*

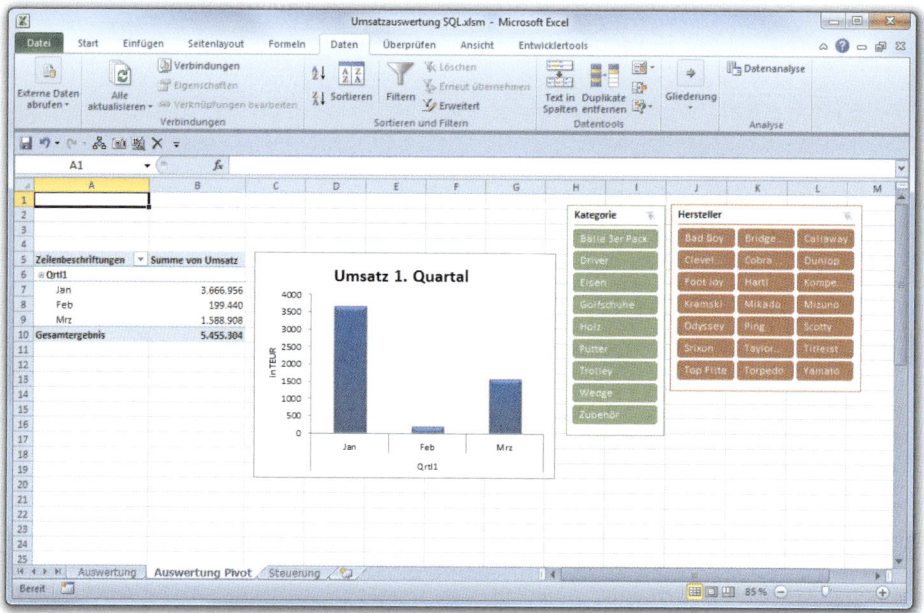

Abbildung 7.29: PivotTable mit Datenschnitten und PivotChart

7.4.6 Tabellen verknüpfen mit SQL UNION

Eines der wichtigsten Sprachelemente von SQL ist UNION, es wird verwendet, um Daten aus verschiedenen Tabellen zu verbinden. Im Unterschied zur Verknüpfung mit JOIN werden die Daten der zweiten Tabelle einfach an die erste angehängt, und das ist in Excel mit »normalen« Formeln fast nicht zu lösen. Mit SQL geht das ganz einfach. Schreiben Sie eine Anweisung, um die Daten aus den Tabellenblättern *Januar$* und *Februar$* in die Auswertungstabelle zu holen:

1. Schalten Sie zurück zum ersten Tabellenblatt, in dem die Verbindung *UmsatzGolfstore* die Daten in eine Tabelle schreibt.
2. Wählen Sie DATEN/VERBINDUNGEN/VERBINDUNGEN. Schalten Sie um auf das Register *Definition* und tragen Sie diese Anweisung in das Feld *Befehlstext* ein:

```
SELECT * FROM `Januar$` `Januar$` UNION SELECT * FROM `Februar$` `Februar$`
```

3. Das Sprachelement UNION lässt sich beliebig oft wiederholen, und das bietet die Möglichkeit, mehrere Tabellenblätter zu konsolidieren. Schreiben Sie eine weitere Anweisung, um die ersten drei Monate zum Quartalsergebnis zusammenzufassen:

```
SELECT * FROM `Januar$` `Januar$` UNION SELECT * FROM `Februar$` `Februar$` UNION SELECT
* FROM `März$` `März$` UNION SELECT * FROM `April$` `April$`
```

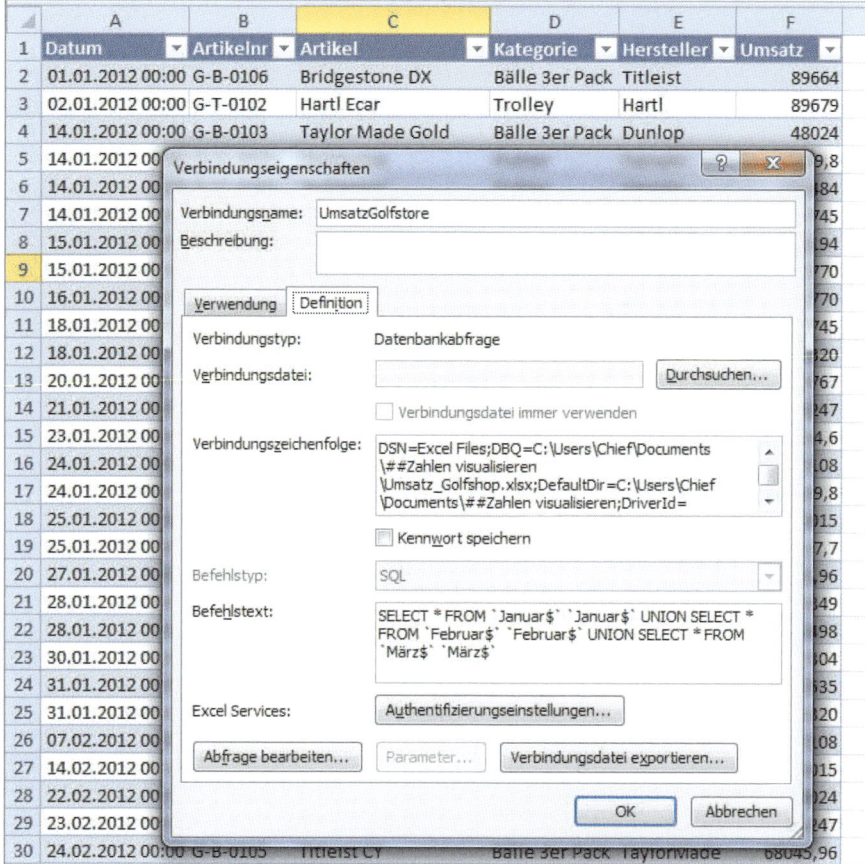

Abbildung 7.30: Tabellen verbinden mit SQL UNION

7.4.7 SQL-Abfragen automatisieren

So komfortabel die Zuweisung von SQL-Anweisungen an die Verbindung und damit an die Tabellenabfrage ist, sie muss immer noch manuell erstellt und in das Befehlstextfeld der Verbindungseigenschaften übertragen werden. Nutzen Sie die Möglichkeiten, die Excel anbietet, um Auswertungen zu automatisieren. Diese Elemente brauchen Sie:

- eine Liste mit allen erforderlichen SQL-Anweisungen
- Bereichsnamen für die Auswertungsbereiche und die SQL-Befehle
- ein Formularelement zur Auswahl des Auswertungszeitraums
- VBA-Makros für die Zuweisung des SQL-Befehls an die Verbindung der PivotTable

Neues Tabellenblatt mit Steuerungsbefehlen

1. Fügen Sie ein neues Tabellenblatt ein und nennen Sie es *Steuerung*.
2. Tragen Sie zwei Spaltenbeschriftungen ein:

   ```
   A1: Auswertungsbereich
   B1: SQL-Anweisung
   ```

3. Erstellen Sie in Spalte A eine Liste mit Auswertungsbereichen, bestehend aus den Monaten Januar bis Dezember, Quartale 1 bis 4, 2 Halbjahre und Gesamt.

4. Die SQL-Anweisungen für die Monate konstruieren Sie in Spalte B mit dieser Formel:

```
B2: ="SELECT * FROM `" & A2 & "$``" & A2 & "$`"
```

5. Für die Quartalsauswertungen schreiben Sie die Anweisung direkt in die Zelle:

```
B14: ="SELECT * FROM `Januar$` `Januar$` UNION SELECT * FROM `Februar$` `Februar$` UNION
SELECT * FROM `März$` `März$`"
B15: SELECT * FROM `April$` `April$` UNION SELECT * FROM `Mai$` `Mai$` UNION SELECT *
FROM `Juni$` `Juni$`
B16: SELECT * FROM `Juli$` `Juli$` UNION SELECT * FROM `August$` `August$` UNION SELECT *
FROM `September$` `September$`
B17: SELECT * FROM `Oktober$` `Oktober$` UNION SELECT * FROM `November$` `November$`
UNION SELECT * FROM `Dezember$` `Dezember$`
```

6. Die Anweisungen für die beiden Halbjahre können Sie wieder konstruieren:

```
B18: =C14&" UNION "&C15
B19: =C16&" UNION "&C17
```

7. Die Anweisung für das gesamte Umsatzjahr würde schon zu groß werden für die Zelle, die nur 255 Zeichen aufnehmen kann. Konstruieren Sie diese ebenfalls über eine Textverknüpfung:

```
B20: =C18&" UNION "&C19
```

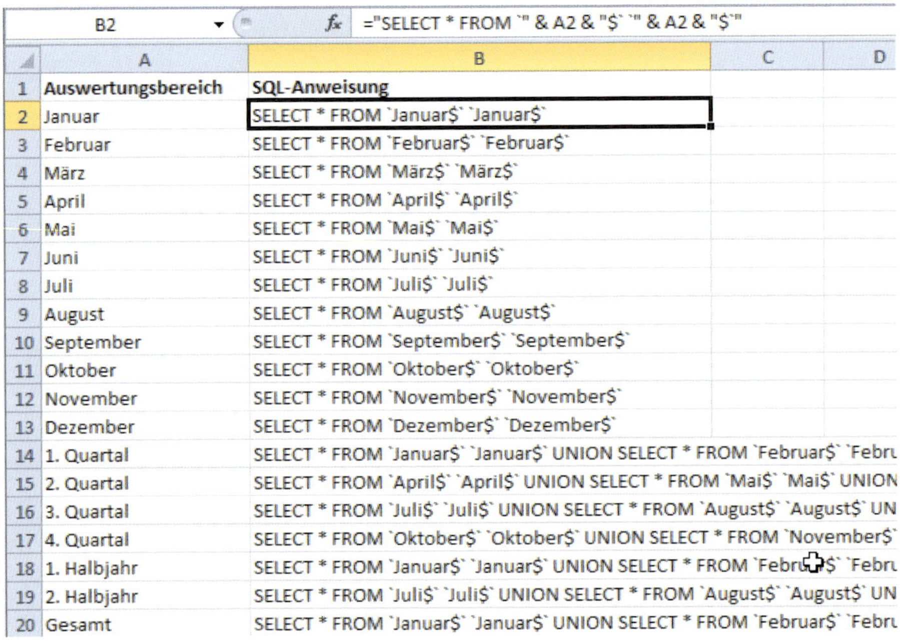

B2 =“SELECT * FROM `" & A2 & "$` `" & A2 & "$`"

	A	B	C	D
1	Auswertungsbereich	SQL-Anweisung		
2	Januar	SELECT * FROM `Januar$` `Januar$`		
3	Februar	SELECT * FROM `Februar$` `Februar$`		
4	März	SELECT * FROM `März$` `März$`		
5	April	SELECT * FROM `April$` `April$`		
6	Mai	SELECT * FROM `Mai$` `Mai$`		
7	Juni	SELECT * FROM `Juni$` `Juni$`		
8	Juli	SELECT * FROM `Juli$` `Juli$`		
9	August	SELECT * FROM `August$` `August$`		
10	September	SELECT * FROM `September$` `September$`		
11	Oktober	SELECT * FROM `Oktober$` `Oktober$`		
12	November	SELECT * FROM `November$` `November$`		
13	Dezember	SELECT * FROM `Dezember$` `Dezember$`		
14	1. Quartal	SELECT * FROM `Januar$` `Januar$` UNION SELECT * FROM `Februar$` `Febru		
15	2. Quartal	SELECT * FROM `April$` `April$` UNION SELECT * FROM `Mai$` `Mai$` UNION		
16	3. Quartal	SELECT * FROM `Juli$` `Juli$` UNION SELECT * FROM `August$` `August$` UN		
17	4. Quartal	SELECT * FROM `Oktober$` `Oktober$` UNION SELECT * FROM `November$`		
18	1. Halbjahr	SELECT * FROM `Januar$` `Januar$` UNION SELECT * FROM `Febru$` `Febru		
19	2. Halbjahr	SELECT * FROM `Juli$` `Juli$` UNION SELECT * FROM `August$` `August$` UN		
20	Gesamt	SELECT * FROM `Januar$` `Januar$` UNION SELECT * FROM `Februar$` `Febru		

Abbildung 7.31: SQL-Anweisungen mit Formeln konstruieren

Bereichsnamen für die Steuerungsdaten

Weisen Sie den beiden Spalten aus dem Steuerungsbereich je einen Bereichsnamen zu. Damit wird die Zuweisung an das Formularelement und die Auswertung komfortabler.

1. Markieren Sie die gesamte Liste mit [Strg] + [*] und wählen Sie FORMELN/DEFINIERTE NAMEN/AUS AUSWAHL ERSTELLEN, um die Namen aus der Überschrift zu übernehmen.
2. Wählen Sie *Oberste Zeile* als Option. Mit FORMELN/DEFINIERTE NAMEN/NAMENS-MANAGER überprüfen Sie die Zuweisungen.

Name	Bezieht sich auf
Auswertungsbereich	Steuerung!$A$2:$A$20
SQL_Anweisung	Steuerung!$B$2:$B$20

Formularelement Kombinationsfeld

Für die nächsten Aktionen brauchen Sie die Registerkarte ENTWICKLERTOOLS, die standardmäßig nicht aktiv ist.

1. Wählen Sie DATEI/OPTIONEN und markieren Sie das Register unter *Menüband anpassen* in der Liste der Hauptregisterkarten.
2. Fügen Sie oben im Tabellenblatt *Auswertung* fünf Zeilen ein. Markieren Sie dazu die Zeilen 1 bis 5 und drücken Sie ⌈Strg⌋ + ⌈+⌋.
3. Für die Auswahl des Auswertungszeitraums zeichnen Sie ein Kombinationsfeld in das Tabellenblatt. Wählen Sie ENTWICKLERTOOLS/STEUERELEMENTE EINFÜGEN.
4. Markieren Sie in der Gruppe *Formularelemente* das Kombinationsfeldwerkzeug und zeichnen Sie ein Rechteck oberhalb der PivotTable.
5. Klicken Sie mit der rechten Maustaste in das gezeichnete Element und wählen Sie STEUERELEMENT FORMATIEREN. Tragen Sie ein:

   ```
   Eingabebereich: Auswertungsbereich
   Zellverknüpfung: $E$1
   Dropdownzeilen: 20
   ```

6. Schreiben Sie noch eine Aufforderung in die erste Zelle:

   ```
   A1: Bitte Auswertungszeitraum wählen
   ```

7. Nach einem Klick in eine freie Zelle ist das Element funktionsfähig, klicken Sie auf das Pfeilsymbol und wählen Sie einen Zeitraum. Die Ausgabeverknüpfung erhält die Nummer des Eintrags, der gewählt wurde.

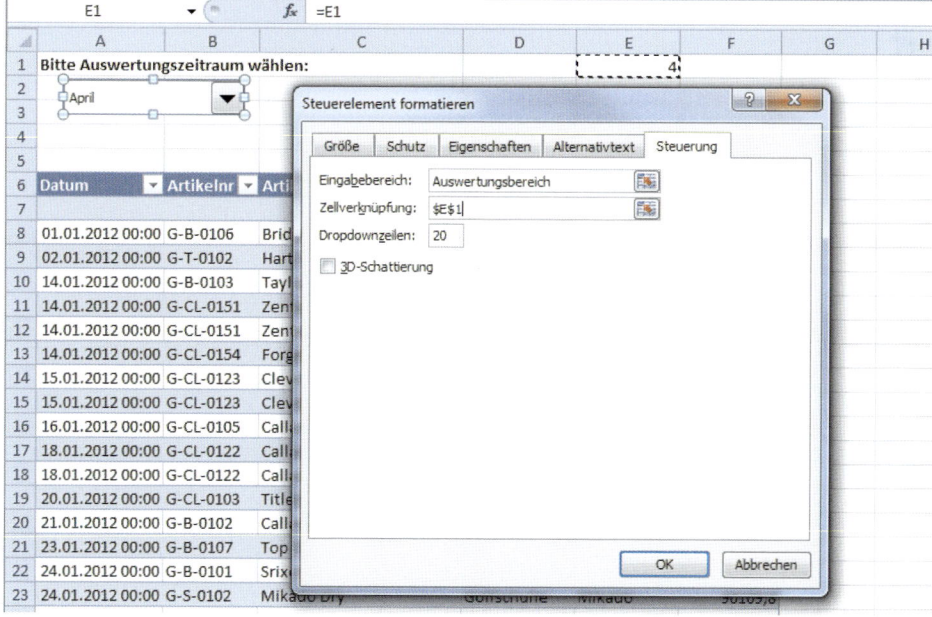

Abbildung 7.32: Ein Kombinationsfeld für die Auswertungszeiträume

8. Mit der Funktion INDEX() und der Zellverknüpfung des Kombinationsfelds berechnen Sie die passende SQL-Anweisung.

```
E2: =INDEX(SQL_Anweisung;$C$1;1)
```

VBA-Makro aufzeichnen

Das VBA-Makro, das die Verbindung der PivotTable mit dem richtigen SQL-Befehl versieht, zeichnen Sie zunächst mit dem Makrorecorder auf.

1. Wählen Sie ENTWICKLERTOOLS/CODE/MAKRO AUFZCHN.
2. Tragen Sie den Makronamen ein:

   MakeSQL

3. Stellen Sie sicher, dass der Aufzeichnungsort korrekt ist:

   Makro speichern in: Diese Arbeitsmappe

4. Tragen Sie eine Beschreibung ein:

   Makro weist der Verbindung der PivotTable einen SQL-Befehl zu

5. Starten Sie mit einem Klick auf OK die Makroaufzeichnung.
6. Wählen Sie DATEN/VERBINDUNGEN. Aktivieren Sie die Eigenschaften der Verbindung *UmsatzGolfstore*.
7. Tragen Sie auf der Registerkarte *Definition* einen SQL-Befehl als Befehlstext ein oder ändern Sie den angezeigten Befehl. Schließen Sie die Verbindungseigenschaften.
8. Mit ENTWICKLERTOOLS/CODE/AUFZEICHNUNG BEENDEN stoppen Sie die Makroaufzeichnung. Klicken Sie in der gleichen Gruppe auf MAKRO, markieren Sie das Makro *MakeSQL* und schalten Sie mit *Bearbeiten* in den VBA-Editor um.

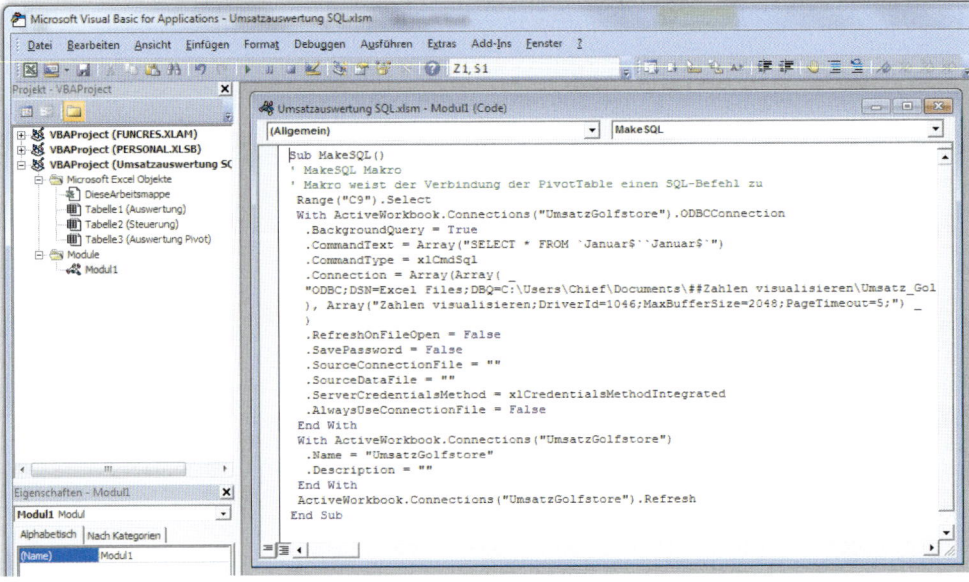

Abbildung 7.33: Mit dem Makrorecoder aufgezeichnet: das Makro MakeSQL

SQL-Befehl in VBA-Makro einbinden

Der Makrorecorder zeichnet nicht nur die Änderung auf, sondern alle Anweisungen, die für die Verbindung benötigt werden. Da Sie die übrigen Anweisungen nicht ändern müssen, können Sie die meisten aufgezeichneten Befehle löschen. Die Zuweisung des SQL-Befehls an die Verbindung finden Sie in dieser VBA-Anweisung:

```
With ActiveWorkbook.Connections("UmsatzGolfstore").ODBCConnection
…
  .CommandText = Array("SELECT * FROM `Januar$``Januar$`")
End With
```

Anstelle des Original-SQL-Befehls weisen Sie der Eigenschaft *CommandText* der Verbindung jetzt einfach den Inhalt der Zelle E2 zu, in der Sie den passenden SQL-Befehl per Formel ermittelt hatten:

```
  .CommandText = Sheets("Auswertung").Range("E2")
```

Löschen Sie anschließend alle überflüssigen Befehle. Diese Anweisungen bleiben übrig:

```
Sub MakeSQL()
' MakeSQL Makro
' Makro weist der Verbindung der PivotTable einen SQL-Befehl zu
 With ActiveWorkbook.Connections("UmsatzGolfstore").ODBCConnection
  .CommandText = Sheets("Auswertung").Range("E2")
 End With
 ActiveWorkbook.Connections("UmsatzGolfstore").Refresh
End Sub
```

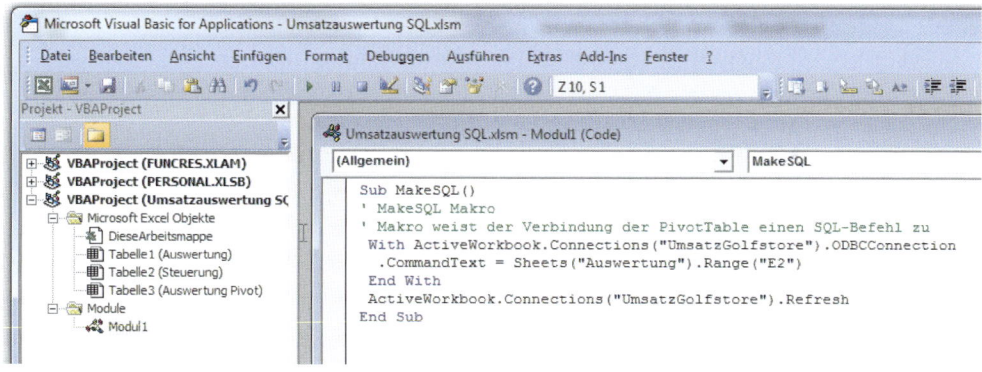

Abbildung 7.34: Das Makro nach der Anpassung des SQL-Befehls

Kombinationsfeld mit Makro verknüpfen

Im letzten Schritt verknüpfen Sie noch das Kombinationsfeld mit dem Makro, sodass dieses nach der Änderung des Auswertungszeitraums sofort aktiv wird.

1. Schließen Sie den VBA-Editor wieder und markieren Sie im Tabellenblatt *Auswertung* das Kombinationsfeld mit der rechten Maustaste.
2. Wählen Sie MAKRO ZUWEISEN.
3. Markieren Sie den Eintrag *MakeSQL* und bestätigen Sie mit *OK*.
4. Klicken Sie in eine freie Zelle und testen Sie das Makro. Mit der Auswahl eines Eintrags wird der ermittelte SQL-Befehl zugewiesen, und die Verbindung zeigt die neuen Daten an.

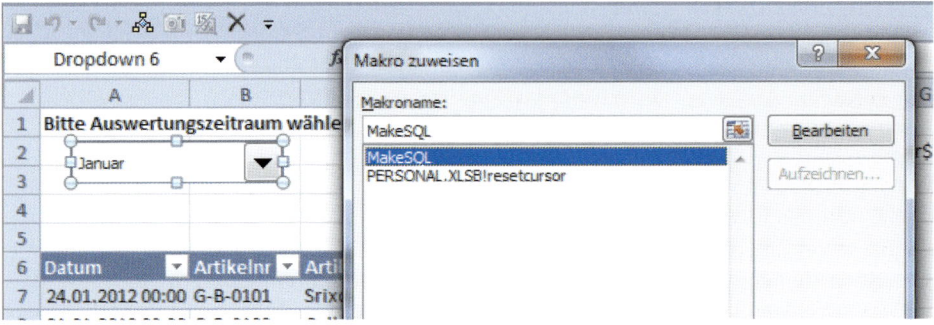

Abbildung 7.35: Das Kombinationsfeld wird mit dem Makro verbunden

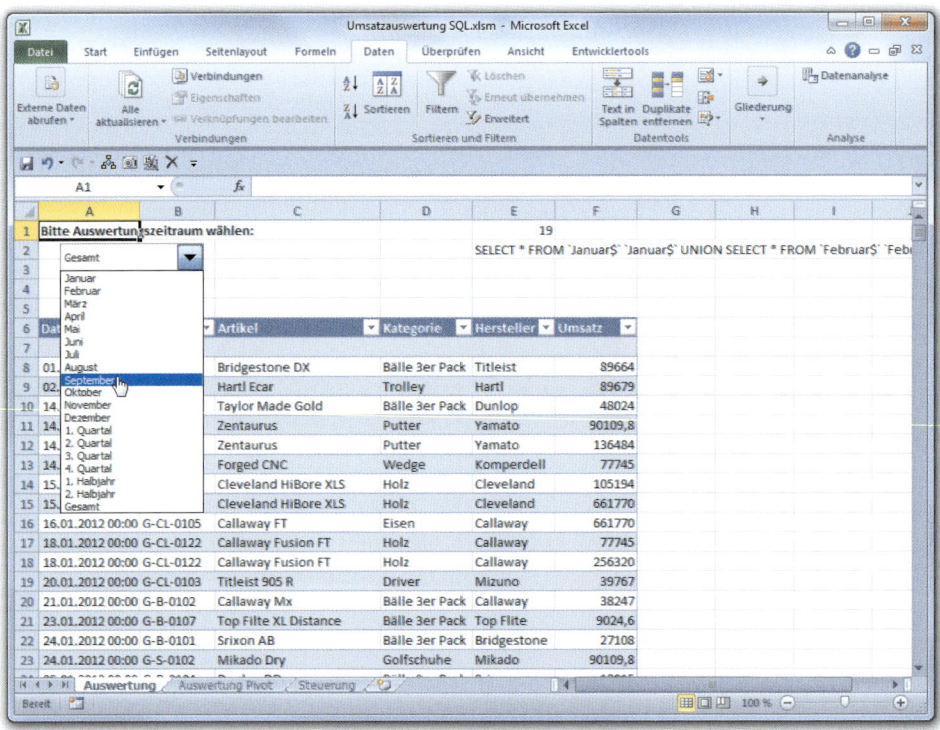

Abbildung 7.36: Das Kombinationsfeld wird mit dem Makro verbunden

7.5 PowerPivot

Parallel zur Entwicklung der Office-Version 2010 wurde bei Microsoft im Jahr 2008 Project Gemini gestartet. Aus der Kooperation des Entwicklerteams von Excel und der SQL-Server-Mannschaft entstand ein Add-In für Excel, das den Zugriff auf externe Datenbanken und Data-Warehouse-Applikationen ermöglicht. Microsoft betitelt PowerPivot als *Self Service Business Intelligence*-Lösung, eine Software also, die es jedem Anwender ermöglicht, zu praktizieren, was bisher nur den Spezialisten im BI-Umfeld möglich war:

- umfangreiche Datenmengen, mehrere Millionen Datensätze in akzeptabler Geschwindigkeit aus ERP-Systemen, Datenbanken und OLAP-Cubes laden und auswerten, und zwar ohne Datenbanksprachen wie T-SQL oder MDX
- Zugriff auf unterschiedlichste Datenquellen: SQL-Server, Access, Oracle, Teradata u. v. a.
- Auswertungen der Daten mit den »Bordmitteln« von Excel: PivotTable-Berichte, PivotCharts, Tabellen, Formeln und Funktionen
- mit wenigen Klicks fertige Analysen auf SharePoint-Server-Seiten veröffentlichen; Ressourcennutzung lässt sich nachverfolgen, für die Sicherheit sind umfangreiche Features verfügbar

PowerPivot wird in das Menüband von Excel 2010 integriert und stellt für den Import und die Aufbereitung der Daten ein eigenes Fenster zur Verfügung. Die PowerPivot-Analysen werden in einer Arbeitsmappe im Dateiformat XLSX, XLSM oder XLSB gespeichert, PowerPivot selbst hat keine eigene Speicherform und legt keine zusätzlichen für den Benutzer relevanten Dateien an. Arbeitsmappen mit PowerPivot-Daten können bis zu 2 GByte groß sein, bis zu 4 GByte Daten lassen sich im Arbeitsspeicher verwalten.

Das Analyseergebnis kann auf der zentralen Zusammenarbeitsplattform SharePoint bereitgestellt werden, sodass Teams auf die bereitgestellten Daten und Berichte zugreifen können. Mit PowerPivot für SharePoint und den Excel-Services von SharePoint lassen sich zusätzliche Vorteile nutzen, z. B. eine spezielle Dokumentbibliothek mit Berichtsvorschau und die Möglichkeit, Reporting-Services-Berichte zu erstellen.

Mit der neuen SQL-Server-Version, im ersten Quartal 2012 vorgestellt, sind auch in PowerPivot zahlreiche neue Features hinzugekommen:

- Verknüpfungen im PowerPivot-Modell lassen sich übersichtlich als Diagramm anzeigen.
- Mehrfachbeziehungen sind möglich, zusätzliche Beziehungen lassen sich mit DAX-Funktionen erzeugen. Hierarchien können direkt in neuen Spalten erstellt werden.
- Der DrillDown, mit dem die aggregierten Daten in eine neue Tabelle aufgelöst werden, funktioniert jetzt auch in PowerPivot.
- Schlüsselkennzahlen (KPIs) können definiert und im Modell hinterlegt werden.

7.5.1 PowerPivot installieren und starten

PowerPivot ist ein SQL-Server-Add-In für Excel 2010, das hier kostenlos zum Download angeboten wird:

`www.powerpivot.com/download.aspx`

Aktivieren Sie in Ihrem Browser die Webseite und laden Sie das Programm auf einen Datenträger. Achten Sie auf die richtige Version: PowerPivot gibt es für die 32-Bit- und 64-Bit-Architektur:

32-Bit-Version	PowerPivot_for_Excel_x86.msi
64-Bit-Version	PowerPivot_for_Excel-msi

Zur Installation klicken Sie doppelt auf die Datei. Nach Abschluss der Installation steht Power-Pivot in einem zusätzlichen Register im Menüband zur Verfügung. Dieses Register kann unter *Datei/Optionen/Menüband anpassen* aktiviert bzw. deaktiviert werden. Unter *Datei/Optionen* in der Kategorie *Add-Ins* steht PowerPivot in der Liste der Add-Ins. Im Register ENTWICKLER-TOOLS kann PowerPivot in der Gruppe ADD-INS über das Symbol *COM Add-Ins* aktiviert werden.

Abbildung 7.37: PowerPivot: neues Register nach der Installation

Achten Sie darauf, dass die Arbeitsmappe nicht im Kompatibilitätsmodus (XLS–Format) gespeichert ist. In diesem Fall lässt sich das PowerPivot–Fenster nicht aktivieren.

Für den Start klicken Sie auf das Register POWERPIVOT und aktivieren das Symbol POWERPIVOT-FENSTER.

7.5.2 Excel-Tabellen nach PowerPivot holen

PowerPivot arbeitet mit Tabellen. Alle Listen, die Sie in Excel-Arbeitsmappen pflegen, müssen in Tabellen umgewandelt werden (siehe Kapitel 4.2). So verknüpfen Sie eine aktive Tabelle mit PowerPivot:

1. Öffnen oder erstellen Sie eine Liste, wandeln Sie diese mit EINFÜGEN/TABELLE in eine Tabelle um.
2. Klicken Sie auf *PowerPivot/Excel-Daten/Verknüpfte Tabelle erstellen* und bestätigen Sie den Tabellenbereich.

Sie können auch eine Liste oder Tabelle in die Zwischenablage kopieren, das PowerPivot-Fenster mit *PowerPivot/Starten/PowerPivot-Fenster* aktivieren und die Daten mit HOME/ZWISCHEN-ABLAGE/EINFÜGEN als neues Tabellenblatt einfügen.

7.5.3 Externe Daten abrufen

Aktivieren Sie mit *PowerPivot/Starten* das PowerPivot-Fenster und holen Sie unter *Externe Daten abrufen* die Daten aus einer Datenbank oder aus einem Bericht. PowerPoint erkennt automatisch sämtliche Verknüpfungen zwischen den Tabellen der Datenquelle und importiert diese mit. Zur Auswahl stehen:

- Access-Datenbanken (ab Version 97)
- SQL-Server (ab Version 2005)
- Analysis Services Cubes
- Relationale Datenbanken (Oracle, Taratata, Informix, IBM DB2 u. a.)
- Datenfeeds Atom 1.0 Format
- Office Database Connection-Dateline (ODC)
- PowerPivot-Arbeitsmappen und Excel-Dateien (ab Version 2007)

7.5.4　Das PowerPivot-Fenster

Im PowerPivot-Fenster verwalten Sie die Daten, stellen Beziehungen her, holen neue oder weitere Daten aus verschiedenen Datenquellen und formatieren die einzelnen Spalten. Im Unterschied zu Excel-Tabellen lassen sich PowerPivot-Tabellen nur spaltenweise bearbeiten. Weisen Sie einer Zelle ein Zahlenformat zu, gilt dieses für die ganze Spalte, und schreiben Sie eine Formel in eine neue Spalte, wird diese automatisch auf alle Zeilen der Tabelle kopiert.

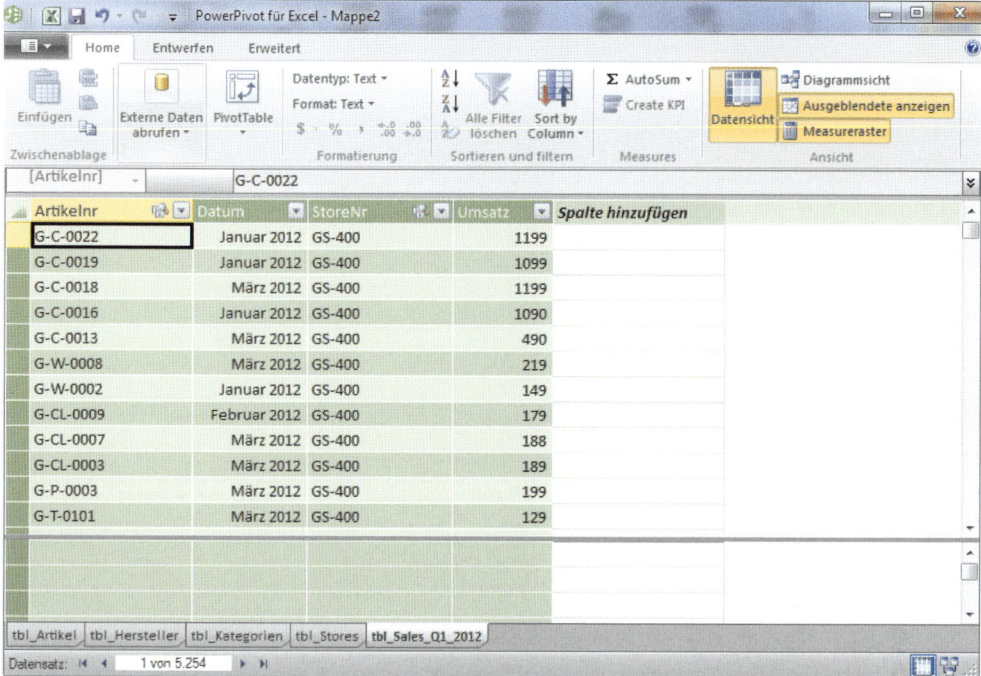

Abbildung 7.38: Das PowerPivot-Fenster mit importierten Tabellen

Das Register Home

Im Register **Home** finden Sie die Import-/Exportwerkzeuge und die Formatierbefehle für integrierte Tabellen.

Gruppe	Erklärung
Zwischenablage	Die Gruppe bietet die Möglichkeit, Daten aus der Zwischenablage in eine Tabelle zu holen. Die Symbole sind aktiv, wenn zuvor Daten in die Zwischenablage kopiert wurden.
Externe Daten abrufen	Hier stehen die Datenquellen bereit. Sie können den Server direkt bestimmen oder eine ODBC-Verbindung suchen. Mit AKTUALISIEREN werden alle Datenverbindungen neu berechnet. Mit dem Symbol PIVOTTABLE erstellen Sie PivotTables und PivotCharts.
Formatierung	In dieser Gruppe finden Sie die Zahlenformate und Datentypen für die einzelnen Spalten der aktiven Tabelle. Ein benutzerdefiniertes Zahlenformat bietet das PowerPivot-Fenster nicht an.

Gruppe	Erklärung
Sortieren und Filtern	Diese Gruppe enthält die Sortierbefehle und den Filter. Alle Spalten in PowerPivot-Tabellen sind mit einem Filterpfeil versehen, der sich im Unterschied zu Excel-Tabellen nicht ausschalten lässt. Sie können aber in dieser Gruppe alle Sortierungen und Filterungen löschen und damit den Urzustand herstellen.
Measures	In dieser Gruppe können zusätzliche Berechnungen über DAX-Funktionen eingefügt und als KPI (Key Performance Indices) visualisiert werden. Für die KPIs stehen Sparklines zur Auswahl, z. B. Ampelformatierung oder Datenbalken.
Ansicht	Mit den Symbolen in dieser Gruppe schalten Sie zwischen Datenblattansicht (Tabellen) und Diagrammansicht (Beziehungen) um oder blenden das Measureraster am unteren Ende des PowerPivot-Fensters aus und ein.

Die Diagrammansicht zeigt die Verknüpfungen zwischen den einzelnen Tabellen, die mit dem Import aus der Datenquelle automatisch erkannt oder vom Benutzer nachträglich über das Beziehungsfenster definiert wurden. Zeigen Sie mit dem Mauszeiger auf eine Verknüpfungslinie, werden die verknüpften Felder markiert.

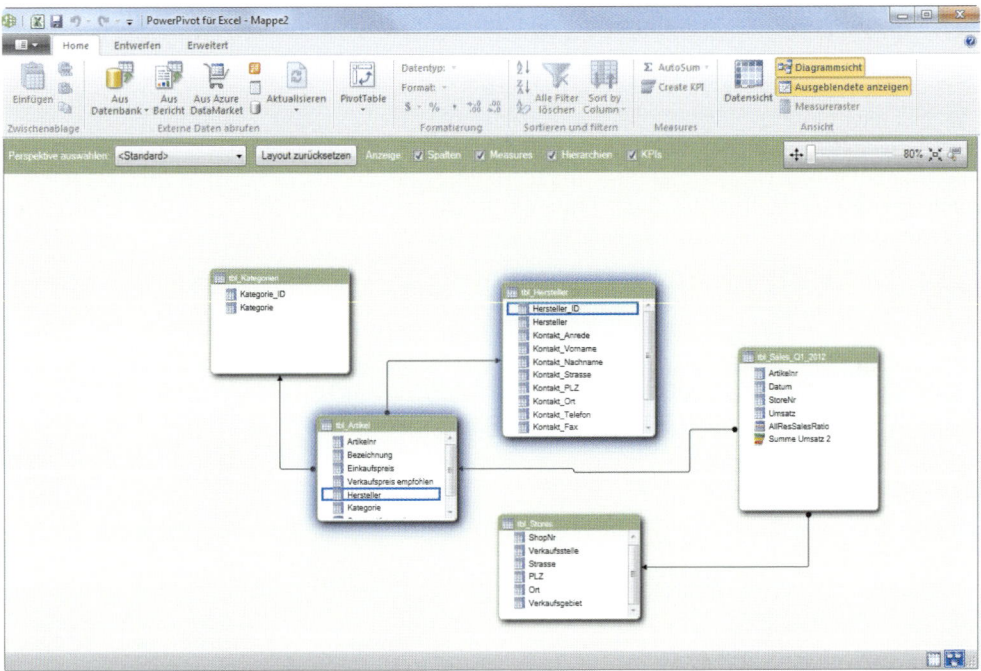

Abbildung 7.39: Diagrammansicht mit verknüpften Feldern

Das Register Entwerfen

Dieses Register bietet Werkzeuge zur Verwaltung der Tabellen im PowerPivot-Fenster.

Gruppe	Erklärung
Spalten	Hier werden Spalten ein- oder ausgeblendet, hinzugefügt und gelöscht.
Berechnungen	Mit FUNKTION EINFÜGEN können Sie DAX-Funktionen in der aktiven Spalte nutzen. Die Berechnungsoptionen sollten auf manuell geschaltet werden, wenn das Einlesen großer Datenmengen die Arbeit verzögert.
Beziehungen	In dieser Gruppe werden Verknüpfungen zwischen den Tabellen im PowerPivot-Fenster hergestellt, bearbeitet oder entfernt. Über die Tabelleneigenschaften finden Sie die Herkunft und die Zeilenfilter der aktiven Tabelle, hier können einzelne Spalten der importierten Tabelle hinzugefügt oder entfernt werden. Wenn Tabellen in Datumstabellen umgewandelt werden, muss das Datumsfeld eindeutige Werte enthalten.
Bearbeiten	In dieser Gruppe stehen die Symbole RÜCKGÄNGIG und WIEDERHOLEN für die letzten Aktionen im PowerPivot-Fenster zur Auswahl.

7.5.5   DAX-Funktionen

PowerPivot stellt eine Gruppe von Funktionen zur Auswahl, die ausschließlich für Berechnungen der internen Tabellen verwendet werden können. DAX (Data Analysis Expressions) ist eine Formelsprache für berechnete Spalten in PowerPivot-Tabellen und in Measures (Formeln im Wertebereich) in Excel PivotTables. Einige der DAX-Funktionen sind identisch mit Excel-Funktionen, weitere Funktionen stehen für das Rechnen mit relationalen Daten und für dynamische Aggregation bereit. DAX-Funktionen sind in Englisch, der Funktions-Assistent, der wie in Excel auch über ein Symbol in der Bearbeitungsleiste aktiviert wird, bietet sie in sechs Kategorien unterteilt an.

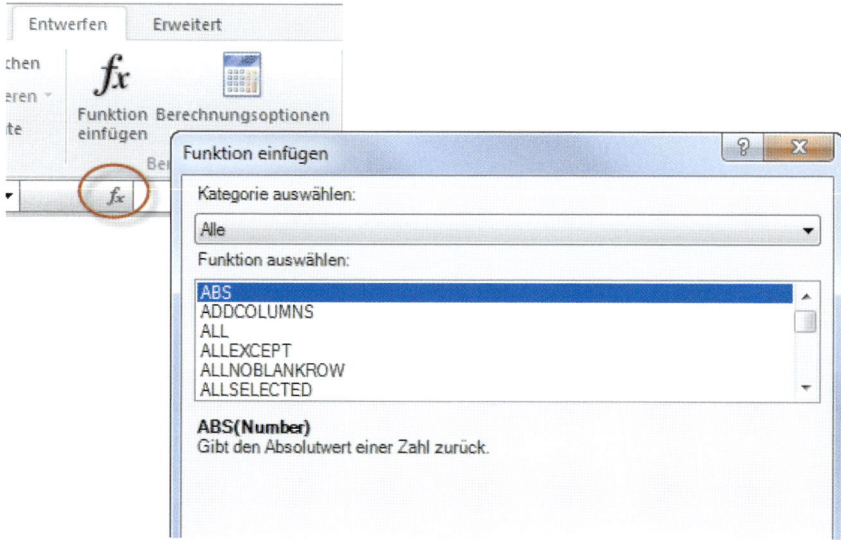

Abbildung 7.40: DAX-Funktionen im PowerPivot-Fenster

7.5.6 Praxisbeispiel: Umsatzzahlen aus Datenbank visualisieren mit PowerPivot

Website Golfstore.accdb

In diesem Beispiel lernen Sie die Anwendung von PowerPivot an einem praktischen Beispiel kennen. Die Datenbank *GolfStore.accdb* enthält diese Tabellen:

Tabelle	Erklärung
tbl_Artikel	Der Artikelstamm mit Artikelnummer und Artikelbezeichnung, Einkaufspreis und Verkaufspreis, verknüpft mit Hersteller und Kategorie
tbl_Hersteller	Die Herstellerliste, verknüpft mit dem Artikelstamm
tbl_Kategorien	Die Liste der Kategorien, verknüpft mit dem Artikelstamm
tbl_Sales_Q1_2012	Die Verkaufsdaten des ersten Quartals 2012 mit Datum, Verkaufsstellennummer, Absatz, Umsatz und Rabatt (in Prozent)
tbl_Stores	Die Liste der Verkaufsstellen mit Adressdaten

Tabellen mit PowerPivot importieren

Bild für Bild | **Access-Datenbank »Golfstore.accdb« mit PowerPivot auswerten**

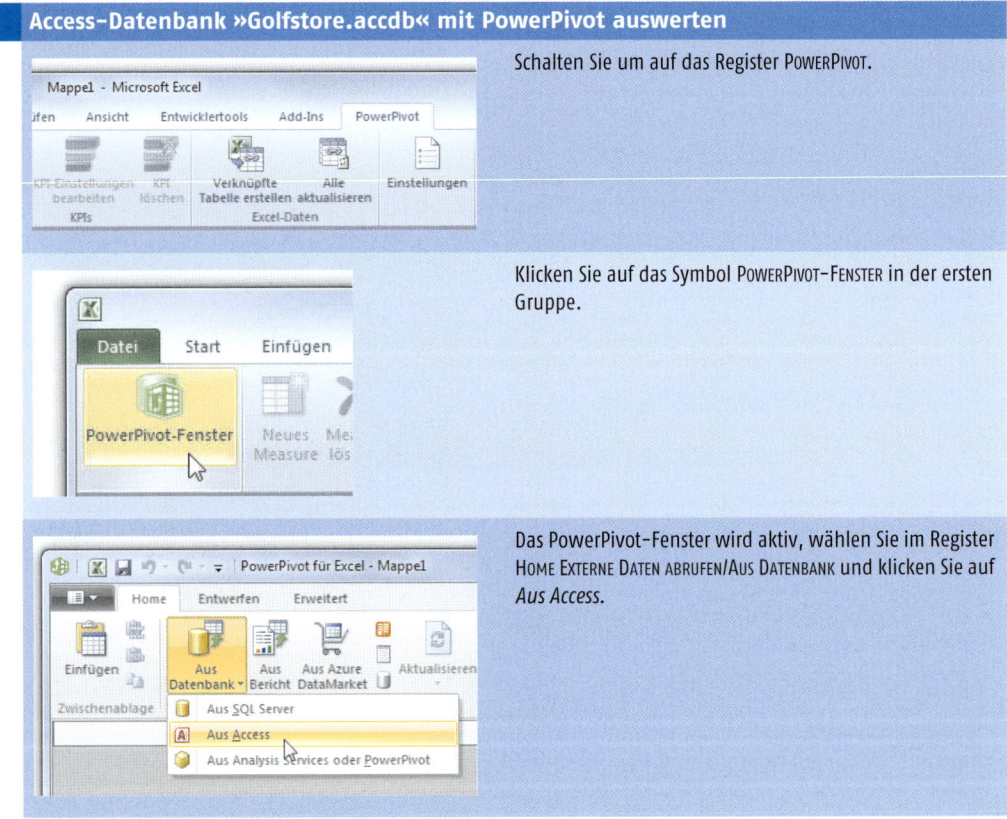

Schalten Sie um auf das Register PowerPivot.

Klicken Sie auf das Symbol PowerPivot-Fenster in der ersten Gruppe.

Das PowerPivot-Fenster wird aktiv, wählen Sie im Register Home Externe Daten abrufen/Aus Datenbank und klicken Sie auf *Aus Access*.

Access-Datenbank »Golfstore.accdb« mit PowerPivot auswerten (Forts.)

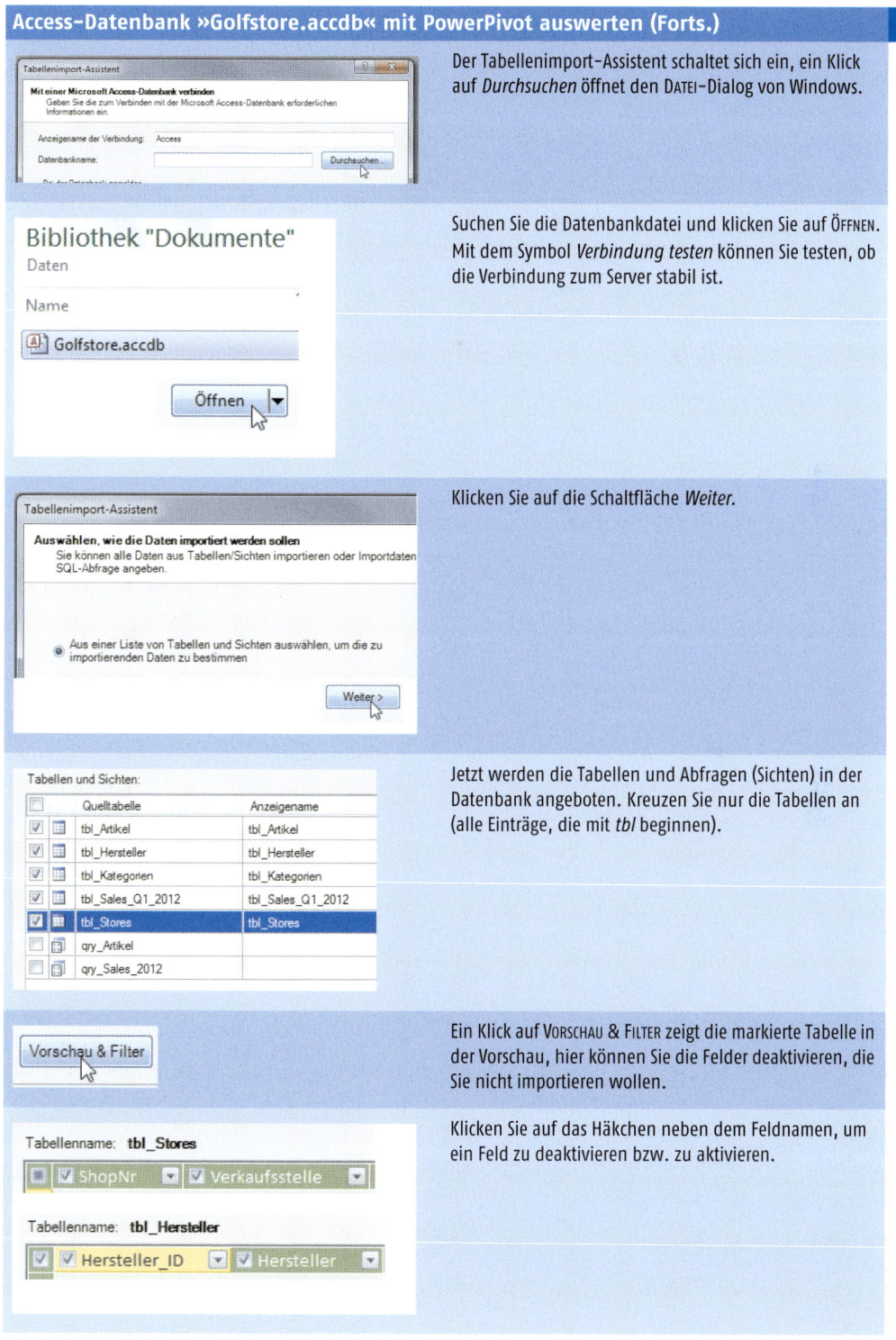

Der Tabellenimport-Assistent schaltet sich ein, ein Klick auf *Durchsuchen* öffnet den DATEI-Dialog von Windows.

Suchen Sie die Datenbankdatei und klicken Sie auf ÖFFNEN. Mit dem Symbol *Verbindung testen* können Sie testen, ob die Verbindung zum Server stabil ist.

Klicken Sie auf die Schaltfläche *Weiter*.

Jetzt werden die Tabellen und Abfragen (Sichten) in der Datenbank angeboten. Kreuzen Sie nur die Tabellen an (alle Einträge, die mit *tbl* beginnen).

Ein Klick auf VORSCHAU & FILTER zeigt die markierte Tabelle in der Vorschau, hier können Sie die Felder deaktivieren, die Sie nicht importieren wollen.

Klicken Sie auf das Häkchen neben dem Feldnamen, um ein Feld zu deaktivieren bzw. zu aktivieren.

Bild für Bild · **Access-Datenbank »Golfstore.accdb« mit PowerPivot auswerten (Forts.)**

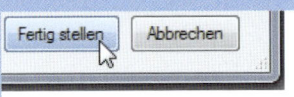

Beenden Sie die Tabellenauswahl mit einem Klick auf *Fertig stellen*.

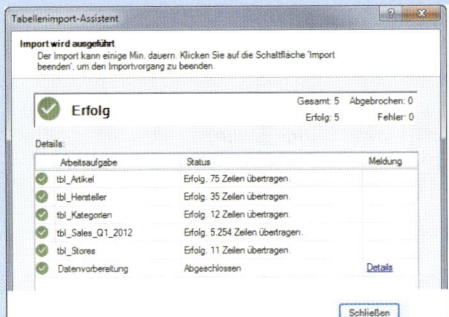

Der Assistent importiert die ausgewählten Tabellen und zeigt an, wie viele Zeilen jeweils übertragen wurden.

Nach dem Import stehen alle Tabellen im PowerPivot-Fenster. Klicken Sie auf die Tabellenregister, um zwischen den Tabellen umzuschalten.

Schalten Sie um auf die Diagrammansicht und überprüfen Sie die Beziehungen der einzelnen Tabellen.

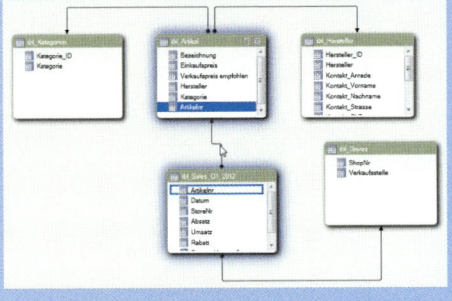

Um eine Beziehung zu erstellen, ziehen Sie einfach das Feld aus der ersten Tabelle auf das Feld der zweiten Tabelle.

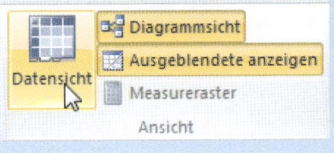

Schalten Sie wieder zurück zur Datenansicht, um die Tabellen anzuzeigen.

PivotTable und PivotChart erstellen

PowerPivot – PivotChart anlegen   **Bild für Bild**

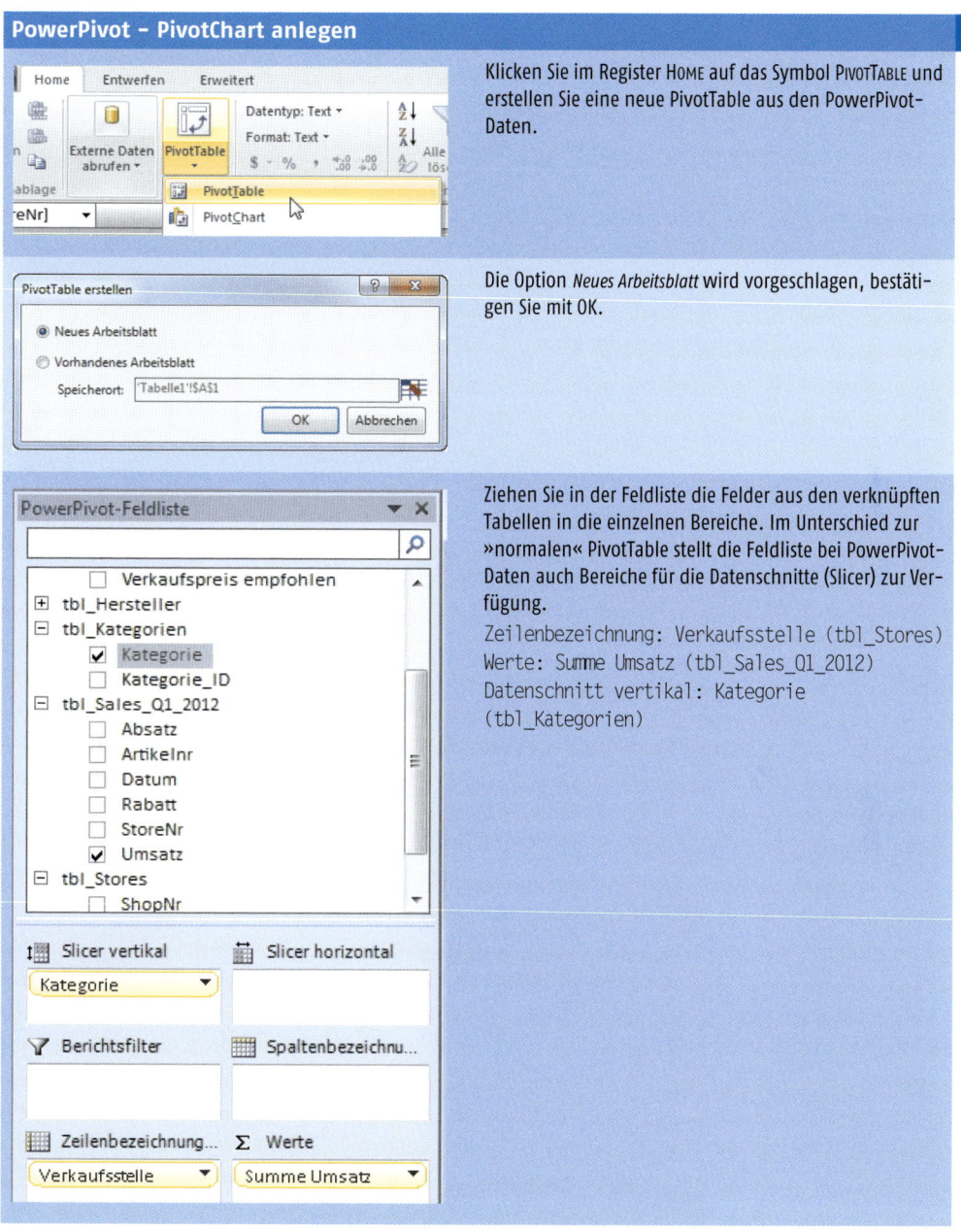

Klicken Sie im Register HOME auf das Symbol PIVOTTABLE und erstellen Sie eine neue PivotTable aus den PowerPivot-Daten.

Die Option *Neues Arbeitsblatt* wird vorgeschlagen, bestätigen Sie mit OK.

Ziehen Sie in der Feldliste die Felder aus den verknüpften Tabellen in die einzelnen Bereiche. Im Unterschied zur »normalen« PivotTable stellt die Feldliste bei PowerPivot-Daten auch Bereiche für die Datenschnitte (Slicer) zur Verfügung.
Zeilenbezeichnung: Verkaufsstelle (tbl_Stores)
Werte: Summe Umsatz (tbl_Sales_Q1_2012)
Datenschnitt vertikal: Kategorie
(tbl_Kategorien)

Bild für Bild **PowerPivot– PivotChart anlegen (Forts.)**

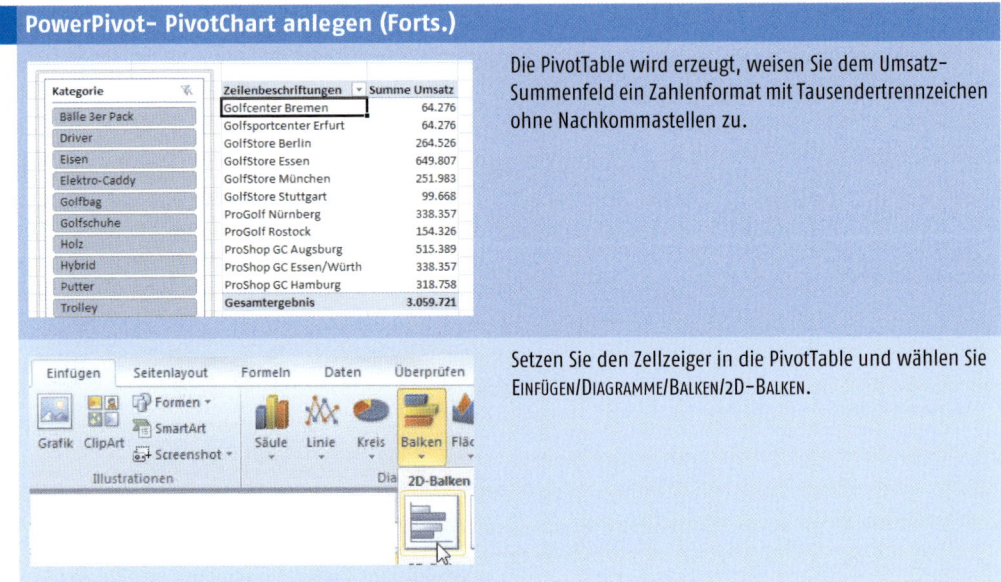

Die PivotTable wird erzeugt, weisen Sie dem Umsatz-Summenfeld ein Zahlenformat mit Tausendertrennzeichen ohne Nachkommastellen zu.

Setzen Sie den Zellzeiger in die PivotTable und wählen Sie EINFÜGEN/DIAGRAMME/BALKEN/2D-BALKEN.

Formatieren Sie das erste PivotChart, entfernen Sie alle überflüssigen Elemente und fügen Sie Titel, Datenbeschriftung und Achsenbeschriftungen ein. Für weitere PivotCharts erstellen Sie neue PivotTables und Diagrammobjekte und zum Filtern nach einzelnen Feldern (Hersteller, Kategorie etc.) benutzen Sie am besten Datenschnitte.

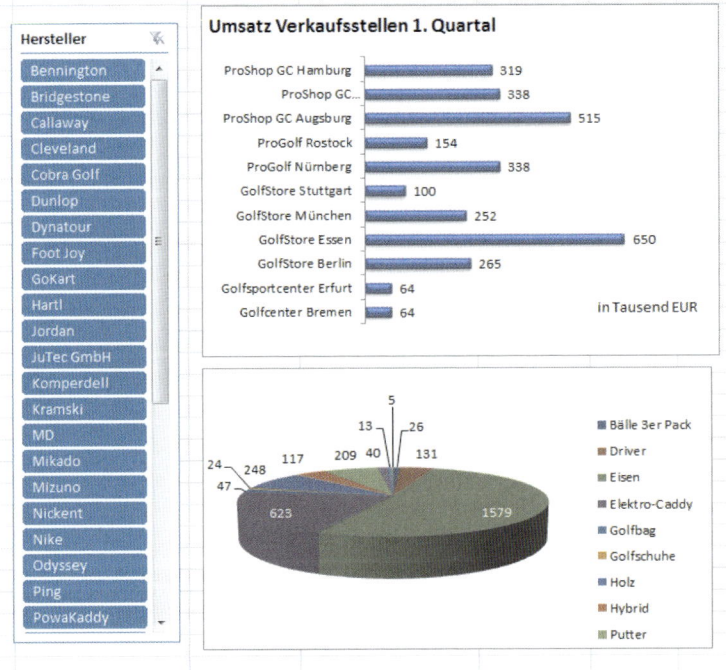

Abbildung 7.41: PivotCharts für die Daten aus PowerPivot

Kapitel 8

Reporting mit PowerPoint und Word

Wer mit Excel Tabellen und Diagramme erstellt, wird seine Ergebnisse auch präsentieren oder dokumentieren müssen. Das Office-Paket stellt mit dem Textverarbeitungsprogramm Word ein optimales Werkzeug für Dokumentationen zur Verfügung, und PowerPoint ist längst weltweiter Standard für die Herstellung von Folien- und Bildschirmpräsentationen. Excel, Word und PowerPoint sind ideale Partner, für die Integration der Objekte sorgt eine Technik mit der Bezeichnung OLE.

8.1   OLE – der Begriff

OLE heißt *Object Linking and Embedding* oder zu Deutsch *Objekte verknüpfen und einbetten* und steht für die Art und Weise, wie Daten zwischen zwei Programmen im Office-Paket ausgetauscht werden. Eine Kopie des Quellobjekts (z. B. eine Excel-Tabelle oder ein Diagramm) wird in die Zielanwendung (Word, PowerPoint) eingefügt. Dabei wird entweder eine Verknüpfung aufgebaut oder das Objekt unverknüpft eingefügt.

8.2   Word und Excel

Wann ist eine Kombination zwischen dem Textverarbeitungsprogramm Word und der Tabellenkalkulation Excel sinnvoll? Word ist ein reines Layoutwerkzeug, das sich gut zum Kalkulieren eignet. Es bietet zwar eine Tabellenfunktion mit Formeln an, die sind aber nicht dynamisch und bieten nur minimale Rechenfunktionen. Umgekehrt würde niemand auf die Idee kommen, Excel als Textverarbeitungs- oder Dokumentationswerkzeug zu benutzen, dem Kalkulationswerkzeug fehlen wichtige Funktionen wie Überschriftenformate, Index und Inhaltsverzeichnis u. a.

8.2.1   Excel-Tabellen nach Word kopieren

Tabellen aus Excel werden einfach in die Zwischenablage kopiert und in ein Word-Dokument eingefügt. Beim Einfügen entscheiden Sie, ob das Objekt dynamisch verknüpft werden soll.

Als Arbeitsmappe-Objekt

Bild für Bild	Excel-Daten nach Word exportieren

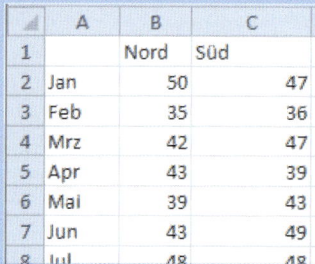

Erstellen Sie in Excel eine Umsatzliste, markieren Sie den Bereich.

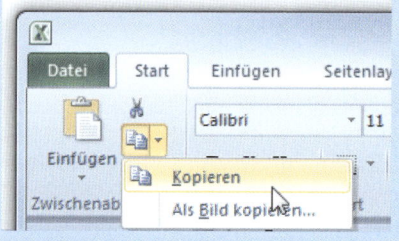

Wählen Sie START/ZWISCHENABLAGE/KOPIEREN.

Öffnen Sie Word mit einem leeren Dokument.

Der Cursor blinkt im ersten Absatz, wählen Sie START/ZWISCHENABLAGE/EINFÜGEN/INHALTE EINFÜGEN.

Mit den Symbolen unter *Einfügeoptionen* können die Quelldaten nur als Word-Tabellen, verknüpfte Word-Tabellen oder Grafiken eingefügt werden, keine Arbeitsmappe-Objekte.

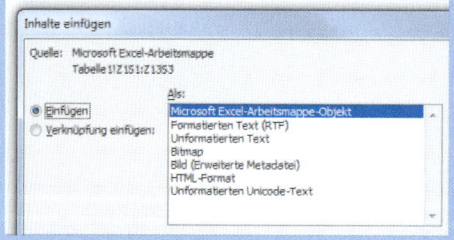

Fügen Sie den Inhalt der Zwischenablage als Excel-Arbeitsmappe-Objekt ein.

Excel-Daten nach Word exportieren (Forts.)

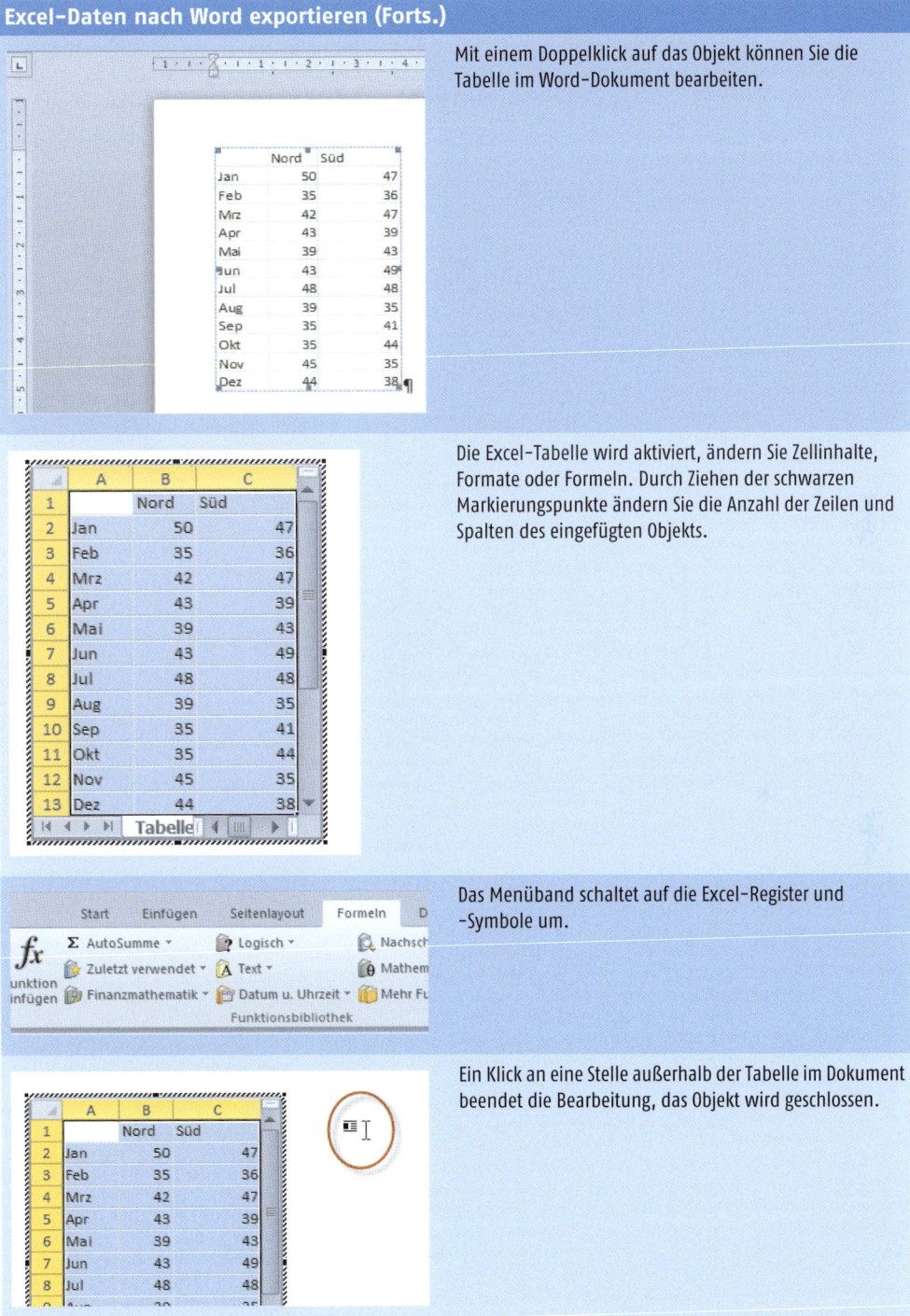

Mit einem Doppelklick auf das Objekt können Sie die Tabelle im Word-Dokument bearbeiten.

Die Excel-Tabelle wird aktiviert, ändern Sie Zellinhalte, Formate oder Formeln. Durch Ziehen der schwarzen Markierungspunkte ändern Sie die Anzahl der Zeilen und Spalten des eingefügten Objekts.

Das Menüband schaltet auf die Excel-Register und -Symbole um.

Ein Klick an eine Stelle außerhalb der Tabelle im Dokument beendet die Bearbeitung, das Objekt wird geschlossen.

Als Verknüpfung

Bild für Bild	Excel-Daten mit Word verknüpfen

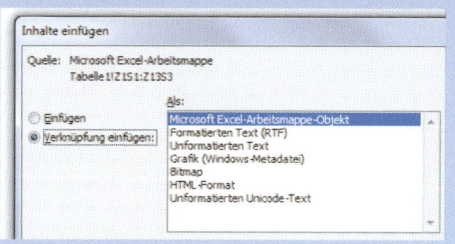

Entscheiden Sie sich für die zweite Option VERKNÜPFUNG EINFÜGEN, ...

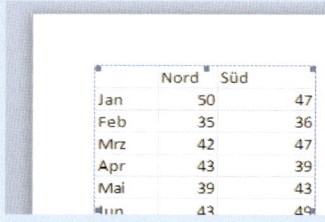

... wird das Objekt ebenfalls in den markierten Absatz eingefügt. Klicken Sie es wieder doppelt an, ...

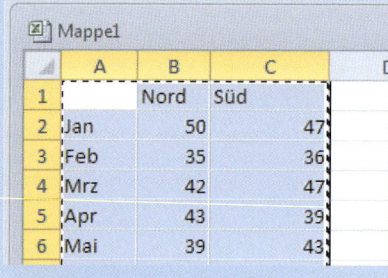

... schaltet Word zu Excel zurück, und die verknüpfte Tabelle wird markiert.

Wenn die Quelldatei oder Excel selbst in der Zwischenzeit geschlossen wurde, öffnet der Doppelklick automatisch das Programm und die verknüpfte Datei.

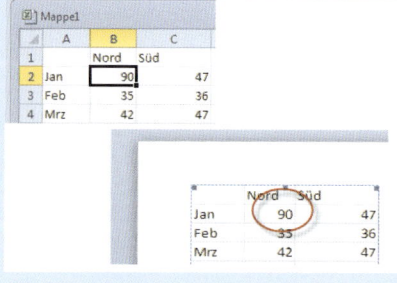

Änderungen in der Quelldatei werden mit der Verknüpfung automatisch im Word-Dokument sichtbar.

Hier eine Übersicht über die Formate, die Word für Excel-Daten aus der Zwischenablage anbietet:

Objekttyp	Beschreibung
Microsoft Excel-Arbeitsmappe-Objekt	Das ist das einzige Format, das eine nachträgliche Bearbeitung des Objekts mit Excel ermöglicht.
Formatierter Text (RTF)	Damit wandeln Sie die Tabelle in eine Word-Tabelle um. Die Formatierungen von Excel bleiben erhalten, Zellen mit Textinhalten sind anschließend linksbündig, Zahlenwerte stehen in rechtsbündiger Ausrichtung.
Unformatierter Text	Mit dieser Option erhalten Sie alle Zellinhalte in Textform, anstelle der Spalten werden Tabulatorzeichen eingefügt. Alle Schriftformatierungen werden entfernt, nur die Währungszeichen bleiben erhalten.
Grafik (Windows-Metadatei)	Die Tabelle wird in eine Grafik im WMF-Format (Windows Metafile) umgewandelt.
Bitmap	Wandelt die Excel-Zellen ebenfalls in eine Grafik um. Im Unterschied zur Grafik werden die Gitternetzlinien mit übernommen.
HTML-Format	Fügt HTML-Informationen aus Excel im HTML-Format in das Dokument ein. Word wandelt die Daten in Hyperlinks um.
Unformatierter Unicode-Text	Wandelt die Excel-Zellen in unformatierten Text im Unicode-Format (Zeichensatz von Windows NT/2000) um.

Diagramme kopieren

Um ein Diagramm nach Word zu kopieren, markieren Sie es als Objekt oder im Diagrammblatt und kopieren es in die Zwischenablage. Stellen Sie sicher, dass die Diagrammfläche markiert ist, sonst ist der Kopieren-Befehl nicht aktiv. In das Word-Dokument fügen Sie es mit START/ZWISCHENABLAGE/EINFÜGEN/INHALTE EINFÜGEN ein. Als erster Eintrag steht *Microsoft Excel-Diagramm-Objekt* zur Auswahl, und dieses können Sie wahlweise verknüpft oder unverknüpft einfügen.

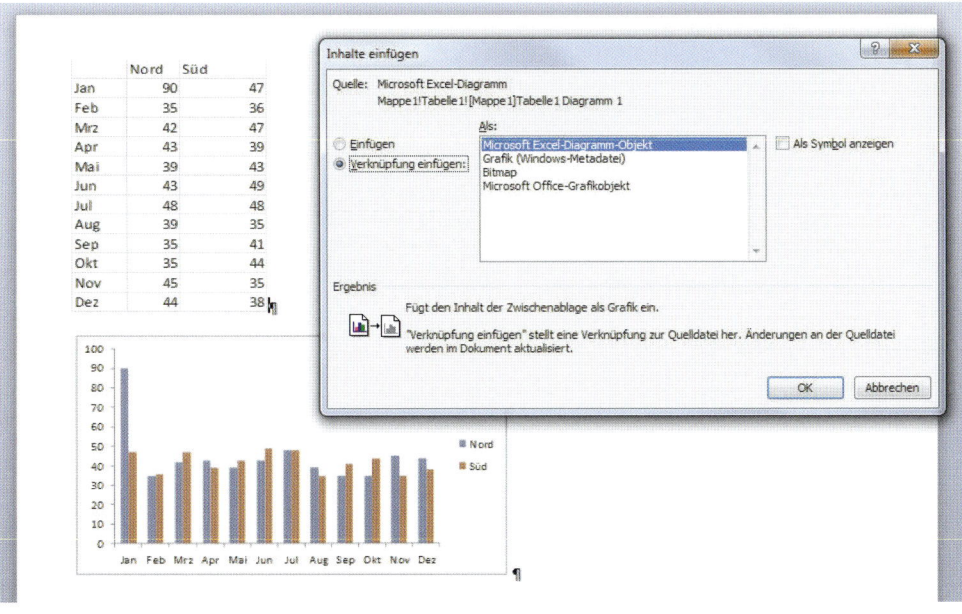

Abbildung 8.1: Tabellen und Diagramme verknüpft einfügen

Vorsicht bei OLE-Objekten: Kopiert wird die Mappe

Achten Sie darauf, dass ein unverknüpftes Arbeitsmappe- oder Diagrammobjekt immer die ganze Mappe der Quellanwendung enthält. Auch wenn Sie nur ein paar Zellen kopieren, wird das Objekt alle Tabellen und Diagrammblätter der Mappe enthalten, und das ist in der Praxis nicht immer erwünscht. Kopieren Sie den Bereich in eine neue, leere Mappe und löschen Sie alle Tabellen, die Sie nicht in das Word-Dokument übernehmen wollen.

Verknüpfungen sind Felder

Das Geheimnis der Verknüpfung ist schnell gelüftet: Word benutzt für das Objekt aus Excel eine Feldfunktion, die ihren Inhalt dynamisch berechnet. Ähnlich wie das Datumsfeld, das mit jeder Aktualisierung das neue Systemdatum anzeigt, präsentiert das Verknüpfungsfeld immer die aktuellen Informationen aus dem verknüpften Bereich. Die Feldfunktion EMBED wird für nicht verknüpfte Felder verwendet, LINK ist die Feldfunktion für verknüpfte Objekte, die den Namen der Arbeitsmappe und den Tabellenbereich speichert.

Abbildung 8.2: Feldfunktionen für verknüpfte OLE-Objekte

Im Word-Programmfenster können Sie unter DATEI/OPTIONEN in der Rubrik ERWEITERT die Feldfunktionen ein- und wieder ausschalten (Option *Feldfunktionen anstelle von Werten anzeigen*). Damit werden alle Felder im Text sichtbar. Schneller geht es mit diesen Tastenkombinationen:

Tastenkombination	Erklärung
F9	berechnet die markierte Verknüpfung neu.
Alt + F9	schaltet die Feldfunktionen ein und aus.
⇧ + F9	schaltet zwischen Feldfunktion und Feldinhalt um.
Strg + ⇧ + F9	wandelt die markierte Feldfunktion in ihren tatsächlichen Inhalt um.

8.3 Excel und PowerPoint

Das Präsentationsprogramm PowerPoint speichert Informationen in Form von Folien, die mit Text, Grafiken und Objekten gefüllt werden. Im Prinzip unterscheidet sich die Zusammenarbeit zwischen Excel und PowerPoint nicht von der Word-Excel-Verbindung, in beiden Fällen wird der Tabellenbereich oder die Grafik im Excel-Fenster kopiert und nach dem Wechsel auf das Zielprogramm als OLE-Objekt oder als verknüpftes OLE-Objekt eingefügt.

8.3.1 Tabellen und Diagramme nach PowerPoint kopieren

1. Starten Sie PowerPoint und stellen Sie die Zielfolie bereit.
2. Markieren Sie in Excel einen Tabellenbereich oder ein Diagrammobjekt und wählen Sie START/ZWISCHENABLAGE/KOPIEREN.
3. Wechseln Sie zum PowerPoint-Fenster. Markieren Sie die Zielfolie und wählen Sie START/ZWISCHENABLAGE/EINFÜGEN/INHALTE EINFÜGEN.
4. Wählen Sie Microsoft *Excel Arbeitsmappe-Objekt* bzw. *Microsoft Office-Grafikobjekt* und *Einfügen*, wenn Sie das Objekt unverknüpft einfügen wollen. Mit der Option *Verknüpfung einfügen* erstellen Sie eine Verknüpfung zum Quellobjekt.

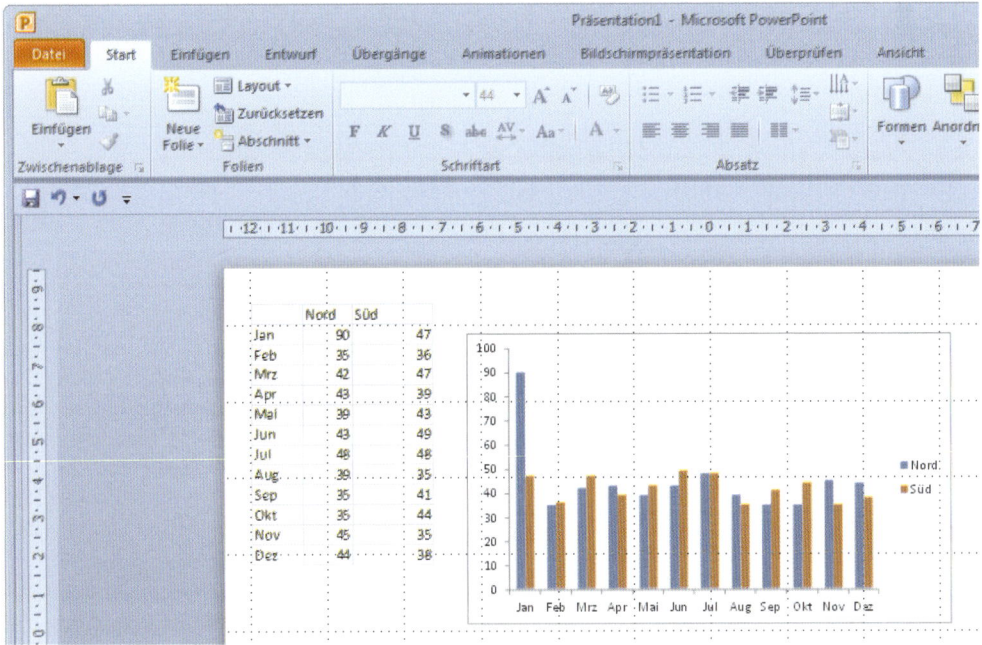

Abbildung 8.3: Excel-Objekte in der PowerPoint-Folie

Unverknüpfte Objekte bearbeiten

1. Mit einem Doppelklick auf das Objekt geben Sie dieses zur Bearbeitung frei, PowerPoint schaltet das Menüband um, und das Objekt kann mit allen Registern und Symbolen aus dem Excel-Menüband bearbeitet werden.

2. Ziehen Sie die schwarzen Markierungspunkte rund um das Objekt, um die Anzahl der Spalten und Zeilen zu ändern. Ein Klick auf einen freien Bereich der Folie schaltet wieder zurück zu PowerPoint.

3. Klicken Sie mit der rechten Maustaste in das Objekt und wählen Sie ARBEITSBLATT-OBJEKT/ÖFFNEN.

4. Damit wird das Objekt nach Excel transferiert und in einem neuen Fenster mit der Bezeichnung *Tabelle von Präsentation* geöffnet. Sie können die Daten bearbeiten und das Fenster einfach wieder schließen. In PowerPoint wird das verknüpfte Objekt automatisch aktualisiert.

Achten Sie darauf, dass unverknüpft eingefügte Tabellenobjekte die gesamte Arbeitsmappe enthalten, also auch Tabellenblätter, die Sie nicht kopiert hatten.

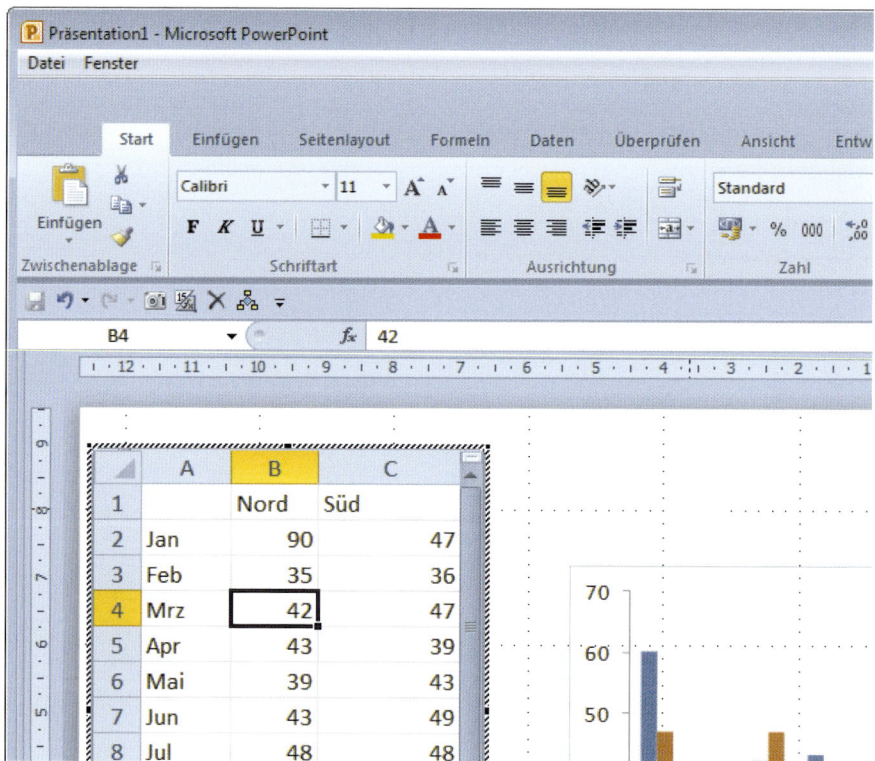

Abbildung 8.4: Unverknüpftes Tabellenobjekt in der PowerPoint-Folie

Verknüpfte Objekte bearbeiten

Holen Sie die Tabellen oder Diagramme verknüpft in die PowerPoint-Folie, werden diese automatisch aktualisiert, wenn sich die Daten in der Quellanwendung ändern. Dazu muss die Arbeitsmappe natürlich gespeichert werden. Die Verknüpfungseigenschaften des Objekts finden Sie im Kontextmenü der rechten Maustaste:

1. Wählen Sie VERKNÜPFTES ARBEITSBLATTOBJEKT/BEARBEITEN, um das Objekt in Excel zu bearbeiten. Mit einem Doppelklick auf das Objekt schalten Sie schneller auf die Excel-Arbeitsmappe um. Ist diese bereits geschlossen, wird sie damit wieder aktiviert.

2. Wählen Sie VERKNÜPFUNG AKTUALISIEREN, um die Daten für die Tabelle oder das Diagramm aktuell aus der Quelldatei zu holen. Das funktioniert auch, wenn die Arbeitsmappe geschlossen ist.

8.3.2   Diagramme maßstabsgerecht in Folien einbinden

PowerPoint und Excel verstehen sich als Office-Applikationen bestens, wenn es um den Austausch von Objekten geht. Leider haben die beiden Programme unterschiedliche Maßsysteme, und das schafft in der Praxis Probleme. Diagramme, die von Excel nach PowerPoint portiert wurden, sind häufig verzerrt oder werden an den Rändern abgeschnitten. Wenn Sie die beiden Maßsysteme beherrschen, können Sie Ihre Diagramme in Excel auf die passende Größe für PowerPoint-Präsentationen bringen.

Das Maßsystem der Bildschirmauflösung

Die Auflösung des Bildschirms ist maßgeblich für die Ausgabe der PowerPoint-Präsentation. Das Standardmaß ist 96 dpi (dpi = dots per inch). In der Systemsteuerung können Sie überprüfen, wie viele dpi Ihr Bildschirm anzeigt (hier unter Windows 7).

1. Klicken Sie auf das Startmenü und tragen Sie in das AUSFÜHREN-Feld *dpi* ein.

2. Wählen Sie in der Systemsteuerung (DARSTELLUNG UND ANPASSUNG/ANZEIGE) BENUTZERDEFINIERTE TEXTGRÖSSE (DPI) FESTLEGEN.

3. Auf der Skala sehen Sie die aktuelle Einstellung, ziehen Sie den Schieberegler, um die Pixelzahl zu erhöhen.

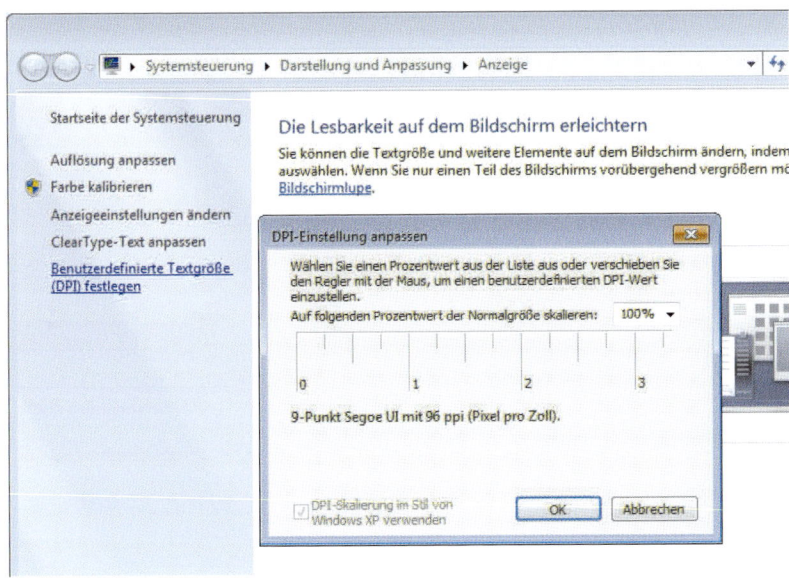

Abbildung 8.5: Standard für Bildschirmanzeige: 96 dpi

Das Maßsystem von PowerPoint

PowerPoint rechnet mit Zentimetern. Die Maße einer Folie sind vom gewählten Papierformat für die Präsentation abhängig, und das ist in der Regel *Bildschirmpräsentation*.

1. Wählen Sie in PowerPoint ENTWURF/SEITE EINRICHTEN.
2. Die Ausrichtung der Folien steht auf *Querformat*.
3. Das Papierformat steht standardmäßig auf *Bildschirmpräsentation*, das Seitenverhältnis ist 4:3.
4. Mit dem Format *Bildschirmpräsentation* wird die Breite 25,4 cm und die Höhe 19,05 eingetragen.

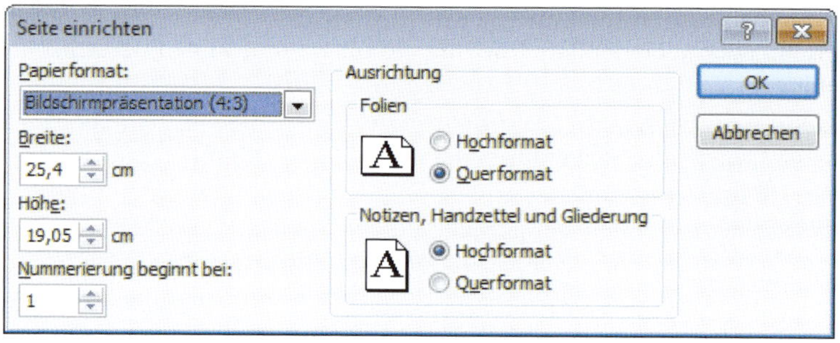

Abbildung 8.6: Standardmaße für Folien unter Seite einrichten

Rechnen Sie diese Maße in Zoll um. 1 Zoll entspricht 2,54 cm:

```
Breite: 25,4/2,54 = 10 Zoll
Höhe: 19,05/2,54 = 7,5 Zoll
```

Rechnen Sie die Maße der PowerPoint-Folie in Pixel um:

```
Breite: 10 x 96 = 960 Pixel
Höhe: 7,5 x 96 = 720 Pixel
```

Das Maßsystem von Excel

Excel rechnet weder mit Zoll noch mit Zentimeter. Die Zeilenhöhe orientiert sich an der Schriftgröße der Tabelle, und die wird in Punkt gemessen (typografisches Maß, 1 Punkt = 1/72 Zoll). Alle Zeilen im Tabellenblatt sind mit der Standardschriftgröße 11 Punkt standardmäßig 15 Punkt hoch. Mit 4 zusätzlichen Punkt (Fachausdruck: Durchschuss) haben Buchstaben und Zahlen ausreichend Platz.

Die Spaltenbreite in Excel-Tabellenblättern beträgt standardmäßig 10,71. Das ist die Anzahl Zeichen, die in der gewählten Schriftgröße in einer Spalte Platz finden. Zeilenhöhen und Spaltenbreiten werden aber zusätzlich auch in Pixel angezeigt, und mit diesem Maß können wir rechnen:

	Zeilenhöhe	Spaltenbreite
Standardmaß	15 Punkt	10,71 Zeichen
in Pixel	20 Pixel	80 Pixel

Ein Excel-Raster für PowerPoint

Um ein Excel-Diagramm maßstabsgetreu für PowerPoint aufzubereiten, präparieren Sie einfach einen Bereich, der exakt der berechneten Größe der PowerPoint-Folie entspricht (960 x 720 Pixel).

1. Legen Sie ein neues Tabellenblatt an und stellen Sie für die erste Spalte die Spaltenbreite 20 Pixel ein.
2. Markieren Sie die nächsten 10 Spalten und stellen Sie für diese die Spaltenbreite 96 Pixel ein (96 x 10 = 960 Pixel).
3. Legen Sie für die nächste Spalte wieder eine Breite von 20 Pixeln fest.
4. Setzen Sie mit der Hintergrundfarbe in diesen Zellen Markierungspunkte in den Zellen A1, L1, A37, L37 für den oberen Rand des Rasters ein.
5. Tragen Sie die Daten ein oder kopieren Sie diese und die Diagramme in den Bereich zwischen den Rasterpunkten.

Natürlich können Sie die Spaltenbreiten und Zeilenhöhen individuell anpassen, achten Sie nur darauf, dass die Gesamtbreite wieder 960 Pixel und die Gesamthöhe 720 Pixel entspricht.

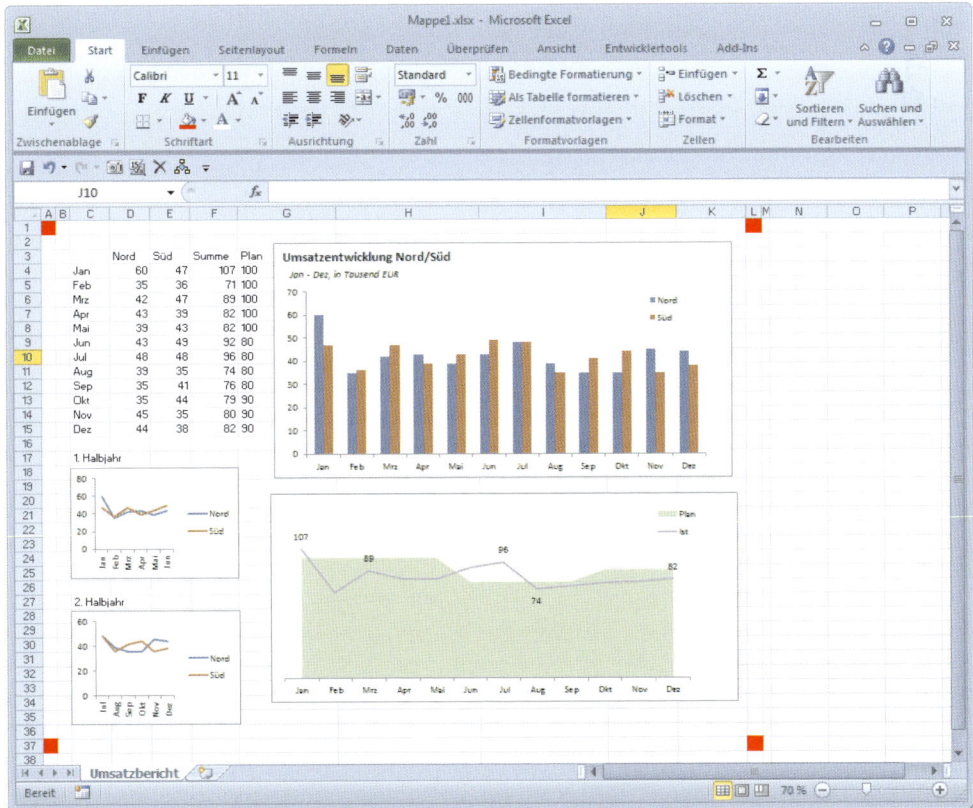

Abbildung 8.7: Ein Raster für den Export nach PowerPoint

Pixel im Excel-Raster per Makro berechnen

PowerPoint-Raster.xlsm

Mit zwei kleinen VBA-Makrofunktionen wird die Anpassung des Excel-Rasters einfacher. Schreiben Sie die beiden Funktionen und berechnen Sie mit diesen die Pixelzahl der Spalten im Rasterbereich:

1. Aktivieren Sie mit ⎡Alt⎤ + ⎡F11⎤ den Visual Basic-Editor.
2. Suchen Sie im Projekt-Explorer-Fenster das aktive Projekt (die Arbeitsmappe). Wählen Sie EINFÜGEN/MODUL. Damit fügen Sie ein neues Modul in das Projekt ein.
3. Klicken Sie das Modul im Projekt-Explorer doppelt an und tragen Sie diese Funktionen ein:

```
Function PixelB(varZ, varS)
 Application.Volatile
 PixelB = Cells(varZ, varS).Width / 0.75
End Function
Function PixelH(varZ, varS)
 Application.Volatile
  PixelH = Cells(varZ, varS).Height / 0.75
End Function
```

4. Wechseln Sie zu Excel zurück und markieren Sie die erste Zelle oberhalb der Rasterpunkte (B2).
5. Wählen Sie FORMELN/FUNKTIONSBIBLIOTHEK/FUNKTION EINFÜGEN. Schalten Sie um auf die Kategorie *Benutzerdefiniert* und markieren Sie die Funktion *PixelB*.

   Geben Sie diese Argumente ein:

```
VarZ: Zeile()
VarS: Spalte()
```

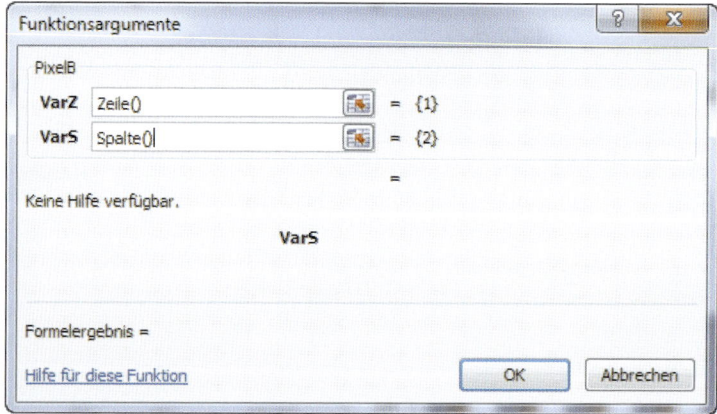

Abbildung 8.8: Argumente für die Funktion PixelB

6. Schließen Sie mit OK ab und kopieren Sie die Formel über alle Spalten des Rasters.
7. Berechnen Sie in einer Zelle außerhalb des Rasters die Pixelsumme:

```
M1: =SUMME(B1:K1)
```

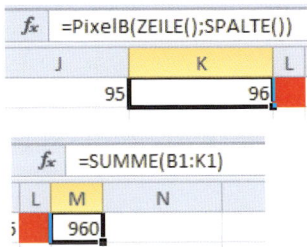

| f_x | =PixelB(ZEILE();SPALTE()) |

	J	K	L
	95	96	

| f_x | =SUMME(B1:K1) |

	L	M	N
		960	

Abbildung 8.9: Pixelberechnung und Pixelsumme

8. Tragen Sie die Formel für die Pixelberechnung der Zeile in die erste Spalte ein und kopieren Sie sie über alle Rasterzeilen:

   `A2:A37: =PixelH(ZEILE();Spalte())`

9. Berechnen Sie die Pixelsumme für alle Zeilen:

   `A39: =SUMME(A2:A37)`

Jetzt können Sie jederzeit kontrollieren, ob das Raster noch exakt den Maßen der PowerPoint-Folie entspricht. Achten Sie darauf, dass sich die Funktionen nicht neu berechnen, wenn Zeilenhöhen oder Spaltenbreiten angepasst werden. Die VBA-Anweisung *Application.Volatile* sorgt dafür, dass die Nebenrechnung bei jeder Änderung von Zellinhalten neu berechnet wird, das gilt aber nicht für Zeilen- und Spaltenmaße. Drücken Sie die Funktionstaste F9, um alle Funktionen neu zu berechnen.

Speichern Sie die Arbeitsmappe im Format *Excel-Arbeitsmappe mit Makros* (*.als) ab. Wenn Sie die Funktionen in jeder Mappe zur Verfügung stellen wollen, kopieren Sie sie in die persönliche Makroarbeitsmappe PERSONAL.XLSB. Die Formel muss dann aber die Mappe als Verknüpfung mitführen:

```
=PERSONAL.XLSB!PixelB(ZEILE();Spalte())
=PERSONAL.XLSB!PixelH(ZEILE();Spalte())
```

Bereich mit PowerPoint-Folie verknüpfen

| **Excel-Daten mit PowerPoint verknüpfen** | **Bild für Bild** |

	A	B	C	D	E	F	G	
1								
2								
3				Nord	Süd	Summe	Plan	Umsatzent
4			Jan	60	47	107	100	Jan - Dez, in
5			Feb	35	36	71	100	
6			Mrz	42	47	89	100	70
7			Apr	43	39	82	100	60
8			Mai	39	43	82	100	
9			Jun	43	49	92	80	50
10			Jul	48	48	96	80	40
11			Aug	39	35	74	80	
12			Sep	35	41	76	80	30
13			Okt	35	44	79	90	20
14			Nov	45	35	80	90	

Stellen Sie den Zoom-Faktor der Excel-Oberfläche auf 100%.

Markieren Sie den Bereich zwischen den vier Rasterpunkten (im Beispiel B2:K36).

Bild für Bild | **Excel-Daten mit PowerPoint verknüpfen (Forts.)**

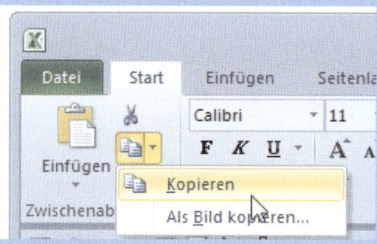

Kopieren Sie den markierten Bereich in die Zwischenablage.

Wechseln Sie zu PowerPoint, aktivieren Sie die passende Folie und wählen Sie START/EINFÜGEN/INHALTE EINFÜGEN.

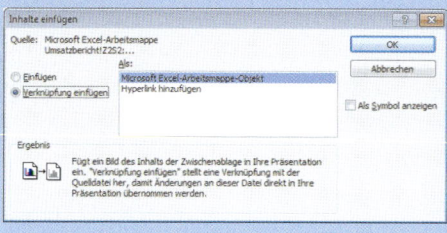

Schalten Sie um auf die Option *Verknüpfung einfügen* und fügen Sie die Kopie aus der Zwischenablage als Excel-Arbeitsmappe-Objekt ein.

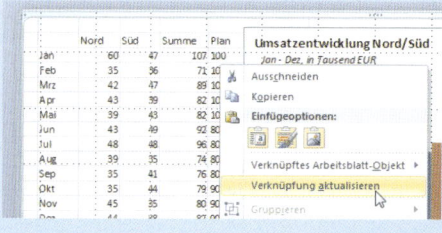

Klicken Sie mit der rechten Maustaste in das Objekt und wählen Sie VERKNÜPFUNG AKTUALISIEREN im Kontextmenü.

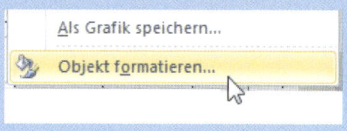

Aktivieren Sie das Kontextmenü noch einmal und wählen Sie OBJEKT FORMATIEREN.

Excel-Daten mit PowerPoint verknüpfen (Forts.)

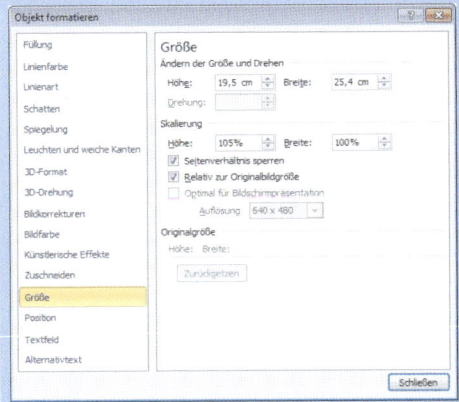

In der Gruppe GRÖSSE finden Sie die Höhe und Breite des Objekts und die Skalierung. Deaktivieren Sie die Option *Seitenverhältnis sperren* und setzen Sie die Höhe und die Breite des Objekts auf die Maße der Folie.

Die Schaltfläche ZURÜCKSETZEN ist leider deaktiviert, damit könnte ein Objekt wieder auf 100% Größe skaliert werden.

Damit ist das Arbeitsmappe-Objekt aus Excel auf der Folie platziert, und mit der Anpassung der Maßsysteme sollte es keine Probleme mit der Skalierung des Inhalts geben.

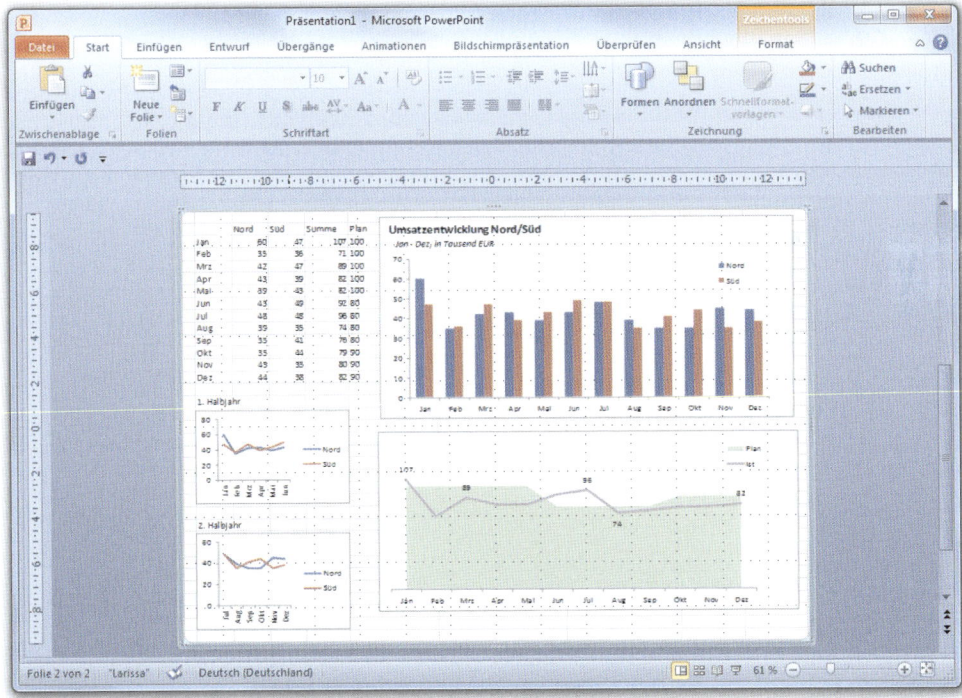

Abbildung 8.10: Das Excel-Objekt in der PowerPoint-Präsentation

Nützliche Werkzeuge

Lernen Sie in diesem Kapitel einige nützliche Werkzeuge kennen, die Ihre Arbeit mit Excel einfacher und Ihre Berichte und Diagramme professioneller machen:

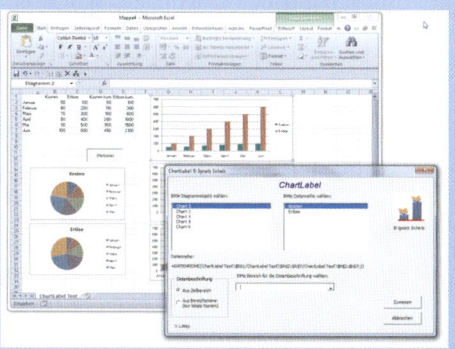

Das Makro ChartLabel bietet die Möglichkeit, Datenreihen in Diagrammen individuell zu beschriften. Dazu können Sie einen Zellbereich oder einen Bereichsnamen verwenden.

Das Add-In SparkShapes ist eine Mischung aus Sparklines und Diagrammobjekten. Es bietet zahlreiche Vorlagen für professionelle Visualisierungen im Managementbericht.

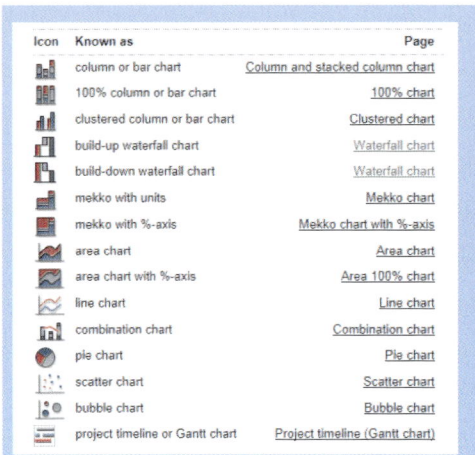

Think-Cell ist ein Add-In für PowerPoint, mit dem schnell und einfach raffinierte Diagramme in Folien gezeichnet werden. Die Datenbasis kann in Excel aufbereitet werden.

9.1 ChartLabel

Seit der ersten Version bietet das Kalkulationsprogramm Excel Werkzeuge, Funktionen und Makroanweisungen für die Herstellung von Diagrammen an, und mit jeder neuen Version wurden diese verbessert und verfeinert. Eine Aufgabe scheint aber unlösbar zu sein:

Datenreihen in Diagrammen können zwar beschriftet werden, zur Auswahl stehen hier der Name der Datenreihe, die Rubrikenachsenbezeichnung oder – was in den meisten Fällen genutzt wird – die Werte, aus denen sich die Säulen, Balken, Linien oder Punkte bilden. In der Praxis genügt diese Auswahl leider nicht, denn die Anforderungen an Diagramme sind gestiegen, und die Anwender konstruieren die Werte für ihre Diagrammreihen über mehr oder weniger komplexe Formeln. Die meisten Beispiele in diesem Buch verwenden solche Hilfsreihen, um die Diagramme optisch und funktionell aufzuwerten. Hilfsreihen bieten die Möglichkeit, Datenreihen dynamisch zu gestalten, Achsenstriche durch farbige Säulen oder Balken zu ersetzen und den Abstand der Datenbeschriftung zum Datenpunkt variabel zu halten.

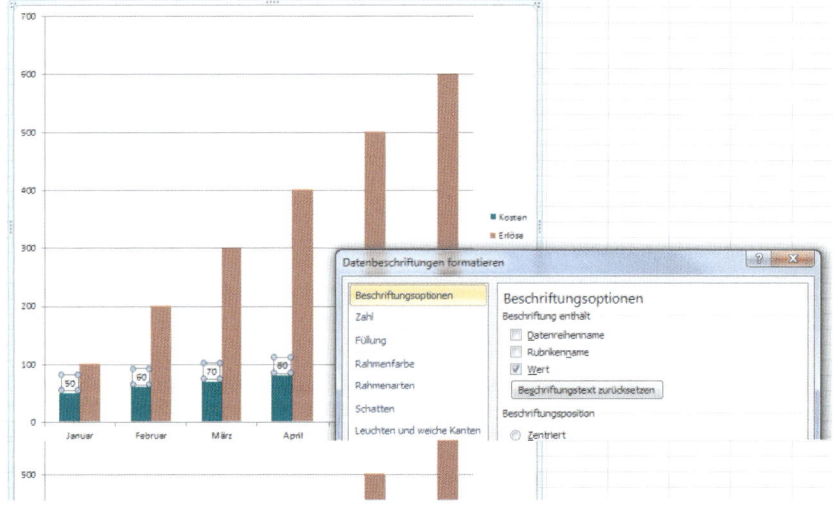

Abbildung 9.1: Wenig flexibel: Datenbeschriftungen für Diagrammreihen

Mit dem Makro *ChartLabel* schließen Sie diese Lücke. *ChartLabel* bietet die Möglichkeit, einzelne Datenreihen mit frei wählbaren Zellbereichen zu beschriften. Die Beschriftung ist natürlich dynamisch, der Inhalt passt sich wie in der Standardbeschriftung automatisch den Änderungen in den Zellbereichen an.

ChartLabel läuft ab Excel 2007 oder mit höheren Versionen. Mit Excel bis Version 2003 lässt sich das Makro nicht starten.

9.1.1 Das Add-In ChartLabel.xlam

ChartLabel ist ein Add-In. Eine Arbeitsmappe, die in diesem Dateiformat gespeichert wurde, kann vom Anwender wie jede andere XLSX- oder XLSM-Datei geöffnet werden, ist anschließend aber nicht in der Liste der aktiven Arbeitsmappe unter ANSICHT zu sehen. Makros aus dem Add-In stehen aber zur Verfügung und können aktiviert werden.

Binden Sie den Aufruf des Makros in das Menüband oder in die Symbolleiste für den Schnellzugriff ein und testen Sie ChartLabel an einem Testtabellenblatt mit mehreren Diagrammobjekten.

Add-In ChartLabel.xlam aktivieren

ChartLabel installieren	Bild für Bild
	Wählen Sie DATEI/ÖFFNEN.
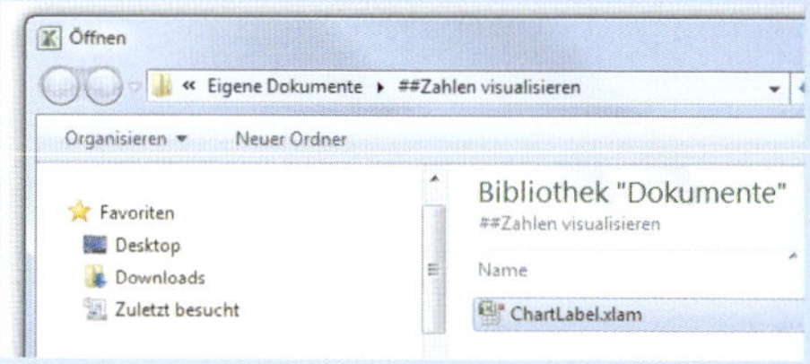	Markieren Sie die Datei *ChartLabel.xlam* und klicken Sie auf ÖFFNEN.
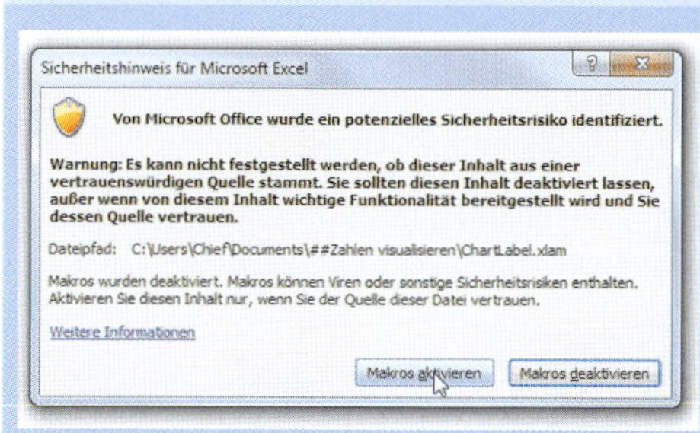	Bestätigen Sie die Sicherheitsmeldung, um die Makros zu aktivieren.

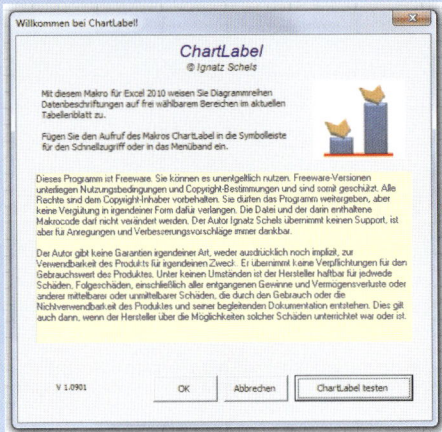

Nach dem Start des Add-Ins erhalten Sie eine Willkommensmeldung. Klicken Sie auf OK, wird diese geschlossen und das Add-In ist aktiv. Klicken Sie auf *Abbrechen*, wird das Add-In wieder geschlossen.

Klicken Sie auf *ChartLabel testen*, erhalten Sie eine neue Arbeitsmappe mit einem Testblatt und einer Makroschaltfläche für den Aufruf von ChartLabel.

ChartLabel testen

Wenn Sie den Startbildschirm mit OK bestätigen, können Sie das Makro testen, nachdem Sie einen Aufruf in die Symbolleiste für den Schnellzugriff oder in das Menüband eingefügt haben (siehe unten). Sie können aber auch in die Entwicklertools schalten, das Symbol MAKRO in der Gruppe CODE anklicken und den Makronamen eingeben (er wird nicht angezeigt):

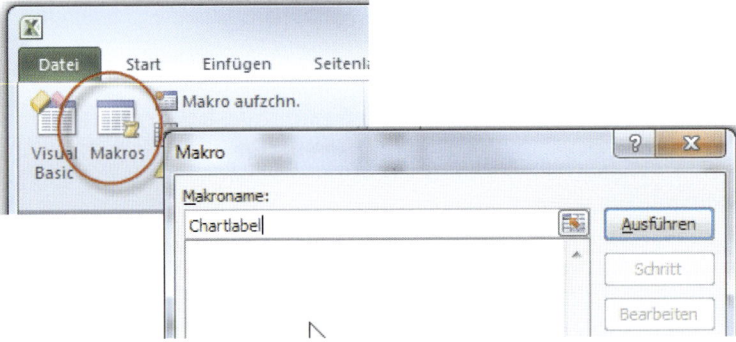

Abbildung 9.2: ChartLabel direkt über die Entwicklertools starten

Ein Klick auf die Schaltfläche *ChartLabel testen* aktiviert eine neue Arbeitsmappe und fügt ein Testblatt mit mehreren Diagrammen ein. Gleichzeitig wird das Makro gestartet, eine Dialogbox zeigt eine Liste mit allen Chartobjekten auf dem Testblatt. Klicken Sie auf die Schaltfläche in der Mitte, die den Aufruf des Makros enthält. Für die Beschriftung einzelner Datenreihen muss kein Diagramm aktiviert sein. Das Makro sucht alle Diagrammobjekte im aktiven Tabellenblatt und bietet diese zur Auswahl an.

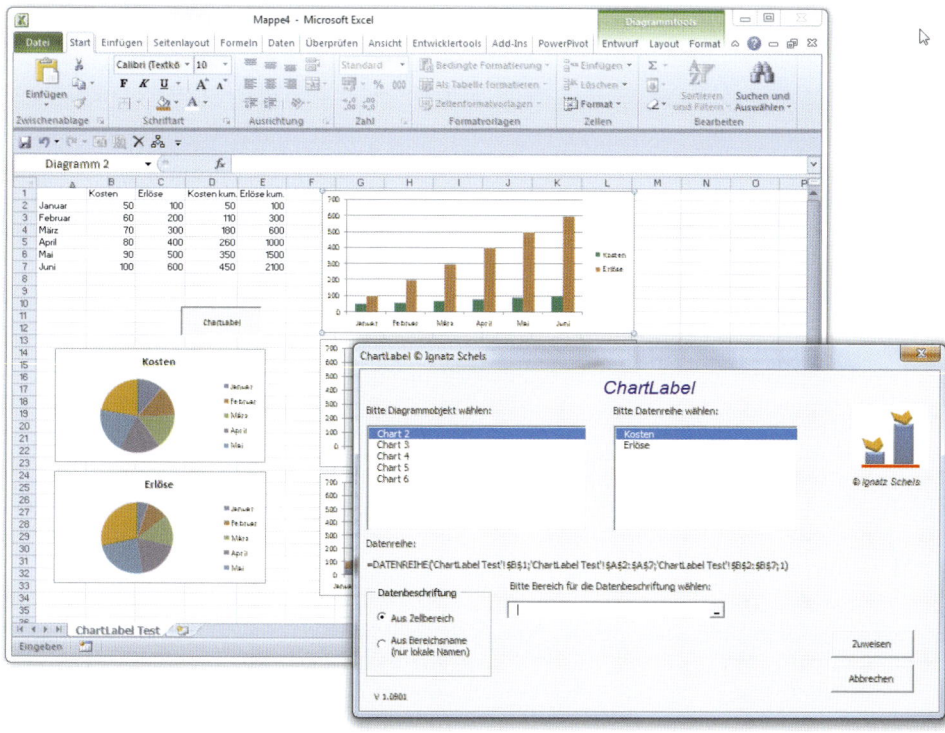

Abbildung 9.3: ChartLabel startet nach dem Anlegen eines Testblatts in einer neuen Arbeitsmappe

Arbeiten mit ChartLabel	Bild für Bild
Bitte Diagrammobjekt wählen: Chart 2 Chart 3 Chart 4 Chart 5 Chart 6	Markieren Sie ein Diagrammobjekt in der Liste. Das markierte Objekt erhält im Hintergrund Objektmarkierungen.
Bitte Datenreihe wählen: Kosten Erlöse	Die rechte Liste zeigt daraufhin alle Datenreihen des ausgewählten Objekts an. Markieren Sie eine Datenreihe.
Datenreihe: =DATENREIHE('ChartLabel Test'!$B$1;'ChartLabel	In der Mitte wird die Formel der markierten Datenreihe angezeigt.

Bild für Bild | **Arbeiten mit ChartLabel (Forts.)**

Wählen Sie hier eine Option:

Aus Zellbereich: Damit können Sie den Bereich im Hintergrund markieren, in dem sich die gewünschten Beschriftungen für die gewählte Datenreihe befinden.

Aus Bereichsname: Damit erhalten Sie eine Liste mit allen lokalen Bereichsnamen. Sie können einen Bereichsnamen auswählen, und die Werte aus diesem Bereich werden der markierten Reihe als Beschriftung zugewiesen.

Haben Sie sich für die erste Option entschieden, markieren Sie im Hintergrund den Zellbereich, der die Beschriftung der Datenreihe enthält. Der markierte Bereich wird in das Feld eingetragen.

Der markierte Bereich kann größer oder kleiner als die Anzahl der Datenpunkte der Reihe sein. Ist der Bereich größer, werden nur die verfügbaren Datenpunkte beschriftet. Ist der Bereich kleiner, werden nur die Datenpunkte beschriftet, für die Zellen markiert sind.

Haben Sie sich für die zweite Option entschieden, erhalten Sie eine Liste mit allen lokalen Bereichsnamen im aktiven Tabellenblatt. Klicken Sie auf einen der angebotenen Namen.

Lokale Bereichsnamen sind Namen, die im Namens-Manager mit der Angabe des Tabellenblatts als Bereich abgelegt wurden. Bereichsnamen können in *ChartLabel* auch über Formeln berechnet sein.

Klicken Sie auf die Schaltfläche *Zuweisen*, wird die Datenreihe beschriftet.

Die Beschriftung ist dynamisch, d. h., sie ändert ihren Inhalt mit den Änderungen in den zugewiesenen Zellen oder Bereichsnamen.

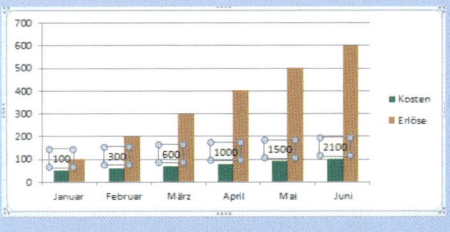

Mit der Schaltfläche *ChartLabel* können Sie das Makro im Testblatt wieder starten.

Makro ChartLabel in die Symbolleiste für den Schnellzugriff einbinden

Binden Sie den Aufruf des Makros *ChartLabel* in die Symbolleiste für den Schnellzugriff ein, damit es jederzeit zur Verfügung steht.

1. Klicken Sie mit der rechten Maustaste in die kleine Symbolleiste (hier unter dem Menüband). Wählen Sie SYMBOLLEISTE FÜR DEN SCHNELLZUGRIFF ANPASSEN.
2. Schalten Sie unter BEFEHLE AUSWÄHLEN auf *Makros* und markieren Sie das Makro *Chart-Label*.
3. Klicken Sie auf *Hinzufügen*, um es in die Symbolleiste einzubinden.
4. Mit *Ändern* können Sie das Symbolbild des neuen Symbols ändern.

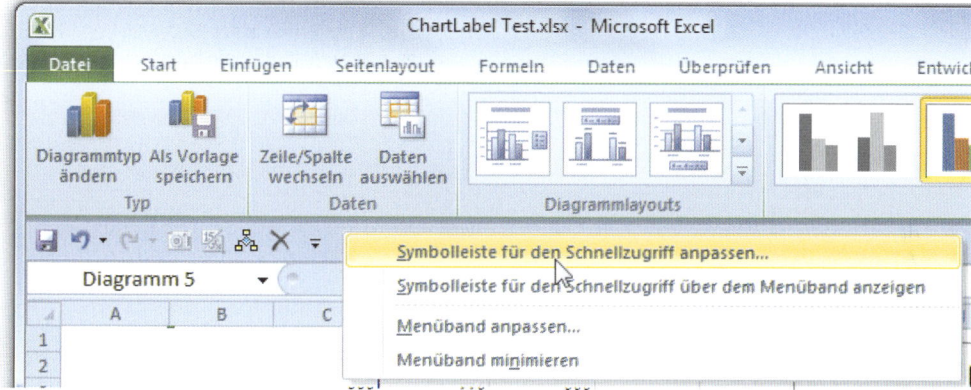

Abbildung 9.4: Symbolleiste für den Schnellzugriff anpassen

ChartLabel in das Menüband einbinden

Alternativ oder zusätzlich zur Einbindung in die Symbolleiste für den Schnellzugriff können Sie *ChartLabel* auch in das Menüband integrieren.

1. Wählen Sie DATEI/OPTIONEN/MENÜBAND ANPASSEN.
2. Schalten Sie unter BEFEHLE AUSWÄHLEN auf *Makros* und markieren Sie das Makro *Chart-Label*.
3. Aktivieren Sie unter MENÜBAND ANPASSEN den Eintrag *Registerkarten für Tools* und öffnen Sie DIAGRAMMTOOLS/ENTWURF.
4. Klicken Sie auf *Neue Gruppe*, um eine neue Gruppe einzufügen. Wählen Sie *Umbenennen* für diese neue Gruppe und tragen Sie den Namen *ChartLabel (Benutzerdefiniert)* ein.
5. Klicken Sie auf *Hinzufügen*, um das markierte Makro in diese Gruppe einzufügen. Mit *Umbenennen* können Sie das Gruppensymbol und die Beschriftung ändern.

Das Aufrufsymbol für das Makro finden Sie anschließend in einer neuen Gruppe der Registerkarte DIAGRAMMTOOLS. Das Add-In muss damit nicht gestartet werden, es wird automatisch aktiviert, wenn das Symbol angeklickt wird.

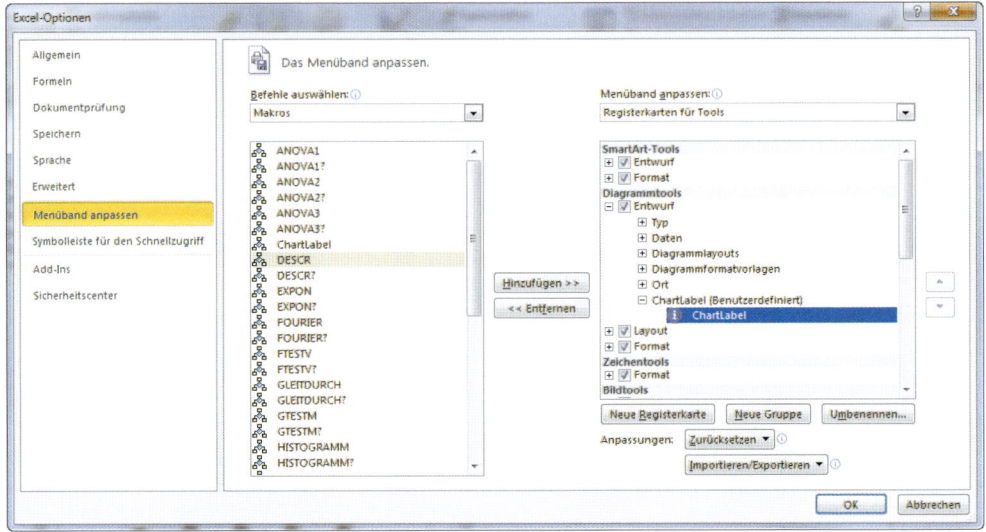

Abbildung 9.5: Neue Gruppe in den Diagrammtools für das Makro ChartLabel

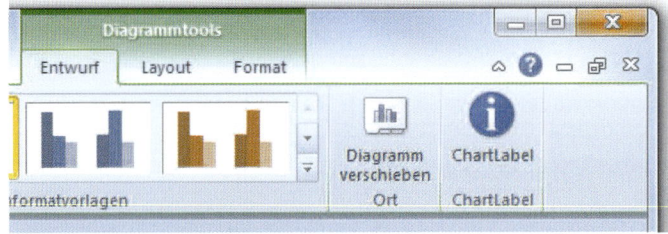

Abbildung 9.6: Makroaufruf in den Diagrammtools

Add-In CHARTLABEL.XLAM permanent einbinden

Wenn Sie das Add-In ständig zur Verfügung haben wollen, ohne jedes Mal die Datei suchen und aktivieren zu müssen, binden Sie es permanent in die Oberfläche ein:

1. Wählen Sie ENTWICKLERTOOLS/ADD-INS/ADD-INS.
2. Die Dialogbox zeigt den Inhalt des Ordners *Add-Ins* an. Dieser Ordner befindet sich in Ihrem Benutzerprofil, in Windows 7 ist das dieser Pfad:
   `Verzeichnis/Benutzername/Appdata/Roaming/Microsoft/AddIns`
3. Sie können auf jeden anderen Pfad umschalten oder das Add-In in diesen Ordner kopieren. Markieren Sie das Add-In und bestätigen Sie mit OK. Damit ist das Add-In mit Excel verknüpft und wird mit dem Programmstart automatisch aktiviert.

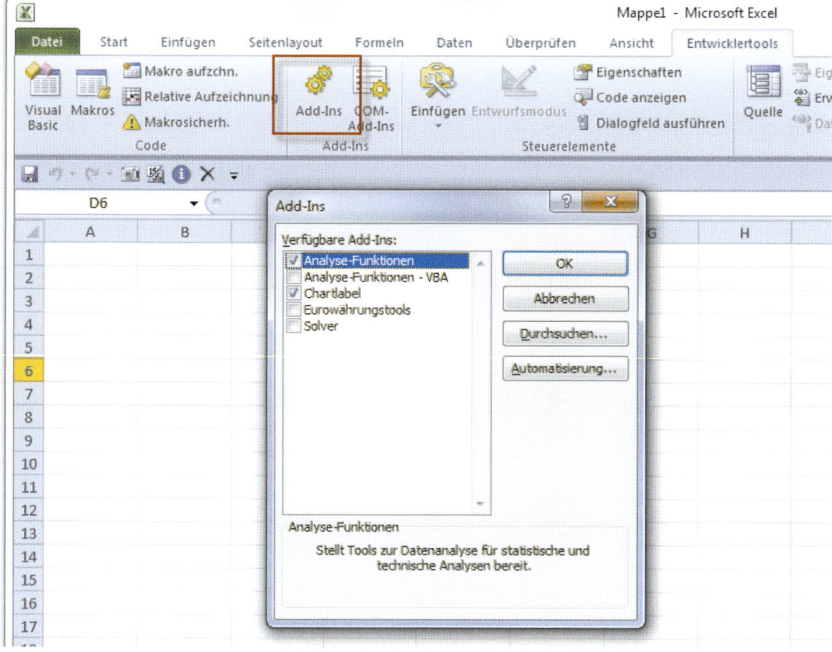

Abbildung 9.7: Add-In permanent in die Oberfläche einbinden

9.2 SparkShapes

Nach den SUCCESS-Prinzipien SIMPLIFY und CONDENSE stellen *SparkShapes* sicher, dass Diagramme nur darstellen, was auch Informationsgehalt hat, und visualisieren komplexe Sachverhalte mit hoher Informationsdichte.

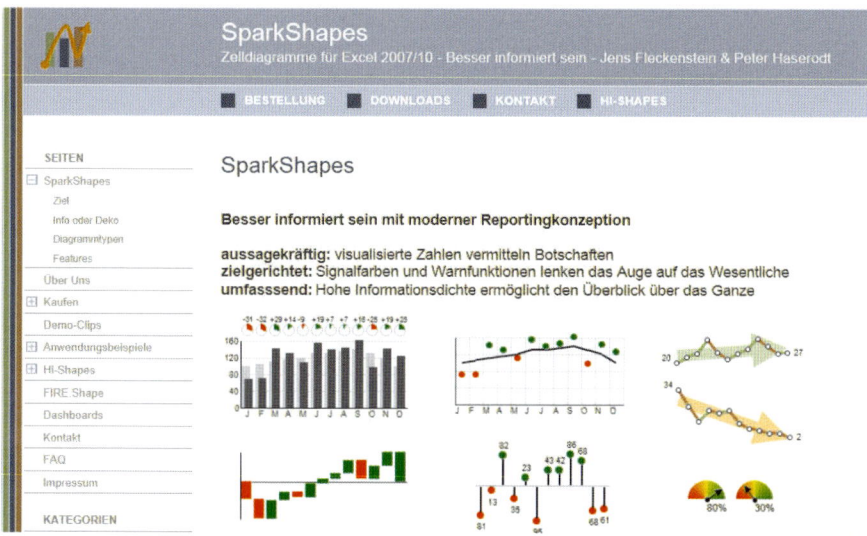

Abbildung 9.8: SparkShapes für Excel 2007/2010 (www.sparkshapes.de)

Alle Diagramme basieren auf diesen Grundtypen:

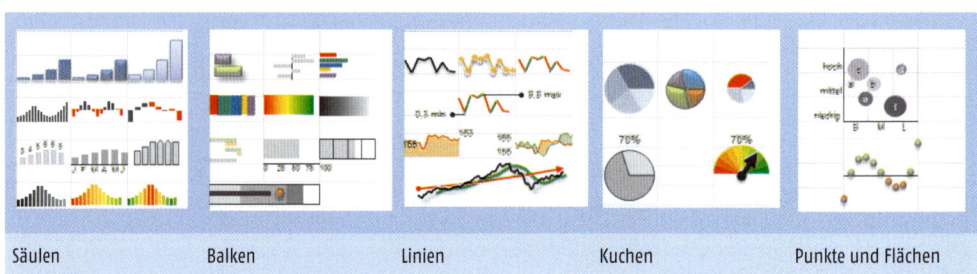

| Säulen | Balken | Linien | Kuchen | Punkte und Flächen |

Die SparkShapes-Diagramme werden über Funktionen erstellt, und diese können über einen Assistenten produziert und bearbeitet werden. Der Anwender hat aber die Möglichkeit, alle Funktionen auch direkt zu bearbeiten. Die Diagramme lassen sich im Gegensatz zu den integrierten Excel-Sparklines in jeder Zelle kombinieren. Die Möglichkeit, eine einheitliche Skalierung für mehrere Diagramme einzuführen, entspricht ebenfalls einer der Prinzipien aus dem SUCCESS-Konzept.

Nach der Installation und Integration des Add-Ins bietet das Menüband ein neues Register *SparkShapes* mit fünf Gruppen an. In der ersten Gruppe stehen die Standarddiagrammtypen zur Auswahl, unter *Vorlagen* können Spezialtypen wie Wasserfall, Deltaflächen und Trenddiagramme aktiviert werden. Das Symbol *Hi-Shapes* bietet eine weitere Auswahl an Diagrammtypen nach Hicherts HI-NOTATION®-Konzept mit den darin vorgeschriebenen Farbgebungen und Mustern.

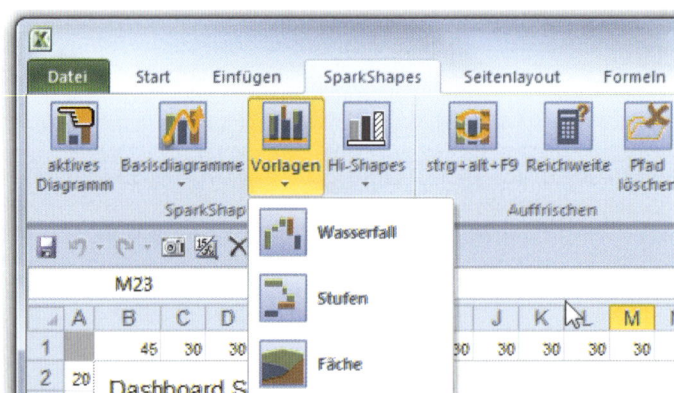

Abbildung 9.9: Ein neues Register im Menüband für SparkShapes

Die Erfassung der Wertereihen, Achsenbereiche und Achsenskalierung wird über den Assistenten vorgenommen, dieser kann jederzeit für markierte Diagramme wieder aktiviert werden und erlaubt auch das Umschalten zwischen mehreren kombinierten Diagrammen. Farben und Muster stehen in großer Zahl zur Auswahl, sogar die Einstellung der RGB-Werte ist möglich. Für die Datenbeschriftungen der Diagrammreihen stehen benutzerdefinierte Zahlenformate zur Auswahl.

Im Lieferumfang sind zahlreiche Beispieldateien enthalten, vom einfachen Balkendiagramm bis zum professionell ausgearbeiteten Dashboard nach HI-NOTATION. Auch die Webseite der Hersteller bietet Unterstützung in Form von Democlips, die Anleitungen für verschiedene Spark-Shapes-Varianten geben.

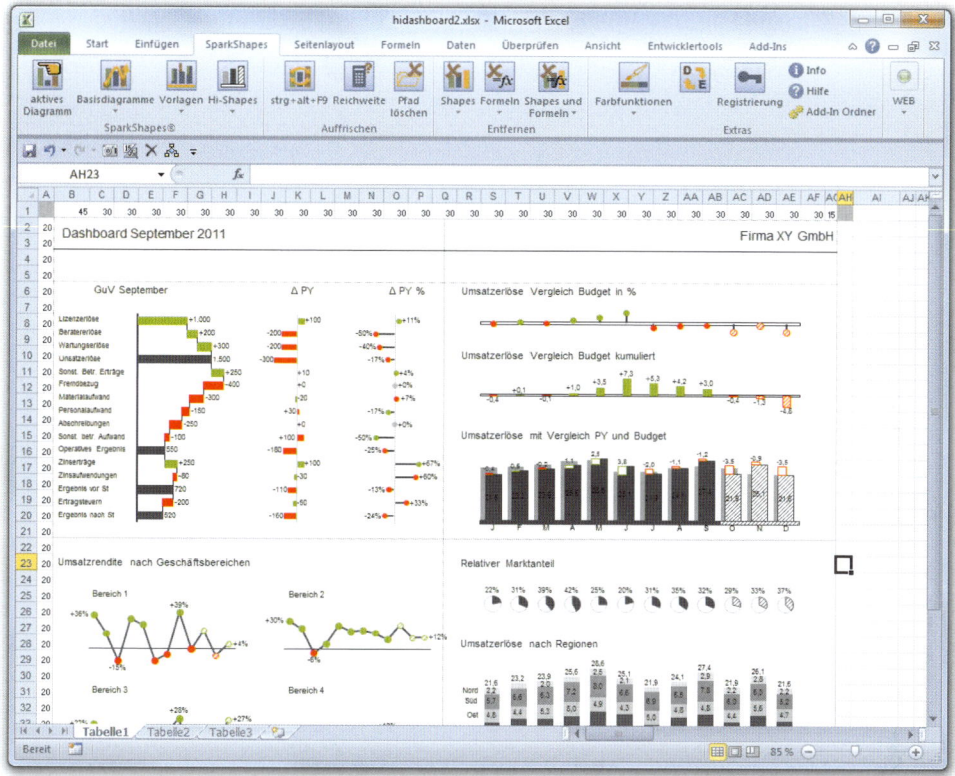

Abbildung 9.10: Zahlreiche Beispiele demonstrieren professionelles Management-Reporting mit SparkShapes

9.3 Think-Cell

Think-Cell ist ein Add-In für Microsoft PowerPoint, mit dem Diagramme schnell und einfach erstellt werden. Mit der Excel-Komponente *think-cell round* lassen sich die Zahlen in Excel vorbereiten und in PowerPoint in Diagramme verwandeln. *Think-Cell* ist in der neuen Version 5.2 kompatibel mit Office 2010 und unterstützt auch die 64-Bit-Version des Office-Pakets.

Die Möglichkeiten, Excel für die Aufbereitung der Datenbasis zu nutzen, sind eingeschränkt, *Think-Cell*-Diagramme werden ausschließlich in PowerPoint erstellt und bearbeitet. Dazu bietet das Programm aber Diagrammtypen, Variationen und Techniken, die Excel mit seinen Diagrammfunktionen nicht zu bieten hat. Diese Diagrammtypen stehen zur Auswahl:

Icon	Known as	Page
	column or bar chart	Column and stacked column chart
	100% column or bar chart	100% chart
	clustered column or bar chart	Clustered chart
	build-up waterfall chart	Waterfall chart
	build-down waterfall chart	Waterfall chart
	mekko with units	Mekko chart
	mekko with %-axis	Mekko chart with %-axis
	area chart	Area chart
	area chart with %-axis	Area 100% chart
	line chart	Line chart
	combination chart	Combination chart
	pie chart	Pie chart
	scatter chart	Scatter chart
	bubble chart	Bubble chart
	project timeline or Gantt chart	Project timeline (Gantt chart)

Abbildung 9.11: Diagrammtypen in Think-Cell

Weitere Informationen, das Handbuch und eine 30-Tages-Testversion zum Download finden Sie auf diesen Webseiten:

```
www.megasoft.de
www.think-cell.com
```

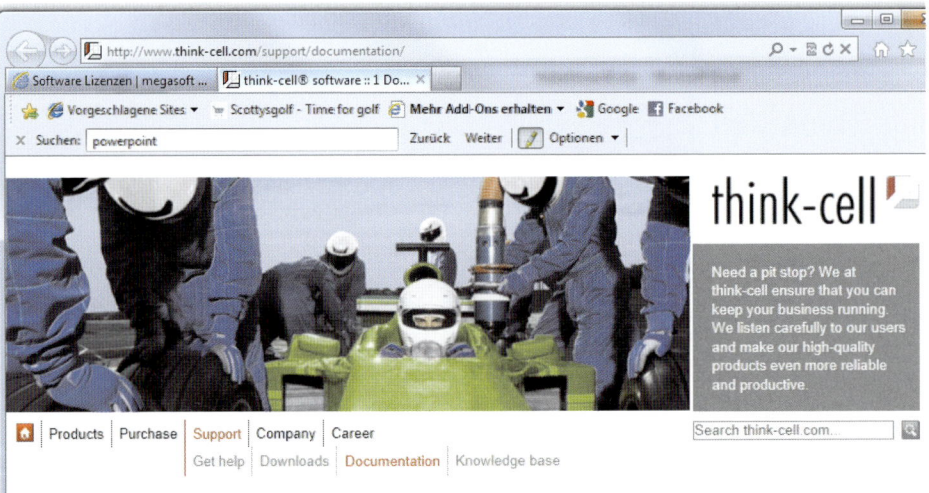

Abbildung 9.12: Think-Cell-Webseite

Anhang

A.1 Formularelemente

Excel bietet für die Ausgestaltung von Tabellenblättern und Diagrammen Formularelemente als Gestaltungswerkzeuge an. Das Angebot reicht von einfachen Textfeldern oder Texteingabefeldern über Kombinationsfelder, Optionsschaltflächen, Ankreuzkästchen bis hin zu Listen und Kombinationsfeldern (Dropdowns). Diese Elemente werden einfach in das Tabellenblatt gezeichnet und mit Zellbereichen verknüpft. Für die Weiterverarbeitung der Information, z. B. nach Anklicken eines Eintrags in einem Listenfeld, wird die verknüpfte Zelle per Formel oder über VBA-Makros ausgelesen.

Formularelemente finden Sie auf der Registerkarte *Entwicklertools*. Diese Registerkarte ist standardmäßig nicht aktiv, schalten Sie unter DATEI/OPTIONEN auf MENÜBAND ANPASSEN und kreuzen Sie die Hauptregisterkarte *Entwicklertools* an.

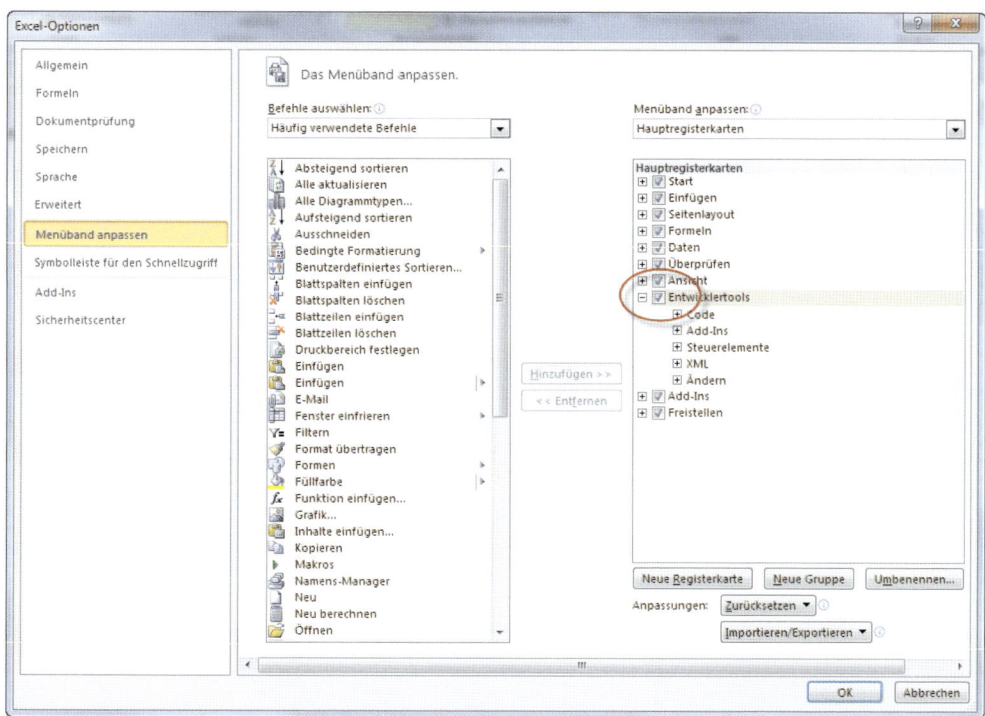

Abbildung A.1: Die Registerkarte Entwicklertools muss einmal aktiviert werden

1. Klicken Sie auf das Register ENTWICKLERTOOLS, finden Sie in der Gruppe STEUERELEMENTE unter dem Symbol *Einfügen* zwei Arten von Steuerelementen:

- Formularsteuerelemente
- ActiveX-Steuerelemente

Beide Steuerelementgruppen haben ihre Vor- und Nachteile, verwenden Sie die Werkzeuge gezielt für Ihre Aufgaben.

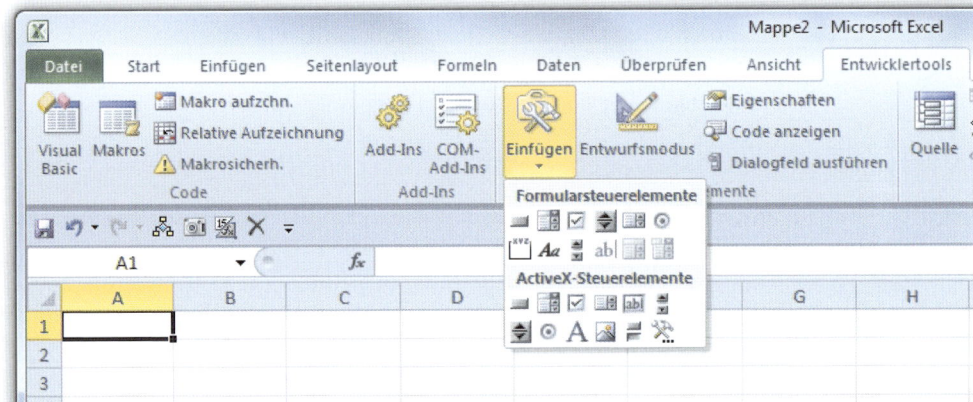

Abbildung A.2: Zwei Arten von Steuerelementen in den Entwicklertools

A.1.1 Formularsteuerelemente

Das sind Formulargestaltungswerkzeuge, die Excel schon anbot, als es noch keine Makrosprache VBA gab. Sie werden einfach in ein Tabellenblatt oder in ein Diagrammobjekt eingezeichnet und mit Zellbereichen verknüpft. Diese Elemente können auch mit Makros verknüpft werden, sind aber nicht für die Steuerung über VBA vorgesehen. Dazu gibt es die zweite Gruppe, die ActiveX-Steuerelemente.

Hier eine Übersicht über die Formularsteuerelemente. Klicken Sie ein Element an und zeichnen Sie mit gedrückter Maustaste ein Rechteck in der gewünschten Größe in das Tabellenblatt. Die Befehlsschaltfläche wird automatisch die Makrozuweisung anbieten, alle Elemente werden über Kontextmenü der rechten Maustaste bearbeitet. Wählen Sie STEUERELEMENT FORMATIEREN.

Werkzeug	Beschreibung
	Die **Befehlsschaltfläche** wird als Startsymbol für VBA-Makros verwendet. Nach dem Einzeichnen des Steuerelements erscheint sofort die Liste aller verfügbaren Makros. Klicken Sie das Makro an, das Sie der Schaltfläche zuweisen wollen, und bestätigen Sie mit OK. Wählen Sie eine Zelle in der Tabelle aus, ist die Schaltfläche aktiv und kann zum Makroaufruf benutzt werden. Geändert wird die Zuweisung über das Kontextmenü (rechte Maustaste, *Makro zuweisen*).
	Das **Kombinationsfeld** erhält einen Eingabebereich zugewiesen, idealerweise einen Bereichsnamen auf einen einspaltigen Bereich. Die Zellverknüpfung verweist auf die Zelle, in der nach der Auswahl eines Eintrags die Nummer dieses Eintrags steht. *Dropdown-Zeilen* enthält die Anzahl Zeilen, die im aktivierten Element automatisch angeboten werden, der Rest muss per Rollbalken geblättert werden.
	Das **Kontrollkästchen** kann aktiviert oder deaktiviert werden, die Zellverknüpfung enthält dann WAHR (aktiviert) oder FALSCH (deaktiviert). Mit dem Status *Gemischt* steht #NV in der verknüpften Zelle.
	Drehfelder können horizontal oder vertikal gezeichnet werden. Sie erhalten einen Minimalwert, der nicht kleiner als 0 sein kann, und einen Maximalwert mit der Obergrenze 30.000. Die Schrittweite bestimmt, in welchem Intervall der Wert hochgezählt wird, der in der Zelle unter *Zellverknüpfung* steht.
	Das **Listenfeld** funktioniert ähnlich wie das Kombinationsfeld, im Unterschied zu diesem bleibt es aufgeklappt, die Einträge werden mit dem ersten Klick markiert. Die Markierungsarten *Mehrfach* und *Erweitert* ermöglichen die Markierung mehrerer Einträge (mit ⇧- oder Strg-Taste bei *Mehrfach*), die Zellverknüpfung kann aber in diesem Fall nicht mehr ohne Makros ausgewertet werden.
	Mit **Optionsfeldern** werden Auswahltexte angeboten, die sich gegenseitig ausschließen. Die Zellverknüpfung enthält die Nummer der gewählten Option. Alle Optionen erhalten natürlich die gleiche Zellverknüpfung.
	Die **Optionsfeldgruppe** schließt die Optionen ein, die zusammengehören. Die Optionen müssen innerhalb der Gruppe gezeichnet sein, die Zellverknüpfung der Optionen wird dann nicht von anderen Optionen verändert.
	Das **Textfeld** wird für einfache Beschriftungen verwendet, es bietet keine Zellverknüpfung an.
	Mit der **Bildlaufleiste** wird die Zelle, die als Zellverknüpfung eingetragen ist, um den in der Schrittweite angegebenen Wert erhöht oder verringert. Der Seitenwechsel bestimmt das Intervall beim Klick in die Innenfläche über oder unter dem Schieberegler. Maximalwert ist 30.000, negative Werte sind wie beim Drehfeld nicht erlaubt.
	Diese Steuerelemente stehen für Excel 2010 nicht zur Verfügung, sie gelten nur in Dialogblättern, die bis Version 5.0 noch im Einsatz waren und dann von UserForms abgelöst wurden.

A.1.2 ActiveX-Steuerelemente

Diese Steuerelemente sind etwas flexibler als die Formularelemente, sie können mit und ohne Makrocodes verwendet werden. Der besondere Vorteil: ActiveX-Elemente lassen sich über Ereignisse steuern. Gezeichnet werden die ActiveX-Elemente wie die Steuerelemente, nach dem Anklicken des Werkzeugs wird mit gedrückter Maustaste ein Rechteck in die Tabelle gezeichnet. Über *Eigenschaften* im Kontextmenü wird das gezeichnete Element formatiert und mit Verknüpfungen zu den Zellbereichen versehen.

ActiveX-Elemente sind so lange »in Bearbeitung«, solange das Symbol *Entwicklungsmodus* eingerastet ist. Klicken Sie das Symbol an, werden alle ActiveX-Elemente aktiviert. In der Abbildung sehen Sie ein Kombinationsfeld, das mit dem Bereich K1:K3 verknüpft ist und als Ausgabeverknüpfung die Zelle N3 erhalten hat.

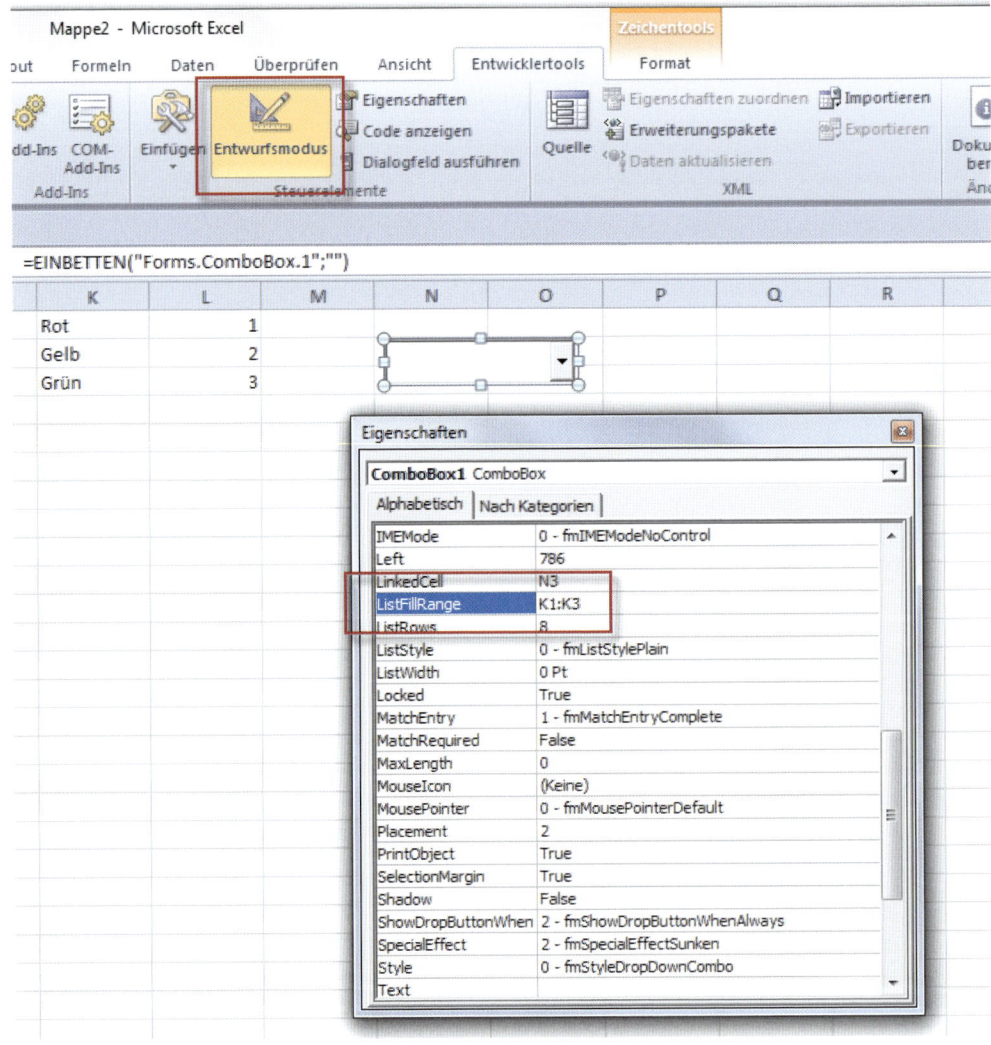

Abbildung A.3: Ein ActiveX-Element (Kombinationsfeld) mit Eigenschaften

Um ein bestimmtes Ereignis eines ActiveX-Elements auszuprogrammieren, klicken Sie das gezeichnete Element doppelt an. Das aktiviert den VBA-Editor, und das erste Ereignismakro wird sofort produziert. In der Regel ist es das *Change*-Ereignis, das eintritt, wenn der Inhalt des Elements verändert wird. Für das Kombinationsfeld könnten Sie eine Makroanweisung schreiben, die den aktuellen Inhalt des Elements in einer Meldung ausgibt. In der Liste rechts oben finden Sie weitere Ereignisse, die für das Element programmiert werden können.

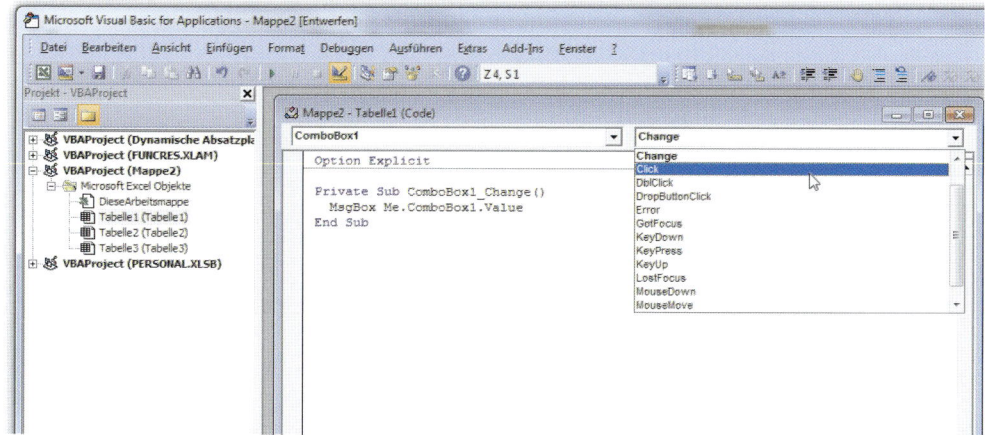

Abbildung A.4: Das Ereignismakro des Kombinationsfelds gibt den Inhalt in einer Meldung aus

Hier eine Liste mit allen ActiveX-Elementen und den wichtigsten Eigenschaften.

Werkzeug	Beschreibung
	Befehlsschaltfläche Startsymbol für VBA-Makros, Zuweisung über Doppelklick. Geändert wird die Zuweisung über das Kontextmenü (rechte Maustaste, *Makro zuweisen*). Die Eigenschaft *Caption* enthält die Beschriftung, das *Click*-Ereignis startet das Makro. Um ein anderes Makro zu starten, verwenden Sie *Call*.
	Kombinationsfeld Angezeigter Inhalt: ListFillRange Anzahl Spalten: ColumnCount Spaltenbreiten: ColumnWidths (z. B. 2cm;3cm;0,5cm) Zellverknüpfung: LinkedCell
	Kontrollkästchen Beschriftung: Caption Zellverknüpfung: LinkedCell, enthält WAHR oder FALSCH Mehrfachauswahl: TripleState True
	Listenfeld Angezeigter Inhalt: ListFillRange Anzahl Spalten: ColumnCount Spaltenbreiten: ColumnWidths (z. B. 2cm;3cm;0,5cm) Zellverknüpfung: LinkedCell
	Textfeld Schriftart, Schriftgröße: Font Ausrichtung: TextAlign Mehrzeilig: MultiLine Zellverknüpfung: LinkedCell Inhalt: Value
	Bildlaufleiste Maximal-/Minimalwert: Max Min Intervall für Innenfläche: LargeChange Zellverknüpfung: LinkedCell Aktiver Wert: Value

Werkzeug	Beschreibung
	Drehfeld
	Maximal-/Minimalwert: Max Min
	Zellverknüpfung: LinkedCell
	Aktiver Wert: Value
	Optionsfelder
	Aktiv/Nicht aktiv: Value (TRUE/FALSE)
	Zellverknüpfung: LinkedCell
	Textfeld
	Angezeigter Text: Caption
	Schriftart/Schriftgröße: Font
	Ausrichtung: TextAlign
	Bild
	Angezeigtes Bild: Picture
	Bildmodus (Zoom, abschneiden, dehnen): PictureSizeMode
	Umschaltfläche
	Beschriftung: Caption
	Zellverknüpfung: LinkedCell (WAHR/FALSCH)
	Weitere Steuerelemente
	Hier wird eine Liste mit zusätzlichen ActiveX-Elementen angeboten, z. B. für ein Kalendersteuerelement oder ein Symbol für den Windows Media Player

A.2   SQL-Befehlsübersicht

SQL-Statement	Erklärung	Beispiel
Select	Wählt einzelne Felder oder alle Felder aus Tabellen	SELECT * FROM Tabelle
Distinct	Wählt in Verbindung mit SELECT nur unterschiedliche Elemente aus Tabellen aus	SELECT DISTINCT * FROM Tabelle
Where	Bedingung für die Auswahl in einer Tabelle	SELECT * FROM Tabelle WHERE Bedingung
And/Or	Logische Begriffe für kombinierte Bedingungen	SELECT * FROM Tabelle WHERE Bedingung1 {[AND|OR] Bedingung2 }
In	Auswahlliste für WHERE-Bedingung	SELECT * FROM Tabelle WHERE Feld IN (Wert1, Wert2, ...)
Between	Auswahl mit Unter- und Obergrenze für WHERE-Bedingung	SELECT * FROM Tabelle WHERE Feld BETWEEN Wert1 AND Wert2
Like	Schlüsselwort für genaue Angabe in WHERE-Bedingung	SELECT * FROM Tabelle WHERE Feld LIKE {Wert}
Order By	Gibt Daten auf- oder absteigend sortiert aus	SELECT * FROM Tabelle ORDER BY Feld [ASC, DESC]
Group By	Gruppiert Daten in Verbindung mit einer Funktion nach einem Feld	SELECT SUM(Feld) FROM Tabelle GROUP BY Feld
Having	Filtert die Daten nach Filterkriterien	SELECT * FROM Tabelle GROUP BY Feld HAVING Bedingung
Alias	Verwendet einen Ersatznamen für Spalten, Tabellen oder Funktionen	SELECT Spalte Alias Spaltenalias FROM Tabelle
Create Table	Erstellt eine Tabelle mit Tabellenstruktur	CREATE TABLE Tabelle (Feld1 Datentyp, Feld2 Datentyp«,...)
Drop Table	Löscht eine Tabelle inklusive Tabellenstruktur	DROP TABLE Tabelle
Truncate Table	Löscht alle Daten aus einer Tabelle	TRUNCATE TABLE Tabelle
Insert Into	Fügt Daten in eine andere Tabelle ein	INSERT INTO Tabelle Wert1, Wert2, ...)
Update	Aktualisiert Daten in einer Tabelle	UPDATE Tabelle SET Feld = [Wert] WHERE {Bedingung}
Delete From	Löscht Daten über eine Bedingung	DELETE FROM Tabelle WHERE {Bedingung}
Avg, Count, Max, Min, Sum	Funktionen für die Auswahl von Datensätzen	SELECT COUNT(Feld) FROM Tabelle
Join, Inner Join, Outer Join	Verknüpft Tabellen oder Abfrageergebnisse	SELECT * FROM Tabelle INNER JOIN ON Bedingung
Union, Union All	Verbindet Tabellen oder Abfrageergebnisse (ODER-Bedingung)	SELECT * FROM Tabelle1 UNION SELECT * FROM Tabelle2
Intersect	Verbindet Tabelle oder Abfrageergebnisse (UND-Bedingung)	SELECT * FROM Tabelle1 INTERSECT * FROM Tabelle2
Minus	Verbindet Tabelle oder Abfrageergebnisse (NICHT-Bedingung)	SELECT * FROM Tabelle1 MINUS * FROM Tabelle2

Stichwortverzeichnis

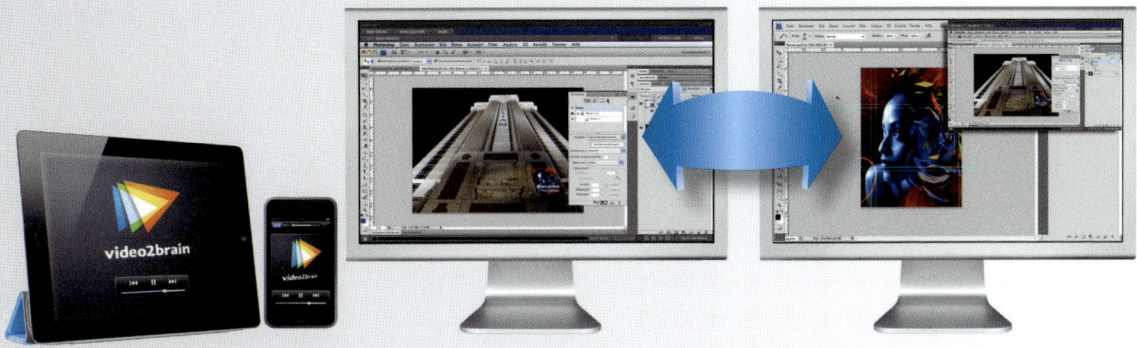

Der Bestseller für Controller. Professionelle Excel-Lösungen zu den vielschichtigen Aufgaben in Controlling und Finanzwesen. Dieses Handbuch geht dabei nicht von den unzähligen Excel-Funktionen aus, sondern stellt die Controlling-Themen in den Mittelpunkt und ist auch danach gegliedert.

Die Entwicklung einer Lösung wird Schritt für Schritt aufgezeigt, so dass sie leicht nachvollziehbar ist. Die Themen reichen von einfachen Formularen und Arbeitshilfen bis hin zu komplexen, makrounterstützten Prozess-Steuerungen (z. B. Kennzahlen für Balanced Scorecard).

Das Buch ist für alle Excelversionen (2010, 2007, 2003) geeignet.

Ignatz Schels; Uwe Seidel
ISBN 978-3-8272-4673-8
39.95 EUR [D], 41.10 EUR [A], 62.90 sFr*
628 Seiten
http://www.mut.de/24673

Mehr Bücher & Video-Trainings auf **www.mut.de**

*unverbindliche Preisempfehlung

ALWAYS LEARNING

PEARSON

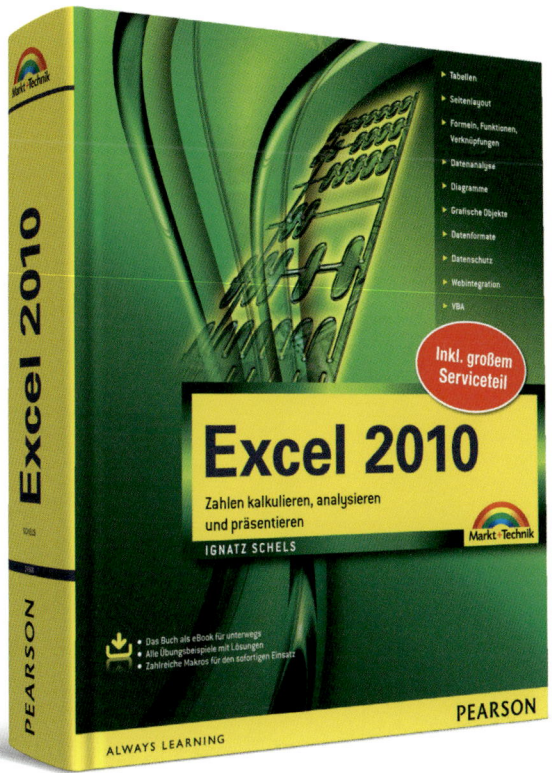

Erleben Sie Excel 2010 pur von einem Excel-Profi der ersten Stunde. Selbst umfangreiche Excelanwendungen verlieren jetzt ihren Schrecken. Ignatz Schels führt Sie durch das umfangreiche Programm und erläutert auch komplexe Zusammenhänge. Mit zahlreichen Schritt-für-Schritt-Anleitungen zeigt Ihnen der Autor praxisnah, wo es lang geht. Alle Vorlagen und Beispiele für die Übernahme in eigene Arbeiten und das Buch als eBook finden Sie auf der Website zum Buch.

Ignatz Schels
ISBN 978-3-8272-4566-3
39.95 EUR [D], 41.10 EUR [A], 62.90 sFr*
784 Seiten
http://www.mut.de/24566

Mehr Bücher & Video-Trainings auf **www.mut.de**

*unverbindliche Preisempfehlung

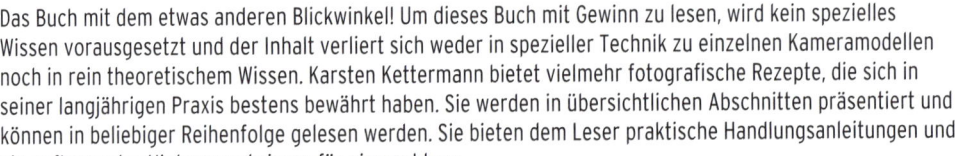

Das Buch mit dem etwas anderen Blickwinkel! Um dieses Buch mit Gewinn zu lesen, wird kein spezielles Wissen vorausgesetzt und der Inhalt verliert sich weder in spezieller Technik zu einzelnen Kameramodellen noch in rein theoretischem Wissen. Karsten Kettermann bietet vielmehr fotografische Rezepte, die sich in seiner langjährigen Praxis bestens bewährt haben. Sie werden in übersichtlichen Abschnitten präsentiert und können in beliebiger Reihenfolge gelesen werden. Sie bieten dem Leser praktische Handlungsanleitungen und ein aufbauendes Hintergrundwissen für eigene Ideen.

Karsten Kettermann
ISBN 978-3-8272-4732-2
19.95 EUR [D], 20.60 EUR [A], 33.50 sFr*
368 Seiten
http://www.mut.de/24732

Mehr Bücher & Video-Trainings auf **www.mut.de**

*unverbindliche Preisempfehlung

ALWAYS LEARNING

PEARSON